教育部高等学校电子信息类专业教学指导委员会规划教材
高等学校电子信息类专业系列教材

Digital Image Processing: Using MATLAB

数字图像处理

使用MATLAB分析与实现

蔡利梅 王利娟 编著
Cai Limei Wang Lijuan

清华大学出版社
北京

内 容 简 介

本书是依据作者近几年从事数字图像处理教学和研究的体会，并参考相关文献编写而成的，概括地介绍了数字图像处理理论和技术的基本概念、原理和方法。

全书分为12章，每章阐述数字图像处理技术中的一个知识点，内容包括数字图像处理基础、图像基本运算、图像的正交变换、图像增强、图像平滑、图像锐化、图像复原、图像的数学形态学处理、图像分割、图像描述与分析、图像编码等。本书除讲解理论外，还配以电子教案及MATLAB演示程序，便于读者学习和掌握数字图像处理技术，以更好地应用到实践中去。

本书可以作为高等学校信息与通信工程、信号与信息处理、电子、计算机、遥感等专业本科生或研究生的教材或参考书，也可以作为相关工程技术人员和从事相关研究与应用的其他人员的参考用书。

图书在版编目(CIP)数据

数字图像处理：使用MATLAB分析与实现/蔡利梅，王利娟编著. —北京：清华大学出版社，2019(2024.1重印)
(高等学校电子信息类专业系列教材)
ISBN 978-7-302-51822-8

Ⅰ. ①数… Ⅱ. ①蔡… ②王… Ⅲ. ①数字图象处理－MATLAB软件－高等学校－教材 Ⅳ. ①TN911.73

中国版本图书馆CIP数据核字(2018)第283134号

责任编辑：盛东亮
封面设计：李召霞
责任校对：梁　毅
责任印制：杨　艳

出版发行：清华大学出版社
网　　址：https://www.tup.com.cn，https://www.wqxuetang.com
地　　址：北京清华大学学研大厦A座　　**邮　　编**：100084
社 总 机：010-83470000　　**邮　　购**：010-62786544
投稿与读者服务：010-62776969，c-service@tup.tsinghua.edu.cn
质量反馈：010-62772015，zhiliang@tup.tsinghua.edu.cn
课件下载：https://www.tup.com.cn，010-83470236
印 装 者：三河市天利华印刷装订有限公司
经　　销：全国新华书店
开　　本：185mm×260mm　　**印　　张**：23.25　　**字　　数**：563千字
版　　次：2019年5月第1版　　**印　　次**：2024年1月第12次印刷
定　　价：69.00元

产品编号：079533-01

高等学校电子信息类专业系列教材

序

FOREWORD

我国电子信息产业销售收入总规模在 2013 年已经突破 12 万亿元，行业收入占工业总体比重已经超过 9%。电子信息产业在工业经济中的支撑作用凸显，更加促进了信息化和工业化的高层次深度融合。随着移动互联网、云计算、物联网、大数据和石墨烯等新兴产业的爆发式增长，电子信息产业的发展呈现了新的特点，电子信息产业的人才培养面临着新的挑战。

(1) 随着控制、通信、人机交互和网络互联等新兴电子信息技术的不断发展，传统工业设备融合了大量最新的电子信息技术，它们一起构成了庞大而复杂的系统，派生出大量新兴的电子信息技术应用需求。这些“系统级”的应用需求，迫切要求具有系统级设计能力的电子信息技术人才。

(2) 电子信息系统设备的功能越来越复杂，系统的集成度越来越高。因此，要求未来的设计者应该具备更扎实的理论基础知识和更宽广的专业视野。未来电子信息系统的设计越来越要求软件和硬件的协同规划、协同设计和协同调试。

(3) 新兴电子信息技术的发展依赖于半导体产业的不断推动，半导体厂商为设计者提供了越来越丰富的生态资源，系统集成厂商的全方位配合又加速了这种生态资源的进一步完善。半导体厂商和系统集成厂商所建立的这种生态系统，为未来的设计者提供了更加便捷却又必须依赖的设计资源。

教育部 2012 年颁布了新版《高等学校本科专业目录》，将电子信息类专业进行了整合，为各高校建立系统化的人才培养体系，培养具有扎实理论基础和宽广专业技能的、兼顾“基础”和“系统”的高层次电子信息人才给出了指引。

传统的电子信息学科专业课程体系呈现“自底向上”的特点，这种课程体系偏重对底层元器件的分析与设计，较少涉及系统级的集成与设计。近年来，国内很多高校对电子信息类专业课程体系进行了大力度的改革，这些改革顺应时代潮流，从系统集成的角度，更加科学合理地构建了课程体系。

为了进一步提高普通高校电子信息类专业教育与教学质量，贯彻落实《国家中长期教育改革和发展规划纲要(2010—2020 年)》和《教育部关于全面提高高等教育质量若干意见》(教高【2012】4 号)的精神，教育部高等学校电子信息类专业教学指导委员会开展了“高等学校电子信息类专业课程体系”的立项研究工作，并于 2014 年 5 月启动了《高等学校电子信息类专业系列教材》(教育部高等学校电子信息类专业教学指导委员会规划教材)的建设工作。其目的是为推进高等教育内涵式发展，提高教学水平，满足高等学校对电子信息类专业人才培养、教学改革与课程改革的需要。

本系列教材定位于高等学校电子信息类专业的专业课程，适用于电子信息类的电子信息工程、电子科学与技术、通信工程、微电子科学与工程、光电信息科学与工程、信息工程及其相近专业。经过编审委员会与众多高校多次沟通，初步拟定分批次（2014—2017年）建设约100门课程教材。本系列教材将力求在保证基础的前提下，突出技术的先进性和科学的前沿性，体现创新教学和工程实践教学；将重视系统集成思想在教学中的体现，鼓励推陈出新，采用“自顶向下”的方法编写教材；将注重反映优秀的教学改革成果，推广优秀的教学经验与理念。

为了保证本系列教材的科学性、系统性及编写质量，本系列教材设立顾问委员会及编审委员会。顾问委员会由教指委高级顾问、特约高级顾问和国家级教学名师担任，编审委员会由教育部高等学校电子信息类专业教学指导委员会委员和一线教学名师组成。同时，清华大学出版社为本系列教材配置优秀的编辑团队，力求高水准出版。本系列教材的建设，不仅有众多高校教师参与，也有大量知名的电子信息类企业支持。在此，谨向参与本系列教材策划、组织、编写与出版的广大教师、企业代表及出版人员致以诚挚的感谢，并殷切希望本系列教材在我国高等学校电子信息类专业人才培养与课程体系建设中发挥切实的作用。

吕志伟 教授

前言

PREFACE

数字图像处理是利用计算机对图像进行变换、增强、复原、分割、压缩、分析、理解的理论、方法和技术，是现代信息处理的研究热点。数字图像处理技术发展迅速，应用领域越来越广，对国民经济、社会生活和科学技术等都产生了巨大的影响。

由于数字图像处理技术对现代社会有着深远的影响，"数字图像处理"已经成为高等院校计算机、电子、信息、通信、自动化、遥感、控制等多个学科领域中一门重要的专业课程。作者结合多年从事数字图像处理的教学及研究经验，基于大学本科教育的教学特点和目的，编写本书，力求理论联系实际，深入浅出；希望读者通过对本书的学习，能够掌握数字图像处理的基本概念、原理和方法，能初步运用所学知识解决实际问题，为数字图像处理及相关领域的研究打下基础。

全书分为 12 章，每章阐述数字图像处理技术中的一个知识点，内容包括数字图像处理基础、图像基本运算、图像的正交变换、图像增强、图像平滑、图像锐化、图像复原、图像的数学形态学处理、图像分割、图像描述与分析、图像编码等。本书除了阐述基础理论，还讲解了各个知识点的新型处理算法，读者可以有选择性地学习。本书配有电子教案及 MATLAB 演示程序，便于读者学习和掌握数字图像处理的算法理论及程序实现，特别在第 2、3、7、10 章增加了基于 MATLAB 的综合应用实例，以便读者加深对处理算法的综合理解，提高实践能力。

本书第 1、2、3、4、7、8、10、11 章由蔡利梅编写，第 5、6、9、12 章由王利娟编写；第 2、3、10 章的综合实例由蔡利梅编写，第 7 章的综合实例由王利娟编写。感谢中国矿业大学的王艳芬老师、李世银老师、李剑老师，感谢中国矿业大学信息与控制工程学院在本书的编写过程中给予的无私帮助和支持，在本书的编写过程中参考了大量的图像处理文献，在此对文献的作者表示真诚的感谢。

由于作者学识水平所限，书中难免存在不足之处，敬请读者不吝指正。

编　者

2019 年 1 月

目录

CONTENTS

第1章 绪论 …… 1

1.1 图像的基本概念 …… 1

1.1.1 视觉与图像 …… 1

1.1.2 图像的表示 …… 2

1.2 数字图像处理 …… 2

1.2.1 数字图像处理的主要内容 …… 2

1.2.2 数字图像处理技术的分类 …… 4

1.2.3 数字图像处理的应用 …… 5

1.3 数字图像处理面临的问题 …… 6

1.4 相关术语 …… 7

1.5 图像处理仿真 …… 8

习题 …… 9

第2章 数字图像处理基础 …… 10

2.1 人眼视觉系统 …… 10

2.1.1 人眼基本构造 …… 10

2.1.2 视觉过程 …… 11

2.1.3 明暗视觉 …… 12

2.1.4 颜色视觉 …… 12

2.1.5 立体视觉 …… 14

2.1.6 视觉暂留 …… 14

2.2 色度学基础与颜色模型 …… 15

2.2.1 颜色匹配 …… 15

2.2.2 CIE 1931-RGB 系统 …… 16

2.2.3 CIE 1931 标准色度系统 …… 17

2.2.4 CIE 1976 $L^* a^* b^*$ 均匀颜色空间 …… 19

2.2.5 孟塞尔表色系统 …… 20

2.2.6 常用颜色模型 …… 21

2.3 数字图像的生成与表示 …… 26

2.3.1 图像信号的数字化 …… 26

2.3.2 数字图像类型 …… 27

2.4 数字图像的数值描述 …… 30

2.4.1 常用的坐标系 …… 30

2.4.2 数字图像的数据结构 …… 30

2.4.3 常见数字图像格式 …… 31
2.4.4 BMP位图文件 …… 32
2.4.5 读取并显示图像 …… 35
2.5 综合实例 …… 37
习题 …… 40
第3章 图像基本运算 …… 42
3.1 图像几何变换 …… 42
3.1.1 图像的几何变换基础 …… 42
3.1.2 图像的位置变换 …… 44
3.1.3 图像的形状变换 …… 51
3.2 图像代数运算 …… 54
3.3 邻域及模板运算 …… 58
3.4 综合实例 …… 60
习题 …… 61
第4章 图像的正交变换 …… 63
4.1 离散傅里叶变换 …… 63
4.1.1 一维离散傅里叶变换 …… 63
4.1.2 一维快速傅里叶变换 …… 63
4.1.3 二维离散傅里叶变换 …… 65
4.1.4 二维离散傅里叶变换的性质 …… 66
4.1.5 离散傅里叶变换在图像处理中的应用 …… 70
4.2 离散余弦变换 …… 71
4.2.1 一维离散余弦变换 …… 71
4.2.2 二维离散余弦变换 …… 72
4.2.3 离散余弦变换在图像处理中的应用 …… 75
4.3 K-L变换 …… 76
4.3.1 K-L变换原理 …… 76
4.3.2 图像K-L变换 …… 80
4.4 Radon变换 …… 83
4.4.1 Radon变换的原理 …… 83
4.4.2 Radon变换的实现 …… 84
4.4.3 Radon变换的性质 …… 85
4.4.4 Radon变换的应用 …… 86
4.5 小波变换 …… 87
4.5.1 概述 …… 87
4.5.2 小波 …… 88
4.5.3 连续小波变换 …… 90
4.5.4 离散小波变换 …… 94
4.5.5 正交小波与多分辨分析 …… 94
4.5.6 二维小波变换 …… 99
4.5.7 小波变换在图像处理中的应用 …… 106
习题 …… 109
第5章 图像增强 …… 111
5.1 基于灰度级变换的图像增强 …… 111

5.1.1　线性灰度级变换…… 111
5.1.2　非线性灰度级变换…… 115
5.2　基于直方图修正的图像增强 …… 117
5.2.1　灰度直方图…… 117
5.2.2　直方图修正法理论…… 119
5.2.3　直方图均衡化…… 119
5.2.4　局部直方图均衡化…… 122
5.3　基于照度-反射模型的图像增强 …… 124
5.3.1　基于同态滤波的增强…… 125
5.3.2　基于 Retinex 理论的增强 …… 127
5.4　基于模糊技术的图像增强 …… 130
5.4.1　图像的模糊特征平面…… 130
5.4.2　图像的模糊增强…… 130
5.5　基于伪彩色处理的图像增强 …… 132
5.5.1　密度分割法…… 132
5.5.2　空间域灰度级-彩色变换 …… 133
5.5.3　频域伪彩色增强…… 136
5.6　其他图像增强方法 …… 138
5.6.1　基于对数图像处理模型的图像增强…… 138
5.6.2　图像去雾增强…… 140
习题 …… 143
第 6 章　图像平滑…… 145
6.1　图像中的噪声 …… 145
6.1.1　图像噪声的分类…… 145
6.1.2　图像噪声的数学模型…… 146
6.2　空间域平滑滤波 …… 148
6.2.1　均值滤波…… 148
6.2.2　高斯滤波…… 150
6.2.3　中值滤波…… 153
6.2.4　双边滤波…… 155
6.3　频域平滑滤波 …… 157
6.3.1　理想低通滤波…… 157
6.3.2　巴特沃斯低通滤波…… 159
6.3.3　指数低通滤波…… 160
6.3.4　梯形低通滤波…… 162
6.4　其他图像平滑方法 …… 164
6.4.1　基于模糊技术的平滑滤波…… 164
6.4.2　基于偏微分方程的平滑滤波…… 165
习题 …… 167
第 7 章　图像锐化…… 169
7.1　图像边缘分析 …… 169
7.2　一阶微分算子 …… 170
7.2.1　梯度算子…… 170

7.2.2 Robert 算子 …… 172
7.2.3 Sobel 算子 …… 173
7.2.4 Prewitt 算子 …… 175
7.3 二阶微分算子 …… 176
7.4 高斯滤波与边缘检测 …… 177
7.4.1 高斯函数 …… 177
7.4.2 LOG 算子 …… 178
7.4.3 Canny 算子 …… 179
7.5 频域高通滤波 …… 180
7.6 基于小波变换的边缘检测 …… 184
7.7 综合实例 …… 187
7.7.1 设计思路 …… 187
7.7.2 各模块设计 …… 188
7.7.3 分析 …… 192
习题 …… 192
第8章 图像复原 …… 193
8.1 图像退化模型 …… 193
8.1.1 连续退化模型 …… 194
8.1.2 离散退化模型 …… 194
8.1.3 图像复原 …… 195
8.2 图像退化函数的估计 …… 196
8.2.1 基于模型的估计法 …… 196
8.2.2 基于退化图像本身特性的估计法 …… 199
8.3 图像复原的代数方法 …… 200
8.3.1 无约束最小二乘方复原 …… 200
8.3.2 约束复原 …… 201
8.4 典型图像复原方法 …… 201
8.4.1 逆滤波复原 …… 201
8.4.2 维纳滤波复原 …… 203
8.4.3 等功率谱滤波 …… 205
8.4.4 几何均值滤波 …… 206
8.4.5 约束最小二乘方滤波 …… 206
8.4.6 Richardson-Lucy 算法 …… 210
8.5 盲去卷积复原 …… 211
8.6 几何失真校正 …… 212
习题 …… 214
第9章 图像的数学形态学处理 …… 216
9.1 形态学基础 …… 216
9.2 二值形态学的基础运算 …… 218
9.2.1 基本形态变换 …… 218
9.2.2 复合形态变换 …… 223
9.3 二值图像的形态学处理 …… 225
9.3.1 形态滤波 …… 225

9.3.2　图像的平滑处理 …… 226
9.3.3　图像的边缘提取 …… 227
9.3.4　区域填充 …… 229
9.3.5　目标探测——击中与否变换 …… 230
9.3.6　细化 …… 232
9.4　灰度形态学的基础运算 …… 235
9.4.1　膨胀运算和腐蚀运算 …… 236
9.4.2　开运算和闭运算 …… 238
9.5　灰度图像的形态学处理 …… 240
9.5.1　形态学平滑 …… 240
9.5.2　形态学梯度 …… 241
9.5.3　Top-hat 和 Bottom-hat 变换 …… 242
习题 …… 243
第 10 章　图像分割 …… 244
10.1　阈值分割 …… 244
10.1.1　基于灰度直方图的阈值选择 …… 245
10.1.2　基于模式分类思路的阈值选择 …… 247
10.1.3　其他阈值分割方法 …… 251
10.2　边界分割 …… 254
10.2.1　基于梯度的边界闭合 …… 254
10.2.2　Hough 变换 …… 254
10.2.3　边界跟踪 …… 258
10.3　区域分割 …… 259
10.3.1　区域生长 …… 259
10.3.2　区域合并 …… 261
10.3.3　区域分裂 …… 263
10.3.4　区域分裂合并 …… 265
10.4　基于聚类的图像分割 …… 266
10.5　分水岭分割 …… 268
10.6　综合实例 …… 274
10.6.1　设计思路 …… 274
10.6.2　各模块设计 …… 274
10.6.3　分析 …… 281
习题 …… 282
第 11 章　图像描述与分析 …… 283
11.1　特征点 …… 283
11.1.1　Moravec 角点检测 …… 284
11.1.2　Harris 角点检测 …… 285
11.1.3　SUSAN 角点检测 …… 288
11.2　几何描述 …… 291
11.2.1　像素间的几何关系 …… 291
11.2.2　区域的几何特征 …… 293
11.3　形状描述 …… 295

11.3.1 矩形度 …… 295
11.3.2 圆形度 …… 295
11.3.3 中轴变换 …… 298
11.4 边界描述 …… 299
11.4.1 边界链码 …… 299
11.4.2 傅里叶描绘子 …… 302
11.5 矩描述 …… 304
11.5.1 矩 …… 304
11.5.2 与矩相关的特征 …… 306
11.6 纹理描述 …… 308
11.6.1 联合概率矩阵法 …… 308
11.6.2 灰度差分统计法 …… 312
11.6.3 行程长度统计法 …… 313
11.6.4 LBP 特征 …… 316
11.7 其他描述 …… 319
11.7.1 梯度方向直方图 …… 319
11.7.2 Haar-like 特征 …… 322
习题 …… 324
第 12 章 图像编码 …… 325
12.1 图像编码的基本理论 …… 325
12.1.1 图像压缩的必要性 …… 325
12.1.2 图像压缩的可能性 …… 326
12.1.3 图像编码方法的分类 …… 326
12.1.4 图像编码压缩术语简介 …… 327
12.2 图像的无损压缩编码 …… 328
12.2.1 无损编码理论 …… 328
12.2.2 Huffman 编码 …… 329
12.2.3 算术编码 …… 333
12.2.4 LZW 编码 …… 336
12.3 图像的有损压缩编码 …… 339
12.3.1 预测编码 …… 339
12.3.2 变换编码 …… 342
12.4 JPEG 标准和 JPEG2000 …… 343
12.4.1 JPEG 基本系统 …… 343
12.4.2 JPEG2000 …… 353
习题 …… 354
参考文献 …… 355

第1章 绪论

CHAPTER 1

图像作为一种重要的信息载体，越来越深刻地影响人们的生活和工作。随着这些影响的深化，利用计算机对图像信号进行加工处理的数字图像处理技术逐渐发展并得到广泛应用，已经成为现代信息处理的关键技术。本章介绍了图像的基本概念、数字图像处理的研究内容和应用，分析了数字图像处理面临的问题，简要介绍了相关术语和常用的图像处理仿真工具。

1.1 图像的基本概念

图像信号是人类重要的信息来源，是数字图像处理的目标信号。本节简要介绍图像的相关概念及表示。

1.1.1 视觉与图像

视觉是人类观察世界和认知世界的重要手段，人类从外界获得的信息绝大部分是由视觉获取的。图像是视觉信息的重要表现方式，是对客观事物的相似、生动的描述。人的视觉系统十分完善，灵敏度高，作用距离远，传播速度快，再加上大脑的思维和联想能力，使得图像信息具有直观形象、信息量大、利用率高的特点；而且，除了可见光以外，红外线、紫外线、微波、X射线等非可见光也能够成像。图像技术拓展了人类视觉，如图1-1所示。

(a) 可见光成像

(b) 红外成像

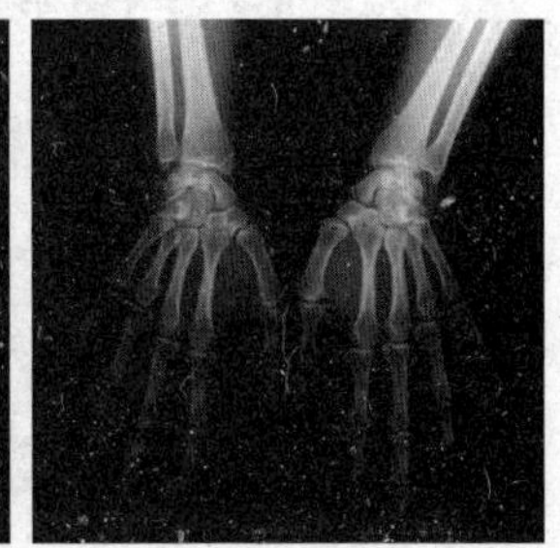

(c) X射线成像

图1-1 可见光与非可见光成像

1.1.2 图像的表示

从信息论角度来看,图像是一种二维信号,可以用二维函数 $f(x,y)$ 来表示,其中,x、y 是空间坐标,$f(x,y)$ 是点 (x,y) 的幅值。

视频又称动态图像,是多帧位图的有序组合,可以用三维函数 $f(x,y,t)$ 表示,其中,x、y 是空间坐标,t 为时间变量,$f(x,y,t)$ 是 t 时刻某一帧上点 (x,y) 的幅值。

图像可以分为两种类型:模拟图像和数字图像。

模拟图像是指通过客观的物理量表现颜色的图像,如照片、底片、印刷品、画等,其空间坐标值 x 和 y 连续,在每个空间点 (x,y) 的光强也连续,无法用计算机处理。对模拟图像进行数字化得到数字图像,才可以用计算机存储和处理。

数字图像由有限的元素组成,每一个元素的空间位置 (x,y) 和强度值 f 都被量化成离散的数值,这些元素称为像素。因此,数字图像是具有离散值的二维像素矩阵,能够存储在计算机存储器中,如图 1-2 所示。

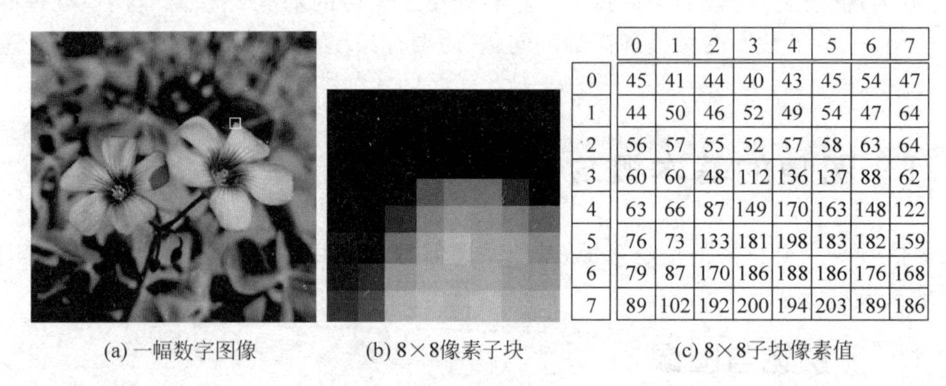

	0	1	2	3	4	5	6	7
0	45	41	44	40	43	45	54	47
1	44	50	46	52	49	54	47	64
2	56	57	55	52	57	58	63	64
3	60	60	48	112	136	137	88	62
4	63	66	87	149	170	163	148	122
5	76	73	133	181	198	183	182	159
6	79	87	170	186	188	186	176	168
7	89	102	192	200	194	203	189	186

(a) 一幅数字图像　(b) 8×8像素子块　(c) 8×8子块像素值

图 1-2　数字图像数据形式示意图

图 1-2(a)的白色方框内有 8 行 8 列共 64 个像素点,每一点有不同的颜色值;图 1-2(b)中用 8×8 个小方块表示这 64 个像素点,每个方块的颜色和对应像素点颜色一致;图 1-2(c)是对应 64 个像素点的数值(其具体含义见第 2 章)。可以看出,数字图像就是一个二维的像素矩阵。

1.2 数字图像处理

数字图像处理(Digital Image Processing)是利用计算机对图像进行降噪、增强、复原、分割、提取特征等的理论、方法和技术,是信号处理的子类,相关理论涉及通信、计算机、电子、数学、物理等多个学科,已经成为一门发展迅速的综合性学科。

1.2.1 数字图像处理的主要内容

1. 图像获取

图像获取是指通过某些成像设备,将物体表面的反射光或通过物体的折射光转换成电压,然后在成像平面形成图像,通常需要经过模数转换实现数字图像的获取。获取图像的相关成像器件有 CCD(Charge-Coupled Device)图像传感器、CMOS(Complementary Metal Oxide Semiconductor)图像传感器、CID(Charge-Injected Device)图像传感器及其他一些特定场所应用的成像设备,可参看相关参考资料。

2. 图像基础处理技术

图像基础处理技术包括图像变换、图像增强、图像平滑、边缘检测与图像锐化以及图像复原等。

1) 图像变换

图像变换是对图像进行某种正交变换,将空间域中的图像信息转换到如频域、时频域等变换域,并进行相应的处理分析。经过变换后,图像信息的表现形式发生变化,某些特征会突显出来,方便后续处理,如低通滤波、高通滤波、变换编码等。图像变换常用的正交变换有离散傅里叶变换、离散余弦变换、K-L(Karhunen-Loeve)变换、离散小波变换等,不同变换具有不同的特点及应用。

2) 图像增强

图像增强的目的是将一幅图像中的有用信息(即感兴趣的信息)进行增强,同时将无用信息(即干扰信息或噪声)进行抑制,以提高图像的可观察性。根据增强目的的不同,图像增强技术涵盖对比度增强、图像平滑及图像锐化。

传统的图像对比度增强方法有灰度变换、基于直方图的增强等。随着技术的发展,一些新型技术被用于增强处理,如模糊增强、基于人类视觉的增强等。增强处理也被用于特定情形下的图像,并衍生出一系列的新方法,如去雾增强、低照度图像增强等。

3) 图像平滑

图像在获取、传输和存储过程中常常会受到各种噪声的干扰和影响,使图像质量下降,对分析图像不利。图像平滑是指通过抑制或消除图像中存在的噪声来改善图像质量的处理方法。

4) 边缘检测与图像锐化

边缘检测是指通过计算局部图像区域的亮度差异,检测出不同目标或场景各部分之间的边界,是图像锐化、图像分割、区域形状特征提取等技术的重要基础。图像锐化的目的是加强图像中景物的边缘和轮廓,突出或增强图像中的细节。

5) 图像复原

图像复原是将退化了的图像的原有信息复原,以达到清晰化的目的。图像复原是图像退化的逆过程,通过估计图像的退化过程,建立数学模型并补偿退化过程造成的失真。根据退化模糊产生原因的不同,采用不同图像复原方法可使图像变得清晰。

3. 图像压缩编码

图像压缩编码是指利用图像信号的统计特性和人类视觉的生理及心理特性,改变图像信号的表示方式,达到降低数据量的目的,以便存储和传输。图像编码的主要方法有统计编码、变换编码、预测编码、混合编码及一些新型编码方法。

经过多年的研究,行业内已经制定了若干图像编码标准,如针对静态图像编码的 JPEG、JPEG 2000 标准,针对实时视频通信应用的 H. 26x 系列标准,针对视频数据、广播电视和视频流的网络传输的 MPEG 系列标准,以及低比特率视频标准 H. 264。

4. 图像分析

图像分析包含图像分割、图像描述与分析两部分内容。

1）图像分割

图像分割是指把一幅图像分成不同的区域，以便进一步分析或改变图像的表示方式，如卫星图像中分成工业区、住宅区、森林等；人脸检测中需要分割人脸等。由于图像内容的复杂性，利用计算机实现图像自动分割是图像处理中最困难的问题之一，没有一种分割方法适用于所有问题。经验表明，实际应用中需要结合众多方法，根据具体的领域知识确定方案。

2）图像描述与分析

图像描述与分析是计算并提取图像中感兴趣目标的关键数据，用更加简洁、明确的数值和符号表示，突出重要信息并降低数据量，以便计算机对图像进行识别和理解，是数字图像处理系统中不可缺少的环节。

5. 图像综合处理技术

随着图像处理研究和应用的发展，除了上述基础处理技术之外，逐渐出现并发展了多种综合处理技术，如图像匹配、图像融合、图像检索、目标检测、图像水印、立体视觉等。这些图像处理技术的实现，常常需要多种基础处理技术的综合应用，属于较高层次的图像处理。

1）图像匹配

图像匹配是指针对不同时间、不同视角或不同拍摄条件下的同一场景的两幅或多幅图像，寻找它们之间在某一特性上的相似性，建立图像间的对应关系，以便进行对准、拼接、计算相关参数等操作，应用需求广泛。根据考虑特性的不同，匹配方法可以分为基于灰度的匹配和基于特征的匹配。

2）图像融合

图像融合是信息融合的一个分支，通过算法将两幅或多幅图像合成为一幅新图像，最大限度地获取目标场景的各种特征信息描述，以增强和优化后续的显示和处理。

3）图像检索

随着多媒体技术的迅猛发展，图像数据增长惊人。图像检索指的是能够快速、准确地查找访问图像的技术，包括基于内容的图像检索和基于特征的图像检索。

4）图像水印

图像水印技术是利用数据嵌入的方法将特定意义的标记隐藏在数字图像产品中，来辨识数据的版权或实现内容认证、防伪及隐蔽通信，是多媒体信息安全的内容之一。

5）立体视觉

立体视觉是仿照人类利用双目线索感知距离的方法来实现对三维信息的感知。在实现上采用基于三角测量的方法，运用两个或多个摄像机对同一景物从不同位置成像，并进而从视差中恢复距离，重建三维场景。

6）目标检测与跟踪

目标检测是搜索图像中感兴趣的目标并获得目标的客观信息。目标跟踪是根据当前运动信息估计和预测运动目标的运动趋势，以便为后续识别提供信息。目标检测与跟踪主要面向动态图像序列。

1.2.2 数字图像处理技术的分类

数字图像处理技术一般有三个层次：图像处理、图像分析及图像识别理解。

图像处理是指对输入图像进行变换，改善图像的视觉效果或增强某些特定信息（见

图 1-3)，是从图像到图像的处理过程。这类处理技术有降噪、增强、锐化、色彩处理、复原等。

(a) 原图　　(b) 增强图像

图 1-3　图像处理的增强示例

图像分析通过对图像中相关目标、相关内容进行检测和计算，获取某些客观信息，从而建立对图像的描述，以便对图像内容进行识别理解(见图 1-4)。图像分析是从图像到非图像(数据或符号)的处理过程，这类处理技术包括图像分割、图像描述和分析等。

```
status =
        Contrast:0.6303
     Correlation:0.7874
          Energy: 0.0901
     Homogeneity:0.7628
```

(a) 原图　　(b) 计算出的纹理参数

图 1-4　图像分析示例(含义见第 11 章)

图像识别理解是利用模式识别的方法和理论，根据从图像中提取出的数据理解图像内容。常采用的方法有经典的统计模式分类方法、支持向量机及人工神经网络等。从技术上来说，图像识别理解属于机器学习及模式识别技术范围。

本书主要讲解图像处理和分析方面的相关技术、原理和方法。

1.2.3　数字图像处理的应用

数字图像处理技术诞生于 20 世纪 50 年代，随着计算机技术的发展，数字图像处理也逐渐形成了完整的体系，并成为新兴的学科。近几年来，数字图像处理技术在各个领域得到广泛应用，对工业生产、日常生活产生巨大的影响。下面介绍部分典型应用。

1) 航空航天技术方面

这方面的应用主要是在飞机遥感和卫星遥感技术中，主要用于地形地质、矿藏探查、森林、水利、海洋、农业等资源调查、自然灾害预测预报、环境污染监测、气象卫星云图处理及地面军事目标的识别等。

2) 工业生产方面

图像处理技术在产品检测、工业探伤、自动流水线生产和装配、自动焊接、PCB(Printed Circuit Board)印制板检查以及各种危险场合的生产自动化方面得到大量应用，加快了生产速度,保证了质量的一致性,还可以避免因人的疲劳、注意力不集中等带来的误判。

3) 生物医学方面

CT(Computed Tomography)、核磁共振断层成像、超声成像、计算机辅助手术、显微医学操作等医学图像处理技术在医疗诊断中发挥着越来越重要的作用,医学图像处理、分析、识别、判读等都广泛地应用图像处理技术,实现自动处理、分析与识别,降低目视判读工作量,提高检验精度。

4) 军事公安方面

图像处理技术应用于巡航导弹制导、无人驾驶飞机飞行、自动行驶车辆、移动机器人、精确制导及自动巡航捕获目标和确定距离等方面,既可避免人的参与及由此带来的危险,也可提高精度和速度。此外,各种侦察照片的判读、公安业务图片的判读分析、指纹识别、人脸鉴别、不完整图片的复原、交通监控、事故分析等,利用图像处理技术拓展了刑侦手段。

5) 文化娱乐方面

数字图像处理技术在电视、电影画面的数字编辑、动画制作、电子图像游戏设计、纺织工艺品设计、服装设计与制作、发型设计、文物资料照片的复制和修复、依据头骨的人像复原等方面的应用中卓有成效,成为一种独特的美术工具,也给人们的生活带来巨大的视觉享受。

总之,图像处理技术的应用范围十分广泛,并且随着技术的发展,应用的广度及深度也不断加大。图 1-5 是数字图像的部分应用展示。

(a) 运动员动作分析　(b) 机器视觉

(c) 医学应用　(d) 自动驾驶　(e) 遥感应用

图 1-5　数字图像处理的部分应用

1.3　数字图像处理面临的问题

前面列举了不少图像处理的应用,但是,由于图像信号的特殊性,在实际应用中也面临着许多的问题,真正实现起来受到许多制约,需要在学习中注意。

1）图像的多义性

三维场景被投影为二维图像，则深度和不可见部分的信息丢失，因而会出现不同形状的三维物体投影在图像平面上产生相同图像的问题；同时不同视角获取同一物体的图像也会有很大的差异，导致获取的图像存在多义性。

2）环境因素的影响

图像受到场景中诸多因素的影响，如照明、物体形状、表面颜色、摄像机以及空间关系变化等。任何一个因素发生变化时，在人类视觉看来还是同样的场景，但对计算机来讲，数据发生了很大的变化，进而会影响到数字图像处理的各个环节。同一场景环境对图像的影响如图 1-6 所示，三幅图像的拍摄角度、空间位置、照明情况略有变化，人工判断是同一个场景，但计算机读取的数据截然不同。

图 1-6 同一场景环境因素对图像的影响示意图

3）图像数据量大

图像的数据量很大，例如，一幅未压缩的 1024×768 的真彩色 24 位图像，存储每一个像素点需 3 个字节（见第 2 章），总的大小为 1024×768×3B≈2.3MB；如果处理的是图像序列，则数据量更大。巨大的数据量给存储、处理、传输带来了很多问题。

研究人员致力于图像压缩技术的研究，目前已有多种很好的压缩方法及压缩标准，经过压缩的图像在保证质量的情况下大幅度降低了数据量，同时得益于计算机软硬件技术的发展，保证了图像的存储和传输。但是，随着图像技术越来越广泛的应用，信息逐渐膨胀，图像的大数据量对于图像处理的实时性要求依然是巨大的挑战。

1.4 相关术语

随着图像处理技术的发展，应用也越来越广，因而衍生出不同的专业术语，在此进行简要的区别介绍。

1）图像处理

图像处理一词一般有狭义和广义两种理解方式。狭义的图像处理即数字图像处理技术的第一层，属于信息预处理技术，输入图像，输出的是调整了视觉效果或增强了某些信息的图像。而广义的图像处理则涵盖了从预处理到图像识别理解的整个过程，是相关处理技术的一个统称。

2）计算机视觉

计算机视觉是使计算机具有通过一幅或多幅图像认知周围环境信息的能力，由相关的理论和技术，根据感测到的图像对实际物体和场景作出有意义的判定，是人工智能技术的分支。实际上包括了图像预处理以及识别理解。

3）机器视觉

机器视觉建立在计算机视觉理论基础上，在许多情况下，两个术语是一样的。不过对于工业应用，常用的术语是机器视觉。机器视觉是一门综合技术，包括图像处理、机械工程技术、控制、光学成像、数字视频技术、计算机软硬件技术等。

4）图像工程

图像工程是各种与图像有关技术的总称，包括图像处理、图像分析和图像理解三个层次及对图像技术的综合应用。

从以上介绍可以看出，这些不同术语的核心技术都是处理并理解图像信息，因应用环境不同，语义的侧重点也不同。

1.5 图像处理仿真

在正式实现图像处理之前，先进行计算机模拟或仿真，将其中核心的算法进行验证、调试和优化。在仿真实验以后，将其结果再放到计算机平台或其他硬件平台去运行调试。常用的图像处理仿真工具有 MATLAB、C++等，本书采用 MATLAB 作为仿真工具，实现对各算法的仿真模拟。

1）MATLAB

MATLAB(Matrix Laboratory)是美国 Mathworks 公司发布的主要面对科学计算、可视化及交互式程序设计的高科技计算环境，具有编程简单直观、绘图功能强、用户界面友好、开放性强等优点，配备功能强大且专业函数丰富的各类工具箱，如信号处理、小波、神经网络、控制系统工具箱等，在多个科学领域获得广泛应用。

MATLAB 实现的是基于矩阵的计算，适合作为二维矩阵的数字图像处理；认可当今常用的多种图像文件格式，提供图像处理工具箱，实现了图像运算、变换、增强、分析、复原、形态学等方面的图像处理运算，是一款优秀的仿真软件。

2）OpenCV

OpenCV(Open Source Computer Vision Library)于 1999 年由 Intel 建立，如今由 Willow Garage 提供支持，是一个基于 BSD(Berkeley Software Distribution，伯克利软件套件)许可(开源)发行的跨平台计算机视觉库，可以运行在 Linux、Windows、Mac OS 及 Android 系统上，使用 C++语言编写，提供了 Python、Ruby、Java 及 MATLAB 等语言的接口，实现了图像处理和计算机视觉方面的很多通用算法，目前版本为 V3.4.1，于 2018 年 2 月 27 日发布。

OpenCV 拥有包括 500 多个 C 函数的跨平台的中、高层 API，其功能概括如图 1-7 所示。它不依赖但可使用其他外部库。OpenCV 提供的视觉处理算法非常丰富，部分以 C 语言编写，加上其开源的特性，不需要添加新的外部支持也可以完整地编译链接生成执行程序，所以很多人用来做算法的移植。OpenCV 的代码经过适当改写可以运行在 DSP 系统和单片机系统中，这种移植经常作为相关专业本科生毕业设计或研究生课题的选题。

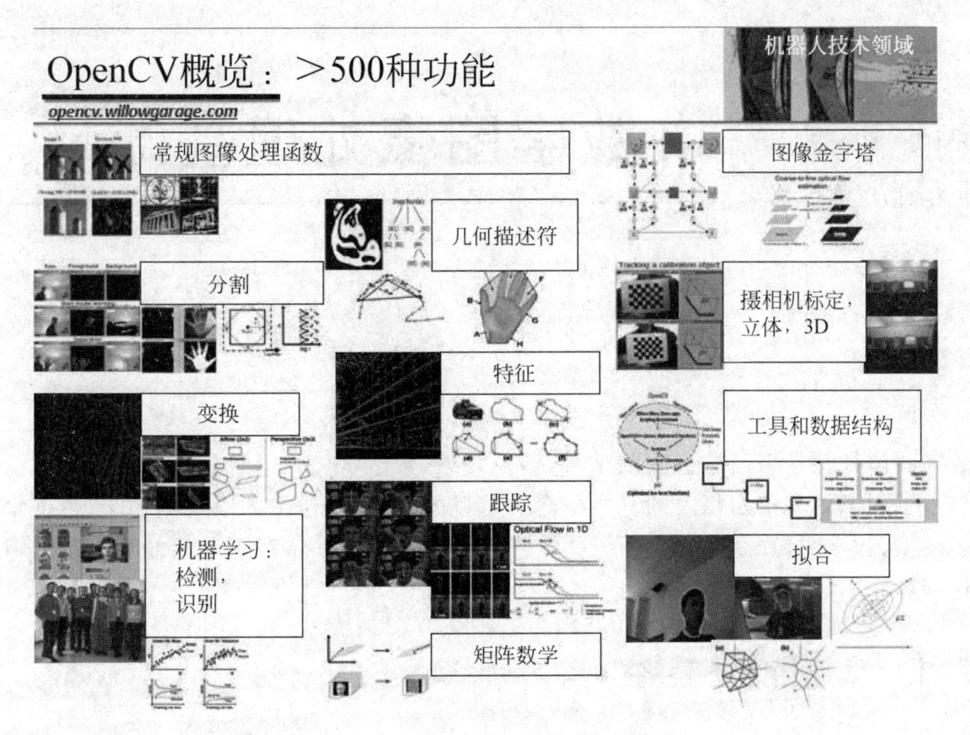

图 1-7 OpenCV 功能概括图

习题

1.1 什么是图像？图像可以分成哪些类别？有哪些特点？

1.2 数字图像处理的主要内容是什么？主要方法有哪些？

1.3 结合个人经历，举例说明一种图像处理技术及其在日常生活中的应用。

1.4 查阅资料，试说明数字图像成像器件、图像输入输出设备及其原理。

1.5 观看一个视频游戏、电视或电影片断，思考数字图像技术如何用于产生特殊视觉效果。

1.6 熟悉 MATLAB 仿真环境。

第 2 章 数字图像处理基础

CHAPTER 2

数字图像处理是一门综合性的学科，涉及物理、数学、电子、信息处理等多个领域。本章讲解与数字图像处理密切相关的基本概念和基础知识，主要包括人眼视觉系统、色度学基础与颜色模型、数字图像的生成与表示、数字图像的数值描述。本章可为后续更好地学习各种图像处理算法奠定基础。

2.1 人眼视觉系统

许多图像处理技术的目的是改善图像的视觉质量，这常常需要利用人眼视觉系统的特性；而人眼视觉系统也往往给图像处理技术以启发，所以，需要对人眼视觉系统有一定的了解。本节对人眼视觉系统的基本构造、视觉过程和视觉特性进行介绍。

2.1.1 人眼基本构造

人的视觉系统由眼球、神经系统和大脑的视觉中枢构成，人的眼球的断面图如图 2-1 所示。

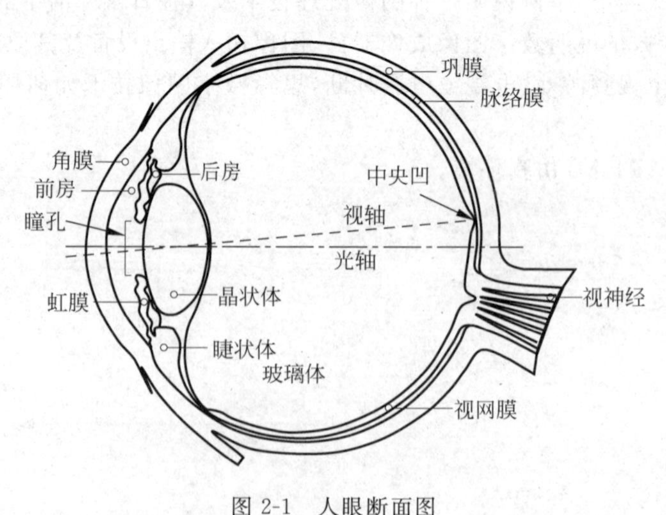

图 2-1 人眼断面图

眼睛直径约 24mm，大部分眼球壁由三层膜组成：外层保护着眼的内部，前部称为角膜，后部称为巩膜；中层包括虹膜、睫状体和脉络膜；内层为视网膜。眼球内部主要有晶状体和玻璃体。虹膜中央的圆孔是瞳孔，控制进入眼睛内部的光通量。睫状体位于虹膜后，其内部有睫状肌，可以调节晶状体曲率。角膜和虹膜之间、虹膜和晶状体之间充满水样透明液体，这种液体由睫状体产生，称为房水。

角膜、房水、晶状体、玻璃体是折射率不同的光学介质，属于屈光系统，作用是将不同远近的物体清晰地成像在视网膜上。

视网膜是人眼的感光系统，将光能转换并加工成神经冲动，经视神经传入大脑中的视觉中枢，从而产生视觉。视网膜由三层细胞组成，由外到内依次为感光细胞、双极细胞和神经节细胞。每一层均不只包含一类细胞。

视网膜第一层为感光细胞层，距离玻璃体最远，包括锥体细胞和杆体细胞两种视细胞，以它们的形状命名。锥体细胞感光灵敏度低，有3种类型(详见2.1.4节)，对入射的辐射有不同的频谱响应，是颜色视觉的基础。杆体细胞感光灵敏度高，分辨细节能力低，不感受颜色，仅提供视野的整体视像。

视网膜第二层为双极细胞层。双极细胞一端与视细胞连接，另一端与神经节细胞连接。一般情况下，每一个锥体细胞都与一个双极细胞连接，因此，在光亮条件下，每一锥体细胞能够清晰地分辨外界对象的细节。而多个杆体细胞只连接一个双极细胞，因此在黑暗条件下，通过多个杆体细胞对外界微弱刺激的总和作用，能得到高的感光灵敏度。

视网膜第三层是神经节细胞层，距离玻璃体最近，主要含有神经节细胞，与视神经连接。视神经穿过眼球后壁进入脑内的视觉中枢。

光线由角膜进入眼球到达视网膜，先通过视网膜的第三层和第二层，最后才到达锥体细胞和杆体细胞。

视网膜中央部位有一个呈黄色的锥体细胞密集区，直径为2～3mm，称为黄斑。黄斑中央有一凹窝，称为中央凹，是视觉最敏锐的地方，锥体细胞的密度在中央凹处最大。在视网膜中央的黄斑部位和中央凹大约3°视角范围内主要是锥体细胞，几乎没有杆体细胞；由里向外锥体细胞急剧减少，而杆体细胞逐渐增多。在距离中央凹20°的地方，杆体细胞的数量最大。在距中央凹约4mm的鼻侧，为视神经纤维及视网膜中央动脉和静脉所通过，此处没有视细胞，称为盲点。

2.1.2　视觉过程

视觉过程从光源发光开始，光通过场景中的物体反射进入作为视觉感官的左右眼睛，并同时作用在视网膜上引起视感觉，光刺激在视网膜上，经神经处理产生的神经冲动沿视神经纤维传出眼睛，通过视觉通道传到大脑皮层进行处理，并最终引起视知觉。整个视觉过程可以分为三个过程：光学过程、化学过程和神经处理过程。

光学过程由人眼实现光学成像过程，基本确定了成像的尺寸。

化学过程与人眼视网膜中的感光细胞有关，基本确定了成像的亮度或颜色。锥体细胞和杆体细胞均由色素分子组成，可吸收光。当入射光增加，受到照射的视网膜细胞数量也增加，色素的化学反应增强，从而产生更强的神经元信号。

神经处理过程是在大脑神经系统里进行的转换过程。每个视网膜接受单元都通过突触与一个神经元细胞相连，每个神经元细胞借助于其他的突触与其他细胞连接，从而构成光神经网络。光神经进一步与大脑中的侧区域连接，并到达大脑中的纹状皮层，对光刺激产生的响应进行一系列处理，最终形成关于场景的表象，进而将对光的感觉转化为对景物的知觉。

人眼在观察景物时，从物体反射光到光信号传入大脑神经，经过屈光、感光、传输、处理等一系列过程，从而产生物体大小、形状、亮度、颜色、运动、立体等感觉。

2.1.3 明暗视觉

明暗视觉是指与光的刺激强度(即光的亮度因子)有关的视觉。本节主要介绍人眼明暗视觉方面的两大特性：人眼的亮度适应特性；主观亮度和客观亮度的非线性关系特性。

1. 人眼的亮度适应

亮度是视觉中最基本的信息。人的视觉系统有很大的亮度适应范围，在照度为 10^5lx 的直射日光下和照度为 0.0003lx 的夜晚都能看到物体(lux，勒克司，法定符号 lx，照度单位，为距离光强为 1cd(坎德拉)的光源 1 米处的照明强度)。但人眼并不能同时在这么大范围内工作，是靠改变它的具体敏感度来实现亮度适应的：一是通过改变瞳孔大小来调节光量，调节范围是 10～20 倍；二是通过明暗视觉转换来适应。

在光亮条件下，即亮度 3cd/m^2 以上时(亮度分界点有不同说法)，锥体细胞起作用，称为明视觉。当亮度达到 10cd/m^2 以上时可以认为完全是锥体细胞起作用。在暗条件下，亮度达到 0.001cd/m^2 以下时，杆体细胞起作用，称为暗视觉。杆体细胞能感受微光的刺激，但不能分辨颜色和细节。在明视觉和暗视觉之间的亮度水平下，称为中间视觉，锥体细胞和杆体细胞共同起作用。

亮度适应包括暗适应和明适应，使得眼睛能够在极宽的光照范围内(10^{10} 量级)工作。暗适应是指眼睛从亮处进入暗处时，一开始几乎看不见任何物体，一段时间内逐渐恢复视觉的现象。暗适应过程中人眼瞳孔放大，以增加射入眼内的光能；人眼由锥体细胞起作用转变成杆体细胞起作用。明适应则是指从暗处进入亮处，感觉光线刺眼，一段时间后恢复正常的现象。在明适应时间段内，瞳孔缩小，以减少射入眼内的光能；同时人眼由杆体细胞起作用转变为锥体细胞起作用。

2. 马赫带效应和同时对比度

亮度是一种外界辐射的物理量在视觉中反映出来的心理物理量，感觉亮度(主观亮度)与实际亮度之间呈非线性关系。这种非线性关系在马赫带效应和同时对比度中有所体现。

马赫带效应如图 2-2 所示。图 2-2(a)给出两块亮度不同的均匀区域，在两块区域边界处亮度突变，但感觉在亮度变化的边界附近的暗区和亮区中，分别存在一条更黑和更亮的条带，称为马赫(Mach)带。图 2-2(b)有多个不同亮度块，每个边界处都有很明显的马赫带效应。

同时对比度如图 2-3 所示，四个相同亮度的小方块，放在不同亮度的背景下，感觉小方块亮度不一样，暗背景下的小方块要亮一些，亮背景下的小方块要暗一些。

2.1.4 颜色视觉

颜色视觉，是指可见光谱的辐射能量作用于人的视觉器官所产生的颜色感觉，又称色觉。本节介绍颜色视觉的原理及颜色恒常性和色适应两个特性。

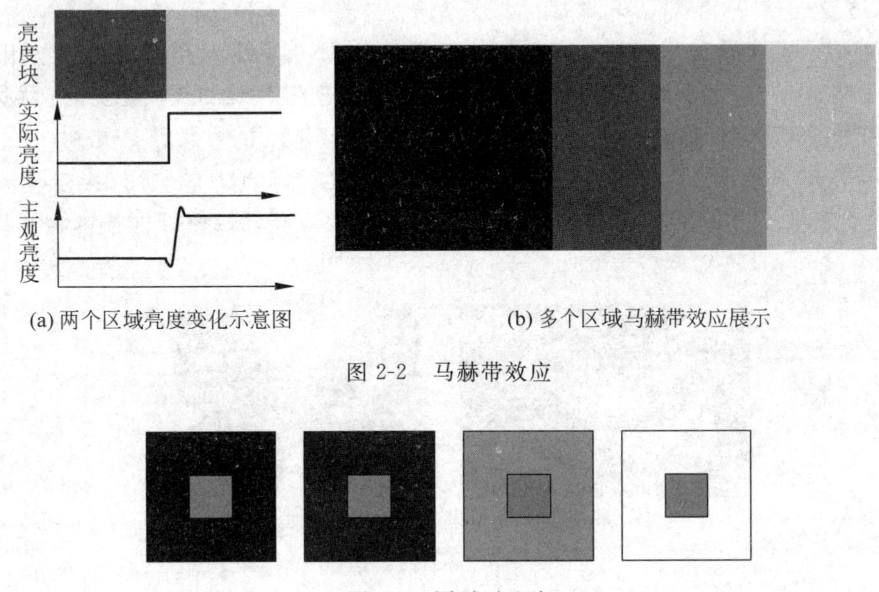

(a) 两个区域亮度变化示意图　　(b) 多个区域马赫带效应展示

图 2-2　马赫带效应

图 2-3　同时对比度

1. 光感受细胞与颜色

人眼除了对光有明暗亮度的分辨力外，还能分辨颜色。实验证明，人眼视网膜上含有三种不同类型的锥体细胞，三种锥体细胞中分别含有三种不同的视色素，具有不同的光谱敏感性。实验测得三种视色素的光谱吸收峰值分别在 440～450nm、530～540nm、560～570nm 处，称这三种视色素为亲蓝、亲绿和亲红视色素。外界光辐射进入人眼时被三种锥体细胞按它们各自的吸收特性所吸收，细胞色素吸收光子后引起光化学反应，视色素被分解漂白，同时触发生物能，引起视神经活动。视色素的漂白程度及产生的生物能的大小与此类锥体细胞吸收的光子数量有关，光子数越多，则漂白程度越高。人体对不同色彩的感觉，就是不同的光辐射对三种视色素不同程度的漂白的综合结果。人眼的明亮感觉是三种锥体细胞提供的亮度之和。

实验证明杆体细胞只有一种，它含有视紫红色素，其光谱吸收峰值在 500nm 左右，暗视觉条件下只有杆体细胞起作用，仅由视紫红色素吸收光子，所以暗视觉时不能分辨颜色，只有明亮感觉。杆体细胞中视紫红色素的合成需要维生素 A 的参与，所以缺乏维生素 A 的人常有夜盲症。

视网膜中央凹部位与边缘部位锥体细胞和杆体细胞的分布不同，由中央向边缘过渡，锥体细胞减少，杆体细胞增多，对颜色的分辨能力逐渐减弱，直到对颜色感觉消失。

2. 颜色恒常性

颜色恒常性(Color Constancy)是指当外界条件发生变化后，人们对物体表面颜色的知觉仍然保持不变。物体的颜色不是由入射光决定的，而是由物体本身的吸收、反射属性决定的。某一个特定物体，由于环境(尤其特指光照环境)的变化，该物体表面的反射谱会有不同，人类的视觉识别系统能够识别出这种变化，并能够判断出该变化是由光照环境的变化而产生的，从而认为该物体表面颜色是恒定不变的。例如，白天阳光下的煤块反射出来的光亮的绝对值比夜晚的白雪反射出来的还大，但仍然感觉白雪是白色的，煤块是黑色的。

3. 色适应

人眼对某一色光适应后再观察另一物体的颜色时，不能立即获得客观的颜色印象，而是带有原适应色光的补色成分，经过一段时间适应后才会获得客观的颜色感觉，这就是色适应的过程。如图 2-4 所示，盯着图 2-4(a)中间的深色点，持续十几秒，转移目光到白色背景，则看到如图 2-4(b)所示的图像。这一诱导出的补色时隐时现，直到最后完全消失，这就是色适应现象，其生理过程和亮度适应类似，是外界环境变化时三种锥体细胞各自调节其灵敏度导致的。

(a) 原图　　(b) 补色图

图 2-4　色适应示例

2.1.5 立体视觉

立体视觉是指从二维视网膜像中获得三维视觉空间，也就是获得物体的深度距离等信息。人类并没有专门用来感知距离的器官，对空间的感知一是依靠视力，二是借助于一些外部客观条件和自身机体内部条件。

人对空间场景的深度感知主要依靠双目视觉实现，每只眼睛的视网膜上各自形成一个独立的视像，由于双眼相距约 65mm，两个视像相当于从不同角度观察，因而两眼视像不同，即双眼视差。双眼视差和物体的深度之间存在有一定的关系，从而可以感知距离，产生立体视觉。单目视觉也可以提供深度距离信息，刺激物本身的一些物理条件，通过观察者的经验和学习，在一定条件下也可以成为感知深度和距离的线索，如物体大小、照明变化、物体的遮挡等。

机体自身也可以提供一些感知深度信息的线索，如通过眼肌调节晶状体以在视网膜上获得清晰视像，这种调节活动提供了有关物体距离的信息；观看远近不同的物体时，两眼视轴要完成一定的辐合运动，将各自的中央凹对准物体，将物体映射到视网膜感受性最高的区域，控制视轴辐合的眼肌运动也能给大脑提供关于物体距离的信息。

立体视觉是数字图像处理的一个研究方面——机器视觉的重要研究内容，核心的研究思路就是仿照人类利用双目线索感知距离的方法实现对三维信息的感知，在实现上采用基于三角测量的方法，运用两个或多个摄像机对同一景物从不同位置成像，并进而从视差中恢复距离。

2.1.6 视觉暂留

人眼在观察景物时，光信号传入大脑神经，需经过一段短暂的时间，光的作用结束后，视觉形象并不立即消失，这种残留的视觉称"后像"，视觉的这一现象则被称为"视觉暂留"。

人眼对于不同频率的光有不同的暂留时间，主要是感光细胞中的色素反应需要一定时间导致的。视觉暂留是动态图像产生的原因,其具体应用是电影的拍摄和放映。

人眼视觉系统是一个很复杂的系统,除了能够产生明暗、颜色、立体等视觉信息,还可以感知形状、运动等信息,甚至是产生视错觉,本节只是介绍了跟后续图像处理技术结合比较紧密的相关知识,要对人眼视觉系统有更进一步的了解请参阅相关参考资料。

2.2　色度学基础与颜色模型

若要将颜色转变为数字量,必须解决它的定量度量问题,但是,颜色是光作用于人眼引起的视觉特性,不是纯物理量,涉及观察者的视觉生理、心理、照明、观察条件等许多问题。如何进行颜色的测量和定量描述是色度学的研究对象,学习图像处理首先要了解颜色的相关知识。本节主要介绍CIE(国际照明委员会)色度学的基础知识,主要包括颜色的表示和相关计算,详细地介绍了在以后学习和研究中常用的一些概念和模型。

2.2.1　颜色匹配

颜色匹配是指把两种颜色调节到视觉上相同或相等的过程,将观察者的颜色感觉数字化。在颜色匹配中,用于颜色混合以产生任意颜色的三种颜色称为三原色,三原色中任何一种颜色不能由其余两种原色相加混合得到。通常相加混色中用红、绿、蓝三种颜色为三原色。

1. 颜色匹配实验

颜色匹配实验是色度学中最基本的心理物理学实验。实验方法如图2-5所示。图的左方是一块白色屏幕,上下用一黑挡屏隔开,红、绿、蓝三原色光照射白色屏幕的上半部,待测色光照射白色屏幕的下半部,并通过小孔观察上下两种颜色。调节上方三原色光的强度,使混合色和待测色在视觉上相同,这种方法称为颜色匹配。所看到的视场如图2-5中的右下方所示。

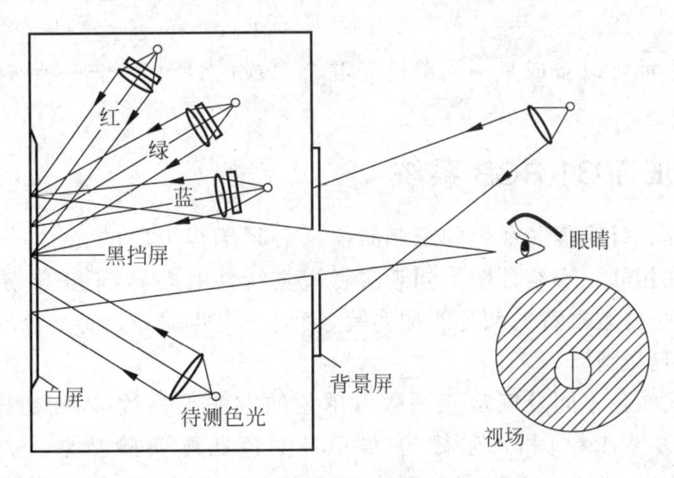

图2-5　颜色匹配实验

视场小孔内的颜色称为孔色,中间有分界线。当视场两部分光颜色相同时,分界线消失,认为待测光的光色与三原色的混合光色达到色匹配。视场外周一圈色光是背景,在视场两部分光色达到匹配后，改变背景光，两个颜色始终保持匹配(颜色匹配恒常律)。

2. 三刺激值和色品图

颜色匹配实验中，当颜色匹配时，可用如下公式表示：

$$C(C) \equiv R(R) + G(G) + B(B) \tag{2-1}$$

式中，"≡"代表视觉上相等，即颜色相互匹配；(C)代表被匹配颜色单位；(R)、(G)、(B)代表产生混合色的红、绿、蓝三原色单位；C代表被匹配色数量；R、G、B分别代表三原色红、绿、蓝数量，称为"三刺激值"。一种颜色与一组RGB值相对应，两种颜色只要RGB数值相同，颜色感觉就相同。

三原色各自在$R+G+B$总量中的相对比例称为色品坐标，用符号r、g、b来表示，公式如下：

$$\begin{cases} r = R/(R+G+B) \\ g = G/(R+G+B) \\ b = B/(R+G+B) \end{cases} \tag{2-2}$$

由于$r+g+b=1$，所以$b=1-r-g$，实质上只有两个独立量。

以色品坐标r、g、b表示的平面图称为色品图，如图2-6所示。三角形三个顶点对应于三原色(R)、(G)、(B)，横坐标为r，纵坐标为g。标准白光(W)的三刺激值为$R=G=B=1$，所以，它的色品坐标为$r=g=1/3$。

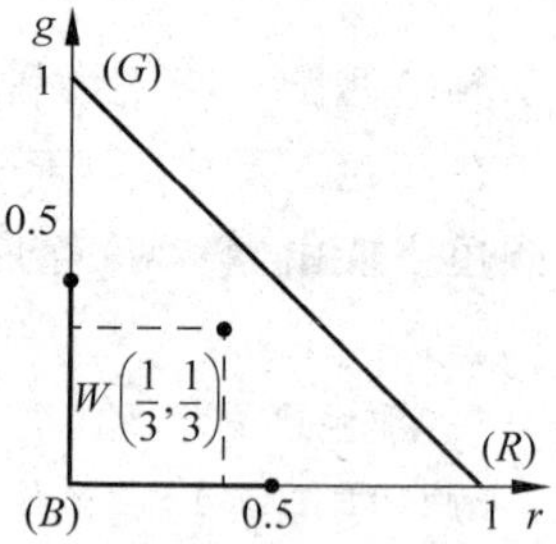

图 2-6　色品图

3. 光谱三刺激值

在颜色匹配实验中，将待测色光设为某一种波长的单色光(亦称为光谱色)，可得到对应于各种单色光的三刺激值。将各单色光的辐射能量值都保持为相同(称为等能光谱)，所得到的三刺激值称为"光谱三刺激值"，即匹配等能光谱色的三原色数量。光谱三刺激值又称为颜色匹配函数，其数值只取决于人眼的视觉特性。

任何颜色的光都可以看成是不同单色光混合而成的，所以光谱三刺激值能作为颜色色度计算的基础。

2.2.2 CIE 1931-RGB 系统

颜色匹配方程和计算任一颜色的三刺激值都必须测得人眼的光谱三刺激值，将辐射光谱与人眼颜色特性相联。实验证明不同观察者视觉特性有差异，但正常颜色视觉的人的差异不大，故可根据一些观察者的颜色匹配实验，确定一组匹配等能光谱色的三原色数据——"标准色度观察三刺激值"。

由于选用的三原色不同及确定三刺激值单位的方法不一致，因而数据无法统一。CIE综合了莱特(W. D. Wright)和吉尔德(J. Guild)颜色匹配实验结果，选择波长为700nm(红)、546.1nm(绿)、435.8nm(蓝)的三种单色光作为三原色，以相等数量的三原色刺激值匹配出等能白光(E光源)，确定了三刺激值单位。700nm是可见光谱的红色末端，546.1nm和435.8nm为明显的汞谱线，三者都能比较精确地产生出来。

1931年，CIE定出匹配等能光谱色的RGB三刺激值，用$\bar{r}$、$\bar{g}$、$\bar{b}$表示，称为"CIE 1931-RGB

系统标准色度观察者光谱三刺激值”，简称“CIE 1931-RGB 系统标准色度观察者”，代表人眼 2°视场的平均颜色视觉特性，这一系统称为“CIE 1931-RGB 色度系统”，如图 2-7 所示。在色品图中偏马蹄形曲线是所有光谱色色品点连接起来的轨迹，称为光谱轨迹。

光谱三刺激值与光谱色色品坐标的关系为

$$\begin{cases} r = \dfrac{\bar{r}}{\bar{r}+\bar{g}+\bar{b}} \\ g = \dfrac{\bar{g}}{\bar{r}+\bar{g}+\bar{b}} \end{cases} \tag{2-3}$$

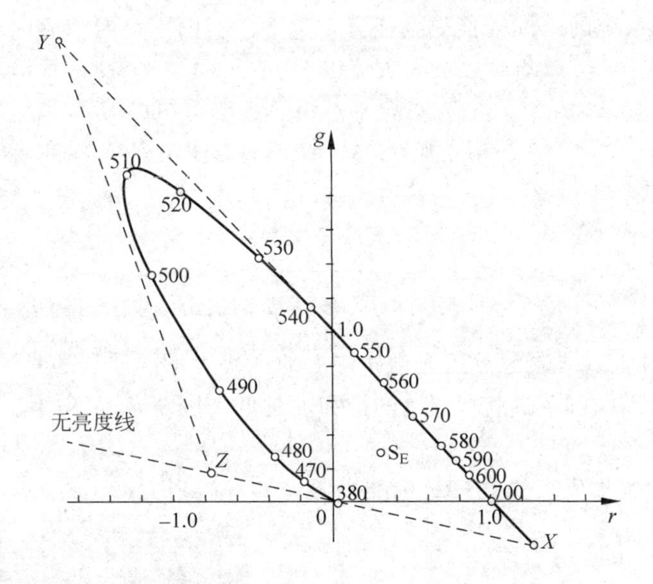

图 2-7　CIE 1931-RGB 系统色品图及(R)、(G)、(B)向(X)、(Y)、(Z)的转换

从图 2-7 可以看出，光谱三刺激值和光谱轨迹的色品坐标有很大一部分出现负值。其物理意义可从匹配实验的过程中来理解。当投射到半视场的某些光谱色用另一半视场的三原色来匹配时，不管三原色如何调节都不能使两视场颜色达到匹配，只有在光谱色半视场内加入适量的原色之一才能达到匹配，加在光谱色半视场的原色用负值表示，于是出现负色品坐标值。色品图的三角形顶点表示红(R)、绿(G)、蓝(B)三原色；负值的色品坐标落在原色三角形之外；在原色三角形以内的各色品点的坐标为正值。

2.2.3　CIE 1931 标准色度系统

CIE 1931-RGB 系统是从实验得出的，可用于色度学计算，但计算中会出现负值，用起来不方便，又不易理解，故 1931 年 CIE 推荐了一个新的国际通用的色度系统：CIE 1931-XYZ 系统，由 CIE 1931-RGB 系统推导而来，其匹配等能光谱的三刺激值定名为“CIE 1931 标准色度观察者光谱三刺激值”，简称为“CIE 1931 标准色度观察者”。

CIE 1931-XYZ 系统用三个假想的原色(X)、(Y)、(Z)建立了一个新的色度系统，系统中光谱三刺激值全为正值。因此选择三原色时，必须使三原色所形成的颜色三角形能包括整个光谱轨迹。即整个光谱轨迹完全落在 X、Y、Z 所形成的虚线三角形内。

CIE 1931 标准色度观察者的色品图是马蹄形的，假想的三原色(X)为红原色，(Y)为绿原色，(Z)为蓝原色。它们都落在光谱轨迹的外面，在光谱外面的所有颜色都是物理上不能实现的。光谱轨迹曲线以及连接光谱两端点的直线所构成的马蹄形内包括了一切物理上能实现的颜色。

RGB 系统向 XYZ 系统推导的过程就是假想三角形 XYZ 三条边 XY、XZ、YZ 方程确定的过程，如图 2-7 所示。规定 X、Z 两原色只代表色度，XZ 线称为无亮度线；光谱轨迹从 540nm 附近至 700nm，在 RGB 色品图上基本是一段直线，为 XY 边；YZ 边取与光谱轨迹波长 503nm 点相切的直线。

通过两个色度系统的坐标转换得到任意一种颜色新旧三刺激值之间的关系如下：

$$\begin{cases} X = 2.7689R + 1.7517G + 1.1302B \\ Y = 1.0000R + 4.5907G + 0.0601B \\ Z = 0 + 0.0565G + 5.5942B \end{cases} \tag{2-4}$$

颜色的色品坐标如下：

$$\begin{cases} x = X/(X+Y+Z) \\ y = Y/(X+Y+Z) \\ z = Z/(X+Y+Z) \end{cases} \tag{2-5}$$

色品图中心为白点(非彩色点)，光谱轨迹上的点代表不同波长的光谱色，是饱和度最高的颜色，越接近色品图中心(白点)，颜色的饱和度越低。围绕色品图中心不同角度的颜色色调不同。

图 2-8 中的 C 和 E 代表的是 CIE 标准光源 C 和等能白光 E。图 2-8 中越靠近 C 点或 E 点的颜色饱和度越低。

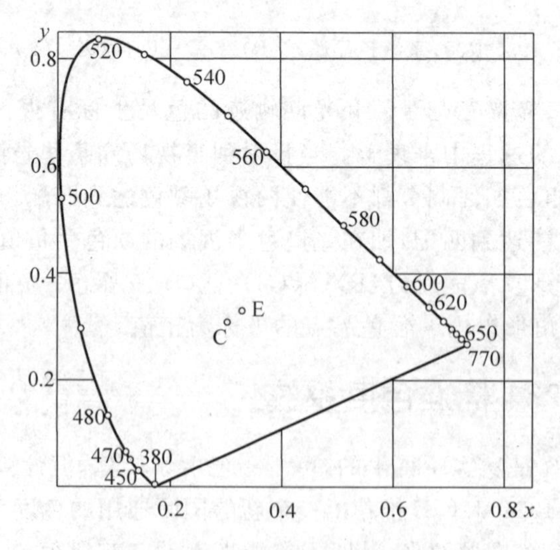

图 2-8　CIE 1931 x-y 色品图

CIE 1931 标准色度观察者的数据适用于 2°视场的中央视觉观察条件(视场在 1°～4°范围内)，主要是中央凹锥体细胞起作用。对极小面积的颜色观察不再有效；对于大于 4°视场的观察面积，另有 10°视场的“CIE 1964 补充标准色度观察者数据”，可参看相关资料。

2.2.4　CIE 1976 $L^*a^*b^*$ 均匀颜色空间

标准色度系统解决了用数量来描述颜色的问题，但不能解决色差判别的问题，因此，CIE 做了大量的工作，对人眼的辨色能力进行了研究，寻找到不同的均匀颜色空间。所谓均匀颜色空间，指的是一个三维空间，每个点代表一种颜色，空间中两点之间的距离代表两种颜色的色差，相等的距离代表相同的色差。

1976 年 CIE 推荐了两个色空间及有关的色差公式，分别称为 CIE 1976$L^*u^*v^*$ 色空间和 CIE 1976 $L^*a^*b^*$ 色空间，也可以简写为 CIE LUV 和 CIE LAB。CIE LUV 均匀色空间及色差公式主要应用于照明、CRT 和电视工业以及采用加色法混合产生色彩的行业；CIE LAB 主要应用于颜料和图像艺术工业，近代的颜色数码成像标准和实际应用也是用 CIE LAB。因此，本小节主要介绍 CIE 1976 $L^*a^*b^*$ 色空间及色差公式。

1. CIE 1976 $L^*a^*b^*$ 均匀色空间

CIE $L^*a^*b^*$ 均匀色空间的三维坐标如式(2-6)所示，其示意图如图 2-9 所示。

$$\begin{cases} L^* = 116f(Y/Y_n) - 16 \\ a^* = 500[f(X/X_n) - f(Y/Y_n)] \\ b^* = 200[f(Y/Y_n) - f(Z/Z_n)] \end{cases} \tag{2-6}$$

式中

$$\begin{cases} f(\alpha) = (\alpha)^{\frac{1}{3}}, & \alpha > (24/116)^3 \\ f(\alpha) = \alpha 841/108 + 16/116, & \alpha \leqslant (24/116)^3 \end{cases}, 且\ \alpha = \frac{X}{X_n}, \frac{Y}{Y_n}, \frac{Z}{Z_n}$$

其中，X、Y、Z 为颜色的三刺激值；X_n、Y_n、Z_n 为指定的白色刺激的三刺激值，多数情况下为 CIE 标准照明体照射在完全漫反射体上，再经过完全漫反射面反射至观察者眼中的白色刺激的三刺激值，其中 $Y_n=100$。

式(2-6)的逆运算如下：

$$\begin{cases} f(Y/Y_n) = (L^* + 16)/116 \\ f(X/X_n) = a^*/500 + f(Y/Y_n) \\ f(Z/Z_n) = f(Y/Y_n) - b^*/200 \end{cases} \tag{2-7}$$

式中

$$\begin{cases} \beta = \beta_n[f(\beta/\beta_n)]^3, & f(\beta/\beta_n) > 24/116 \\ \beta = \beta_n[f(\beta/\beta_n) - 16/116]\cdot 108/841, & f(\beta/\beta_n) \leqslant 24/116 \end{cases}, 且\ \beta = X, Z$$

$$\begin{cases} Y = Y_n[f(Y/Y_n)]^3, & f(Y/Y_n) > 24/116\ 或\ L^* > 8 \\ Y = Y_n[f(Y/Y_n) - 16/116]\cdot 108/841, & f(Y/Y_n) \leqslant 24/116\ 或\ L^* \leqslant 8 \end{cases}$$

2. CIE 1976 $L^*a^*b^*$ 色差公式

$L^*a^*b^*$ 颜色色差示意图如图 2-10 所示，色差公式如下：

$$\begin{aligned} \Delta E^*_{ab} &= [(L_1^* - L_2^*)^2 + (a_1^* - a_2^*)^2 + (b_1^* - b_2^*)^2]^{\frac{1}{2}} \\ &= [(\Delta L^*)^2 + (\Delta a^*)^2 + (\Delta b^*)^2]^{\frac{1}{2}} \end{aligned} \tag{2-8}$$

式中，ΔE^*_{ab} 是两个颜色的色差，ΔL^* 为明度差；Δa^* 为红绿色品差（a^* 轴为红绿轴），Δb^* 为黄蓝色品差（b^* 轴为黄蓝轴）。

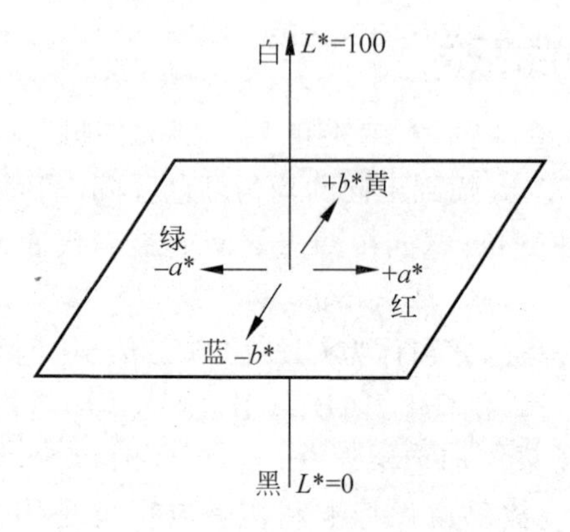

图 2-9　$L^*a^*b^*$ 均匀颜色空间示意图

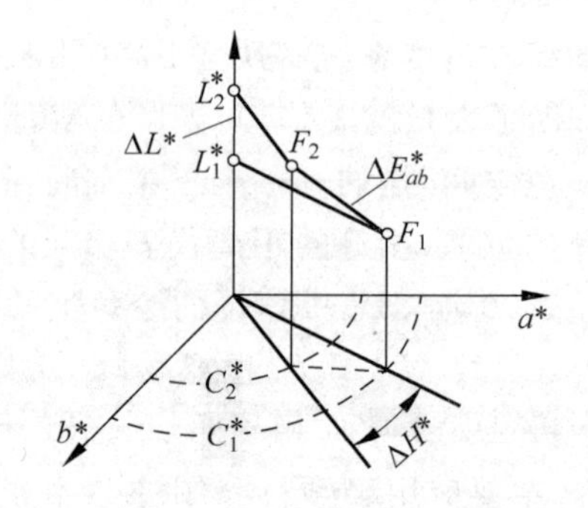

图 2-10　$L^*a^*b^*$ 颜色色差示意图

CIE 又定义了心理彩度 C^* 和心理色相角 H^*，它们与心理明度 L^* 共同构成了与孟塞尔圆柱坐标相对应的心理明度(L^*)、彩度(C^*)和色相角(H^*)圆柱坐标体系。计算方法如下：

$$\begin{cases} L^* = 116(Y/Y_n)^{\frac{1}{3}} - 16 \\ C_{ab}^* = [(a^*)^2 + (b^*)^2]^{1/2} \\ H_{ab}^* = \arctan(b^*/a^*) \end{cases} \tag{2-9}$$

色调差为

$$\Delta H_{ab}^* = [(\Delta E_{ab}^*)^2 - (\Delta L^*)^2 - (\Delta C_{ab}^*)^2]^{1/2} \tag{2-10}$$

CIE 1976$L^*a^*b^*$ 色空间也不是完善的知觉均匀色空间，因而在 1976 年以后提出许多改进 CIE LAB 色差公式的方案，例如 CMC(l：c)色差公式、BFD 色差公式、CIE DE2000 色差公式等，可参看相关资料。

2.2.5　孟塞尔表色系统

CIE 色度系统通过三刺激值来定量地描述颜色，这一表色系统称为混色系统。混色系统的颜色可用数字量表示、计算和测量，是应用心理物理学的方法表示在特定条件下的颜色量，但三刺激值和色品坐标不能与人的视觉所能感知的颜色三属性(明度、色调和饱和度)直接关联。

孟塞尔表色系统是由美国美术家孟塞尔(A. H. Munsell)在 20 世纪初建立的一种表色系统，已成为美国国家标准协会和美国材料测试协会的颜色标准，是目前世界公认最重要的表色系统之一，中国颜色体系及日本颜色标准将其作为参考。

孟塞尔表色系统用一个三维空间模型将各种表面色的三种视觉特性(明度、色调、饱和度)全部表示出来。在立体模型中，每一个点代表着一种特定的颜色，其中颜色饱和度用孟塞尔彩度表示，并按色度、明度、彩度的次序给出一个特定的颜色标号。各标号的颜色都用一种着色物体(如纸片)制成颜色卡片，按标号次序排列起来，汇编成颜色图册。

1. 孟塞尔明度(Value)

孟塞尔颜色立体的中心轴代表由底部的黑色到顶部白色的非彩色系列的明度值，称为孟塞尔明度，以符号 V 表示。孟塞尔明度值由 0 至 10 共分为 11 个在视觉上等距(等明度差)的等级。

理想黑色 $V=0$，理想白色 $V=10$。实际应用中由于理想的白色、黑色不存在，所以只用到 1～9 级。

2. 孟塞尔彩度(Chroma)

在孟塞尔色立体中，颜色的饱和度以离开中央轴的距离来表示，称为孟塞尔彩度，表示这一颜色与相同明度值的非彩色之间的差别程度，以符号 C 来表示。

3. 孟塞尔色调(Hue)

孟塞尔色调是以围绕色立体中央轴的角位置来代表的，以符号 H 表示。

孟塞尔色立体水平剖面上以中央轴为中心，将圆周等分为 10 个部分，排列着 10 种基本色调组成色调环。孟塞尔色立体的某一色调面如图 2-11 所示，孟塞尔色立体的色调分布示意图如图 2-12 所示。

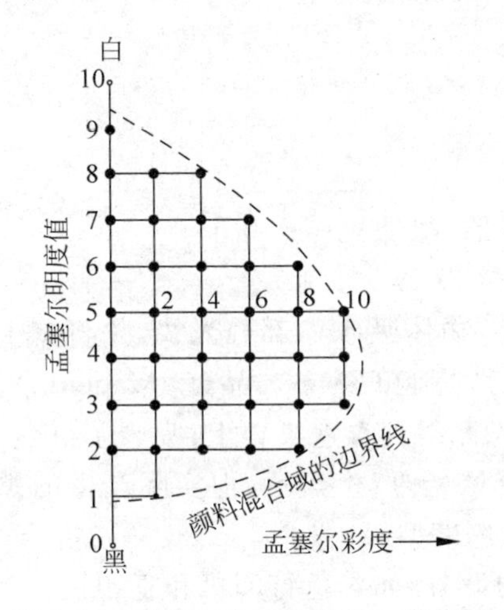

图 2-11 孟塞尔色立体的某一色调面

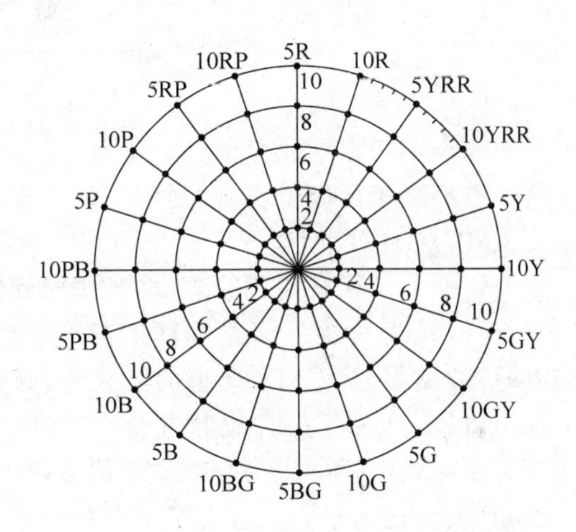

图 2-12 孟塞尔色立体的色调分布示意图

色调环上的 10 种基本色调中，有红(R)、黄(Y)、绿(G)、蓝(B)、紫(P)五个主要色调，黄红(YR)、绿黄(GY)、蓝绿(BG)、紫蓝(PB)、红紫(RP)五个中间色调，10 个色调的正色赋予数值 5。每一种色调再细分成 10 个等级，从 1 到 10，并规定每种主要色调和中间色调的标号均为 5，孟塞尔色调环共有 100 个刻度(色调)。色调值 10 等于下一个色调的 0。

2.2.6 常用颜色模型

颜色模型是为了不同的研究目的确立了某种标准，并按这个标准用基色表示颜色。一般情况下，一种颜色模型用一个三维坐标系统和系统中的一个子空间来表示，每种颜色是这个子空间的一个单点。颜色模型也称为彩色空间。

CIE 在进行大量的色彩测试实验的基础上提出了一系列的颜色模型对色彩进行描述，不同的颜色模型之间可以通过数学方法互相转换。

1. RGB 模型

CIE 规定以 700nm(红)、546.1nm(绿)、435.8nm(蓝)三个色光为三基色，又称为物理三基色。颜色可以用这三基色按不同比例混合而成，RGB 模型正是基于 RGB 三基色的颜色模型。

RGB 模型是一个正立方体形状，如图 2-13 所示。其中任一个点都代表一种颜色，含有

R、G、B 三个分量，每个分量均量化到8位，用0～255表示。坐标原点为黑色(0,0,0)；坐标轴上的三个顶点分别为红(255,0,0)、绿(0,255,0)、蓝(0,0,255)；另外三个坐标面上的顶点为紫(255,0,255)、青(0,255,255)、黄(255,255,0)；白色在原点的对角点上；从黑到白的连线上，颜色 $R=G=B$ 的各点为不同明暗度的灰色，所以灰度图像也可以认为是各颜色 RGB 值相等的彩色图像。

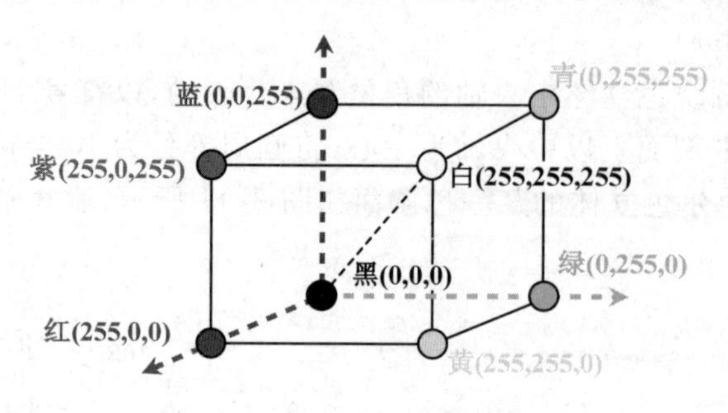

图 2-13 RGB颜色模型

这个模型易于用硬件实现，通常应用于彩色监视器、摄像机等产品上。

2. CMY/CMYK 模型

这种模型基于相减混色原理，白光照射到物体上，物体吸收一部分光线，并将剩下的光线反射，反射光线的颜色即是物体的颜色。CMY为"青色(Cyan)、品红(Magenta)、黄色(Yellow)"的缩写，是CMY模型的三基色，例如，白光照射到青色染料上，吸收了红色光，所以呈现出青色。CMY三种染料混合，会吸收所有可见光，产生黑色，但实际产生的黑色不纯，因此，在CMY基础上，加入黑色，形成CMYK彩色模型。

CMY模型运用于大多数在纸上沉积彩色颜料的设备，如彩色打印机和复印机。

在计算机中表示颜色，通常采用 RGB 数据，而彩色打印机要求输入 $CMYK$ 数据，所以要进行一次 RGB 数据向 CMY 数据的转换，这一变换可以表示为

$$\begin{cases} K = \min(1-R, 1-G, 1-B) \\ C = (1-R-K)/(1-K) \\ M = (1-G-K)/(1-K) \\ Y = (1-B-K)/(1-K) \end{cases} \tag{2-11}$$

3. HSI 模型

HSI模型基于孟塞尔表色系统，它反映了人的视觉系统感知彩色的方式，以色调(Hue)、饱和度(Saturation)和亮度(Intensity 或 Brightness)三种基本特征量来表示颜色。

色调与光波的波长有关，它表示人的感官对不同颜色的感受，如红色、绿色、蓝色等，它也可表示一定范围的颜色，如暖色、冷色等。

饱和度表示颜色的纯度，纯光谱色是完全饱和的，加入白光会稀释饱和度。饱和度越大，颜色看起来就会越鲜艳。

强度对应成像亮度和图像灰度，是颜色的明亮程度。

将图2-13所示立方体沿着主对角线进行投影，得到图2-14(a)所示的六边形。在这个表示方法中，原来沿着颜色立方体对角线的灰色现在都投影到中心点，而红色点则位于右边的角上，绿色点位于左上角，蓝色点则位于左下角。图2-14(b)所示的HSI模型称为双六棱锥的三维颜色表示法。

图 2-14 中将前述立方体(见图 2-13)的对角线看成是一条竖直的强度轴 I,表示光照强度或称为亮度,用来确定像素的整体亮度,不管其颜色是什么。沿锥尖向上,由黑到白。

色调(H)反映了该颜色最接近什么样的光谱波长,在模型中,红绿蓝三条坐标轴平分 360°：0°为红色,120°为绿色,240°为蓝色。任一点 P 的 H 值是圆心到 P 的向量与红色轴的夹角。0°到 240°覆盖了所有可见光谱的颜色,240°到 300°是人眼可见的非光谱色(紫)。

饱和度(S)是指一种颜色被白色稀释的程度。与彩色点 P 到色环圆心的距离成正比,距圆心越远,饱和度越大。在环的外围圆周是纯的或称饱和的颜色,其饱和度值为 1；在中心是中性(灰)影调,即饱和度为 0。

当强度 $I=0$ 时,色调 H、饱和度 S 无定义；当 $S=0$ 时,色调 H 无定义。

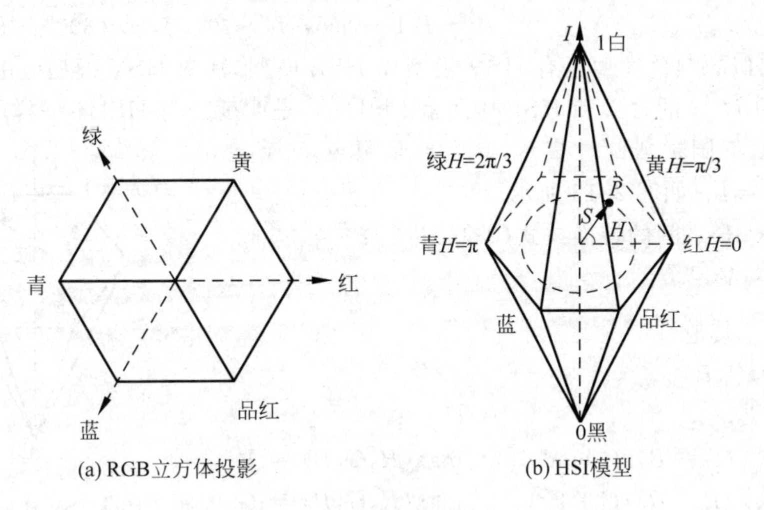

图 2-14　HSI 模型双六棱锥表示

若用圆表示 RGB 模型的投影,则 HSI 色度空间可用三维双圆锥表示。HSI 模型也可用圆柱来表示。

HSI 颜色模型的特点：I 分量与图像的彩色信息无关,而 H 和 S 分量与人感受颜色的方式紧密相连。由于人的视觉对亮度的敏感程度远强于对颜色浓淡的敏感程度,在模型中将亮度与色调、饱和度分开,避免颜色受到光照明暗等条件的干扰,仅仅分析反映色彩本质的色调和饱和度,简化图像分析和处理工作,比 RGB 模型更为便利。因此,HSI 颜色模型被广泛应用于计算机视觉、图像检索、视频检索等领域。

HSI 颜色模型和 RGB 颜色模型只是同一物理量的不同表示法,因而它们之间存在着转换关系,采用几何推导法可以得到下列公式。

RGB 转换为 HSI 的公式如下：

$$\begin{cases} I=\dfrac{1}{3}(R+G+B) \\ S=\begin{cases} 0, & I=0 \\ 1-\dfrac{3}{R+G+B}[\min\{R,G,B\}], & I\neq 0 \end{cases} \\ H=\begin{cases} \theta, & G\geqslant B \\ 2\pi-\theta, & G<B \end{cases}, \quad \theta=\cos^{-1}\left[\dfrac{[(R-G)+(R-B)]}{2\sqrt{(R-G)^2+(R-B)(G-B)}}\right] \end{cases} \tag{2-12}$$

HSI 转换为 RGB 的公式如下：

$$当\ 0^\circ \leqslant H < 120^\circ\ 时：\begin{cases} R = I[1 + S\cos(H)/\cos(60^\circ - H)] \\ G = 3I - R - B \\ B = I(1 - S) \end{cases}$$

$$当\ 120^\circ \leqslant H < 240^\circ\ 时：\begin{cases} R = I(1 - S) \\ G = I[1 + S\cos(H - 120^\circ)/\cos(180^\circ - H)] \\ B = 3I - R - G \end{cases}$$

$$当\ 240^\circ \leqslant H < 360^\circ\ 时：\begin{cases} R = 3I - G - B \\ G = I(1 - S) \\ B = I[1 + S\cos(H - 240^\circ)/\cos(300^\circ - H)] \end{cases} \tag{2-13}$$

与 HSI 相似的颜色模型还有 HSV 模型和 HSL 模型，其中 HSV 模型应用较多。

HSV 中的 H、S 的含义和 HSI 中的含义相同，V 是明度。与 HSI 不一样的是，HSV 一般用下六棱锥、下圆锥或圆柱表示，其底部是黑色，$V=0$；顶部是纯色，$V=1$。如图 2-15 所示。

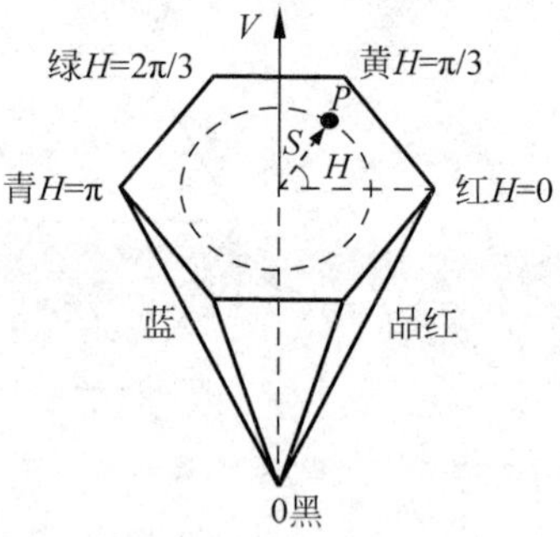

图 2-15 HSV 模型六棱锥表示

HSV 和 RGB 之间的转换按式(2-14)进行：

$$\begin{cases} S = \begin{cases} 0, & V = 0 \\ C/V, & 其他 \end{cases} \\ V = \max(R, G, B) \\ H = \begin{cases} 未定义, & C = 0 \\ 60^\circ \times [(G - B)/C \bmod 6], & \max(R,G,B) = R \\ 60^\circ \times [(B - R)/C + 2], & \max(R,G,B) = G \\ 60^\circ \times [(R - G)/C + 4], & \max(R,G,B) = B \end{cases} \end{cases} \tag{2-14}$$

其中，$C=\max(R,G,B)-\min(R,G,B)$。

HSV 转换为 RGB 的公式如下：

$$(R,G,B) = \begin{cases} (\alpha,\alpha,\alpha), & H\ 未定义 \\ (\beta,\gamma,\alpha), & 0 \leqslant H' \leqslant 1 \\ (\gamma,\beta,\alpha), & 1 \leqslant H' \leqslant 2 \\ (\alpha,\beta,\gamma), & 2 \leqslant H' \leqslant 3 \\ (\alpha,\gamma,\beta), & 3 \leqslant H' \leqslant 4 \\ (\gamma,\alpha,\beta), & 4 \leqslant H' \leqslant 5 \\ (\beta,\alpha,\gamma), & 5 \leqslant H' \leqslant 6 \end{cases} \tag{2-15}$$

式中，$H'=H/60^\circ$，$C'=V\times S$，$X=C'\times(1-|H' \bmod 2-1|)$，$\alpha=V-C'$，$\beta=C'+\alpha$，$\gamma=X+\alpha$。

4. YIQ 模型

YIQ 模型被北美的电视系统所采用，属于 NTSC（National Television Standards Committee）系统。模型中，Y 是提供黑白电视及彩色电视的亮度信号（Luminance），即亮度（Brightness），也就是图像的灰度值；I 指 In-phase，Q 指 Quadrature-phase，都指色调，描述色彩及饱和度，I 分量代表从橙色到青色的颜色变化，而 Q 分量则代表从紫色到黄绿色的颜色变化。

YIQ 颜色模型去掉了亮度信息与色度信息间的紧密联系，分别独立进行处理，在处理图像的亮度成分时不影响颜色成分。

YIQ 模型利用人的可视系统特点而设计，人眼对橙蓝之间颜色的变化(I)比对紫绿之间的颜色变化(Q)更敏感，传送 Q 可以用较窄的频宽。

RGB 颜色模型和 YIQ 模型之间可以用如下公式互相转换：

$$\begin{bmatrix} Y \\ I \\ Q \end{bmatrix} = \begin{bmatrix} 0.299 & 0.587 & 0.114 \\ 0.596 & -0.275 & -0.321 \\ 0.212 & -0.523 & 0.311 \end{bmatrix} \begin{bmatrix} R \\ G \\ B \end{bmatrix} \tag{2-16}$$

$$\begin{bmatrix} R \\ G \\ B \end{bmatrix} = \begin{bmatrix} 1 & 0.956 & 0.621 \\ 1 & -0.272 & -0.647 \\ 1 & -1.106 & 1.703 \end{bmatrix} \begin{bmatrix} Y \\ I \\ Q \end{bmatrix} \tag{2-17}$$

5. YUV 颜色模型

YUV 颜色模型则是被欧洲的电视系统所采用，属于 PAL(Phase Alteration Line)系统。U 和 V 也指色调，但和 I、Q 的表达方式不完全相同。

YUV 模型也是利用人的可视系统对亮度变化比对色调和饱和度变化更敏感而设计的，可以对 U、V 进行下采样，降低数据，同时不影响视觉效果。采样格式有 4∶2∶2(2∶1 的水平取样，没有垂直下采样)、4∶1∶1(4∶1 的水平取样，没有垂直下采样)、4∶2∶0(2∶1 的水平取样，2∶1 的垂直下采样)等。

RGB 颜色模型和 YUV 模型之间可以用如下公式互相转换：

$$\begin{bmatrix} Y \\ U \\ V \end{bmatrix} = \begin{bmatrix} 0.299 & 0.587 & 0.114 \\ -0.148 & -0.289 & 0.437 \\ 0.615 & -0.515 & -0.100 \end{bmatrix} \begin{bmatrix} R \\ G \\ B \end{bmatrix} \tag{2-18}$$

$$\begin{bmatrix} R \\ G \\ B \end{bmatrix} = \begin{bmatrix} 1 & 0 & 1.140 \\ 1 & -0.395 & -0.581 \\ 1 & 2.032 & 0 \end{bmatrix} \begin{bmatrix} Y \\ U \\ V \end{bmatrix} \tag{2-19}$$

6. YCbCr 模型

YCbCr 是作为 ITU-R BT. 601[International Telecommunication Union(国际电信联盟)，Radiocommunication Sector(无线电部)，Broadcasting service Television(电视广播服务)]标准的一部分而制定，是 YUV 经过缩放和偏移的版本。YCbCr 的 Y 与 YUV 中的 Y 含义一致，代表亮度分量，Cb 和 Cr 与 U、V 同样都指色彩。

YCbCr 的计算过程如下：

模拟 RGB 信号转为模拟 YPbPr，再转为数字 YCbCr，如式(2-20)、式(2-21)所示。

$$\begin{cases} Y' = 0.299R' + 0.587G' + 0.114B' \\ P_b = (B' - Y')/k_b = -0.1687R' - 0.3313G' + 0.500B' \\ P_r = (R' - Y')/k_r = 0.500R' - 0.4187G' - 0.0813B' \end{cases} \tag{2-20}$$

$$\begin{cases} Y = 219 * Y' + 16 \\ C_b = 224 * P_b + 128 \\ C_r = 224 * P_r + 128 \end{cases} \tag{2-21}$$

式中，$k_r=2(1-0.299)$，$k_b=2(1-0.114)$。R'、G'、B'是经过Gamma校正的色彩分量，归一化到[0,1]范围，则$Y'\in[0,1]$，而$P_b,P_r\in[-0.5,0.5]$，可得$Y\in[16,235]$，$C_b,C_r\in[16,240]$。

YCbCr转换为RGB的公式如下：

$$\begin{cases} R=\dfrac{255}{219}(Y-16)+\dfrac{255}{224}\cdot k_r\cdot(C_r-128) \\ G=\dfrac{255}{219}(Y-16)-\dfrac{255}{224}\cdot k_b\cdot\dfrac{0.114}{0.587}\cdot(C_b-128)-\dfrac{255}{224}\cdot k_r\cdot\dfrac{0.299}{0.587}\cdot(C_r-128) \\ B=\dfrac{255}{219}(Y-16)+\dfrac{255}{224}\cdot k_b\cdot(C_b-128) \end{cases} \tag{2-22}$$

2.3 数字图像的生成与表示

对于自然界中的物体，通过某些成像设备，将物体表面的反射光或通过物体的透射光转换成电压，便可在成像平面生成图像。图像中目标的亮度取决于投影成目标的景物所受到的光照度、景物表面对光的反射程度及成像系统的特性。本节主要讲解图像信号的数字化及数字图像的类型，关于光的物理性质及成像设备请参看相关资料。

2.3.1 图像信号的数字化

模拟图像$f(x,y)$是连续的，即空间位置和光强变化都连续，这种图像无法用计算机处理。将代表图像的连续(模拟)信号转变为离散数字信号，这一过程称为图像信号的数字化。

1. 采样

图像像素空间坐标(x,y)的离散化称为采样。图像是一种二维分布的信息，采样是在垂直和水平两个方向上进行。先沿垂直方向按一定间隔从上到下确定一系列水平线，顺序地沿水平方向直线扫描，取出各水平线上灰度值的一维扫描，然后再对一维扫描线信号按一定间隔采样得到离散信号。

对一幅图像采样时，若每行(即横向)像素为M个，每列(即纵向)像素为N个，则图像大小为$M\times N$个像素，如图2-16所示。

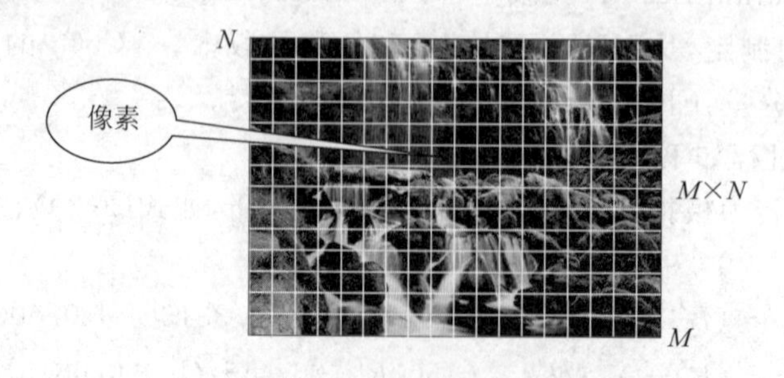

图2-16 图像采样示例

图像采样要满足二维采样定理。图像是二维信号，认为水平方向上有一系列频率，垂直方向上有一系列频率，各自按照最大频率，依据Nyguist取样定理确定各自的采样频率。若

水平和垂直方向的最大频率为 U_m 和 V_m，采样频率 U_0 和 V_0 需满足

$$U_0 \geqslant 2U_m, \quad V_0 \geqslant 2V_m \tag{2-23}$$

图像分辨率就是采样所获得的图像总像素的多少，可以用 $M \times N$ 表示，代表 M 列 N 行，如 2560×1920，因 2560×1920=4915200，也称为 500 万像素分辨率。分辨率不一样，数字图像的质量也不一样，如图 2-17 所示。图 2-17(a)分辨率为 256×256，图 2-17(b)中从下到上分辨率依次为 128×128、64×64、32×32、16×16，随着图像分辨率的降低，图像的清晰度也随之下降。

(a) 分辨率256×256

(b) 分辨率逆减

图 2-17　不同分辨率的图像

生成图像时，分辨率要合适，分辨率太低会影响图像的质量，影响识别效果或测量不准确；分辨率太高则数据量大，处理图像需要花费较长的时间。

2. 量化

量化是指将各个像素所含的明暗信息离散化后用数字来表示。一般的量化值为整数。

量化层数一般取为 2 的 n 次幂，充分考虑到人眼的识别能力之后，目前非特殊用途的图像均为 8 位量化，即 2^8，采用 0～255 的范围描述"从黑到白"，0 和 255 分别对应亮度的最低和最高级别。

量化层次不一样，对应图像质量也不一样，如图 2-18 所示。

(a) 256级灰度

(b) 16级灰度

(c) 8级灰度

图 2-18　不同量化层次的图像

3 位以下的量化会出现伪轮廓现象。如果要求更高精度，可以增大量化分层，但编码时占用位数也会增多，数据量加大。

2.3.2　数字图像类型

经过采样和量化后，图像表示为离散的像素矩阵。根据量化层次的不同，每个像素点的

取值也表示为不同范围的离散取值，对应不同的图像类型。

1. 二值图像

二值图像是指每个像素值为 0 或为 1 的数字图像，一般表示为黑白两色，如图 2-19 所示。

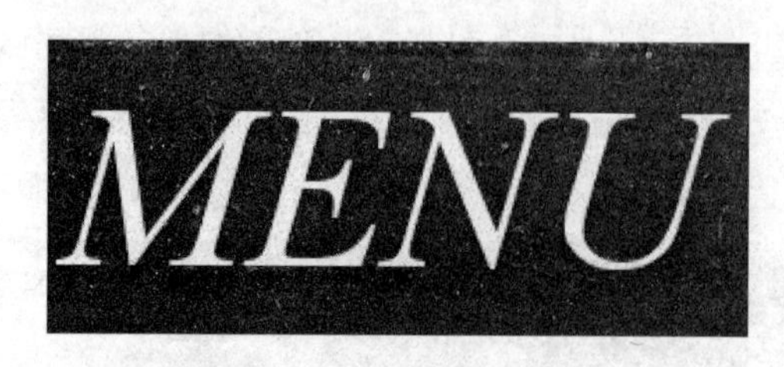

图 2-19 二值图像

由于只有两种颜色，只能表示简单的前景和背景，二值图像一般不用来表示自然图像；但因其易于运算，多用于图像处理过程后期的图像表示，如用二值图像表示检测到的目标模板、进行文字分析、应用于一些工业机器视觉系统等。

2. 灰度图像

灰度图像中每个像素只有一个强度值，呈现黑、灰、白等色，如图 2-20 所示，图中共有 3×3 个像素点，每个像素点呈现强度不一的灰色，数值表示为 0～255 之间的数。

$$\Rightarrow \quad \boldsymbol{I}=\begin{bmatrix} 0 & 150 & 200 \\ 120 & 50 & 180 \\ 250 & 220 & 100 \end{bmatrix}$$

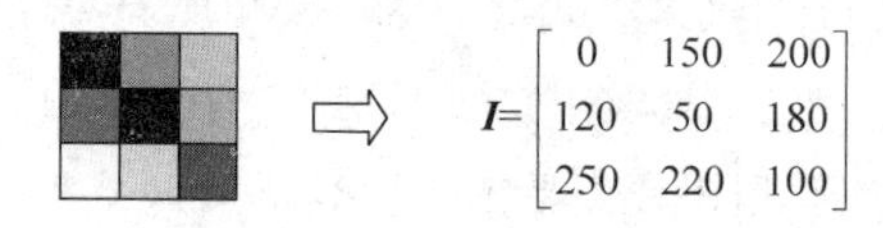

图 2-20 灰度图像示例

灰度图像没有色彩，一般也不用于表示自然图像。因数据量较少，方便处理，很多图像处理算法都是面向灰度图像的，彩色图像处理的很多算法也是在灰度图像处理的基础上发展而来的。

3. 彩色图像

彩色图像中每个像素值为包含三个分量的向量，分别为组成该色彩的 RGB 值。把一幅图像中各点的 RGB 分量对应提取出来，则转变为 3 幅灰度图像。图 2-21 所示为一幅 3×3 的彩色数字图像的 3 个色彩通道的数值，实际上是 3 幅灰度图像。

$$\boldsymbol{R}=\begin{bmatrix} 255 & 240 & 240 \\ 255 & 0 & 80 \\ 255 & 0 & 0 \end{bmatrix} \quad \boldsymbol{G}=\begin{bmatrix} 0 & 160 & 80 \\ 255 & 255 & 160 \\ 0 & 255 & 0 \end{bmatrix} \quad \boldsymbol{B}=\begin{bmatrix} 0 & 80 & 160 \\ 0 & 0 & 240 \\ 255 & 255 & 255 \end{bmatrix}$$

图 2-21 彩色图像示例

彩色图像色彩丰富，信息量大，目前数码产品获取图像一般为彩色图像。

4. 动态图像

动态图像是相对于静态图像而言。静态图像是指某个瞬间所获取的图像，是一个二维信号，前面所讲图像都是指静态图像。动态图像是由一组静态图像按时间顺序排列组成的，是一个三维信号 $f(x,y,t)$，其中 t 是时间。动态图像中的一幅静态图像称为一帧，这一帧可以是灰度图像，也可以是彩色图像。

由于人眼的视觉暂留特性(其时值是 1/24s),多帧图像顺序显示间隔 $\Delta t \leqslant 1/24$s 时,产生连续活动视觉效果。动态图像的快慢由帧率(帧的切换速度)决定,电视的帧率在 NTSC 制式下是 30 帧/s,在 PAL 制式下是 25 帧/s。

动态图像作为多帧位图的组合,数据量大,一般要采用压缩算法来降低数据量。

5. 索引图像

索引图像实际上不是一种图像类型,而是图像的一种存储方式,涉及数据编码的问题。假设图像中有两种颜色,可以用 0 和 1 来表示,存储具体像素值则只需 1 位,具体的颜色数据(*RGB* 数据)则存放在调色板中,颜色编号(索引)分别为 0 和 1。再如 256 色的图像,调色板中存放 256 种颜色,索引为 0～255,图像数据区中存放每一个像素点的颜色索引值,读取图像数据时,根据得到的每一点的颜色索引值,到调色板中找到相应的颜色,再进行显示。表 2-1 中列出了图像中颜色数目不同情况下的表示方式及像素值存储所需的位数。

表 2-1　颜色数目与存储位数

颜色数目	表示方法	存储位数
2	0、1	1
4	00、01、10、11	2
16	0000～1111	4
256	00000000～11111111	8
真彩色 24 位(无调色板)	00…0～11…1	24

6. 不同类型图像间的互相转化

在图像处理系统中,从输入图像到得到最终结果,图像的表示形式也在不断地发生变化,即不同类型的图像可以通过图像处理算法来转换,以满足图像处理系统的需求。这些图像处理算法在后面的学习中会陆续讲到,在此,对这些方法进行简单汇总。

灰度图像→二值图像。可以采用图像分割方法,把图像分成前景和背景两个区域,前景用 1、背景用 0 表示,则图像转化为二值图像,这是比较直接的转化方法。也可以根据具体情况,如检测到目标后,把目标区域用 1 来表示,背景部分用 0 来表示,转化为二值图像以便进行模板操作。

灰度图像→彩色图像。可以通过伪彩色增强技术,将灰度值映射到彩色空间,灰度图像则转变为彩色图像。一般情况下,这样处理后显示的不是实际物理传感器的数据,而是经转换或者分类后的数据,目的是为了能够进行更好的观察。如将图像中不同属性的材料或图像中不同的区域表示为不同的色彩,卫星图像的像素根据人的假设做标记,河流是蓝色的,郊区是紫色的,道路是红色的。

彩色图像→灰度图像。可以采用灰度化的方法。彩色图像信息量大,但数据量也大,在某些情况下,为了简化算法,需要进行这种转化。灰度化一般是用像素点的亮度值作为像素值,亮度值的计算可以通过变换颜色模型来计算,如:

$$Y = 0.299 * R + 0.587 * G + 0.114 * B \tag{2-24}$$

$$I = \frac{1}{3}(R + G + B) \tag{2-25}$$

式中,$Y, I \in [0, 255]$。记录每个像素点的 Y 值或 I 值,则把彩色图像转化为灰度图像。也可以采用保留彩色图像不同色彩通道的数据的方法。

2.4 数字图像的数值描述

数字图像的数值描述是用数值方式来表示一幅数字图像。矩阵是二维的，所以可用矩阵来描述数字图像。同时，前面已经提到，量化值是整数，因此描述数字图像的矩阵一般是整数矩阵。

2.4.1 常用的坐标系

数字图像是二维的离散信号，所以有一个坐标系定义上的特殊性。由于仿真工具多样、不同格式图像的表示方式不一样，因此，在不同的文献中数字图像所使用的坐标系也不统一，需要在编程和学习处理原理实例时注意。数字图像处理中常用的坐标系有矩阵坐标系、直角坐标系及像素坐标系三种，如图 2-22 所示。

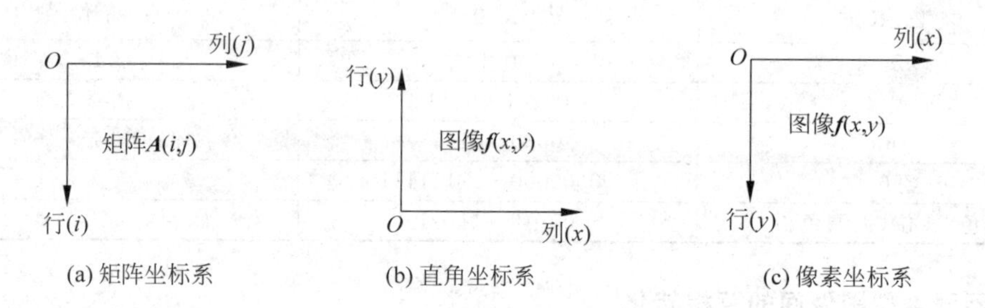

图 2-22 图像表示常用的坐标系

1. 矩阵坐标系

矩阵按行列顺序定位数据。矩阵坐标系原点定位在左上角，一幅图像 $\boldsymbol{A}(i,j)$，i 表示行，垂直向下；j 表示列，水平向右。在 MATLAB 软件中，数字图像的表示采用矩阵方式。

2. 直角坐标系

直角坐标系坐标原点定位在左下角，一幅图像 $f(x,y)$，x 表示列，水平向右；y 表示行，垂直向上。BMP 图像数据存储时，从左下角开始，从左到右，从下到上，实际采用的就是直角坐标系表示方式。相关参考书中的部分原理是基于直角坐标系讲解的。

3. 像素坐标系

像素坐标系坐标原点在左上角，一幅图像 $f(x,y)$，x 表示列，水平向右；y 表示行，垂直向下。屏幕逻辑坐标系也是采用这种定位方式，相关参考书目中对图像处理原理示例多采用像素坐标系。

在本书中，原理讲解一律采用像素坐标表达图像，而仿真示例基于 MATLAB 软件，程序中采用的是矩阵坐标系，区别在于二维数组下标前后顺序交换。

2.4.2 数字图像的数据结构

数字图像的存储一般包括两部分：文件头和图像数据。文件头是图像的自我说明，一般包含图像的维数、类型、创建日期和某类标题，也可以包含用于解释像素值的颜色表或编码表（如 JPEG 文件），甚至包含如何建立和处理图像的信息。图像数据一般为像素颜色值或压缩后的数据。

图像压缩对于图像信号来讲十分重要。图像数据量大,许多格式提供了对图像数据的压缩,可以使图像数据减少到原来的30%,甚至减少至3%,具体压缩率取决于需要的图像质量和所用的压缩方法。压缩方法分为无损压缩和有损压缩,无损压缩方法在解压时能完全恢复出原始图像,而有损压缩则不能完全恢复原始图像。数字图像和符号数字信息不同,丢失或改变几位数字图像数据不会影响人或机器对图像内容的理解。

2.4.3 常见数字图像格式

数字图像在通信、数据库和机器视觉中广泛应用,并且已经开发了标准格式以便不同的硬件和软件能共享数据,但在实际使用中,仍然有多种不同的图像格式在使用。本节将对几种常见的图像格式进行介绍。

1. JPEG 格式

JPEG(Joint Photographic Experts Group,联合图片专家组)是一种彩色静止图像国际压缩标准,用于彩色图像的存储和网络传送。JEPG每个文件只有一幅图像,文件头能包含一幅相当于64KB未压缩字节的缩略图。JPEG采用灵活但较复杂的有损压缩编码方案,常常能以20∶1的比例压缩一幅高质量图像而没有明显的失真,压缩的核心技术为DCT(Discrete Cosine Transform)、量化和Huffman编码。经过解压缩后方可显示图像,显示速度较慢。

2. GIF 格式

GIF(Graphics Interchange Format,图形交换格式)由CompuServe公司开发,用于屏幕显示图像、电脑动画和网络传送。GIF具有87a、89a两种格式,87a描述单一(静止)图像,而89a描述多帧图像,所以可以实现动画功能。GIF采用改进的LZW压缩算法,是一种无损压缩算法。GIF图像彩色限制在256色,不能应用于高精度色彩。

3. TIFF 格式

TIFF(Tag Image File Format,标记图像文件格式)由Aldus公司开发,用于存储包括照片和艺术图在内的图像,非常通用但较复杂,用于所有流行的平台,是扫描仪经常使用的格式。TIFF是一个灵活、适应性强的文件格式。通过在文件标头中使用"标签",它能够在一个文件中处理多幅图像和数据;可采用多种压缩数据格式,例如,TIFF可以包含JPEG和行程长度编码压缩的图像。TIFF格式广泛地应用于对图像质量要求较高的图像的存储与转换。

4. PNG 格式

PNG(Portable Network Graphic Format,便携式网络图形格式)是一种无损压缩的位图图形格式,支持索引、灰度、RGB三种颜色方案以及Alpha通道等特性。PNG能提供更大的颜色深度的支持,包括24位(8位3通道)和48位(16位3通道)真彩色,可以做到更高的颜色精度、更平滑的颜色过渡等;加入Alpha通道后,可以支持每个像素64位的表示;采用无损压缩方式。PNG格式图片因其高保真性、透明性及文件体积较小等特性,被广泛应用于网页设计、平面设计中。

5. BMP 格式

BMP(Bitmap)格式由Microsoft公司开发,一般用于打印、显示图像。BMP采用位映射存储格式，一般不采用压缩技术，因此，BMP 文件所占用的空间很大，不适合于网络传送。BMP 文件通常可保存的颜色深度有 1 位、8 位、24 位及 32 位(带 8 位的 Alpha 通道)。BMP 文件存储数据时，图像的扫描方式是从左到右、从下到上。在 Windows 环境中运行的图形图像软件都支持 BMP 图像格式。

这 5 种常见的图像文件格式，除 BMP 外，均采用了相应的压缩方法。图像显示时，需先解压缩，再把压缩后的数据还原为 RGB 数据。目前，图像处理的相关仿真软件和处理函数库中已经提供了相应的打开图像文件的函数，即使程序员不了解压缩方法，也可以通过调用函数直接实现数据的读取和解压，如 MATLAB 中的 imread 函数。尽管如此，了解各种不同图像文件格式，可以加深对图像信号的理解和实现对图像的灵活处理及应用。

2.4.4 BMP 位图文件

本节介绍无压缩的 BMP 图像结构，进一步理解数字图像存储格式和颜色在文件中的表示。

BMP 文件包括位图文件头(BITMAPFILEHEADER)、位图信息头(BITMAPINFOHEADER)、调色板(RGBQUAD)和图像数据四个部分，前三个部分是一般意义上的文件头，描述了图像的相关参数。BMP 文件中数据存放采用倒序结构，即低字节在前、高字节在后，例如，十六进制数 A02B 在 BMP 中存放就是 2BA0。

1. 位图文件头结构

位图文件头结构体定义如下：

```
typedef struct tagBITMAPFILEHEADER
{
    WORD   bfType;
    DWORD  bfSize;
    WORD   bfReserved1;
    WORD   bfReserved2;
    DWORD  bfOffBits;
} BITMAPFILEHEADER
```

bfType：标识数据，指明文件类型，为“BM”两字母的 ASCII 码 424D。

bfSize：指定文件大小，单位为字节。

bfReserved1 和 bfReserved2：保留字，无具体意义，其值为 0。

bfOffBits：从文件头到位图数据的偏移字节数，单位为字节，指示图像数据在文件内的起始地址，具体数值为位图文件头、位图信息头和调色板大小的总和。

2. 位图信息头结构

位图信息头结构体定义如下：

```
typedef struct tagBITMAPINFOHEADER
{
    DWORD  biSize;
    DWORD  biWidth;
    DWORD  biHeight;
    WORD   biPlanes;
    WORD   biBitCount;
```

```
    DWORD  biCompression;
    DWORD  biSizeImage;
    DWORD  biXPelsPerMeter;
    DWORD  biYPelsPerMeter;
    DWORD  biClrUsed;
    DWORD  biClrImportant;
} BITMAPINFOHEADER;
```

biSize：BITMAPINFOHEADER 结构的长度，单位为字节，固定为 40。

biWidth 和 biHeight：指明图像的宽和高，单位为像素。

biPlanes：位平面数，固定为 1。

biBitCount：存储每个像素值所需的位数，像素值可以是具体颜色，也可以是索引。

biCompression：指明位图文件所采用的压缩类型，但一般不压缩，取值为 0。

biSizeImage：图像数据占用的空间大小，单位为字节。

biXPelsPerMeter 和 biYPelsPerMeter：位图目标设备的水平分辨率及垂直分辨率，单位为像素/米。

biClrUsed：位图实际使用的颜色数目，若该值为 0，则使用颜色数为 $2^{biBitCount}$。

biClrImportant：图像中重要的颜色数，若该值为 0，则所有的颜色都是重要的。

BMP 图像的文件头、信息头实例数据如图 2-23 和图 2-24 所示。图 2-23 为 256×256 的灰度图像及其文件头、信息头数据，图 2-24 为 342×232 的真彩色 24 位图像及其文件头、信息头数据。也可以采用十六进制编辑器打开 BMP 图像，并结合上述结构体定义查看图像数据。

内存地址	BMP位图文件头、信息头数据		
01130062	42 4D	38 04 01 00	00 00
01130070	00 00	36 04 00 00	28 00
01130078	00 00	00 01 00 00	00 01
01130080	00 00	01 00 08 00	00 00
01130088	00 00	00 00 00 00	12 0B
01130090	00 00	12 0B 00 00	00 00
01130098	00 00	00 00 00 00	

图 2-23 灰度 Lena 图像及其 BMP 文件头、信息头数据

内存地址	BMP位图文件头、信息头数据		
01130062	42 4D	D6 A3 03 00	00 00
01130070	00 00	36 00 00 00	28 00
01130078	00 00	56 01 00 00	E8 00
01130080	00 00	01 00 18 00	00 00
01130088	00 00	00 00 00 00	C4 0E
01130090	00 00	C4 0E 00 00	00 00
01130098	00 00	00 00 00 00	

图 2-24 彩色 Bird 图像及其 BMP 文件头、信息头数据

3. 调色板

```
typedef struct tagRGBQUAD
{
    BYTE rgbBlue;
    BYTE rgbGreen;
    BYTE rgbRed;
    BYTE rgbReserved;
} RGBQUAD;
```

tagRGBQUAD结构指的是一种颜色的构成，其中，rgbBlue、rgbGreen、rgbRed分别指该颜色的BGR分量，rgbReserved为保留字节。调色板中有多少种颜色就有多少个这种结构。

4. 图像数据

图像中的颜色少于或等于256时，数据是颜色在调色板中的索引。

图像为真彩色24位或更多，则没有调色板，图像数据直接是每一个像素的颜色值 B、G、R。

位图的存储顺序为从左到右、从下到上，即图像数据中的第一个数是图像的最左下角的像素值。

存储图像一行所用的字节数 W 要求是4B的倍数，不足的补0。

图2-25和图2-26分别为灰度Lena图像数据和彩色Bird图像数据。

```
0113009E  00 00 00 00   01 01 01 00   调色板数据
011300A6  02 02 02 00   03 03 03 00   256种颜色
...                                   R、G、B值均相等
01130496  FE FE FE 00   FF FF FF 00
0113049E  14 14 14 14   14 14 14 14   第一行图像数据，共256B，没有无
011304A6  14 14 14 14   14 14 14 14   效数据，0x14指调色板中第20号颜
...                                   色(0x14,0x14,0x14)
01910596  14 14 14 14   14 14 14 14
0191059E  14 14 14 14   14 14 14 14
...
```

图2-25 Lena图像(256×256,256级灰度图像)数据

```
0113009E  2A 2E 2F  2A 2E 2F    无调色板，信息头数据后接最下方第一行数据，每个像素值占
011300A4  2A 2E 2F  29 2D 2E    3B，依次为该像素颜色的BGR分量
...
0113049A  41 3C 3E  3F 3A 3C
011304A0  00 00     2A 2E 2F
011304A5  2A 2E 2F  2A 2E 2F
...       └ 第一行后补充两个无效字节0，342×3=1026,1026+2=1028是4B的倍数
```

图2-26 彩色Bird图像(342×232,真彩色)数据

2.4.5 读取并显示图像

利用 MATLAB 仿真工具，实现图像文件的读取、显示及色彩变换。

1. 函数介绍

1) imread 函数

功能：实现多种类型图像文件的读取，如 BMP、GIF、JPEG、PNG、RAS 等。

调用格式：A=imread(FILENAME,FMT)。FILENAME 为图像文件名，若文件不在当前目录或 MATLAB 目录下，则需要列全文件路径。FMT 为文件的扩展名，指定文件类型。A 为图像数据矩阵。

2) imshow 函数

功能：显示图像。

调用格式：

imshow(I)：显示灰度图像 I。

Imshow(I,[LOW HIGH])：以规定的灰度级范围[LOW HIGH]来显示灰度图像 I，低于等于 LOW 值的显示为黑，高于等于 HIGH 值的显示为白，默认按 256 个灰度级显示。若未指定 LOW 和 HIGH 值，则将图像中最低灰度显示为黑色，最高灰度显示为白色。

imshow(RGB)：显示真彩色图像 RGB。

imshow(BW)：显示二值图像 BW，像素值为 0 和 1。

imshow(X,MAP)：显示索引图像，X 为索引图像的数据矩阵，MAP 为其颜色映射表。

imshow(FILENAME)：显示 FILENAME 指定的图像，若文件包括多帧图像，则显示第一帧，且文件必须在 MATLAB 的当前目录下。

3) imwrite 函数

功能：实现图像文件的保存。

调用格式：

imwrite(A,FILENAME,FMT)：A 是要保存的图像数据矩阵，FILENAME 是指定文件名的字符串，FMT 是指定文件格式的字符串。

imwrite(X,MAP,FILENAME,FMT)：X 为索引图像的数据矩阵，MAP 为其颜色映射表。

4) rgb2hsv 函数

功能：实现 RGB 数据图像向 HSV 数据图像的转换。

调用格式：HSV=rgb2hsv(RGB)。RGB 为 RGB 彩色图像，为三维矩阵；HSV 为三维 HSV 图像矩阵，三维依次为 H、S、V，取值均在[0,1]范围内。

5) rgb2ycbcr 函数

功能：实现 RGB 数据图像向 YCbCr 数据图像的转换。

调用格式：YCBCR=rgb2ycbcr(RGB)。

YCBCR 数据类型与 RGB 一致。若 RGB 为 uint8 型数据，则 $Y\in[16,235]$，$C_b,C_r\in[16,240]$；若输入为 double 或 single 型数据，则 $Y\in[16/255,235/255]$，$C_b,C_r\in[16/255,240/255]$；若输入为 uint16 型数据，则 $Y\in[4112,60395]$，$C_b,C_r\in[4112,61680]$。

6）rgb2gray 函数

功能：实现彩色图像灰度化。

调用格式：I=rgb2gray(RGB)。

【例 2.1】 编写程序，打开"cameraman.jpg"图像，对其取反并显示。

解：程序如下：

```
I = imread('cameraman.jpg');
J = 255 - I;
subplot(1,2,1),imshow(I),title('原始图像');
subplot(1,2,2),imshow(J),title('反色图像');
imwrite(J,'cameramanC.jpg');
```

程序运行结果如图 2-27 所示。

(a) 原图

(b) 反色图

图 2-27 读取显示图像程序运行结果图

【例 2.2】 编写程序，打开彩色图像，将其转化为灰度图像和二值图像。

解：程序如下：

```
Image1 = im2double(imread('lotus.jpg'));          % 打开图像并将像素值转化到[0,1]
r = Image1(:,:,1);                                % 提取红色通道
g = Image1(:,:,2);                                % 提取绿色通道
b = Image1(:,:,3);                                % 提取蓝色通道
Y = 0.299 * r + 0.587 * g + 0.114 * b;            % 计算亮度值 Y 实现灰度化
I = (r + g + b)/3;                                % 计算亮度值 I 实现灰度化
figure,imshow(Y),title('亮度图 Y');
figure,imshow(I),title('亮度图 I');
BW = zeros(size(Y));
BW(Y > 0.3) = 1;                                  % 阈值为 0.3,实现灰度图二值化
figure,imshow(BW),title('二值图像');
```

程序运行结果如图 2-28 所示。

(a) 亮度图Y

(b) 亮度图I

(c) 二值图像

图 2-28 图像类型转换

2.5　综合实例

【例 2.3】　基于 MATLAB 编程技术，打开一幅人脸图像，利用色彩信息进行肤色检测。

1. 分析

肤色是人类皮肤重要特征之一，在检测人脸或手等目标时常采用肤色检测的方法，将相关区域从图像中分割出来。肤色检测方法有很多，但无论是基于不同的色彩空间还是不同的肤色模型，其根本出发点在于肤色分布的聚集性，即肤色的颜色分量一般聚集在某个范围内。通过大量的肤色样本进行统计，找出肤色颜色分量的聚集范围或用特殊的分布模型去模拟肤色分布，进而实现对任意像素颜色的判别。

本例主要目的是进一步理解颜色模型及其转换的概念，因此，设计中主要采用肤色颜色分量分布范围的方法，简要介绍肤色模型的概念。

2. 不同彩色空间肤色分布范围

1）RGB 彩色空间

据统计资料，肤色在 RGB 模型中的分布范围基本满足以下条件：

(1) 在均匀光照下：$R>95$ 且 $G>40$ 且 $B>20$ 且 $\max\{R,G,B\}-\min\{R,G,B\}>15$ 且 $|R-G|>15$ 且 $R>G$ 且 $R>B$。

(2) 在闪光或侧向照明环境下：$R>220$ 且 $G>210$ 且 $B>170$ 且 $|R-G|\leqslant 15$ 且 $R>B$ 且 $G>B$。

2）YCbCr 彩色空间

据统计资料，肤色在 YCbCr 空间的分布范围为 $77\leqslant C_b\leqslant 127$，$133\leqslant C_r\leqslant 173$。

3）HSV 彩色空间

HSV 空间建立的肤色模型要求满足 $0°\leqslant H\leqslant 25°$ 或 $335°\leqslant H\leqslant 360°$ 且 $0.2\leqslant S\leqslant 0.6$ 且 $0.4\leqslant V$。

3. 肤色模型

肤色模型是根据大量样本的统计数据建立以确定肤色的分布规律，进而判断像素的色彩是否属于肤色或与肤色相似程度的模型。常用的有阈值模型、高斯模型和椭圆模型。

1）阈值模型

阈值模型是用数学表达式明确肤色分布范围的建模方法，即上一小节所述方法。这类方法依据肤色分布范围进行检测，判断简单、明确、快捷，但需要选择合适的颜色空间及合适的参数。

2）高斯肤色模型

高斯肤色模型是指利用高斯函数模拟肤色在 CbCr 色度空间的分布：

$$p(\boldsymbol{x})=\frac{1}{2\pi\,|\boldsymbol{\Sigma}|^{1/2}}\mathrm{e}^{-\frac{1}{2}(\boldsymbol{x}-\boldsymbol{\mu})^{\mathrm{T}}\boldsymbol{\Sigma}^{-1}(\boldsymbol{x}-\boldsymbol{\mu})} \tag{2-26}$$

其中，$\boldsymbol{x}=(C_b\quad C_r)^{\mathrm{T}}$，$\boldsymbol{\mu}$、$\boldsymbol{\Sigma}$ 为色度向量的均值和协方差矩阵，可通过多种方式获取，数值略有区别，本例中选择 $\boldsymbol{\mu}=\begin{pmatrix}117.4361\\156.5599\end{pmatrix}$，$\boldsymbol{\Sigma}=\begin{pmatrix}160.1301 & 12.1430\\12.1430 & 299.4574\end{pmatrix}$。

得到肤色分布的概率图后，确定阈值 T，如果 $p>T$，则对应像素点为肤色点；反之，为非像素点。可以看出，肤色检测的精确度依赖于阈值的选择，在本例中，不讨论最佳阈值的确定，采用固定阈值的方法，实施效果因不同图像而异。

3）椭圆模型

将图像从 RGB 转换到 YCbCr 彩色空间，并进行非线性分段色彩变换，变换后肤色的 CbCr 分布近似椭圆，经实验可确定椭圆表达式的参数。对于待判断的颜色，经同样的变换，若在椭圆内，则可以判断其为肤色，否则为非肤色。

4. 程序设计

程序设计中，实现了在 RGB 空间、YCbCr 空间及 HSV 空间的阈值模型肤色判别及 YCbCr 空间的高斯肤色模型判别。程序如下：

```
Image = imread('foreman004.jpg');
figure,imshow(Image),title('原图');
r = double(Image(:,:,1));                        % 原图红色分量,并转换为 double 型数据
g = double(Image(:,:,2));                        % 原图绿色分量,并转换为 double 型数据
b = double(Image(:,:,3));                        % 原图蓝色分量,并转换为 double 型数据
[N,M] = size(r);
miu = [117.4361 156.5599]';                      % 高斯肤色模型均值
sigma = [160.1301 12.1430;12.1430 299.4574];     % 高斯肤色模型协方差矩阵
thresh = 0.4;                                    % 肤色概率二值化阈值
SkinCbCrG = zeros(N,M);     SkinRGB = zeros(N,M);
SkinHSV = zeros(N,M);       SkinCbCr = zeros(N,M);
for i = 1:M
   for j = 1:N
      R = r(j,i); G = g(j,i); B = b(j,i);        % RGB 空间肤色检测
      if (R > 95 && G > 40 && B > 20 && (R - G)> 15 && R - B > 15)||...
         (R > 220 && G > 210 && B > 170 && R - B <= 15 && R > B && G > B)
         SkinRGB(j,i) = 1;
      end
      maxRGB = max(max(R,G),B); minRGB = min(min(R,G),B);  % HSV 空间肤色检测
      C = maxRGB - minRGB; V = maxRGB;
      if V == 0
         S = 0;
      else
         S = C/V;
      end
      if maxRGB == R
         H = 60 * mod((G - B)/C,6);
      elseif maxRGB == G
         H = 60 * ((B - R)/C + 2);
      elseif maxRGB == B
         H = 60 * ((R - G)/C + 4);
      end
      if ((H >= 0 && H <= 25)||(H >= 335 && H <= 360)) && (S >= 0.2 && S <= 0.6) && V >= 0.4
         SkinHSV(j,i) = 1;
      end
```

```
        R = R/255;G = G/255;B = B/255;                    % YCbCr 空间基于范围的肤色检测
        Cb = 224 * ( - 0.1687 * R - 0.3313 * G + 0.5 * B) + 128;
        Cr = 224 * (0.5 * R - 0.4187 * G - 0.0813 * B) + 128;
        if Cb >= 77 && Cb <= 127 && Cr >= 133 && Cr <= 173
            SkinCbCr(j,i) = 1;
        end
        cbcr = [Cb Cr]';                                  % YCbCr 空间基于高斯模型的肤色检测
        p = exp( - 0.5 * ((cbcr - miu)') * (inv(sigma)) * (cbcr - miu));
        if p > thresh
           SkinCbCrG(j,i) = 1;
        end
    end
end
figure,imshow(SkinRGB),title('RGB 空间肤色检测');
figure,imshow(SkinHSV),title('HSV 空间肤色检测');
figure,imshow(SkinCbCr),title('YCbCr 空间基于范围的肤色检测');
figure,imshow(SkinCbCrG),title('YCbCr 空间基于高斯模型的肤色检测');
```

程序运行结果如图 2-29 所示。

(a) 原图

(b) RGB空间肤色检测

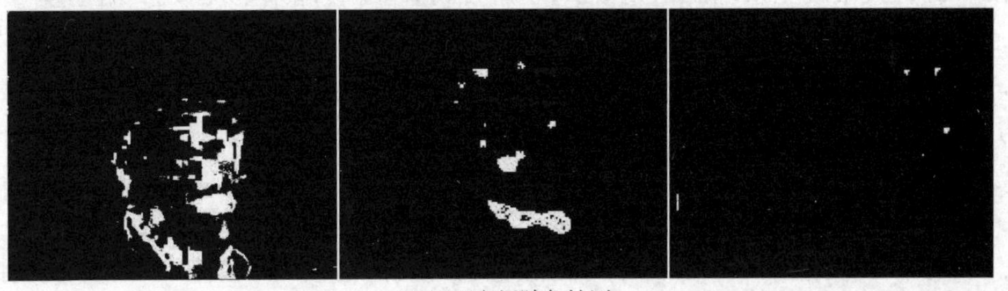

(c) HSV空间肤色检测

图 2-29　基于不同色彩空间的肤色检测

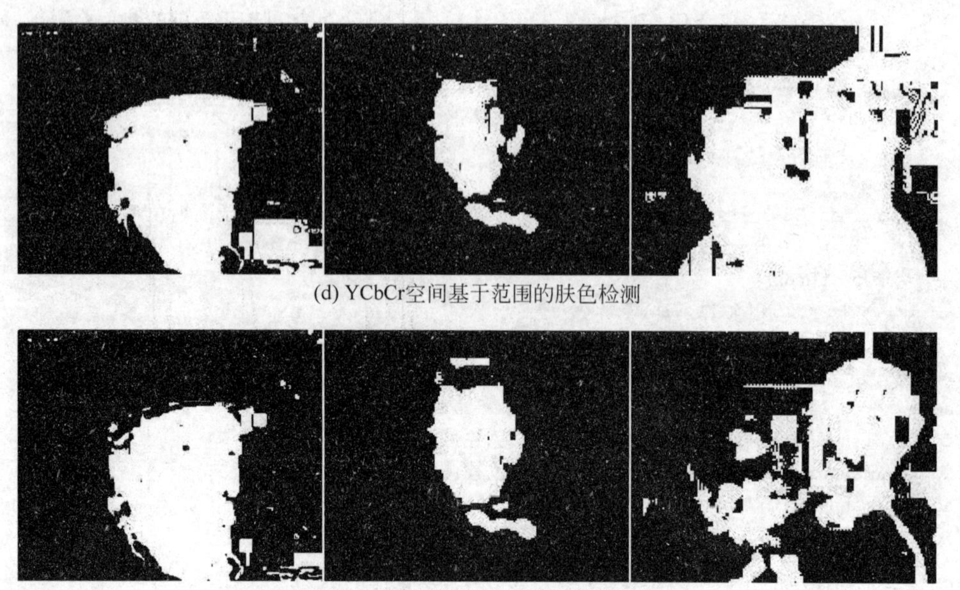

(d) YCbCr空间基于范围的肤色检测

(e) YCbCr空间基于高斯模型的肤色检测

图 2-29 (续)

从运行结果可以看出，利用各个彩色空间肤色分布范围能够检测出肤色，HSV 空间检测的结果比较零散。总体来讲，基于肤色分布范围的检测方法的准确率不高；基于高斯模型的检测结果相对较好，若采用动态阈值方法，会进一步提高检测准确性，建议在后续学习过阈值优化选择方法后，可以改写相应的程序。

检测出的肤色区域存在不连续、噪声大的特点，往往需要利用滤波等方法，修正肤色区域，建议在后续学习过滤波方法后，改进相应的程序。

程序设计中，彩色空间转换直接应用了式(2-14)、式(2-20)及式(2-21)，也可以直接采用 rgb2hsv 和 rgb2ycbcr 函数。

习题

2.1 什么是马赫现象？

2.2 结合人眼视觉系统的相关知识，了解“黑白陀螺转起来呈现彩色”的原理。

2.3 了解帧动画的原理。

2.4 在 CIE 1931-RGB 系统中光谱三刺激值出现负值的意义是什么？CIE 1931-XYZ 系统与 CIE 1931-RGB 系统是什么关系？

2.5 什么是三原色原理？

2.6 什么是 RGB 颜色模型？什么是 CMYK 颜色模型？二者是什么关系？

2.7 有一 RGB 值为(200,50,120)的颜色，分别计算其 HSI 模型、YCbCr 模型的转换结果。

2.8 图像信号的数字化包括哪些步骤？数字化的过程是否影响数字图像的质量？如有影响，一般表现在哪些方面？

2.9　数字图像的数据结构一般包括哪些部分？数字图像能否压缩？是否需要压缩？

2.10　真彩色24位BMP图像每存储一个像素点需要几字节？计算存储一幅大小为1024×768的图像数据所需要的字节数(不压缩)。

2.11　利用MATLAB编程，打开一幅真彩色图像，将绿色和蓝色通道进行互换，显示通道互换后的图像，并对结果进行说明。

2.12　利用MATLAB编程，打开一幅真彩色图像，利用式(2-24)对其进行灰度化，并显示变换前后的图像。

2.13　利用MATLAB编程，打开一幅真彩色图像，将其变换到HSV、YCbCr空间，观察变换后的数据，并显示变换前后的图像。

第3章 图像基本运算

CHAPTER 3

本章主要讲解图像的基本运算，包括几何变换、代数运算及模板运算，是后续处理的基础。

3.1 图像几何变换

在图像处理中，常需要对图像进行大小、形状和位置等方面的变换，即几何变换，如几何失真图像的校正，图像配准，电影、电视和媒体广告的影像特技处理等。图像几何变换将图像中任一像素映射到一个新位置，是一种空间变换，关键在于确定图像中点与点之间的映射关系，通过这种映射关系能够知道原图像任意像素点变换后的坐标，或者变换后的图像像素在原图像中的坐标位置，对新图像像素点赋值而产生新图像。

3.1.1 图像的几何变换基础

本节主要介绍齐次坐标、插值运算及图像几何变换方法，是各种图像几何变换中都要采用的技术。

1. 几何变换的齐次坐标表示

用 $n+1$ 维向量表示 n 维向量的方法称为齐次坐标表示法。图像空间一个点 (x,y) 用齐次坐标表示为 $\begin{pmatrix} x \\ y \\ 1 \end{pmatrix}$，和某个变换矩阵 $\boldsymbol{T}=\begin{pmatrix} a & b & k \\ c & d & m \\ p & q & s \end{pmatrix}$ 相乘变为新的点 $\begin{pmatrix} x' \\ y' \\ 1 \end{pmatrix}$：

$$\begin{pmatrix} x' \\ y' \\ 1 \end{pmatrix}=\begin{pmatrix} a & b & k \\ c & d & m \\ p & q & s \end{pmatrix}\begin{pmatrix} x \\ y \\ 1 \end{pmatrix} \tag{3-1}$$

变换矩阵 $\boldsymbol{T}$ 中，$\begin{pmatrix} a & b \\ c & d \end{pmatrix}$ 这一子矩阵实现图形的比例、对称、错切、旋转等基本变换；$\begin{pmatrix} k \\ m \end{pmatrix}$ 用于图形的平移变换；$(p \quad q)$ 用于图形的投影变换；s 用于图形的全比例变换。

二维图像可以表示为 $3\times n$ 的点集矩阵 $\begin{pmatrix} x_1 & x_2 & \cdots & x_n \\ y_1 & y_2 & \cdots & y_n \\ 1 & 1 & \cdots & 1 \end{pmatrix}$，实现二维图像几何变换的

一般过程如下：

变换矩阵 $\boldsymbol{T}\times$ 变换前的点集矩阵 = 变换后的点集矩阵

2. 图像的插值运算

在对图像进行几何变换的过程中，可能会产生一些原图中没有的新的像素点。给这些像素点赋值需要应用插值运算，即利用已知邻近像素点的灰度值来产生未知像素点的灰度值。插值效果的好坏将直接影响到图像显示视觉效果。常用的插值方法有最近邻插值(Nearest Neighbor Interpolation)、双线性插值(Bilinear Interpolation)、双三次插值(Bicubic Interpolation)等。除了几何变换，插值运算在其他图像处理算法中也经常用到。

1）最邻近插值

最邻近插值是最简单的插值方法，也称为零阶插值。一个像素点的像素值就等于距离它映射到的位置最近的输入像素的像素值。多数的图像浏览和编辑软件都会使用这种插值方法放大数码图像。但是当图像中邻近像素之间灰度级有较大的变化时，该算法产生的新图像细节比较粗糙。

2）双线性插值

双线性插值原理图如图 3-1 所示，对于一个插值点$(x+a,y+b)$(其中 x、y 均为非负整数，$0\leqslant a,b\leqslant 1$)，则该点的值 $f(x+a,y+b)$可由原图像中坐标为(x,y)、$(x+1,y)$、$(x,y+1)$、$(x+1,y+1)$所对应的四个像素的值决定：

$$\begin{cases}f(x,y+b)=f(x,y)+b[f(x,y+1)-f(x,y)]\\ f(x+1,y+b)=f(x+1,y)+b[f(x+1,y+1)-f(x+1,y)]\\ f(x+a,y+b)=f(x,y+b)+a[f(x+1,y+b)-f(x,y+b)]\end{cases}\tag{3-2}$$

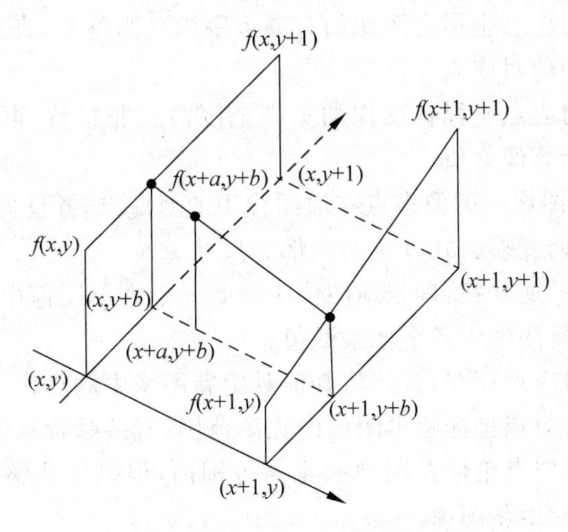

图 3-1　双线性插值原理图

可以看出，双线性插值是当求出的分数地址与像素点不一致时，求出周围四个像素点的距离比，并根据该比率由四个邻域的像素灰度值进行线性插值。这种方法具有防锯齿效果，新图像拥有较平滑的边缘。

3）双三次插值

双三次插值是一种较复杂的插值方式，在计算新像素点的值时，要将周围的 16 个点全部考虑进去。双三次插值图像边缘比双线性插值图像更平滑，同时也需要更大的计算量。

点$(x+a,y+b)$处的像素值$f(x+a,y+b)$可由如下插值公式得到：

$$f(x+a,y+b)=[\boldsymbol{A}][\boldsymbol{B}][\boldsymbol{C}] \tag{3-3}$$

其中

$$[\boldsymbol{A}]=(s(a+1)\quad s(a)\quad s(a-1)\quad s(a-2))$$

$$[\boldsymbol{B}]=\begin{bmatrix} f(x-1,y-1) & f(x-1,y) & f(x-1,y+1) & f(x-1,y+2) \\ f(x+0,y-1) & f(x+0,y) & f(x+0,y+1) & f(x+0,y+2) \\ f(x+1,y-1) & f(x+1,y) & f(x+1,y+1) & f(x+1,y+2) \\ f(x+2,y-1) & f(x+2,y) & f(x+2,y+1) & f(x+2,y+2) \end{bmatrix}$$

$$[\boldsymbol{C}]=\begin{bmatrix} s(b+1) \\ s(b+0) \\ s(b-1) \\ s(b-2) \end{bmatrix},\quad s(k)=\begin{cases} 1-2\times|k|^2+|k|^3, & 0\leqslant|k|<1 \\ 4-8\times|k|+5\times|k|^2-|k|^3, & 1\leqslant|k|<2 \\ 0, & |k|\geqslant 2 \end{cases}$$

3. 图像几何变换方法

图像几何变换的关键在于确定图像中点与点之间的映射关系，可以采用前向映射法和后向映射法，实际中经常采用后者。

前向映射法计算原图像中的像素点在新图像中的对应点并赋值，具体步骤如下：

(1) 根据不同的几何变换公式计算新图像的尺寸。

(2) 根据几何变换公式，计算原图像中的每一点在新图像中的对应点。

(3) 按对应关系给新图像中各个像素赋值：

- 若新图像中的对应点坐标超出图像的宽高范围，舍弃该点(不赋值)；
- 若新图像中的对应点坐标在图像的宽高范围内且为整数，直接将原图像中像素点的值赋给新图像中的对应点；
- 若新图像中的对应点坐标在图像的宽高范围内且非整数，再根据新图像中的邻点，采用插值方法计算像素值。

后向映射法计算新图像中的像素点在原图像中的对应点，并反向赋值，具体步骤如下：

(1) 根据不同的几何变换公式计算新图像的尺寸。

(2) 根据几何变换的逆变换，确定新图像中的每一点在原图像中的对应点。

(3) 按对应关系给新图像中各个像素赋值：

- 若原图像中的对应点存在，直接将其值赋给新图像中的点；
- 若原图像中的对应点坐标超出图像的宽高范围，直接赋背景色；
- 若原图像中的对应点坐标在图像的宽高范围内，但坐标非整数，采用插值的方法计算该点的值，并赋给新图像。

3.1.2 图像的位置变换

图像的位置变换是指图像的大小和形状不发生变化，只是图像像素点的位置发生变化，含旋转、平移和镜像变换。

1. 图像的平移

图像的平移是将一幅图像上的所有点都按照给定的偏移量沿x轴、y轴移动，平移后的图像与原图像相同，内容不发生变化，只是改变了原有景物在画面上的位置。

设点(x,y)进行平移后，移到点(x',y')，其中x轴方向的平移量为Δx，y轴方向的平移量为Δy，则平移变换公式为

$$\begin{cases} x' = x + \Delta x \\ y' = y + \Delta y \end{cases} \tag{3-4}$$

用矩阵表示为

$$\begin{bmatrix} x' \\ y' \\ 1 \end{bmatrix} = \begin{bmatrix} 1 & 0 & \Delta x \\ 0 & 1 & \Delta y \\ 0 & 0 & 1 \end{bmatrix} \begin{bmatrix} x \\ y \\ 1 \end{bmatrix} \tag{3-5}$$

平移变换求逆，则

$$\begin{cases} x = x' - \Delta x \\ y = y' - \Delta y \end{cases} \Rightarrow \begin{bmatrix} x \\ y \\ 1 \end{bmatrix} = \begin{bmatrix} 1 & 0 & -\Delta x \\ 0 & 1 & -\Delta y \\ 0 & 0 & 1 \end{bmatrix} \begin{bmatrix} x' \\ y' \\ 1 \end{bmatrix} \tag{3-6}$$

这样，平移后图像上每一点(x',y')都可在原图像中找到对应点(x,y)。

如果图像经过平移处理后，不想丢失被移出的部分图像，可将可视区域的宽度扩大$|\Delta x|$，高度扩大$|\Delta y|$。

【例 3.1】 基于 MATLAB 编程，采用反向映射法实现图像平移，分别沿x轴、y轴平移 20 个像素。

解：程序如下：

```
Image = im2double(imread('lotus.jpg'));          % 读取图像并转换为 double 型
[h,w,c] = size(Image);                           % 获取图像尺寸
NewImage = ones(h,w,c);                          % 新图像初始化
deltax = 20;deltay = 20;                         % 指定平移量
for x = 1:w
    for y = 1:h                                  % 循环扫描新图像中的点
        oldx = x - deltax;
        oldy = y - deltay;                       % 确定新图像中的点在原图中的对应点
        if oldx > 0 && oldx < w && oldy > 0 && oldy < h   % 判断对应点是否在图像内
            NewImage(y,x,:) = Image(oldy,oldx,:);  % 赋值
        end
    end
end
imshow(NewImage);
```

程序运行结果如图 3-2 所示。其中，图 3-2(a)为原始图像，图 3-2(b)为沿x、y方向都平移 20 个像素后的结果，图 3-2(c)在图 3-2(b)的处理结果基础之上把可视区域进行了扩大。

(a) 原始图像

(b) 平移后的图像

(c) 可视区域扩大后的平移图像

图 3-2　图像的平移变换

由于平移前后的图像相同，而且图像上的像素顺序放置，所以图像的平移也可以通过直接逐行地复制图像来实现。

也可以直接利用 MATLAB 提供的 imtransform 函数来实现：

B=imtransform(A,TFORM,INTERP,PARAM1,VAL1,PARAM2,VAL2,...)。其中，A 为要进行几何变换的图像，B 为输出图像，其余参数如表 3-1 所示。

表 3-1 imtransform 函数参数

参　　数	含　　义	取　　值
TFORM	指定变换矩阵	maketform 函数或 cp2tform 函数产生的结构
INTERP	插值方法	nearest,bilinear, bicubic
UData、VData	二维实向量，原图 A 横纵坐标的起始和结束位置	默认值分别为[1 size(A,2)], [1 size(A,1)]
XData、YData	二维实向量，输出 B 横纵坐标的起始和结束位置	不指定则包括完整变换输出图像
XYScale	一维数据，指定 XY 空间输出像素宽度和高度；二维实向量，则分别指定宽度和高度	未指定但'Size'指定，根据'Size'、'XData'和'YData'计算；若均未指定，'XYScale'使用输入像素尺度(输出图像过大除外)
Size	二维非负整向量，用于指定输出图像 B 的行列数，若图像 A 为更高维，则 B 的尺寸和 A 一致	Size 未指定，则根据 XData、YData 和 XYScale 计算
FillValues	原图像中的对应点坐标超出图像宽高范围时，输出像素所赋的背景色	若 A 为 uint8 型 RGB 图像，可取 0、[0;0;0]、255、[255;255;255]、[0;0;255]、[255;255;0]

T=maketform(TRANSFORMTYPE,...)：产生转换结构；TRANSFORMTYPE 为变换类型，可以为 affine、projective、custom、box、composite。

读者需要注意的是：

一般理论讲解中，像素点用列向量表达，二维图像表示为 $3\times n$ 的点集矩阵 $\boldsymbol{A}$，几何变换为 $\boldsymbol{T}\times\boldsymbol{A}$；而 imtransform 函数中，二维图像表示为 $n\times 3$ 矩阵 $\boldsymbol{B}$，采用的是 $\boldsymbol{B}\times\boldsymbol{T}'$，$\boldsymbol{T}'$ 为 $\boldsymbol{T}$ 的转置，采用 maketform 设置变换矩阵 $\boldsymbol{T}$ 时要注意。

程序如下：

```
Image = imread('lotus.jpg');
deltax = 20;deltay = 20;
T = maketform('affine',[1 0 0;0 1 0;deltax deltay 1]);
NewImage1 = imtransform(Image,T,'XData',[1 size(Image,2)], ...
                               'YData',[1,size(Image,1)],'FillValue',255);
NewImage2 = imtransform(Image,T,'XData',[1 size(Image,2) + deltax], ...
                               'YData',[1,size(Image,1) + deltay],'FillValue',255);
subplot(131),imshow(Image),title('原图');
subplot(132),imshow(NewImage1),title('画布尺寸不变平移');
subplot(133),imshow(NewImage2),title('画布尺寸扩大平移');
```

结果如图 3-2 所示。

2. 图像的镜像

设图像的大小为$M\times N$，采用像素坐标系，图像镜像的计算公式如式(3-7)所示。

$$\begin{cases}\begin{cases}x' = M-1-x\\ y' = y\end{cases} & (\text{水平镜像})\\ \begin{cases}x' = x\\ y' = N-1-y\end{cases} & (\text{垂直镜像})\\ \begin{cases}x' = M-1-x\\ y' = N-1-y\end{cases} & (\text{对角镜像})\end{cases} \tag{3-7}$$

从公式可以看出，镜像就是左右、上下或对角对换。

用矩阵表示为

$$\begin{cases}\begin{bmatrix}x'\\ y'\\ 1\end{bmatrix} = \begin{bmatrix}-1 & 0 & M-1\\ 0 & 1 & 0\\ 0 & 0 & 1\end{bmatrix}\begin{bmatrix}x\\ y\\ 1\end{bmatrix} & (\text{水平镜像})\\ \begin{bmatrix}x'\\ y'\\ 1\end{bmatrix} = \begin{bmatrix}1 & 0 & 0\\ 0 & -1 & N-1\\ 0 & 0 & 1\end{bmatrix}\begin{bmatrix}x\\ y\\ 1\end{bmatrix} & (\text{垂直镜像})\\ \begin{bmatrix}x'\\ y'\\ 1\end{bmatrix} = \begin{bmatrix}-1 & 0 & M-1\\ 0 & -1 & N-1\\ 0 & 0 & 1\end{bmatrix}\begin{bmatrix}x\\ y\\ 1\end{bmatrix} & (\text{对角镜像})\end{cases} \tag{3-8}$$

镜像变换求逆的公式为

$$\begin{cases}\begin{cases}x = M-1-x'\\ y = y'\end{cases} & (\text{水平镜像})\\ \begin{cases}x = x'\\ y = N-1-y'\end{cases} & (\text{垂直镜像})\\ \begin{cases}x = M-1-x'\\ y = N-1-y'\end{cases} & (\text{对角镜像})\end{cases} \tag{3-9}$$

【例 3.2】 基于 MATLAB 编程实现图像镜像变换。

解：MATLAB 中的矩阵翻转函数如下：

fliplr(X)：实现二维矩阵 ***X*** 沿垂直轴的左右翻转；

flipud(X)：实现二维矩阵 ***X*** 上下翻转；

flipdim(X,DIM)：DIM 指定翻转方式，为 1 表示矩阵 ***X*** 按行翻转，为 2 表示按列翻转；

B=permute(A,ORDER)：按照向量 ORDER 指定的顺序重排 ***A*** 的各维，***B*** 中元素和 ***A*** 中元素完全相同，但在 ***A***、***B*** 访问同一个元素使用的下标不一样。order 中的元素必须各不相同。

程序如下：

```
Image2 = imread('lotus.jpg'); subplot(221),imshow(Image2);
HImage = flipdim(Image2,2); subplot(222),imshow(HImage);
```

```
VImage = flipdim(Image2,1); subplot(223),imshow(VImage);
CImage = flipdim(HImage,1); subplot(224),imshow(CImage);
```

程序运行效果如图 3-3 所示。

(a) 原始图像　(b) 水平镜像　(c) 垂直镜像　(d) 对角镜像

图 3-3　图像的镜像变换处理

3. 图像的旋转

图像的旋转是指以图像中的某一点为原点，以逆时针或顺时针方向将图像上的所有像素都旋转一个相同的角度。经过旋转变换后，图像的大小一般会改变，并且图像中的部分像素可能会转出可视区域范围，因此需要扩大可视区域范围以显示所有的图像。

1）绕原点旋转

这里主要讲述基于极坐标系的旋转变换方法，设原图像中点(x,y)逆时针旋转θ角后的对应点为(x',y')，如图 3-4 所示。

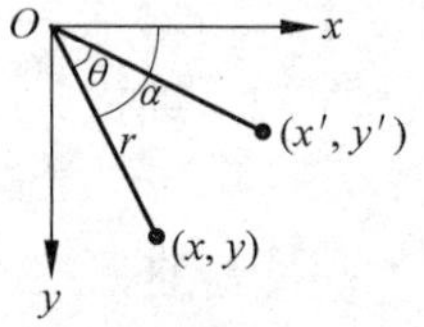

图 3-4　图像旋转θ角示意图

在旋转变换前，原图像中点(x,y)的坐标表达式为

$$\begin{cases} x = r \cdot \cos\alpha \\ y = r \cdot \sin\alpha \end{cases} \tag{3-10}$$

逆时针旋转θ角后，得

$$\begin{cases} x' = r \cdot \cos(\alpha - \theta) = x \cdot \cos\theta + y \cdot \sin\theta \\ y' = r \cdot \sin(\alpha - \theta) = -x \cdot \sin\theta + y \cdot \cos\theta \end{cases} \tag{3-11}$$

则图像旋转变换的矩阵表达为

$$\begin{pmatrix} x' \\ y' \\ 1 \end{pmatrix} = \begin{pmatrix} \cos\theta & \sin\theta & 0 \\ -\sin\theta & \cos\theta & 0 \\ 0 & 0 & 1 \end{pmatrix} \begin{pmatrix} x \\ y \\ 1 \end{pmatrix} \tag{3-12}$$

若顺时针旋转，则角度θ取负值。

绕原点旋转的逆变换为

$$\begin{cases} x = x'\cos\theta - y'\sin\theta \\ y = x'\sin\theta + y'\cos\theta \end{cases} \tag{3-13}$$

2) 旋转变换过程

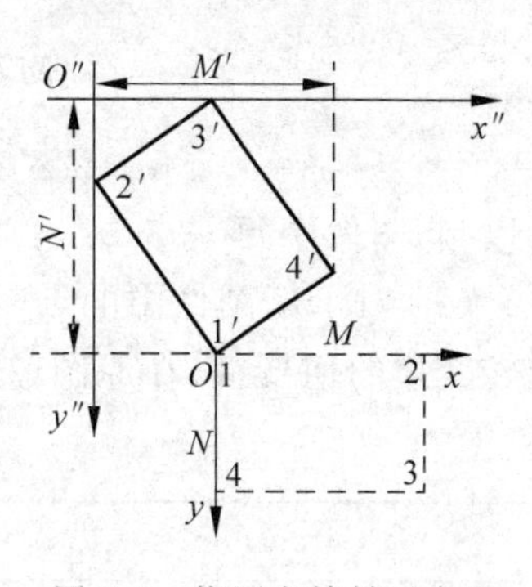

图 3-5 绕原点旋转示意图

(1) 确定旋转后新图像尺寸：绕原点逆时针旋转示意图如图 3-5 所示。xOy 为原始图像坐标系，图像四个角标注为 1、2、3、4，旋转后为 1′、2′、3′、4′，新图像坐标系表示为 $x''O''y''$。

设原始图像大小为 $M\times N$，以图像起始点作为坐标原点，则原始图像四个角坐标分别为 $(x_1,y_1)=(0,0)$，$(x_2,y_2)=(M-1,0)$，$(x_3,y_3)=(M-1,N-1)$，$(x_4,y_4)=(0,N-1)$。

按照逆时针旋转公式(3-11)，旋转后，四个点在原坐标系中的坐标为

$$\begin{cases}(x_1',y_1')=(0,0)\\(x_2',y_2')=((M-1)\cos\theta,-(M-1)\sin\theta)\\(x_3',y_3')=((M-1)\cos\theta+(N-1)\sin\theta,-(M-1)\sin\theta+(N-1)\cos\theta)\\(x_4',y_4')=((N-1)\sin\theta,(N-1)\cos\theta)\end{cases}\tag{3-14}$$

令 $\max x'$ 和 $\min x'$ 分别为坐标值 x_1',x_2',x_3',x_4' 的最大值和最小值，$\max y'$ 和 $\min y'$ 分别为坐标值 y_1',y_2',y_3',y_4' 的最大值和最小值，则新图像的宽度 M' 和高度 N' 为

$$\begin{cases}M'=\max x'-\min x'+1\\N'=\max y'-\min y'+1\end{cases}\tag{3-15}$$

(2) 坐标变换：对于新图像中的像素点 (x'',y'')，$x''\in[0,M'-1]$，$y''\in[0,N'-1]$，先进行平移变换，变换到原像素坐标系，公式为

$$\begin{cases}x'=x''+\min x'\\y'=y''+\min y'\end{cases}\tag{3-16}$$

(3) 旋转逆变换：对于每一个点 (x',y')，利用旋转变换的逆变换式(3-13)，在原图像中找对应点。

(4) 给新图像赋值：按对应关系直接给新图像中各个像素赋值，或采用插值方法给新图像中各个像素赋值。

【例 3.3】 有一幅图像 $f(x,y)=\begin{bmatrix}59&60&58\\61&59&57\\62&56&55\end{bmatrix}$，以图像原点为坐标原点，将其逆时针旋转 30°。

解：(1) 确定旋转后新图像的分辨率。按照式(3-14)计算图像 4 个角点旋转后的坐标：

$$\begin{cases}(x_1',y_1')=(0,0)\\(x_2',y_2')=(2\cos30^\circ,-2\sin30^\circ)=(1.732,-1)\\(x_3',y_3')=(2\cos30^\circ+2\sin30^\circ,-2\sin30^\circ+2\cos30^\circ)=(2.732,0.732)\\(x_4',y_4')=(2\sin30^\circ,2\cos30^\circ)=(1,1.732)\end{cases}$$

$$\max x'=2.732,\quad \min x'=0,\quad \max y'=1.732,\quad \min y'=-1$$

计算新图像分辨率：

$$\begin{cases} M' = \max x' - \min x' + 1 = 3.732 \approx 4 \\ N' = \max y' - \min y' + 1 = 3.732 \approx 4 \end{cases}$$

所以，新图像中每一点(x'',y'')满足$x''\in[0\quad 3]$，$y''\in[0\quad 3]$。

(2) 对于新图像中的点(x'',y'')，先进行平移变换，变换到原像素坐标系(x',y')，再利用旋转变换的逆变换，在原图像中找对应点(x,y)，并赋值。对应关系如表3-2所示。

表 3-2 绕原点旋转像素点对应关系

(x'',y'')	(x',y')	(x,y)	最邻近点	(x'',y'')	(x',y')	(x,y)	最邻近点
(0,0)	(0,−1)	(0.5,−0.866)	(1,−1)	(1,0)	(1,−1)	(1.366,−0.366)	(1,0)
(0,1)	(0,0)	(0,0)	(0,0)	(1,1)	(1,0)	(0.866,0.5)	(1,1)
(0,2)	(0,1)	(−0.5,0.866)	(−1,1)	(1,2)	(1,1)	(0.366,1.366)	(0,1)
(0,3)	(0,2)	(−1,1.732)	(−1,2)	(1,3)	(1,2)	(−0.134,2.232)	(0,2)
(2,0)	(2,−1)	(2.232,0.134)	(2,0)	(3,0)	(3,−1)	(3.098,0.634)	(3,1)
(2,1)	(2,0)	(1.732,1)	(2,1)	(3,1)	(3,0)	(2.598,1.5)	(3,2)
(2,2)	(2,1)	(1.232,1.866)	(1,2)	(3,2)	(3,1)	(2.098,2.366)	(2,2)
(2,3)	(2,2)	(0.732,2.732)	(1,3)	(3,3)	(3,2)	(1.598,3.232)	(2,3)

产生的新图像$\boldsymbol{g}(x,y)$为

$$\boldsymbol{g}(x,y)=\begin{bmatrix} 255 & 60 & 58 & 255 \\ 59 & 59 & 57 & 255 \\ 255 & 61 & 56 & 55 \\ 255 & 62 & 255 & 255 \end{bmatrix}$$

在上述运算过程中，原图中的对应点超出图像范围，或新图像中的点在原图像中没有对应点，直接赋背景色255；未超出图像范围但不是整数像素的对应点按最邻近插值。

为提高图像效果，可以采用双线性插值，如新图像中(1,2)点，对应原图中(0.366,1.366)点，该点位于(0,1)、(1,1)、(0,2)、(1,2)四点之间，可以按照式(3-2)计算(0.366,1.366)点的值，并赋给新图像中的(1,2)点。

$$f(0,1.366) = f(0,1) + 0.366[f(0,2) - f(0,1)] = 61 + 0.366 \times (62 - 61) = 61.366$$
$$f(1,1.366) = f(1,1) + 0.366[f(1,2) - f(1,1)] = 59 + 0.366 \times (56 - 59) = 57.902$$
$$f(0.366,1.366) = f(0,1.366) + 0.366[f(1,1.366) - f(0,1.366)] \approx 60$$

绕中心点旋转先要将坐标系平移到中心点，再按绕原点旋转进行变换，然后平移回原坐标原点。绕任意点旋转与此相同，仅仅是平移量的不同。

【例3.4】 基于MATLAB编程，实现图像旋转15°，并分别采用最邻近插值和双线性插值方法生成旋转后的图像。

解：旋转程序可以按照例3.3中所述步骤实现，也可以采用MATLAB提供的imrotate函数实现。

B=imrotate(A,ANGLE,METHOD,BBOX)：A为要进行旋转的图像；ANGLE为要旋转的角度(°)，逆时针为正，顺时针为负；METHOD为图像旋转插值方法，可取"'nearest','bilinear','bicubic'"，默认为nearest；BBOX指定返回图像大小：可取"crop"，输出图像B与

输入图像 A 具有相同的大小，对旋转图像进行剪切以满足要求；可取“loose”，默认时，B 包含整个旋转后的图像。

程序如下：

```
Image = im2double(imread('lotus.jpg'));                 % 读取图像并转换为 double 型
NewImage1 = imrotate(Image,15);
NewImage2 = imrotate(Image,15,'bilinear');              % 图像旋转
subplot(1,2,1),imshow(NewImage1);
subplot(1,2,2),imshow(NewImage2);                       % 显示旋转后的图像
```

程序运行结果如图 3-6 所示。从图中可以看出，最邻近插值有较明显的锯齿现象，双线性插值图像变化较平滑。

(a) 最邻近插值

(b) 双线性插值

图 3-6　图像旋转 15°变换效果图

3.1.3　图像的形状变换

最基本的图像形状变换主要指图像的放大、缩小和错切。

1. 图像的缩放

图像缩放是指将给定图像的尺寸在 x、y 方向分别缩放 k_x、k_y 倍，获得一幅新的图像。其中，若 $k_x=k_y$，即在 x 轴、y 轴方向缩放的比率相同，则称为图像的按比例缩放。若 $k_x \neq k_y$，缩放会改变原始图像像素间的相对位置，产生几何畸变，则称为图像的不按比例缩放。进行缩放变换后，新图像的分辨率为 $k_xM \times k_yN$。

图像的缩放处理分为图像的缩小和图像的放大处理：

(1) 当 $0<k_x,k_y<1$，则实现图像的缩小处理；

(2) 当 $k_x,k_y>1$，则实现图像的放大处理。

设原图像中点 (x,y) 进行缩放处理后，移到点 (x',y')，则缩放处理的矩阵形式可表示为

$$\begin{bmatrix} x' \\ y' \\ 1 \end{bmatrix} = \begin{bmatrix} k_x & 0 & 0 \\ 0 & k_y & 0 \\ 0 & 0 & 1 \end{bmatrix} \begin{bmatrix} x \\ y \\ 1 \end{bmatrix} \tag{3-17}$$

对矩阵变换求逆，则

$$\begin{bmatrix} x \\ y \\ 1 \end{bmatrix} = \begin{bmatrix} 1/k_x & 0 & 0 \\ 0 & 1/k_y & 0 \\ 0 & 0 & 1 \end{bmatrix} \begin{bmatrix} x' \\ y' \\ 1 \end{bmatrix} \tag{3-18}$$

【例 3.5】 一幅 6×6 的图像 $f(x,y)=\begin{bmatrix}1&2&3&4&5&6\\7&8&9&10&11&12\\13&14&15&16&17&18\\19&20&21&22&23&24\\25&26&27&28&29&30\\31&32&33&34&35&36\end{bmatrix}$，设缩放比例为 $k_x=0.75$，$k_y=0.6$，试对其进行缩小变换。

解：(1) 确定缩放后新图像的尺寸，即

$$M'=k_xM=0.75\times6=4.5\approx5,\quad N'=k_yN=0.6\times6=3.6\approx4$$

所以，缩放后图像的分辨率为 5×4，点 (x',y') 满足 $x'\in[0\quad4]$，$y'\in[0\quad3]$。

(2) 对于新图像中的点 (x',y')，利用缩放变换的逆变换，在原图像中找对应点，并赋值

$$x=x'/k_x=x'/0.75,\quad y=y'/k_y=y'/0.6$$

对应关系如表 3-3 所示。

表 3-3 缩放变换像素点对应关系

(x',y')	对应点 (x,y)	最邻近点	(x',y')	对应点 (x,y)	最邻近点
(0,0)	(0,0)	(0,0)	(0,1)	(0,1.67)	(0,2)
(1,0)	(1.33,0)	(1,0)	(1,1)	(1.33,1.67)	(1,2)
(2,0)	(2.67,0)	(3,0)	(2,1)	(2.67,1.67)	(3,2)
(3,0)	(4,0)	(4,0)	(3,1)	(4,1.67)	(4,2)
(4,0)	(5.33,0)	(5,0)	(4,1)	(5.33,1.67)	(5,2)
(0,2)	(0,3.33)	(0,3)	(0,3)	(0,5)	(0,5)
(1,2)	(1.33,3.33)	(1,3)	(1,3)	(1.33,5)	(1,5)
(2,2)	(2.67,3.33)	(3,3)	(2,3)	(2.67,5)	(3,5)
(3,2)	(4,3.33)	(4,3)	(3,3)	(4,5)	(4,5)
(4,2)	(5.33,3.33)	(5,3)	(4,3)	(5.33,5)	(5,5)

产生的新图像 $\boldsymbol{g}(x,y)$ 为

$$\boldsymbol{g}(x,y)=\begin{bmatrix}1&2&4&5&6\\13&14&16&17&18\\19&20&22&23&24\\31&32&34&35&36\end{bmatrix}$$

在上述运算过程中，因缩放比例小于1，为图像缩小。新图像中的点在原图像中的对应点未超出图像范围，不是整数像素的对应点按最邻近插值，即把 (x,y) 坐标四舍五入取整后赋值。

为提高图像效果，可以采用双线性插值，如新图像中(2,2)点，对应原图中(2.67,3.33)点，该点位于(2,3)、(3,3)、(2,4)、(3,4)四点之间，可以按照式(3-2)计算(2.67,3.33)点的值，并赋给新图像中的(2,2)点。

$$f(2,3.33)=f(2,3)+0.33[f(2,4)-f(2,3)]=21+0.33(27-21)=22.98$$

$$f(3,3.33)=f(3,3)+0.33[f(3,4)-f(3,3)]=22+0.33(28-22)=23.98$$

$$f(2.67,3.33)=f(2,3.33)+0.67[f(3,3.33)-f(2,3.33)]=23.65\approx24$$

【例 3.6】 基于 MATLAB 编程，实现图像放大，比例为 $k_x=1.5$，$k_y=1.5$，分别采用最邻近插值和双线性插值方法生成放大后的图像。

解：程序可以按照例 3.5 中所述步骤实现，也可采用 MATLAB 提供的 imresize 函数实现。

B=imresize(A, SCALE,METHOD))：返回原图 A 的 SCALE 倍大小图像 B。

B=imresize(A, [NUMROWS NUMCOLS], METHOD))：对原图 A 进行比例缩放，返回图像 B 的行数和列数由 NUMROWS、NUMCOLS 指定，如果二者为 NaN，则表明 MATLAB 自动调整了图像的缩放比例，保留图像原有的宽高比。

[Y, NEWMAP]=imresize(X, MAP, SCALE, METHOD))：对索引图像进行成比例缩放。

程序如下：

```
Image = im2double(imread('lotus.jpg'));
NewImage1 = imresize(Image,1.5,'nearest');
NewImage2 = imresize(Image,1.5,'bilinear');
subplot(1,2,1),imshow(NewImage1);
subplot(1,2,2),imshow(NewImage2);
```

程序运行结果如图 3-7 所示。

(a) 最邻近插值

(b) 双线性插值

图 3-7　图像放大效果图

从图 3-7 中可以看出，最邻近插值有较明显的锯齿现象，双线性插值变化较平滑。

2. 图像的错切

图像的错切变换是平面景物在投影平面上的非垂直投影。错切使图像中的图形产生扭变。这种扭变只在水平或垂直方向上产生时，分别称为水平方向上的错切和垂直方向上的错切。

图像在水平方向上错切的数学表达式为

$$\begin{cases} x' = x + d_x y \\ y' = y \end{cases} \tag{3-19}$$

图像在垂直方向错切的数学表达式为

$$\begin{cases} x' = x \\ y' = y + d_y x \end{cases} \tag{3-20}$$

水平和垂直方向同时错切的数学表达式为

$$\begin{cases} x' = x + d_x y \\ y' = y + d_y x \end{cases} \tag{3-21}$$

$d_x=1$ 的水平错切和 $d_y=1$ 的垂直错切如图 3-8 所示。

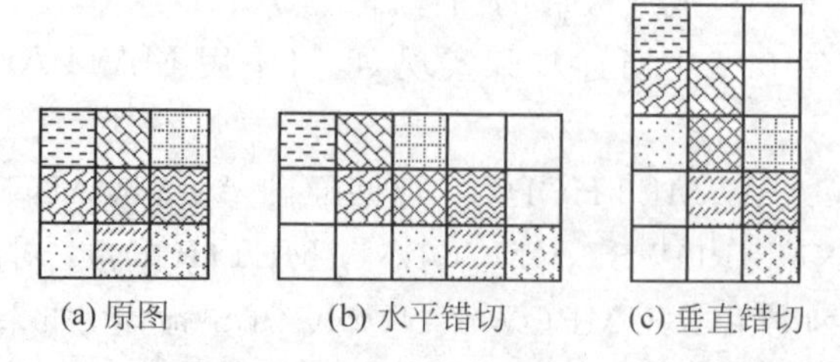

(a) 原图　(b) 水平错切　(c) 垂直错切

图 3-8　图像的错切变换

可以看到，错切之后原图像的像素排列方向发生改变。

【例 3.7】 基于 MATLAB 编程，实现图像错切，比例为 $d_x=0.5$，$d_y=0.5$，分别采用最邻近插值和双线性插值方法生成错切后的图像。

解：程序如下：

```
Image = im2double(imread('lotus.jpg'));
tform1 = maketform('affine',[1 0 0;0.5 1 0; 0 0 1]);
tform2 = maketform('affine',[1 0.5 0;0 1 0; 0 0 1]);
NewImage1 = imtransform(Image,tform1);
NewImage2 = imtransform(Image,tform2);
subplot(1,2,1),imshow(NewImage1);
subplot(1,2,2),imshow(NewImage2);
```

程序运行结果如图 3-9 所示。

(a) 水平方向错切　(b) 垂直方向错切

图 3-9　图像错切效果图

3.2　图像代数运算

图像代数运算是指对两幅或多幅输入图像进行点对点的加减乘除、与或非等运算，有时涉及将简单的代数运算进行组合得到更复杂的代数运算结果。从原理上来讲简单易懂，但在实际应用中很常见，因此，本节对代数运算做简单讲解。

1. 加法运算

$$g(x,y)=f_1(x,y)+f_2(x,y) \tag{3-22}$$

式中，f_1、f_2 是同等大小的两幅图像。

1）和值处理

进行相加运算，对应像素值的和可能会超出灰度值表达范围，对于这种情况，可以采用下列方法进行处理。

（1）截断处理。如果 $g(x,y)$ 大于 255，则仍取 255；但新图像 $g(x,y)$ 像素值会偏大，图像整体较亮，后续需要灰度级调整。

（2）加权求和。即

$$g(x,y)=\alpha f_1(x,y)+(1-\alpha)f_2(x,y) \tag{3-23}$$

式中，$\alpha\in[0,1]$。这种方法需要选择合适的 α。

2）加法运算主要应用

（1）多幅图像相加求平均去除叠加性噪声。若图像中存在的各点噪声为互不相关的加性噪声，且均值为 0，对同一景物连续摄取多幅图像，再对多幅图像相加取平均，消除噪声。该方法常用于摄像机的视频图像中，用于减少电视摄像机光电摄像管或 CCD 器件所引起的噪声。

（2）将一幅图像的内容经配准后叠加到另一幅图像上去，以改善图像的视觉效果。

（3）在多光谱图像中，通过加法运算加宽波段，如绿色波段和红色波段图像相加可以得到近似全色图像。

（4）用于图像合成和图像拼接。

3）MATLAB 函数

Z=imadd(X,Y)。若 X、Y 均为图像，则要求 Y 和 X 的尺寸相等，对应运算和大于 255，Z 仍取 255，即截断处理；若 Y 是一个标量，则 Z 表示对图像 X 整体加上 Y 值；若 Z 为整型数据，对小数部分取整，超出整型数据范围的被截断。

【例 3.8】 基于 MATLAB 编程，实现两幅图像相加。

解：程序如下：

```
Back = imread('desert.jpg');
Foreground = imread('car.jpg');
result1 = imadd(Foreground, - 100);
result2 = imadd(Back,Foreground);
result3 = imadd(Back,result1);
subplot(221),imshow(Foreground),title('原目标图');
subplot(222),imshow(result1),title('原图加标量');
subplot(223),imshow(result2),title('原图加背景');
subplot(224),imshow(result3),title('加标量图加背景');
```

程序运行结果如图 3-10 所示。

2. 减法运算

$$g(x,y)=f_1(x,y)-f_2(x,y) \tag{3-24}$$

式中，f_1、f_2 是同等大小的两幅图像。

1）差值处理

进行相减运算，对应像素值的差可能为负数，对于这种情况，可以采用下列方法进行处理。

图 3-10　加法运算结果图

(1) 截断处理。如果 $g(x,y)$小于 0,仍取 0；但新图像 $g(x,y)$像素值会偏小,图像整体较暗,后续需要灰度级调整。

(2) 取绝对值。即

$$g(x,y)=|f_1(x,y)-f_2(x,y)| \tag{3-25}$$

2) 减法运算主要应用

(1) 显示两幅图像的差异,检测同一场景两幅图像之间的变化。如运动目标检测中的背景减法、视频中镜头边界的检测。

(2) 去除不需要的叠加性图案。叠加性图案可能是缓慢变化的背景阴影或周期性的噪声,或在图像上每一个像素处均已知的附加污染等,如电视制作的蓝屏技术。

(3) 图像分割。如分割运动的车辆,减法去掉静止部分,剩余的是运动元素和噪声。

(4) 生成合成图像。

3) MATLAB 函数

Z=imsubtract(X,Y)：差值结果小于 0 的赋值为 0,对 X、Y 的要求同 imadd 相同。

Z=imabsdiff(X,Y)：差值结果取绝对值。

【例 3.9】 基于 MATLAB 编程实现两幅图像相减。

解：程序如下：

```
Back = imread('hallback.bmp');
Foreground = imread('hallforeground.bmp');
result1 = imabsdiff(Back,Foreground);
subplot(131),imshow(Back),title('背景图');
subplot(132),imshow(Foreground),title('前景图');
subplot(133),imshow(result1),title('图像相减');
```

程序运行结果如图 3-11 所示。

(a) 背景图

(b) 前景图

(c) 相减

图 3-11 减法运算结果图

3. 乘法运算

$$g(x,y) = f_1(x,y) \times f_2(x,y) \tag{3-26}$$

式中，f_1、f_2 是同等大小的两幅图像。

1）主要应用

(1) 图像的局部显示和提取：用二值模板图像与原图像做乘法来实现。

(2) 生成合成图像。

2）MATLAB 函数

Z=immultiply(X,Y)。对 X、Y 的要求同 imadd 相同。若 X、Y 为 uint8 类型的数据，乘积通常会超出 uint8 类型的最大值，超出部分会被截断。

【例 3.10】 基于 MATLAB 编程，实现两幅图像相乘。

解：程序如下：

```
Back = im2double(imread('bird.jpg'));
Templet = im2double(imread('birdtemplet.bmp'));
result1 = immultiply(Templet,Back);
subplot(131),imshow(Back),title('背景');
subplot(132),imshow(Templet),title('模板');
subplot(133),imshow(result1),title('图像相乘');
```

程序运行结果如图 3-12 所示。

(a) 背景　(b) 模板　(c) 相乘

图 3-12 乘法运算结果图

4. 除法运算

$$g(x,y) = f_1(x,y) \div f_2(x,y) \tag{3-27}$$

式中，f_1、f_2 是同等大小的两幅图像。

用于消除空间可变的量化敏感函数、归一化、产生比率图像等。

MATLAB 函数：Z=imdivide(X,Y)。

5. 逻辑运算

在两幅图像对应像素间进行与、或、非等运算。

非运算：$g(x,y)=255-f(x,y)$，用于获得原图像的补图像。

与运算：$g(x,y)=f_1(x,y)\&f_2(x,y)$，求两幅图像的相交子图，可作为模板运算。

或运算：$g(x,y)=f_1(x,y)|f_2(x,y)$，合并两幅图像的子图像，可作为模板运算。

MATLAB 函数：

(1) C=bitcmp(A)。A 为有符号或无符号整型矩阵，C 为 A 按位求补。

(2) C=bitand(A,B)。A 和 B 为有符号或无符号整型矩阵，C 为 A、B 按位求与。

(3) C=bitor(A,B)。A 和 B 为有符号或无符号整型矩阵，C 为 A、B 按位求或。

(4) C=bitxor(A,B)。A 和 B 为有符号或无符号整型矩阵，C 为 A、B 按位求异或。

(5) &、|、~运算符。相"&"的两个数据非零则输出 1，否则为 0；相"|"的两个数，一个非零则输出 1；"~A"的意思是若 A 为 0，则输出 1，否则输出 0。要注意运算符与按位逻辑运算不一致。

【例 3.11】 基于 MATLAB 编程，对两幅图像进行逻辑运算。

解：程序如下：

```
Back = imread('bird.jpg');
Templet = imread('birdtemplet.bmp');
result1 = bitcmp(Back);
result2 = bitand(Templet,Back);
result3 = bitor(Templet,Back);
result4 = bitxor(Templet,Back);
subplot(221),imshow(result1),title('求反');
subplot(222),imshow(result2),title('相与');
subplot(223),imshow(result3),title('相或');
subplot(224),imshow(result4),title('异或');
```

程序运行结果如图 3-13 所示。

图 3-13 逻辑运算结果图

3.3 邻域及模板运算

点运算和邻域运算是图像处理算法中最基本最重要的运算。点运算是对图像中每个像素点进行运算，其他点的值不会影响到该像素点，如图像的几何变换、灰度级变换等；邻域运算是每个像素点和其周围邻点共同参与的运算，是多种图像处理算法的运算方式。本节介绍邻域以及邻域运算的概念。

1. 邻点及邻域

图像是由像素构成的。图像中相邻的像素构成邻域，邻域中的像素点互为邻点。以某个像素点(x,y)为中心，处于其上、下、左、右4个方向上的像素点称为它的4邻点，再加上左上、右上、左下、右下4个方向的点就称为它的8邻点。像素的4邻点和8邻点由于与像素直接邻接，因此在邻域处理中较为常用。

像素邻点的集合构成了一个像素的邻域。有时，在图像处理中也将中心像素和它的特定邻点合称为邻域。邻域的位置由中心像素决定，大小一般用边长表示。如图3-14中给出了包含中心像素在内的3×3邻域和5×5邻域。

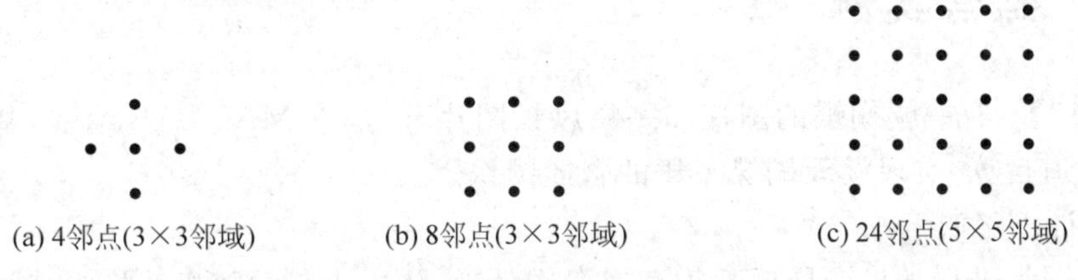

图3-14 像素的邻点与邻域

2. 邻域处理与模板运算

在图像处理中，邻域处理通常是以包含中心像素在内的邻域为分析对象的。经过邻域处理后得到的像素结果灰度值来源于对邻域内像素的灰度的计算结果。邻域处理能够将像素关联起来，因此广泛应用于图像处理当中。

模板，通常也称滤波器(filters)、核(kernels)、掩膜(templates)或窗口(windows)，用一个小的二维阵列来表示(如3×3)。通常把对应的模板上的值称为加权系数。

模板操作实现了一种邻域运算，即某个像素点的结果不仅和本像素灰度值有关，而且和其邻点的值有关。

模板运算的数学含义是卷积(或互相关)运算，模板就是卷积运算中的卷积核。图像的卷积运算实际是通过模板在图像上的移动完成的，在图像处理中，不断在图像上移动模板的位置，每当模板的中心对准一个像素，此像素所在邻域内的每个像素分别与模板中的每一个加权系数相乘，乘积求和所得结果即为该像素的滤波输出结果，如图3-15所示。这样，对图像中的每个邻域依次重复上述过程，直到模板遍历图像中所有可能位置。

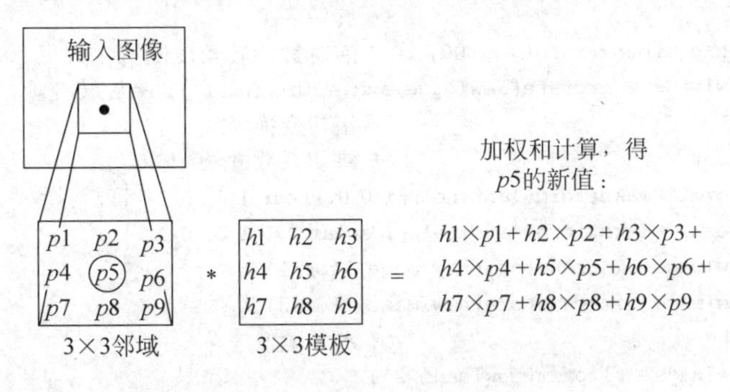

图3-15 模板运算示意图

但是,对一幅图像进行邻域模板运算的过程中,当模板中心与图像外围像素点重合时,模板的部分行和列可能会处于图像平面之外,没有相应的像素值与模板数据进行运算。对于这种问题,需要采用一定的措施来解决。

假设模板是大小为 $n \times n$ 的方形模板,对于图像中行和列方向上距离边缘小于 $(n-1)/2$ 个像素的形成区域,采用的方法是:

(1) 保留该区域中原始像素灰度值不变。

(2) 在图像边缘以外再补上 $(n-1)/2$ 行和 $(n-1)/2$ 列,对应的灰度值可以补零,也可以将边缘像素灰度值进行复制过来。补充在边缘以外的这 $(n-1)/2$ 行和 $(n-1)/2$ 列在进行模板运算处理后要去除掉。

3.4 综合实例

【例 3.12】 有一幅蝴蝶的图片和一幅风景图片,试基于 MATLAB 编程,基于几何、代数和色彩通道运算,实现漫天蝴蝶飞舞的合成图像。

解:设计思路如下:

对蝴蝶图片进行随机变换后叠加到风景图片上,依次进行的随机变换为三种几何变换、交换两个色彩通道、叠加到风景图片随机位置上。

程序如下:

```
Image = imread('butterfly.bmp');
Back = imread('IMG3_13.jpg');
subplot(131),imshow(Image),title('蝴蝶');
subplot(132),imshow(Back),title('背景');
[h,w,c] = size(Back);
population = 20;                          %随机变化出 20 只蝴蝶
num = 3;                                  %拟进行三种几何变换
for k = 1:population
   type = randi(6,1,num);            %在缩小、旋转、三种镜像及错切六种几何变换中随机选择三种
   NewImage = Image;
   for n = 1:num
      switch type(n)
         case 1                               %比例变换
            scale = rand();                   %缩小比例随机生成
            NewImage = imresize(NewImage,scale,'bilinear'); %缩小变换,双线性插值
         case 2                               %旋转变换
            angle = round(rand() * 100);      %逆时针旋转角度随机生成
            NewImage = imrotate(NewImage,angle,'bilinear'); %旋转变换,双线性插值
         case 3                               %错切变换
            shear = rand()/2;                 %错切系数 0~0.5
            tform1 = maketform('affine',[1 0 0;shear 1 0; 0 0 1]);
            tform2 = maketform('affine',[1 shear 0;0 1 0; 0 0 1]);
            NewImage = imtransform(NewImage,tform1);
            NewImage = imtransform(NewImage,tform2);
         case 4                               %水平镜像
            NewImage = flipdim(NewImage,2);
         case 5                               %垂直镜像
```

```
            NewImage = flipdim(NewImage,1);
        case 6                          %对角镜像
            NewImage = flipdim(NewImage,2);
            NewImage = flipdim(NewImage,1);
    end
  end
  [newh neww newc] = size(NewImage);
  positionx = randi(w - 2 * neww,1,1);
  positiony = randi(h - 2 * newh,1,1);      %叠加位置
  temp = Back(positiony:positiony + newh - 1,positionx:positionx + neww - 1,:);
  colorchange = randi(3,1,2);
  if colorchange(1)~ = colorchange(2)
      color = NewImage(:,:,colorchange(1));
      NewImage(:,:,colorchange(1)) = NewImage(:,:,colorchange(2));
      NewImage(:,:,colorchange(2)) = color;
  end                                   %色彩通道交换
  c = NewImage(:,:,1) & NewImage(:,:,2) & NewImage(:,:,3);
  pos = find(c(:) == 0);
  NewImage(pos) = temp(pos);
  NewImage(pos + newh * neww) = temp(pos + newh * neww);
  NewImage(pos + 2 * newh * neww) = temp(pos + 2 * newh * neww); %去除几何变换中产生的背景黑色点
  temp = NewImage;
  Back(positiony:positiony + newh - 1,positionx:positionx + neww - 1,:) = temp;
                                        %叠加
end
subplot(133),imshow(Back),title('合成图');
```

程序运行结果如图 3-16 所示。

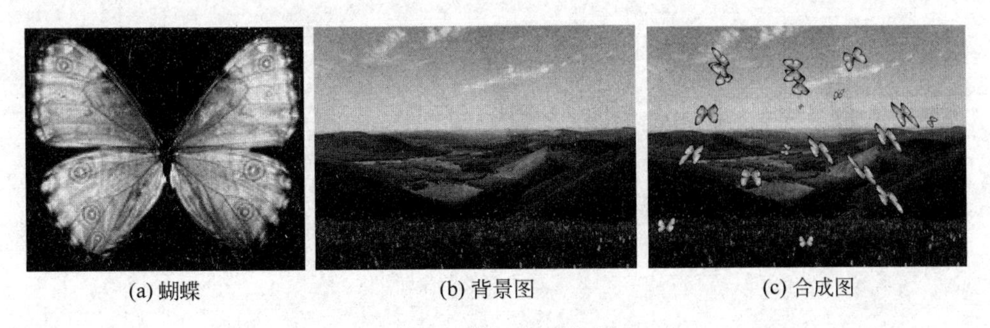

(a) 蝴蝶　(b) 背景图　(c) 合成图

图 3-16　模板运算示意图

习题

3.1　为什么要用齐次坐标表示图像矩阵？

3.2　一幅图像为 $f=\begin{bmatrix}1 & 4 & 7\\ 2 & 5 & 8\\ 3 & 6 & 9\end{bmatrix}$，设 $k_x=2.3, k_y=1.6$，试编写程序，采用双线性插值

法对其进行放大(不采用 MATLAB 中的图像缩放函数)。

3.3 试编写程序,对习题 3.2 所示图像逆时针旋转 60°,采用双线性插值的方法(不采用 MATLAB 中的几何变换函数)。

3.4 利用 MATLAB 编程,打开一幅图像,依次完成下列要求:顺时针旋转 20°,做水平镜像,设 $k_x=0.3$,$k_y=0.5$ 做错切变换,设 $k_x=k_y=0.6$ 缩小图像。若需要插值运算,采用双线性插值方法;要求输出显示原图、中间结果和最后结果。

3.5 利用 MATLAB 编程,打开两幅图像,利用几何变换、图像代数运算,生成一幅精美的合成图像。

第4章 图像的正交变换

CHAPTER 4

正交变换是信号处理的一种有效工具。图像信号不仅可以在空间域表示，也可以在频域表示，后者将有利于许多问题的分析及讨论。对图像进行正交变换，在图像增强、图像复原、图像特征提取、图像编码等处理中都经常采用。常用的正交变换有多种，本章主要介绍离散傅里叶变换、离散余弦变换、K-L 变换、Radon 变换和离散小波变换，并对各变换在图像处理中的应用进行概括。

4.1 离散傅里叶变换

离散傅里叶变换(Discrete Fourier Transform，DFT)是直接处理离散时间信号的傅里叶变换，在数字信号处理中应用广泛。

4.1.1 一维离散傅里叶变换

对于有限长数字序列 $f(x)$，$x=0,1,\cdots,N-1$，一维 DFT 定义为

$$F(u)=\sum_{x=0}^{N-1} f(x)\mathrm{e}^{-\mathrm{j}\frac{2\pi ux}{N}},\quad u=0,1,2,\cdots,N-1 \tag{4-1}$$

一维傅里叶反变换 IDFT 定义为

$$f(x)=\frac{1}{N}\sum_{u=0}^{N-1} F(u)\mathrm{e}^{\mathrm{j}\frac{2\pi ux}{N}},\quad x=0,1,2,\cdots,N-1 \tag{4-2}$$

$f(x)$和 $F(u)$为离散傅里叶变换对，表示为 $\mathscr{F}[f(x)]=F(u)$或 $f(x)\Leftrightarrow F(u)$。

设 $W=\mathrm{e}^{-\mathrm{j}\frac{2\pi}{N}}$，则一维的 DFT 和 IDFT 表示为

$$\begin{cases} F(u)=\sum\limits_{x=0}^{N-1} f(x)W^{ux}, & u=0,1,2,\cdots,N-1 \\ f(x)=\frac{1}{N}\sum\limits_{u=0}^{N-1} F(u)W^{-ux}, & x=0,1,2,\cdots,N-1 \end{cases} \tag{4-3}$$

4.1.2 一维快速傅里叶变换

直接对序列进行 DFT，运算量大，很难实时地处理问题。因此，根据 DFT 的奇、偶、虚、实等特性，对 DFT 算法进行改进而获得 FFT 算法。

1. FFT 原理

FFT 不是一种新的变换,只是 DFT 的一种算法。式(4-3)中的 W 因子具有周期性和对称性,如式(4-4)所示。因此,DFT 中的乘法运算中有许多重复内容,导致 DFT 的计算量大,运算时间长,如例 4.1 所示。FFT 的原理即是通过合理安排重复出现的相乘运算,进而减少计算工作量。

$$\begin{cases} W^{u\pm rN} = e^{-j\frac{2\pi}{N}(u\pm rN)} = e^{-j\frac{2\pi}{N}u} \times e^{\mp j2\pi r} = e^{-j\frac{2\pi}{N}u} = W^u \\ W^{u\pm \frac{N}{2}} = e^{-j\frac{2\pi}{N}(u\pm \frac{N}{2})} = e^{-j\frac{2\pi}{N}u} \times e^{\mp j\pi} = -e^{-j\frac{2\pi}{N}u} = -W^u \end{cases} \tag{4-4}$$

【例 4.1】 一个长为 4 的数字序列 $f(x)$,求其 DFT 变换 $F(u)$。

解:将 DFT 定义式展开如下:

$$F(u) = \sum_{x=0}^{3} f(x)W^{ux} = f(0)W^0 + f(1)W^u + f(2)W^{2u} + f(3)W^{3u}$$

表示为矩阵运算的形式为

$$\begin{bmatrix} F(0) \\ F(1) \\ F(2) \\ F(3) \end{bmatrix} = \begin{bmatrix} W^0 & W^0 & W^0 & W^0 \\ W^0 & W^1 & W^2 & W^3 \\ W^0 & W^2 & W^4 & W^6 \\ W^0 & W^3 & W^6 & W^9 \end{bmatrix} \begin{bmatrix} f(0) \\ f(1) \\ f(2) \\ f(3) \end{bmatrix}$$

在上式中,对于 u 的每一个值,均需要计算 4 次乘法 3 次加法,共 16 次乘法运算和 12 次加法运算。因 W 的对称性,$W^2=-W^0$,$W^3=-W^1$,因 W 的周期性,$W^4=W^0$,$W^6=W^2$,$W^9=W^1$,$F(u)$可以表示为

$$\begin{bmatrix} F(0) \\ F(1) \\ F(2) \\ F(3) \end{bmatrix} = \begin{bmatrix} W^0 & W^0 & W^0 & W^0 \\ W^0 & W^1 & -W^0 & -W^1 \\ W^0 & -W^0 & W^0 & -W^0 \\ W^0 & -W^1 & -W^0 & W^1 \end{bmatrix} \begin{bmatrix} f(0) \\ f(1) \\ f(2) \\ f(3) \end{bmatrix}$$

$$= \begin{bmatrix} 1 & 1 & 1 & 1 \\ 1 & W^1 & -1 & -W^1 \\ 1 & -1 & 1 & -1 \\ 1 & -W^1 & -1 & W^1 \end{bmatrix} \begin{bmatrix} f(0) \\ f(1) \\ f(2) \\ f(3) \end{bmatrix} = \begin{bmatrix} f(0)+f(2)+[f(1)+f(3)] \\ f(0)-f(2)+[f(1)-f(3)]W^1 \\ f(0)+f(2)-[f(1)+f(3)] \\ f(0)-f(2)-[f(1)-f(3)]W^1 \end{bmatrix}$$

换成这种形式后,DFT 计算只需进行 4 次乘法运算,8 次加法运算,运算量大为降低。

2. FFT 算法

W 因子具有以下特性:

$$W_{2N}^{k} = e^{-j\frac{2\pi}{2N}k} = e^{-j\frac{2\pi}{N}\cdot\frac{k}{2}} = W_N^{k/2} \tag{4-5}$$

DFT 可以表示为

$$F(u) = \sum_{x=0}^{N-1} f(x)W_N^{ux} = \sum_{x=0}^{N/2-1} f(2x)W_N^{2ux} + \sum_{x=0}^{N/2-1} f(2x+1)W_N^{u(2x+1)}$$

$$= \sum_{x=0}^{N/2-1} f(2x)W_{N/2}^{ux} + \sum_{x=0}^{N/2-1} f(2x+1)W_{N/2}^{ux}W_N^u$$

令 $M=N/2$,则

$$F(u) = \sum_{x=0}^{M-1} f(2x)W_M^{ux} + \sum_{x=0}^{M-1} f(2x+1)W_M^{ux}W_N^u$$

$$= F_e(u) + W_N^u F_o(u),\quad 0 \leqslant u < M \tag{4-6}$$

$$F(u+M) = F_e(u+M) + W_N^{u+M} F_o(u+M)$$
$$= F_e(u) - W_N^u F_o(u) \tag{4-7}$$

将原函数分为偶数项和奇数项，通过不断的一个偶数一个奇数的相加（减），最终得到需要的结果。FFT 是将复杂的运算变成两个数相加（减）的简单运算的重复。

【例 4.2】 一个长为 8 的数字序列 $f(x)$，利用 FFT 算法求其 DFT 变换 $F(u)$。

解：序列长为 8，则 $N=8$，序列表示为 $f_0, f_1, f_2, f_3, f_4, f_5, f_6, f_7$。按式(4-6)和式(4-7)，$F(u)$可以表示为奇偶项 $F_o(u)$和 $F_e(u)$的组合。把 $f(x)$按奇偶分开，$F_e(u)$为 f_0, f_2, f_4, f_6 序列的 DFT，$F_o(u)$为 f_1, f_3, f_5, f_7 系列的 DFT。为求 $F_e(u)$和 $F_o(u)$，进一步把两个子序列各自奇偶分开为 f_0, f_4、f_2, f_6、f_1, f_5、f_3, f_7。依此类推，直到子序列长为 1，1 个数的 DFT 就是其自身。再按式(4-6)和式(4-7)逐层组合计算整个序列的 DFT。过程如下：

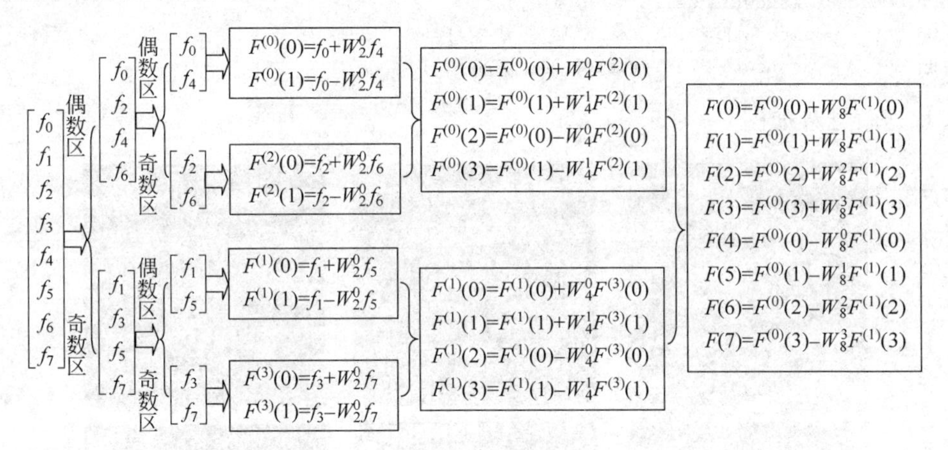

4.1.3 二维离散傅里叶变换

数字图像为二维数据，二维 DFT 由一维 DFT 推广而来。二维 DFT 变换和 IDFT 定义为

$$\begin{cases} F(u,v) = \sum_{x=0}^{M-1}\sum_{y=0}^{N-1} f(x,y)\mathrm{e}^{-\mathrm{j}2\pi\left(\frac{xu}{M}+\frac{yv}{N}\right)} & x,u = 0,1,2,\cdots,M-1 \\ f(x,y) = \frac{1}{MN}\sum_{u=0}^{M-1}\sum_{v=0}^{N-1} F(u,v)\mathrm{e}^{\mathrm{j}2\pi\left(\frac{xu}{M}+\frac{yv}{N}\right)} & y,v = 0,1,2,\cdots,N-1 \end{cases} \tag{4-8}$$

式中，$f(x,y)$是二维离散信号，$F(u,v)$为 $f(x,y)$的频谱，u、v 为频域采样值；$f(x,y)$和 $F(u,v)$为二维 DFT 变换对，记为 $\mathscr{F}[f(x,y)]=F(u,v)$或 $f(x,y)\Leftrightarrow F(u,v)$。

$F(u,v)$一般为复数，表示为

$$F(u,v) = R(u,v) + \mathrm{j}I(u,v) = |F(u,v)|\mathrm{e}^{\mathrm{j}\phi(u,v)} \tag{4-9}$$

式中，$|F(u,v)|$为 $f(x,y)$的傅里叶谱，$\phi(u,v)$为 $f(x,y)$的相位谱。$f(x,y)$的功率谱定义为傅里叶谱的平方，公式如下：

$$|F(u,v)| = \sqrt{R^2(u,v) + I^2(u,v)} \tag{4-10}$$

$$\phi(u,v) = \arctan\frac{I(u,v)}{R(u,v)} \tag{4-11}$$

$$E(u,v) = |F(u,v)|^2 = R^2(u,v) + I^2(u,v) \tag{4-12}$$

【例 4.3】 基于 MATLAB 编写程序，实现打开图像，对其进行 DFT 变换并显示频谱图。

解：程序如下：

```
Image = imread('peppers.jpg');
grayI = rgb2gray(Image);
DFTI1 = fft2(grayI);                                  %计算离散傅里叶变换
ADFTI1 = abs(DFTI1);                                  %计算傅里叶谱
top = max(ADFTI1(:));
bottom = min(ADFTI1(:));
ADFTI1 = (ADFTI1 - bottom)/(top - bottom) * 100;      %把傅里叶谱系数规格化到[0 100],便于观察
ADFTI2 = fftshift(ADFTI1);                            %将规格化频谱图移位,低频移至频谱图中心
subplot(131),imshow(Image),title('原图');
subplot(132),imshow(ADFTI1),title('原频谱图');
subplot(133),imshow(ADFTI2),title('移位频谱图');
```

程序运行结果如图 4-1 所示。

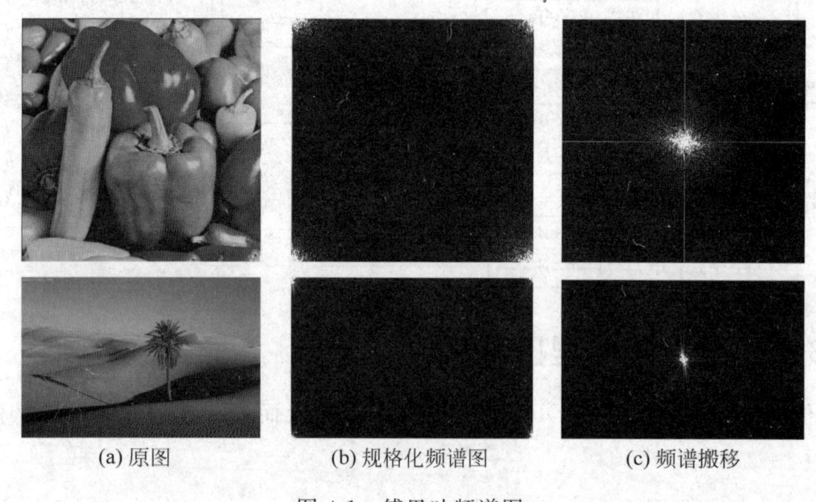

(a) 原图　　(b) 规格化频谱图　　(c) 频谱搬移

图 4-1　傅里叶频谱图

图 4-1(a)是两幅内容截然不同的图像，图 4-1(b)是 DFT 后频谱系数规格化到[0,100]的频谱图，四角部分对应低频成分，中央部分对应高频成分；图 4-1(c)将频谱图进行移位，频谱图中间部分为低频部分，越靠外边频率越高。图像中的能量主要集中在低频区，高频能量很少或为零。

4.1.4 二维离散傅里叶变换的性质

DFT 有许多重要性质，这些性质给 DFT 的实际应用和运算提供了极大的便利。这里主要介绍一些与二维 DFT 在图像处理中的应用密切相关的性质。

1. 可分性

$$F(u,v) = \sum_{x=0}^{M-1}\sum_{y=0}^{N-1} f(x,y)\mathrm{e}^{-\mathrm{j}2\pi\frac{xu}{M}}\mathrm{e}^{-\mathrm{j}2\pi\frac{yv}{N}}$$

$$
\begin{aligned}
&= \sum_{x=0}^{M-1}\left[\sum_{y=0}^{N-1} f(x,y)\mathrm{e}^{-\mathrm{j}2\pi\frac{yv}{N}}\right]\mathrm{e}^{-\mathrm{j}2\pi\frac{xu}{M}} \\
&= \sum_{x=0}^{M-1}\{\mathscr{F}_y[f(x,y)]\}\mathrm{e}^{-\mathrm{j}2\pi\frac{xu}{M}} \\
&= \mathscr{F}_x\{\mathscr{F}_y[f(x,y)]\}
\end{aligned} \tag{4-13}
$$

可分性表明二维 DFT 可用一维 DFT 来实现，即先对 $f(x,y)$ 的每一列进行一维 DFT，得到 $\mathscr{F}_y[f(x,y)]$，再对该中间结果的每一行进行一维 DFT 得到 $F(u,v)$，运算过程中可以采用一维 FFT 实现快速运算。相反的顺序(先行后列)也可以。

【例 4.4】 有一幅图像 $\boldsymbol{f}=\begin{bmatrix}1&0&2&1\\0&3&1&2\\3&1&0&2\\2&3&1&0\end{bmatrix}$，利用 FFT 算法求其 DFT 变换 $F(u,v)$。

解：按照二维 DFT 的可分性，先对图像的每一列进行一维 DFT，采用 FFT 实现快速运算。

第一列：$\begin{pmatrix}1\\0\\3\\2\end{pmatrix}\Rightarrow\begin{matrix}\begin{pmatrix}1\\3\end{pmatrix}\Rightarrow\begin{pmatrix}1+W_2^0\times3=4\\1-W_2^0\times3=-2\end{pmatrix}\\\begin{pmatrix}0\\2\end{pmatrix}\Rightarrow\begin{pmatrix}0+W_2^0\times2=2\\0-W_2^0\times2=-2\end{pmatrix}\end{matrix}\Rightarrow\begin{pmatrix}4+W_4^0\times2\\-2+W_4^1\times(-2)\\4-W_4^0\times2\\-2-W_4^1\times(-2)\end{pmatrix}=\begin{pmatrix}6\\-2+2\mathrm{j}\\2\\-2-2\mathrm{j}\end{pmatrix}$

其他列：具体过程省略，变换结果为

$$
\begin{pmatrix}0\\3\\1\\3\end{pmatrix}\Rightarrow\begin{pmatrix}7\\-1\\-5\\-1\end{pmatrix},\quad\begin{pmatrix}2\\1\\0\\1\end{pmatrix}\Rightarrow\begin{pmatrix}4\\2\\0\\2\end{pmatrix},\quad\begin{pmatrix}1\\2\\2\\0\end{pmatrix}\Rightarrow\begin{pmatrix}5\\-1-2\mathrm{j}\\1\\-1+2\mathrm{j}\end{pmatrix}
$$

经过列变换后为

$$
\begin{bmatrix}6&7&4&5\\-2+2\mathrm{j}&-1&2&-1-2\mathrm{j}\\2&-5&0&1\\-2-2\mathrm{j}&-1&2&-1+2\mathrm{j}\end{bmatrix}
$$

再对列变换后的数据每一行进行 DFT 变换，结果如下：

$$
\begin{pmatrix}6\\7\\4\\5\end{pmatrix}\Rightarrow\begin{pmatrix}22\\2-2\mathrm{j}\\-2\\2+2\mathrm{j}\end{pmatrix},\begin{pmatrix}-2+2\mathrm{j}\\-1\\2\\-1-2\mathrm{j}\end{pmatrix}\Rightarrow\begin{pmatrix}-2\\-2+2\mathrm{j}\\2+4\mathrm{j}\\-6+2\mathrm{j}\end{pmatrix},\begin{pmatrix}2\\-5\\0\\1\end{pmatrix}\Rightarrow\begin{pmatrix}-2\\2+6\mathrm{j}\\6\\2-6\mathrm{j}\end{pmatrix},\begin{pmatrix}-2-2\mathrm{j}\\-1\\2\\-1+2\mathrm{j}\end{pmatrix}\Rightarrow\begin{pmatrix}-2\\-6-2\mathrm{j}\\2-4\mathrm{j}\\-2-2\mathrm{j}\end{pmatrix}
$$

最终二维 DFT 为

$$
F(u,v)=\begin{bmatrix}22&2-2\mathrm{j}&-2&2+2\mathrm{j}\\-2&-2+2\mathrm{j}&2+4\mathrm{j}&-6+2\mathrm{j}\\-2&2+6\mathrm{j}&6&2-6\mathrm{j}\\-2&-6-2\mathrm{j}&2-4\mathrm{j}&-2-2\mathrm{j}\end{bmatrix}
$$

2. 线性和周期性

若 $\mathscr{F}[f(x,y)]=F(u,v), 0\leqslant x,u\leqslant M, 0\leqslant y,v\leqslant N$,则

$$\mathscr{F}[a_1 f_1(x,y)+a_2 f_2(x,y)]=a_1\mathscr{F}[f_1(x,y)]+a_2\mathscr{F}[f_2(x,y)] \tag{4-14}$$

$$\begin{cases}F(u,v)=F(u+M,v)=F(u,v+N)=F(u+M,v+N)\\ f(x,y)=f(x+M,y)=f(x,y+N)=f(x+M,y+N)\end{cases} \tag{4-15}$$

式(4-15)表明,尽管 $F(u,v)$ 对无穷多个 u 和 v 的值重复出现,但只需根据在任一个周期里的值就可从 $F(u,v)$ 得到 $f(x,y)$,同样只需一个周期里的变换就可将 $F(u,v)$ 在频域里完全确定。

3. 几何变换性

1) 共轭对称性

若 $\mathscr{F}[f(x,y)]=F(u,v)$,$F^*(-u,-v)$ 是 $f(-x,-y)$ 的 DFT 的共轭函数,则

$$F(u,v)=F^*(-u,-v) \tag{4-16}$$

2) 平移性

若 $\mathscr{F}[f(x,y)]=F(u,v)$,则

$$\begin{cases}f(x-x_0,y-y_0)\Leftrightarrow F(u,v)\mathrm{e}^{-\mathrm{j}2\pi\left(\frac{x_0 u}{M}+\frac{y_0 u}{N}\right)}\\ f(x,y)\mathrm{e}^{\mathrm{j}2\pi\left(\frac{xu_0}{M}+\frac{yv_0}{N}\right)}\Leftrightarrow F(u-u_0,v-v_0)\end{cases} \tag{4-17}$$

上式表示平移图像不影响其傅里叶变换的幅值,只改变相位谱。当 $u_0=M/2, v_0=N/2$ 时,$\mathrm{e}^{\mathrm{j}2\pi(u_0 x/M+v_0 y/N)}=\mathrm{e}^{\mathrm{j}\pi(x+y)}=(-1)^{x+y}$,则 $f(x,y)(-1)^{x+y}\Leftrightarrow F(u-M/2,v-N/2)$,频域的坐标原点从起始点(0,0)移至中心点,只要将 $f(x,y)$ 乘以 $(-1)^{x+y}$ 因子再进行傅里叶变换即可实现,即例 4.3 中的频谱搬移。

3) 旋转性

把 $f(x,y)$ 和 $F(u,v)$ 表示为极坐标形式,若 $f(\gamma,\theta)\Leftrightarrow F(k,\varphi)$,则

$$f(\gamma,\theta+\theta_0)\Leftrightarrow F(k,\varphi+\theta_0) \tag{4-18}$$

空间域函数旋转角度 θ_0,那么变换域函数的 DFT 也旋转同样的角度;反之,若变换域函数旋转某一角度,则空间域函数也旋转同样的角度。

4) 比例变换特性

若 $\mathscr{F}[f(x,y)]=F(u,v)$,则

$$f(ax,by)\Leftrightarrow\frac{1}{|ab|}F\left(\frac{u}{a},\frac{v}{b}\right) \tag{4-19}$$

对图像 $f(x,y)$ 在空间尺度的缩放导致其傅里叶变换 $F(u,v)$ 在频域尺度的相反缩放。

【例 4.5】 基于 MATLAB 编程,对一幅图像进行几何变换,再进行 DFT 运算,验证以上性质。

解:程序如下:

```
Image = rgb2gray(imread('block.bmp'));
scale = imresize(Image,0.5,'bilinear');                         %缩小变换
rotate = imrotate(Image,30,'bilinear','crop');                  %旋转变换
tform = maketform('affine',[1 0 0;0 1 0;20 20 1]);
trans = imtransform(Image,tform,'XData',[1 size(Image,2)],
                    'YData',[1,size(Image,1)]);  %平移变换
```

```
Originaldft = abs(fftshift(fft2(Image)));                    % 原图 DFT
Scaledft = abs(fftshift(fft2(scale)));                       % 缩小图 DFT
Rotatedft = abs(fftshift(fft2(rotate)));                     % 旋转图 DFT
Transdft = abs(fftshift(fft2(trans)));                       % 平移图 DFT
figure,imshow(Image),title('原图');
figure,imshow(scale),title('比例变换');
figure,imshow(rotate),title('旋转变换');
figure,imshow(trans),title('平移变换');
figure,imshow(Originaldft,[]),title('原图 DFT');
figure,imshow(Scaledft,[]),title('比例变换 DFT');
figure,imshow(Rotatedft,[]),title('旋转变换 DFT');
figure,imshow(Transdft,[]),title('平移变换 DFT');
```

程序运行结果如图 4-2 所示。

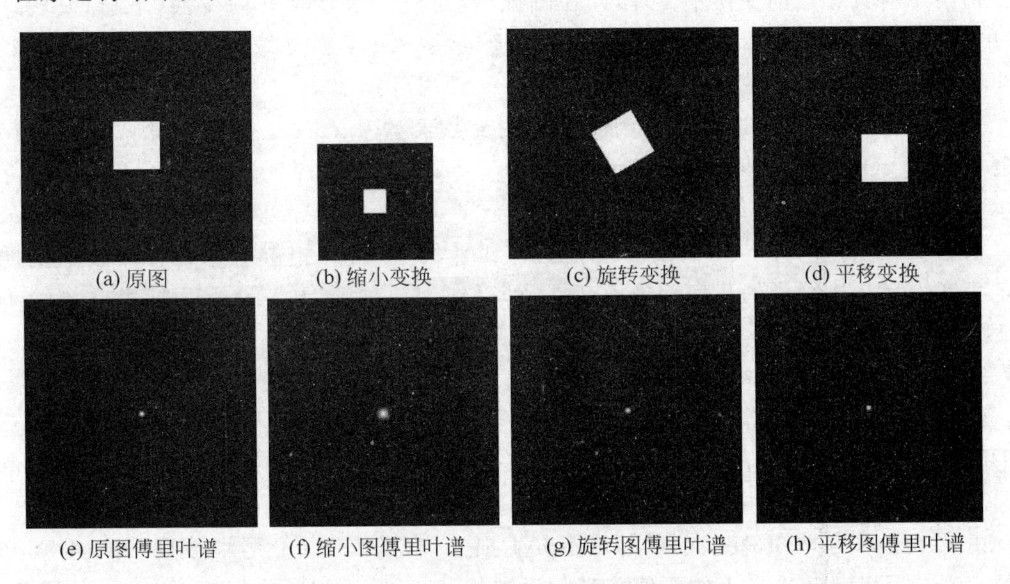

图 4-2 图像几何变换及其傅里叶频谱图

图 4-2 中的(a)、(b)、(c)、(d)图分别是原图、缩小、旋转和平移后的图像，图 4-2 中的(e)、(f)、(g)、(h)图分别是对应的傅里叶频谱图。可以看出，缩小变换后图像的频谱图尺度展宽，旋转后图像的频谱图随着旋转，平移后图像的频谱图没有变化。

4. Parseval 定理

若 $\mathscr{F}[f(x,y)]=F(u,v)$，则

$$\sum_{x=0}^{M-1}\sum_{y=0}^{N-1}|f(x,y)|^2=\sum_{u=0}^{M-1}\sum_{v=0}^{N-1}|F(u,v)|^2 \tag{4-20}$$

Parseval 定理也称为能量保持定理，这个性质说明变换前后不损失能量，只是改变了信号的表现形式，是变换编码的基本条件。

5. 卷积定理

若 $\mathscr{F}[f(x,y)]=F(u,v)$，$\mathscr{F}[g(x,y)]=G(u,v)$，则

$$\begin{cases} f(x,y)*g(x,y)\Leftrightarrow F(u,v)\cdot G(u,v) \\ f(x,y)\cdot g(x,y)\Leftrightarrow F(u,v)*G(u,v) \end{cases} \tag{4-21}$$

在以上几个性质中，可分性使得二维 DFT 可通过一维 FFT 快速实现；共轭对称性、平移性、旋转性、比例变换特性使得二维 DFT 具有一定的几何变换不变性，可以作为一种图像特征；Parseval 定理是变换编码的基本条件，卷积定理可以降低某些复杂图像处理算法的计算量，这几个性质在图像处理中应用较多。

4.1.5 离散傅里叶变换在图像处理中的应用

DFT 在图像处理中的应用主要包括描述图像信息、滤波、压缩以及便于运算几个方面。

1. 傅里叶描绘子

从原始图像中产生的数值、符号或图形称为图像特征，反映了原图像的重要信息和主要特性，以便让计算机有效地识别目标。这些表征图像特征的一系列符号称为描绘子。

描绘子应具有几何变换不变性，即在图像内容不变，仅产生几何变换（平移、旋转、缩放等）的情况下描绘子不变，以保证识别结果的稳定性。DFT 在图像特征提取方面应用较多，本小节主要介绍 DFT 直接作为特征的应用——傅里叶描述子。

一个闭合区域，区域边界上的点(x,y)，用复数表示为 $x+\mathrm{j}y$。沿边界跟踪一周，得到一个复数序列 $z(n)=x(n)+\mathrm{j}y(n)$，$n=0,1,\cdots,N-1$，$z(n)$为周期信号，其 DFT 系数用 $Z(k)$表示，$Z(k)$称为傅里叶描绘子。

根据 DFT 特性，$Z(k)$系数幅值具有旋转和平移不变性，相位信息具有缩放不变性，在一定程度上满足描绘子的几何变换不变性，可以作为一种图像特征，称为傅里叶描绘子（见第 11 章）。

2. DFT 在图像滤波中的应用

经过 DFT 变换后，傅里叶频谱的中间部分为低频部分，越靠外边频率越高。因此，可以在 DFT 变换后，设计相应的滤波器，实现低通滤波、高通滤波等处理（见第 6 章和第 7 章）。

3. DFT 在图像压缩中的应用

由 Parseval 定理知，变换前后能量不发生损失，只是改变了信号的表现形式，DFT 变换系数表现的是各个频率点上的幅值。高频反映细节、低频反映景物概貌，往往认为可将高频系数置为 0，降低数据量；同时由于人眼的惰性，合理地设置高频系数为 0，图像质量一定范围内的降低不会被人眼察觉到。因此，DFT 可以方便进行压缩编码（见第 12 章）。

4. DFT 卷积性质的应用

抽象来看，图像处理算法可以认为是图像信息经过了滤波器的滤波（如平滑滤波、锐化滤波等），空间域滤波通常需要进行卷积运算。如果滤波器的结构比较复杂，可以利用 DFT 的卷积性质，把空间域卷积变为变换域的相乘，以简化运算，如式(4-22)所示。

$$\begin{cases} f_g = g * f \\ F_g(u,v) = G(u,v)\cdot F(u,v) \\ f_g = \mathrm{IDFT}(F_g) \end{cases} \tag{4-22}$$

式中，f 为原图像，g 为滤波器。利用 g 对 f 滤波，是用 g 和 f 卷积得到 f_g；这个过程可以改变为先对 f、g 进行 DFT 变换，把 G 和 F 相乘得 F_g，再进行傅里叶反变换，以降低卷积计算量。

需要注意的是由于 DFT 和 IDFT 都是周期函数，在计算卷积时，需要让这两个离散函数具有同样的周期，否则将产生错误。利用 FFT 计算卷积时，为防止频谱混叠误差，需对离散的二维函数补零，即周期延拓，两个函数同时周期延拓，使具有相同的周期。

【例 4.6】 基于 MATLAB 编程，打开一幅图像，对其进行 DFT 变换及频域滤波。

解：程序如下：

```
Image = imread('desert.jpg');
grayIn = rgb2gray(Image);
[h,w] = size(grayIn);
DFTI = fftshift(fft2(grayIn));                                  % DFT 变换及频谱搬移
cf = 30;                                                        % 截止频率
HDFTI = DFTI;
HDFTI(h/2 - cf:h/2 + cf,w/2 - cf:w/2 + cf) = 0;                 % 低频置为 0
grayOut1 = uint8(abs(ifft2(ifftshift(HDFTI))));                 % IDFT
LDFTI = zeros(h,w);
LDFTI(h/2 - cf:h/2 + cf,w/2 - cf:w/2 + cf) = DFTI(h/2 - cf:h/2 + cf,w/2 - cf:w/2 + cf);
                                                                % 高频置为 0
grayOut2 = uint8(abs(ifft2(ifftshift(LDFTI))));                 % IDFT
subplot(131),imshow(Image),title('原图');
subplot(132),imshow(uint8(grayOut1)),title('高通滤波');
subplot(133),imshow(uint8(grayOut2)),title('低通滤波');
```

程序运行结果如图 4-3 所示。

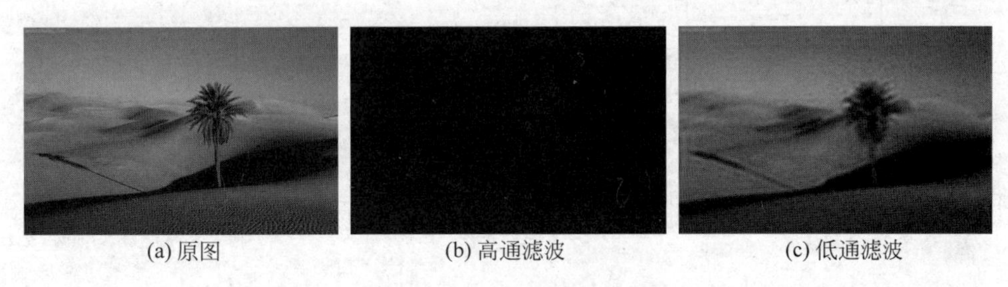

(a) 原图　　(b) 高通滤波　　(c) 低通滤波

图 4-3　图像频域滤波示例

4.2 离散余弦变换

离散余弦变换(Discrete Cosine Transform，DCT)是一种与傅里叶变换紧密相关的数学运算。在傅里叶级数展开式中，如果被展开的函数是实偶函数，那么其傅里叶级数中只包含余弦项，再将其离散化可导出余弦变换，因此称为离散余弦变换。

4.2.1 一维离散余弦变换

对于有限长数字序列 $f(x)$，$x=0,1,\cdots,N-1$，其一维 DCT 定义为

$$F(u)=C(u)\sqrt{\frac{2}{N}}\sum_{x=0}^{N-1}f(x)\cos\frac{(2x+1)u\pi}{2N},\quad u=0,1,\cdots,N-1 \tag{4-23}$$

一维离散余弦反变换定义为

$$f(x)=\sqrt{\frac{2}{N}}\sum_{u=0}^{N-1}C(u)F(u)\cos\frac{(2x+1)u\pi}{2N},\quad x=0,1,\cdots,N-1 \tag{4-24}$$

其中，$C(u)=\begin{cases}1/\sqrt{2}, & u=0\\ 1, & u=1,2,\cdots,N-1\end{cases}$。

【例 4.7】 根据定义式,计算长为 4 的序列的 DCT 变换。

解:根据定义,计算 $F(u)=C(u)\sqrt{\frac{2}{4}}\sum_{x=0}^{3}f(x)\cos\frac{(2x+1)u\pi}{8}$, $u=0,1,2,3$, 得

$$F(0)=C(0)\sqrt{\frac{2}{4}}\sum_{x=0}^{3}f(x)=\sqrt{\frac{2}{4}}\frac{1}{\sqrt{2}}\sum_{x=0}^{3}f(x)$$

$$F(1)=\sqrt{\frac{2}{4}}\sum_{x=0}^{3}f(x)\cos\frac{(2x+1)\pi}{8}$$

$$F(2)=\sqrt{\frac{2}{4}}\sum_{x=0}^{3}f(x)\cos\frac{2(2x+1)\pi}{8}$$

$$F(3)=\sqrt{\frac{2}{4}}\sum_{x=0}^{3}f(x)\cos\frac{3(2x+1)\pi}{8}$$

上式可以表示成矩阵运算形式,即

$$\begin{pmatrix}F(0)\\F(1)\\F(2)\\F(3)\end{pmatrix}=\sqrt{\frac{2}{4}}\begin{pmatrix}\frac{1}{\sqrt{2}} & \frac{1}{\sqrt{2}} & \frac{1}{\sqrt{2}} & \frac{1}{\sqrt{2}}\\ \cos\frac{\pi}{8} & \cos\frac{3\pi}{8} & \cos\frac{5\pi}{8} & \cos\frac{7\pi}{8}\\ \cos\frac{2\pi}{8} & \cos\frac{6\pi}{8} & \cos\frac{10\pi}{8} & \cos\frac{14\pi}{8}\\ \cos\frac{3\pi}{8} & \cos\frac{9\pi}{8} & \cos\frac{15\pi}{8} & \cos\frac{21\pi}{8}\end{pmatrix}\begin{pmatrix}f(0)\\f(1)\\f(2)\\f(3)\end{pmatrix}$$

则一维 DCT 变换的矩阵形式表示为

$$\boldsymbol{F}=\boldsymbol{A}\boldsymbol{f} \tag{4-25}$$

$$\boldsymbol{A}=\sqrt{\frac{2}{N}}\begin{pmatrix}\frac{1}{\sqrt{2}} & \frac{1}{\sqrt{2}} & \cdots & \frac{1}{\sqrt{2}}\\ \cos\frac{1}{2N}\pi & \cos\frac{3}{2N}\pi & \cdots & \cos\frac{(2N-1)}{2N}\pi\\ \vdots & \vdots & \ddots & \vdots\\ \cos\frac{N-1}{2N}\pi & \cos\frac{3(N-1)}{2N}\pi & \cdots & \cos\frac{(2N-1)(N-1)}{2N}\pi\end{pmatrix} \tag{4-26}$$

式中,$\boldsymbol{F}$ 为变换系数矩阵,$\boldsymbol{A}$ 为正交变换矩阵,$\boldsymbol{f}$ 为时域数据矩阵。

一维 DCT 逆变换的矩阵形式表示为

$$\boldsymbol{f}=\boldsymbol{A}^{\mathrm{T}}\boldsymbol{F} \tag{4-27}$$

4.2.2 二维离散余弦变换

数字图像为二维数据,把一维 DCT 推广到二维,二维 DCT 的变换和反变换定义为

$$\begin{cases}F(u,v)=\dfrac{2}{\sqrt{MN}}C(u)C(v)\sum\limits_{x=0}^{M-1}\sum\limits_{y=0}^{N-1}f(x,y)\cos\left[\dfrac{\pi(2x+1)u}{2M}\right]\cos\left[\dfrac{\pi(2y+1)v}{2N}\right]\\ f(x,y)=\dfrac{2}{\sqrt{MN}}\sum\limits_{u=0}^{M-1}\sum\limits_{v=0}^{N-1}C(u)C(v)F(u,v)\cos\left[\dfrac{\pi(2x+1)u}{2M}\right]\cos\left[\dfrac{\pi(2y+1)v}{2N}\right]\end{cases} \tag{4-28}$$

式中

$$\begin{cases} x,u=0,1,2,\cdots,M-1 \\ y,v=0,1,2,\cdots,N-1 \end{cases}$$

$$C(u),C(v)=\begin{cases} 1/\sqrt{2}, & u,v=0 \\ 1, & u,v=1,2,\cdots,N-1 \end{cases}。$$

【例 4.8】 求一幅 4×4 图像的 DCT 变换矩阵。

解：$F(u,v)=\frac{2}{4}C(u)C(v)\sum_{x=0}^{3}\sum_{y=0}^{3}f(x,y)\cos\left[\frac{\pi(2x+1)u}{8}\right]\cos\left[\frac{\pi(2y+1)v}{8}\right]$

$$\begin{pmatrix} F(u,0) \\ F(u,1) \\ F(u,2) \\ F(u,3) \end{pmatrix}=\frac{1}{2}\begin{bmatrix} \frac{1}{\sqrt{2}} & \frac{1}{\sqrt{2}} & \frac{1}{\sqrt{2}} & \frac{1}{\sqrt{2}} \\ \cos\frac{\pi}{8} & \cos\frac{3\pi}{8} & \cos\frac{5\pi}{8} & \cos\frac{7\pi}{8} \\ \cos\frac{2\pi}{8} & \cos\frac{6\pi}{8} & \cos\frac{10\pi}{8} & \cos\frac{14\pi}{8} \\ \cos\frac{3\pi}{8} & \cos\frac{9\pi}{8} & \cos\frac{15\pi}{8} & \cos\frac{21\pi}{8} \end{bmatrix}\begin{bmatrix} C(u)\sum_{x=0}^{3}f(x,0)\cos\left[\frac{\pi(2x+1)u}{8}\right] \\ C(u)\sum_{x=0}^{3}f(x,1)\cos\left[\frac{\pi(2x+1)u}{8}\right] \\ C(u)\sum_{x=0}^{3}f(x,2)\cos\left[\frac{\pi(2x+1)u}{8}\right] \\ C(u)\sum_{x=0}^{3}f(x,3)\cos\left[\frac{\pi(2x+1)u}{8}\right] \end{bmatrix}$$

$$=\frac{1}{2}\begin{bmatrix} \frac{1}{\sqrt{2}} & \frac{1}{\sqrt{2}} & \frac{1}{\sqrt{2}} & \frac{1}{\sqrt{2}} \\ \cos\frac{\pi}{8} & \cos\frac{3\pi}{8} & \cos\frac{5\pi}{8} & \cos\frac{7\pi}{8} \\ \cos\frac{2\pi}{8} & \cos\frac{6\pi}{8} & \cos\frac{10\pi}{8} & \cos\frac{14\pi}{8} \\ \cos\frac{3\pi}{8} & \cos\frac{9\pi}{8} & \cos\frac{15\pi}{8} & \cos\frac{21\pi}{8} \end{bmatrix}\begin{bmatrix} f(0,0) & f(1,0) & f(2,0) & f(3,0) \\ f(0,1) & f(1,1) & f(2,1) & f(3,1) \\ f(0,2) & f(1,2) & f(2,2) & f(3,2) \\ f(0,3) & f(1,3) & f(2,3) & f(3,3) \end{bmatrix}\begin{bmatrix} C(u)\cos\frac{u\pi}{8} \\ C(u)\cos\frac{3u\pi}{8} \\ C(u)\cos\frac{5u\pi}{8} \\ C(u)\cos\frac{7u\pi}{8} \end{bmatrix}$$

$$\boldsymbol{F}(u,v)=\frac{1}{2}\begin{bmatrix} \frac{1}{\sqrt{2}} & \frac{1}{\sqrt{2}} & \frac{1}{\sqrt{2}} & \frac{1}{\sqrt{2}} \\ \cos\frac{\pi}{8} & \cos\frac{3\pi}{8} & \cos\frac{5\pi}{8} & \cos\frac{7\pi}{8} \\ \cos\frac{2\pi}{8} & \cos\frac{6\pi}{8} & \cos\frac{10\pi}{8} & \cos\frac{14\pi}{8} \\ \cos\frac{3\pi}{8} & \cos\frac{9\pi}{8} & \cos\frac{15\pi}{8} & \cos\frac{21\pi}{8} \end{bmatrix}\boldsymbol{f}\begin{bmatrix} \frac{1}{\sqrt{2}} & \cos\frac{\pi}{8} & \cos\frac{2\pi}{8} & \cos\frac{3\pi}{8} \\ \frac{1}{\sqrt{2}} & \cos\frac{3\pi}{8} & \cos\frac{6\pi}{8} & \cos\frac{9\pi}{8} \\ \frac{1}{\sqrt{2}} & \cos\frac{5\pi}{8} & \cos\frac{10\pi}{8} & \cos\frac{15\pi}{8} \\ \frac{1}{\sqrt{2}} & \cos\frac{7\pi}{8} & \cos\frac{14\pi}{8} & \cos\frac{21\pi}{8} \end{bmatrix}$$

则二维 DCT 变换的矩阵形式表示为

$$\boldsymbol{F}=\boldsymbol{A}\boldsymbol{f}\boldsymbol{A}^{\mathrm{T}} \tag{4-29}$$

二维 DCT 逆变换的矩阵形式表示为

$$\boldsymbol{f}=\boldsymbol{A}^{\mathrm{T}}\boldsymbol{F}\boldsymbol{A} \tag{4-30}$$

式中，$\boldsymbol{F}$ 为变换系数矩阵，$\boldsymbol{A}$ 为正交变换矩阵，$\boldsymbol{f}$ 为空域数据矩阵。

【例 4.9】 设一幅图像为 $f(x,y)=\begin{bmatrix}0&0&1&1\\0&0&1&1\\0&0&1&1\\0&0&1&1\end{bmatrix}$，用矩阵算法求其 DCT 变换 $F(u,v)$。

解：二维 DCT 变换矩阵表达式为

$$F = AfA^{\mathrm{T}}$$

其中

$$A=\frac{1}{\sqrt{2}}\begin{bmatrix}\frac{1}{\sqrt{2}} & \frac{1}{\sqrt{2}} & \frac{1}{\sqrt{2}} & \frac{1}{\sqrt{2}}\\ \cos\frac{\pi}{8} & \cos\frac{3\pi}{8} & \cos\frac{5\pi}{8} & \cos\frac{7\pi}{8}\\ \cos\frac{2\pi}{8} & \cos\frac{6\pi}{8} & \cos\frac{10\pi}{8} & \cos\frac{14\pi}{8}\\ \cos\frac{3\pi}{8} & \cos\frac{9\pi}{8} & \cos\frac{15\pi}{8} & \cos\frac{21\pi}{8}\end{bmatrix}=\begin{bmatrix}0.5 & 0.5 & 0.5 & 0.5\\ 0.653 & 0.271 & -0.271 & -0.653\\ 0.5 & -0.5 & -0.5 & 0.5\\ 0.271 & -0.653 & 0.653 & -0.271\end{bmatrix}$$

$$F=\begin{bmatrix}0.5 & 0.5 & 0.5 & 0.5\\ 0.653 & 0.271 & -0.271 & -0.653\\ 0.5 & -0.5 & -0.5 & 0.5\\ 0.271 & -0.653 & 0.653 & -0.271\end{bmatrix}\begin{bmatrix}0&0&1&1\\0&0&1&1\\0&0&1&1\\0&0&1&1\end{bmatrix}\begin{bmatrix}0.5 & 0.653 & 0.5 & 0.271\\ 0.5 & 0.271 & -0.5 & -0.653\\ 0.5 & -0.271 & -0.5 & 0.653\\ 0.5 & -0.653 & 0.5 & -0.271\end{bmatrix}$$

$$=\begin{bmatrix}0&0&2&2\\0&0&0&0\\0&0&0&0\\0&0&0&0\end{bmatrix}\begin{bmatrix}0.5 & 0.653 & 0.5 & 0.271\\ 0.5 & 0.271 & -0.5 & -0.653\\ 0.5 & -0.271 & -0.5 & 0.653\\ 0.5 & -0.653 & 0.5 & -0.271\end{bmatrix}=\begin{bmatrix}2 & -1.848 & 0 & 0.764\\ 0 & 0 & 0 & 0\\ 0 & 0 & 0 & 0\\ 0 & 0 & 0 & 0\end{bmatrix}$$

从结果可以看出，离散余弦变换具有使信息集中的特点。图像进行 DCT 变换后，在变换域中，矩阵左上角低频的幅值大，而右下角高频幅值小。

【例 4.10】 编写程序，实现打开图像，对其进行 DCT 变换并显示频谱图。

解：程序如下：

```
Image = imread('peppers.jpg');
imshow(Image);
grayI = rgb2gray(Image);
DCTI = dct2(grayI);                                          %进行离散余弦变换
ADCTI = abs(DCTI);                                           %求模
top = max(ADCTI(:));
bottom = min(ADCTI(:));
ADCTI = (ADCTI - bottom)/(top - bottom) * 100;               %把模规格化到[0,100]
figure, imshow(ADCTI);                                       %显示 DCT 频谱图
```

具体图像的 DCT 频谱图如图 4-4 所示，从图中可以看出，能量主要集中在左上角低频分量处。

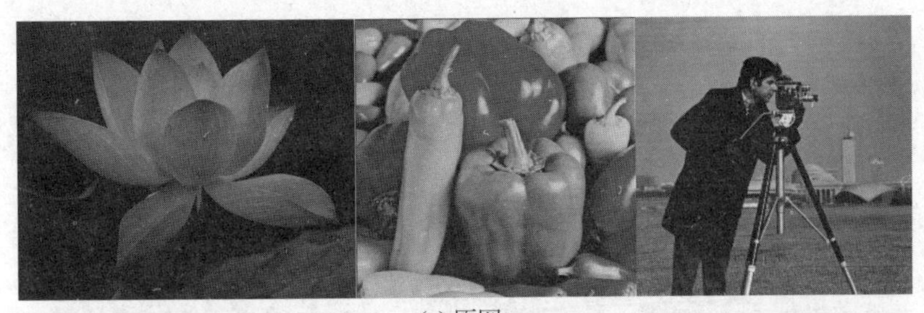

(a) 原图

(b) 对应的DCT频谱图

图 4-4　DCT 频谱图

4.2.3　离散余弦变换在图像处理中的应用

离散余弦变换在图像处理中主要用于对图像(包括静止图像和运动图像)进行有损数据压缩。如静止图像编码标准 JPEG、运动图像编码标准 MPEG 中都使用了离散余弦变换。这是由于离散余弦变换具有很强的"能量集中"特性——大多数的能量都集中在离散余弦变换后的低频部分,压缩编码效果较好。

具体的做法一般是先把图像分成 8×8 的块,对每一个方块进行二维 DCT 变换,变换后的能量主要集中在低频区。对 DCT 系数进行量化,对高频系数大间隔量化,对低频部分小间隔量化,舍弃绝大部分取值很小或为 0 的高频数据,降低数据量,同时保证重构图像不会发生显著失真。

【例 4.11】 基于 MATLAB 编程,打开一幅图像,对其进行 DCT 变换;将高频置为 0,并进行反变换。

解:程序如下:

```
Image = imread('desert.jpg');
grayIn = rgb2gray(Image);
DCTI = dct2(grayIn);
cf = 60;
FDCTI = zeros(h,w);
FDCTI(1:cf,1:cf) = DCTI(1:cf,1:cf);
grayOut = uint8(abs(idct2(FDCTI)));
subplot(121),imshow(Image),title('原图');
subplot(122),imshow(grayOut),title('压缩重建');
```

程序运行如图 4-5 所示。

(a) 原图　　(b) DCT压缩重建图像

图 4-5　DCT 压缩示例

4.3　K-L 变换

K-L 变换(Karhunen-Loeve Transform)是建立在统计特性基础上的一种变换,又称为霍特林(Hotelling)变换或主成分分析。K-L 变换的突出优点是相关性好,是均方误差(Mean Square Error,MSE)意义下的最佳变换,它在数据压缩技术中占有重要地位。

4.3.1　K-L 变换原理

首先学习一维的 K-L 展开及离散 K-L 变换。

1. K-L 展开式

设有一个连续的随机函数 $x(t)$,$T_1 \leqslant t \leqslant T_2$,可用已知的正交函数集$\{\phi_j(x), j=1,2,\cdots\}$的线性组合展开,即

$$x(t) = a_1\phi_1(t) + a_2\phi_2(t) + \cdots + a_j\phi_j(t) + \cdots = \sum_{j=1}^{\infty} a_j\phi_j(t), \quad T_1 \leqslant t \leqslant T_2 \tag{4-31}$$

式中,a_j 为展开系数,$\phi_j(t)$为连续正交函数,满足

$$\int_{T_1}^{T_2} \phi_n(t) \cdot \phi_m^*(t)\mathrm{d}t = \begin{cases} 1, & m = n \\ 0, & m \neq n \end{cases} \tag{4-32}$$

式中,$\phi_m^*(t)$为 $\phi_m(t)$的共轭复数式。

离散情况下,连续随机函数 $x(t)$和连续正交函数 $\phi_j(t)$在间隔 $T_1 \leqslant t \leqslant T_2$ 内被等间隔采样为 n 个离散点,即 $x(t) \rightarrow \{x(1), x(2), \cdots, x(n)\}$,$\phi_j(t) \rightarrow \{\phi_j(1), \phi_j(2), \cdots, \phi_j(n)\}$,表示成向量形式为

$$\boldsymbol{X} = (x(1) \quad x(2) \quad \cdots \quad x(n))^{\mathrm{T}}$$
$$\boldsymbol{\Phi} = (\phi_j(1) \quad \phi_j(2) \quad \cdots \quad \phi_j(n))^{\mathrm{T}}, \quad j = 1,2,\cdots,n$$

将式(4-32)取 n 项近似,并写成离散形式的展开式,如式(4-33)所示:

$$\boldsymbol{X} = \sum_{j=1}^{n} a_j\phi_j = \boldsymbol{\Phi A} \tag{4-33}$$

式中,$\boldsymbol{A}$ 为展开式中随机系数的向量形式,$\boldsymbol{A} = (a_1 \quad a_2 \quad \cdots \quad a_n)^{\mathrm{T}}$,$\boldsymbol{\Phi}$ 为 $n \times n$ 维正交变换矩阵,其表示如下:

$$\boldsymbol{\Phi}=(\phi_1 \quad \phi_2 \quad \cdots \quad \phi_n)=\begin{bmatrix}\phi_1(1) & \phi_2(1) & \cdots & \phi_n(1)\\ \phi_1(2) & \phi_2(2) & \cdots & \phi_n(2)\\ \vdots & \vdots & \ddots & \vdots\\ \phi_1(n) & \phi_2(n) & \cdots & \phi_n(n)\end{bmatrix}$$

式(4-33)只是取 n 项对无穷项进行近似，与真实的 x 有一定的差别，明显地，差别越小越好。因此，引入最小均方误差准则来讨论离散情况下的 K-L 变换。

2. 离散 K-L 变换

用确定的正交归一向量系 $\boldsymbol{u}_j, j=1,2,\cdots,\infty$ 展开向量 $\boldsymbol{X}$，有

$$\boldsymbol{X}=\sum_{j=1}^{\infty}a_j\boldsymbol{u}_j \tag{4-34}$$

用有限的 m 项来估计 $\boldsymbol{X}$，则

$$\hat{\boldsymbol{X}}=\sum_{j=1}^{m}a_j\boldsymbol{u}_j \tag{4-35}$$

由此引起的均方误差为

$$\overline{\varepsilon^2}=E[(\boldsymbol{X}-\hat{\boldsymbol{X}})^{\mathrm{T}}(\boldsymbol{X}-\hat{\boldsymbol{X}})]=E\left[\sum_{j=m+1}^{\infty}a_j\boldsymbol{u}_j\cdot\sum_{j=m+1}^{\infty}a_j\boldsymbol{u}_j\right] \tag{4-36}$$

因 $\boldsymbol{u}$ 为正交归一向量系，且

$$\boldsymbol{u}_i^{\mathrm{T}}\boldsymbol{u}_j=\begin{cases}1, & i=j\\ 0, & i\neq j\end{cases}$$

所以

$$\overline{\varepsilon^2}=E\left[\sum_{j=m+1}^{\infty}a_j^2\right]$$

因 $a_j=u_j^{\mathrm{T}}\boldsymbol{X}$，所以

$$\overline{\varepsilon^2}=E\left[\sum_{j=m+1}^{\infty}\boldsymbol{u}_j^{\mathrm{T}}\boldsymbol{X}\boldsymbol{X}^{\mathrm{T}}\boldsymbol{u}_j\right]=\sum_{j=m+1}^{\infty}\boldsymbol{u}_j^{\mathrm{T}}E[\boldsymbol{X}\boldsymbol{X}^{\mathrm{T}}]\boldsymbol{u}_j$$

令 $\boldsymbol{\psi}=E[\boldsymbol{X}\boldsymbol{X}^{\mathrm{T}}]$，则

$$\overline{\varepsilon^2}=\sum_{j=m+1}^{\infty}\boldsymbol{u}_j^{\mathrm{T}}\boldsymbol{\psi}\boldsymbol{u}_j$$

利用拉格朗日乘数法求均方误差取极值时的 $\boldsymbol{u}$，拉格朗日函数为

$$h(\boldsymbol{u}_j)=\sum_{j=m+1}^{\infty}\boldsymbol{u}_j^{\mathrm{T}}\boldsymbol{\psi}\boldsymbol{u}_j-\sum_{j=m+1}^{\infty}\lambda[\boldsymbol{u}_j^{\mathrm{T}}\boldsymbol{u}_j-1]$$

对 $\boldsymbol{u}_j$ 求导数，得

$$(\boldsymbol{\psi}-\lambda_j\boldsymbol{I})\boldsymbol{u}_j=0,\quad j=m+1,\cdots,\infty$$

式中，λ_j 是 $\boldsymbol{X}$ 的自相关矩阵 $\boldsymbol{\psi}$ 的特征值，$\boldsymbol{u}_j$ 是对应的特征向量。综合以上分析，可得到以下结论。

以 $\boldsymbol{X}$ 的自相关矩阵 $\boldsymbol{\psi}$ 的 m 个最大特征值对应的特征向量来逼近 $\boldsymbol{X}$ 时，其截断均方误差具有极小性质：

$$\overline{\varepsilon^2}=\sum_{j=m+1}^{\infty}\lambda_j \tag{4-37}$$

这 m 个特征向量所组成的正交坐标系 $\boldsymbol{U}$ 称作 $\boldsymbol{X}$ 所在的 n 维空间的 m 维 K-L 变换坐标系。

$\boldsymbol{X}$ 在 K-L 坐标系上的展开系数向量 $\boldsymbol{A}$ 称作 $\boldsymbol{X}$ 的 K-L 变换，满足

$$\begin{cases}\boldsymbol{A}=\boldsymbol{U}^{\mathrm{T}}\boldsymbol{X}\\ \boldsymbol{X}=\boldsymbol{U}\boldsymbol{A}\end{cases} \tag{4-38}$$

式中，$\boldsymbol{U}=(\boldsymbol{u}_1\quad \boldsymbol{u}_2\quad \cdots\quad \boldsymbol{u}_m)$。

3. K-L 变换的性质

λ_j 是 $\boldsymbol{X}$ 的自相关矩阵 $\boldsymbol{\psi}$ 的特征值，$\boldsymbol{u}_j$ 是对应的特征向量，$\boldsymbol{\psi}\boldsymbol{u}_j=\lambda_j\boldsymbol{u}_j$，即 $\boldsymbol{\psi}\boldsymbol{U}=\boldsymbol{U}\boldsymbol{D}_\lambda$。$\boldsymbol{D}_\lambda$ 为对角形矩阵，其互相关成分都应为 0，即

$$\boldsymbol{D}_\lambda=\begin{pmatrix}\lambda_1 & 0 & \cdots & 0\\ 0 & \lambda_2 & \cdots & 0\\ \vdots & \vdots & \ddots & \vdots\\ 0 & 0 & \cdots & \lambda_n\end{pmatrix} \tag{4-39}$$

因 $\boldsymbol{U}$ 为正交矩阵，所以，$\boldsymbol{\psi}=\boldsymbol{U}\boldsymbol{D}_\lambda\boldsymbol{U}^{\mathrm{T}}$。

因 $\boldsymbol{X}=\boldsymbol{U}\boldsymbol{A}$，则 $\boldsymbol{\psi}=E[\boldsymbol{X}\boldsymbol{X}^{\mathrm{T}}]=E[\boldsymbol{U}\boldsymbol{A}\boldsymbol{A}^{\mathrm{T}}\boldsymbol{U}^{\mathrm{T}}]=\boldsymbol{U}E[\boldsymbol{A}\boldsymbol{A}^{\mathrm{T}}]\boldsymbol{U}^{\mathrm{T}}$，所以

$$E[\boldsymbol{A}\boldsymbol{A}^{\mathrm{T}}]=\boldsymbol{D}_\lambda \tag{4-40}$$

由上式可知，变换后的向量 $\boldsymbol{A}$ 的自相关矩阵 $\boldsymbol{\psi}_A$ 是对角矩阵，且对角元素就是 $\boldsymbol{X}$ 的自相关矩阵 $\boldsymbol{\psi}$ 的特征值。显然，通过 K-L 变换，消除了原有向量 $\boldsymbol{X}$ 的各分量之间的相关性，即变换后的数据 $\boldsymbol{A}$ 的各分量之间的信息是相互独立的。

采用大特征值对应的特征向量组成变换矩阵，能对应地保留原向量中方差最大的成分，K-L 变换起到了减小相关性、突出差异性的效果，称为主成分分析(Principal Component Analysis，PCA)，是将多个变量通过线性变换以选出较少且重要的变量的多元统计分析方法，又称主分量分析。

4. K-L 坐标系的产生矩阵

前面的分析中，数据 $\boldsymbol{X}$ 的 K-L 坐标系的产生矩阵采用的是自相关矩阵 $\boldsymbol{\psi}=E[\boldsymbol{X}\boldsymbol{X}^{\mathrm{T}}]$。由于总体均值向量 $\boldsymbol{\mu}$ 常常没有什么意义，也常常把数据的协方差矩阵作为 K-L 坐标系的产生矩阵。

$$\boldsymbol{\Sigma}=E[(\boldsymbol{X}-\boldsymbol{\mu})(\boldsymbol{X}-\boldsymbol{\mu})^{\mathrm{T}}] \tag{4-41}$$

【例 4.12】 设向量集为 $\begin{Bmatrix}\boldsymbol{\omega}_1:(0\quad 0\quad 0)^{\mathrm{T}},(1\quad 0\quad 1)^{\mathrm{T}},(1\quad 0\quad 0)^{\mathrm{T}},(1\quad 1\quad 0)^{\mathrm{T}}\\ \boldsymbol{\omega}_2:(0\quad 0\quad 1)^{\mathrm{T}},(0\quad 1\quad 1)^{\mathrm{T}},(0\quad 1\quad 0)^{\mathrm{T}},(1\quad 1\quad 1)^{\mathrm{T}}\end{Bmatrix}$，采用其自相关矩阵作为产生矩阵对其进行 K-L 变换，并尝试采用 MATLAB 编程，实现向二维降维。

解：采用自相关矩阵作为产生矩阵

$$\boldsymbol{\psi}=E[\boldsymbol{X}\boldsymbol{X}^{\mathrm{T}}]=\frac{1}{8}\sum_{i=1}^{8}\boldsymbol{x}_i\boldsymbol{x}_i^{\mathrm{T}}=\frac{1}{8}\left\{\begin{pmatrix}0\\0\\0\end{pmatrix}(0\quad 0\quad 0)+\cdots+\begin{pmatrix}1\\1\\1\end{pmatrix}(1\quad 1\quad 1)\right\}=\frac{1}{4}\begin{pmatrix}2&1&1\\1&2&1\\1&1&2\end{pmatrix}$$

求 $\boldsymbol{\psi}$ 的特征值：令 $|\boldsymbol{\psi}-\lambda\boldsymbol{I}|=0$，即

$$\begin{vmatrix}2-4\lambda & 1 & 1\\ 1 & 2-4\lambda & 1\\ 1 & 1 & 2-4\lambda\end{vmatrix}=\begin{vmatrix}1-4\lambda & 4\lambda-1 & 0\\ 0 & 1-4\lambda & 4\lambda-1\\ 1 & 1 & 2-4\lambda\end{vmatrix}=(1-4\lambda)^2\begin{vmatrix}1 & -1 & 0\\ 0 & 1 & -1\\ 1 & 1 & 2-4\lambda\end{vmatrix}$$

$$=(1-4\lambda)^2\begin{vmatrix}1 & -1 & 0\\ 0 & 1 & -1\\ 0 & 2 & 2-4\lambda\end{vmatrix}=4(1-4\lambda)^2(1-\lambda)=0$$

$$\lambda_1 = 1,\quad \lambda_2 = 1/4,\quad \lambda_3 = 1/4$$

求$\boldsymbol{\psi}$的特征向量：

$$\boldsymbol{\psi} - \lambda_1 \boldsymbol{I} = \frac{1}{4}\begin{pmatrix} -2 & 1 & 1 \\ 1 & -2 & 1 \\ 1 & 1 & -2 \end{pmatrix} \sim \begin{pmatrix} -1 & 1 & 0 \\ 0 & -1 & 1 \\ 0 & 0 & 0 \end{pmatrix} \Rightarrow \begin{cases} \boldsymbol{x}_1 = \boldsymbol{x}_2 \\ \boldsymbol{x}_2 = \boldsymbol{x}_3 \\ \boldsymbol{x}_3 = \boldsymbol{x}_3 \end{cases}$$

$$\boldsymbol{\psi} - \lambda_2 \boldsymbol{I} = \frac{1}{4}\begin{pmatrix} 1 & 1 & 1 \\ 1 & 1 & 1 \\ 1 & 1 & 1 \end{pmatrix} \sim \begin{pmatrix} 1 & 1 & 1 \\ 0 & 0 & 0 \\ 0 & 0 & 0 \end{pmatrix} \Rightarrow \boldsymbol{x}_3 = -(\boldsymbol{x}_1 + \boldsymbol{x}_2)$$

取正交的单位向量：

$$\boldsymbol{u}_1 = \frac{1}{\sqrt{3}}(1\quad 1\quad 1)^{\mathrm{T}},\quad \boldsymbol{u}_2 = \frac{1}{\sqrt{2}}(1\quad -1\quad 0)^{\mathrm{T}},\quad \boldsymbol{u}_3 = \frac{1}{\sqrt{6}}(1\quad 1\quad -2)^{\mathrm{T}}$$

因 $\lambda_1 > \lambda_2 = \lambda_3$，所以降到二维，$\boldsymbol{U} = (\boldsymbol{u}_1\quad \boldsymbol{u}_2)$，计算 K-L 变换，即求 $\boldsymbol{A} = \boldsymbol{U}^{\mathrm{T}}\boldsymbol{X}$，结果为

$$\boldsymbol{\omega}_1^*:\left\{(0\quad 0)^{\mathrm{T}}, \left(\frac{2}{\sqrt{3}}\quad \frac{1}{\sqrt{2}}\right)^{\mathrm{T}}, \left(\frac{1}{\sqrt{3}}\quad \frac{1}{\sqrt{2}}\right)^{\mathrm{T}}, \left(\frac{2}{\sqrt{3}}\quad 0\right)^{\mathrm{T}}\right\}$$

$$\boldsymbol{\omega}_2^*:\left\{\left(\frac{1}{\sqrt{3}}\quad 0\right)^{\mathrm{T}}, \left(\frac{2}{\sqrt{3}}\quad -\frac{1}{\sqrt{2}}\right)^{\mathrm{T}}, \left(\frac{1}{\sqrt{3}}\quad -\frac{1}{\sqrt{2}}\right)^{\mathrm{T}}, \left(\frac{3}{\sqrt{3}}\quad 0\right)^{\mathrm{T}}\right\}$$

程序如下：

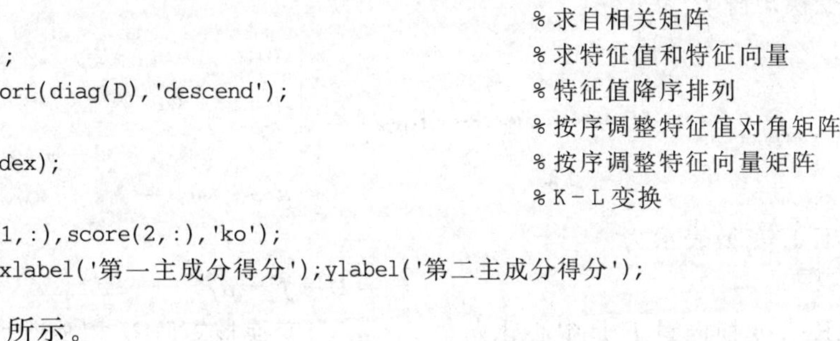

```
X = [0 0 0;1 0 1;1 0 0;1 1 0;0 0 1;0 1 1;0 1 0;1 1 1]';
[n, N] = size(X);
V = X * X'/N;                                          % 求自相关矩阵
[coeff, D] = eigs(V);                                  % 求特征值和特征向量
[D_sort, index] = sort(diag(D), 'descend');            % 特征值降序排列
D = D(index, index);                                   % 按序调整特征值对角矩阵
coeff = coeff(:, index);                               % 按序调整特征向量矩阵
score = coeff' * X;                                    % K-L 变换
figure; plot(score(1,:), score(2,:), 'ko');
title('K-L 变换'); xlabel('第一主成分得分'); ylabel('第二主成分得分');
```

程序运行如图 4-6 所示。

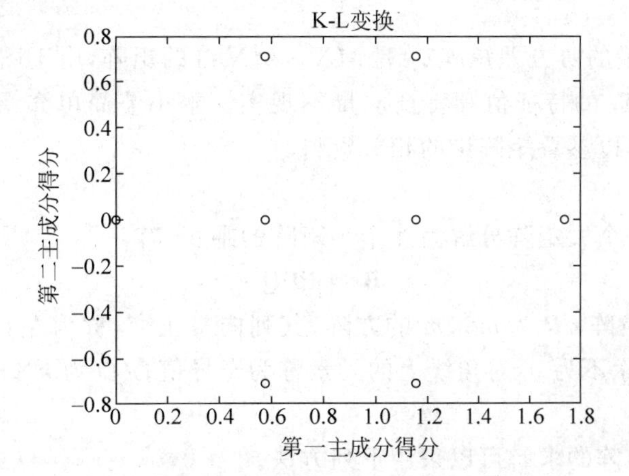

图 4-6　K-L 变换第一、第二主成分得分

4.3.2 图像 K-L 变换

图像的 K-L 变换通常将二维的图像转化为一维的向量，采用奇异值分解进行 K-L 变换。

1. 原理

将二维图像采用行堆叠或列堆叠的方法转换为一维处理。设一幅大小为 $M\times N$ 的图像 $f(x,y)$，在某个传输通道上传输了 L 次，由于受到各种因素的随机干扰，接收到的图像是一个图像集合，即

$$\{f_1(x,y),f_2(x,y),\cdots,f_L(x,y)\}$$

采用列堆叠将每一个 $M\times N$ 的图像表示为 MN 维的向量，即

$$\boldsymbol{f}_i=(f_i(0,0)\quad f_i(0,1)\quad \cdots \quad f_i(M-1,N-1))^{\mathrm{T}}$$

图像向量 $\boldsymbol{f}=(f_1\quad f_2\quad \cdots \quad f_L)$，其协方差矩阵和相应变换核矩阵为

$$\boldsymbol{\Sigma}_f=E[(\boldsymbol{f}-\boldsymbol{\mu}_f)(\boldsymbol{f}-\boldsymbol{\mu}_f)^{\mathrm{T}}]\approx\frac{1}{L}\left[\sum_{i=1}^{L}f_if_i^{\mathrm{T}}\right]-\boldsymbol{\mu}_f\boldsymbol{\mu}_f^{\mathrm{T}} \tag{4-42}$$

式中，$\boldsymbol{f}-\boldsymbol{\mu}_f$ 为原始图像 $\boldsymbol{f}$ 减去平均值向量$\boldsymbol{\mu}_f$，称为中心化图像向量；$\boldsymbol{\Sigma}_f$ 是 $MN\times MN$ 维的矩阵。

设 λ_i 和 $\boldsymbol{u}_i$ 为$\boldsymbol{\Sigma}_f$ 的特征值和特征向量，且降序排列，即

$$\lambda_1>\lambda_2>\lambda_3>\lambda_4>\cdots>\lambda_{M\times N}$$

K-L 变换矩阵 $\boldsymbol{U}$ 为

$$\boldsymbol{U}=(\boldsymbol{u}_1,\boldsymbol{u}_2,\cdots,\boldsymbol{u}_{M\times N})=\begin{bmatrix} u_{11} & u_{21} & \cdots & u_{MN1}\\ u_{12} & u_{22} & \cdots & u_{MN2}\\ \vdots & \vdots & \ddots & \vdots\\ u_{1MN} & u_{2MN} & \cdots & u_{MNMN}\end{bmatrix}$$

二维 K-L 变换表示为

$$\boldsymbol{F}=\boldsymbol{U}^{\mathrm{T}}(\boldsymbol{f}-\boldsymbol{\mu}_f) \tag{4-43}$$

离散 K-L 变换向量 $\boldsymbol{F}$ 是中心化向量 $\boldsymbol{f}-\boldsymbol{\mu}_f$ 与变换核矩阵 $\boldsymbol{U}$ 相乘所得的结果。

2. 奇异值分解

如前所述，$\boldsymbol{f}$ 向量的协方差矩阵$\boldsymbol{\Sigma}_f$ 是 $MN\times MN$ 维的矩阵，由于图像的维数 M、N 的值一般很高，直接求解$\boldsymbol{\Sigma}_f$ 的特征值和特征向量不现实。本小节简单介绍奇异值分解的方法，其详细的数学理论可以参看矩阵论的相关资料。

1）原理

奇异值分解将一个大矩阵分解为几个小矩阵的乘积，有

$$\boldsymbol{B}=\boldsymbol{PDQ}^{\mathrm{T}} \tag{4-44}$$

式中，$\boldsymbol{B}$ 为 $m\times n$ 的矩阵；$\boldsymbol{P}$ 为 $m\times m$ 的方阵，其列向量正交，称为左奇异向量；$\boldsymbol{D}$ 为 $m\times n$ 的矩阵，仅对角线元素不为 0，对角线上的元素称为奇异值；$\boldsymbol{Q}^{\mathrm{T}}$ 为 $n\times n$ 的方阵，其列向量正交，称为右奇异向量。

式(4-44)中小矩阵的求解可以采用下列方法。

设 $\boldsymbol{R}=\boldsymbol{B}^{\mathrm{T}}\boldsymbol{B}$，得到一个方阵，且 $\boldsymbol{R}^{\mathrm{T}}=(\boldsymbol{B}^{\mathrm{T}}\boldsymbol{B})^{\mathrm{T}}=\boldsymbol{B}^{\mathrm{T}}\boldsymbol{B}=\boldsymbol{R}$，即 $\boldsymbol{R}$ 为 n 阶厄米特矩阵，可以证明 $\boldsymbol{R}$ 的特征值均非负值。对矩阵 $\boldsymbol{R}$ 求特征值，如式(4-45)所示：

$$(\boldsymbol{B}^{\mathrm{T}}\boldsymbol{B})\boldsymbol{q}_i = \lambda_i \boldsymbol{q}_i \tag{4-45}$$

右奇异矩阵 $\boldsymbol{Q}$ 由 q_i 组成，所以通过上式可求得右奇异矩阵 $\boldsymbol{Q}$。

由式(4-46)可得左奇异矩阵 $\boldsymbol{P}$。

$$\begin{cases} \sigma_i = \sqrt{\lambda_i} \\ \boldsymbol{p}_i = \boldsymbol{B}\boldsymbol{q}_i / \sigma_i \end{cases} \tag{4-46}$$

其中，左奇异矩阵 $\boldsymbol{P}$ 由 $\boldsymbol{p}_i$ 组成；σ 即是矩阵 $\boldsymbol{B}$ 的奇异值，在矩阵 $\boldsymbol{D}$ 中从大到小排列，且减小很快，可以用前 r 个大的奇异值来近似描述矩阵。所以

$$\boldsymbol{B}_{m\times n} \approx \boldsymbol{P}_{m\times r}\boldsymbol{D}_{r\times r}\boldsymbol{Q}_{n\times r}^{\mathrm{T}} \tag{4-47}$$

需注意，$\boldsymbol{Q}$ 为 $n\times r$ 的矩阵，$\boldsymbol{Q}^{\mathrm{T}}$ 为 $r\times n$ 的矩阵。

2) 图像 K-L 变换的实现

将中心化图像向量 $\boldsymbol{f}-\boldsymbol{\mu}_f$ 进行奇异值分解，即 $\boldsymbol{B}=\boldsymbol{f}-\boldsymbol{\mu}_f$，用前 r 个大的奇异值来近似描述：

$$\boldsymbol{B}_{MN\times L} \approx \boldsymbol{P}_{MN\times r}\boldsymbol{D}_{r\times r}\boldsymbol{Q}_{L\times r}^{\mathrm{T}} \tag{4-48}$$

将式(4-48)两边同时右乘 $\boldsymbol{Q}_{L\times r}$，得

$$\boldsymbol{B}_{MN\times L}\boldsymbol{Q}_{L\times r} \approx \boldsymbol{P}_{MN\times r}\boldsymbol{D}_{r\times r}\boldsymbol{Q}_{L\times r}^{\mathrm{T}}\boldsymbol{Q}_{L\times r}$$

由于 $\boldsymbol{Q}$ 为正交矩阵，所以 $\boldsymbol{Q}^{\mathrm{T}}\boldsymbol{Q}$ 为单位阵，所以

$$B_{MN\times L}Q_{L\times r} \approx P_{MN\times r}D_{r\times r} = \widetilde{B}_{MN\times r} \tag{4-49}$$

由式(4-45)求出矩阵 $\boldsymbol{Q}$，进而求出 $\widetilde{B}_{MN\times r}$，实现列压缩。

将式(4-48)两边同时左乘 $\boldsymbol{P}_{MN\times r}^{\mathrm{T}}$，得

$$\boldsymbol{P}_{MN\times r}^{\mathrm{T}}\boldsymbol{B}_{MN\times L} \approx \boldsymbol{P}_{MN\times r}^{\mathrm{T}}\boldsymbol{P}_{MN\times r}\boldsymbol{D}_{r\times r}\boldsymbol{Q}_{L\times r}^{\mathrm{T}}$$

由于 $\boldsymbol{P}$ 为正交矩阵，所以 $\boldsymbol{P}^{\mathrm{T}}\boldsymbol{P}$ 为单位阵，得

$$\boldsymbol{P}_{MN\times r}^{\mathrm{T}}\boldsymbol{B}_{MN\times L} \approx \boldsymbol{D}_{r\times r}\boldsymbol{Q}_{L\times r}^{\mathrm{T}} = \widetilde{\boldsymbol{B}}_{r\times L} \tag{4-50}$$

由式(4-45)和式(4-46)求出矩阵 $\boldsymbol{Q}$、$\boldsymbol{D}$、$\boldsymbol{P}$，进而求出 $\widetilde{\boldsymbol{B}}_{r\times L}$，实现行压缩。

【例 4.13】 基于 MATLAB 编写程序，打开人脸图像，对其进行 K-L 变换，并显示变换结果。

解：程序如下：

```
fmt = {'*.jpg','JPEG image(*.jpg)';'*.*','All Files(*.*)'};
[FileName,FilePath] = uigetfile(fmt,'导入数据','face*.jpg','MultiSelect','on');
if ~isequal([FileName,FilePath],[0,0])
   FileFullName = strcat(FilePath,FileName);
else
   return;
end
N = length(FileFullName);
for k = 1:N
   Image = im2double(rgb2gray(imread(FileFullName{k})));
   X(:,k) = Image(:);                        %列堆叠,并把图像放在矩阵 X 的第 k 列
end
[h,w,c] = size(Image);
averagex = mean(X')';                        %计算图像的平均向量μ
```

```
X = X - averagex                              % 求中心化图像向量 B = f - μf
R = X' * X;                                   % 奇异值分解中的矩阵 R = B^T B
[Q,D] = eig(R);                               % 求矩阵 R 的特征值和特征向量
[D_sort,index] = sort(diag(D),'descend'); % 特征值从大到小排序
D = D(index,index);
Q = Q(:,index);                               % 按从大到小顺序重排特征值矩阵 D 和特征向量矩阵 Q
P = X * Q * (abs(D))^ - 0.5;                  % 求左奇异矩阵 P
total = 0.0;
count = sum(D_sort);
for r = 1:N
   total = total + D_sort(r);
   if total / count > 0.95                    % 取占全部奇异值之和 95 % 的前 r 个奇异值
      break;
   end
end
KLCoefR = P' * X;
figure; plot(KLCoefR(1,:),KLCoefR(2,:),'ko'),title('K - L 变换行压缩');
xlabel('第一主成分得分');ylabel('第二主成分得分');
Y = P(:,1:2) * KLCoefR(1:2,:) + averagex; % 基于前 2 个奇异值重建人脸图像
for j = 1:N
   outImage = reshape(Y(:,j),h,w);
   figure,imshow(outImage,[]);
end
Z = P(:,1:r) * KLCoefR(1:r,:) + averagex; % 基于前 r 个奇异值重建人脸图像
for j = 1:N
   outImage = reshape(Z(:,j),h,w);
   figure,imshow(outImage,[]);
end
KLCoefC = X * Q;                              % 使用右奇异矩阵进行 K - L 变换
for j = 1:N
   outImage = reshape(KLCoefC(:,j),h,w);
   figure,imshow(outImage,[]);
end
```

程序运行如图 4-7 所示。

(a) 原始人脸图像

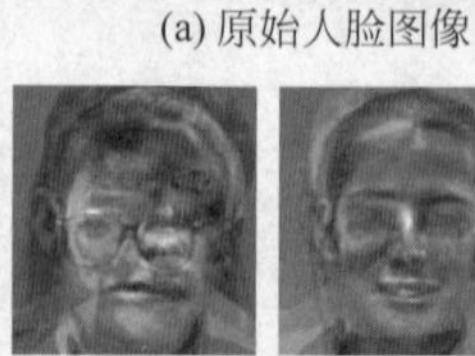

(b) 使用右奇异矩阵进行K-L变换

图 4-7　人脸图像 K-L 变换

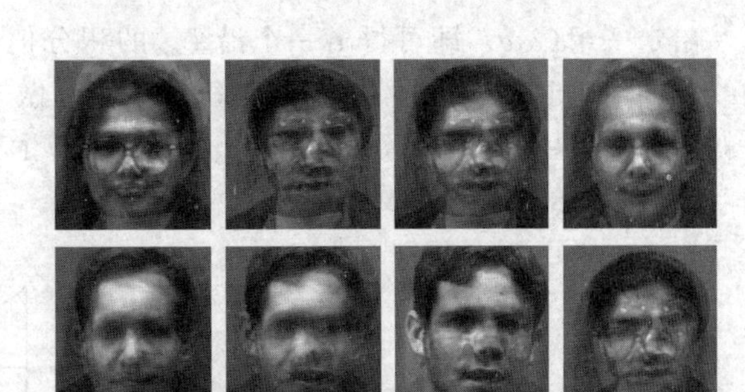

(c) 前两个奇异值对应左奇异向量对中心化人脸图像的降维及重建

(d) 前7个奇异值(和占总数的95%以上)对应左奇异向量对中心化人脸图像的重建

图 4-7 （续）

4.4 Radon 变换

图像的 Radon 变换也是一种重要的图像处理研究方法，是指图像函数 $f(x,y)$ 沿其所在平面内的不同直线做线积分，即进行投影变换，可以获取图像在该方向上的突出特性，在去噪、重建、检测、复原中多有应用。本小节介绍 Radon 变换的原理、性质、实现及其应用。

4.4.1 Radon 变换的原理

如图 4-8(a)所示，直线 L 的方程可以表示为 $\rho=x\cos\theta+y\sin\theta$，其中，$\rho$ 代表坐标原点到直线 L 的距离，$\theta\in[0,\pi]$是直线法线与 x 轴的夹角，要将函数 $f(x,y)$ 沿直线 L 做线积分，即进行 Radon 变换，变换式可表示为

$$R(\rho,\theta)=\int_L f(x,y)\mathrm{d}s \tag{4-51}$$

采用 Delta 函数求解该线积分。Delta 函数是一个广义函数，在非零点取值为 0，而在整个定义域的积分为 1，最简单的 Delta 函数如式(4-52)所示：

$$\delta(t)=\begin{cases}0, & t\neq 0\\ 1, & t=0\end{cases} \tag{4-52}$$

对于直线 L，直线上的点 (x,y) 满足 $\delta(t)=1$，非直线上的点满足 $\delta(t)=0$，即

$$\delta(x\cos\theta+y\sin\theta-\rho)=\begin{cases}0, & x\cos\theta+y\sin\theta-\rho\neq 0\\ 1, & x\cos\theta+y\sin\theta-\rho=0\end{cases} \tag{4-53}$$

则 Radon 变换表达式为

$$R(\rho,\theta)=\int_{-\infty}^{\infty}\int_{-\infty}^{\infty} f(x,y)\delta(x\cos\theta+y\sin\theta-\rho)\mathrm{d}x\mathrm{d}y \tag{4-54}$$

$R(\rho,\theta)$是 $f(x,y)$ 的 Radon 变换，表示为 $\mathscr{R}[f(x,y)]=R(\rho,\theta)$。

给定一组(ρ,θ)，即可得出一个沿 $L_{\rho,\theta}$ 的积分值。如图 4-8(b)所示，n 条与直线 L 平行的线，具有相同的 θ，但 ρ 不同。若对每一条线都做 $f(x,y)$的线积分，则有 n 条投影线，即对一幅图像，在某一特定角度下的 Radon 变换会产生 n 个线积分值，构成一个 n 维的向量，称为 $f(x,y)$在角度 θ 下的投影。

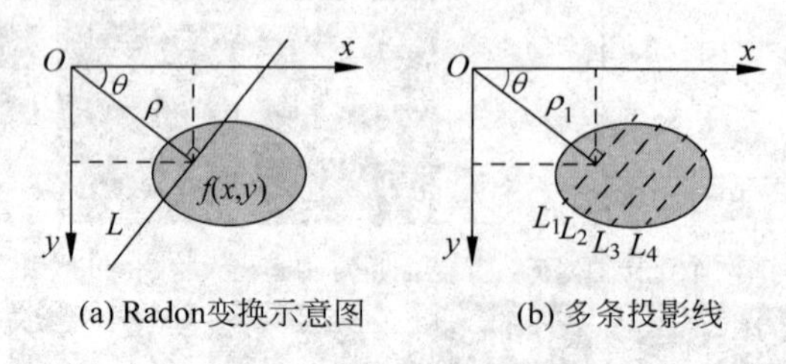

(a) Radon变换示意图　　(b) 多条投影线

图 4-8　Radon 变换坐标系图

Radon 变换可以看成是 xy 空间向 $\rho\theta$ 空间的投影，$\rho\theta$ 空间上的每一点对应 xy 空间的一条直线。图像中高灰度值的线段会在 $\rho\theta$ 空间形成亮点，而低灰度值的线段在 $\rho\theta$ 空间形成暗点。因而，对图像中线段的检测可转化为在变换空间对亮点、暗点的检测。

二维 Radon 变换的反变换如式(4-55)所示：

$$f(x,y)=\frac{1}{2\pi^2}\int_0^{\pi}\mathrm{d}\theta\int_{-\infty}^{\infty}\frac{\partial R/\partial\rho}{x\cos\theta+y\sin\theta-\rho}\mathrm{d}\rho \tag{4-55}$$

4.4.2　Radon 变换的实现

在给定 θ 方向的情况下，若想实现数字图像 $f(x,y)$沿直线 L 的线积分，可以通过坐标系旋转后按列累加来实现。如图 4-9 所示，θ 是积分直线 L 的法线与 x 轴的夹角，坐标系 xOy 顺时针旋转 θ 角变为 $x'Oy'$，x'轴与 L 垂直，则 y'轴与 L 平行，将 $f(x',y')$沿 y'方向求和，实现数字图像在 θ 方向的 Radon 变换。

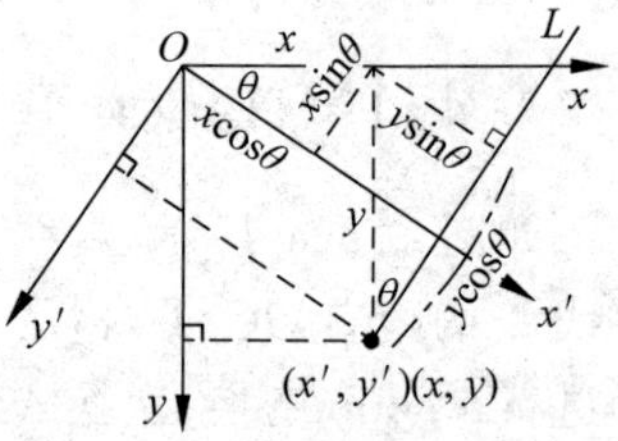

图 4-9　坐标系旋转示意图

由图可知，坐标系旋转前后点的对应关系为

$$\begin{cases}x'=x\cos\theta+y\sin\theta\\ y'=y\cos\theta-x\sin\theta\end{cases} \tag{4-56}$$

因此，图像的 Radon 变换可以按下列步骤实现：

(1) 计算图像对角线的长度，增加两个像素的余量，即是 ρ 的取值范围；

(2) 设定旋转方向 $\theta\in[0,\pi]$；

(3) 将图像中的点按式(4-56)变为新坐标系中的点；

(4) 将 $f(x',y')$沿 y'方向求和。

【例 4.14】 基于 MATLAB 编程，对一幅图像进行指定方向上的 Radon 变换，并显示变换结果。

解：在 MATLAB 中实现 Radon 变换的函数为 radon 函数：

R=radon(I,THETA)或[R,Xp]=radon(...)。其中，I 为要进行 Radon 变换的图像；THETA 为投影夹角，若为一标量，则 R 为一列向量；若 THETA 为一向量，则 R 为一矩阵，其每一列对应 THETA 中一个角度的 Radon 变换值，默认情况下取值为 0：179。

程序如下：

```
Image = rgb2gray(imread('block.bmp'));
[R1,X1] = radon(Image,0);
[R2,X2] = radon(Image,45);
subplot(131),imshow(Image),title('原图');
subplot(132),plot(X1,R1),title('0°方向上的 Radon 变换');
subplot(133),plot(X2,R2),title('45°方向上的 Radon 变换');
```

程序运行结果如图 4-10 所示。

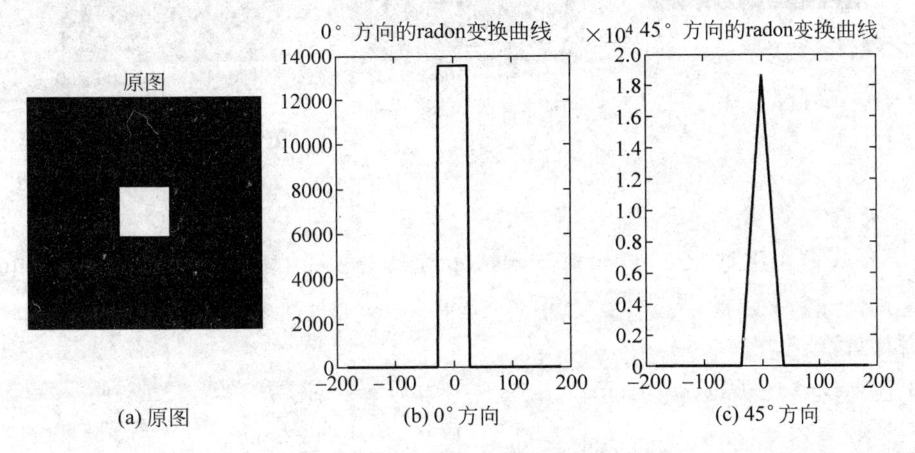

(a) 原图　　(b) 0° 方向　　(c) 45° 方向

图 4-10 指定方向上的 Radon 变换

【例 4.15】 基于 MATLAB 编程，对一幅图像进行 Radon 正变换和逆变换，并显示变换结果。

解：在 MATLAB 中实现 Radon 逆变换的函数为 iradon 函数：

I=iradon(R,THETA)，利用二维矩阵 $\boldsymbol{R}$ 中的投影数据重建图像 I。

程序如下：

```
Image = rgb2gray(imread('block.bmp'));
theta = 0:10:180;
[R,X] = radon(Image,theta);
result = iradon(R,theta);
subplot(131),imshow(Image),title('原图');
subplot(132),imagesc(theta,X,R),title('0 - 180 度方向的 radon 变换曲线集合');
subplot(133),image(result),title('重建图像');
```

程序运行结果如图 4-11 所示。$\boldsymbol{R}$ 为二维矩阵，用来表示多条变换后的曲线，如图 4-11(b)所示，横轴表示 180 度，纵轴表示每条曲线的高度，将 $\boldsymbol{R}$ 中的元素数值按大小转化为不同颜色，在坐标轴对应位置处以该颜色染色。图 4-11(c)为重建图，与原图有差别，是由于 Radon 变换过程中数据损失造成的。

4.4.3 Radon 变换的性质

1）线性

$$\mathscr{R}[a_1 f_1 + a_2 f_2] = a_1 \mathscr{R}[f_1] + a_2 \mathscr{R}[f_2] \tag{4-57}$$

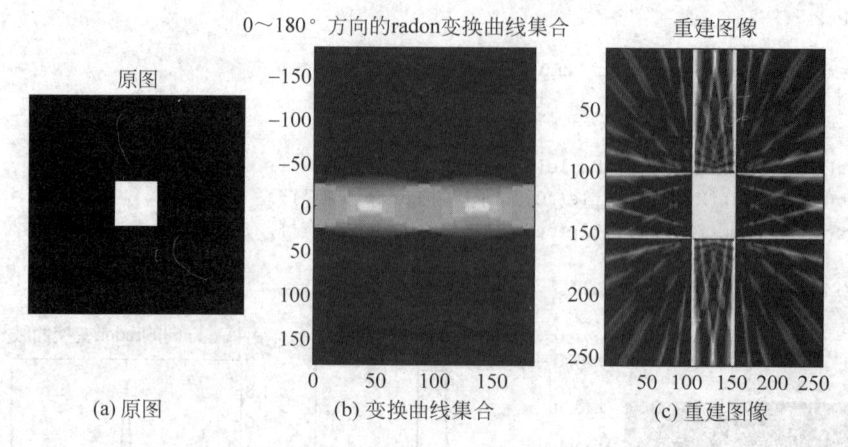

(a) 原图　(b) 变换曲线集合　(c) 重建图像

图 4-11　Radon 变换和逆变换

2）平移性

原图像 $f(x,y)$平移$(\Delta x,\Delta y)$，对应 Radon 变换沿 ρ 轴平移 $\Delta\rho=\Delta x\cos\theta+\Delta y\sin\theta$，即

$$\mathscr{R}[f(x-\Delta x,y-\Delta y)]=R(\rho-\Delta\rho,\theta)\tag{4-58}$$

3）相似性

若 $\mathscr{R}[f(x,y)]=R(\rho,\cos\theta,\sin\theta)$，$(\cos\theta,\sin\theta)$为 θ 方向上的单位矢量，则

$$\mathscr{R}[f(ax,by)]=\frac{1}{|ab|}R_f\left(\rho,\frac{\cos\theta}{a},\frac{\sin\theta}{b}\right)\tag{4-59}$$

4）微分

原二维函数 $f(x,y)$求偏微分，即

$$\begin{cases}\dfrac{\partial f}{\partial x}=\lim\limits_{\Delta x\to0}\dfrac{f(x+\Delta x/\cos\theta,y)-f(x,y)}{\Delta x/\cos\theta}\\[2ex]\dfrac{\partial f}{\partial y}=\lim\limits_{\Delta y\to0}\dfrac{f(x,y+\Delta y/\sin\theta)-f(x,y)}{\Delta y/\sin\theta}\end{cases}\tag{4-60}$$

对式(4-60)两边进行 Radon 变换，并利用平移性质，得

$$\begin{cases}\mathscr{R}\left[\dfrac{\partial f}{\partial x}\right]=\cos\theta\lim\limits_{\Delta x\to0}\dfrac{R(\rho+\Delta x,\theta)-R(\rho,\theta)}{\Delta x}\\[2ex]\mathscr{R}\left[\dfrac{\partial f}{\partial y}\right]=\sin\theta\lim\limits_{\Delta y\to0}\dfrac{R(\rho+\Delta y,\theta)-R(\rho,\theta)}{\Delta y}\end{cases}$$

则

$$\begin{cases}\mathscr{R}\left[\dfrac{\partial f}{\partial x}\right]=\cos\theta\dfrac{\partial R(\rho,\theta)}{\partial\rho}\\[2ex]\mathscr{R}\left[\dfrac{\partial f}{\partial y}\right]=\sin\theta\dfrac{\partial R(\rho,\theta)}{\partial\rho}\end{cases}\tag{4-61}$$

4.4.4　Radon 变换的应用

Radon 变换可用来检测图像中的线段。将原来的 xy 平面内的点映射到 $\rho\theta$ 平面上，原 xy 平面一条线段上所有的点都将投影到 $\rho\theta$ 平面上同一点。记录 $\rho\theta$ 平面上的点的累积程度，累积程度足够的点所对应的 $\rho\theta$ 值即是 xy 平面上线段的参数。与第 10 章要讲的 Hough

变换检测线段的原理一样，可用于需要进行线检测的相关应用中，如线轨迹检测、滤波、倾斜校正等。

Radon 变换计算出原图中各方向上的投影值，可以作为方向特征用于目标检测和识别，如应用于掌纹、静脉识别。

Radon 变换改变图像的表现形式，为相关处理提供便利，比如图像复原中在 Radon 域用高阶统计量估计点扩散函数，提高算法的运算速度。

4.5 小波变换

作为重要的数学工具，小波变换被应用到数字图像处理的多个方面，如图像平滑、边缘检测、图像分割及压缩编码等。因此，本节详细介绍小波变换的基本原理、特性及其在图像处理中的应用。

4.5.1 概述

波(wave)被定义为时间或空间的一个振荡函数，例如一条正弦曲线。小波(wavelet)是"小的波"，具有在时间上集中能量的能力，是分析瞬变、非平稳或时变的现象的工具。波和小波如图 4-12 所示，正弦曲线在 $-\infty \leqslant t \leqslant \infty$ 上等振幅振荡，具有无限能量，而小波具有围绕一点集结的有限能量。

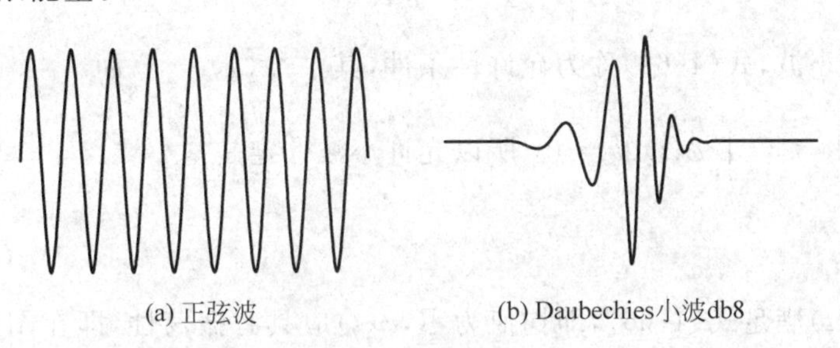

(a) 正弦波　　(b) Daubechies小波db8

图 4-12　波和小波

在分析、描述或处理一个信号或函数 $f(t)$ 时，常常把该函数展开，即

$$f(t) = \sum_i \alpha_i \psi_i(t) \tag{4-62}$$

式中，i 可能有限也可能无限，α_i 是展开系数，$\psi_i(t)$ 是 t 的实值函数集合，称为展开集。

如果展开式(4-62)唯一，则该集称为能展开函数的一组基。如果基是正交的，即

$$\langle \psi_m(t), \psi_n(t) \rangle = \int \psi_m(t) \psi_n(t) \mathrm{d}t = \begin{cases} 1, & m = n \\ 0, & m \neq n \end{cases} \tag{4-63}$$

那么，系数 α_i 可以用内积计算，有

$$\alpha_i = \langle f(t), \psi_i(t) \rangle = \int f(t) \psi_i(t) \mathrm{d}t \tag{4-64}$$

傅里叶级数的正交基是由频率为 ω 的 $\sin\omega t$ 和 $\cos\omega t$ 组成，傅里叶变换其实就是求傅里叶级数的系数。

小波展开(wavelet expansion)是由具有两个参数的小波构成基展开函数，即

$$f(t)=\sum_{a}\sum_{b}\alpha_{a,b}\psi_{a,b}(t) \tag{4-65}$$

所谓小波变换即是计算展开系数的集 $\alpha_{a,b}$。与傅里叶变换不同的是，小波展开集不是唯一的。下面来详细介绍小波变换及其特性和应用。

4.5.2 小波

1. 定义

设函数 $\psi(t)$ 满足下列条件：

$$\int_{\mathbf{R}}\psi(t)\,\mathrm{d}t=0 \tag{4-66}$$

对其进行平移和伸缩产生函数族 $\psi_{a,b}(t)$：

$$\psi_{a,b}(t)=\frac{1}{\sqrt{a}}\psi\left(\frac{t-b}{a}\right),\quad a,b\in\mathbf{R},a\neq 0 \tag{4-67}$$

式中，$\psi(t)$ 为基小波或母小波，a 为伸缩因子（尺度因子），b 为平移因子，$\psi_{a,b}(t)$ 称为 $\psi(t)$ 生成的连续小波。由傅里叶变换性质可得

$$\Psi_{a,b}(\omega)=\sqrt{a}\Psi(a\omega)\mathrm{e}^{-\mathrm{j}\omega b} \tag{4-68}$$

定义：若函数 $\psi(t)$ 的傅里叶变换 $\Psi(\omega)$ 满足

$$C_{\psi}=\int_{\mathbf{R}}\frac{|\Psi(\omega)|^{2}}{|\omega|}\mathrm{d}\omega<\infty \tag{4-69}$$

则称 $\psi(t)$ 为允许小波，式(4-69)称为允许性条件，其中 $\Psi(\omega)=\int_{\mathbf{R}}\psi(t)\mathrm{e}^{-\mathrm{j}\omega t}\mathrm{d}t$。

因为 $\Psi(\omega)|_{\omega=0}=\int_{\mathbf{R}}\psi(t)\mathrm{d}t=0$，所以允许小波一定是基小波。

2. 特点

1）紧支撑性

小波函数 $\psi(t)$ 满足式(4-66)，即均值为零，$\psi(t)$ 应具有振荡性，即在图形上具有“波”的形状。$\psi(t)$ 满足 $\int_{\mathbf{R}}|\psi(t)|\mathrm{d}t<\infty$，$\int_{\mathbf{R}}|\psi(t)|^{2}\mathrm{d}t<\infty$，因此，$\psi(t)$ 仅在小范围内波动，且能量有限，即小波函数 $\psi(t)$ 的定义域是紧支撑的，超出一定范围时，波动幅度迅速衰减，具有速降性。

2）变化性

小波函数 $\psi_{a,b}(t)$ 以及它的频谱 $\Psi_{a,b}(\omega)$ 随尺度因子 a 的变化而变化。由式(4-67)可知，随着 a 的减小，$\psi_{a,b}(t)$ 的支撑区随之变窄，其幅值变大，如图 4-13 所示。

由傅里叶变换的尺度变换性质：

若 $\mathscr{F}[f(t)]=F(\omega)$，则 $\mathscr{F}[f(\alpha t)]=F(\omega/\alpha)/|\alpha|$

可知，$\Psi_{a,b}(\omega)$ 随着 a 的减小而向高频端展宽。

3）消失矩

若小波 $\psi(t)$ 满足式(4-70)，则称该小波具有 K 阶消失矩。

$$\int_{\mathbf{R}}t^{k}\psi(t)\,\mathrm{d}t=0,\quad k=0,1,\cdots,K-1 \tag{4-70}$$

这时，$\Psi(\omega)$ 在 $\omega=0$ 处 K 次可微，即 $\Psi^{k}(0)=0,k=1,2,\cdots,K$。随着 K 的增加，小波

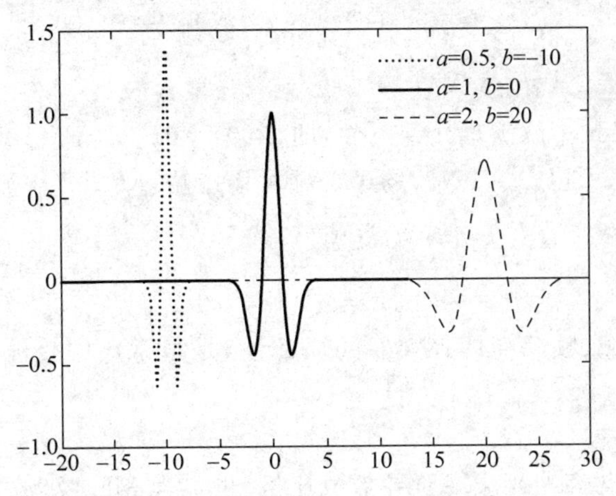

图 4-13 Marr 小波参数 a、b 取不同值的波形

$\psi(t)$的波形振荡越来越强烈。

3. 一维小波实例

1) Haar 小波

Haar 小波是最简单的小波，其表达式为

$$\begin{cases} \psi_{\mathrm{H}}(t)=\begin{cases}1, & 0\leqslant t<1/2\\ -1, & 1/2\leqslant t<1\\ 0, & 其他\end{cases} \\ \Psi_{\mathrm{H}}(\omega)=\dfrac{1-2\mathrm{e}^{-\frac{\mathrm{i}\omega}{2}}+\mathrm{e}^{-\mathrm{i}\omega}}{\omega\mathrm{i}} \end{cases} \tag{4-71}$$

Haar 小波具有紧支性(长度为 1)和对称性，消失矩为 1，即 $\int_{\mathbf{R}}\psi_{\mathrm{H}}(t)\mathrm{d}t=0$。对于 t 的平移，Haar 小波是正交的，即

$$\int_{\mathbf{R}}\psi_{\mathrm{H}}(t)\psi_{\mathrm{H}}(t-n)\mathrm{d}t=0,\quad n=0,\pm1,\pm2,\cdots \tag{4-72}$$

从而$\{\psi_{\mathrm{H}}(t-n)\}_{n\in\mathbf{Z}}$形成一个正交函数系。

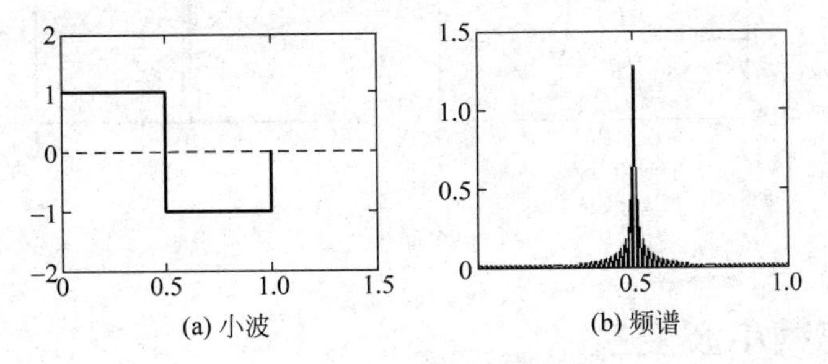

图 4-14 Haar 小波及其频谱

Haar 小波不是连续函数，应用有限，但结构简单，一般用作原理示意或说明。

2) Morlet 小波

Morlet 小波是用高斯函数构造的一种小波，其时域、频域表示为

$$\begin{cases}\psi(t) = \pi^{-1/4}(\mathrm{e}^{-\mathrm{i}\omega_0 t} - \mathrm{e}^{-\omega_0^2/2})\mathrm{e}^{-t^2/2} \\ \Psi(\omega) = \pi^{-1/4}[\mathrm{e}^{-(\omega-\omega_0)^2/2} - \mathrm{e}^{-\omega_0^2/2}\mathrm{e}^{-\omega^2/2}]\end{cases} \tag{4-73}$$

由上式可以看出，Morlet 小波满足允许条件，即 $\Psi(0)=0$。

当 $\omega_0 \geqslant 5$ 时，$\mathrm{e}^{-\omega_0^2/2} \approx 0$，所以，式(4-73)的第二项可以忽略，Morlet 小波可以近似表示为

$$\begin{cases}\psi(t) = \pi^{-1/4}\mathrm{e}^{-\mathrm{i}\omega_0 t}\mathrm{e}^{-t^2/2} \\ \Psi(\omega) = \pi^{-1/4}\mathrm{e}^{-(\omega-\omega_0)^2/2}\end{cases} \tag{4-74}$$

Morlet 小波在时域、频域都具有较好的局部性，是很常用的小波，其时域、频域图形如图 4-15 所示。

3) Mexico 草帽小波

Mexico 草帽小波与高斯函数二阶导数成比例，也称为 Marr 小波，其表达式为

$$\psi(t) = \left(\frac{2}{\sqrt{3}}\pi^{-1/4}\right)(1-t^2)\mathrm{e}^{-t^2/2} \tag{4-75}$$

Mexico 草帽小波具有对称性，支撑区间是无限的，有效支撑区间为[−5,5]，在视觉信息处理方面有很多应用。

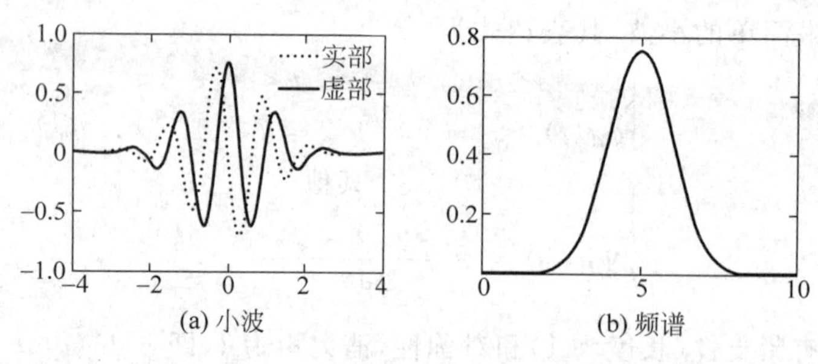

图 4-15　Morlet 小波及其频谱($\omega_0=5$)

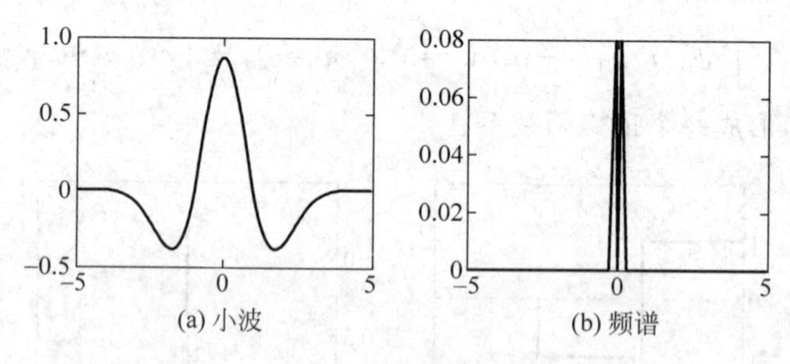

图 4-16　Mexico 草帽小波及其频谱

4.5.3 连续小波变换

1. 定义

定义：设 $f(t)$，$\psi(t)$是平方可积函数，且 $\psi(t)$满足允许性条件(式(4-69))，则称

$$W_f(a,b) = \frac{1}{\sqrt{a}}\int_{\mathbf{R}} f(t)\psi^*\left(\frac{t-b}{a}\right)\mathrm{d}t \tag{4-76}$$

为 $f(t)$的连续小波变换。其中，$\psi^*(t)$是 $\psi(t)$的共轭函数。

式(4-76)也可用内积来表示，即

$$W_f(a,b) = \langle f(t), \psi_{a,b}(t) \rangle \tag{4-77}$$

则从数学意义上看，连续小波变换可看成是平方可积函数 $f(t)$在函数族$\{\psi_{a,b}(t)\}$上的投影分解过程。

若设 $\psi_a(t)=|a|^{-1/2}\psi\left(\frac{t}{a}\right)$，令 $\tilde{\psi}_a(t)=\psi_a(-t)$，则连续小波变换定义式(4-76)可改写为

$$\begin{aligned} W_f(a,b) &= |a|^{-1/2}\int_{\mathbf{R}} f(t)\psi^*\left(\frac{t-b}{a}\right)\mathrm{d}t = |a|^{-1/2}\int_{\mathbf{R}} f(t)\psi^*\left(-\frac{b-t}{a}\right)\mathrm{d}t \\ &= |a|^{-1/2}\int_{\mathbf{R}} f(t)\tilde{\psi}^*\left(\frac{b-t}{a}\right)\mathrm{d}t = f(t) * \tilde{\psi}_a(t) \end{aligned} \tag{4-78}$$

因此，从信号处理上看，小波变换是原始信号 $f(t)$用一组不同尺度的带通滤波器进行滤波，将信号分解到一系列频带上并进行分析处理。

根据 Parseval 恒等式，连续小波变换定义式(4-76)可改写为

$$\begin{aligned} W_f(a,b) &= \langle f(t), \psi_{a,b}(t) \rangle = \frac{1}{2\pi}\langle F(\omega), \Psi_{a,b}(\omega) \rangle \\ &= \frac{1}{2\pi}\int_{\mathbf{R}} F(\omega)\Psi_{a,b}(\omega)\mathrm{d}\omega \end{aligned} \tag{4-79}$$

式(4-79)是小波变换在频域分析中的频域定义式。

由连续小波变换 $W_f(a,b)$重构 $f(t)$的小波逆变换为

$$f(t) = \frac{1}{C_\psi}\int_{-\infty}^{+\infty}\int_{-\infty}^{+\infty}\frac{1}{a^2}W_f(a,b)\psi_{a,b}(t)\mathrm{d}a\mathrm{d}b \tag{4-80}$$

式中，C_ψ 满足式(4-69)。

在实际应用中，往往选择 $\psi(t)$为实函数，使其满足 $\Psi(\omega)=\Psi(-\omega)$，逆变换式(4-80)简化为

$$f(t) = \frac{1}{C_\psi}\int_{0}^{+\infty}\frac{1}{a^2}\mathrm{d}a\int_{-\infty}^{+\infty}W_f(a,b)\psi_{a,b}(t)\mathrm{d}b \tag{4-81}$$

2. 小波变换的时频特性

如果将小波变换定义式(4-76)与窗口傅里叶变换定义式进行比较，可称小波 $\psi_{a,b}(t)$是窗函数。为分析小波变换的时频特性，假设所选基小波 $\psi(t)$和 $\Psi(\omega)$都满足窗函数的要求，记 t^* 为 $\psi_{a,b}(t)$的时窗中心，Δt 为时窗半径，ω^* 为频窗中心，$\Delta\omega$ 为频窗半径，根据时窗中心、频窗中心和半径定义，可知

$$\begin{cases} t^* = \int_{\mathbf{R}} t\,|\psi_{a,b}(t)|^2\mathrm{d}t / \|\psi_{a,b}(t)\|^2 \\ \Delta t = \left[\int_{\mathbf{R}}(t-t^*)^2\,|\psi_{a,b}(t)|^2\mathrm{d}t\right]^{\frac{1}{2}} / \|\psi_{a,b}(t)\| \\ \omega^* = \int_{\mathbf{R}} \omega\,|\Psi_{a,b}(\omega)|^2\mathrm{d}\omega / \|\Psi_{a,b}(\omega)\|^2 \\ \Delta\omega = \left[\int_{\mathbf{R}}(\omega-\omega^*)^2\,|\Psi_{a,b}(\omega)|^2\mathrm{d}\omega\right]^{\frac{1}{2}} / \|\Psi_{a,b}(\omega)\| \end{cases} \tag{4-82}$$

由于小波变换中的窗函数 $\psi_{a,b}(t)$是 $\psi(t)$平移和缩放的结果，所以，记 $\psi(t)$对应的有关

量分别为 t_{ψ}^{*}，Δt_{ψ}，ω_{ψ}^{*}，$\Delta\omega_{\psi}$，先分析 $\psi_{a,b}(t)$ 对应的窗口中心和窗半径与 $\psi(t)$ 对应量之间的关系。

时域对应关系如下：

$$\begin{aligned}\|\psi_{a,b}(t)\|^2 &= \int_{\mathbf{R}} |\psi_{a,b}(t)|^2 \mathrm{d}t = \int_{\mathbf{R}} \left|\frac{1}{\sqrt{a}}\psi\left(\frac{t-b}{a}\right)\right|^2 \mathrm{d}t \\ &= \int_{\mathbf{R}} \left|\psi\left(\frac{t-b}{a}\right)\right|^2 \mathrm{d}\left(\frac{t-b}{a}\right) = \|\psi(u)\|^2\end{aligned} \tag{4-83}$$

把式(4-83)代入 $\psi_{a,b}(t)$ 对应的时窗中心和时窗半径的定义式中，得

$$\begin{aligned}t^{*} &= \int_{\mathbf{R}} t\,|\psi_{a,b}(t)|^2 \mathrm{d}t / \|\psi_{a,b}(t)\|^2 = \frac{1}{\|\psi(u)\|^2}\int_{\mathbf{R}} (au+b)\left|\frac{1}{\sqrt{a}}\psi(u)\right|^2 \mathrm{d}(au+b) \\ &= \frac{1}{\|\psi(u)\|^2}\int_{\mathbf{R}} (au+b)\,|\psi(u)|^2 \mathrm{d}u = \frac{a\int_{\mathbf{R}} u\,|\psi(u)|^2 \mathrm{d}u}{\|\psi(u)\|^2} + \frac{\int_{\mathbf{R}} b\,|\psi(u)|^2 \mathrm{d}u}{\|\psi(u)\|^2} \\ &= at_{\psi}^{*} + b\end{aligned} \tag{4-84}$$

$$\begin{aligned}\Delta t &= \frac{1}{\|\psi_{a,b}(t)\|}\left[\int_{\mathbf{R}} (t-t^{*})^2\,|\psi_{a,b}(t)|^2 \mathrm{d}t\right]^{\frac{1}{2}} \\ &= \frac{1}{\|\psi_{a,b}(t)\|}\left[\int_{\mathbf{R}} (t-at_{\psi}^{*}-b)^2\left|\frac{1}{\sqrt{a}}\psi\left(\frac{t-b}{a}\right)\right|^2 \mathrm{d}t\right]^{\frac{1}{2}} \\ &= \frac{1}{\|\psi(u)\|}\left[\int_{\mathbf{R}} (au+b-at_{\psi}^{*}-b)^2\,\frac{a}{a}\,|\psi(u)|^2 \mathrm{d}u\right]^{\frac{1}{2}} \\ &= \frac{1}{\|\psi(u)\|}\left[a^2\int_{\mathbf{R}} (u-t_{\psi}^{*})^2\,|\psi(u)|^2 \mathrm{d}u\right]^{\frac{1}{2}} \\ &= a\Delta t_{\psi}\end{aligned} \tag{4-85}$$

频域对应关系如下：

$$\|\Psi_{a,b}(\omega)\|^2 = \int_{\mathbf{R}} |\sqrt{a}\Psi(a\omega)\mathrm{e}^{-\mathrm{j}\omega b}|^2 \mathrm{d}\omega = \|\Psi(\omega)\|^2 \tag{4-86}$$

把式(4-86)代入 $\psi_{a,b}(t)$ 对应的频窗中心和频窗半径的定义式中，得

$$\begin{aligned}\omega^{*} &= \frac{1}{\|\Psi_{a,b}(\omega)\|^2}\int_{\mathbf{R}} \omega\,|\Psi_{a,b}(\omega)|^2 \mathrm{d}\omega = \frac{1}{\|\Psi(\omega)\|^2}\int_{\mathbf{R}} \omega a\,|\Psi(a\omega)|^2 \mathrm{d}\omega \\ &= \frac{1}{a}\,\frac{1}{\|\Psi(\omega)\|^2}\int_{\mathbf{R}} a\omega\,|\Psi(a\omega)|^2 \mathrm{d}(a\omega) = \frac{1}{a}\omega_{\psi}^{*}\end{aligned} \tag{4-87}$$

$$\begin{aligned}\Delta\omega &= \frac{1}{\|\Psi_{a,b}(\omega)\|}\left[\int_{\mathbf{R}} (\omega-\omega^{*})^2\,|\Psi_{a,b}(\omega)|^2 \mathrm{d}\omega\right]^{\frac{1}{2}} \\ &= \frac{1}{\|\Psi_{a,b}(\omega)\|}\left[\int_{\mathbf{R}} \left(\omega-\frac{1}{a}\omega_{\psi}^{*}\right)^2 a\,|\Psi(a\omega)|^2 \mathrm{d}\omega\right]^{\frac{1}{2}} \\ &= \frac{1}{\|\Psi(\omega)\|}\left[\frac{1}{a^2}\int_{\mathbf{R}} (a\omega-\omega_{\psi}^{*})^2\,|\Psi(a\omega)|^2 \mathrm{d}(a\omega)\right]^{\frac{1}{2}} = \frac{1}{a}\Delta\omega_{\psi}\end{aligned} \tag{4-88}$$

由式(4-84)可以看出，$\psi_{a,b}(t)$ 的时窗中心是 $\psi(t)$ 的时窗中心扩大 a 倍后再平移 b 个单位；由式(4-87)可以看出，$\psi_{a,b}(t)$ 的频窗中心是 $\psi(t)$ 的频窗中心的 $\frac{1}{a}$ 倍；由式(4-85)可以看出，$\psi_{a,b}(t)$ 的时窗宽度是 $\psi(t)$ 的时窗宽度的 a 倍；由式(4-88)可以看出，$\psi_{a,b}(t)$ 的频窗宽度是

$\psi(t)$的频窗宽度的$\frac{1}{a}$倍。因此，对于固定的b，随着a的增大($a>1$)，小波变换的时窗就增宽，而频窗变窄。

虽然$\psi_{a,b}(t)$的时窗中心、频窗中心及宽度随着a、b在变换，但是在时-频相平面上，时窗和频窗所形成的窗口面积不变，如式(4-89)所示：

$$2\Delta t \cdot 2\Delta\omega = 4a\Delta t_\psi \cdot \frac{1}{a}\Delta\omega_\psi = 4\Delta t_\psi \cdot \Delta\omega_\psi \tag{4-89}$$

综上所述，在时-频相平面上，小波变换$W_f(a,b)$的时频窗是面积相等但长宽不同的矩形区域，这些窗口的长、宽是相互制约的，它们都受尺度参数a的控制。

根据小波随a变化的性质，当a较小时，$W_f(a,b)$反应的是$t=b$时附近的高频成分的特性；当a较大时，$W_f(a,b)$反应的是$t=b$时附近的低频成分的特性；因此，有如下的对应：

尺度参数a：小⟶大⇔频率ω：大⟶小

小波变换的时-频平面上的窗口分布如图4-17所示。

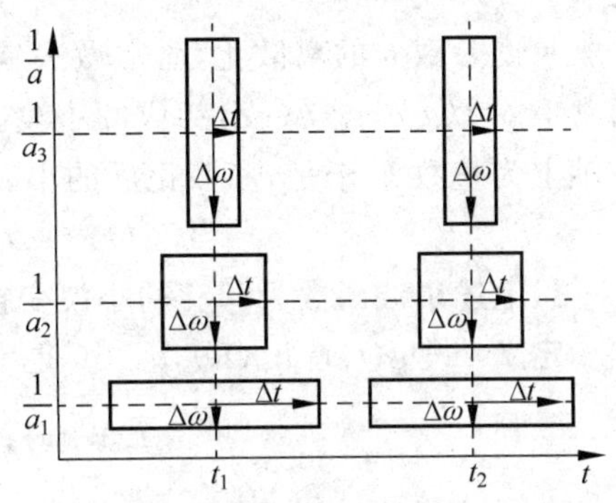

图4-17　小波变换的时-频平面

对于信号而言，低频分量(波形较宽)需用较长的时间段才能给出完全的信息；而高频分量(波形较窄)只用较短的时间段便可以给出较好的精度。因此，对时变信号进行分析，总希望时频窗口具有自适应性，即高频时频窗大，时窗小；低频时频窗小，时窗大。

通过分析小波变换的时频特性，发现利用小波变换分析信号具有自适应的时频窗口：当检测高频分量时，尺度参数$a>0$相应变小，时窗自动变窄，频率窗口高度增加，作为主频(中心频率)ω^*变大；分析检测低频特性时，尺度参数$a>0$相应增大，时间窗口自动变宽，频率窗口高度减小，主频中心变低，实现时频窗口的自适应变化。

3. 连续小波变换的冗余与再生核

由式(4-80)所示的小波变换的逆变换公式可知，$f(t)$可由它的小波变换$W_f(a,b)$精确地重建，也可看成将$f(t)$按"基"$\psi_{a,b}(t)$的分解，系数就是$f(t)$的小波变换。但$\psi_{a,b}(t)$的参数a、b是连续变化的，所以，$\psi_{a,b}(t)$之间不是线性无关的，而是存在某种关联，如式(4-90)所示：

$$\begin{aligned}
W_f(a_1,b_1) &= \int_{\mathbf{R}} f(t)\psi^*_{a_1,b_1}(t)\mathrm{d}t \\
&= \int_{\mathbf{R}}\left[\frac{1}{C_\psi}\int_0^{+\infty}\frac{1}{a^2}\mathrm{d}a\int_{-\infty}^{+\infty}W_f(a,b)\psi_{a,b}(t)\mathrm{d}b\right]\psi^*_{a_1,b_1}(t)\mathrm{d}t \\
&= \frac{1}{C_\psi}\int_0^{+\infty}\int_{-\infty}^{+\infty}\frac{1}{a^2}W_f(a,b)\left[\int_{\mathbf{R}}\psi_{a,b}(t)\psi^*_{a_1,b_1}(t)\mathrm{d}t\right]\mathrm{d}b\mathrm{d}a \\
&= \int_0^{+\infty}\int_{-\infty}^{+\infty}\frac{1}{a^2}W_f(a,b)k_\psi(a,a_1,b,b_1)\mathrm{d}b\mathrm{d}a
\end{aligned} \tag{4-90}$$

其中

$$k_\psi(a,a_1,b,b_1) = \frac{1}{C_\psi}\int_{\mathbf{R}}\psi_{a,b}(t)\psi^*_{a_1,b_1}(t)\mathrm{d}t \tag{4-91}$$

式(4-90)表明(a_1,b_1)处的小波变换$W_f(a_1,b_1)$可以由半平面$0<a<+\infty,-\infty<b<+\infty$上点$(a,b)$处的小波变换$W_f(a,b)$表出，系数是$k_\psi(a,a_1,b,b_1)$，称为小波变换的再生核。

若$\psi_{a,b}(t)$与$\psi_{a_1,b_1}(t)$正交，由式(4-91)知$k_\psi(a,a_1,b,b_1)=0$，此时，(a,b)处的小波变换$W_f(a,b)$对$W_f(a_1,b_1)$的“贡献”为0。因此，要使各点小波变换之间互不相关，需要在函数族$\{\psi_{a,b}(t)\}$中寻找相互正交的基函数。

4.5.4 离散小波变换

将$\psi_{a,b}(t)$中的参数a、b离散化，以期能够找到相互正交的基函数，因此，引入离散小波变换。

尺度参数a的离散化，通常做法是取$a=a_0^j,j=0,\pm1,\pm2,\cdots$；位移参数$b$的离散化，通常取$b=ka_0^jb_0,j,k\in\mathbf{Z}$，相应的小波函数为$a_0^{-j/2}\psi(a_0^{-j}t-kb_0),j,k\in\mathbf{Z}$，调整时间轴使$kb_0$在轴上为整数$k$，于是，离散化后的小波函数为

$$\psi_{j,k}(t)=a_0^{-j/2}\psi(a_0^{-j}t-k),\quad j,k\in\mathbf{Z} \tag{4-92}$$

以上述小波函数为“基”的小波变换就是离散小波变换。

定义：设$\psi(t)\in L^2(\mathbf{R})$，$a_0>0$是常数，$\psi_{j,k}(t)=a_0^{-j/2}\psi(a_0^{-j}t-k),j,k\in\mathbf{Z}$，则称

$$W_f(j,k)=\int_{\mathbf{R}}f(t)\psi_{j,k}^*(t)\mathrm{d}t \tag{4-93}$$

为$f(t)$的离散小波变换。

离散小波变换是尺度-位移相平面规则分布的离散点上的函数，与连续小波变换相比，少了许多点上的值。那么，不加限制的尺度间隔a_0和时间间隔b所得到的小波函数$\psi_{j,k}(t)$的离散小波变换$W_f(j,k)$不一定包含了函数$f(t)$的全部信息。所以，由$W_f(j,k)$不一定能重构原函数$f(t)$，即式(4-93)的逆变换不一定存在。

要想由离散小波变换$W_f(j,k)$重构$f(t)$，需要对$\psi_{j,k}(t)$有所限制，满足小波框架就是对$\psi_{j,k}(t)$的一种限制。但离散小波$\psi_{j,k}(t)$能否构成小波框架跟参数a_0、b_0的选择有关，因此，参数a_0、b_0的选择是离散小波变换能否实现的关键。

4.5.5 正交小波与多分辨分析

一般来说离散小波框架信息量仍是有冗余的，希望寻找信息量没有冗余的小波框架和$L^2(\mathbf{R})$的正交基，实现正交小波变换。

1. 正交小波

定义：设$\psi(t)\in L^2(\mathbf{R})$是一个允许小波，若其二进伸缩平移系($a_0=2$)

$$\psi_{j,k}(t)=2^{-j/2}\psi(2^{-j}t-k),\quad j,k\in\mathbf{Z} \tag{4-94}$$

构成$L^2(\mathbf{R})$的标准正交基，则称$\psi(t)$为正交小波，称$\psi_{j,k}(t)$是正交小波函数，称相应的离散小波变换$W_f(j,k)=\langle f(t),\psi_{j,k}(t)\rangle$为正交小波变换，其再生核恒为0。

例如，Haar小波的二进伸缩平移系

$$\psi_{j,k}(t)=2^{-j/2}\psi(2^{-j}t-k)=\begin{cases}2^{-j/2}, & 2^jk\leqslant t<(2k+1)2^{j-1}\\ -2^{-j/2}, & (2k+1)2^{j-1}\leqslant t\leqslant(k+1)2^j\\ 0, & \text{其他}\end{cases} \tag{4-95}$$

可以验证$\{\psi_{j,k}(t)\}_{j,k\in\mathbf{Z}}$构成$L^2(\mathbf{R})$的一个标准正交基。

2. 多分辨分析

多分辨分析(Multi-Resolution Analysis,MRA),也称多尺度分析,是构造正交小波基的一般方法。

定义:若$L^2(\mathbf{R})$中一个子空间序列$\{V_j\}_{j\in\mathbf{Z}}$及一个函数$\varphi(t)$满足

(1) $V_j\subseteq V_{j-1},j\in\mathbf{Z}$;

(2) $f(t)\in V_j\Leftrightarrow f(2t)\in V_{j-1}$;

(3) $\bigcap_{j\in\mathbf{Z}}V_j=\{0\},\bigcup_{j\in\mathbf{Z}}V_j=L^2(\mathbf{R})$;

(4) $\varphi(t)\in V_0$,且$\{\varphi(t-k)\}_{k\in\mathbf{Z}}$是$V_0$的标准正交基,称$\varphi(t)$是此多分辨分析的尺度函数或父函数。

则称其为一个正交多分辨分析。

分析一:

由(2)、(4)可知,对于任何$\varphi(t)\in V_0$,有$\varphi(2^{-j}t)\in V_j$;$\{\varphi(t-k)\}_{k\in\mathbf{Z}}$是$V_0$的标准正交基,函数系$\{2^{-j/2}\varphi(2^{-j}t-k)\}_{k\in\mathbf{Z}}$则构成了$V_j$的一组标准正交基;即$\{\varphi(t-k)\}_{k\in\mathbf{Z}}$张成$L^2(\mathbf{R})$的子空间$V_0$,$\{2^{-j/2}\varphi(2^{-j}t-k)\}_{k\in\mathbf{Z}}$张成了$V_j$。

$\varphi(t)\in V_0$,而$V_0\subseteq V_{-1}$,因此,$\varphi(t)\in V_{-1}$。因函数系$\{2^{1/2}\varphi(2t-k)\}_{k\in\mathbf{Z}}$构成了$V_{-1}$的一组标准正交基,因此,$\varphi(t)$可以借助于$\{2^{1/2}\varphi(2t-k)\}_{k\in\mathbf{Z}}$的加权和表示,有

$$\varphi(t)=\sum_{k\in\mathbf{Z}}h_k\sqrt{2}\varphi(2t-k) \tag{4-96}$$

式中,系数$\{h_k\}_{k\in\mathbf{Z}}$称为尺度函数(尺度滤波器)系数,满足

$$\begin{cases}h_k=\dfrac{1}{\sqrt{2}}\displaystyle\int_{\mathbf{R}}\varphi(t)\varphi^*(2t-k)\mathrm{d}t\\ H(\omega)=\dfrac{1}{\sqrt{2}}\displaystyle\sum_k h_k\mathrm{e}^{-\mathrm{i}k\omega}\end{cases} \tag{4-97}$$

式(4-96)称为双尺度方程,其频域形式为

$$\Phi(2\omega)=H(\omega)\Phi(\omega) \tag{4-98}$$

分析二:

定义函数$\psi_{j,k}(t)$,张成尺度函数在不同尺度下张成的空间之间的差空间$\{W_j\}_{j\in\mathbf{Z}}$,称W_j为尺度为j的小波空间,V_j为尺度为j的尺度空间。

由于$V_j\subseteq V_{j-1}$,即$V_{j-1}=V_j+W_j$,且$W_j\perp V_j,j\in\mathbf{Z}$,显然,当$m,n\in\mathbf{Z},m\neq n$时,有$W_m\perp W_n$,所以

$$V_{j-1}=V_j+W_j=V_{j+1}+W_{j+1}+W_j=\cdots=V_{j+s}+W_{j+s}+W_{j+s-1}+\cdots+W_{j+1}+W_j \tag{4-99}$$

令$s\to+\infty$,则$V_{j-1}=\bigoplus_{m=j}^{+\infty}W_m$;

令$j\to-\infty$,则$L^2(R)=\bigoplus_{m=-\infty}^{+\infty}W_m$。

因$W_0\subset V_{-1}$,张成W_0的小波函数$\psi(t)$可以由V_{-1}的标准正交基$\{2^{1/2}\varphi(2t-k)\}_{k\in\mathbf{Z}}$表示:

$$\psi(t)=\sum_{k\in\mathbf{Z}}g_k\sqrt{2}\varphi(2t-k) \tag{4-100}$$

式(4-100)也称为双尺度方程，其频域表示为

$$\Psi(2\omega)=G(\omega)\Phi(\omega) \tag{4-101}$$

$\{g_k\}_{k\in\mathbf{Z}}$满足

$$\begin{cases}g_k=\dfrac{1}{\sqrt{2}}\int_{\mathbf{R}}\psi(t)\varphi^*(2t-k)\mathrm{d}t\\G(\omega)=\dfrac{1}{\sqrt{2}}\sum_k g_k\mathrm{e}^{-\mathrm{i}k\omega}\end{cases} \tag{4-102}$$

式(4-96)和式(4-100)这两个双尺度方程是多分辨分析赋予尺度函数 $\varphi(t)$和小波函数 $\psi(t)$的最基本性质。

综上所述，多分辨分析的基本思想其实就是：为有效地寻找空间 $L^2(\mathbf{R})$的基底，从 $L^2(\mathbf{R})$的某个子空间出发，在这个子空间中建立基底，然后利用简单的变换，再把该基底扩充到 $L^2(\mathbf{R})$中去。

3. 函数的正交小波分解

由以上讨论可知，给定一个多分辨分析$(\{V_k\}_{k\in\mathbf{Z}},\varphi(t))$，可确定一个小波函数 $\psi(t)$和其伸缩系$\{\psi_{j,k}(t)=2^{-j/2}\psi(2^{-j}t-k)\}_{j,k\in\mathbf{Z}}$，并张成小波空间$\{W_j\}_{j\in\mathbf{Z}}$。因 $W_i\perp W_j\ (i\neq j)$，且 $L^2(\mathbf{R})=\bigoplus_{j\in\mathbf{Z}}W_j$，所以$\{\psi_{j,k}(t)=2^{-j/2}\psi(2^{-j}t-k)\}_{j,k\in\mathbf{Z}}$构成 $L^2(\mathbf{R})$的标准正交基。因此，对任何 $f(t)\in L^2(\mathbf{R})$，有

$$f(t)=\sum_{j,k}d_{j,k}\psi_{j,k}(t) \tag{4-103}$$

其中，$d_{j,k}=\langle f(t),\psi_{j,k}(t)\rangle_{j,k\in\mathbf{Z}}$是 $f(t)$的离散小波变换，且是正交小波变换，式(4-103)是 $f(t)$的重构公式，也称为 $f(t)$的正交小波分解。

分析式(4-103)：

由多分辨分析性质(2)$(f(t)\in V_j\Leftrightarrow f(2t)\in V_{j-1})$可知：$V_j$ 的频率范围是 V_{j-1}的一半，且是 V_{j-1}中的低频表现部分，而 $V_{j-1}=V_j+W_j$。所以，W_j 的频率表现在 V_j 与 V_{j-1}之间的部分，而且 W_j 的频带互不重叠。因此，通常认为 V_j 表现了 V_{j-1}的"概貌"，W_j 表现了 V_{j-1}的不同频带中的"细节"。记 $d_{j,k}\psi_{j,k}(t)=w_j(t)$，则 $w_j(t)\in W_j$，式(4-103)可写成

$$f(t)=\sum_j w_j(t) \tag{4-104}$$

式(4-104)说明任何一个函数 $f(t)\in L^2(\mathbf{R})$都可以分解成不同频带的细节之和。

实际情况中，函数 $f(t)\in L^2(\mathbf{R})$仅有有限的细节。由式(4-99)得 $V_0=V_s+W_s+W_{s-1}+\cdots+W_1$；设一个函数 $f(t)\in V_0$，则 $f(t)$可分解为 $f(t)=f_s(t)+w_s(t)+w_{s-1}(t)+\cdots+w_1(t)$，即

$$f(t)=\sum_{k\in\mathbf{Z}}c_{s,k}\varphi_{s,k}(t)+\sum_{j=1}^{s}\sum_{k\in\mathbf{Z}}d_{j,k}\psi_{j,k}(t) \tag{4-105}$$

其中，$c_{s,k}=\langle f(t),\varphi_{s,k}(t)\rangle,k\in\mathbf{Z},d_{j,k}=\langle f(t),\psi_{j,k}(t)\rangle,k\in\mathbf{Z}$。

式(4-105)的第一项

$$f_s(t)=\sum_{k\in\mathbf{Z}}c_{s,k}\varphi_{s,k}(t) \tag{4-106}$$

为 $f(t)$的不同尺度 $s(s\geqslant 1)$下的逼近式，是 $f(t)$中频率不超过 2^{-s}的成分。

式(4-105)第二项中的

$$w_j=\sum_{k\in\mathbf{Z}}d_{j,k}\psi_{j,k}(t),\quad j=1,\cdots,s \tag{4-107}$$

为 $f(t)$的不同尺度 j 下的细节，是 $f(t)$中频率 2^{-j}到 2^{-j+1}之间的细节成分。

4. Mallat 算法

根据以上分析，当尺度函数 $\varphi(t)$、小波函数 $\psi(t)$确定后，通过计算$\{c_{s,k}\}_{k\in\mathbf{Z}}$、$\{d_{j,k}\}_{k\in\mathbf{Z}}$，即可得到函数 $f(t)\in L^2(\mathbf{R})$的逼近和细节。

1）正交小波分解算法

$$\begin{aligned}
c_{j+1,k}&=\langle f(t),\varphi_{j+1,k}(t)\rangle=\int_{\mathbf{R}}f(t)\varphi_{j+1,k}^*(t)\mathrm{d}t=\int_{\mathbf{R}}f(t)\{2^{-(j+1)/2}\varphi^*(2^{-(j+1)}t-k)\}\mathrm{d}t\\
&=\int_{\mathbf{R}}f(t)2^{-(j+1)/2}\sum_{n\in\mathbf{Z}}h_n^*\sqrt{2}\varphi^*[2(2^{-(j+1)}t-k)-n]\mathrm{d}t\\
&=\int_{\mathbf{R}}f(t)2^{-j/2}\sum_{n\in\mathbf{Z}}h_n^*\varphi^*[2^{-j}t-(2k+n)]\mathrm{d}t\\
&=\sum_{m\in\mathbf{Z}}h_{m-2k}^*\int_{\mathbf{R}}f(t)2^{-j/2}\varphi^*(2^{-j}t-m)\mathrm{d}t\\
&=\sum_{m\in\mathbf{Z}}h_{m-2k}^*\int_{\mathbf{R}}f(t)\varphi_{j,m}^*(t)\mathrm{d}t\\
&=\sum_{m\in\mathbf{Z}}h_{m-2k}^*\langle f(t),\varphi_{j,m}(t)\rangle\\
&=\sum_{m\in\mathbf{Z}}h_{m-2k}^*c_{j,m}
\end{aligned}$$

同理，得

$$\begin{aligned}
d_{j+1,k}&=\langle f(t),\psi_{j+1,k}(t)\rangle=\int_{\mathbf{R}}f(t)\psi_{j+1,k}^*(t)\mathrm{d}t=\int_{\mathbf{R}}f(t)\{2^{-(j+1)/2}\psi^*(2^{-(j+1)}t-k)\}\mathrm{d}t\\
&=\int_{\mathbf{R}}f(t)2^{-(j+1)/2}\sum_{n\in\mathbf{Z}}g_n^*\sqrt{2}\varphi^*[2(2^{-(j+1)}t-k)-n]\mathrm{d}t\\
&=\int_{\mathbf{R}}f(t)2^{-j/2}\sum_{n\in\mathbf{Z}}g_n^*\varphi^*[2^{-j}t-(2k+n)]\mathrm{d}t\\
&=\sum_{m\in\mathbf{Z}}g_{m-2k}^*\int_{\mathbf{R}}f(t)2^{-j/2}\varphi^*(2^{-j}t-m)\mathrm{d}t\\
&=\sum_{m\in\mathbf{Z}}g_{m-2k}^*\int_{\mathbf{R}}f(t)\varphi_{j,m}^*(t)\mathrm{d}t\\
&=\sum_{m\in\mathbf{Z}}g_{m-2k}^*\langle f(t),\varphi_{j,m}(t)\rangle\\
&=\sum_{m\in\mathbf{Z}}g_{m-2k}^*c_{j,m}
\end{aligned}$$

因此，正交小波分解的 Mallat 快速算法为

$$\begin{cases}
c_{j+1,k}=\sum\limits_{n\in\mathbf{Z}}h_{n-2k}^*c_{j,n}\\
d_{j+1,k}=\sum\limits_{n\in\mathbf{Z}}g_{n-2k}^*c_{j,n}
\end{cases},\quad k\in\mathbf{Z} \tag{4-108}$$

从式(4-108)可以看出，只要知道双尺度方程中的传递系数$\{h_k\}_{k\in\mathbf{Z}}$($g_k=(-1)^kh_{1-k}^*$)，就可计算出一系列正交小波分解系数，过程如图 4-18 所示。

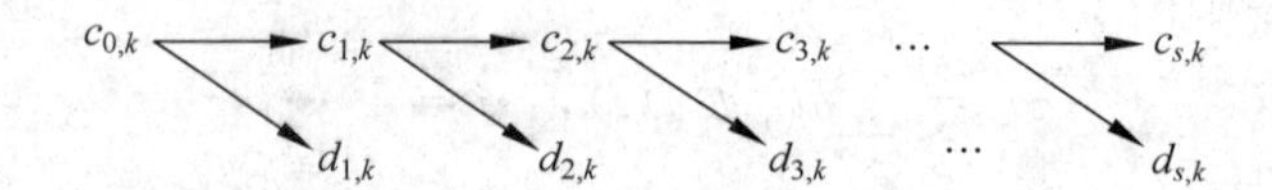

图 4-18 正交小波分解算法示意图

2）初始值 $c_{0,k}$

根据定义，$c_{0,k}=\langle f(t),\varphi_{0,k}(t)\rangle=\int_{\mathbf{R}} f(t)\varphi^*(t-k)\mathrm{d}t$，对于离散序列而言，$f(t)\rightarrow f_n=f(n\Delta t)$，因此

$$c_{0,k}\approx\sum_n f_n\varphi(n-k) \tag{4-109}$$

根据信号处理理论，利用序列$\{h_k\}_{k\in\mathbf{Z}}$对一个离散信号$\{x_n\}_{n\in\mathbf{Z}}\in l^2(\mathbf{Z})$进行滤波，则

$$y_k=h_k*x_k=\sum_{n\in\mathbf{Z}}h_{k-n}x_n \tag{4-110}$$

比较式(4-108)和式(4-110)发现，式(4-110)卷积式中 k 对所有的 n 值做卷积运算，而式(4-108)卷积式中是 $2k$ 对所有的 n 值做卷积运算，缺少了奇数($2k+1$)的部分，即卷积运算或滤波处理之后所得的序列抽去了 k 的奇数部分，只剩下偶数部分，这一过程称为再抽样(Downsampling)，抽样率为 2。所以，分辨率 j 的近似分量 $c_{j,k}$ 分解为分辨率为 $j+1$ 的近似分量 $c_{j+1,k}$ 和细节分量 $d_{j+1,k}$ 的分解方法可以用如图 4-19 所示的滤波过程来表示。

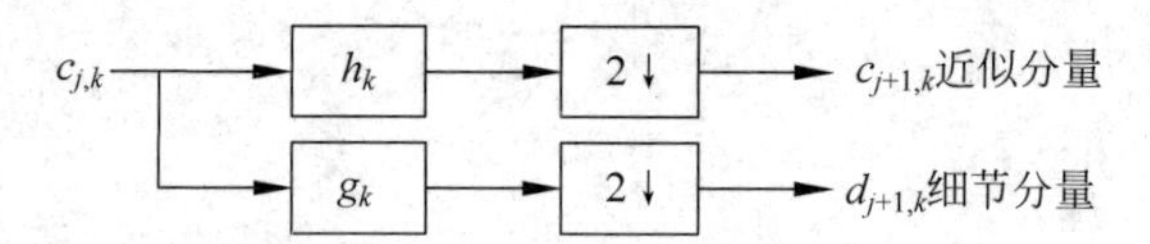

图 4-19 近似分量 $c_{j,k}$ 分解为 $c_{j+1,k}$ 和 $d_{j+1,k}$($2\downarrow$ 代表再抽样，抽样率为 2)

3）正交小波重构算法

所谓重构算法，即已知近似序列$\{c_{j+1,k}\}_{k\in\mathbf{Z}}$和细节序列$\{d_{j+1,k}\}_{k\in\mathbf{Z}}$求出序列$\{c_{j,k}\}_{k\in\mathbf{Z}}$。

由正交小波分解式可知

$$f_j(t)=\sum_{k\in\mathbf{Z}}\langle f(t),\varphi_{j,k}(t)\rangle\varphi_{j,k}(t)=\sum_{k\in\mathbf{Z}}c_{j,k}\varphi_{j,k}(t) \tag{4-111}$$

由于 $V_j=V_{j+1}+W_{j+1}$，所以，$f_j(t)=f_{j+1}(t)+w_{j+1}(t)$，而

$$f_{j+1}(t)=\sum_{k\in\mathbf{Z}}\langle f(t),\varphi_{j+1,k}(t)\rangle\varphi_{j+1,k}(t)=\sum_{k\in\mathbf{Z}}c_{j+1,k}\varphi_{j+1,k}(t)$$

$$w_{j+1}(t)=\sum_{k\in\mathbf{Z}}\langle f(t),\psi_{j+1,k}(t)\rangle\psi_{j+1,k}(t)=\sum_{k\in\mathbf{Z}}d_{j+1,k}\psi_{j+1,k}(t)$$

$$\begin{aligned}f_{j+1}(t)+w_{j+1}(t)&=\sum_{k\in\mathbf{Z}}c_{j+1,k}\varphi_{j+1,k}(t)+\sum_{k\in\mathbf{Z}}d_{j+1,k}\psi_{j+1,k}(t)\\&=\sum_{k\in\mathbf{Z}}c_{j+1,k}2^{-(j+1)/2}\varphi(2^{-(j+1)}t-k)+\sum_{k\in\mathbf{Z}}d_{j+1,k}2^{-(j+1)/2}\psi(2^{-(j+1)}t-k)\\&=\sum_{k\in\mathbf{Z}}c_{j+1,k}2^{-(j+1)/2}\sum_{n\in\mathbf{Z}}h_n\sqrt{2}\varphi[2(2^{-(j+1)}t-k)-n]+\\&\quad\sum_{k\in\mathbf{Z}}d_{j+1,k}2^{-(j+1)/2}\sum_{n\in\mathbf{Z}}g_n\sqrt{2}\varphi[2(2^{-(j+1)}t-k)-n]\end{aligned}$$

$$=\sum_{k\in\mathbf{Z}}c_{j+1,k}2^{-j/2}\sum_{n\in\mathbf{Z}}h_n\varphi[2^{-j}t-(2k+n)]+$$
$$\sum_{k\in\mathbf{Z}}d_{j+1,k}2^{-j/2}\sum_{n\in\mathbf{Z}}g_n\varphi[2^{-j}t-(2k+n)]$$
$$=\sum_{k\in\mathbf{Z}}c_{j+1,k}2^{-j/2}\sum_{m\in\mathbf{Z}}h_{m-2k}\varphi[2^{-j}t-m]+\sum_{k\in\mathbf{Z}}d_{j+1,k}2^{-j/2}\sum_{m\in\mathbf{Z}}g_{m-2k}\varphi[2^{-j}t-m]$$
$$=\sum_{k\in\mathbf{Z}}c_{j+1,k}\sum_{m\in\mathbf{Z}}h_{m-2k}\varphi_{j,m}(t)+\sum_{k\in\mathbf{Z}}d_{j+1,k}\sum_{m\in\mathbf{Z}}g_{m-2k}\varphi_{j,m}(t)$$
$$=\sum_{m\in\mathbf{Z}}\left(\sum_{k\in\mathbf{Z}}c_{j+1,k}h_{m-2k}+\sum_{k\in\mathbf{Z}}d_{j+1,k}g_{m-2k}\right)\varphi_{j,m}(t) \tag{4-112}$$

由式(4-111)和式(4-112)可得 Mallat 小波重构算法为

$$c_{j,k}=\sum_{k\in\mathbf{Z}}c_{j+1,k}h_{n-2k}+\sum_{k\in\mathbf{Z}}d_{j+1,k}g_{n-2k} \tag{4-113}$$

其重构过程如图 4-20 所示。

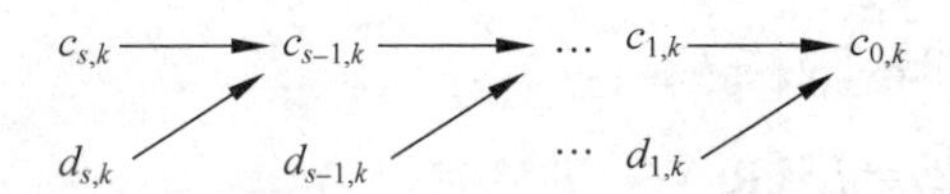

图 4-20　小波重构算法示意图

比较式(4-113)和式(4-110)发现，式(4-110)卷积式中 k 对所有的 n 值做卷积运算，而式(4-113)卷积式中是 n 对 k 的偶数序列 $2k$ 做卷积运算，造成 $c_{j+1,k}$、$d_{j+1,k}$ 的取值个数比 h_{n-2k}、g_{n-2k} 的取值个数多出一倍，所以只能将$(2k+1)$对应的 $c_{j+1,k}$、$d_{j+1,k}$ 当作零值来处理，即在两个数值之间插入一个零，这一过程称为插值抽样(Upsampling)，抽样率为 2。所以，分辨率 $j+1$ 的近似分量 $c_{j+1,k}$ 和细节分量 $d_{j+1,k}$ 重构分辨率 j 级近似分量 $c_{j,k}$ 的重构方法可以用图 4-21 所示的滤波过程来表示。

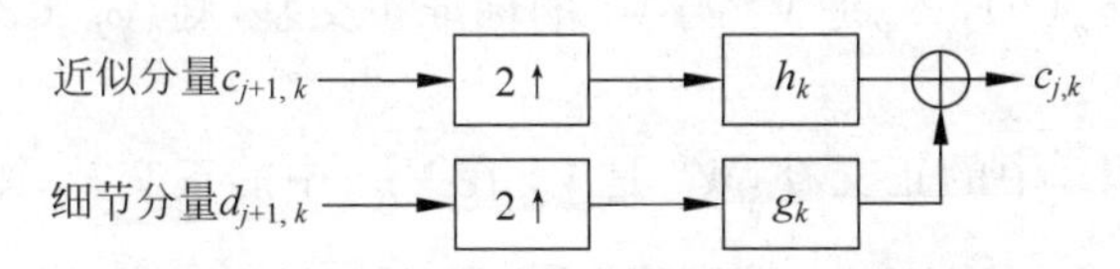

图 4-21　$c_{j+1,k}$ 和 $d_{j+1,k}$ 重构 $c_{j,k}$(2↑代表插值抽样，抽样率为 2)

在前面几节，对小波变换的基本原理进行了简要的介绍和分析，小波变换还有很多别的很有用的理论和特点，如小波包、多带小波、多小波等，因篇幅关系，不再深入分析，有兴趣的同学可以查阅相关参考文献。下面学习二维小波变换及其在图像处理中的应用。

4.5.6　二维小波变换

图像为二维信号，用二元函数 $f(x,y)\in L^2(\mathbf{R}^2)$ 表示，可以对其进行二维小波变换和多分辨分析。

1. 二维小波变换

定义：设 $f(x,y)\in L^2(\mathbf{R}^2)$，$\psi(x,y)$满足允许条件

$$\int_{\mathbf{R}}\int_{\mathbf{R}}\psi(x,y)\mathrm{d}x\mathrm{d}y=0 \tag{4-114}$$

则称积分

$$W_f(a,b_1,b_2)=\int_{\mathbf{R}}\int_{\mathbf{R}} f(x,y)\,\frac{1}{a}\psi^*\left(\frac{x-b_1}{a},\frac{y-b_2}{a}\right)\mathrm{d}x\mathrm{d}y \tag{4-115}$$

为 $f(x,y)$ 的二维连续小波变换，其逆变换为

$$f(x,y)=\frac{1}{C_\psi}\int_0^{+\infty}\frac{\mathrm{d}a}{a^3}\iint_{R^2}W_f(a,b_1,b_2)\psi\left(\frac{x-b_1}{a},\frac{y-b_2}{a}\right)\mathrm{d}b_1\mathrm{d}b_2 \tag{4-116}$$

将式(4-115)中的参数 a、b 进行离散化，有 $a=2^j$，$b_1=al$，$b_2=am$，可得到离散型小波变换为

$$W_f(j,l,m)=2^{-j}\iint_{\mathbf{R}^2}f(x,y)\psi^*(2^{-j}x-l,2^{-j}y-m)\mathrm{d}x\mathrm{d}y \tag{4-117}$$

2. 二维多分辨分析

定义：当二维 $L^2(\mathbf{R}^2)$ 空间的闭子空间列 $\{\widetilde{V}_j\}_{j\in\mathbf{Z}}$ 及一个函数 $\varphi(x,y)$ 满足

(1) $\widetilde{V}_j\subseteq\widetilde{V}_{j-1}$，$j\in\mathbf{Z}$；

(2) $f(x,y)\in\widetilde{V}_j\Leftrightarrow f(2x,2y)\in\widetilde{V}_{j-1}$；

(3) $\bigcap\limits_{j\in\mathbf{Z}}\widetilde{V}_j=\{0\}$，$\bigcup\limits_{j\in\mathbf{Z}}\widetilde{V}_j=L^2(\mathbf{R}^2)$；

(4) 存在函数 $\varphi(x,y)\in V_0$，使得 $\{\varphi(x-l,y-m)\}_{l,m\in\mathbf{Z}}$ 是 V_0 的 Riesz 基。

则称其为一个二维正交多分辨分析。

分析：

设 $(\{V_j^1\}_{j\in\mathbf{Z}},\varphi^1(t))$、$(\{V_j^2\}_{j\in\mathbf{Z}},\varphi^2(t))$ 是 $L^2(\mathbf{R})$ 的两个多分辨分析，$\psi^1(t)$、$\psi^2(t)$ 分别是相应的正交小波函数。$\widetilde{V}_j$ 是 V_j^1 与 V_j^2 的张量积空间，有

$$\widetilde{V}_j=V_j^1\otimes V_j^2=\{f^1(x)f^2(y)\mid f^1(x)\in V_j^1,f^2(y)\in V_j^2\} \tag{4-118}$$

式中，$\{\varphi_{j,l}^1(x)\}_{l\in\mathbf{Z}}$、$\{\varphi_{j,m}^2(y)\}_{m\in\mathbf{Z}}$ 是 V_j^1 与 V_j^2 的标准正交基，则 $\{\varphi_{j,l}^1(x)\varphi_{j,m}^2(y)\}_{l,m\in\mathbf{Z}}$ 是 $\widetilde{V}_j$ 的标准正交基。

设 W_j^1 是 V_j^1 在 V_{j-1}^1 中的正交补，W_j^2 是 V_j^2 在 V_{j-1}^2 中的正交补，则

$$\begin{aligned}\widetilde{V}_{j-1}&=V_{j-1}^1\otimes V_{j-1}^2=(V_j^1\oplus W_j^1)\otimes(V_j^2\oplus W_j^2)\\&=(V_j^1\otimes V_j^2)\oplus(V_j^1\otimes W_j^2)\oplus(W_j^1\otimes V_j^2)\oplus(W_j^1\otimes W_j^2)\\&=\widetilde{V}_j\oplus\widetilde{W}_j^1\oplus\widetilde{W}_j^2\oplus\widetilde{W}_j^3\end{aligned} \tag{4-119}$$

其中，$\widetilde{W}_j^1$、$\widetilde{W}_j^2$、$\widetilde{W}_j^3$ 被称为二维小波空间。它们的标准正交基依次为 $\{\varphi_{j,l}^1(x)\psi_{j,m}^2(y)\}_{l,m\in\mathbf{Z}}$、$\{\psi_{j,l}^1(x)\varphi_{j,m}^2(y)\}_{l,m\in\mathbf{Z}}$ 和 $\{\psi_{j,l}^1(x)\psi_{j,m}^2(y)\}_{l,m\in\mathbf{Z}}$，记为

$$\begin{aligned}\psi^1(x,y)&=\varphi^1(x)\psi^2(y)\\\psi^2(x,y)&=\psi^1(x)\varphi^2(y)\\\psi^3(x,y)&=\psi^1(x)\psi^2(y)\\\varphi(x,y)&=\varphi^1(x)\varphi^2(y)\end{aligned} \tag{4-120}$$

则 $\varphi(x,y)$、$\psi^1(x,y)$、$\psi^2(x,y)$、$\psi^3(x,y)$ 的伸缩平移系分别构成 $\widetilde{V}_j$、$\widetilde{W}_j^1$、$\widetilde{W}_j^2$、$\widetilde{W}_j^3$ 的标准正交基。

由式(4-119)可知

$$L^2(\mathbf{R}^2) = \sum_{j=-\infty}^{+\infty} \widetilde{W}_j \tag{4-121}$$

式中，$\widetilde{W}_j = \widetilde{W}_j^1 \oplus \widetilde{W}_j^2 \oplus \widetilde{W}_j^3$。对于任何 $f(x,y) \in L^2(\mathbf{R}^2)$，有

$$f(x,y) = \sum_{j=-\infty}^{+\infty} w_j(x,y) \tag{4-122}$$

式中，$w_j(x,y) \in \widetilde{W}_j$。

因此，二维小波变换的重构公式为

$$f(x,y) = \sum_{j=-\infty}^{+\infty} \sum_{l,m} [\alpha_{l,m}^j \varphi_{j,l}^1(x) \psi_{j,m}^2(y) + \beta_{l,m}^j \psi_{j,l}^1(x) \varphi_{j,m}^2(y) + \gamma_{l,m}^j \psi_{j,l}^1(x) \psi_{j,m}^2(y)] \tag{4-123}$$

式中，$\alpha_{l,m}^j$、$\beta_{l,m}^j$、$\gamma_{l,m}^j$ 是 $f(x,y)$ 的二维离散小波变换，$\alpha_{l,m}^j = \iint_{\mathbf{R}^2} f(x,y) \varphi_{j,l}^{1^*}(x) \psi_{j,m}^{2^*}(y) \mathrm{d}x\mathrm{d}y$，$\beta_{l,m}^j = \iint_{\mathbf{R}^2} f(x,y) \psi_{j,l}^{1^*}(x) \varphi_{j,m}^{2^*}(y) \mathrm{d}x\mathrm{d}y$，$\gamma_{l,m}^j = \iint_{\mathbf{R}^2} f(x,y) \psi_{j,l}^{1^*}(x) \psi_{j,m}^{2^*}(y) \mathrm{d}x\mathrm{d}y$。

实际问题中，二元函数 $f(x,y)$ 只有有限分辨率，设 $f(x,y) \in \widetilde{V}_0$，因此

$$f(x,y) = f_s(x,y) + w_s(x,y) + w_{s-1}(x,y) + \cdots + w_1(x,y) \tag{4-124}$$

$$f(x,y) = \sum_{l,m} [\lambda_{l,m}^s \varphi_{s,l}^1(x) \varphi_{s,m}^2(y)] + \sum_{j=1}^{s} \sum_{l,m} [\alpha_{l,m}^j \varphi_{j,l}^1(x) \psi_{j,m}^2(y) + \beta_{l,m}^j \psi_{j,l}^1(x) \varphi_{j,m}^2(y) + \gamma_{l,m}^j \psi_{j,l}^1(x) \psi_{j,m}^2(y)] \tag{4-125}$$

式中，$\lambda_{l,m}^s = \iint_{\mathbf{R}^2} f(x,y) \varphi_{s,l}^{1^*}(x) \varphi_{s,m}^{2^*}(y) \mathrm{d}x\mathrm{d}y$。

式(4-125)中第一项 $f_s(x,y)$ 是 $f(x,y)$ 在尺度 s 下的逼近；后三项称为 $f(x,y)$ 在不同尺度 j 下的细节。

3. 二维正交小波变换的 Mallat 算法

由于 $\varphi^1(x)$、$\varphi^2(y)$、$\psi^1(x)$、$\psi^2(y)$ 满足双尺度方程

$$\begin{cases} \varphi^1(x) = \sqrt{2} \sum_l h_l^1 \varphi^1(2x-l) \\ \psi^1(x) = \sqrt{2} \sum_l g_l^1 \varphi^1(2x-l) \end{cases} \quad \begin{cases} \varphi^2(y) = \sqrt{2} \sum_m h_m^2 \varphi^2(2y-m) \\ \psi^2(y) = \sqrt{2} \sum_m g_m^2 \varphi^2(2y-m) \end{cases} \tag{4-126}$$

将式(4-126)代入式(4-120)，得

$$\varphi(x,y) = \varphi^1(x)\varphi^2(y) = 2\sum_{l,m} h_l^1 h_m^2 \varphi^1(2x-l)\varphi^2(2y-m) = 2\sum_{l,m} h_l^1 h_m^2 \varphi(2x-l, 2y-m) \tag{4-127}$$

$$\psi^1(x,y) = \varphi^1(x)\psi^2(y) = 2\sum_{l,m} h_l^1 g_m^2 \varphi^1(2x-l)\varphi^2(2y-m) = 2\sum_{l,m} h_l^1 g_m^2 \varphi(2x-l, 2y-m) \tag{4-128}$$

$$\psi^2(x,y) = \psi^1(x)\varphi^2(y) = 2\sum_{l,m} g_l^1 h_m^2 \varphi^1(2x-l)\varphi^2(2y-m) = 2\sum_{l,m} g_l^1 h_m^2 \varphi(2x-l, 2y-m) \tag{4-129}$$

$$\psi^3(x,y)=\psi^1(x)\psi^2(y)=2\sum_{l,m}g_l^1g_m^2\varphi^1(2x-l)\varphi^2(2y-m)=2\sum_{l,m}g_l^1g_m^2\varphi(2x-l,2y-m) \tag{4-130}$$

则

$$\begin{aligned}
\lambda_{l,m}^{j+1}&=\iint_{\mathbf{R}^2}f(x,y)\varphi_{j+1,l}^{1^*}(x)\varphi_{j+1,m}^{2^*}(y)\mathrm{d}x\mathrm{d}y\\
&=\iint_{\mathbf{R}^2}f(x,y)\{2^{-(j+1)/2}\varphi^{1^*}[2^{-(j+1)}x-l]\}\{2^{-(j+1)/2}\varphi^{2^*}[2^{-(j+1)}y-m]\}\mathrm{d}x\mathrm{d}y\\
&=\iint_{\mathbf{R}^2}f(x,y)\left\{2^{-j/2}\sum_n h_n^{1^*}\varphi^{1^*}[2(2^{-(j+1)}x-l)-n]\right\}\\
&\quad\times x\left\{2^{-j/2}\sum_k h_k^{2^*}\varphi^{2^*}[2(2^{-(j+1)}y-m)-k]\right\}\mathrm{d}x\mathrm{d}y\\
&=\iint_{\mathbf{R}^2}f(x,y)\left\{2^{-j/2}\sum_p h_{p-2l}^{1^*}\varphi^{1^*}(2^{-j}x-p)\right\}\left\{2^{-j/2}\sum_q h_{q-2m}^{2^*}\varphi^{2^*}(2^{-j}y-q)\right\}\mathrm{d}x\mathrm{d}y\\
&=\sum_{p,q}h_{p-2l}^{1^*}h_{q-2m}^{2^*}\iint_{\mathbf{R}^2}f(x,y)\varphi_{j,p}^{1^*}(x)\varphi_{j,q}^{2^*}(y)\mathrm{d}x\mathrm{d}y\\
&=\sum_{p,q}h_{p-2l}^{1^*}h_{q-2m}^{2^*}\lambda_{p,q}^j
\end{aligned}\tag{4-131}$$

同理，得

$$\begin{cases}
\alpha_{l,m}^{j+1}=\sum\limits_{p,q}h_{p-2l}^{1^*}g_{q-2m}^{2^*}\lambda_{p,q}^j\\
\beta_{l,m}^{j+1}=\sum\limits_{p,q}g_{p-2l}^{1^*}h_{q-2m}^{2^*}\lambda_{p,q}^j\\
\gamma_{l,m}^{j+1}=\sum\limits_{p,q}g_{p-2l}^{1^*}g_{q-2m}^{2^*}\lambda_{p,q}^j
\end{cases}\tag{4-132}$$

由式(4-131)和式(4-132)可以看出，分辨率 j 的近似分量 $\lambda_{p,q}^j$ 分解为分辨率为 $j+1$ 的近似分量 $\lambda_{l,m}^{j+1}$ 和细节分量 $\alpha_{l,m}^{j+1}$、$\beta_{l,m}^{j+1}$、$\gamma_{l,m}^{j+1}$ 的分解方法可以用图 4-22 所示的滤波过程来表示。首先对水平方向进行滤波，然后再对垂直方向进行滤波，得到四个不同的频带。若对近似分量 $\lambda_{l,m}^{j+1}$ 继续进行这样的滤波过程，即得图 4-23 所示塔形分解。

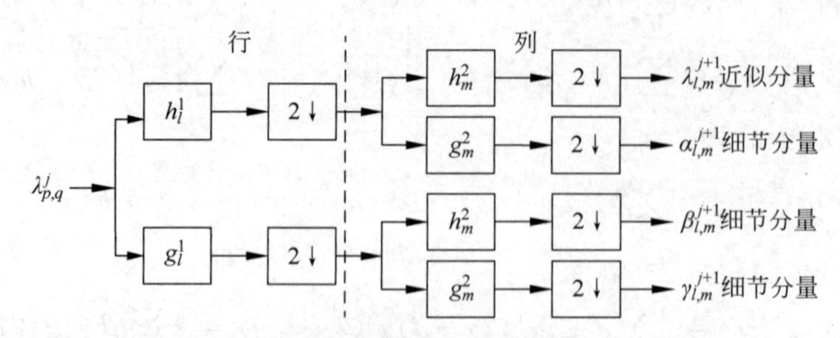

图 4-22　二维小波变换近似分量 $\lambda_{p,q}^j$ 分解为 $\lambda_{l,m}^{j+1}$ 和 $\alpha_{l,m}^{j+1}$、$\beta_{l,m}^{j+1}$、$\gamma_{l,m}^{j+1}$

若对一幅二维图像进行三层分解得到如图 4-23 中的结果，其中 L 代表低频分量，H 代表高频分量；LH 代表垂直方向上的高频信息；HL 频带存放的是图像水平方向的高频信息；HH 频带存放图像在对角线方向的高频信息。

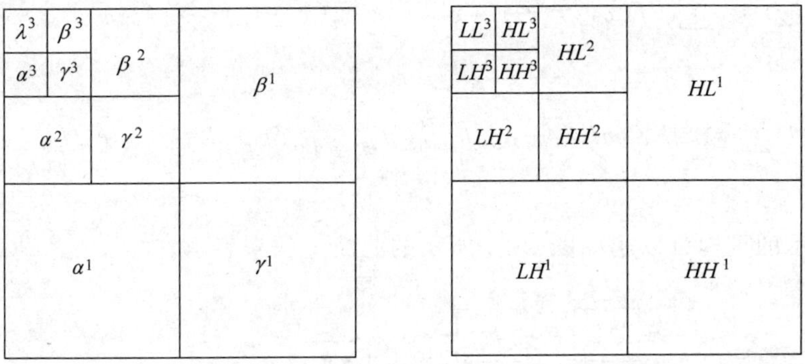

图 4-23　二维图像三层小波分解示意图

下面来分析二维小波重构算法：

因$\widetilde{V}_j=\widetilde{V}_{j+1}\oplus\widetilde{W}^1_{j+1}\oplus\widetilde{W}^2_{j+1}\oplus\widetilde{W}^3_{j+1}$，所以

$$f_j(x,y)=f_{j+1}(x,y)+w^1_{j+1}(x,y)+w^2_{j+1}(x,y)+w^3_{j+1}(x,y)$$

而

$$\begin{aligned}
f_{j+1}(x,y)&=\sum_{l,m\in\mathbf{Z}}\langle f(x,y),\varphi_{j+1,l,m}(x,y)\rangle\varphi_{j+1,l,m}(x,y)=\sum_{l,m\in\mathbf{Z}}\lambda^{j+1}_{l,m}\varphi^1_{j+1,l}(x)\varphi^2_{j+1,m}(y)\\
&=\sum_{l,m\in\mathbf{Z}}\lambda^{j+1}_{l,m}[2^{-(j+1)/2}\varphi^1(2^{-(j+1)}x-l)][2^{-(j+1)/2}\varphi^2(2^{-(j+1)}y-m)]\\
&=\sum_{l,m\in\mathbf{Z}}\lambda^{j+1}_{l,m}\Big[2^{-j/2}\sum_{n\in\mathbf{Z}}h^1_n\varphi^1[2(2^{-(j+1)}x-l)-n]\Big]\Big[2^{-j/2}\sum_{n\in\mathbf{Z}}h^2_n\varphi^2[2(2^{-(j+1)}y-m)-n]\Big]\\
&=\sum_{l,m\in\mathbf{Z}}\lambda^{j+1}_{l,m}\Big[2^{-j/2}\sum_{p\in\mathbf{Z}}h^1_{p-2l}\varphi^1[2^{-j}x-p]\Big]\Big[2^{-j/2}\sum_{q\in\mathbf{Z}}h^2_{q-2m}\varphi^2[2^{-j}y-q]\Big]\\
&=\sum_{l,m\in\mathbf{Z}}\lambda^{j+1}_{l,m}\sum_{p,q\in\mathbf{Z}}h^1_{p-2l}h^2_{q-2m}\varphi^1_{j,p}(x)\varphi^2_{j,q}(y)
\end{aligned}\tag{4-133}$$

同理，得

$$\begin{aligned}
w^1_{j+1}(x,y)&=\sum_{l,m\in\mathbf{Z}}\langle f(x,y),\psi^1_{j+1,l,m}(x,y)\rangle\psi^1_{j+1,l,m}(x,y)=\sum_{l,m\in\mathbf{Z}}\alpha^{j+1}_{l,m}\varphi^1_{j+1,l}(x)\psi^2_{j+1,m}(y)\\
&=\sum_{l,m\in\mathbf{Z}}\alpha^{j+1}_{l,m}\sum_{p,q\in\mathbf{Z}}h^1_{p-2l}g^2_{q-2m}\varphi^1_{j,p}(x)\varphi^2_{j,q}(y)
\end{aligned}\tag{4-134}$$

$$\begin{aligned}
w^2_{j+1}(x,y)&=\sum_{l,m\in\mathbf{Z}}\langle f(x,y),\psi^2_{j+1,l,m}(x,y)\rangle\psi^2_{j+1,l,m}(x,y)=\sum_{l,m\in\mathbf{Z}}\beta^{j+1}_{l,m}\psi^1_{j+1,l}(x)\varphi^2_{j+1,m}(y)\\
&=\sum_{l,m\in\mathbf{Z}}\beta^{j+1}_{l,m}\sum_{p,q\in\mathbf{Z}}g^1_{p-2l}h^2_{q-2m}\varphi^1_{j,p}(x)\varphi^2_{j,q}(y)
\end{aligned}\tag{4-135}$$

$$\begin{aligned}
w^3_{j+1}(x,y)&=\sum_{l,m\in\mathbf{Z}}\langle f(x,y),\psi^3_{j+1,l,m}(x,y)\rangle\psi^3_{j+1,l,m}(x,y)=\sum_{l,m\in\mathbf{Z}}\gamma^{j+1}_{l,m}\psi^1_{j+1,l}(x)\psi^2_{j+1,m}(y)\\
&=\sum_{l,m\in\mathbf{Z}}\gamma^{j+1}_{l,m}\sum_{p,q\in\mathbf{Z}}g^1_{p-2l}g^2_{q-2m}\varphi^1_{j,p}(x)\varphi^2_{j,q}(y)
\end{aligned}\tag{4-136}$$

所以

$$\begin{aligned}
&f_{j+1}(x,y)+w^1_{j+1}(x,y)+w^2_{j+1}(x,y)+w^3_{j+1}(x,y)\\
&=\sum_{p,q\in\mathbf{Z}}\left\{\sum_{l,m\in\mathbf{Z}}[\lambda^{j+1}_{l,m}h^1_{p-2l}h^2_{q-2m}+\alpha^{j+1}_{l,m}h^1_{p-2l}g^2_{q-2m}+\beta^{j+1}_{l,m}g^1_{p-2l}h^2_{q-2m}+\gamma^{j+1}_{l,m}g^1_{p-2l}g^2_{q-2m}]\right\}\varphi^1_{j,p}(x)\varphi^2_{j,q}(y)
\end{aligned}$$

而

$$f_j(x,y)=\sum_{p,q\in \mathbf{Z}}\langle f(x,y),\varphi_{j,p,q}(x,y)\rangle \varphi_{j,p,q}(x,y)=\sum_{p,q\in \mathbf{Z}}\lambda_{p,q}^{j}\varphi_{j,p}^{1}(x)\varphi_{j,q}^{2}(y)$$

因此

$$\lambda_{p,q}^{j}=\left\{\sum_{l,m\in \mathbf{Z}}\left[\lambda_{l,m}^{j+1}h_{p-2l}^{1}h_{q-2m}^{2}+\alpha_{l,m}^{j+1}h_{p-2l}^{1}g_{q-2m}^{2}+\beta_{l,m}^{j+1}g_{p-2l}^{1}h_{q-2m}^{2}+\gamma_{l,m}^{j+1}g_{p-2l}^{1}g_{q-2m}^{2}\right]\right\} \tag{4-137}$$

式(4-137)所示的重构可以用如图 4-24 所示的滤波过程来表示。

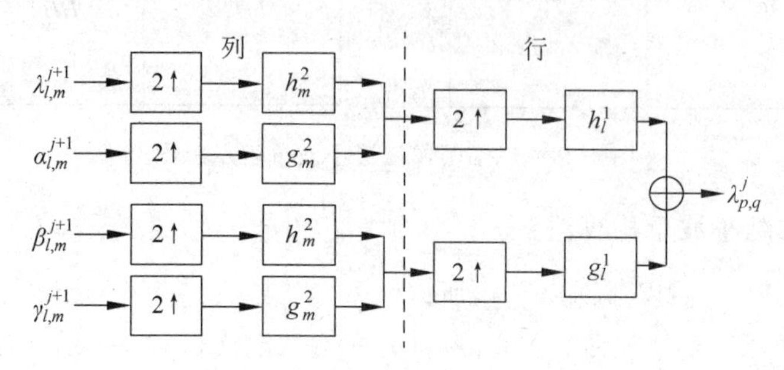

图 4-24 二维多分辨分析的重构

经过以上分析讨论，已经理解了二维小波变换的含义。图 4-25 是利用 MATLAB 小波工具箱对 lotus 图像的小波分解与重构，所用小波为 Daubechies 小波（$N=4$）。

(a) 原图　(b) 一级小波分解子带图　(c) 二级小波分解子带图

(d) 三级小波分解子带图　(e) 三级分解重构图

图 4-25 lotus 图像的小波分解与重构

【例 4.16】 利用 MATLAB 提供的二维离散小波函数实现对 cameraman 图像的一级、二级分解及重构。

解：部分常用二维离散小波函数如下。

(1) dwt2：实现一级二维离散小波变换。

[CA,CH,CV,CD]=dwt2(X,'wname')或[CA,CH,CV,CD]=dwt2(X, Lo_D, Hi_D)

X：被分解的二维离散信号，'wname'为分解所用的小波函数，Lo_D、Hi_D为分解滤波器，返回值分别为近似矩阵CA和三个细节矩阵CH、CV和CD。

(2) idwt2：一级二维离散小波逆变换。

X=idwt2(CA,CH,CV,CD,'wname')或X=idwt2(CA,CH,CV,CD, Lo_D, Hi_D)(其余带参数形式略)

(3) wavedec2：多级二维小波分解。

[C,S]=wavedec2(X,N,'wname')或[C,S]=wavedec2(X,N,Lo_D,Hi_D)

N为分解的级数。

C=[A(N)|H(N)|V(N)|D(N)|H(N-1)|V(N-1)|D(N-1)|...　|H(1)|V(1)|D(1)]，A、H、V、D分别为低频、水平高频、垂直高频、对角高频系数。

S(1,:)是级数N的低频系数长度；S(i,:)级数N-i+2的高频系数长度，i=2,…,N+1；S(N+2,:)=size(X)。

(4) waverec2：多级二维小波重构。

X=waverec2(C,S,'wname')或X=waverec2(C,S,Lo_R,Hi_R)

(5) appcoef2：提取二维小波分解的低频系数。

A=appcoef2(C,S,'wname',N)或A=appcoef2(C,S,Lo_R,Hi_R,N)

(6) detcoef2：提取二维小波分解的高频系数。

D=detcoef2(O,C,S,N)或[H,V,D]=detcoef2('all',C,S,N)

一级分解及重构程序如下：

```
Image = imread('cameraman.jpg');
subplot(1,3,1),imshow(Image) ,title('原图');
grayI = rgb2gray(Image);
[ca1,ch1,cv1,cd1] = dwt2(grayI,'db4');                    %用db4小波对图像进行一级小波分解
DWTI1 = [wcodemat(ca1,256),wcodemat(ch1,256);wcodemat(cv1,256),wcodemat(cd1,256)];
                                                          %组成小波系数显示矩阵
subplot(1,3,2),imshow(DWTI1/256) ,title('一级分解');      %显示一级分解后的近似和细节图像
result = idwt2(ca1,ch1,cv1,cd1,'db4');                    %一级重构
subplot(1,3,3),imshow(result,[]) ,title('一级重构');      %重构图像显示
```

二级分解及重构程序如下：

```
[c,s] = wavedec2(grayI,2,'db4');                          %用db4小波对图像进行二级小波分解
ca2 = appcoef2(c,s,'db4',2);                              %提取二级小波分解低频变换系数
[ch2,cv2,cd2] = detcoef2('all',c,s,2);                    %提取二级小波分解高频变换系数
[ch1,cv1,cd1] = detcoef2('all',c,s,1);                    %提取一级小波分解高频变换系数
ca1 = [wcodemat(ca2,256),wcodemat(ch2,256);wcodemat(cv2,256),wcodemat(cd2,256)];
k = s(2,1) * 2 - s(3,1);                                  %两级高频系数长度差
ch1 = padarray(ch1,[k k],1,'pre');
cv1 = padarray(cv1,[k k],1,'pre');
cd1 = padarray(cd1,[k k],1,'pre');            %填充一级小波高频系数数组,使两级系数维数一致
DWTI2 = [ca1,wcodemat(ch1,256);wcodemat(cv1,256),wcodemat(cd1,256)];
subplot(1,2,1),imshow(DWTI2/256),title('二级分解');       %显示二级分解后的近似和细节图像
result = waverec2(c,s,'db4');                             %二级重构
subplot(1,2,2),imshow(result,[]) ,title('二级重构');      %重构图像显示
```

程序运行结果如图 4-26 所示。

(a) 原图

(b) 二级小波分解子带图

(c) 二级分解重构图

图 4-26 cameraman 图像的一级、二级分解及重构程序运行结果

4.5.7 小波变换在图像处理中的应用

小波变换因其频率分解、多分辨分析等特性，广泛应用于数字图像处理，可以出色地完成诸如图像滤波、图像增强、图像融合、图像压缩等多种处理。本小节简单介绍小波变换在图像处理中的几个典型应用。

1. 基于小波变换的图像降噪

小波变换具有下述特点：①低熵性。图像变换后熵降低；②多分辨性。采用多分辨率的方法，可以非常好地刻画信号的非平稳特征，如边缘、尖峰、断点等，可在不同分辨率下根据信号和噪声分布的特点去噪；③小波变换可以灵活地选择不同的小波基。因此，小波去噪是小波变换在数字图像处理中的一个重要应用。

如前所述，小波变换实际上是通过滤波器将图像信号分解为低频和高频信号，噪声的大部分能量集中在高频部分，通过处理小波分解后的高频系数，实现噪声的降低。常见的基于小波变换的图像降噪方法有：

(1) 基于小波变换极大值原理的降噪方法。根据信号与噪声在小波变换各尺度上不同的传播特性，剔除由噪声产生的模极大值点，用剩余的模极大值点恢复信号。

(2) 基于相关性的降噪方法。对含噪声的信号进行变换后，计算相邻尺度间小波系数的相关性，根据相关性大小区别小波系数的类型，并进行取舍、重构。如小波隐马尔可夫树去噪方法。

(3) 基于阈值的降噪方法。按一定的规则(或阈值化)将小波系数划分成两类：重要的、规则的小波系数和非重要的或受噪声干扰的小波系数，并舍弃不重要的小波系数然后重构去噪后的图像。这种方法的关键是阈值的设计。常用的阈值函数有硬阈值和软阈值函数。硬阈值方法指的是设定阈值，小波系数绝对值大于阈值的保留，小于阈值的置零，这样可以很好地保留边缘等局部特征，但会出现振铃等失真现象；软阈值方法将较小的小波系数置零，较大的小波系数按一定的函数计算，向零收缩，其处理结果比硬阈值方法的结果平滑，但因绝对值较大的小波系数减小，会损失部分高频信息，造成图像边缘的失真模糊。

【例 4.17】 基于 MATLAB 编程，对图像进行小波变换去噪。

解：程序如下：

```
Image = rgb2gray(imread('peppers.jpg'));
noiseI = imnoise(Image,'gaussian');                    %添加高斯噪声
```

```
subplot(231),imshow(Image),title('原图像');
subplot(232),imshow(noiseI),title('高斯白噪声图像');
[c,s] = wavedec2(noiseI,2,'sym5');                        %用 sym5 小波对图像进行二层小波分解
[thr,sorh,keepapp] = ddencmp('den','wv',noiseI);          %计算降噪的默认阈值和熵标准
[denoiseI,cxc,lxc,perf0,perf12] = wdencmp('gbl',c,s,'sym5',2,thr,sorh,keepapp);
subplot(233),imshow(denoiseI/255),title('降噪后的图像');
sigma = std(c);                                           %小波系数标准差
thresh = 2 * sigma;                                       %阈值
csize = size(c);
c(find(abs(c)< thresh)) = 0;                              %小波系数小于阈值则置零
denoiseI1 = uint8(waverec2(c,s,'sym5'));
subplot(234),imshow(denoiseI1),title('硬阈值降噪');
pos1 = find(c > thresh); c(pos1) = c(pos1) - thresh;
pos2 = find(c <- thresh); c(pos2) = c(pos2) + thresh;     %大系数向零收缩
denoiseI2 = uint8(waverec2(c,s,'sym5'));
subplot(235),imshow(denoiseI2),title('软阈值降噪');
```

程序运行结果如图 4-27 所示。程序中用 ddencmp 函数计算信号的默认阈值,并采用 wdencmp 函数实现了图像降噪,其基本原理就是通过对小波分解系数进行阈值量化来实现降噪。

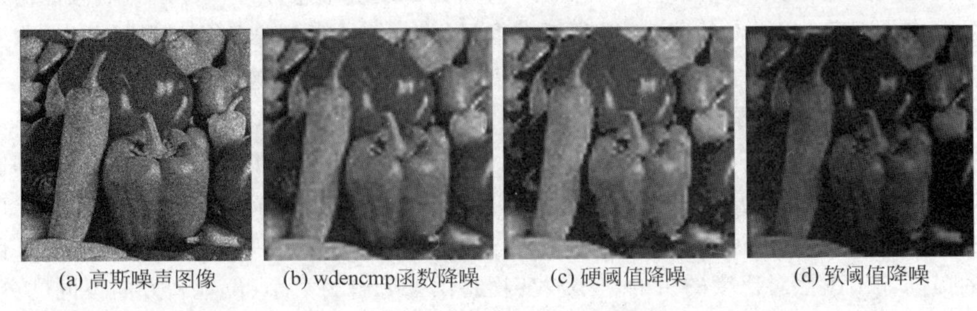

(a) 高斯噪声图像　(b) wdencmp函数降噪　(c) 硬阈值降噪　(d) 软阈值降噪

图 4-27　基于小波变换的图像降噪

2. 基于小波变换的边缘检测

图像边缘是指在图像平面中灰度值发生跳变的点连接所成的曲线段,包含了图像的重要信息。找出图像的边缘称为边缘检测,是图像处理中的重要内容(见第 7 章)。二维小波变换能检测二维函数 $f(x,y)$的局部突变,因此是检测图像边缘的有力工具。

【例 4.18】 基于 MATLAB 编程,利用小波变换实现图像边缘检测。

解:程序如下:

```
Image = rgb2gray(imread('cameraman.jpg'));
subplot(121),imshow(Image),title('原图');
[ca,ch,cv,cd] = dwt2(Image,'db4');                        %用 db4 小波对图像进行一级小波分解
result = idwt2(ca * 0,ch,cv,cd,'db4')/256;                %将低频系数置为 0,进行小波重构
subplot(122),imshow(result),title('边缘检测');
```

程序运行结果如图 4-28 所示。

程序利用了边缘突变对应高频信息这一特性,通过将低频系数置零并保留高频系数来实现边缘检测。随着技术的发展,目前已经诞生了很多新颖的基于小波变换的图像边缘检测技术和方法,如多尺度小波变换边缘提取算法、嵌入可信度的边缘检测方法、奇异点模极

(a) 原图

(b) 边缘检测

图 4-28 基于小波变换的边缘检测

大值检测算法等。

3. 基于小波变换的图像压缩

小波变换特别适用于细节丰富、空间相关性差、冗余度低的图像数据压缩处理。同DCT类似，小波变换后使图像能量集中在少部分的小波系数上，可以通过简单的量化方法，将较小能量的小波系数省去，保留能量较大的小波系数，从而达到压缩的目的。所以，可以采用直接阈值方法实现基于小波变换的图像压缩，压缩效果的好坏在于阈值的选择。考虑到人眼视觉系统对高频分量反应不敏感而对低频分量反应敏感，所以，可以给低频区分配相对高的码率、高频区相对低的码率，以降低数据量，如基于小波树结构的矢量量化法、嵌入式零树小波编码等。JPEG2000压缩标准中采用基于小波变换的图像压缩技术。

4. 基于小波变换的图像增强

图像增强是指提高图像的对比度，增加图像的视觉效果和可理解性，同时减少或抑制图像中的噪声，提高视觉质量。常用的增强技术可以分为基于空间域和基于变换域两种，前者直接对像素点进行运算，后者通过将图像进行正交变换的方法对变换域内的系数进行调整以达到提高输出图像对比度的目的。小波变换将图像分解为大小、位置和方向不同的分量，根据需要改变某些分量系数，从而使得感兴趣的分量放大，不需要的分量减小，达到图像增强的目的。

5. 基于小波变换的图像融合

图像融合是将同一对象的两个或更多的图像合成在一幅图像中，以便比原来任何一幅图像更容易被人所理解。基于小波变换的图像融合是指将原图像进行小波分解，在小波域通过一定的融合算子融合小波系数，再重构生成融合的图像，如图4-29所示。小波变换可以将图像分解到不同的频域，在不同的频域运用不同的融合算法，得到合成图像的多分辨分解，从而在合成图像中保留原图像在不同频域的显著特征。

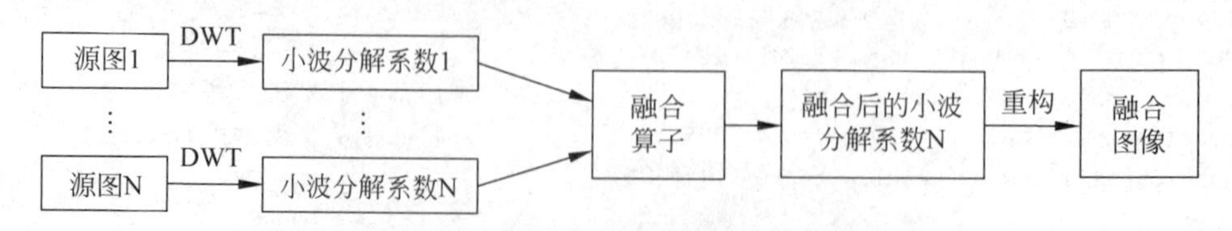

图 4-29 基于小波变换的图像融合过程

基于小波变换的图像融合的关键在于融合算法，例如对于低频小波分解系数采用取平均的方法，对于高频分解系数的融合可采用均值法、最大值法、基于区域的方法、基于边缘强度的方法等。

小波融合能够针对输入图像的不同特征来选择小波基及小波变换的级数，在融合时可以根据实际需要来引入双方的细节信息，表现出更强的针对性和实用性，融合效果更好。

【例 4.19】 基于 MATLAB 编程，采用 DWT 对图像进行融合。

解：程序如下：

```
Image1 = rgb2gray(imread('desert.jpg'));
Image2 = rgb2gray(imread('car.jpg'));
[ca1,ch1,cv1,cd1] = dwt2(Image1,'db4');                    %用 db4 小波对背景图进行一级小波分解
[ca2,ch2,cv2,cd2] = dwt2(Image2,'db4');                    %用 db4 小波对前景图进行一级小波分解
ca = (ca1 + ca2)/2;                                        %DWT 低频系数取平均融合
ch = max(ch1,ch2);cv = max(cv1,cv2);cd = max(cd1,cd2);     %DWT 高频系数取最大值融合
result = idwt2(ca,ch,cv,cd,'db4')/256;
imshow(result),title('图像融合');
```

程序运行结果如图 4-30 所示。

(a) 背景图

(b) 前景图

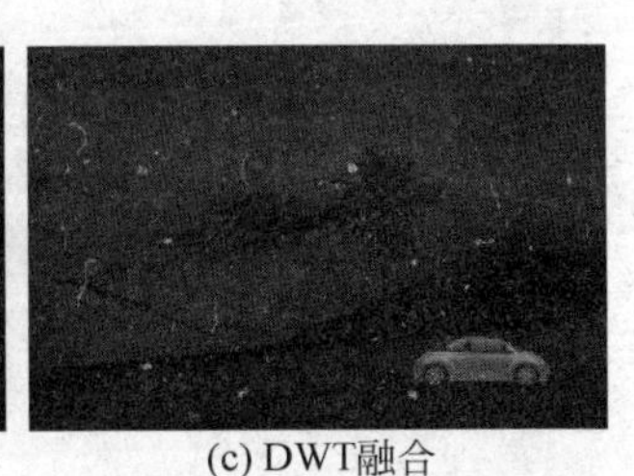

(c) DWT融合

图 4-30　综合实例结果图

以上对小波变换在图像处理中的主要应用做了简要介绍，有兴趣的读者可以在学习过图像处理的原理和概念后，结合小波变换的理论进行详细学习。

习题

4.1　一幅 4×4 的数字图像 $f=\begin{bmatrix}1&0&2&0\\3&0&4&0\\5&0&6&0\\7&0&8&0\end{bmatrix}$，利用 FFT 对其进行二维 DFT 运算。

4.2　求 4.1 题中的图像的 DCT 变换。

4.3　设随机向量 x 的一组样本为$\left\{\left(\frac{1}{2}\quad\frac{1}{2}\right)^{\mathrm{T}},\left(-\frac{1}{2}\quad-\frac{1}{2}\right)^{\mathrm{T}},(1\quad1)^{\mathrm{T}},(-1\quad-1)^{\mathrm{T}}\right\}$，计算其协方差矩阵，并对其进行离散 K-L 变换。

4.4　简述对小波变换的理解。

4.5　小波变换中的多分辨分析的含义是什么？

4.6　利用 MATLAB 编程，打开一幅图像，对其进行 DFT 变换，并置其不同区域内的系数为零，进行 IDFT 变换，观察其输出效果。

4.7　利用 MATLAB 编程，打开一幅图像，对其进行 DCT 变换，并置其不同区域内的

系数为零，进行 IDCT 变换，观察其输出效果。

4.8 在 MATLAB 命令符下输入 wavemenu 后按 Enter 键，打开小波工具箱主菜单窗口，了解 GUI 界面，并尝试其各项功能。

4.9 利用 MATLAB 编程，打开一幅图像，采用 db8 小波对其进行三级分解与重构，并显示分解子带图及重构图。

4.10 在 4.9 题的基础上，实现基于部分频带系数的重构。

4.11 利用 MATLAB 编程，打开两幅图像，采用 db4 小波对其进行三级分解，利用均值法实现融合，并显示重构图像。

第5章 图像增强

CHAPTER 5

图像增强(Image Enhancement)是一种基本的图像处理技术,主要是为了改善图像的质量以及增强感兴趣部分,改善图像的视觉效果或使图像变得更利于计算机处理。如光线较暗的图像需要增强图像的亮度,通过检测高速公路上的白线实现汽车自动驾驶等。相关的图像增强技术有针对单个像素点的点运算,也有针对像素局部邻域的模板运算,根据模板运算的具体功能还可以分为图像平滑、图像锐化等。本章主要讲解图像增强技术中灰度级映射、直方图修正法、照度-反射模型、模糊技术和伪彩色增强技术。

5.1 基于灰度级变换的图像增强

灰度级变换就是借助于变换函数将输入的像素灰度值映射成一个新的输出值,通过改变像素的亮度值来增强图像,如式(5-1)所示。

$$g(x,y) = T[f(x,y)] \tag{5-1}$$

其中,$f(x,y)$是输入图像,$g(x,y)$是变换后的输出图像,T是灰度变换函数。

由于一般都是将过暗的图像灰度值进行重新映射,扩展灰度级范围,使其分布在整个灰度值区间,因此又通常把它称为扩展(Stretching)。

由式(5-1)可看出,变换函数T的不同将导致不同的输出,其实现的变换效果也不一样。因此,在实际应用中,可以通过灵活地设计变换函数T来实现各种处理。

根据变换函数的不同,灰度级变换可以分为线性灰度级变换和非线性灰度级变换。

5.1.1 线性灰度级变换

1. 基本线性灰度级变换

基本线性灰度级变换示意图如图5-1所示。通过基本线性灰度级变换函数$\tan\alpha$,将输入图像$f(x,y)$变换为$g(x,y)$。基本线性灰度级变换的定义如式(5-2)所示。

$$g(x,y) = f(x,y) \cdot \tan\alpha \tag{5-2}$$

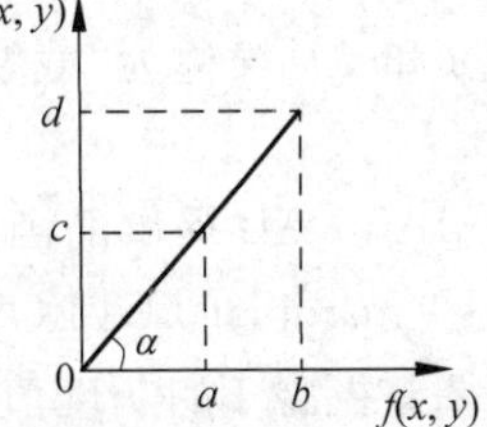

图5-1 基本线性灰度级变换

从图5-1中可以看出,基本线性灰度级变换的效果由变换函数的倾角α所决定:

当$\alpha=45°$,灰度变换前后灰度值范围不变,图像无变化;

当$\alpha<45°$,变换后灰度取值范围压缩,变换后图像均匀

变暗；

当 $\alpha>45°$，变换后灰度取值范围拉伸变长，变换后图像均匀变亮。

基本线性灰度级变换处理结果如图 5-2 所示。图 5-2(a)为原始灰度图像，图 5-2(b)为对原图进行了 $\tan\alpha=0.5$ 的线性变换结果，灰度 0～255 转变为 0～127；图 5-2(c)为对原图进行了 $\tan\alpha=2$ 的线性变换结果，灰度 0～127 转变为 0～255，灰度 128～255 转变为 255。

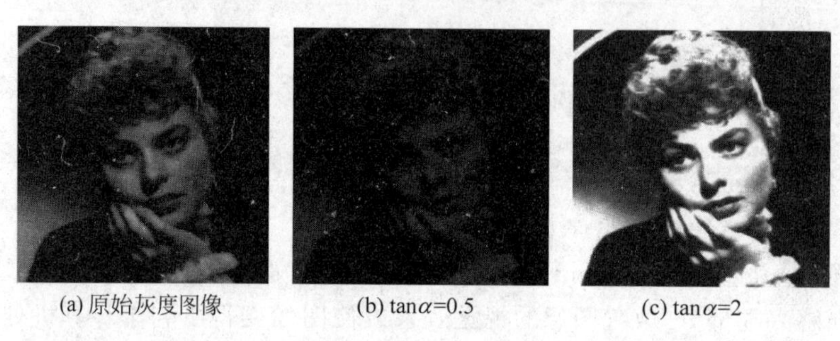

(a) 原始灰度图像　(b) $\tan\alpha=0.5$　(c) $\tan\alpha=2$

图 5-2　基本线性灰度级变换结果

2. 分段线性灰度级变换

分段线性灰度级变换示意图如图 5-3 所示，它是将输入图像 $f(x,y)$的灰度级区间分成两段乃至多段分别作线性灰度级变换，以获得增强图像 $g(x,y)$。典型的三段线性灰度级变换如式(5-3)所示。

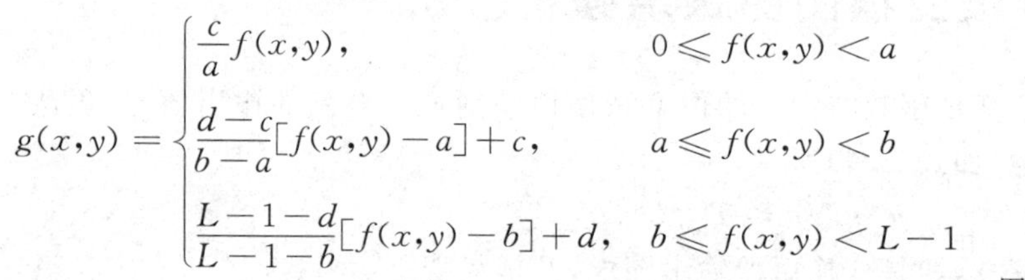

$$g(x,y)=\begin{cases}\dfrac{c}{a}f(x,y), & 0\leqslant f(x,y)<a\\ \dfrac{d-c}{b-a}[f(x,y)-a]+c, & a\leqslant f(x,y)<b\\ \dfrac{L-1-d}{L-1-b}[f(x,y)-b]+d, & b\leqslant f(x,y)<L-1\end{cases}\tag{5-3}$$

图 5-3　分段线性灰度级变换

其中，参数 a、b、c、d 为用于确定三段线段斜率的常数，取值可根据具体变换需求来灵活设定。

但也存在一些情况，用户仅对某个范围内的灰度感兴趣，只需对其进行线性拉伸，以便清晰化，即

(1) 当 $0\leqslant f(x,y)<a$，$b\leqslant f(x,y)<L-1$ 时，$g(x,y)=f(x,y)$。这表示只将处于$[a,b)$之间的原图像的灰度线性地变换成新图像的灰度，而对于$[a,b)$以外的保持原图像的灰度不变。

(2) 当 $0\leqslant f(x,y)<a$ 时，$g(x,y)=c$；当 $b\leqslant f(x,y)<L-1$ 时，$g(x,y)=d$。这表示只将处于$[a,b)$之间的灰度线性地变换成新图像灰度，而对于$[a,b)$以外的灰度强行压缩为灰度 c 和 d。又称为“截取式”灰度变换，该变换的实现对应于 MATLAB 提供的 imadjust()函数。

MATLAB 提供的函数如下：

J=imadjust (I,[LOW_IN; HIGH_IN],[LOW_OUT; HIGH_OUT],GAMMA)，用来调整图像 I 的灰度值。

NEWMAP=imadjust (MAP,[LOW_IN; HIGH_IN],[LOW_OUT; HIGH_OUT],

GAMMA），用来调整索引图像的颜色表 map。

RGB2＝imadjust（RGB1,...），用来调整真彩色图像 RGB1 的 R、G、B 三分量。

参数如下：

[LOW_IN；HIGH_IN]：指定原始图像中要变换的灰度范围；

[LOW_OUT；HIGH_OUT]：指定变换后的输出灰度范围。若 LOW_OUT<LOW_IN 且 HIGH_OUT>HIGH_IN，则采取截取式分段线性变换。它们都可使用空矩阵[ ]，默认值[0 1]。

GAMMA：是一个标量，指定描述值 I 和值 J 关系的曲线形状。若 GAMMA<1，此映射偏重更高数值（明亮）输出；若 GAMMA>1，此映射偏重更低数值（灰暗）输出；如果省略此参数，默认为（线性映射）。

【例 5.1】 基于 MATLAB 编程对图像进行分段线性变换。

解：程序如下：

```
Image = im2double(rgb2gray(imread('lotus.bmp')));
[h,w] = size(Image);                                          % 获取图像尺寸
imshow(Image);title('原始 lotus 图像');
NewImage1 = zeros(h,w); NewImage2 = zeros(h,w);               % 新图像初始化
NewImage3 = Image;
a = 30/256; b = 100/256; c = 75/256; d = 200/256;             % 参数设置
for x = 1:w
   for y = 1:h
      if Image(y,x)< a
         NewImage1(y,x) = Image(y,x) * c/a;
      elseif Image(y,x)< b
         NewImage1(y,x) = (Image(y,x) - a) * (d - c)/(b - a) + c;   % 分段线性变换
      else
         NewImage1(y,x) = (Image(y,x) - b) * (1 - d)/(1 - b) + d;
      end
      if Image(y,x)> a && Image(y,x)< b
         NewImage3(y,x) = (Image(y,x) - a) * (d - c)/(b - a) + c;   % 高低端灰度保持
      end
   end
end
NewImage2 = imadjust(Image,[a;b],[c;d]);                       % 截取式灰度变换
figure;imshow(NewImage1);title('分段线性灰度级变换图像');
figure;imshow(NewImage2);title('截取式灰度级变换图像');
figure;imshow(NewImage3);title('高低端灰度级保持不变图像');
```

程序运行结果如图 5-4 所示。图 5-4(a)为 lotus 灰度图像；图 5-4(b)为三段线性灰度级变换结果，由于处于三个范围[0,30)、[30,100)、[100,255]内的灰度都得到了线性拉伸，所以提高了图像视觉效果；图 5-4(c)为截取式分段线性灰度级变换结果；图 5-4(d)为高低端灰度保持的分段线性灰度级变换结果。由于只把范围[30,100)内的灰度进行线性拉伸，可以看出，图 5-4(c)中较暗的莲叶区域和较亮的莲花区域出现了大片均匀区域，轮廓细节信息损失；图 5-4(d)中，较暗的莲叶区域和较亮的莲花区域出现了伪轮廓现象。

此外，还有一种"特殊"的分段线性处理，称为窗切片，其主要目的是为了突出图像中特定灰度范围的亮度。窗切片方法基本上可以归为两类：一种是对感兴趣灰度范围指定输出

(a) 原图

(b) 三段线性灰度变换

(c) 截取式灰度变换

(d) 高低端灰度不变

图 5-4　分段线性灰度级变换处理结果

较亮的灰度值，而对于不感兴趣灰度范围的灰度则输出为较暗灰度值，如图 5-5(a)所示；另一种是对感兴趣灰度范围指定输出较亮的灰度值，而对于不感兴趣灰度范围的灰度保持原有值不变，如图 5-5(b)所示。

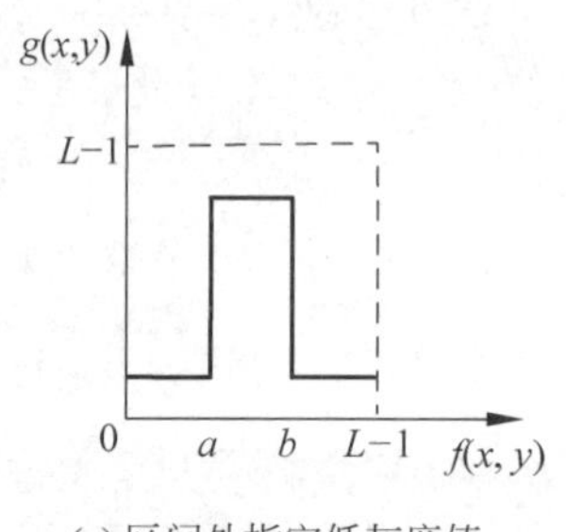

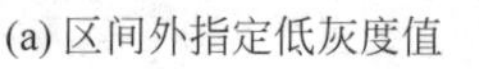
(a) 区间外指定低灰度值

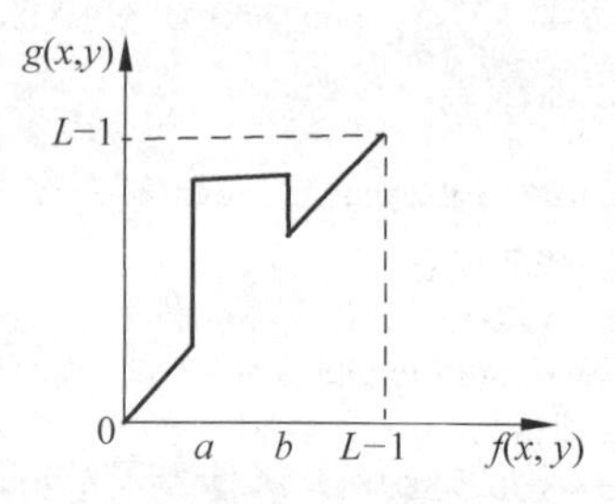

(b) 区间外灰度保持不变

图 5-5　窗切片

【例 5.2】 基于 MATLAB 编程对图像进行窗切片处理。

解：程序如下：

```
Image = im2double(imread('AG.jpg'));
[h,w] = size(Image);
imshow(Image);title('ACG 图像');
NewImage1 = zeros(h,w);
NewImage2 = Image;
a = 170/256; b = 200/256; c = 90/256; d = 250/256;                    %参数设置
for x = 1:w
   for y = 1:h
      if Image(y,x)< a
         NewImage1(y,x) = c;
      else
         NewImage1(y,x) = d;                                          %图 5 - 5(a)窗切片方法
      end
      if Image(y,x)> c && Image(y,x)< a
         NewImage2(y,x) = 0;                                          %图 5 - 5(b)窗切片方法
      end
   end
end
figure;imshow(NewImage1);title('图 5 - 5(a)窗切片图像');
figure;imshow(NewImage2);title('图 5 - 5(b)窗切片图像');
```

程序运行结果如图 5-6 所示。图 5-6(a)为一幅靠近肾脏区域的大动脉血管造影图像。

图 5-6(b)为对原图采用图 5-5(a)窗切片方法的结果，使得感兴趣的血管和肾脏部分的亮度突出，其他则显示为较暗灰度级。图 5-5(c)为对原图采用图 5-5(b)窗切片方法的结果，使得感兴趣的血管和肾脏部分的灰度保持不变，其他则显示为黑色。

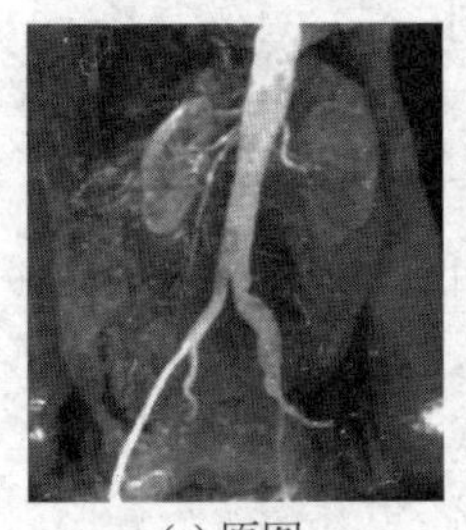
(a) 原图

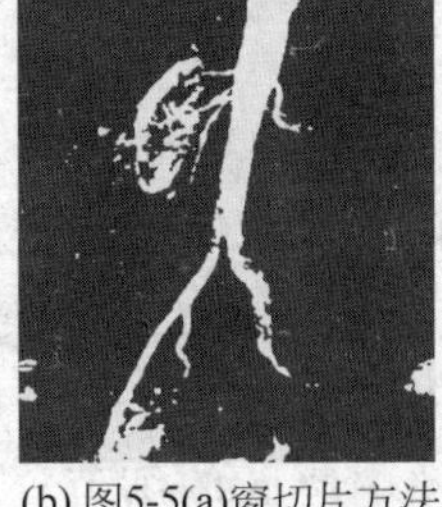
(b) 图5-5(a)窗切片方法

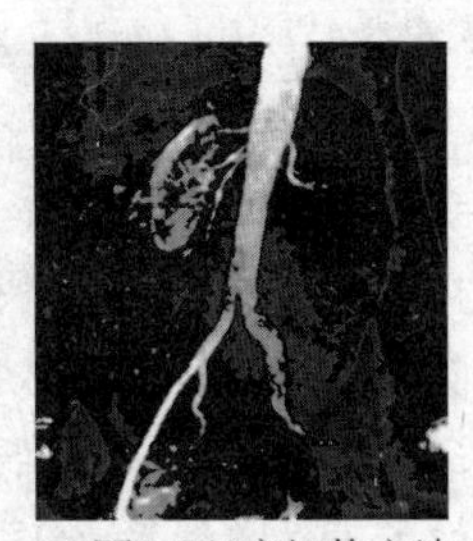
(c) 图5-5(b)窗切片方法

图 5-6　窗切片处理结果

5.1.2　非线性灰度级变换

当用某些非线性变换函数作为灰度变换的变换函数时，可实现图像灰度的非线性变换。对数变换、指数变换和幂变换是常见的非线性变换。

1. 对数变换

基于对数变换的非线性灰度级变换如式(5-4)所示。

$$g(x,y)=c\cdot\log[f(x,y)+1] \tag{5-4}$$

其中，c 是尺度比例常数，其取值可以结合输入图像的范围来定。$f(x,y)$取值为$[f(x,y)+1]$是为了避免对 0 求对数，确保 $\log[f(x,y)+1]\geqslant 0$。

对数变换函数示意图如图 5-7 所示。当希望对图像的低灰度区作较大拉伸、高灰度区压缩时，可采用这种变换，它能使图像的灰度分布与人的视觉特性相匹配。对数变换一般适用于处理过暗图像。

2. 指数变换

基于指数变换的非线性灰度变换如式(5-5)所示。

$$g(x,y)=b^{c\cdot[f(x,y)-a]}-1 \tag{5-5}$$

其中，a 用于决定指数变换函数曲线的初始位置。当取值 $f(x,y)=a$ 时，$g(x,y)=0$，曲线与 x 轴交叉。b 是底数，c 用于决定指数变换曲线的陡度。

指数变换函数示意图如图 5-8 所示。当希望对图像的低灰度区压缩，高灰度区作较大拉伸时，可采用这种变换。指数变换一般适用于处理过亮图像。

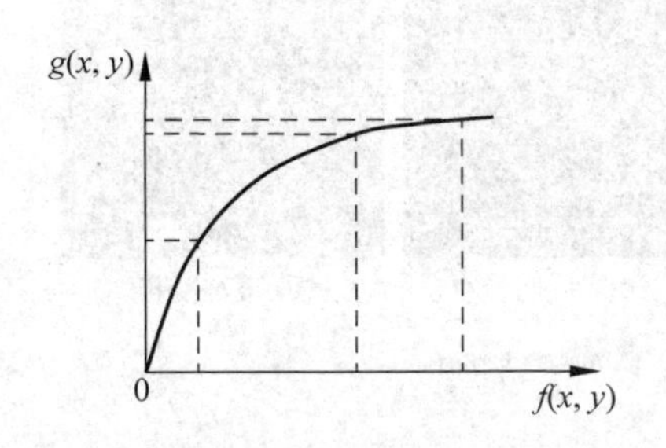

图 5-7　对数变换函数

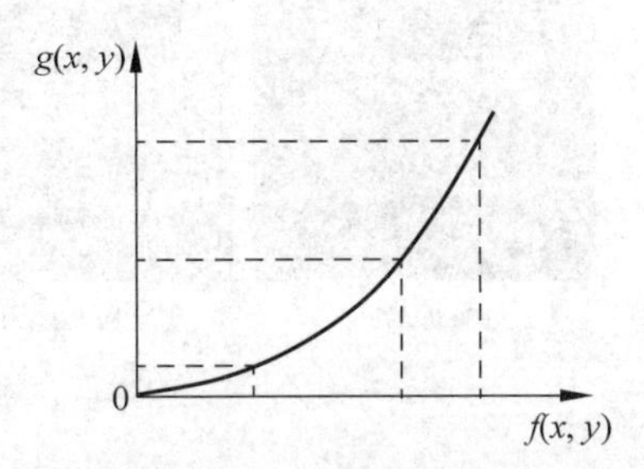

图 5-8　指数变换函数

3. 幂次变换

基于幂次变换的非线性灰度变换如式(5-6)所示。

$$g(x,y) = c \cdot [f(x,y)]^{\gamma} \tag{5-6}$$

其中,c 和 γ 为正常数。当 c 取 1、γ 取不同值时,可以得到一簇变换曲线。如图 5-9 所示。

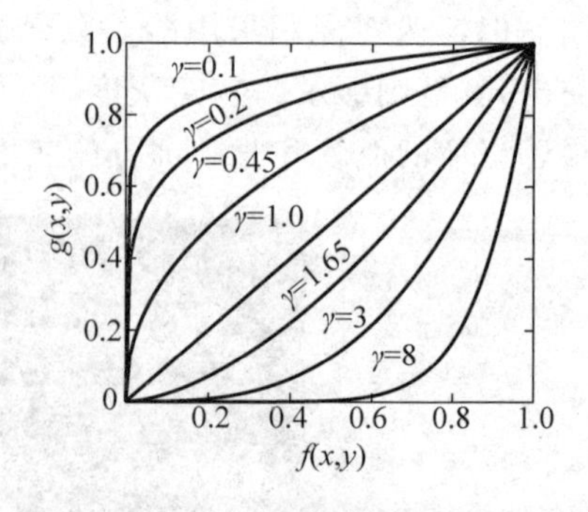

图 5-9　幂次变换函数

与对数变换的情况类似,幂次变换可以将部分灰度区域映射到更宽的区域中,从而增强图像的对比度。当 $\gamma=1$ 时,幂次变换转变为线性正比变换;当 $0<\gamma<1$ 时,幂次变换可以扩展原始图像的中低灰度级、压缩高灰度级,从而使得图像变亮,增强原始图像中暗区的细节;当 $\gamma>1$ 时,幂次变换可以扩展原始图像的中高灰度级,压缩低灰度级,从而使得图像变暗,增强原始图像中亮区的细节。

幂次变换常用于图像获取、打印和显示的各种装置设备的伽马校正中,这些装置设备的光电转换特性都是非线性的,是根据幂次规律产生响应的。幂次变换的指数值就是伽马值,因此幂次变换也称为伽马变换。

【例 5.3】 基于 MATLAB 编程对图像进行非线性灰度变换。

解:程序如下:

```
Image = (rgb2gray(imread('Goldilocks.bmp')));
Image = double(Image);
NewImage1 = 46 * log(Image + 1);                              %对数函数非线性灰度级变换
NewImage2 = 185 * exp(0.325 * (Image - 225)/30) + 1;          %指数函数非线性灰度级变换
a = 0.5; c = 1.1;
NewImage3 = [(Image/255).^a] * 255 * c;                       %幂次函数非线性灰度级变换
imshow(Image,[]);title('Goldilocks 灰度图像');
figure;imshow(NewImage1,[]);title('对数函数非线性灰度级变换');
figure;imshow(NewImage2,[]);title('指数函数非线性灰度级变换');
figure;imshow(NewImage3,[]);title('幂次函数非线性灰度级变换');
```

程序运行结果如图 5-10 所示。图 5-10(a)为原图。图 5-10(b)为对数变换处理结果,可以看出,原图经过对数变换处理后,整体亮度增强。图 5-10(c)为指数变换处理结果,可以看出,原图经过指数变换处理后,整体亮度变暗。图 5-10(d)为幂次变换处理结果,幂为 0.5,图像变亮,但变亮程度低于对数变换。

(a) 原图

(b) 对数变换

(c) 指数变换

(d) 幂次变换

图 5-10　非线性灰度变换处理结果

5.2 基于直方图修正的图像增强

在数字图像处理中，灰度直方图是最简单和常用的工具。本节介绍直方图的概念及直方图修正技术。

5.2.1 灰度直方图

1. 灰度直方图的定义

灰度直方图是灰度级的函数，表示的是数字图像中每一灰度级与其出现频数（呈现该灰度的像素数目）间的统计关系。通常，用横坐标表示灰度级，纵坐标表示频数或相对频数（呈现该灰度级的像素出现的概率）。灰度直方图的定义如式(5-7)所示。

$$p(r_k)=\frac{n_k}{N} \tag{5-7}$$

其中，N 为一幅数字图像的总像素数，n_k 是第 k 级灰度的像素数，r_k 表示第 k 个灰度级，$p(r_k)$为该灰度级 r_k 出现的相对频数。

给定一幅 6×6 的图像，如图 5-11(a)所示，共有 0～7 八个灰度级。灰度分布统计如表 5-1 所示，则可以绘制并显示图像的灰度直方图，如图 5-11(b)所示。

表 5-1　图 5-11(a)的图像的灰度分布统计

r_k	0	1	2	3	4	5	6	7
n_k	6	9	6	5	4	3	2	1
$p(r_k)$	6/36	9/36	6/36	5/36	4/36	3/36	2/36	1/36

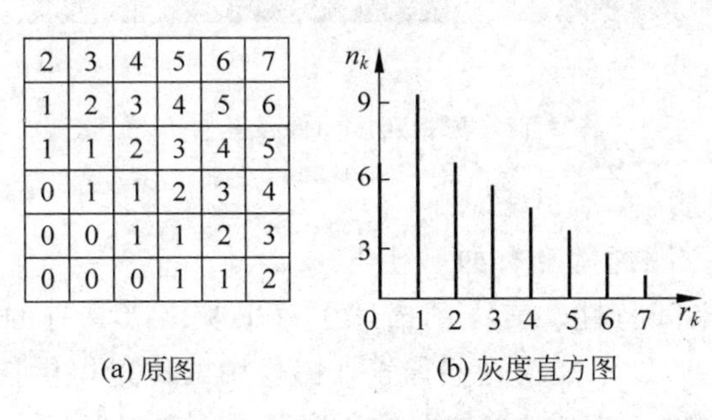

(a) 原图　(b) 灰度直方图

图 5-11　数字图像及其直方图

【例 5.4】 基于 MATLAB 编程统计图像的灰度直方图分布。

解：统计图像的灰度直方图可以通过扫描图像并统计各个灰度出现的次数，进而计算频数并绘制直方图的方法。

程序如下：

```
Image = rgb2gray(imread('couple.bmp'));
histgram = zeros(256);
[h w] = size(Image);
for x = 1:w
```

```
    for y = 1:h                                                          % 循环扫描
        histgram(Image(y,x) + 1) = histgram(Image(y,x) + 1) + 1;         % 统计并累加
    end
end
imshow(Image);title('couple 灰度图像');
figure;stem(histgram(),'.');
axis tight;
```

也可以直接调用 MATLAB 提供的函数：

imhist(I,N)：统计并显示图像 I 的直方图，N 为灰度级，默认为 256；

imhist(X,MAP)：统计并显示索引图像 X 的直方图，MAP 为调色板；

[COUNTS,X]＝imhist(...)：返回直方图数据向量 COUNTS 和相应的色彩值向量 X。

程序如下：

```
Image = rgb2gray(imread('couple.bmp'));
figure;imhist(Image);
axis tight;
```

程序运行结果如图 5-12 所示。

(a) 原图

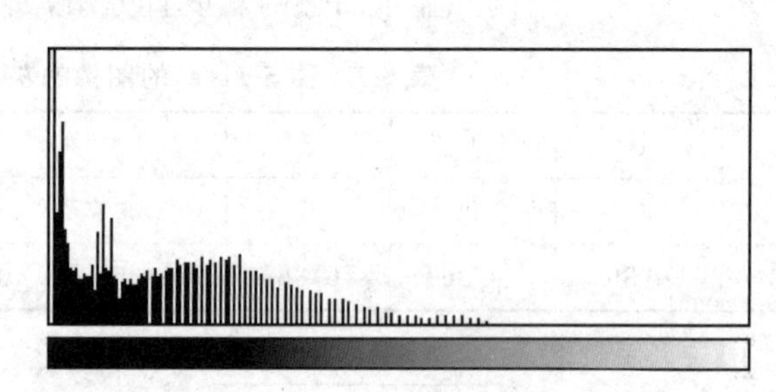

(b) 灰度直方图

图 5-12　原始灰度图像及其直方图

2. 灰度直方图的性质

一幅图像的灰度直方图通常具有如下性质：

(1) 直方图不具有空间特性。直方图描述了每个灰度级具有的像素的个数，但不能反映图像像素空间位置信息，即不能为这些像素在图像中的位置提供任何线索。

(2) 直方图反映图像的大致描述，如图像灰度范围、灰度级分布、整幅图像平均亮度等。图 5-13 为两幅图像的直方图，可以从中判断出图像的相关特性。图 5-13(a)中，大部分像素值集中在低灰度级区域，图像偏暗；图 5-13(b)中的图像则相反，大部分像素的灰度集中在高灰度级区域，图像偏亮；两幅图像都存在动态范围不足的现象。

(3) 一幅图像唯一对应相应的直方图，而不同的图像可以具有相同的直方图。因直方图只是统计图像中灰度出现的次数，与各个灰度出现的位置无关，因此，不同的图像可能具有相同的直方图。图 5-14(a)为四幅大小相同、空间灰度分布不同的二值图像，图 5-14(b)为它们具有的相同的直方图。

(4) 若一幅图像可分为多个子区，则多个子区直方图之和等于对应的全图直方图。

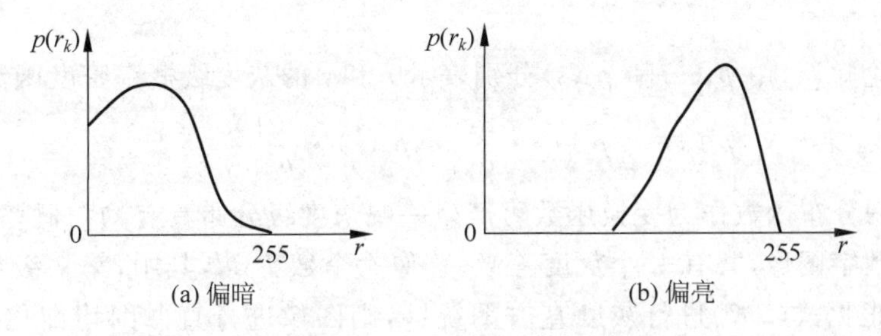

图 5-13　灰度动态范围不足的图像灰度直方图

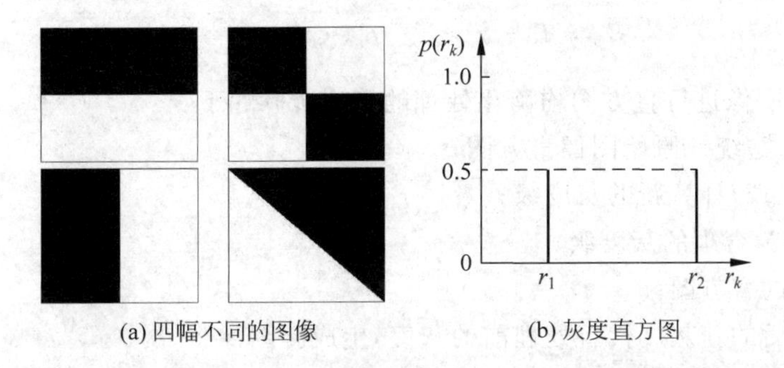

图 5-14　不同图像具有相同直方图分布特性

5.2.2　直方图修正法理论

直方图修正法的基本原理就是通过构造灰度级变换函数来改造原图像的直方图，使变换后的图像的直方图达到一定的要求。

设变量 r 代表要增强的图像中像素的灰度级，变量 s 代表增强后新图像中的灰度级。为了研究方便，将 r、s 归一化，得

$$0 \leqslant r \leqslant 1, \quad 0 \leqslant s \leqslant 1 \tag{5-8}$$

则直方图修正法变换函数 $T(\cdot)$的定义如式(5-9)所示。

$$s = T(r) \tag{5-9}$$

其中，每一像素灰度值 r 对应产生一个 s 值。

对图像的直方图修正变换过程中，要满足：

(1) $T(r)$在 $0 \leqslant r \leqslant 1$ 区域内单值单调增加，以保证灰度级从黑到白的次序不变；

(2) $T(r)$在 $0 \leqslant r \leqslant 1$ 区域内满足 $0 \leqslant s \leqslant 1$，以保证变换后的像素灰度级仍在允许的灰度级范围内。

直方图修正法的核心就是寻找满足这两个条件的变换函数 $T(r)$。

5.2.3　直方图均衡化

直方图均衡化是采用灰度级 r 的累积分布函数作为变换函数的直方图修正法。

假设用 $p_r(r)$表示原图像灰度级 r 的灰度级概率密度函数，直方图均衡化变换函数为

$$s = T(r) = \int_0^r p_r(\omega)\mathrm{d}\omega \tag{5-10}$$

$T(r)$是 r 的累积分布函数，随着 r 增大，s 值单调增加，最大为 1，满足直方图修正法的

两个条件。

根据概率论知识，用 $p_r(r)$ 和 $p_s(s)$ 分别表示 r 和 s 的灰度级概率密度函数，得

$$p_s(s) = p_r(r) \cdot \frac{\mathrm{d}r}{\mathrm{d}s} = p_r(r) \cdot \frac{1}{p_r(r)} = 1 \tag{5-11}$$

即利用 r 的累积分布函数作为变换函数可产生一幅灰度级分布具有均匀概率密度的图像。

给出一幅数字图像，共有 L 个灰度等级，总像素个数为 N，其中，第 j 级灰度 r_j 对应的像素数为 n_j。根据式(5-7)进行灰度直方图统计，则图像进行直方图均衡化处理的变换函数 $T(r)$ 为

$$s_k = T(r_k) = \sum_{j=0}^{k} p_r(r_j) = \sum_{j=0}^{k} \frac{n_j}{N} \tag{5-12}$$

对一幅数字图像进行直方图均衡化处理的算法步骤如下：

(1) 由式(5-7)统计原始图像直方图；

(2) 由式(5-12)计算新的灰度级；

(3) 修正 s_k 为合理的灰度级；

(4) 计算新的直方图；

(5) 用处理后的新灰度代替处理前的灰度，生成新图像。

【例 5.5】 假定一幅大小为 64×64、灰度级为 8 级的图像，其灰度级分布如表 5-2 所示，对其进行直方图均衡化处理。

表 5-2　例 5.5 中图像的灰度级分布

灰度级 r_k	0	1/7	2/7	3/7	4/7	5/7	6/7	1
像素数 n_k	790	1023	850	656	329	245	122	81
$p_r(r_k)$	0.19	0.25	0.21	0.16	0.08	0.06	0.03	0.02

解：由原图的灰度分布统计可以看出，该图像中绝大部分像素灰度值集中在低灰度区，图像整体偏暗。

(1) 计算新的灰度级：

$$s_0 = T(r_0) = \sum_{j=0}^{0} p_r(r_j) = p_r(r_0) = 0.19$$

$$s_1 = T(r_1) = \sum_{j=0}^{1} p_r(r_j) = p_r(r_0) + p_r(r_1) = 0.19 + 0.25 = 0.44$$

依次类推，可得到

$$s_2 = 0.19 + 0.25 + 0.21 = 0.65$$

$$s_3 = 0.19 + 0.25 + 0.21 + 0.16 = 0.81, \quad s_4 = 0.89$$

$$s_5 = 0.95, \quad s_6 = 0.98, \quad s_7 = 1$$

(2) 修正 s_k 为合理的灰度级 s'_k：

$$s_0 = 0.19 \approx \frac{1}{7}, \quad s_1 = 0.44 \approx \frac{3}{7}, \quad s_2 = 0.65 \approx \frac{5}{7}, \quad s_3 = 0.81 \approx \frac{6}{7}$$

$$s_4 = 0.89 \approx \frac{6}{7}, \quad s_5 = 0.95 \approx 1, \quad s_6 = 0.98 \approx 1, \quad s_7 = 1$$

则新图像对应只有5个不同灰度级别，为1/7、3/7、5/7、6/7、1。即

$$s_0'=\frac{1}{7},\quad s_1'=\frac{3}{7},\quad s_2'=\frac{5}{7},\quad s_3'=\frac{6}{7},\quad s_4'=1$$

(3) 计算新的直方图：

$$p_s(s_0')=p_r(r_0)=0.19$$
$$p_s(s_1')=p_r(r_1)=0.25$$
$$p_s(s_2')=p_r(r_2)=0.21$$
$$p_s(s_3')=p_r(r_3)+p_r(r_4)=0.16+0.08=0.24$$
$$p_s(s_4')=p_r(r_5)+p_r(r_6)+p_r(r_7)=0.06+0.03+0.02=0.11$$

(4) 生成新图像：

按照表5-3中变换前后的灰度对应关系改变像素的灰度，即可生成新的图像。

表5-3　直方图均衡化变换前后灰度级对应关系

变换前灰度级	0	1/7	2/7	3/7	4/7	5/7	6/7	1
变换后灰度级	1/7	3/7	5/7	6/7	6/7	1	1	1

原始图像的直方图和直方图均衡化处理后的图像直方图显示结果如图5-15所示。可以看出，图5-15(b)中对应的变换后的新直方图比图5-15(a)中的原图像的直方图要平坦多了。理想情况下，经过直方图均衡化处理后的图像直方图应是十分均匀平坦的，但实际情况并非如此，和理论分析有差异，这是由于图像在直方图均衡化处理过程中，灰度级作“近似简并”引起的结果。

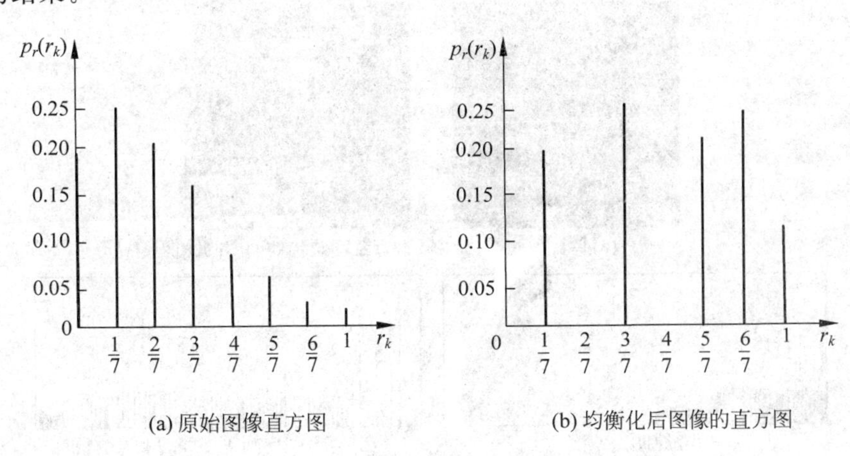

图5-15　直方图均衡化处理前后的直方图分布对比

【例5.6】 基于MATLAB编程，对图像进行直方图均衡化。

解：程序如下：

```
Image = rgb2gray(imread('couple.bmp'));
histgram = imhist(Image);                                    %统计图像直方图
[h w] = size(Image);
NewImage = zeros(h,w);
s = zeros(256);      s(1) = histgram(1);
```

```
for t = 2:256
    s(t) = s(t-1) + histgram(t);                                    % 计算新的灰度值
end
for x = 1:w
    for y = 1:h
        NewImage(y,x) = s(Image(y,x) + 1)/(w * h);                  % 生成新图像
    end
end
imshow(Image);title('couple 灰度图像');
figure;imhist(Image);title('couple 灰度图像的直方图');
axis tight;
figure;imshow(NewImage);title('直方图均衡化处理后图像');
figure;imhist(NewImage);title('直方图均衡化处理后图像的直方图');
axis tight;
```

也可以直接调用 MATLAB 提供的函数：

J＝histeq(I,HGRAM)：将图像 I 的直方图变成用户指定的向量 HGRAM，HGRAM 中的各元素值域为[0,1]；

J＝histeq(I,N)：对图像 I 进行直方图均衡化。N 为输出图像灰度级数，默认 N 为 64。

程序如下：

```
Image = rgb2gray(imread('couple.bmp'));
NewImage =  histeq(Image,256)
```

程序运行结果如图 5-16 所示。

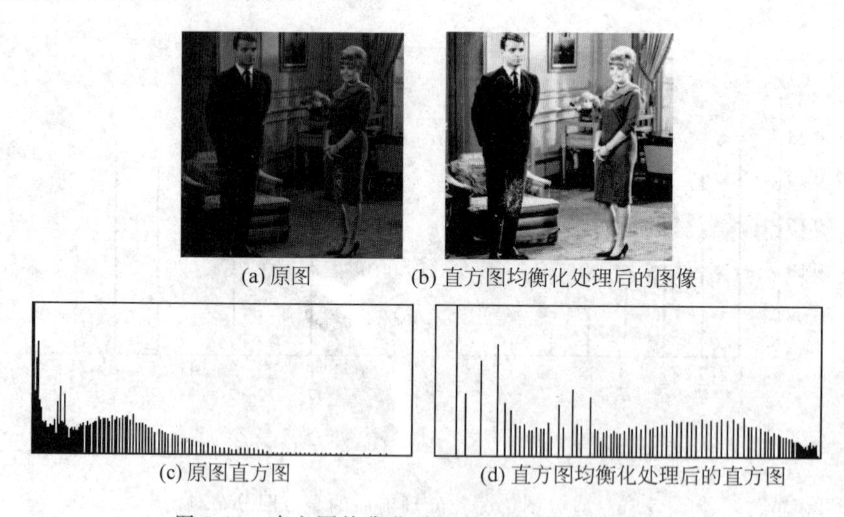
(a) 原图　(b) 直方图均衡化处理后的图像

(c) 原图直方图　(d) 直方图均衡化处理后的直方图

图 5-16　直方图均衡化处理前后的图像及直方图

5.2.4　局部直方图均衡化

直方图均衡化方法是对整幅图像进行操作。在实际应用中，有时往往需要突出局部区域的细节。根据区域的局部直方图统计特性来定义灰度级变换函数，进行均衡化处理，以得到所需要的增强效果，这就是局部直方图均衡化。

给出一幅数字图像，选定一矩形子块 S，大小为 $w\times h$，子块 S 内的直方图为

$$p_S(r_k)=\frac{n_k}{w\times h} \tag{5-13}$$

其中，n_k 为第 k 级灰度 r_k 在 S 中的像素数，$p_S(r_k)$为灰度级 r_k 在 S 中出现的相对频数。

子块 S 内进行直方图均衡化处理的变换函数 $T(r)$为

$$s_k=T(r_k)=\sum_{j=0}^{k}p_S(r_j) \tag{5-14}$$

由于考虑到图像中划分的相关区域子块重叠程度的不同，局部直方图均衡化可分为子块不重叠、子块重叠和子块部分重叠的局部直方图均衡化。

1. 子块不重叠的局部直方图均衡化

子块不重叠的局部直方图均衡化的基本原理是将图像划分为一系列不重叠的相邻矩形子块集合$\{S_i|i=1,2,\cdots,\text{num}\}$，然后逐个独立地对每个子块 S_i 中所有像素进行直方图均衡化处理并输出。由于划分的各子块的灰度分布统计差异较大，因此增强处理后输出的图像有明显的块效应。

2. 子块重叠的局部直方图均衡化

子块重叠的局部直方图均衡化的基本原理是将图像划分一矩形子块，利用该子块的直方图信息，对子块进行直方图均衡化处理，把均衡化处理后的子块中心像素的值作为该像素的输出值。然后，将子块在图像中逐像素移动，重复上述过程，直至遍历图像中所有像素。

虽然该算法可以消除块效应，但由于该算法进行局部均衡化处理的总次数等于原图的总像素数目，因此算法效率较低。

3. 子块部分重叠的局部直方图均衡化

子块部分重叠的局部直方图均衡化的基本原理是将图像划分一矩形子块，子块大小为$w\times h$，利用该子块的直方图信息，对子块进行直方图均衡化处理。然后，将子块在图像中按照一定的水平步长 $wstep$ 和垂直步长 $hstep$ 移动，$1<wstep<w$，$1<hstep<h$，重复上述过程，直至遍历图像中所有像素。由于相邻子块部分重叠，重叠区域被多次均衡化处理，因此，将重叠区域的多次均衡化处理的结果取平均值作为该重叠区域中像素的输出值。

由于该算法既能突出局部区域细节，又能降低算法的时间，因此，该算法的使用受到青睐。

【例 5.7】 基于 MATLAB 编程，对图像进行局部直方图均衡化。

解：程序如下：

```
Image = rgb2gray(imread('couple.bmp'));
imshow(Image);title('原始图像');
result1 = blkproc(Image,[32 32],@histeq);
figure,imshow(result1);title('无重叠的局部直方图均衡化图像');
[height,width] = size(Image);
result2 = zeros(height,width);
n = 16;
hh = height + 2 * n;
ww = width + 2 * n;
ff = zeros(hh,ww);                                    %图像对外边缘扩充 ff
ff(n + 1:hh - n,n + 1:ww - n) = Image;
```

```
ff(1:n,n+1:ww-n) = Image(1:n,:);
ff(hh-n+1:hh,n+1:ww-n) = Image(height-n+1:height,:);
ff(:,1:n) = ff(:,n+1:n*2);
ff(:,ww-n+1:ww) = ff(:,ww+1-n*2:ww-n);
ff = uint8(ff);
for i = n+1:hh-n
    for j = n+1:ww-n
        lwc = histeq(ff(i-n:i+n,j-n:j+n),256);
        result2(i-n,j-n) = lwc(n+1,n+1);              %实现对子块中心像素点的均衡化处理
    end
end
figure,imshow(uint8(result2));title('重叠的局部直方图均衡化图像');
sumf = int16(zeros(hh,ww));                            %转化成 int16 型数据
num = zeros(hh,ww);
for i = n+1:8:hh-n
    for j = n+1:8:ww-n
        lwc = int16(histeq(ff(i-n:i+n,j-n:j+n),256));      %计算子块的局部直方图均衡化
        sumf(i-n:i+n,j-n:j+n) = sumf(i-n:i+n,j-n:j+n) + lwc;%像素的均衡化结果累加
        num(i-n:i+n,j-n:j+n) = num(i-n:i+n,j-n:j+n) + 1;    %像素被均衡化的累加次数
    end
end
result3(:,:) = double(sumf(n+1:hh-n,n+1:ww-n));
result3(:,:) = result3(:,:)./num(n+1:hh-n,n+1:ww-n);       %像素的均衡化结果取平均值
figure,imshow(uint8(result3(:,:)));title('部分重叠的局部直方图均衡化图像');
```

程序运行结果如图 5-17 所示。图 5-17(a)为原始图像。图 5-17(b)为子块不重叠的局部直方图均衡化处理结果，这里选取子块的大小为 32×32，可以看出，块效应比较明显。图 5-17(c)、图 5-17(d)分别为子块重叠和子块部分重叠的局部直方图均衡化处理结果，这里选取水平步长、垂直步长为子块尺寸的 1/4。两者相比较，结果图像中都突出了图像中更多的轮廓和细节，块效应不明显，但后者算法效率更快。

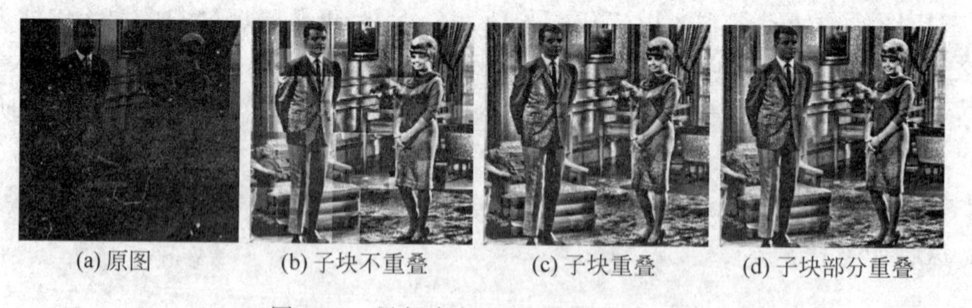

(a) 原图　(b) 子块不重叠　(c) 子块重叠　(d) 子块部分重叠

图 5-17　局部直方图均衡化处理结果

5.3 基于照度-反射模型的图像增强

一般情况下，自然景物图像 $f(x,y)$ 可以表示为光源照度场(照明函数) $i(x,y)$ 和场景中物体反射光的反射场(反射函数) $r(x,y)$ 的乘积，如式(5-15)所示。

$$f(x,y) = i(x,y) \cdot r(x,y) \tag{5-15}$$

其中，$0<i(x,y)<\infty$，$0<r(x,y)<1$。一般把式(5-15)称为图像的照度-反射模型。

近似认为,照明函数 $i(x,y)$ 描述景物的照明,其性质取决于照射源,与景物无关。反射函数 $r(x,y)$ 描述景物内容,其性质取决于成像物体的特性,而与照明无关。由于照明亮度一般是缓慢变化的,所以认为照明函数的频谱集中在低频段。由于反射函数随图像细节不同在空间快速变化,所以认为反射函数的频谱集中在高频段。这样,就可根据式(5-15)将图像理解为高频分量与低频分量的乘积的结果。

基于照度-反射模型的处理算法,通常会借助于对数变换,将式(5-15)中两个相乘分量变成为两个相加分量。这样不仅能够简化计算,而且对数变换接近人眼亮度感知能力,能够增强图像的视觉效果。

下面主要介绍两种基于照度-反射模型的处理算法:①基于同态滤波的增强;②基于Retinex方法的增强。

5.3.1 基于同态滤波的增强

若物体受到照度明暗不匀的时候,图像上对应照度暗的部分的细节就较难辨别。基于同态滤波的增强方法的主要目的就是消除不均匀照度的影响,增强图像细节。

基于同态滤波增强方法的基本原理是根据图像的照度-反射模型,对原始图像 $f(x,y)$ 中的反射分量 $r(x,y)$ 进行扩展,对光照分量 $i(x,y)$ 进行压缩,以获得所要求的增强图像。

基于同态滤波增强处理方法的具体算法步骤如下:

(1) 对图像函数 $f(x,y)$ 取对数,即进行对数变换处理

$$\begin{aligned} z(x,y) &= \ln[f(x,y)] = \ln[i(x,y)\cdot r(x,y)] \\ &= \ln[i(x,y)] + \ln[r(x,y)] \end{aligned} \tag{5-16}$$

(2) 进行傅里叶变换处理

$$\begin{aligned} Z(u,v) &= DFT\{z(x,y)\} = DFT\{\ln[i(x,y)]\} + DFT\{\ln[r(x,y)]\} \\ &= I(u,v) + R(u,v) \end{aligned} \tag{5-17}$$

(3) 进行同态滤波处理

$$\begin{aligned} S(u,v) &= Homo(u,v)\cdot Z(u,v) \\ &= Homo(u,v)\cdot I(u,v) + Homo(u,v)\cdot R(u,v) \end{aligned} \tag{5-18}$$

如前所述,图像的对数傅里叶变换的高频分量主要对应反射分量,低频分量主要对应照射分量,因此,需要设计合适的同态滤波函数 $Homo(u,v)$,对高频、低频成分产生不同的影响,目的是为了压低照明分量、扩大反射分量。

可以看出,同态滤波函数的功能类似于高通滤波函数,因此,可在传统高通滤波函数的基础上加以改动,来逼近同态滤波函数。假设高通滤波转移函数为 $High(u,v)$,则由 $High(u,v)$ 到 $Homo(u,v)$ 的映射关系如式(5-19)所示。

$$Homo(u,v) = (\gamma_H - \gamma_L)\cdot High(u,v) + \gamma_L \tag{5-19}$$

其中,γ_H 和 γ_L 分别表示高频分量频率场和低频分量频率场滤波特性,且当取值 $\gamma_H>1, 0<\gamma_L<1$ 时,照射分量受到抑制,反射分量得到增强,从而突出图像的轮廓细节。同态滤波函数 $Homo(u,v)$ 的特性曲线如图5-18所示。

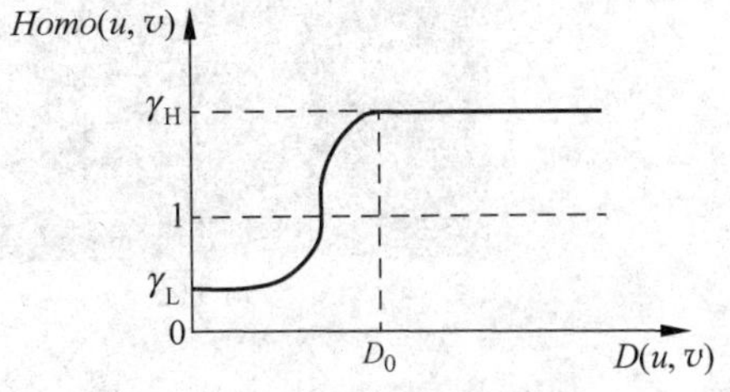

图 5-18 同态滤波函数 $Homo(u,v)$ 特性曲线

(4) 求傅里叶反变换

$$\begin{aligned} s(x,y) &= DFT^{-1}\{S(u,v)\} \\ &= DFT^{-1}\{Homo(u,v)\cdot I(u,v)\} + DFT^{-1}\{Homo(u,v)\cdot R(u,v)\} \\ &= i'(x,y) + r'(x,y) \end{aligned} \tag{5-20}$$

(5) 求指数变换,得到经同态滤波处理的图像

$$\begin{aligned} g(x,y) &= e^{\{s(x,y)\}} = e^{\{i'(x,y)+r'(x,y)\}} \\ &= i_0(x,y) \times r_0(x,y) \end{aligned} \tag{5-21}$$

其中,$i_0(x,y)$是处理后的照射分量,$r_0(x,y)$是处理后的反射分量。

需要指出的是,在傅里叶平面上用同态滤波器来增强高频分量以突出轮廓细节的同时,也平滑了低频分量,使得图像中灰度变化平缓区域出现模糊。因此,通常会增加一个后滤波处理来补偿低频分量,以使得图像得到很大的改善。

【例 5.8】 基于 MATLAB 编程,对图像进行同态滤波增强。

解:程序如下:

```
Image = double(rgb2gray(imread('gugong1.jpg')));
imshow(uint8(Image)),title('原始故宫图像');
logI = log(Image + 1);                                          %对数运算
sigma = 1.414; filtersize = [7 7];                              %高斯滤波器参数
lowfilter = fspecial('gaussian',filtersize,sigma);              %构造高斯低通滤波器
highfilter = zeros(filtersize);
highpara = 1; lowpara = 0.4;                                    %控制滤波器幅度范围的系数
highfilter(ceil(filtersize(1,1)/2),ceil(filtersize(1,2)/2)) = 1;
highfilter = highpara * highfilter - (highpara - lowpara) * lowfilter;
                                                          %高斯低通滤波器转换为高斯高通滤波器
highpart = imfilter(logI,highfilter,'replicate','conv');        %时域卷积实现滤波
NewImage = exp(highpart);                                       %指数变换恢复图像
top = max(NewImage(:)); bottom = min(NewImage(:));
NewImage = (NewImage - bottom)/(top - bottom);                  %数据的映射处理,符合人眼视觉特性
NewImage = 1.5. * (NewImage);                                   %调整亮度
figure,imshow((NewImage));title('基于同态滤波的增强图像');
```

程序运行结果如图 5-19 所示。图 5-19(a)为原始的光照不均匀图像;图 5-19(b)为经过同态滤波增强处理后的输出图像,质量有了很大改善。

(a) 原图

(b) 同态滤波效果

图 5-19 基于同态滤波的增强

5.3.2 基于 Retinex 理论的增强

"Retinex"源于 Retina(视网膜)和 Cortex(大脑皮层)合成词的缩写,故 Retinex 理论又被称为"视网膜大脑皮层理论"。Retinex 理论的基本原理模型是以人类视觉系统为出发点发展而来的一种基于颜色恒常性的色彩理论,该理论认为①人眼对物体颜色的感知与物体表面的反射性质有着密切关系,即由物体对红、绿、蓝三色光线的反射能力来决定,反射率低的物体看上去较暗,反射率高的物体看上去是较亮;②人眼对物体色彩的感知具有一致性,不受光照变化的影响。

基于 Retinex 理论的增强方法的基本原理就是根据图像的照度-反射模型,通过从原始图像中估计光照分量,然后设法去除(或降低)光照分量,获得物体的反射性质,从而获得物体的本来面貌。

根据采用的不同的估计光照分量的方法,产生了各种 Retinex 算法。这里主要介绍中心环绕 Retinex 方法。在中心环绕 Retinex 方法中,估计光照分量的计算如式(5-22)所示,其物理意义是通过计算被处理像素与其周围区域加权平均值的比值来消除照度变化的影响。

$$i'_C(x,y) = F(x,y) * f_C(x,y) \tag{5-22}$$

其中,$C \in \{R,G,B\}$,$f_C(x,y)$是图像 $f(x,y)$的第 C 颜色通道的亮度分量。$i'_C(x,y)$是第 C 颜色通道的光照分量估计值。$F(x,y)$是中心环绕函数,一般采用高斯函数形式的环绕函数,为

$$F(x,y) = K \cdot \mathrm{e}^{-\frac{x^2+y^2}{\sigma^2}} \tag{5-23}$$

其中,σ 为标准差,表示高斯环绕函数的尺度常数,决定了卷积核的作用范围。K 为归一化因子,使得

$$\iint F(x,y)\mathrm{d}x\mathrm{d}y = 1 \tag{5-24}$$

中心环绕 Retinex 方法主要分为单尺度 Retinex 方法(Single-Scale Retinex, SSR)和多尺度 Retinex 方法(Multi-Scale Retinex,MSR)。

1. 单尺度 Retinex 增强

基于单尺度 Retinex 的增强方法的具体算法步骤如下:

(1) 根据式(5-22)、式(5-23)计算第 C 颜色通道的光照分量估计值 $i'_C(x,y)$;

(2) 对 $f_C(x,y)$取对数,即进行对数变换处理,有

$$\begin{aligned}\ln[f_C(x,y)] &= \ln[i_C(x,y) \cdot r_C(x,y)] \\ &= \ln[i_C(x,y)] + \ln[r_C(x,y)]\end{aligned} \tag{5-25}$$

(3) 在对数域中,用 $f_C(x,y)$减去光照分量估计 $i'_C(x,y)$,计算反射分量,即获得图像的高频分量,有

$$\begin{aligned}R_C(x,y) = \ln[r'_C(x,y)] &= \ln[f_C(x,y)] - \ln[i'_C(x,y)] \\ &= \ln[f_C(x,y)] - \ln[F(x,y) * f_C(x,y)]\end{aligned} \tag{5-26}$$

其中,$R_C(x,y)$是第 C 颜色通道的单尺度 Retinex 增强输出图像。

【例 5.9】 基于 MATLAB 编程,对图像进行单尺度 Retinex 方法的增强。

解:程序如下:

```
Image = (imread('gugong1.jpg'));
imshow(Image); title('原始图像');
```

```
[height,width,c] = size(Image);
RI = double(Image(:,:,1)); GI = double(Image(:,:,2)); BI = double(Image(:,:,3));
sigma = 100; filtersize = [height,width];                    %高斯滤波器参数
gaussfilter = fspecial('gaussian',filtersize,sigma);         %构造高斯低通滤波器
Rlow = imfilter(RI,gaussfilter,'replicate','conv');
Glow = imfilter(GI,gaussfilter,'replicate','conv');
Blow = imfilter(BI,gaussfilter,'replicate','conv');
minRL = min(min(Rlow)); minGL = min(min(Glow)); minBL = min(min(Blow));
maxRL = max(max(Rlow)); maxGL = max(max(Glow)); maxBL = max(max(Blow));
RLi = (Rlow - minRL)/(maxRL - minRL);
GLi = (Glow - minGL)/(maxGL - minGL);
BLi = (Blow - minBL)/(maxBL - minBL);
Li = cat(3,RLi,GLi,BLi);
figure;imshow(Li);title('估计光照分量');
Rhigh = log(RI./Rlow + 1);                                    %获得 R 通道的高频分量
Ghigh = log(GI./Glow + 1                                      %获得 G 通道的高频分量
Bhigh = log(BI./Blow + 1);                                    %获得 B 通道的高频分量
SSRI = cat(3,Rhigh,Ghigh,Bhigh);
figure;imshow((SSRI));title('单尺度 Retinex 增强');
```

程序运行结果如图 5-20 所示。图 5-20(a)为原始图像；图 5-20(b)为图像的光照分量的估计；图 5-20(c)为单尺度 Retinex 增强图像。

(a) 原图

(b) 估计光照分量

(c) 单尺度Retinex增强图像

图 5-20　基于单尺度 Retinex 的图像增强

2. 多尺度 Retinex 增强

根据式(5-23)，高斯环绕函数 $F(x,y)$的尺度 σ 的大小会直接影响图像增强结果。尺度 σ 越小，越能够较好地完成动态范围压缩，但全局照度损失，图像呈现"白化"；尺度 σ 越大，越能够较好地保证图像的色感一致性，但局部细节模糊，强边缘处有明显"光晕"。单尺度 Retinex 增强方法很难在动态范围压缩和色感一致性上寻找到平衡点。因此，对单尺度改进后，就产生了多尺度 Retinex 增强方法。

多尺度 Retinex 增强实质上是多个不同单尺度 Retinex 的加权平均。

基于多尺度 Retinex 的增强方法的具体算法步骤如下：

(1) 设置不同尺度 σ_n，$n=1,2,\cdots,N$。其中，N 为设置的不同尺度个数。

(2) 根据式(5-23)，计算不同尺度的中心环绕函数 $F_n(x, y)$。

(3) 根据式(5-27)，求图像的不同尺度的 Retinex 增强输出。

$$R_{n_C}(x,y) = \{\ln[f_C(x,y)] - \ln[F_n(x,y) * f_C(x,y)]\} \tag{5-27}$$

其中，$R_{n_C}(x,y)$是第 C 颜色通道第 n 个尺度的 Retinex 增强输出。

(4) 对多个不同尺度的 Retinex 增强输出结果进行加权平均。

$$R_{M_C}(x,y)=\left[\sum_{n=1}^{N}w_nR_{n_C}(x,y)\right]\cdot\gamma_C(x,y) \tag{5-28}$$

其中,$R_{M_C}(x,y)$是第 C 颜色通道的多尺度 Retinex 增强输出。w_n 是给不同尺度 σ_n 分配的权重因子。$\gamma_C(x,y)$是第 C 颜色通道的色彩恢复系数,其定义如式(5-29)所示。

$$\gamma_C(x,y)=\eta\cdot\ln\left[\beta\cdot\frac{f_C(x,y)}{\sum_{C\in(R,G,B)}f_C(x,y)}\right] \tag{5-29}$$

其中,η 为增益常数,β 为非线性强度的控制因子。

【例 5.10】 基于 MATLAB 编程对图像进行多尺度 Retinex 增强。

解:程序如下:

```
Image = (imread('gugong1.jpg'));
imshow(Image); title('原始图像');
[height,width,c] = size(Image);
RI = double(Image(:,:,1));
GI = double(Image(:,:,2));
BI = double(Image(:,:,3));
beta = 0.4; alpha = 125;
CR = beta * (log(alpha * (RI + 1)) - log(RI + GI + BI + 1));
CG = beta * (log(alpha * (GI + 1)) - log(RI + GI + BI + 1));
CB = beta * (log(alpha * (BI + 1)) - log(RI + GI + BI + 1));
Rhigh = zeros(height,width);
Ghigh = zeros(height,width);
Bhigh = zeros(height,width);
sigma = [15 80 250]; filtersize = [height,width];                % 高斯滤波器参数
for i = 1:3
   gaussfilter = fspecial('gaussian',filtersize,sigma(i)); % 构造高斯低通滤波器
   Rlow = imfilter(RI,gaussfilter,'replicate','conv');
   Glow = imfilter(GI,gaussfilter,'replicate','conv');
   Blow = imfilter(BI,gaussfilter,'replicate','conv');
   Rhigh = 1/3 * (CR. * log(RI./Rlow + 1) + Rhigh);           % 获得 R 通道的高频分量
   Ghigh = 1/3 * (CG. * log(GI./Glow + 1) + Ghigh);           % 获得 G 通道的高频分量
   Bhigh = 1/3 * (CB. * log(BI./Blow + 1) + Bhigh);           % 获得 B 通道的高频分量
end
MSRI = cat(3,Rhigh,Ghigh,Bhigh);
figure;imshow(MSRI);title('多尺度 Retinex 增强');
```

程序运行结果如图 5-21 所示。其中,图 5-21(a)为原始图像,图 5-21(b)为多尺度 Retinex 增强图像。

(a) 原图

(b) 多尺度Retinex增强图像

图 5-21 基于多尺度 Retinex 的图像增强

5.4 基于模糊技术的图像增强

模糊性就是事物的性质或类属的一种不分明性。1965年美国加利福尼亚大学控制论专家L. A. Zadeh教授提出了用模糊集来处理这种模糊性。从此，以模糊集合为基础的模糊数学诞生了。目前，模糊技术已被广泛地应用于自然科学与社会科学的许多领域。

令$\mathbf{U}$为元素(对象)集，u表示$\mathbf{U}$的一类元素，即$\mathbf{U}=\{u\}$，则该集合称为论域$\mathbf{U}$。论域$\mathbf{U}$到[0,1]闭区间的任一映射μ_A为

$$\mu_{\mathbf{A}}:\mathbf{U}\to[0,1],\quad u\to\mu_{\mathbf{A}}(u) \tag{5-30}$$

都确定$\mathbf{U}$的一个模糊集合$\mathbf{A}$，$\mu_{\mathbf{A}}$称为模糊集合的隶属函数。$\mu_{\mathbf{A}}(u)$称为u对于$\mathbf{A}$的隶属度，取值范围为[0,1]，其大小反映了u对于模糊集合$\mathbf{A}$的从属程度。

因此，模糊集合$\mathbf{A}$完全可由u值和相应的隶属度函数$\mu_{\mathbf{A}}(u)$来表示描述，即

$$\mathbf{A}=\{u,\mu_{\mathbf{A}}(u)\mid u\in\mathbf{U}\} \tag{5-31}$$

相应地，模糊集合的运算可由其隶属函数的运算来定义。

5.4.1 图像的模糊特征平面

依照模糊集的概念，一幅灰度级为L的$M\times N$的二维图像$\boldsymbol{X}$，可以看作为一个模糊点阵，记为

$$\boldsymbol{X}=\begin{bmatrix}\mu_{11}(x_{11}) & \mu_{12}(x_{12}) & \cdots & \mu_{1N}(x_{1N})\\ \mu_{21}(x_{21}) & \mu_{22}(x_{22}) & \cdots & \mu_{2N}(x_{2N})\\ \vdots & \vdots & \vdots & \vdots\\ \mu_{M1}(x_{M1}) & \mu_{M2}(x_{M2}) & \cdots & \mu_{MN}(x_{MN})\end{bmatrix}$$

或

$$\boldsymbol{X}=\bigcup_{m=1}^{M}\bigcup_{n=1}^{N}\mu_{mn}(x_{mn}) \tag{5-32}$$

其中，x_{mn}是图像中像素(m,n)的灰度，$\mu_{mn}(x_{mn})$表示图像中像素(m,n)的灰度x_{mn}相对于某些特定灰度级x的隶属度，且$0\leqslant\mu_{mn}\leqslant1$。换句话说，一幅图像$\boldsymbol{X}$的模糊集合是一个从$\boldsymbol{X}$到[0,1]的映射$\mu_{mn}$。对于任一点$x_{mn}\in\boldsymbol{X}$，称$\mu_{mn}(x_{mn})$为$x_{mn}$在$\mu_{mn}$中的隶属度。

可以看出，隶属度函数$\mu_{mn}(x_{mn})$可以用于表征图像的模糊特征，可将图像从空间灰度域变换到模糊域。

5.4.2 图像的模糊增强

基于模糊域的图像增强的具体算法步骤如下。

(1) 进行模糊特征提取，将图像从空间灰度域变换到模糊域，有

$$\mu_{mn}=T(x_{mn})=\left[1+\frac{x_{\max}-x_{mn}}{F_d}\right]^{-F_e} \tag{5-33}$$

其中，x_{mn}是图像中像素(m,n)的灰度，$x_{\max}$是图像中最大灰度值，F_d和F_e分别为指数和分数模糊因子，这些模糊因子可以在模糊域内改变μ_{mn}的值。一般情况下，指数因子F_e取值为2，分数因子F_d取值为

$$F_d = \frac{x_{\max} - x_c}{2^{\frac{1}{F_e}} - 1} \tag{5-34}$$

其中，x_c 为渡越点，其取值需要满足 $\mu_c = T(x_c) = 0.5$ 且 $x_c \in \boldsymbol{X}$。

（2）在模糊域，对模糊特征进行一定的增强变换处理，有

$$\begin{cases} \mu'_{mn} = I_r(\mu_{mn}) = \begin{cases} 2\mu_{mn}^2, & 0 \leqslant \mu_{mn} < 0.5 \\ 1 - 2(1-\mu_{mn})^2, & 0.5 \leqslant \mu_{mn} < 1 \end{cases} \\ I_r(\mu_{mn}) = I_1(I_{r-1}(\mu_{mn})) \end{cases} \tag{5-35}$$

其中，μ'_{mn} 为增强后的模糊域像素灰度值；r 为正整数，表示迭代次数。可以根据不同需求选择迭代次数。

（3）逆变换，得到新的模糊增强后的输出图像。逆变化如下：

$$z_{mn} = I^{-1}(\mu'_{mn}) = x_{\max} - F_d[(\mu'_{mn})^{\frac{1}{F_e}} - 1] \tag{5-36}$$

【例 5.11】 基于 MATLAB 编程，对图像进行基于模糊域的增强。

解：程序如下：

```
Image = imread('Beautiful.jpg');
imshow(Image); title('原始图像');
[height width] = size(Image);
Image = double(Image); xmax = max(max(Image));
Fe = 2; xc = mean2(Image); Fd = (xmax - xc)/(2^(1/Fe) - 1);
u = (1 + (xmax - Image)/Fd).^( - Fe);                          % 空间域变换到模糊域
times = 2;                                                      % 设置迭代次数
for k = 1:times
   for i = 1:height
      for j = 1:width
         if u(i,j)< 0.5
            u(i,j) = 2 * u(i,j)^2;
         else
            u(i,j) = 1 - 2 * (1 - u(i,j))^2;                    % 模糊域增强算子
         end
      end
   end
end
NewImage = xmax - Fd. * (u.^( - 1/Fe) - 1);                     % 模糊域变换回空间域
figure;imshow(uint8(NewImage));title('基于模糊技术的增强');
```

程序运行结果如图 5-22 所示。图 5-22(a)为原始图像；图 5-22(b)为基于模糊技术增强后图像，图像的对比度明显增强。

(a) 原始图像

(b) 模糊增强后的图像

图 5-22 基于模糊域的图像增强处理效果

5.5 基于伪彩色处理的图像增强

人眼能分辨的灰度级介于十几级到二十几级之间，但是却可以分辨上千种不同的颜色。因此，利用这一视觉特性，若将灰度图像变成彩色图像，能够有效提高图像的可鉴别性。

伪彩色增强就是一种灰度到彩色的映射技术，其目的是把灰度图像的不同灰度级按照线性或非线性映射成不同的颜色，以提高图像内容的可辨识度，达到增强的目的。通常，在伪彩色增强中，给定的彩色分布是根据灰度图像的灰度级或其他图像特征人为设置的，以便将二维灰度图像像素逐点映射到由 RGB 三基色所确定的三维色度空间。

5.5.1 密度分割法

密度分割法，又称为灰度分割法，是一种最常见的伪彩色增强技术。设一幅灰度图像 $f(x,y)$，在灰度级 L_1 处设置一个平行 xOy 平面的切割平面。若对切割平面以下（灰度级小于 L_1）的像素分配一种颜色（如蓝色），相应地对切割平面以上（灰度级大于 L_1）的像素分配另一种颜色（如红色）。这样切割结果就可以把灰度图像变为只有两个颜色的伪彩色图像，如图 5-23 所示。

若将图像灰度级用 M 个切割平面去切割，就会得到 M 个不同灰度级区域 $S_1,S_2,\cdots,S_M$。对这 M 个区域中的像素人为分配 M 种不同颜色，就可以得到具有 M 种颜色的伪彩色图像，如图 5-24 所示。

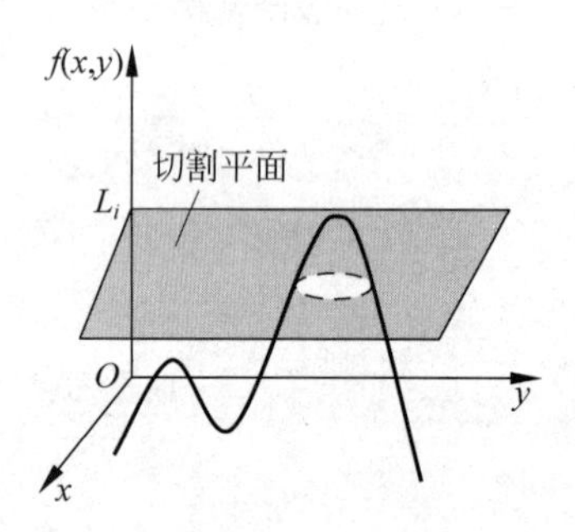

图 5-23 密度分割法伪彩色增强处理原理示意图

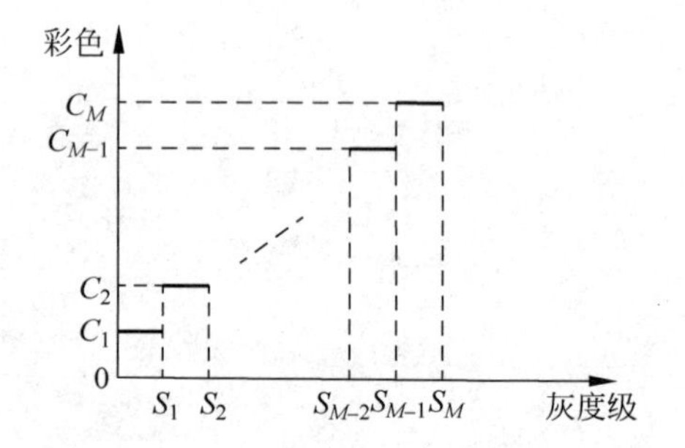

图 5-24 灰度级到彩色的映射

基于密度分割的伪彩色增强方法的优点是简单直观，便于用软件或硬件实现。缺点是变换出的彩色信息有限，且变换后的图像通常会显得不够细腻。

【例 5.12】 基于 MATLAB 编程，实现基于密度分割的伪彩色增强。

解：程序如下：

```
Image = double(imread('yaogan1.bmp'));
imshow(Image); title('原始图像');
[height,width] = size(Image);
NewImage = zeros(height,width,3);
for i = 1:height
   for j = 1:width
      if Image(i,j)< 52                    % 当灰度级位于[0,52)的灰度 - 彩色映射
         NewImage(i,j,1) = 16;
```

```
            NewImage(i,j,2) = 25;
            NewImage(i,j,3) = 64;
        elseif Image(i,j)< 92                          % 当灰度级位于[52,92)的灰度 - 彩色映射
            NewImage(i,j,1) = 27;
            NewImage(i,j,2) = 45;
            NewImage(i,j,3) = 125;
        elseif Image(i,j)< 115                         % 当灰度级位于[92,115)的灰度 - 彩色映射
            NewImage(i,j,1) = 101;
            NewImage(i,j,2) = 146;
            NewImage(i,j,3) = 79;
        elseif Image(i,j)< 170                         % 当灰度级位于[115,170)的灰度 - 彩色映射
            NewImage(i,j,1) = 115;
            NewImage(i,j,2) = 156;
            NewImage(i,j,3) = 142;
        Else                                           % 当灰度级位于[179,255)的灰度 - 彩色映射
            NewImage(i,j,1) = 213;
            NewImage(i,j,2) = 222;
            NewImage(i,j,3) = 159;
        end
    end
end
figure;imshow(uint8(NewImage));title('密度分割的伪彩色增强');
```

程序运行结果如图 5-25 所示。图 5-25(a)为原始图像；图 5-25(b)为基于密度分割的伪彩色增强图像。

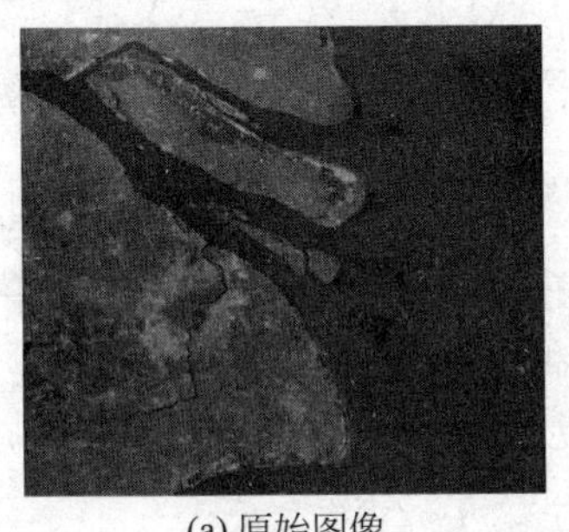

(a) 原始图像

(b) 伪彩色增强后图像

图 5-25　密度分割的伪彩色增强处理效果

5.5.2 空间域灰度级-彩色变换

这种伪彩色增强方法可将灰度图像变为具有多种颜色渐变的连续彩色图像，变换后的结果图像视觉效果较好。

灰度级-彩色变换伪彩色增强原理如图 5-26 所示，其主要思想是将灰度图像 $f(x,y)$ 送入具有不同变换特性的红、绿、蓝 3 个变换器，即 $T_R(\cdot)$、$T_G(\cdot)$、$T_B(\cdot)$，相对应地产生 3 个不同的输出 $f_R(x,y)$、$f_G(x,y)$、$f_B(x,y)$，将它们对应地作为彩色图像的红、绿、蓝三个色彩分量，合成一幅彩

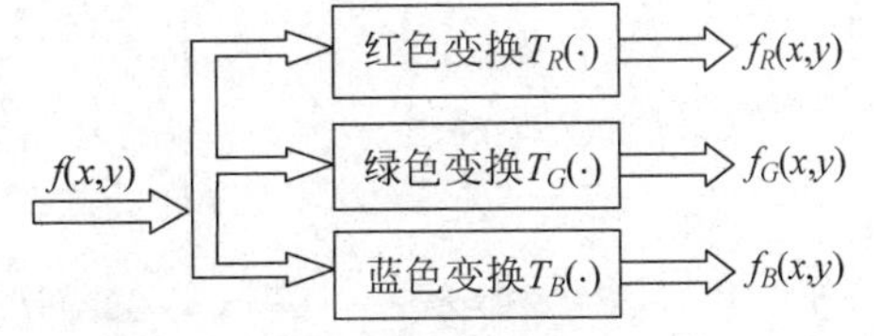

图 5-26　灰度级-彩色变换伪彩色增强技术原理

色图像。同一灰度由于3个变换器对其实施不同变换，而使得3个变换器输出不同，从而可以合成不同的颜色。

典型的灰度级-彩色变换伪彩色增强的变换函数图形如图5-27所示，其对应的灰度级-彩色变换的公式如式(5-37)所示。

$$R=\begin{cases}0, & 0\leqslant f<\frac{L}{2}\\ 4f-2L, & \frac{L}{2}\leqslant f<\frac{3L}{4}\\ 255, & \frac{3L}{4}\leqslant f<L\end{cases},\quad G=\begin{cases}4f, & 0\leqslant f<\frac{L}{4}\\ L, & \frac{L}{4}\leqslant f<\frac{3L}{4}\\ 4L-4f, & \frac{3L}{4}\leqslant f<L\end{cases},$$

$$B=\begin{cases}L, & 0\leqslant f<\frac{L}{4}\\ 2L-4f, & \frac{L}{4}\leqslant f<\frac{L}{2}\\ 0, & \frac{L}{2}\leqslant f<L\end{cases}\tag{5-37}$$

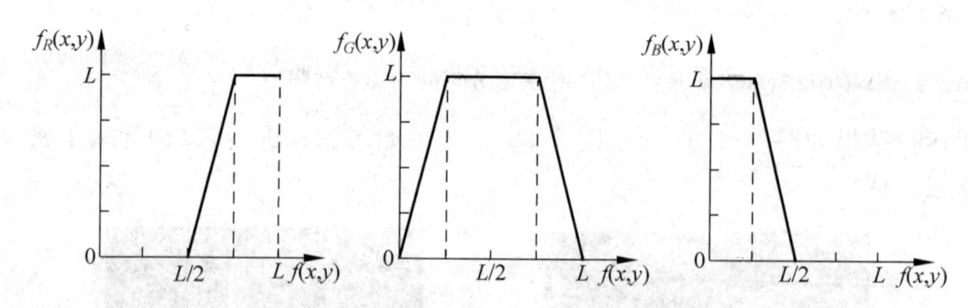

图5-27 一种典型的灰度级-彩色变换函数

另外，常用的灰度级-彩色变换伪彩色增强还有彩虹编码和热金属编码。彩虹编码伪彩色增强变换函数图形如图5-28所示，其对应的灰度级-彩色变换的公式如式(5-38)所示。

$$R=\begin{cases}0, & 0\leqslant f<96\\ 255\cdot\frac{f-96}{32}, & 96\leqslant f<128\\ 255, & 128\leqslant f<256\end{cases}$$

$$G=\begin{cases}0, & 0\leqslant f<32\\ 255\cdot\frac{f-32}{32}, & 32\leqslant f<64\\ 255, & 64\leqslant f<128\\ 255\cdot\frac{192-f}{64}, & 128\leqslant f<192\\ 255\cdot\frac{f-192}{64}, & 192\leqslant f<256\end{cases}$$

$$B=\begin{cases}255\cdot\dfrac{f}{32}, & 0\leqslant f<32\\ 255, & 32\leqslant f<64\\ 255\cdot\dfrac{96-f}{32}, & 64\leqslant f<96\\ 0, & 96\leqslant f<192\\ 255\cdot\dfrac{f-192}{64}, & 192\leqslant f<256\end{cases}\tag{5-38}$$

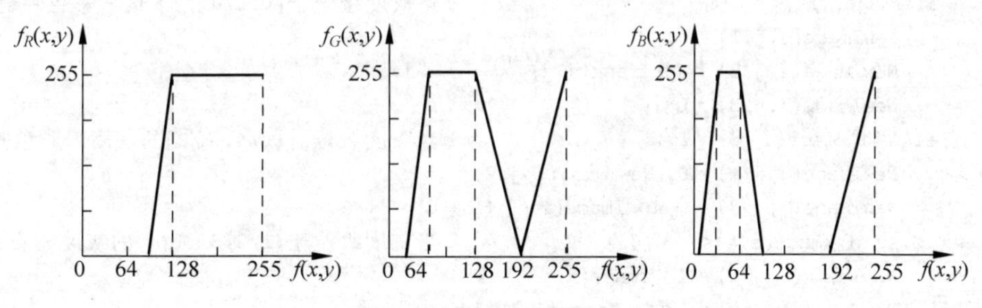

图 5-28 彩虹编码的灰度级-彩色变换函数

热金属编码伪彩色增强的变换函数图形如图 5-29 所示，其对应的灰度级-彩色变换的公式如式(5-39)所示。

$$R=\begin{cases}0, & 0\leqslant f<64\\ 255\cdot\dfrac{f-64}{64}, & 64\leqslant f<128\\ 255, & 128\leqslant f<256\end{cases}$$

$$G=\begin{cases}0, & 0\leqslant f<128\\ 255\cdot\dfrac{f-128}{64}, & 128\leqslant f<192\\ 255, & 192\leqslant f<256\end{cases}$$

$$B=\begin{cases}255\cdot\dfrac{f}{64}, & 0\leqslant f<64\\ 255, & 64\leqslant f<96\\ 255\cdot\dfrac{128-f}{32}, & 96\leqslant f<128\\ 0, & 128\leqslant f<192\\ 255\cdot\dfrac{f-192}{64}, & 192\leqslant f<256\end{cases}\tag{5-39}$$

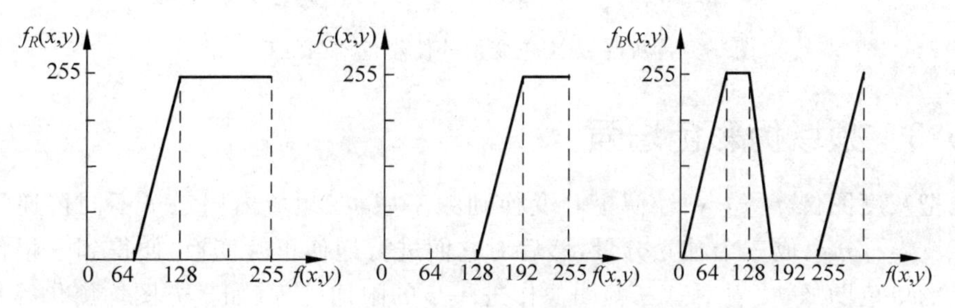

图 5-29 热金属编码的灰度级-彩色变换函数

【例 5.13】 基于 MATLAB 编程，实现图 5-27 所示的灰度级-彩色变换的伪彩色增强。

解：程序如下：

```
Image = double(imread('Brain.jpg'));
[height,width] = size(Image);
NewImage = zeros(height,width,3);
L = 255;
for i = 1:height
   for j = 1:width
      if Image(i,j)< = L/4                        % 当灰度级位于[0,L/4]的灰度 - 彩色映射
         NewImage(i,j,1) = 0;
         NewImage(i,j,2) = 4 * Image(i,j);
         NewImage(i,j,3) = L;
      else if Image(i,j)< = L/2                   % 当灰度级位于(L/4, L/2]的灰度 - 彩色映射
         NewImage(i,j,1) = 0; NewImage(i,j,2) = L;
         NewImage(i,j,3) = - 4 * Image(i,j) + 2 * L;
       else if Image(i,j)< = 3 * L/4              % 当灰度级位于(L/2,3 * L/4]的灰度 - 彩色映射
         NewImage(i,j,1) = 4 * Image(i,j) - 2 * L;
         NewImage(i,j,2) = L; NewImage(i,j,3) = 0;
        Else                                      % 当灰度级位于(3 * L/4,L]的灰度 - 彩色映射
         NewImage(i,j,1) = L;
         NewImage(i,j,2) = - 4 * Image(i,j) + 4 * L;
         NewImage(i,j,3) = 0;
          end
         end
      end
   end
end
figure;imshow(uint8(NewImage));title('灰度级 - 彩色变换伪彩色增强图像');
```

程序运行结果如图 5-30 所示。图 5-30(a)为原始图像；图 5-30(b)为基于灰度级-彩色变换的伪彩色增强后图像。

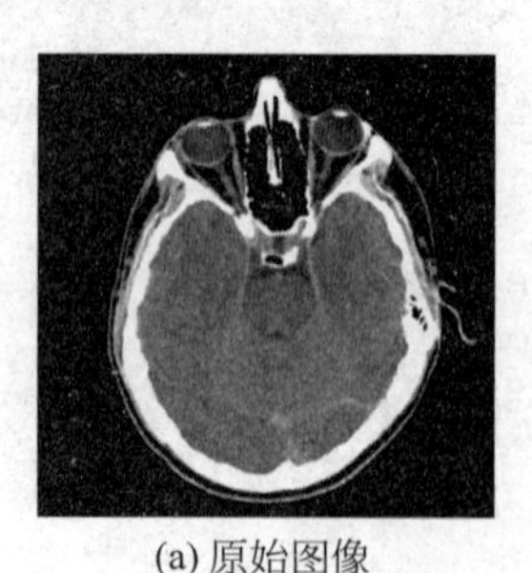

(a) 原始图像

(b) 伪彩色增强后图像

图 5-30 灰度级-彩色变换的伪彩色增强处理效果

5.5.3 频域伪彩色增强

首先把灰度图像 $f(x, y)$经傅里叶变换到频率域，在频域内用三个不同传递特性的滤波器将 $f(x, y)$分离成三个独立分量，然后对它们进行逆傅里叶变换，便得到三幅代表不同频率分量的单色图像，接着对这三幅图像作进一步的附加处理（如直方图均衡化等），使其彩

色对比度更强。最后将它们作为三基色分量，得到一幅彩色图像，从而实现基于频域的伪彩色增强。

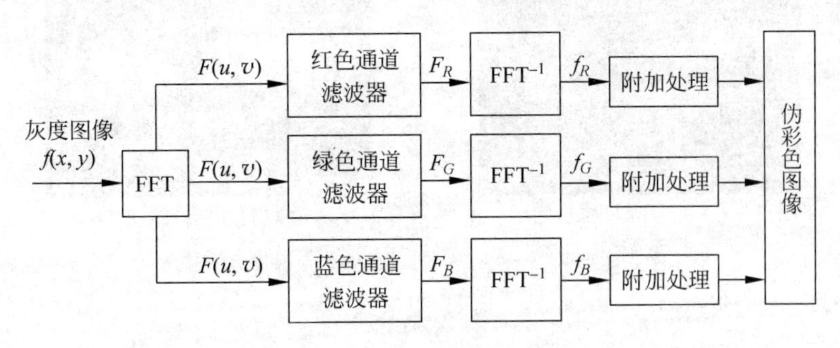

图 5-31　频率域伪彩色增强

可以看出，在频域伪彩色增强方法中，输出图像的伪彩色与灰度图像的灰度级无关，而是取决于灰度图像中不同的空间频率成分。典型的频域伪彩色增强方法是设计相应的低通、带通和高通三种滤波器，把图像分成低频、中频和高频三个频率分量，再分别赋予不同的三基色分量，从而得到对频率敏感的伪彩色图像。

【例 5.14】 基于 MATLAB 编程，实现频率域的伪彩色增强。

解：程序如下：

```
Image = imread('qiguan.bmp');
imshow(Image); title('原始图像');
[height,width] = size(Image);
NewImage = zeros(height,width,3);
G = fft2(Image);
n = 2; RedD0 = 150;          GreenD0 = 200;                    %低通、高通滤波器参数设置
Bluecenter = 150;          Bluewidth = 100;
Blueu0 = 10;               Bluev0 = 10;                      %带通滤波器参数设置
for u = 1:height
    for v = 1:width
        D(u,v) = sqrt(u^2 + v^2);
        RedH(u,v) = 1/(1 + (sqrt(2) - 1) * (D(u,v)/RedD0)^(2 * n));      %低通转移函数
        GreenH(u,v) = 1/(1 + (sqrt(2) - 1) * (GreenD0/D(u,v))^(2 * n));  %高通转移函数
        BlueD(u,v) = sqrt((u - Blueu0)^2 + (v - Bluev0)^2);
        BlueH(u,v) = 1 - 1/(1 + BlueD(u,v) * Bluewidth/((BlueD(u,v))^2 - ...
                          (Bluecenter)^2)^(2 * n));               %带通滤波器转移函数

    end
end
Red = RedH. * G;          RedC = ifft2(Red);
Green = GreenH. * G;      GreenC = ifft2(Green);
Blue = BlueH. * G;        BlueC = ifft2(Blue);
NewImage(:,:,1) = uint8(real(RedC));
NewImage(:,:,2) = uint8(real(GreenC));
NewImage(:,:,3) = uint8(real(BlueC));
figure;imshow(NewImage);title('频域伪彩色增强');
```

程序运行结果如图 5-32 所示。图 5-32(a)为原始图像；图 5-32(b)为基于频域的伪彩色增强后图像。

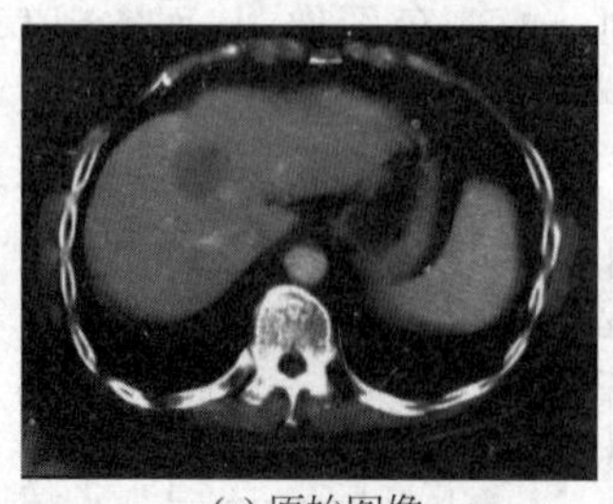

(a) 原始图像

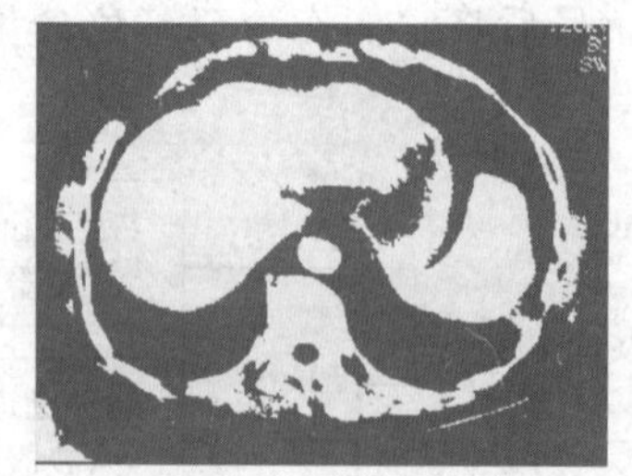

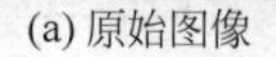

(b) 伪彩色增强后图像

图 5-32 频率域伪彩色增强处理效果

5.6 其他图像增强方法

除了前述的常见的图像增强方法外，对数图像处理数学模型、暗原色先验等方法在图像增强处理中也得到了成功应用。

5.6.1 基于对数图像处理模型的图像增强

通常，在对图像进行线性运算处理过程中，会出现许多边际效应。首先，可能会使输出值超出允许的灰度取值范围，产生"超区间值"问题，这类输出值会被修剪掉，从而导致图像信息的严重丢失；其次，线性运算结果与人类的视觉感官往往有所偏差。所以，一般的标量乘法"×"和加法"+"运算并不通用于图像的形成法则。对数图像处理(Logarithmic Image Processing，LIP)模型的提出，不仅解决了"数值溢出"的缺陷问题，而且该模型符合人类视觉系统的非线性(对数)感知处理过程，能更好地分析图像的细节，突出图像中人们感兴趣的区域，一直是人们研究的热点。后来，人们从经典的对数图像处理模型发展出许多改进的对数图像处理模型，例如 GLIP、PLIP、HLIP、SLIP、PSLIP 等。本节主要介绍经典的对数图像处理模型及其在对比度增强中的应用。

1. 对数图像处理模型

在对数图像处理模型中，一幅图像通常用灰度色调函数来表示。设图像支撑集为 $\mathbf{D}\subset\mathbf{R}^2$，灰度色调函数的定义如式(5-40)所示。

$$f(x,y)=M-I(x,y) \tag{5-40}$$

其中，$I(x,y)$为输入的原始图像，$f(x,y)$为定义在$[0,M)$区间内的灰度色调函数，M 是严格的正值。对于一般的 8 比特的图像，M 一般取值为 256。

灰度色调函数的物理意义是光线通过一个光强滤波器形成了进入人眼的透射光从而成像，本质就是把原图像转换到对应的光强滤波函数来表示，该光强滤波函数就被定义为灰度色调函数。

对数图像处理模型是一个完备的数学理论，它规定了一系列特殊的代数运算和函数使得运算处理前后像素的灰度值都在允许的灰度范围$[0,M)$内。

1) 基础向量运算

对数图像处理模型定义了三种基本向量运算：对数加法、对数乘法和对数减法。

假设 $f_1(x,y)$、$f_2(x,y)$是定义在$[0, M)$区间内的灰度色调函数，则有如下 3 种运算。

(1) 对数加法运算：$f_1(x,y)$和 $f_2(x,y)$的对数加的定义如式(5-41)所示。

$$f_1(x,y) \oplus f_2(x,y) = f_1(x,y) + f_2(x,y) - \frac{f_1(x,y) \cdot f_2(x,y)}{M} \tag{5-41}$$

(2) 对数乘法运算：设 λ 为一个正实标量，则 $f_1(x,y)$和 λ 的对数乘的定义如式(5-42)所示。

$$\lambda \otimes f_1(x,y) = M - M\left(1 - \frac{f_1(x,y)}{M}\right)^{\lambda} \tag{5-42}$$

(3) 对数减法运算：$f_1(x,y)$和 $f_2(x,y)$的对数减的定义如式(5-43)所示。

$$f_1(x,y) \Theta f_2(x,y) = M \cdot \frac{f_1(x,y) - f_2(x,y)}{M - f_2(x,y)} \tag{5-43}$$

可以根据以上基本运算来构造图像处理的一些复杂运算来对图像进行相应的处理。

2) 基本同态函数

对数图像处理模型的基本同态函数的正变换定义为

$$\varphi(f) = -M \cdot \ln\left(1 - \frac{f(x,y)}{M}\right) \tag{5-44}$$

其反变换定义为

$$\varphi^{-1}(f) = M \cdot \left(1 - \mathrm{e}^{\left(\frac{-f(x,y)}{M}\right)}\right) \tag{5-45}$$

通过对数图像处理模型的基本同态函数的正变换，灰度色调函数 $f(x,y)$的取值范围由区间$[0,M)$扩大到$(-\infty,M)$，但小于零的部分没有实际意义，且容易扭曲图像的负值信息。由于对数图像处理模型的运算空间和输入图像的实数空间通过正变换、逆变换公式同构，所以可以由此推出对数图像处理模型空间的运算公式在实数空间的表示式。

2. 基于对数图像处理模型的增强

假设 $f(x,y)$是原始输入图像的灰度色调函数，$f'(x,y)$是增强处理后图像的灰度色调函数，$A(x,y)$是以像素点(x,y)为中心的 $n\times n$ 的邻域窗口的灰度色调函数的平均值，基于对数图像处理模型的增强算法表达式为

$$f'(x,\ y) = \alpha \otimes A(x,\ y) \oplus \beta[f(x,\ y) \Theta A(x,\ y)] \tag{5-46}$$

其中，参数 α 用来调整图像对比度。当 $\alpha>1$ 时，图像变亮；当 $\alpha<1$ 时，图像变暗。参数 β 用来调整图像的锐化效果。当 $\beta>1$ 时，增强图像边缘；当 $\beta<1$ 时则反之，图像边缘模糊。

若将灰度色调函数 $f(x,y)$进行基本正态函数的正变换处理，且令 $\bar{f}(x,y)=1-f(x,y)/M$，则可进一步得到化简后的基于对数图像处理模型的增强算法表达式为

$$\ln \bar{f}'(x,y) = \alpha \cdot \ln\bar{A}(x,y) + \beta \cdot [\ln \bar{f}(x,y) - \ln\bar{A}(x,y)] \tag{5-47}$$

其中

$$\ln\bar{A}(x,\ y) = \frac{1}{n \times n}\sum_{k=x-\frac{n}{2}}^{x+\frac{n}{2}}\sum_{l=y-\frac{n}{2}}^{y+\frac{n}{2}} \ln \bar{f}(x,\ y) \tag{5-48}$$

简化后的增强算法的计算复杂度大幅度降低，同时增大了动态调节范围及边缘信息，实现了快速增强图像的目的。

基于对数图像处理模型的增强的具体算法步骤如下：

(1) 对输入图像 $I(x,y)$进行变换，求得灰度色调函数 $f(x,y)$；

(2) 对 $f(x,y)$进行基本正态函数的正变换 $\varphi(f)$，且有 $\varphi(f)=\ln \bar{f}$；

(3) 如式(5-48)所示，求以像素点(x,y)为中心的$n\times n$的邻域窗口的平均值$\ln\overline{A}$；

(4) 如式(5-47)所示，进行基于对数图像处理模型的增强处理；

(5) 进行基本正态函数的反变换$\varphi^{-1}(f)$。

基于对数图像处理模型的图像增强结果如图 5-33 所示。图 5-33(a)为原始图像；图 5-33(b)为基于对数图像处理模型增强后的图像，可以看出图像的对比度明显增强。

(a) 原始图像　　(b) 增强后图像

图 5-33　基于对数图像处理模型的图像增强处理效果

5.6.2　图像去雾增强

摄像机所拍摄的图像，由于受到雾的影响，往往出现模糊不清、对比度下降、色彩失真等质量退化的现象，严重影响到后续的处理工作。图像去雾就是采用一定的处理方法或手段，去除图像中雾的影响，提高图像的对比度，增强图像的细节信息，获得视觉效果较好的图像。

目前，图像去雾方法主要分为两类：一类方法是基于非物理模型的去雾方法，是不考虑雾导致图像退化的成因，只通过实现对比度增强方法来达到去雾的目的。该类方法虽然能一定程度上达到去雾效果，但是可能会造成部分信息的损失。例如，子块部分重叠的局部直方图均衡化方法、对比度受限自适应直方图均衡化方法、Retinex 增强方法等。另一类方法是基于物理模型的去雾方法，考虑雾导致图像退化的成因，进行数学建模，补偿退化过程造成的失真，恢复无雾图像。该类方法获得的无雾图像，视觉效果自然，一般无信息损失。

1. 图像去雾物理模型

在恶劣的大气环境(霾、雾、灰尘等)中进行拍摄时，光线从物体表面到达观测点(如摄像头)之前，被大气中的悬浮粒子散射，使得拍摄到的图像模糊不清，图像质量下降，雾天图像退化模型如图 5-34 所示。这种复杂的散射作用分为两类：光线通过大气介质时引起的入射光衰减效应和大气介质中的粒子散射的环境光所引起的大气光散射效应。

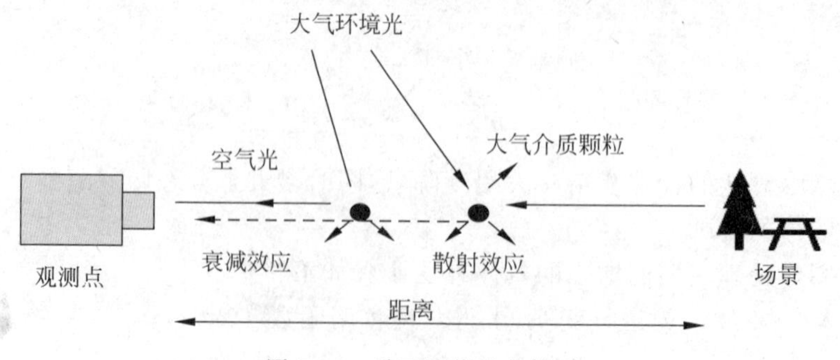

图 5-34　雾天图像退化模型

那么，入射光线到达摄像头的总光强度，为入射光线衰减后到达摄像头的光强和周围环境中的各种散射光线进入摄像头后的附加光强之和，即

$$I(x)=E_{\mathrm{d}}(d,\lambda)+E_{\mathrm{s}}(d,\lambda) \tag{5-49}$$

其中，

$$E_{\mathrm{d}}(d,\lambda)=J(x)\cdot \mathrm{e}^{-\beta(\lambda)\cdot d(x)} \tag{5-50}$$

$$E_{\mathrm{s}}(d,\lambda)=A(1-\mathrm{e}^{-\beta(\lambda)\cdot d(x)}) \tag{5-51}$$

其中，x 代表二维空间位置。$d(x)$为场景深度（图像上的目标到观察者的距离）。$E_{\mathrm{d}}(d,\lambda)$为直接衰减，描述了场景目标反射光在介质中衰减的结果。$E_{\mathrm{s}}(d,\lambda)$为空气光，反映了全局大气光的散射导致杂散光成像的情况。$I(x)$为观察图像，即输入图像。$J(x)$为场景目标直接反射光成像的亮度。A 为大气光，是沿着观测视线场景物体在无穷远处的光强，与 x 无关。β 为空气的散射系数，由于大雾天气对可见光的衰减几乎不受波长影响，因此可以认为 β 与波长 λ 无关，将 β 假设为一个不变的常量值，得

$$I(x)=J(x)\cdot \mathrm{e}^{-\beta\cdot d(x)}+A(1-\mathrm{e}^{-\beta\cdot d(x)}) \tag{5-52}$$

这就是图像去雾的物理模型。

2. 基于暗原色先验的去雾方法

He Kaiming 等人通过对户外大量清晰无雾的自然图像观察统计得到：在绝大多数非天空的局部区域内，某一些像素在 RGB 三色通道中至少有一个通道的像素颜色值比较低。换言之，该区域光强度的最小值是个很小的数。

若给出一幅清晰无雾图像 J，暗通道 J^{dark} 用数学公式定义为

$$J^{\mathrm{dark}}(i,j)=\min_{C\in\{r,g,b\}}\left(\min_{y\in\Omega(i,j)}(J^{C}(y))\right) \tag{5-53}$$

其中，J^{C} 表示图像 J 的 RGB 三色通道中的一个颜色通道，$\Omega(i,j)$表示以点(i,j)为中心的一个局部区域块。对于非天空清晰无雾图像 J，J^{dark} 值非常低，趋近于 0，那么 J^{dark} 称为 J 的暗颜色，并且把以上观察得出的经验性规律称为暗原色先验。

基于图像去雾的物理模型，定义 $t(x)$为介质传播函数，表示透射率，$0\leqslant t(x)\leqslant 1$，且为

$$t(x)=\mathrm{e}^{-\beta\cdot d(x)} \tag{5-54}$$

则将式(5-52)变换为

$$I(x)=J(x)\cdot t(x)+A(1-t(x)) \tag{5-55}$$

暗原色先验去雾的目的就是希望能够通过雾天图像 $I(x)$恢复无雾图像 $J(x)$。

附加的大气光导致图像被雾干扰之后往往要比其本身亮度更大，透射率一般较小，所以被浓雾覆盖的图像的暗原色具有较高的强度值。视觉上看来，暗原色强度值是雾浓度的粗略近似。因此，可利用这一性质来估算大气光 A 和透射率 $t(x)$。

1) 估计大气光

对于大气光 A 的估计，由于其亮度值通常较高，所以主要通过对图像最不透明区域像素的亮度值估算而得。通常通过计算图像的暗原色最亮区域来估算大气光 A。

估计大气光 A 的具体算法步骤如下：

(1) 划分雾天图像 I 的局部块 Ω，求取其暗原色图 $I_{\mathrm{dark\_channel}}$；

(2) 从暗原色图 $I_{\mathrm{dark\_channel}}$ 中按照亮度值从大到小取最亮的前 0.1%个像素，该部分像素的位置通常对应图像中最不透明的区域；

(3) 在图像 I 中定位步骤(2)求取的像素位置区域，求该区域像素的亮度平均值 $I_{\mathrm{mean\_dc}}$；

(4) 设置参数 $A_{\max}=240$，计算 $\min(A_{\max},I_{\mathrm{mean_dc}})$作为大气光 A 的估计值。这里，设置

参数 A_{max} 表示所允许的大气光 A 的估算最大值，以避免所计算的 I_{mean_dc} 值接近于 255 时可能会造成的处理后图像的色调偏差。

大气光 A 的估计如图 5-35 所示。其中，图 5-35(a)为原始图像，所标记的蓝框区域，代表原始图像中亮度最大区域，值为 254。图 5-35(b)为暗原色图，所标记的红框区域，代表暗原色图中的最亮点，值为 208，作为估计的大气光 A 的值。可看出，估计的大气光 A 并不一定为图像中亮度的最大值。

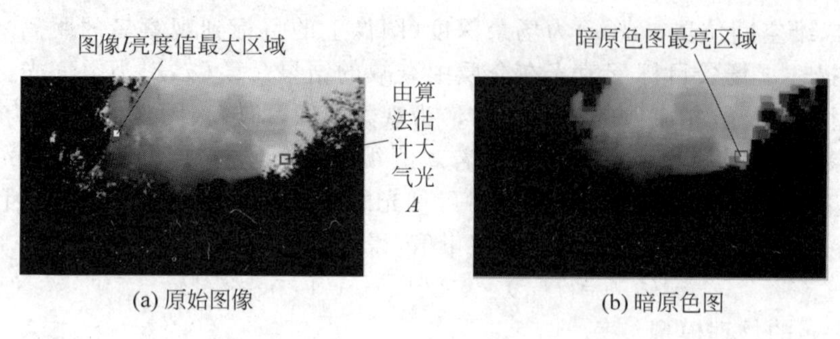

(a) 原始图像　　(b) 暗原色图

图 5-35　大气光估计

2）估计透射率

基于暗原色先验理论和雾天图像成像模型，可以直接估计出成像时刻的雾浓度，从而粗略估算透射率 $t(x)$。首先已知大气光 A，假定局部区域 Ω 内透射率保持一致，对式(5-56)在 RGB 三个颜色通道进行最小运算，可求得暗原色图。

$$\min_{C\in\{r,g,b\}}\left(\min_{x\in\Omega(i,j)}\left(\frac{I^C(x)}{A}\right)\right)=t(x)\cdot\min_{C\in\{r,g,b\}}\left(\min_{x\in\Omega(i,j)}\left(\frac{J^C(x)}{A}\right)\right)+(1-t(x)) \quad (5\text{-}56)$$

这里，C 表示图像 RGB 三通道中的一个颜色通道。又根据暗原色先验规律，无雾自然图像的暗原色值接近于 0，且 $A>0$，则得

$$\min_{C\in\{r,g,b\}}\left(\min_{x\in\Omega(i,j)}\left(\frac{J^C(x)}{A}\right)\right)\rightarrow 0 \quad (5\text{-}57)$$

将式(5-57)代入式(5-56)进行变换，可估算透射率为

$$t(x)=1-\min_{C\in\{r,g,b\}}\left(\min_{x\in\Omega(i,j)}\left(\frac{I^C(x)}{A}\right)\right) \quad (5\text{-}58)$$

又由于考虑空间透视现象、人眼的视觉特性及人观看景物时对于图像真实感和深度感的需求，针对式(5-58)引入一个调节参数 $\omega\in(0,1)$，ω 值的选取通过经验获得，则得

$$t(x)=1-\omega\cdot\min_{C\in\{r,g,b\}}\left(\min_{x\in\Omega(i,j)}\left(\frac{I^C(x)}{A}\right)\right) \quad (5\text{-}59)$$

3）获得无雾图像

将式(5-59)变形可得

$$J^C(x)=A+\frac{I^C(x)-A}{t(x)} \quad (5\text{-}60)$$

将有雾图像 $I(x)$、估计大气光 A 和透射率 $t(x)$，代入式(5-60)，计算获得无雾图像 $J(x)$。

基于暗原色先验去雾的图像增强结果如图 5-36 所示。

3. 基于暗原色先验的低照度图像增强

低照度图像，通常是指在光照较暗或者夜间所拍摄得到的图像。如果将低照度图像反转后，其图像表征及直方图表征与雾天图像具有很高的相似性，因此，可以采用图像去雾技

(a) 原图　　(b) 暗原色先验去雾效果

图 5-36　暗原色先验去雾处理

术来实现低照度图像的增强。该算法的基本思想是：对输入的低照度图像进行反转，对反转图像进行去雾处理，然后对去雾结果反转得到低照度图像增强效果。

基于暗原色先验的低照度图像增强的具体算法步骤如下：

(1) 对输入低照度图像 $I^C(x)$进行取反操作，求得反转图像 $R^C(x)$：

$$R^C(x) = 255 - I^C(x) \tag{5-61}$$

其中，C 表示图像的 RGB 三个颜色通道，x 表示图像的坐标点。

(2) 对反转图像 $R^C(x)$进行暗原色先验去雾处理，获得无"雾"图像 $J^C(x)$。

(3) 将无"雾"图像 $J^C(x)$反转，获得低照度增强图像 $P^C(x)$：

$$P^C(x) = 255 - J^C(x) \tag{5-62}$$

基于暗原色先验的低照度图像增强结果如图 5-37 所示。

(a) 低照度图像　　(b) 暗原色先验增强结果

图 5-37　基于暗原色先验的低照度图像增强结果

习题

5.1　试给出把灰度范围[0,10]伸长为[0,15]、把范围[10,20]移到[15,25]并把范围[20,30]压缩为[25,30]的变换方程。

5.2　在对图像进行直方图均衡化时，为什么会产生简并现象？

5.3　一幅图像的直方图如下图所示，可以对其进行什么处理？

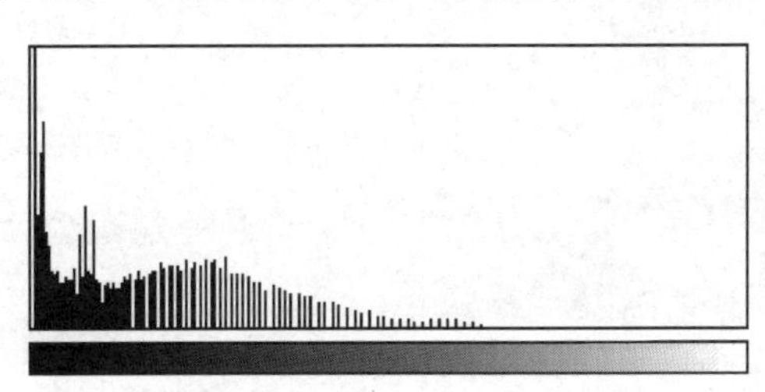

5.4　一幅大小为64×64图像，8个灰度级对应像素个数及概率 $p_r(r)$ 如下表所示，试对其进行直方图均衡化。

灰度级 r_k	0	1/7	2/7	3/7	4/7	5/7	6/7	1
像素数 n_k	560	920	1046	705	356	267	170	72
概率 $p_r(r)$	0.14	0.22	0.26	0.17	0.09	0.06	0.04	0.02

5.5　已知一幅图像的灰度级为8，图像的左边一半为深灰色，其灰度值为1/7，右边一半为黑色，其灰度值为0。试对此图像进行直方图均衡化处理，并描述处理后的图像视觉效果。

5.6　说明一幅灰度图像的直方图分布与对比度之间的关系。

5.7　一幅图像的像素值如下图左图所示，试按右图所示方式对其进行处理，请写出处理结果 g。

$$\boldsymbol{f}=\begin{bmatrix}1&2&1&3&2\\2&6&6&4&5\\3&6&4&3&3\\2&6&2&2&3\end{bmatrix}$$

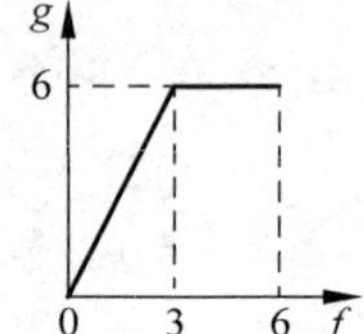

5.8　同态滤波的特点是什么？适用于什么情况？

5.9　Retinex增强方法的特点是什么？单尺度和多尺度Retinex增强的区别是什么？

5.10　编写程序实现习题5.1中的灰度级变换。

5.11　编写程序实现习题5.3中所设计的方法。

5.12　利用MATLAB编程，打开一幅灰度图像，分别按式(5-39)和式(5-40)所示的彩虹编码、热金属编码变换方法实现伪彩色增强。

5.13　利用MATLAB编程，打开一幅灰度图像，实现基于对数图像处理模型的增强处理。

5.14　利用MATLAB编程，打开一幅有雾图像，实现基于暗原色先验的去雾处理，并且与其他基于非物理模型的去雾方法进行结果对比。

第6章 图像平滑

CHAPTER 6

在图像的获取、传输和存储过程中常常会受到各种噪声的干扰和影响，使图像质量下降，为了获取高质量的数字图像，很有必要对图像进行消除噪声处理，并且尽可能地保持原始信息的完整性。

通常把抑制或消除图像中存在的噪声而改善图像质量的过程称为图像的平滑(Image Smoothing)。图像平滑方法大致分为两大类：空域法和频域法。空域法主要借助模板运算，在像素点邻域内，利用噪声像素点特性进行滤波；频域法是指对图像进行正交变换，利用噪声对应高频信息的特点进行滤波。本章主要分析图像中的噪声及常用的平滑方法，主要有均值滤波、高斯滤波、中值滤波、双边滤波、频域低通滤波等。

6.1 图像中的噪声

一幅图像可能会受到各种噪声的干扰，要对一幅噪声图像进行平滑去噪处理，首先要对常见的图像噪声有一定的了解。

所谓噪声，可以理解为“妨碍人的视觉器官或系统传感器对所接收到的图像信息进行理解或分析的各种因素”，也可以理解为“真实信号与理想信号之间存在的偏差”。通常情况下，一幅图像表达为二维函数 $f(x,y)$，噪声看作对图像信号的干扰，以 $n(x,y)$ 来表示。

6.1.1 图像噪声的分类

噪声影响图像处理的输入、采集、处理以及输出结果的全过程。而数字图像的实质就是光电信息，因此，图像噪声主要可能来源于以下几个方面：光电传感器噪声；大气层电磁暴、闪电等引起的强脉冲干扰；相片颗粒噪声和信道传输误差引起的噪声等。

根据以上噪声产生的原因，通常可将经常影响图像质量的噪声源分为三类：

(1) 高斯噪声。这类噪声是由于元器件中的电子随机热运动而造成的，很早就被人们成功地建模并研究，一般常用零均值高斯白噪声作为其模型。

(2) 泊松噪声。这类噪声一般出现在照度非常小及用高倍电子线路放大的情况下，是由光的统计本质和图像传感器中光电转换过程引起的。在弱光情况下，影响更为严重，常用具有泊松密度分布的随机变量作为这类噪声的模型。泊松噪声可以认为是“椒盐”噪声。

(3) 颗粒噪声。在显微镜下检查可发现，照片上光滑细致的影调在微观上其实呈现一种随机的颗粒性质。此外颗粒本身大小的不同及颗粒曝光所需光子数目的不同都会引入随机性。这些因素的外观表现称为颗粒性。对于多数应用，颗粒噪声可用高斯过程（白噪声）作为有效模型。

根据噪声和图像信号的关系又可以将其分为以下两种形式。

1）加性噪声

加性噪声与图像信号是不相关的，如图像在传输过程中引进的“信道噪声”、电视摄像机扫描图像时产生的噪声等。这情况下，含噪图像 $g(x,y)$ 可表示为理想无噪声图像 $f(x,y)$ 与噪声 $n(x,y)$ 之和，如式(6-1)所示。

$$g(x,y) = f(x,y) + n(x,y) \tag{6-1}$$

2）乘性噪声

乘性噪声与图像信号相关，往往随图像信号的变化而变化，可以分为两种情况：一种是某像素点的噪声只与该点的图像信号有关，另一种是某像素点的噪声与该点及其邻域的图像信号有关。

如果噪声和信号成正比，则含噪图像 $g(x,y)$ 的表达式可定义为

$$g(x,y) = f(x,y) + f(x,y) \cdot n(x,y) \tag{6-2}$$

为了分析处理方便，在信号变化很小时，往往将乘性噪声近似认为加性噪声，而且总是假定信号和噪声是互相独立的。

6.1.2 图像噪声的数学模型

一般噪声是不可预测的随机信号，只有用概率统计的方式来认识，因此，描述噪声的方法完全可以借用随机过程的描述，即用概率分布函数和概率密度分布函数。下面主要对影响图像质量的高斯噪声和椒盐噪声这两种类型的噪声进行数学模型描述。

1. 高斯噪声

高斯随机变量 x 的概率密度函数如下式所示：

$$p(x) = \frac{1}{\sqrt{2\pi}\sigma} e^{-(x-\mu)^2/2\sigma^2} \tag{6-3}$$

其中，μ 为 x 的平均值或期望值，σ 为 x 的标准差。标准差的平方 σ^2，称为 x 的方差。当 x 服从上式分布时，其值有 70%落在[$(\mu-\sigma)$，$(\mu+\sigma)$]范围内，且有 95%落在[$(\mu-2\sigma)$，$(\mu+2\sigma)$]范围内。

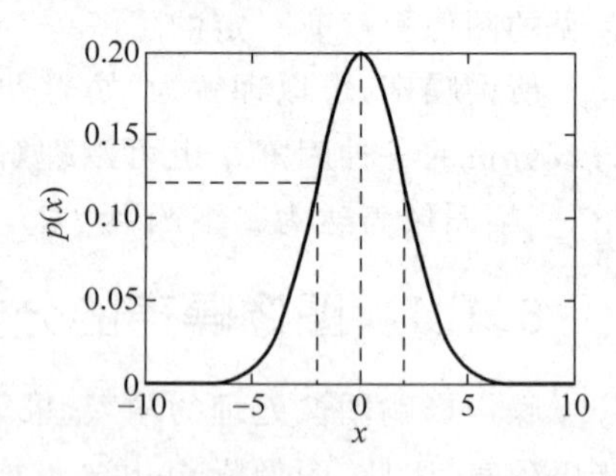

图 6-1 高斯噪声概率密度分布图

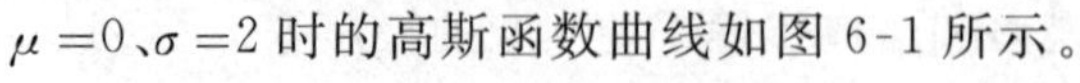

$\mu=0$、$\sigma=2$ 时的高斯函数曲线如图 6-1 所示。

2. 椒盐噪声

此类噪声主要包括黑图像上的白点或白图像上的黑点噪声、光电转换过程中产生的泊松噪声、变换域的误差造成的变换噪声等。椒盐噪声可用描述脉冲信号密度分布的随机变量作为有效模型，则椒盐噪声的概率密度函数如式(6-4)所示：

$$p(x) = \begin{cases} P_a, & x = a \\ P_b, & x = b \\ 0, & \text{其他} \end{cases} \tag{6-4}$$

其中，$b>a$，灰度值 b 在图像中显示为亮点，a 值显示为暗点。当 $P_a \neq 0, P_b \neq 0$ 时，尤其是它们近似相等时，则描述的噪声值类似于随机撒在图像上的胡椒和盐粉颗粒，正是由于这个原因，因此称为"椒盐噪声"。当 $P_a=0, P_b \neq 0$ 时，表现为"盐"噪声；当 $P_a \neq 0, P_b=0$ 时，表现为"胡椒"噪声。

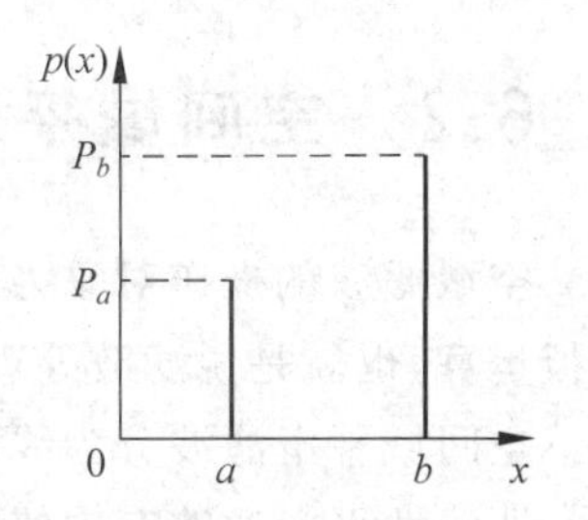

图 6-2 椒盐噪声概率密度分布

经上述分析，可看出高斯噪声和椒盐噪声具有不同的分布特性。

高斯噪声的分布特点为：出现的位置是一定的，分布在每一像素点上，幅值是随机的，分布近似符合高斯正态特性。

椒盐噪声的分布特点为：幅值近似相等，但椒盐噪声点的位置是随机的。

【例 6.1】 基于 MATLAB 编程，实现在图像上添加噪声。

解：MATLAB 提供的函数为

J=imnoise(I,TYPE,PARAMETERS)：按指定类型在图像 I 上添加噪声；TYPE 表示噪声类型，PARAMETERS 为其所对应参数，可取值如表 6-1 所示。

表 6-1 imnoise 函数参数表

TYPE	PARAMETERS	描 述
gaussian	M	均值为 m 和方差为 var 的高斯噪声，默认是 $m=0, var=0.01$
localvar	V	零均值且局部方差为 V 的高斯噪声，维数与图像 I 相同
poisson	—	从数据中生成泊松噪声
salt & pepper	D	密度为 d 的椒盐噪声，默认是 $d=0.05$
speckle	Var	根据式(6-2)添加乘性噪声，其中 n 为零均值且方差为 var 的均匀分布的随机噪声，默认是 $var=0.04$

程序如下：

```
Image = mat2gray( imread('original_pattern.jpg') ,[0 255]);
noiseIsp = imnoise(Image,'salt & pepper',0.1);          % 添加椒盐噪声,密度为 0.1
imshow(noiseIsp,[0 1]); title('椒盐噪声图像');
noiseIg = imnoise(Image,'gaussian');                     % 添加高斯噪声,默认均值为 0,方差为 0.01
figure;imshow(noiseIg,[0 1]); title('高斯噪声图像');
```

程序运行结果如图 6-3 所示。

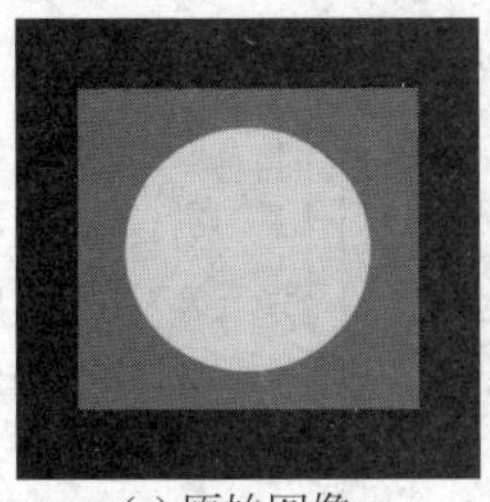
(a) 原始图像

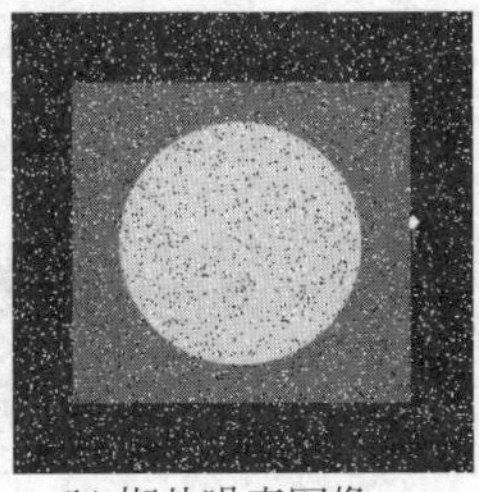
(b) 椒盐噪声图像

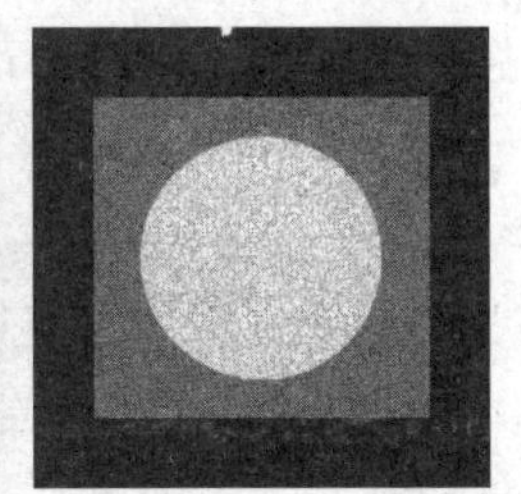
(c) 高斯噪声图像

图 6-3 图像添加噪声

6.2 空间域平滑滤波

空域滤波的操作对象为图像的像素灰度值。空域滤波主要指的是基于图像空间的邻域模板运算，也就是说滤波处理要考虑到图像中处理像素点与其周边邻域像素之间的联系。

空间域平滑滤波分为线性和非线性平滑滤波。线性平滑滤波主要有均值滤波和高斯滤波。非线性平滑滤波有中值滤波、双边滤波等。

6.2.1 均值滤波

1. 均值滤波原理

均值滤波，又称邻域平均法，是图像空间域平滑处理中最基本的方法之一，其基本思想是以某一像素为中心，在它的周围选择一邻域，将邻域内所有点的均值(灰度值相加求平均)来代替原来像素值，通过降低噪声点与周围像素点的差值以去除噪声点。

输入图像 $f(x,y)$，经均值滤波处理后，得到输出图像 $g(x,y)$，如式(6-5)所示：

$$g(x,y)=\frac{1}{M}\sum_{(m,n)\in S}f(m,n) \tag{6-5}$$

其中，S 是(x,y)点邻域中点的坐标的集合，其中包括(x,y)点。M 是 S 内坐标点的总数。

均值滤波属于线性平滑滤波，可表示为卷积模板运算，典型的均值模板中所有系数都取相同值。

常用的 3×3 和 5×5 的简单均值模板有：

$$\boldsymbol{H}_1=\frac{1}{9}\begin{bmatrix}1&1&1\\1&1&1\\1&1&1\end{bmatrix},\quad \boldsymbol{H}_2=\frac{1}{25}\begin{bmatrix}1&1&1&1&1\\1&1&1&1&1\\1&1&1&1&1\\1&1&1&1&1\\1&1&1&1&1\end{bmatrix} \tag{6-6}$$

【例 6.2】 设原图像为 $\boldsymbol{f}=\begin{bmatrix}1&2&1&4&3\\1&2&2&3&4\\5&7&6&8&9\\5&7&6&8&9\\5&6&7&8&9\end{bmatrix}$，对该图像进行均值滤波。

解：采用像素坐标系，对其进行基于 3×3 邻域的均值滤波处理。

以点(1,1)为例，即对图中模板所覆盖像素进行运算：$\boldsymbol{f}=\begin{bmatrix}1&2&1&4&3\\1&2&2&3&4\\5&7&6&8&9\\5&7&6&8&9\\5&6&7&8&9\end{bmatrix}$，得

$$g(1,1)=\frac{1}{9}(1+2+1+1+2+2+5+7+6)=3$$

每一点进行同样运算后，计算结果按四舍五入调整，得最终结果：

$$g=\begin{bmatrix}1&2&1&4&3\\1&3&4&4&4\\5&5&6&6&9\\5&6&7&8&9\\5&6&7&8&9\end{bmatrix}$$

运算中,对于边界像素(即周围不存在 3×3 邻域的像素点)未进行处理,保留了原值;也可以先在这些像素周围构建邻域,如重复边界像素,然后再进行处理。

2. 均值滤波效果分析

若邻域内有噪声存在,经过均值滤波后噪声的幅度会大为降低,但点与点之间的灰度差值会变小,边缘变得模糊。邻域越大,模糊越厉害。

【例 6.3】 基于 MATLAB 编程,对图像进行均值滤波。

解:MATLAB 提供了许多二维线性空间滤波器函数:

H=fspecial(TYPE, PARAMETERS):创建指定类型 TYPE 和参数 PARAMETERS 的二维滤波器 H,如表 6-2 所示。

Y=filter2(B,X,SHAPE):使用二维 FIR 滤波器 B 对矩阵 X 进行滤波;参数 SHAPE 指定返回值 Y 的大小。

参数 SHAPE 的取值可选择为:'full'——Y 的维数大于 X;'same'——Y 的维数等于 X;'valid'——Y 的维数小于 X;默认为 same。

B=imfilter(A,H,OPTION1,OPTION2,…):根据指定属性 OPTION1,OPTION2,…,使用多维滤波器 H 对图像 A 进行滤波,多维滤波器 H 常由函数 fspecial 输出得到,对应的属性参数取值如表 6-3 所示。

表 6-2 fspecial 函数参数

TYPE	PARAMETERS	含 义
average	n	均值滤波器,n 为模板尺寸,默认为[3 3]
disk	radius	圆形均值滤波器,radius 为半径,默认为 0.5
gaussian	hsize, sigma	高斯低通滤波器,参数为滤波器大小和标准差,默认为 0.5
laplacian	alpha	近似于二维 laplacian 算子,alpha∈[0,1],默认为 0.2
log	n, sigma	log 算子,n 为模板尺寸,默认为[3 3],sigma 为滤波器标准差,默认为 0.5
motion	len, theta	按角度 theta 移动 len 像素的运动滤波器,len 默认为 9,theta 默认为 0
prewitt	无	prewitt 水平边缘强化滤波器
sobel	无	sobel 水平边缘强化滤波器
unsharp	alpha	由 alpha 决定的 laplacian 算子,alpha∈[0,1],默认为 0.2

表 6-3 imfilter 函数参数

参数类型	参 数	含 义
边界选项	'X'	输入图像的外部边界通过 X 来扩张,默认 X=0
	'symmetric'	输入图像的外部边界通过镜像反射其内部边界来扩张
	'replicate'	输入图像的外部边界通过复制内部边界的值来扩张
	'circular'	输入图像的外部边界通过假设输入图像是周期函数来扩张

续表

参数类型	参　　数	含　　义
输出大小选项	'same'	输入图像和输出图像同样大小,默认操作
	'full'	输出图像比输入图像大
滤波方式选项	'corr'	使用相关进行滤波
	'conv'	使用卷积进行滤波

程序如下：

```
Image = imread('Letters - a.jpg');
noiseI = imnoise(Image,'gaussian');                          %添加高斯噪声
subplot(221),imshow(Image),title('原图');
subplot(222),imshow(noiseI),title('高斯噪声图像');
result1 = filter2(fspecial('average',3),noiseI);             %3×3 均值滤波
result2 = filter2(fspecial('average',7),noiseI);             %7×7 均值滤波
subplot(223),imshow(uint8(result1)),title('3×3 均值滤波');
subplot(224),imshow(uint8(result2)),title('7×7 均值滤波');
```

程序运行结果如图 6-4 所示。可以看出,图像均值滤波法的平滑效果与所用的邻域半径有关。邻域半径愈大,噪声幅值降低较多,但图像的模糊程度越大。因此,通常希望能在滤除噪声的同时,尽可能保留边缘,降低模糊程度。

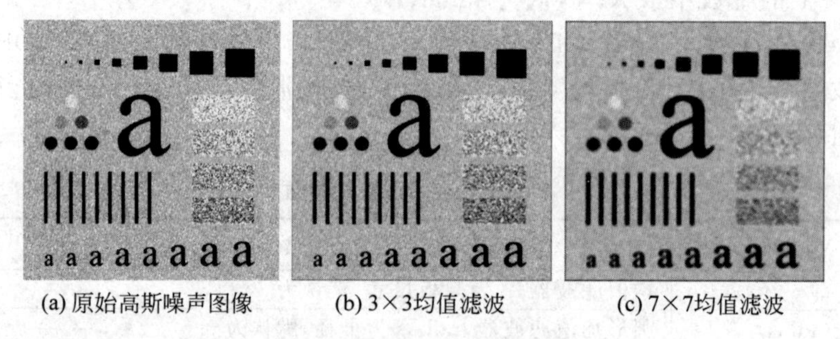

图 6-4　均值滤波效果

6.2.2　高斯滤波

图像的高斯滤波是图像与高斯正态分布函数的卷积运算,适用于抑制服从正态分布的高斯噪声。

1. 高斯函数

一维零均值、标准差为 σ 的高斯函数,如式(6-7)所示。

$$H(x)=\frac{1}{\sqrt{2\pi}\sigma}\mathrm{e}^{-\frac{x^2}{2\sigma^2}} \tag{6-7}$$

二维零均值、标准差为 σ 的高斯函数,如式(6-8)所示。

$$H(x,y)=\frac{1}{2\pi\sigma^2}\mathrm{e}^{-\frac{x^2+y^2}{2\sigma^2}} \tag{6-8}$$

零均值、标准差为 1 的一维、二维高斯函数的正态分布曲线如图 6-5 所示。可以看出,正态分布曲线为钟形形状,表明离中心原点越近,高斯函数取值越大;离中心原点越远,高

斯函数取值越小。这一特性使得正态分布常被用来进行权值分配。

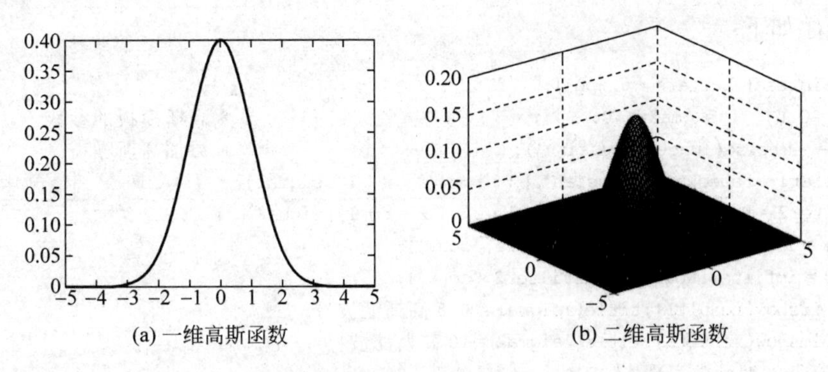

(a) 一维高斯函数　(b) 二维高斯函数

图 6-5　零均值、标准差为 1 的一维、二维高斯函数

2. 高斯滤波原理

高斯滤波的基本原理是以某一像素为中心，在它的周围选择一个局部邻域，把邻域内像素的灰度按照高斯正态分布曲线进行统计，分配相应的权值系数，然后将邻域内所有点的加权平均值来代替原来的像素值，通过降低噪声点与周围像素点的差值以去除噪声点。

设一个二维零均值高斯滤波器的响应为 $H(r,s)$，对一幅 $M\times N$ 的输入图像 $f(x,y)$ 进行高斯滤波，获得输出图像 $g(x,y)$ 的过程可以用离散卷积表示，为

$$g(x,y)=\sum_{r=-k}^{k}\sum_{s=-l}^{l}f(x-r,y-s)H(r,s) \tag{6-9}$$

其中，$x=0,1,\cdots,M-1,y=0,1,\cdots,N-1,k$、$l$ 是根据所选邻域大小而确定的。

高斯滤波属于线性平滑滤波，可以表示为卷积模板运算。高斯模板的特点是按照正态分布曲线的统计，模板上不同位置赋予不同的加权系数值。标准差 σ 是影响高斯模板生成的关键参数。标准差代表着数据的离散程度。σ 值越小，分布愈集中，生成的高斯模板的中心系数值远远大于周围的系数值，则对图像的平滑效果就越不明显；反之，σ 值越大，分布愈分散，生成的高斯模板中不同系数值差别不大，类似均值模板，对图像的平滑效果较明显。

典型的 3×3、5×5 的高斯模板如下：

(1) 标准差 $\sigma=0.8$：

$$\boldsymbol{H}_1=\frac{1}{16}\begin{bmatrix}1&2&1\\2&4&2\\1&2&1\end{bmatrix},\quad \boldsymbol{H}_2=\frac{1}{2070}\begin{bmatrix}1&10&22&10&1\\10&108&237&108&10\\22&237&518&237&22\\10&108&237&108&10\\1&10&22&10&1\end{bmatrix} \tag{6-10}$$

(2) 标准差 $\sigma=1$：

$$\boldsymbol{H}_3=\frac{1}{10}\begin{bmatrix}1&1&1\\1&2&1\\1&1&1\end{bmatrix},\quad \boldsymbol{H}_4=\frac{1}{330}\begin{bmatrix}1&4&7&4&1\\4&20&33&20&4\\7&33&54&33&7\\4&20&33&20&4\\1&4&7&4&1\end{bmatrix} \tag{6-11}$$

【例 6.4】 基于 MATLAB 编程,对图像实现高斯滤波。

解:程序如下:

```
Image = imread('Letters - a.jpg');
sigma1 = 0.6;     sigma2 = 10;     r = 3;                    % 高斯模板的参数
NoiseI =  imnoise(Image,'gaussian');                         % 添加高斯噪声
gausFilter1 = fspecial('gaussian',[2 * r + 1 2 * r + 1],sigma1);
gausFilter2 = fspecial('gaussian',[2 * r + 1 2 * r + 1],sigma2);
result1 = imfilter(NoiseI,gausFilter1,'conv');
result2 = imfilter(NoiseI,gausFilter2,'conv');
figure;imshow(result1);title('sigma1 = 0.6 高斯滤波');
figure;imshow(result2);title('sigma2 = 10 高斯滤波');
% 编写高斯滤波函数实现
[height,width] = size(NoiseI);
for x = - r:r
    for y = - r:r
        H(x + r + 1,y + r + 1) = 1/(2 * pi * sigma1 ^2). * exp(( - x.^2 - y.^2)/(2 * sigma1 ^2));
    end
end
H = H/sum(H(:));
result3 = zeros(height,width);
midimg = zeros(height + 2 * r,width + 2 * r);
midimg(r + 1:height + r,r + 1:width + r) = NoiseI;
for ai = r + 1:height + r
    for aj = r + 1:width + r
        temp_row = ai - r; temp_col = aj - r; temp = 0;
        for bi = 1:2 * r + 1
            for bj = 1:2 * r + 1
                temp =  temp + (midimg(temp_row + bi - 1,temp_col + bj - 1) * H(bi,bj));
            end
        end
        result3(temp_row,temp_col) = temp;
    end
end
figure;imshow(uint8(result3));title('myself 高斯滤波');
```

程序运行结果如图 6-6 所示。可以看出,标准差 σ 的取值对于滤波效果影响很大,对于一定尺寸的高斯滤波器,标准差 σ 取值越大,图像越模糊。

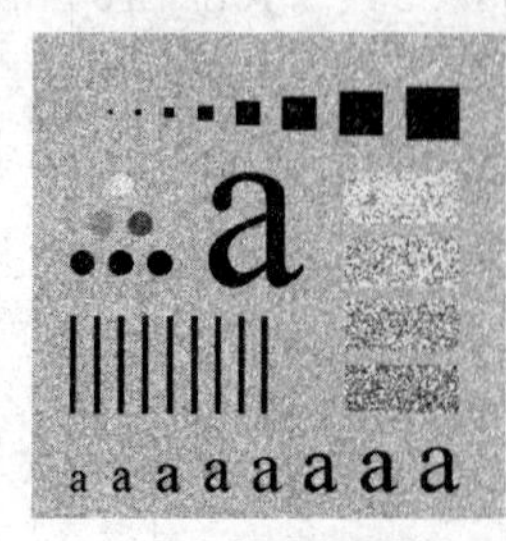
(a) 高斯噪声图像

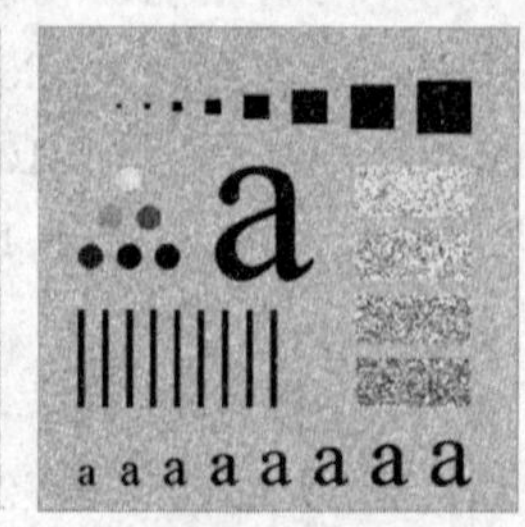
(b) 标准差=0.6的高斯滤波

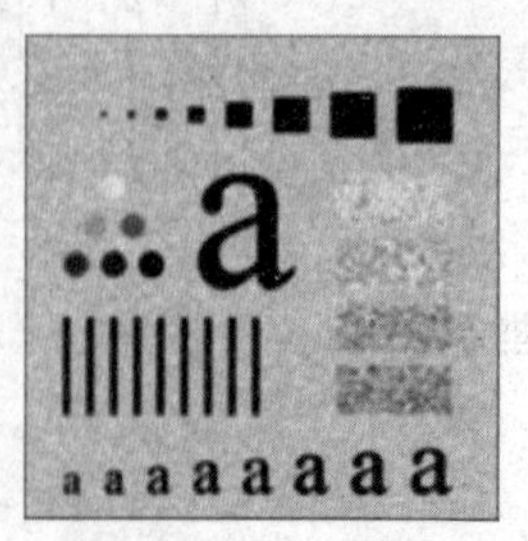
(c) 标准差=10的高斯滤波

图 6-6 高斯平滑滤波效果

6.2.3 中值滤波

前面所述的线性平滑滤波器虽然对噪声有抑制作用，但同时会使图像变得模糊，并且当图像中出现非线性或非高斯统计特性的噪声时，线性滤波难以胜任，尤其不能有效去除冲激噪声。因此，需要设计非线性平滑滤波器。中值滤波即是一种典型的非线性平滑滤波方法，应用广泛。

1. 中值

假设 x_1, x_2, x_n 表示 n 个随机实输入变量，按值大小升序排列为 $x_{i1} < x_{i2} < \cdots < x_{in}$，其中值为

$$y = \begin{cases} x_{i\left(\frac{n+1}{2}\right)}, & n\text{ 为奇数} \\ \dfrac{1}{2}\left[x_{i\left(\frac{n}{2}\right)} + x_{i\left(\frac{n}{2}+1\right)}\right], & n\text{ 为偶数} \end{cases} \tag{6-12}$$

通俗来讲，就是序列里按照值的大小排在中间的值。

2. 中值滤波原理

图像中，噪声的出现，使该点像素比周围像素暗(亮)许多，若把其周围像素值排序，噪声点的值必然位于序列的前(后)端。序列的中值一般未受到噪声污染，所以可以用中值取代原像素点的值来滤除噪声。

因此，中值滤波即是以数字序列或数字图像中某一点为中心，选择周围一个窗口(邻域)，把窗口内所有像素值排序，取中值代替该像素点的值。

【例 6.5】 设原图像为 $\boldsymbol{f}=\begin{bmatrix}1&2&1&4&3\\1&2&2&3&4\\5&7&6&8&9\\5&7&6&8&9\\5&6&7&8&9\end{bmatrix}$，对该图像进行中值滤波。

解：采用像素坐标系，对其进行基于 3×3 邻域的中值滤波处理。

以点(1,1)为例，即对图中模板所覆盖像素进行运算，有

$$\boldsymbol{f} = \begin{bmatrix}\begin{bmatrix}1&2&1\\1&2&2\\5&7&6\end{bmatrix}&\begin{matrix}4&3\\3&4\\8&9\end{matrix}\\\begin{matrix}5&7&6\\5&6&7\end{matrix}&\begin{matrix}8&9\\8&9\end{matrix}\end{bmatrix}$$

$$g(1,1) = \text{med}\{1,2,1,1,2,2,5,7,6\} = 2$$

每一点进行同样运算后，得最终结果 $\boldsymbol{g}=\begin{bmatrix}1&2&1&4&3\\1&2&3&4&4\\5&5&6&6&9\\5&6&7&8&9\\5&6&7&8&9\end{bmatrix}$。

【例 6.6】 基于 MATLAB 编程，对图像实现中值滤波。

解：MATLAB 提供的函数：

B=medfilt2(A,[M N])：用[M N]大小的滤波器对图像 A 进行中值滤波，输出图像

为B,滤波器大小默认为3×3。

程序如下：

```
Image = rgb2gray(imread('lotus.bmp'));
noiseI = imnoise(Image,'salt & pepper',0.1);                    % 添加椒盐噪声
imshow(noiseI),title('椒盐噪声图像');
result = medfilt2(noiseI);                                      % 3×3 中值滤波
figure,imshow(uint8(result)),title('3×3 中值滤波');
```

程序运行结果如图6-7所示。可以看出,相比于均值滤波,中值滤波模糊程度较轻微,边缘保留较好。

(a) 原椒盐噪声图像

(b) 3×3中值滤波效果

(c) 3×3均值滤波效果

图6-7 中值滤波效果

3. 中值滤波器形状

中值滤波器保持边缘消除噪声的特性与窗口的选择有相当大的关系,考虑到图像在两维方向上均具有相关性,在选取窗口时,一般窗口大小选择为3×3、5×5、7×7等。常用的中值滤波器形状可以有多种,如线状、方形、十字形、圆形、菱形等(见图6-8)。但不同形状的窗口产生不同的滤波效果,在使用中必须根据图像的内容和具体要求加以选择。

图6-8 常用的中值滤波器形状

就一般经验来讲,对于有缓变的较长轮廓线物体的图像推荐采用方形或圆形窗口;对于包含有尖顶角物体的图像推荐用十字形窗口;而窗口大小则以不超过图像中最小有效物体的尺寸为宜。

4. 中值滤波效果分析

对于椒盐噪声,中值滤波比均值滤波效果好,模糊程度较轻微,边缘保留较好。因为受

椒盐噪声污染的图像中还存在干净点，中值滤波是选择适当的点来替代污染点的值，如图 6-7 所示。

对于高斯噪声，均值滤波比中值滤波效果好。因为受高斯噪声污染的图像中每点都是污染点，没有干净点。若噪声正态分布的均值为 0，则均值滤波可以消除噪声（见图 6-9）。

(a) 原高斯噪声图像　(b) 3×3中值滤波效果　(c) 3×3均值滤波效果

图 6-9　对高斯噪声的滤波

中值滤波不适于直接处理点线细节多的图像。因为中值滤波在滤除噪声的同时，可能把有用的细节信息滤掉，如图 6-10 所示。

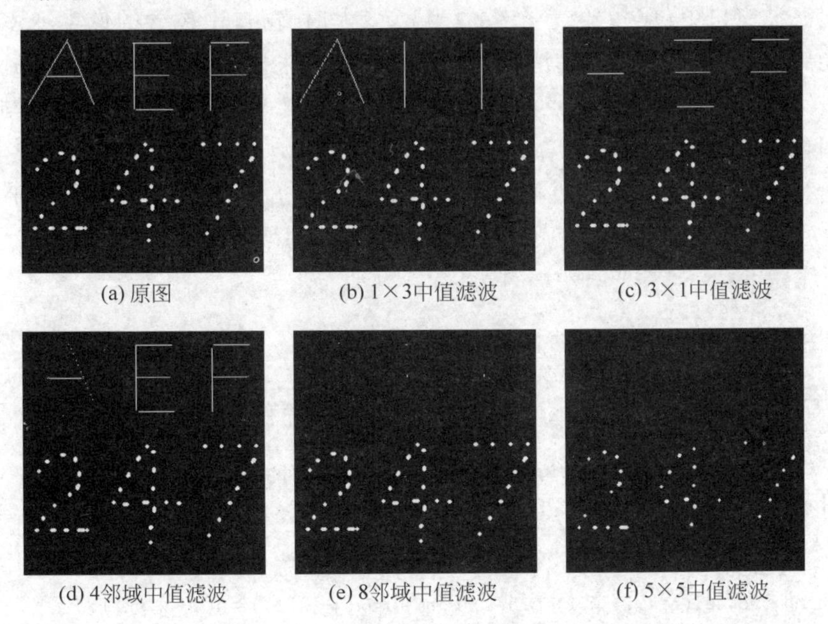

(a) 原图　(b) 1×3中值滤波　(c) 3×1中值滤波

(d) 4邻域中值滤波　(e) 8邻域中值滤波　(f) 5×5中值滤波

图 6-10　不同形状中值滤波器的滤波结果

6.2.4　双边滤波

高斯滤波平滑由于仅考虑了位置对中心像素的影响，会较明显地模糊边缘。为了能够在消除噪声的同时很好地保留边缘，双边滤波（Bilateral filter）是一种有效的方法。双边滤波是由 Tomasi 和 Manduchi 提出的一种非线性平滑滤波方法，具有非迭代、局部和简单等特性。“双边”则意味着平滑滤波时不仅考虑邻域内像素的空间邻近性，而且要考虑邻域内像素的灰度相似性。

给定一幅输入图像 I，I_p、I_q 表示点 p、q 的灰度值，$|I_p - I_q|$ 表示点 p 和 q 的灰度值差，

$\| p-q \|$ 表示点 p 和 q 之间的欧氏距离，对图像 I 进行双边滤波，如式(6-13)所示：

$$BF[I]_p = \frac{1}{W_p}\sum_{q\in S} G_{\sigma_s}(\| p-q \|)G_{\sigma_r}(| I_p - I_q |)I_q \tag{6-13}$$

其中，$BF[I]_p$ 表示点 p 的双边滤波结果，S 表示滤波窗口的范围。σ_s 为空间邻域标准差，σ_r 为像素亮度标准差。G_{σ_s}、G_{σ_r} 分别为空间邻近度函数和灰度邻近度函数，其形式为高斯函数。W_p 是一个标准量，表示灰度权值和空间权值乘积的加权和，其定义为

$$W_p = \sum_{q\in S} G_{\sigma_s}(\| p-q \|)G_{\sigma_r}(| I_p - I_q |) \tag{6-14}$$

$$G_{\sigma_s}(\| p-q \|) = e^{-\frac{(\| p-q \|)^2}{2\sigma_s^2}} \tag{6-15}$$

$$G_{\sigma_r}(| I_p - I_q |) = e^{-\frac{(| I_p-I_q |)^2}{2\sigma_r^2}} \tag{6-16}$$

简单地说，双边滤波就是一种局部加权平均。由于双边滤波比高斯滤波多了一个高斯方差，所以在边缘附近，距离较远的像素不会太多影响到边缘上的像素值，这样就保证边缘像素不会发生较大改变。

由上述公式可知，双边滤波具有两个重要关键参数：σ_s 和 σ_r。σ_s 用来控制空间邻近度，其大小决定滤波窗口中包含的像素个数。当 σ_s 变大时，窗口中包含的像素变多，距离远的像素点也能影响到中心像素点，平滑程度也越高。σ_r 用来控制灰度邻近度，当 σ_r 变大时，则灰度差值较大的点也能影响中心点的像素值，但灰度差值大于 σ_r 的像素将不参与运算，使得能够保留图像高频边缘的灰度信息。而当 σ_s、σ_r 取值很小时，图像几乎不会产生平滑的效果。可看出，σ_s 和 σ_r 的参数选择直接影响双边滤波的输出结果，也就是图像的平滑程度。

【例 6.7】 基于 MATLAB 编程，对图像进行双边滤波。

解：程序如下：

```
Image = im2double(imread('girl.bmp'));
NoiseI = Image + 0.05 * randn(size(Image));
w = 15; sigma_s = 6; sigma_r = 0.1;                        % 定义双边滤波窗口宽度及两个标准差参数
[X,Y] = meshgrid(-w:w,-w:w);
Gs = exp(-(X.^2 + Y.^2)/(2 * sigma_s^2));                   % 计算邻域内的空间权值
[hm,wn] = size(NoiseI); result = zeros(hm,wn);
for i = 1:hm
    for j = 1:wn
        temp = NoiseI(max(i-w,1):min(i+w,hm),max(j-w,1):min(j+w,wn));
        Gr = exp(-(temp - NoiseI(i,j)).^2/(2 * sigma_r^2));   % 计算灰度邻近权值
        W = Gr. * Gs((max(i-w,1):min(i+w,hm)) - i + w + 1,...
                  (max(j-w,1):min(j+w,wn)) - j + w + 1);        % W 为 Gs 和 Gr 的乘积
        result(i,j) = sum(W(:). * temp(:))/sum(W(:));
    end
end
imshow(result),title('双边滤波图像');
```

程序运行结果如图 6-11 所示。可以看出，双边滤波器窗口大小 w 以及标准差系数 σ_s、σ_r 的取值对于滤波效果影响很大。w 和 σ_s、σ_r 的取值越大，图像平滑作用越强，但灰度标准差系数 σ_r 的取值越大，图像模糊越严重。

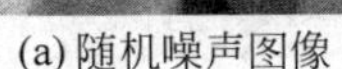

(a) 随机噪声图像　(b) $w=3,\ \sigma_s=3,\ \sigma_r=0.1$　(c) $w=15,\ \sigma_s=6,\ \sigma_r=0.1$

图 6-11　双边平滑滤波效果

6.3　频域平滑滤波

在傅里叶变换域,变换系数反映了某些图像特征。如频谱的直流分量比例于图像的平均亮度,噪声对应于频率较高的区域,图像大部分实体位于频率较低的区域等。变换域具有的这些内在特性常被用于图像的频域滤波。

频域滤波输出表达式为 $G(u,v)=H(u,v)F(u,v)$,其中,$F(u,v)$为图像 $f(x,y)$的傅里叶变换,$H(u,v)$为频域滤波器函数。频域滤波就是选择合适的 $H(u,v)$对 $F(u,v)$进行调整,经傅里叶反变换得到滤波输出图像 $g(x,y)$。图像的频域滤波过程描述如图 6-12 所示。

$f(x,y)$ —DFT→ $F(u,v)$ —$H(u,v)$→ $G(u,v)$ —IDFT→ $g(x,y)$

图 6-12　频域滤波过程原理

频率平滑滤波的目的是为了实现在频率域去除噪声。由于噪声表现为高频成分,因此可以通过构造一个低通滤波器 $H(u,v)$,使得低频分量顺利通过而有效地阻止或减弱高频分量,即可滤除频域噪声,再经反变换来取得平滑图像。可见,频率平滑滤波的关键为设计合适的频域低通滤波器 $H(u,v)$。常用的低通滤波器有:理想低通滤波器、巴特沃斯低通滤波器、指数低通滤波器以及梯形低通滤波器等,均能在图像有噪声干扰时起到改善的作用。

6.3.1　理想低通滤波

理想低通滤波器(ILPF)是在傅里叶平面上半径为 D_0 的圆形滤波器,其传递函数为

$$H(u,v)=\begin{cases}1, & D(u,v)\leqslant D_0\\ 0, & D(u,v)>D_0\end{cases} \tag{6-17}$$

其中,$D_0>0$,为理想低通滤波器的截止频率。$D(u,v)$为点(u,v)到傅里叶频率域原点的距离,定义为 $D(u,v)=\sqrt{u^2+v^2}$。

截止频率 $D_0=10$ 的理想低通滤波器的转移函数透视图、图像显示及剖面图如图 6-13

所示。“理想”是指小于 D_0 的频率可以完全不受影响地通过滤波器,而大于 D_0 的频率则完全通不过。也就是说,D_0 半径内的频率分量无损通过,而半径外的频率分量会被滤除。在 D_0 适当的情况下,理想低通滤波器不失为简单易行的平滑工具。但由于滤除的高频分量中含有大量的边缘信息,因此采用该滤波器在去噪声的同时将会导致边缘信息损失而发生图像边缘模糊现象,并且会产生“振铃”效应。

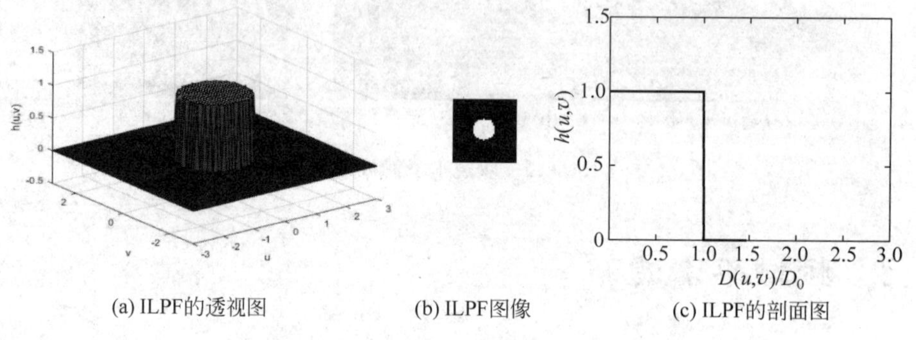

(a) ILPF的透视图　(b) ILPF图像　(c) ILPF的剖面图

图 6-13　理想低通滤波器的转移函数($D_0=10$)

【例 6.8】 基于 MATLAB 编程,设计截断频率不同的理想低通滤波器。

解:程序如下:

```
Image = imread('lena.bmp');
FImage = fftshift(fft2(double(Image)));                    %傅里叶变换及频谱搬移
[N M] = size(FImage);
g = zeros(N,M);
r1 = floor(M/2); r2 = floor(N/2);
d0 = [5 11 45 68];
for i = 1:4
   for x = 1:M
      for y = 1:N
         d = sqrt((x - r1)^2 + (y - r2)^2);
         if d <= d0(i)
            h = 1;
         else
            h = 0;
         end
         g(y,x) = h * FImage(y,x);
      end
   end
   g= real(ifft2(ifftshift(g)));
   figure,imshow(uint8(g)),title(['理想低通滤波 D0 = ',num2str(d0(i))]);
end
```

程序运行结果如图 6-14 所示。图 6-14(a)为 256×256 的原始图像。图 6-14(b)为傅里叶频谱,其上所迭加的圆周半径分别为 5、11、45 和 68 像素。这些圆周内分别包含了原始图像中的 90%、95%、99%、99.5%的能量。图 6-14(c)~(f)分别为用截止频率 D_0 由以上各圆周半径所确定的理想低通滤波器进行处理所得到的结果。可以看出,在图 6-14(c)中,

当 $D_0=5$ 时，包含了全部图像信息 90％的能量，但模糊现象严重，表明了图像大部分边缘信息包含在滤波器滤去的 10％能量中；图 6-14(d)中，当 $D_0=11$ 时，包含了全部图像信息的 95％的能量，但振铃现象非常严重，即在结果图像中出现很多同心圆。图 6-14(e)、图 6-14(f)中，随着 D_0 半径增大，图像模糊程度越来越少，且仅有一些小的边界和其他尖锐细节信息被滤掉。

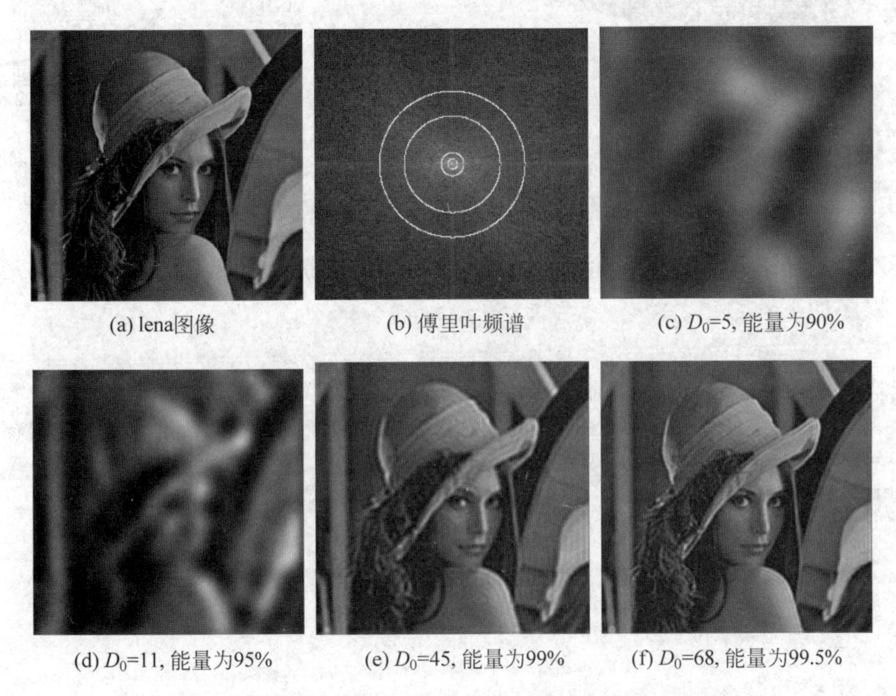

(a) lena图像　(b) 傅里叶频谱　(c) D_0=5, 能量为90%

(d) D_0=11, 能量为95%　(e) D_0=45, 能量为99%　(f) D_0=68, 能量为99.5%

图 6-14　取不同 D_0 值的频域理想低通器的滤波效果

6.3.2　巴特沃斯低通滤波

理想低通滤波器的截止频率是直上直下的，在物理上不可实现。而巴特沃斯(Butterworth)低通滤波器的通带和阻带之间没有明显的不连续性，因此不会出现"振铃"效应，模糊程度也相对要小。

因此，巴特沃斯低通滤波器(BLPF)又称为最大平坦滤波器。一个阶为 n，截止频率为 D_0 的巴特沃斯低通滤波器的转移函数 $H(u,v)$ 由下式决定：

$$H(u,v)=\frac{1}{1+[D(u,v)/D_0]^{2n}} \quad 或 \quad H(u,v)=\frac{1}{1+(\sqrt{2}-1)[D(u,v)/D_0]^{2n}} \tag{6-18}$$

其中，n 为阶数，取正整数，用来控制曲线的衰减速度。在 $n=1, D(u,v)=D_0$ 时，对上面两式来说，其 $H(u,v)$ 将分别为 1/2 和 $1/\sqrt{2}$。

图 6-15 给出 $D_0=10$ 的巴特沃斯低通滤波器的转移函数透视图、显示图像以及 $n=1$, 2, 3, 4 时的不同阶数剖面图，其特性是连续衰减，而不像理想滤波器那样陡峭和明显的不连续。因此采用该滤波器在抑制噪声的同时，图像边缘的模糊程度大大减小且振铃效应减弱。

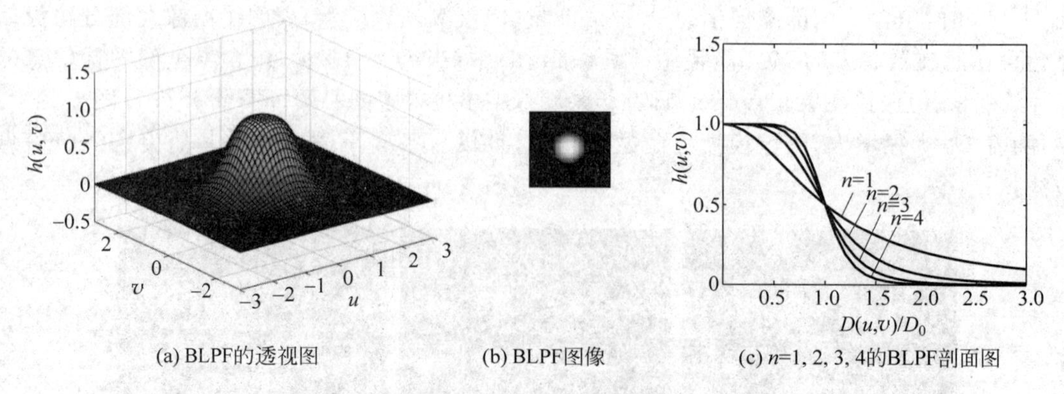

(a) BLPF的透视图　　(b) BLPF图像　　(c) n=1, 2, 3, 4的BLPF剖面图

图 6-15　巴特沃斯低通滤波器的转移函数($D_0=10$)

【例 6.9】 基于 MATLAB 编程,设计阶数不同的巴特沃斯低通滤波器。

解:程序如下:

```
Image = imread('lena.bmp');
Image = imnoise(Image,'gaussian');
FImage = fftshift(fft2(double(Image)));                          %傅里叶变换及频谱搬移
[N M] = size(FImage);
g = zeros(N,M);
r1 = floor(M/2); r2 = floor(N/2);
d0 = 30;
n = [1 2 3 4];
for i = 1:4
   for x = 1:M
      for y = 1:N
         d = sqrt((x - r1)^2 + (y - r2)^2);
         h = 1/(1 + (d/d0)^(2 * n(i)));
         g(y,x) = h * FImage(y,x);
      end
   end
   g = ifftshift(g);
   g = real(ifft2(g));
figure,imshow(uint8(g)),title(['Butterworth 低通滤波 n = ',num2str(n(i))]);
end
```

程序运行结果如图 6-16 所示。图 6-16(a)是加入 $\sigma=0.01$ 的高斯噪声图像。图 6-16(b)是其傅里叶频谱,其上叠加包含原始图像中 94.35%能量的半径为 30 的圆。图 6-16(c)、图 6-16(d)、图 6-16(e)、图 6-16(f)是分别采用 $D_0=30$、$n=1,2,3,4$ 的巴特沃斯低通滤波器的去噪效果,可以看出,噪声点被有效地去除,但图像也变得模糊,并且随着阶数 n 的增加,图像的振铃效应越来越明显。

6.3.3 指数低通滤波

一般地,指数低通滤波器(ELPF)的转移函数 $H(u,v)$定义为

$$H(u,v)=\mathrm{e}^{-\frac{D^2(u,v)}{2D_0^2}} \tag{6-19}$$

其中,D_0 是截止频率。当 $D(u,v)=D_0$ 时,指数低通滤波器下降到其最大值的 0.607 倍处。

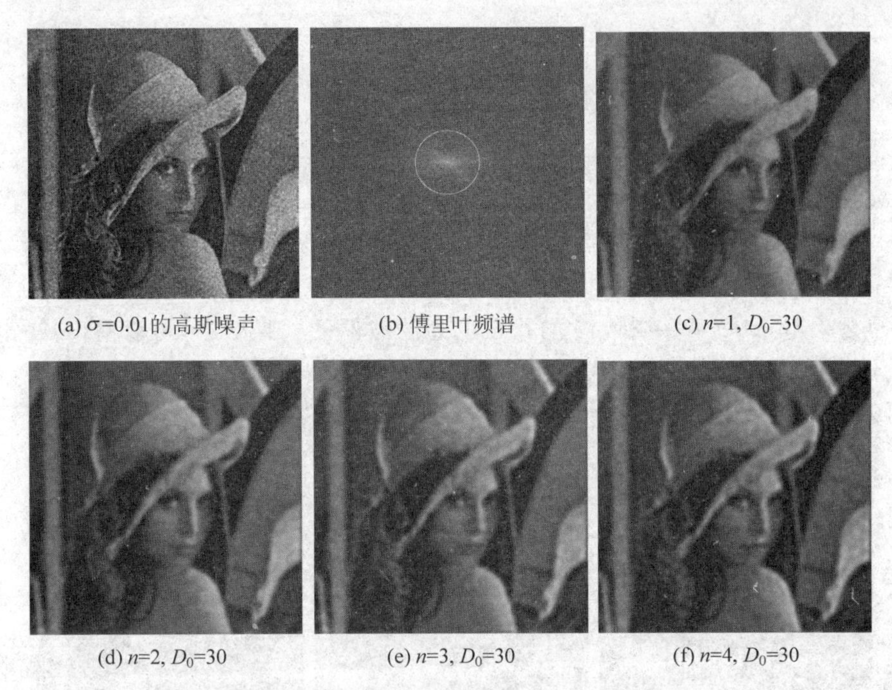

图 6-16 巴特沃斯低通滤波器的滤波去噪效果

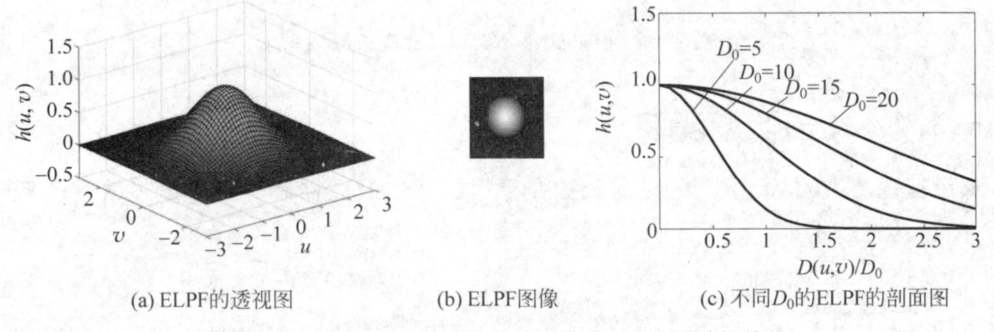

图 6-17 指数低通滤波器转移函数的透视图及剖面图

【例 6.10】 基于 MATLAB 编程,设计截止频率不同的指数低通滤波器。

解:程序如下:

```
Image = imread('lena.bmp');
Image = imnoise(Image,'gaussian');
FImage = fftshift(fft2(double(Image)));                    % 傅里叶变换及频谱搬移
[N M] = size(FImage);
g = zeros(N,M);
r1 = floor(M/2); r2 = floor(N/2);
d0 = [20 40];
n = 2;
for i = 1:2
    for x = 1:M
        for y = 1:N
            d = sqrt((x - r1)^2 + (y - r2)^2);
            h = exp( - 0.5 * (d/d0(i))^n);
```

```
        g(y,x) = h * FImage(y,x);
      end
    end
    g = ifftshift(g);
    g = real(ifft2(g));
figure,imshow(uint8(g)),title(['指数低通滤波 D0 = ',num2str(d0(i))]);
end
```

程序运行结果如图6-18所示。图6-18(a)是加入$\sigma=0.01$的高斯噪声图像。图6-18(b)、图6-18(c)是采用$n=2$、$D_0=20,40$的指数低通滤波器的去噪效果，可以看出，噪声点被有效地去除，并且随着截止频率D_0的增加，滤除掉的高频成分减少，图像模糊现象减弱。与巴特沃斯低通滤波器相比较，指数低通滤波器没有振铃现象。

(a) σ=0.01的高斯噪声　(b) n=2, D_0=20　(c) n=2, D_0=40

图6-18　指数低通滤波器的滤波去噪效果

6.3.4 梯形低通滤波

梯形低通滤波器(TLPF)的传递函数介于理想低通滤波器和具有平滑过渡带的低通滤波器之间，其表达式为

$$H(u,v)=\begin{cases}1, & D(u,v)\leqslant D_0\\ \dfrac{D(u,v)-D_1}{D_0-D_1}, & D_0<D(u,v)\leqslant D_1\\ 0 & D(u,v)>D_1\end{cases}\tag{6-20}$$

其中，D_0为截止频率，D_0、D_1需满足$D_0<D_1$。图6-19给出梯度低通滤波器的转移函数的透视图、图像显示和剖面图。

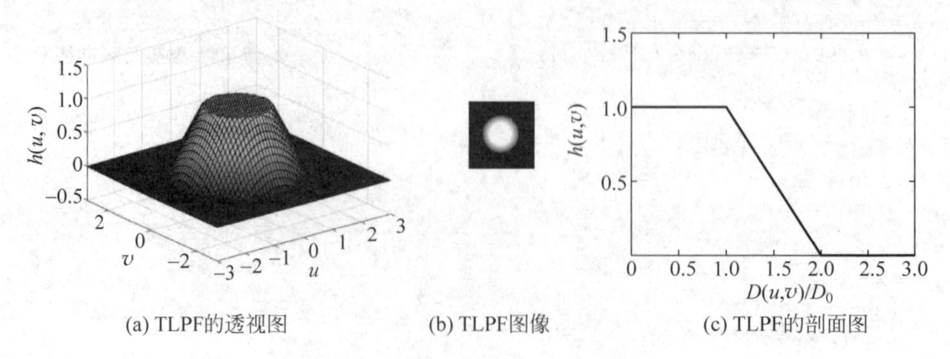

(a) TLPF的透视图　(b) TLPF图像　(c) TLPF的剖面图

图6-19　梯度低通滤波器的转移函数

【例 6.11】 设计截止频率不同的梯度低通滤波器。

解：程序如下：

```
Image = imread('lena.bmp');
Image = imnoise(Image,'gaussian');                          %加入噪声
FImage = fftshift(fft2(double(Image)));                     %傅里叶变换及频谱搬移
[N M] = size(FImage);
g = zeros(N,M);
r1 = floor(M/2); r2 = floor(N/2);
d0 = [5 30]; d1 = [45 70];
for i = 1:2
   for x = 1:M
      for y = 1:N
         d = sqrt((x - r1)^2 + (y - r2)^2);
         if d > d1
            h = 0;
         else
            if d > d0
               h = (d - d1)/(d0 - d1);
            else
               h = 1;
            end
         end
         g(y,x) = h * FImage(y,x);
      end
   end
   g = ifftshift(g);
   g = real(ifft2(g));
   figure,imshow(uint8(g)),title(['梯度低通滤波 D0 = ',...
                              num2str(d0(i)),',D1 = ',num2str(d1(i))]);
end
```

程序运行结果如图 6-20 所示。图 6-20(a)是加入 $\sigma=0.01$ 的高斯噪声图像。图 6-20(b)、图 6-20(c)是分别采用 $D_0=5, D_1=45$ 和 $D_0=30, D_1=70$ 的梯度低通滤波器的去噪效果，可以看出，噪声点被有效地去除，但与指数低通滤波器相比较，滤波输出图像有一定的模糊和振铃效应。

(a) σ=0.01的高斯噪声　　(b) D_0=5, D_1=45　　(c) D_0=30, D_1=70

图 6-20　梯度低通滤波器的滤波去噪效果

6.4 其他图像平滑方法

除了前述的常见的图像平滑去噪方法外，还有其他一系列的优秀的图像去噪方法。这里主要介绍基于模糊技术的平滑滤波和基于偏微分方程的平滑滤波。

6.4.1 基于模糊技术的平滑滤波

在图像处理中，可以将一幅图像看成一个模糊集。当图像被噪声高度污染时，其模糊不确定性就增加了，应用模糊滤波处理图像的效果就会更加明显，并且模糊滤波算法能够在抑制噪声和保护细节信息这一对固有的矛盾之间有较好的折中。

模糊理论对于不确定性问题的处理有独特的优势，以此为基础的模糊滤波器非常适合高斯噪声的滤除。因此，基于模糊数学思想，利用模糊隶属度函数的概念，通过对均值滤波器的权值加以优化，提高平滑高斯噪声的能力。

模糊加权均值滤波的具体算法步骤如下：

(1) 计算以点(x,y)为中心的邻域内灰度差异变化。给定一幅输入图像$f(x,y)$，S是以点(x,y)为中心的邻域，计算该邻域内灰度变化如式(6-21)所示：

$$d(m,n)=(f(x,y)-f(m,n))^2,\quad (m,n)\in S\text{ 且}(m,n)\neq(x,y) \tag{6-21}$$

进一步地，计算该邻域内的平均灰度变化如式(6-22)所示：

$$\beta(x,y)=\frac{1}{N}\sum_{(m,n)\in S}d(m,n) \tag{6-22}$$

其中，N是集合S内邻点的数目，不包含点(x,y)。

(2) 计算每一邻域点对中心点的模糊隶属度。模糊隶属度公式如下：

$$\mu(m,n)=\mathrm{e}^{\left(\frac{-d(m,n)}{\beta(x,y)}\right)} \tag{6-23}$$

其中，$\mu(m,n)$为模糊隶属度，且$0\leqslant\mu(m,n)\leqslant1$。

(3) 计算当前窗口模糊加权均值滤波输出$g(x,y)$，为

$$g(x,y)=\frac{\sum\limits_{(m,n)}\frac{\mu(m,n)}{\beta(x,y)}\cdot f(m,n)}{\sum\limits_{(m,n)}\frac{\mu(m,n)}{\beta(x,y)}} \tag{6-24}$$

最后，用加权平均值$g(x,y)$来代替滤波窗口内中心像素点的灰度值$f(x,y)$，实现对高斯噪声点的滤波处理。

可看出，一方面，模糊隶属度函数$\mu(m,n)$为指数形式，更加符合高斯噪声分布特点；另一方面，$\mu(m,n)$不仅反映窗口中心像素$f(x,y)$与邻域像素$f(m,n)$的灰度差异(差异↑，$\mu(m,n)$值↓)，而且反映出窗口中心像素$f(x,y)$对其邻域像素$f(m,n)$的可靠程度，能够更好地优化控制权值系数$\mu(m,n)/\beta(x,y)$。

模糊加权均值滤波结果如图6-21所示。可以看出，模糊加权均值滤波具有良好的去噪效果，且能较好地保护图像细节。

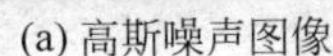
(a) 高斯噪声图像

(b) 5×5均值滤波

(c) 5×5模糊加权均值滤波

图 6-21　模糊加权均值滤波平滑效果

6.4.2　基于偏微分方程的平滑滤波

偏微分方程(Partial Differential Equation,PDE)方法近年来在图像的平滑、锐化、复原、分割等图像处理领域有着广泛的应用。基于偏微分方程的图像处理的基本思想是按照某一规定的偏微分方程将图像发生变化,然后求解该方程,最终方程的解就是处理结果。

假设用 $u_0:\mathbf{R}^2\to\mathbf{R}$ 表示一幅灰度图像,引入时间参数 t,则图像可表示为 $u(x,y;t)$,且有 $u(x,y;0)=u_0(x,y)$。对图像的处理以偏微分方程表示可写为

$$\frac{\partial u}{\partial t}=F[u(x,y;t)] \tag{6-25}$$

其中,$u(x,y;t):\mathbf{R}^2\times[0,\tau]\to\mathbf{R}$ 为随着时间 t 变化的图像,$F:\mathbf{R}\to\mathbf{R}$ 表示一种规定算法对应的偏微分算子,根据 F 定义的不同可分为线性扩散、非线性扩散、各向异性扩散等。容易看出,这是一个以 u_0 为初始条件的发展方程,偏微分方程的解 $u(x,y;t)$ 即给出了迭代 t 次时的图像,最终在得到满意的图像时停止迭代。这就是偏微分方程表达的图像处理过程。

1. 基于偏微分方程的平滑滤波分类

目前,基于偏微分方程的平滑滤波模型大致分为以下 4 类:

(1) 基于多尺度分析的 PDE 模型。它主要包括从方向滤波器的角度分析和设计的非线性方向扩散方程。典型的是由 Perona 和 Malik 在 1990 年提出的基于非线性偏微分方程的图像平滑模型,即著名的 P-M 模型。这一模型将高斯滤波替换为各向异性的偏微分方程,可以根据图像的局部特征信息来自动调节扩散系数,使得在图像的不同位置实行不同的平滑策略,从而对特征边缘达到了一定的保持作用,保持图像中重要的视觉信息。

(2) 基于变分的 PDE 模型。它是先构造一个适合图像处理任务的变分模型,然后通过变分原理得到对应的变分偏微分方程,并进行数值求解实现对基于正则化的目标函数的最优化。典型模型是由 Rudin 在 1995 年提出的基于全变分法的偏微分方程图像去噪模型,该模型将图像抽象成一个能量泛函,将图像去噪过程转变为求此能量泛函的极小值过程。这是二阶偏微分方程去噪模型的典型代表。

(3) 基于几何制约的 PDE 模型。它是把图像作为水平集或高维空间中的曲面,并通过曲线和曲面的演化达到图像处理的目的。典型的模型为 Osher 和他的研究小组提出的几何制约的偏微分方程,其中最著名的是曲率流,曲率流是“纯粹的”各向异性扩散模型,它使图像灰度值的扩散仅发生在图像梯度的正交方向上,在保持图像轮廓精确位置和清晰度的同时沿轮廓进行平滑去噪。

(4) 小波变换与非线性 PDE 相结合的模型。它是与小波结合的偏微分方程图像平滑

算法,结合小波的多分辨率特性及噪声与图像细节信息在小波各个高频域中的不同性质,对图像进行必要的预处理。

2. 各向同性热扩散模型

20世纪80年代,Koenderink和Witkin实现第一次真正意义上的将偏微分方程应用于数字图像的处理。他们引入了尺度空间的概念,将原始图像与不同尺度的高斯核函数卷积所得到的图像序列称为一个尺度空间,图像的多个尺度等价于以经典的热传导方程对原始图像的各向同性扩散变形。

各向同性扩散是一种在各个方向上进行相等程度的扩散的过程。对图像的各向同性扩散以经典的热传导方程表示为

$$\begin{cases}\dfrac{\partial u(x,y;t)}{\partial t}=\Delta u(x,y;t)\\ u_0=u(x,y;0)\end{cases}\tag{6-26}$$

其中,$\Delta u(x,y;t)$为图像的拉普拉斯算子。式(6-26)的解等价于初始图像$u_0(x,y)$与高斯核函数的卷积,即解为

$$\begin{cases}u(x,y;0)=u_0, & t=0\\ u(x,y;t)=G_t(x,y)*u(x,y;0), & t\geqslant 0\end{cases}\tag{6-27}$$

其中,$*$表示卷积,$G_t(x,y)$为高斯核函数,定义为

$$G_t(x,y)=\frac{1}{4\pi t}e^{-\frac{x^2+y^2}{4t}}\tag{6-28}$$

这里,以t作为高斯核函数的方差。t代表一个尺度参数,对应的是迭代时间。选择不同的迭代时间,即得到不同尺度下的平滑图像。

各向同性扩散由于没有考虑图像的空间位置,在整个图像支撑集采用同样的平滑策略,因此在平滑去噪过程中会导致边界模糊。

3. 各向异性P-M非线性扩散模型

为了克服各向同性热扩散模型的缺点,Perona和Malik在1990年提出了各向异性扩散模型,其思想是通过可以表征图像边缘的梯度值自动地调节扩散系数来实现控制不同区域的平滑程度。在理想状态下,图像的边缘部分通常具有较大的梯度值,设置较小的扩散系数使得在图像边缘处有较小平滑,以保持边缘信息;而在非边缘处(如平坦区域)通常具有较小的梯度值,设置较大的扩散系数使得在非边缘处有较大平滑,以消除噪声。

P-M的非线性扩散方程为

$$\begin{cases}\dfrac{\partial u(x,y;t)}{\partial t}=\mathrm{div}[g(\|\nabla u(x,y;t)\|)\nabla u(x,y;t)]\\ u(x,y;0)=u_0\end{cases}\tag{6-29}$$

其中,div为散度算子,∇为梯度算子,$\|\ \|$表示幅度,$g(\|\nabla u(x,y;t)\|)$为扩散系数方程,是一个非负的以梯度幅度值为自变量的减函数。

根据梯度值和扩散系数的关系,Perona和Malik给出了两种形式的扩散方程,即

$$g(\|\nabla u(x,y;t)\|)=\frac{1}{1+\left(\dfrac{\|\nabla u(x,y;t)\|}{k}\right)^2}\tag{6-30}$$

和

$$g(\| \nabla u(x,y;t) \|) = e^{-\left(\frac{\| \nabla u(x,y;t) \|}{k}\right)^2} \tag{6-31}$$

其中，k 为梯度阈值。如果 $\| \nabla u(x,y;t) \|$ 远大于 k，那么扩散系数 $g(\| \nabla u(x,y;t) \|)$ 的值趋于 0，扩散被抑制；如果 $\| \nabla u(x,y;t) \|$ 远小于 k，那么 $g(\| \nabla u(x,y;t) \|)$ 的值趋于 1，扩散被加强。

图像中的信息不易用简单的数学模型描述，式(6-29)所示的 P-M 的偏微分方程很难得到解析解，因此需要离散化后方可应用于图像处理，Perona 和 Malik 提出的 P-M 模型离散表达式为

$$u_{i,j}^{t+1} = u_{i,j}^t + \lambda[g_{S_{i,j}}^t \cdot \nabla_S u_{i,j}^t + g_{E_{i,j}}^t \cdot \nabla_E u_{i,j}^t + g_{N_{i,j}}^t \cdot \nabla_N u_{i,j}^t + g_{W_{i,j}}^t \cdot \nabla_W u_{i,j}^t] \tag{6-32}$$

其中，λ 为控制扩散总体强度的常数，且 $\lambda>0$。S、E、N、W 分别为 North、South、East、West 的简写，表示点(i,j)的 4-邻域。并且有

$$\begin{cases} u_{i,j}^t = u(i,j,t);\ u_{i,j}^{t+1} = u(i,j,t+1) \\ g_{S_{i,j}}^t = g(\| \nabla_S u_{i,j}^t \|);\ g_{E_{i,j}}^t = g(\| \nabla_E u_{i,j}^t \|);\ g_{N_{i,j}}^t = g(\| \nabla_N u_{i,j}^t \|);\ g_{W_{i,j}}^t = g(\| \nabla_W u_{i,j}^t \|) \\ \nabla_S u_{i,j}^t = u_{i,j-1}^t - u_{i,j}^t;\ \nabla_E u_{i,j}^t = u_{i-1,j}^t - u_{i,j}^t;\ \nabla_N u_{i,j}^t = u_{i,j+1}^t - u_{i,j}^t;\ \nabla_W u_{i,j}^t = u_{i+1,j}^t - u_{i,j}^t \end{cases} \tag{6-33}$$

在这里，取扩散系数 $g(\| \nabla u(x,y;t) \|)$ 的定义如式(6-30)所示，基于各向异性 P-M 方程的平滑滤波结果如图 6-22 所示。图 6-22(a)为高斯噪声图像，图 6-22(b)为迭代 5 次的滤波结果，图 6-22(c)为迭代 15 次的滤波结果。可以看出，由于 P-M 模型中加入梯度来控制扩散速度，因此，即使迭代时间增加，算法在去噪的同时也能较好地保护图像边缘。

(a) 高斯噪声图像　　(b) 迭代5次　　(c) 迭代15次

图 6-22　基于各向异性 P-M 方程的平滑滤波效果

综上所述，基于偏微分方程的平滑滤波模型能把图像去噪问题转化为方程的求解，表现为一个适定问题，保证解的存在性、唯一性和规整性。

习题

6.1　图像平滑的主要用途是什么？该操作对图像质量会带来什么负面影响？

6.2　已知 8 级图像 $\boldsymbol{g} = \begin{bmatrix} 0 & 0 & 0 & 0 & 0 \\ 0 & 5 & 1 & 6 & 0 \\ 0 & 4 & 6 & 3 & 0 \\ 0 & 7 & 2 & 1 & 0 \\ 0 & 0 & 0 & 0 & 0 \end{bmatrix}$，用 3×3 的简单均值滤波器进行滤波(不处

理边缘像素)。

6.3　利用例 6.2 中图像 $\boldsymbol{g}$,分别用 $\sigma=0.8$、$\sigma=1$ 的 3×3 的高斯模板进行滤波(不处理边缘像素)。

6.4　已知图像 $\begin{bmatrix} 1 & 3 & 6 & 8 & 6 & 3 \\ 15 & 4 & 7 & 9 & 8 & 1 \\ 13 & 3 & 5 & 5 & 7 & 4 \\ 3 & 4 & 0 & 2 & 5 & 7 \\ 6 & 12 & 3 & 6 & 9 & 7 \\ 9 & 11 & 3 & 11 & 14 & 13 \end{bmatrix}$,试求:

(1) 中值滤波的结果(不处理边缘像素),注意选择邻域;

(2) 从(1)的结果举例说明中值滤波器特别适合处理哪种类型的噪声。

6.5　设计均值滤波改进算法,减弱边界模糊现象,并编写程序验证。

6.6　编写程序实现对一幅真彩色图像的双边滤波。

6.7　编写程序实现基于模糊技术的平滑滤波。

6.8　编写程序实现基于各向异性的偏微分方程的平滑滤波。

第7章 图像锐化

CHAPTER 7

对人眼视觉系统的研究表明，人类对形状的感知一般通过识别边缘、轮廓、前景和背景而形成。在图像处理中，边缘信息也十分重要。边缘是图像中亮度突变的区域，通过计算局部图像区域的亮度差异，从而检测出不同目标或场景各部分之间的边界，是图像锐化、图像分割、区域形状特征提取等技术的重要基础。图像锐化(Image Sharpening)的目的是加强图像中景物的边缘和轮廓，突出图像中的细节或增强被模糊了的细节。

本章在对图像边缘进行分析的基础上，讲解常见的图像锐化算子。

7.1 图像边缘分析

边缘定义为图像中亮度突变的区域，图像中的边缘主要有以下3种类型：细线型边缘、突变型边缘和渐变型边缘，如图7-1所示。

图7-1 图像中边缘类型示意

把三种类型边缘放在同一图像中，绘制的灰度变化曲线以及曲线的一阶和二阶导数如图7-2所示。

突变型边缘位于图像中两个具有不同灰度值的相邻区域之间，灰度曲线有阶跃变化，对应于一阶导数的极值和二阶导数的过零点；细线型边缘灰度变化曲线存在局部极值，对应于一阶导数过零点和二阶导数的极值点；渐变型边缘因灰度变化缓慢，没有明确的边界点。

通过分析边缘变化曲线和其一二阶微分曲线，可知图像中的边缘对应微分的特殊点，因此可以利用求微分来检测图像中的边缘。

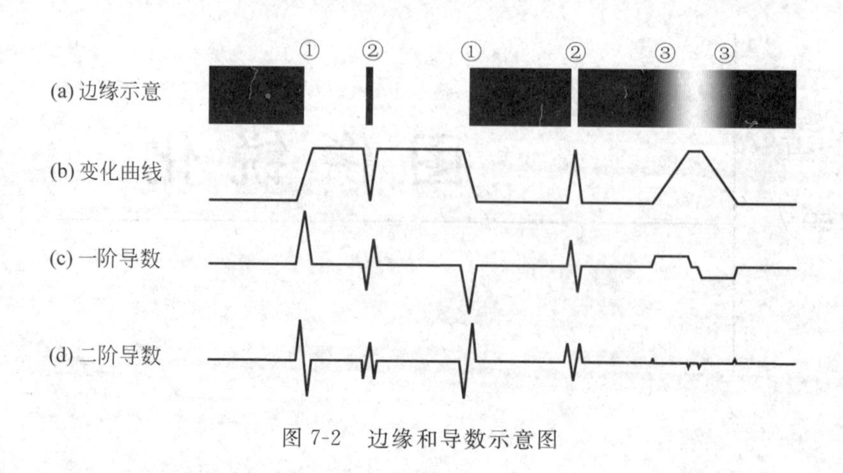

图 7-2　边缘和导数示意图

7.2　一阶微分算子

由 7.1 节分析可知，一阶微分的极值或过零点与边缘存在对应的关系。本节分析常用的检测边缘的一阶微分算子，包括梯度算子、Roberts 算子、Sobel 算子及 Prewitt 算子。

7.2.1　梯度算子

在图像处理中最常用的应用微分的情况是计算梯度，梯度是方向导数取最大值的方向的向量。对于图像函数 $f(x,y)$，在 (x,y) 处的梯度为

$$G[f(x,y)] = \begin{bmatrix} \frac{\partial f}{\partial x} & \frac{\partial f}{\partial y} \end{bmatrix}^{\mathrm{T}} \tag{7-1}$$

其中，G 表示对二维函数 $f(x,y)$ 计算梯度。

用梯度幅度值来代替梯度，得

$$G[f(x,y)] = \left[\left(\frac{\partial f}{\partial x}\right)^2 + \left(\frac{\partial f}{\partial y}\right)^2\right]^{\frac{1}{2}} \tag{7-2}$$

为计算方便，也常用如下的绝对值运算来代替式(7-2)：

$$G[f(x,y)] = \left|\frac{\partial f}{\partial x}\right| + \left|\frac{\partial f}{\partial y}\right| \tag{7-3}$$

因为图像为离散的数字矩阵，可用差分来代替微分，得梯度图像 $g(x,y)$：

$$\begin{cases} \frac{\partial f}{\partial x} = \frac{\Delta f}{\Delta x} = \frac{f(x+1,y)-f(x,y)}{x+1-x} = f(x+1,y)-f(x,y) \\ \frac{\partial f}{\partial y} = \frac{\Delta f}{\Delta y} = \frac{f(x,y+1)-f(x,y)}{y+1-y} = f(x,y+1)-f(x,y) \\ g(x,y) = |f(x+1,y)-f(x,y)| + |f(x,y+1)-f(x,y)| \end{cases} \tag{7-4}$$

图像锐化的实质是原图像和梯度图像相加以增强图中的变化。

边缘检测需要进一步判断梯度图像中的局部极值点，一般通过对梯度图像进行阈值化来实现：即设定一个阈值，凡是梯度值大于该阈值的变为 1，表示边缘点；小于该阈值的变为 0，表示非边缘点。可以看出，检测效果受到阈值的影响：阈值越低，能够检测出的边线越多，结果也就越容易受到图像噪声的影响；相反，阈值越高，检测出的边线越少，有可能会遗

失较弱的边线。实际中可以在边缘检测前进行滤波，降低噪声的影响，也可以采用不同的方法选择合适的阈值(见第 10 章)。

【例 7.1】 设原图像 $f=\begin{bmatrix}3&3&3&3&3\\3&7&7&7&3\\3&7&7&7&3\\3&7&7&7&3\\3&3&3&3&3\end{bmatrix}$，对该图像进行处理，生成梯度图像。

$$\begin{bmatrix}3&3&3&3&3\\3&7&7&7&3\\3&7&7&7&3\\3&7&7&7&3\\3&3&3&3&3\end{bmatrix}$$

解：按照梯度算子公式，计算图中每一个像素点和其右邻点、下邻点差值的绝对值和，并赋给该像素点，不存在右邻点和下邻点的直接赋背景值 0。计算过程如下：

$$g(0,0)=|f(1,0)-f(0,0)|+|f(0,1)-f(0,0)|=|3-3|+|3-3|=0$$

…

$$g(4,0)=0$$

$$g(0,1)=|f(1,1)-f(0,1)|+|f(0,2)-f(0,1)|=|7-3|+|3-3|=4$$

…

$$g(4,1)=0$$

…

$$g(0,4)=g(1,4)=g(2,4)=g(3,4)=g(4,4)=0$$

可得最终结果为

$$\boldsymbol{g}=\begin{bmatrix}0&4&4&4&0\\4&0&0&4&0\\4&0&0&4&0\\4&4&4&8&0\\0&0&0&0&0\end{bmatrix}$$

【例 7.2】 编程实现基于梯度算子的图像处理。

解：程序如下：

```
Image = im2double(rgb2gray(imread('lotus.jpg')));
subplot(131),imshow(Image),title('原始图像');
[h,w] = size(Image); edgeImage = zeros(h,w);
for x = 1:w - 1
   for y = 1:h - 1                                          %梯度运算
       edgeImage(y,x) = abs(Image(y,x + 1) - Image(y,x)) + abs(Image(y + 1,x) - Image(y,x));
   end
end
subplot(132),imshow(edgeImage),title('梯度图像');
sharpImage = Image + edgeImage;                             %锐化图像
subplot(133),imshow(sharpImage),title('锐化图像');
```

梯度算子处理效果如图 7-3 所示。

(a) 原图

(b) 梯度图像

(c) 锐化图像

图 7-3　梯度算子的处理效果

7.2.2　Roberts 算子

Roberts 算子通过交叉求微分检测局部变化，其运算公式如式(7-5)所示：

$$g(x,y)=|f(x,y)-f(x+1,y+1)|+|f(x+1,y)-f(x,y+1)| \tag{7-5}$$

用模板可表示为

$$\boldsymbol{H}_1=\begin{bmatrix}1 & 0\\0 & -1\end{bmatrix},\quad \boldsymbol{H}_2=\begin{bmatrix}0 & 1\\-1 & 0\end{bmatrix} \tag{7-6}$$

【例 7.3】　利用 Roberts 算子对例 7.1 中的小图像 f 进行运算。

解：按照 Roberts 算子公式，对图中每一像素点进行计算，模板罩不住的像素点直接赋背景值 0。以(0,0)点为例，即对图中所框四点进行运算：

$$\begin{bmatrix}\boxed{\begin{matrix}3 & 3\\3 & 7\end{matrix}} & \begin{matrix}3 & 3 & 3\\7 & 7 & 3\end{matrix}\\ \begin{matrix}3 & 7\\3 & 7\\3 & 7\end{matrix} & \begin{matrix}7 & 7 & 3\\7 & 7 & 3\\3 & 3 & 3\end{matrix}\end{bmatrix}$$

$$\begin{aligned}g(0,0)&=|f(0,0)-f(1,1)|+|f(1,0)-f(0,1)|\\&=|3-7|+|3-3|=4\end{aligned}$$

每一点进行同样运算后，得最终结果：

$$\boldsymbol{g}=\begin{bmatrix}4 & 8 & 8 & 4 & 0\\8 & 0 & 0 & 8 & 0\\8 & 0 & 0 & 8 & 0\\4 & 8 & 8 & 4 & 0\\0 & 0 & 0 & 0 & 0\end{bmatrix}$$

【例 7.4】　编程实现基于 Roberts 算子的边缘检测和图像锐化。

解：MATLAB 提供函数如下：

BW=edge(I,TYPE,PARAMETERS)：对灰度或二值图像 I 采用 TYPE 所指定的算子进行边缘检测，返回二值图像 BW，其中 1 表示边缘，0 表示其他部分；PARAMETERS 是各算子对应的参数。

程序如下：

```
Image = im2double(rgb2gray(imread('lotus.jpg')));
figure,imshow(Image),title('原始图像');
BW = edge(Image,'roberts');                  %使用 Roberts 算子进行边缘检测,得到二值边界图像
figure,imshow(BW),title('Roberts 边缘检测');
```

```
H1 = [1 0; 0 -1]; H2 = [0 1; -1 0];           % Roberts 算子模板
R1 = imfilter(Image,H1); R2 = imfilter(Image,H2);
edgeImage = abs(R1) + abs(R2);                 % 基于模板运算获取 Roberts 梯度图像
figure,imshow(edgeImage),title('Roberts 梯度图像');
sharpImage = Image + edgeImage;                % 锐化图像
figure,imshow(sharpImage),title('Roberts 锐化图像');
```

边缘检测及锐化效果如图 7-4 所示。图 7-4(b)实际上是对图 7-4(a)进行阈值化的结果,图 7-4(c)的图像锐化结果是原图像和 Roberts 梯度图像相加所得,图中灰度变化得到增强。

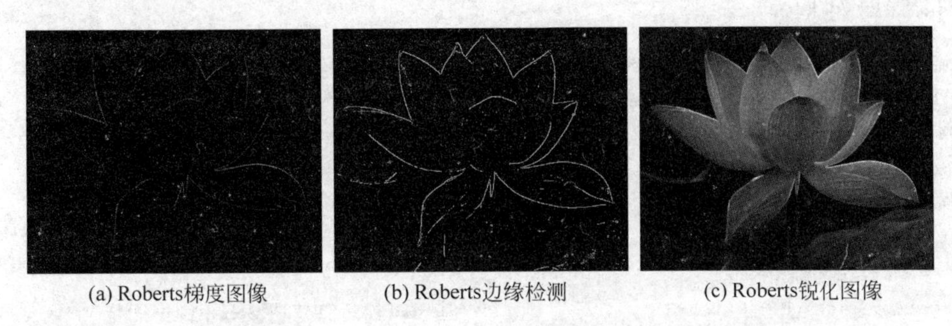

(a) Roberts梯度图像　(b) Roberts边缘检测　(c) Roberts锐化图像

图 7-4　Roberts 算子的边缘检测及锐化效果

7.2.3　Sobel 算子

Sobel 算子是一种 3×3 模板下的微分算子,定义如下:

$$\begin{cases} S_x = |\,f(x-1,y+1)+2f(x,y+1)+f(x+1,y+1)\,| - \\ \qquad |\,f(x-1,y-1)+2f(x,y-1)+f(x+1,y-1)\,| \\ S_y = |\,f(x+1,y-1)+2f(x+1,y)+f(x+1,y+1)\,| - \\ \qquad |\,f(x-1,y-1)+2f(x-1,y)+f(x-1,y+1)\,| \\ g = |\,S_x\,| + |\,S_y\,| \end{cases} \tag{7-7}$$

用模板可表示为

$$\boldsymbol{H}_x = \begin{bmatrix} -1 & -2 & -1 \\ 0 & 0 & 0 \\ 1 & 2 & 1 \end{bmatrix},\quad \boldsymbol{H}_y = \begin{bmatrix} -1 & 0 & 1 \\ -2 & 0 & 2 \\ -1 & 0 & 1 \end{bmatrix} \tag{7-8}$$

Sobel 算子引入平均因素,对图像中的随机噪声有一定的平滑作用;相隔两行或两列求差分,故边缘两侧的元素得到了增强,边缘显得粗而亮。

$$\begin{bmatrix} 3 & 3 & 3 & 3 & 3 \\ 3 & 7 & 7 & 7 & 3 \\ 3 & 7 & 7 & 7 & 3 \\ 3 & 7 & 7 & 7 & 3 \\ 3 & 3 & 3 & 3 & 3 \end{bmatrix}$$

【例 7.5】 对例 7.1 中的小图像 f 利用 Sobel 算子进行运算。

解:按照 Sobel 算子公式,对图中每一个像素点进行计算,模板罩不住的像素点直接赋背景值 0。

以(1,1)点为例,即对图中模板所覆盖的像素进行如下运算:

$$S_x = |\,f(0,2)+2f(1,2)+f(2,2)\,| - |\,f(0,0)+2f(1,0)+f(2,0)\,| = 12$$

$$S_y = |\,f(2,0)+2f(2,1)+f(2,2)\,| - |\,f(0,0)+2f(0,1)+f(0,2)\,| = 12$$

$$g = |S_x| + |S_y| = 24$$

每一点进行同样运算后，得最终结果：

$$\boldsymbol{g} = \begin{bmatrix} 0 & 0 & 0 & 0 & 0 \\ 0 & 24 & 16 & 24 & 0 \\ 0 & 16 & 0 & 16 & 0 \\ 0 & 24 & 16 & 24 & 0 \\ 0 & 0 & 0 & 0 & 0 \end{bmatrix}$$

【例 7.6】 编程实现基于 Sobel 算子的边缘检测和图像锐化。

解：程序如下：

```
Image = im2double(rgb2gray(imread('lotus.jpg')));
figure, imshow(Image), title('原始图像');
BW = edge(Image, 'sobel');                    % 使用 Sobel 算子进行边缘检测，得到二值边界图像
figure, imshow(BW), title('Sobel 边缘检测');
H1 = [ -1 -2 -1;0 0 0;1 2 1]; H2 = [ -1 0 1; -2 0 2; -1 0 1];      % Sobel 算子模板
R1 = imfilter(Image, H1);
R2 = imfilter(Image, H2);
edgeImage = abs(R1) + abs(R2);                % 基于模板运算获取 Sobel 梯度图像
figure, imshow(edgeImage), title('Sobel 梯度图像 ');
sharpImage = Image + edgeImage                % 锐化图像
figure, imshow(sharpImage), title('Sobel 锐化图像');
```

Sobel 算子边缘检测及锐化效果如图 7-5 所示。

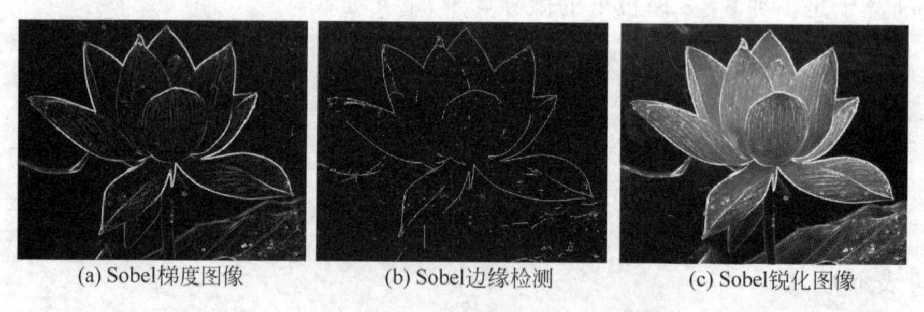

(a) Sobel梯度图像　(b) Sobel边缘检测　(c) Sobel锐化图像

图 7-5　Sobel 算子的边缘检测及锐化效果

Sobel 算子对应的模板通过旋转可以扩展为 8 个模板：

$$\boldsymbol{H}_1 = \begin{bmatrix} -1 & -2 & -1 \\ 0 & 0 & 0 \\ 1 & 2 & 1 \end{bmatrix}, \quad \boldsymbol{H}_2 = \begin{bmatrix} 0 & -1 & -2 \\ 1 & 0 & -1 \\ 2 & 1 & 0 \end{bmatrix}, \quad \boldsymbol{H}_3 = \begin{bmatrix} 1 & 0 & -1 \\ 2 & 0 & -2 \\ 1 & 0 & -1 \end{bmatrix}, \quad \boldsymbol{H}_4 = \begin{bmatrix} 2 & 1 & 0 \\ 1 & 0 & -1 \\ 0 & -1 & -2 \end{bmatrix}$$

$$\boldsymbol{H}_5 = \begin{bmatrix} 1 & 2 & 1 \\ 0 & 0 & 0 \\ -1 & -2 & -1 \end{bmatrix}, \quad \boldsymbol{H}_6 = \begin{bmatrix} 0 & 1 & 2 \\ -1 & 0 & 1 \\ -2 & -1 & 0 \end{bmatrix}, \quad \boldsymbol{H}_7 = \begin{bmatrix} -1 & 0 & 1 \\ -2 & 0 & 2 \\ -1 & 0 & 1 \end{bmatrix}, \quad \boldsymbol{H}_8 = \begin{bmatrix} -2 & -1 & 0 \\ -1 & 0 & 1 \\ 0 & 1 & 2 \end{bmatrix}$$

$$g = \max_i H_i f \tag{7-9}$$

两种算子视觉效果区别不大，但扩展算子检测的边缘方向信息较丰富，在需要边缘方向信息的情况下，扩展算子应用更为广泛。

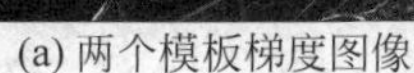
(a) 两个模板梯度图像

(b) 8个模板梯度图像

(c) 8个模板锐化图像

图 7-6　Sobel 算子处理效果

7.2.4　Prewitt 算子

Prewitt 算子与 Sobel 算子思路类似，但模板系数不一样，如式(7-10)所示：

$$\boldsymbol{H}_x = \begin{bmatrix} -1 & -1 & -1 \\ 0 & 0 & 0 \\ 1 & 1 & 1 \end{bmatrix},\quad \boldsymbol{H}_y = \begin{bmatrix} -1 & 0 & 1 \\ -1 & 0 & 1 \\ -1 & 0 & 1 \end{bmatrix} \tag{7-10}$$

Prewitt 算子模板也可以通过旋转扩展到 8 个，同 Sobel 一样，这里不再赘述。

【例 7.7】　编程实现基于 Prewitt 两个和 8 个算子模板的图像锐化。

解：程序如下：

```
Image = im2double(rgb2gray(imread('lotus.jpg')));
H1 = [ - 1  - 1  - 1;0 0 0;1 1 1];        H2 = [0  - 1  - 1;1 0  - 1;1 1 0];
H3 = [1 0  - 1;1 0  - 1;1 0  - 1];         H4 = [1 1 0;1 0  - 1;0  - 1  - 1];
H5 = [1 1 1;0 0 0; - 1  - 1  - 1];         H6 = [0 1 1; - 1 0 1; - 1  - 1 0];
H7 = [ - 1 0 1; - 1 0 1; - 1 0 1];         H8 = [ - 1  - 1 0; - 1 0 1;0 1 1];
R1 = imfilter(Image,H1);                  R2 = imfilter(Image,H2);
R3 = imfilter(Image,H3);                  R4 = imfilter(Image,H4);
R5 = imfilter(Image,H5);                  R6 = imfilter(Image,H6);
R7 = imfilter(Image,H7);                  R8 = imfilter(Image,H8);
edgeImage1 = abs(R1) + abs(R7);           sharpImage1 = edgeImage1 + Image;
f1 = max(max(R1,R2),max(R3,R4));          f2 = max(max(R5,R6),max(R7,R8));
edgeImage2 = max(f1,f2);                  sharpImage2 = edgeImage2 + Image;
subplot(221),imshow(edgeImage1),title('两个模板梯度图像');
subplot(222),imshow(edgeImage2),title('八个模板梯度图像');
subplot(223),imshow(sharpImage1),title('两个模板锐化图像');
subplot(224),imshow(sharpImage2),title('八个模板锐化图像');
```

Prewitt 算子的处理效果如图 7-7 所示。

(a) 两个模板梯度图像

(b) 8个模板梯度图像

(c) 8个模板锐化图像

图 7-7　Prewitt 算子的处理效果

7.3 二阶微分算子

拉普拉斯算子是二阶微分算子，定义如下：

$$\nabla^2 f=\frac{\partial^2 f}{\partial x^2}+\frac{\partial^2 f}{\partial y^2} \tag{7-11}$$

$$\begin{aligned}\frac{\partial^2 f}{\partial x^2}&=\Delta_x f(x+1,y)-\Delta_x f(x,y)=[f(x+1,y)-f(x,y)]-[f(x,y)-f(x-1,y)]\\&=f(x+1,y)+f(x-1,y)-2f(x,y)\end{aligned}$$

$$\begin{aligned}\frac{\partial^2 f}{\partial y^2}&=\Delta_y f(x,y+1)-\Delta_y f(x,y)=[f(x,y+1)-f(x,y)]-\{f(x,y)-f(x,y-1)]\\&=f(x,y+1)+f(x,y-1)-2f(x,y)\end{aligned}$$

所以

$$\nabla^2 f=f(x+1,y)+f(x-1,y)+f(x,y+1)+f(x,y-1)-4f(x,y) \tag{7-12}$$

用模板表示为

$$\boldsymbol{H}_1=\begin{bmatrix}0&1&0\\1&-4&1\\0&1&0\end{bmatrix}\quad 或\quad \boldsymbol{H}_1=\begin{bmatrix}0&-1&0\\-1&4&-1\\0&-1&0\end{bmatrix} \tag{7-13}$$

拉普拉斯锐化模板表示为

$$\boldsymbol{H}=\begin{bmatrix}0&-1&0\\-1&5&-1\\0&-1&0\end{bmatrix} \tag{7-14}$$

【例 7.8】 利用拉普拉斯算子对例 7.1 中的小图像 f 进行运算。

$$\begin{bmatrix}3&3&3&3&3\\3&7&7&7&3\\3&7&7&7&3\\3&7&7&7&3\\3&3&3&3&3\end{bmatrix}$$

解：按照拉普拉斯算子公式，对图中每一个像素点进行计算，模板罩不住的像素点直接赋背景值 0。

以(1,1)点为例，即对图中模板所覆盖的像素进行运算：

$$\nabla^2 f=f(2,1)+f(0,1)+f(1,2)+f(1,0)-4f(1,1)=-8$$

每一点进行同样运算后，得最终结果：

$$g=\begin{bmatrix}0&0&0&0&0\\0&-8&-4&-8&0\\0&-4&0&-4&0\\0&-8&-4&-8&0\\0&0&0&0&0\end{bmatrix}$$

图像像素值不能为负，可以采用如下两种处理方法将像素值负值转化为正值：

(1) 取绝对值，得到梯度图像的效果；

(2) 整体加一个正整数(图中最小值的绝对值)，得到类似浮雕的效果。

【例 7.9】 编程实现基于 Laplacian 算子的处理。

解：程序如下：

```
Image = im2double(rgb2gray(imread('lotus.jpg')));
```

```
figure,imshow(Image),title('原图');
H = fspecial('laplacian',0);                    % 生成 Laplacian 模板
R = imfilter(Image,H);                          % Laplacian 算子滤波
edgeImage = abs(R);                             % 获取 Laplacian 算子滤波图像
figure,imshow(edgeImage),title('拉普拉斯滤波图像');
H1 = [0 -1 0;-1 5 -1;0 -1 0];                   % Laplacian 锐化模板
sharpImage = imfilter(Image,H1);                % 锐化滤波
figure,imshow(sharpImage),title('拉普拉斯锐化图像');
```

拉普拉斯算子的处理效果如图 7-8 所示。

(a) 原图

(b) 滤波图像

(c) 锐化图像

图 7-8　拉普拉斯算子的处理效果

7.4　高斯滤波与边缘检测

高斯函数在图像处理多个方面都有重要应用，本节主要讲解高斯函数在图像锐化方面的应用。

7.4.1　高斯函数

一元高斯函数定义为

$$g(x)=\frac{1}{\sqrt{2\pi}\sigma}\mathrm{e}^{\left(-\frac{x^2}{2\sigma^2}\right)} \tag{7-15}$$

二元高斯函数定义为

$$g(x,y)=\frac{1}{2\pi\sigma^2}\mathrm{e}^{\left(-\frac{x^2+y^2}{2\sigma^2}\right)} \tag{7-16}$$

上述公式中给出的高斯函数均值为 0，标准差为 σ。

一元高斯函数一阶导数为

$$\nabla g(x)=\frac{-1}{\sqrt{2\pi}\sigma^3}x\mathrm{e}^{\left(\frac{-x^2}{2\sigma^2}\right)}=-\frac{x}{\sigma^2}g(x) \tag{7-17}$$

一元高斯函数二阶导数为

$$\nabla^2 g(x)=\left(\frac{x^2}{\sqrt{2\pi}\sigma^5}-\frac{1}{\sqrt{2\pi}\sigma^3}\right)\mathrm{e}^{\left(\frac{-x^2}{2\sigma^2}\right)}=\left(\frac{x^2}{\sigma^4}-\frac{1}{\sigma^2}\right)g(x) \tag{7-18}$$

二元高斯函数一阶导数为

$$\nabla g(x,y)=\frac{\partial g}{\partial x}+\frac{\partial g}{\partial y}=\left(-\frac{x+y}{2\pi\sigma^4}\right)\mathrm{e}^{\left(-\frac{x^2+y^2}{2\sigma^2}\right)} \tag{7-19}$$

二元高斯函数二阶导数为

$$\nabla^2 g(x,y)=\frac{\partial^2 g}{\partial x^2}+\frac{\partial^2 g}{\partial y^2}=\frac{1}{\pi\sigma^4}\left(\frac{x^2+y^2}{2\sigma^2}-1\right)\mathrm{e}^{\left(-\frac{x^2+y^2}{2\sigma^2}\right)} \tag{7-20}$$

高斯函数及其一阶、二阶导数在滤波运算中非常重要。图 7-9 绘制了均值为 0、标准差为 2 的一元高斯函数及其一阶和二阶导数图形。

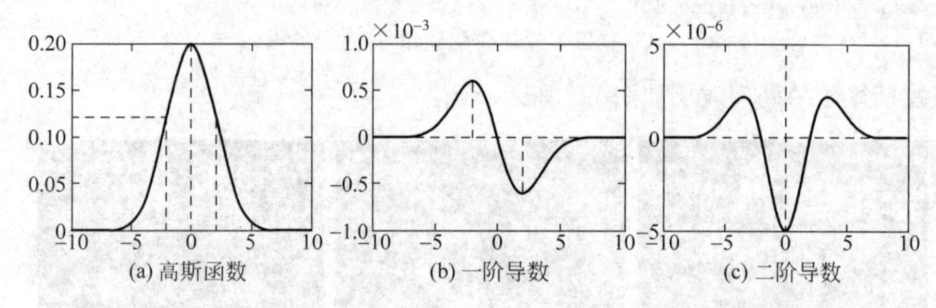

图 7-9　均值为 0、标准差为 2 的高斯函数及其一阶、二阶导数图形

对高斯函数及其一阶、二阶导数进行分析，得到高斯函数的相关特性如下：

(1) 随着远离原点，权值逐渐减小到零，离中心较近的图像值比远处的图像值更重要；标准差 σ 决定邻域范围，总权值的 95% 包含在 2σ 的中间范围内。**这个特性使得高斯函数常被用来作为权值。**

(2) 一维高斯函数的二阶导数具有光滑的中间突出部分，该部分函数值为负，还有两个光滑的侧边突出部分，该部分值为正。零交叉位于 $-\sigma$ 和 $+\sigma$ 处，与 $g(x)$ 的拐点和 $g'(x)$ 的极值点对应。

(3) 一维形式绕垂直轴旋转可得到各向同性的二维函数形式(在任意过原点的切面上具有相同的一维高斯截面)，其二阶导数形式好像一个宽边帽或墨西哥草帽。

从数学推导上，帽子的空腔口沿 $z=g(x,y)$ 轴向上，但在显示和滤波应用中空腔口一般朝下，即中间突起的部分为正，帽边为负。

7.4.2 LOG 算子

图像常常受到随机噪声干扰，进行边缘检测时常把噪声当做边缘点而检测出来。针对这个问题，D. Marr 和 E. Hildreth 提出一种解决思路：首先对原始图像作最佳平滑，再求边缘。这样就需要解决两个问题：

(1) 选择什么样的滤波器平滑；

(2) 选择什么算子来检测边缘。

Marr 用高斯函数先对图像作平滑，即将高斯函数 $g(x,y)$ 与图像函数 $f(x,y)$ 卷积，得到一个平滑的图像函数，再对该函数做拉普拉斯运算，提取边缘。

可以证明 $\nabla^2[f(x,y)*g(x,y)]=f(x,y)*\nabla^2 g(x,y)$，即卷积运算和求二阶导数的顺序可以交换，$\nabla^2 g(x,y)$ 由式(7-20)所示。

$\nabla^2 g(x,y)$ 称为 LOG 滤波器(Laplacian of Gaussian Algorithm)，也称为 Marr-Hildrech 算子。σ 称为尺度因子，大的值可用来检测模糊的边缘，小的值可用来检测聚焦良好的图像细节。当边缘模糊或噪声较大时，检测过零点能提供较可靠的边缘位置。LOG 算子的形状如图 7-10 所示。

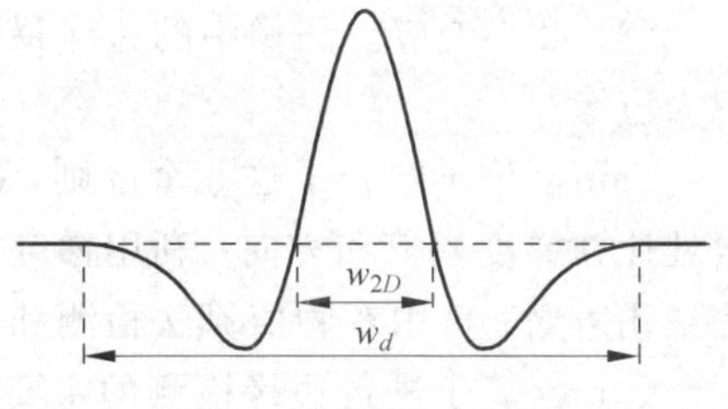

图 7-10 $\nabla^2 g$ 的横截面

LOG 滤波器的大小由 σ 的数值或等价地由 w_{2D} 的数值来确定。为了不使函数被过分地截短，应在足够大的窗口内作计算，窗口宽度通常取为：$w_d \geqslant 3.6w_{2D}$，而 $w_{2D}=2\sigma$。

LOG 滤波器也可以采用模板形式，式(7-21)所示为两个不同大小的 LOG 模板：

$$\begin{bmatrix} 0 & -1 & 0 \\ -1 & 4 & -1 \\ 0 & -1 & 0 \end{bmatrix}, \quad \begin{bmatrix} 0 & 0 & -1 & 0 & 0 \\ 0 & -1 & -2 & -1 & 0 \\ -1 & -2 & 16 & -2 & -1 \\ 0 & -1 & -2 & -1 & 0 \\ 0 & 0 & -1 & 0 & 0 \end{bmatrix} \tag{7-21}$$

【例 7.10】 编程实现基于 LOG 算子的边缘检测和图像锐化。

解：程序如下：

```
Image = im2double(rgb2gray(imread('lotus.jpg')));
figure,imshow(Image),title('原始图像');
BW =  edge(Image,'log');                          %使用LOG算子进行边缘检测,得到二值边界图像
figure,imshow(BW),title('LOG边缘检测');
H = fspecial('log',7,1);                          %生成7×7的LOG模板,标准差为1
R = imfilter(Image,H);                            %LOG算子滤波
edgeImage = abs(R);                               %生成LOG滤波图像
figure,imshow(edgeImage),title('LOG滤波图像');
sharpImage = Image + edgeImage;                   %锐化图像
figure,imshow(sharpImage),title('LOG锐化图像');
```

LOG 算子的边缘检测及锐化效果如图 7-11 所示。

(a) LOG滤波图像

(b) LOG边缘检测

(c) LOG锐化图像

图 7-11 LOG 算子处理效果

7.4.3 Canny 算子

Canny 边缘检测算法是 John F. Canny 于 1986 年开发出来的一个多级边缘检测算法，被很多人认为是边缘检测的最优算法。

最优边缘检测的 3 个主要评价标准是：

(1) 低错误率。标识出尽可能多的实际边缘，同时尽可能地减少噪声产生的误报。

(2) 对边缘的定位准确。标识出的边缘要与图像中的实际边缘尽可能接近。

（3）最小响应。图像中的边缘最好只标识一次，并且可能存在的图像噪声部分不应标识为边缘。

Canny 算子结合了这 3 个准则，采用高斯滤波器对图像做平滑，在平滑后图像的每个像素处计算梯度幅值和方向；利用梯度方向，采用非极大抑制（Nonmaximum Suppression）方法细化边缘；再用双阈值算法检测和连接边缘，最终得到细化的边缘图像。

Canny 算子进行边缘检测的主要步骤如下：

（1）使用高斯平滑滤波器卷积降噪；

（2）计算平滑后图像的梯度幅值和方向，可以采用不同的梯度算子；

（3）对梯度幅值应用非极大抑制，其过程是找出图像梯度中的局部极大值点，把其他非局部极大值点置零；

（4）使用双阈值检测和连接边缘。

高阈值 T_{high} 被用来找到每一条线段：如果某一个像素位置的梯度幅值超过 T_{high}，表明找到了一条线段的起始；

低阈值 T_{low} 被用来确定线段上的点：以上一步找到的线段起始出发，在其邻域内搜寻梯度幅值大于 T_{low} 的像素点，保留为边缘点；梯度幅值小于 T_{low} 的像素点被置为背景。

【例 7.11】 编程实现基于 Canny 算子的边缘检测。

解：程序如下：

```
BW = edge(Image,'canny');
figure,imshow(BW),title('Canny 边缘检测');
```

Canny 边缘检测的效果如图 7-12 所示。

图 7-12　Canny 算子边缘检测

7.5 频域高通滤波

图像中的边缘对应于高频分量，所以图像锐化可以采用高通滤波器实现。将图像 $f(x,y)$ 通过正交变换变换为 $F(u,v)$，设计高通滤波器 $H(u,v)$，滤波后反变换回图像 $g(x,y)$。频域高通滤波的关键在于选择合适的高通滤波器传递函数 $H(u,v)$。

1. 理想高通滤波器

理想高通滤波器的传递函数为

$$H(u,v)=\begin{cases}0, & D(u,v)\leqslant D_0\\ 1, & D(u,v)>D_0\end{cases} \tag{7-22}$$

式中，D_0 为截止频率，大于 0；$D(u,v)=(u^2+v^2)^{\frac{1}{2}}$ 是点 (u,v) 到傅里叶频率域原点的距离。

理想高通滤波器传递函数及其剖面图如图 7-13(a)所示，与理想低通滤波器正好相反。通过高通滤波器把以 D_0 为半径的圆内频率成分衰减掉，圆外的频率成分则无损通过。

2. 巴特沃斯高通滤波器

一个阶为 n、截止频率为 D_0 的巴特沃斯高通滤波器的传递函数为

$$H(u,v)=\frac{1}{1+[D_0/D(u,v)]^{2n}} \tag{7-23}$$

其中，D_0、$D(u,v)$的含义与理想高通滤波器中的含义相同。

$n=3$ 时的巴特沃斯高通滤波器传递函数及其径向剖面图如图 7-13(b)所示。

3. 指数高通滤波器

该滤波器的转移函数 $H(u,v)$为

$$H(u,v) = \exp\left\{-\left[\frac{D_0}{D(u,v)}\right]^n\right\} \tag{7-24}$$

其中，D_0、$D(u,v)$的含义与理想高通滤波器中的含义相同。

$n=3$ 时的指数高通滤波器传递函数及其径向剖面图如图 7-13(c)所示。

4. 梯形高通滤波器

该滤波器的转移函数 $H(u,v)$为

$$H(u,v) = \begin{cases} 0 & D(u,v) < D_0 \\ \dfrac{1}{D_1 - D_0}[D(u,v) - D_0] & D_0 \leqslant D(u,v) \leqslant D_1 \\ 1 & D(u,v) > D_1 \end{cases} \tag{7-25}$$

其中，$D(u,v)$的含义与理想高通滤波器中的含义相同，D_1、D_0 为上、下限截止频率。

梯形高通滤波器的传递函数及其径向剖面图如图 7-13(d)所示。

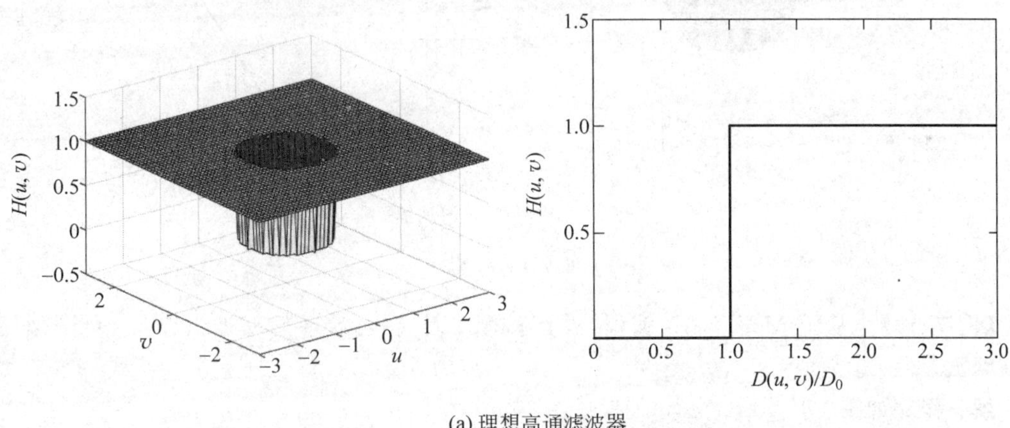

(a) 理想高通滤波器

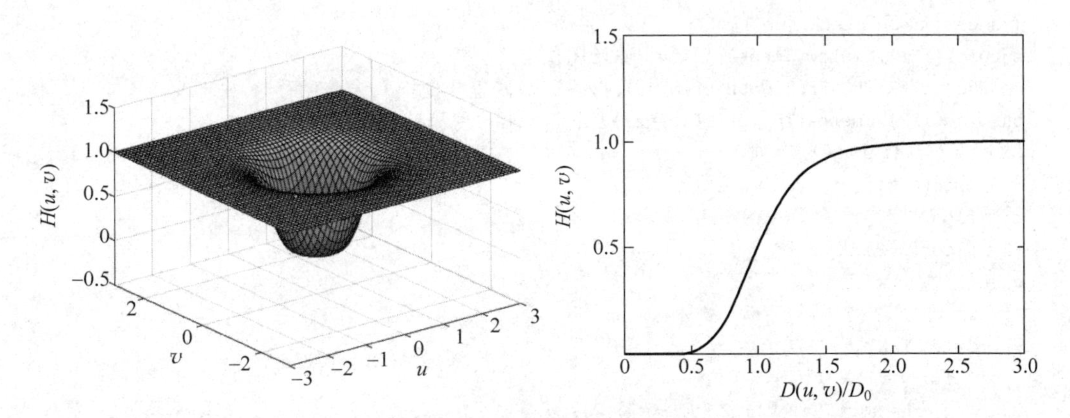

(b) 巴特沃斯高通滤波器

图 7-13　四种高通滤波器传递函数的三维特性及其二维剖面图

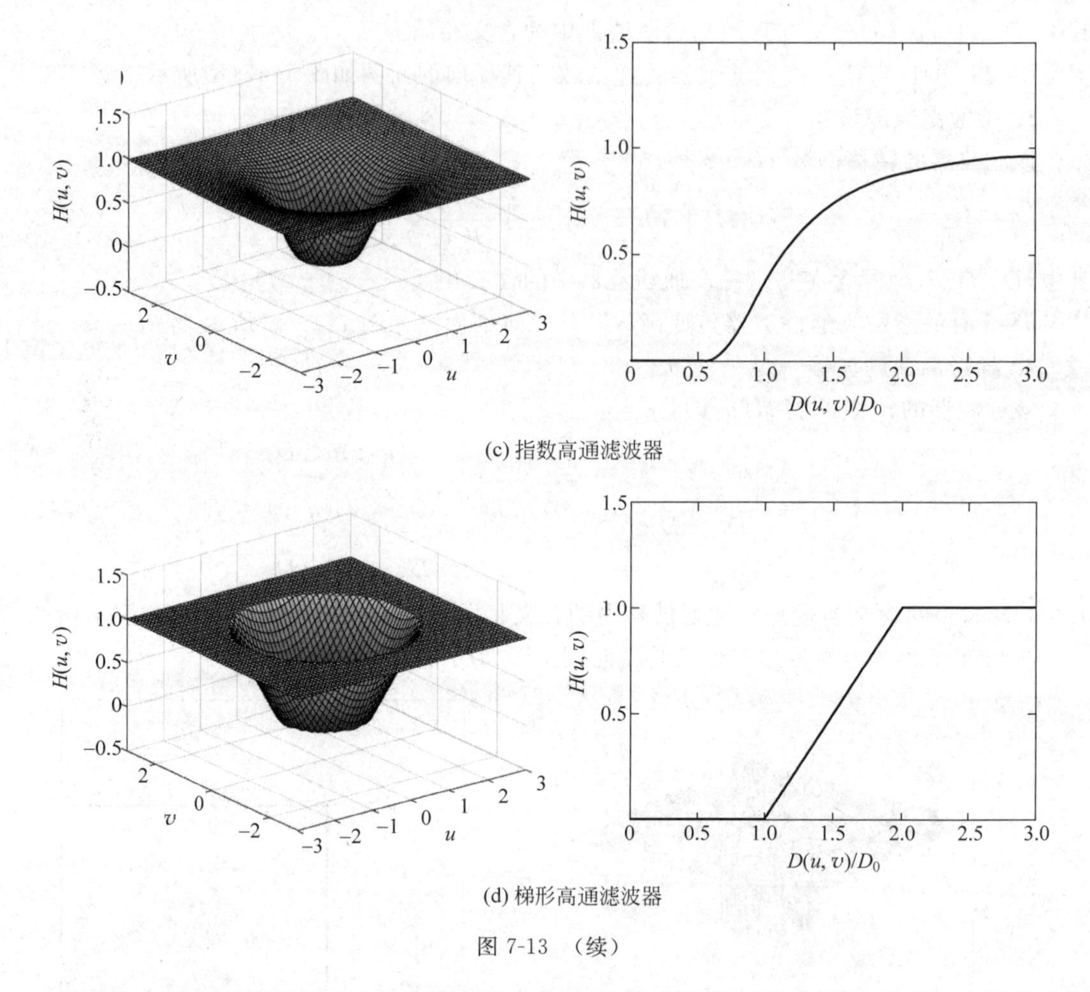

(c) 指数高通滤波器

(d) 梯形高通滤波器

图 7-13 （续）

【例 7.12】 基于 MATLAB 编程，设计截断频率不同的理想高通滤波器，对图像进行高通滤波。

解：程序如下：

```
Image = imread('lena.bmp');
subplot(121),imshow(Image),title('原始图像');
FImage = fftshift(fft2(double(Image)));        %傅里叶变换及频谱搬移
subplot(122),imshow(log(abs(FImage)),[]),title('傅里叶频谱');
[N M] = size(FImage);
g = zeros(N,M);
r1 = floor(M/2);
r2 = floor(N/2);
d0 = [5 11 45 68];
for i = 1:4
    for x = 1:M
        for y = 1:N
            d = sqrt((x - r1)^2 + (y - r2)^2);
            if d <= d0(i)
                h = 0;
            else
```

```
            h = 1;
        end
        g(y,x) = h * FImage(y,x);
    end
end
g= real(ifft2(ifftshift(g)));
figure,imshow(uint8(g)),title(['理想高通滤波 D0 = ',num2str(d0(i))]);
end
```

程序运行结果如图 7-14 所示。

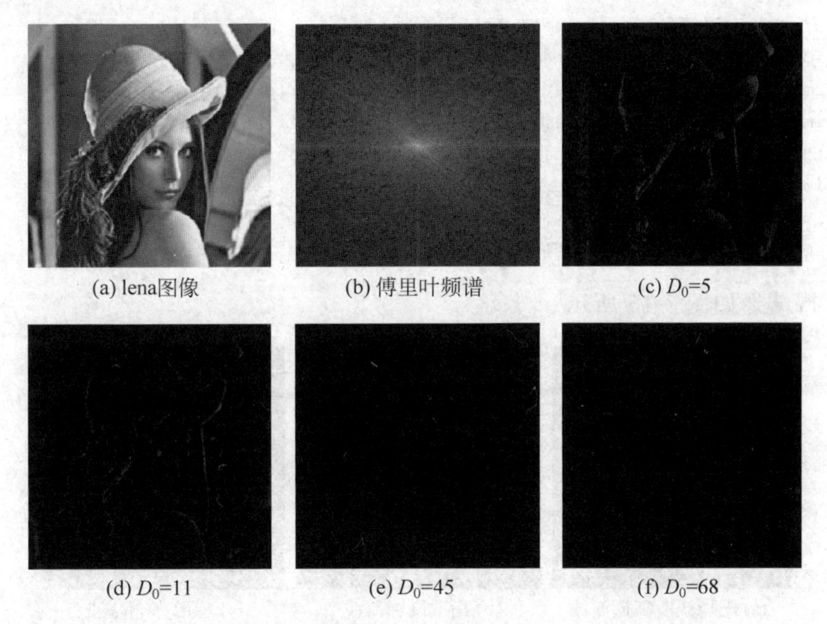

(a) lena图像　(b) 傅里叶频谱　(c) D_0=5

(d) D_0=11　(e) D_0=45　(f) D_0=68

图 7-14　取不同 D_0 值的 lena 图像理想高通滤波处理效果

从图 7-14 中可以看出，随着截止频率增大，保留的高频信息减少，重建图像中的边缘信息减少。

【例 7.13】 基于 MATLAB 编程，设计巴特沃斯高通滤波器、指数高通滤波器、梯形高通滤波器，对图像进行高通滤波及锐化。

解：程序如下：

```
Image = imread('lena.bmp');
FImage = fftshift(fft2(double(Image)));
[N,M] = size(FImage);
gbhpf = zeros(N,M); gehpf = zeros(N,M); gthpf = zeros(N,M);
r1 = floor(M/2); r2 = floor(N/2);
d0 = 35; d1 = 75; n = 3;
for x = 1:M
    for y = 1:N
        d = sqrt((x - r1)^2 + (y - r2)^2);
        bh = 1/(1 + (d0/d)^(2 * n));
        gbhpf(y,x) = bh * FImage(y,x);
        eh = exp( - (d0/d)^n);
        gehpf(y,x) = eh * FImage(y,x);
```

```
        if d > d1
            th = 1;
        elseif d > d0
            th = (d - d0)/(d1 - d0);
        end
        gthpf(y,x) = th * FImage(y,x);
    end
end
gbhpf = uint8(real(ifft2(ifftshift(gbhpf))));
gehpf = uint8(real(ifft2(ifftshift(gehpf))));
gthpf = uint8(real(ifft2(ifftshift(gthpf))));
figure,imshow(gbhpf,title(['Butterworth 高通滤波 D0 = ',num2str(d0)]);
figure,imshow(gehpf,title(['指数高通滤波 D0 = ',num2str(d0)]);
figure,imshow(gthpf),title(['梯形高通滤波 D0 = ',num2str(d0)]);
gbs = gbhpf + Image; ges = gehpf + Image; gts = gthpf + Image;
figure,imshow(gbs),title('Butterworth 高通滤波锐化');
figure,imshow(ges),title('指数高通滤波锐化');
figure,imshow(gts),title('梯形高通滤波锐化');
```

程序运行结果如图 7-15 所示。

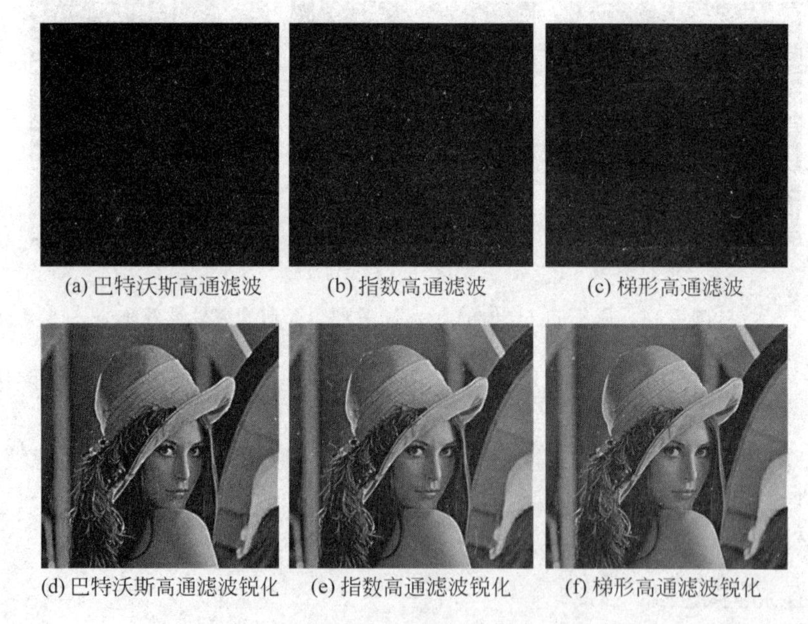

(a) 巴特沃斯高通滤波　(b) 指数高通滤波　(c) 梯形高通滤波

(d) 巴特沃斯高通滤波锐化　(e) 指数高通滤波锐化　(f) 梯形高通滤波锐化

图 7-15　高通滤波及锐化效果

7.6　基于小波变换的边缘检测

第 4 章简单介绍了基于小波变换的边缘检测，主要利用了边缘对应图像中高频信息的特性，经过小波变换后提取了高频信息以实现边缘检测。但是，图像中的边缘往往类型不同、尺度不同，再加上噪声干扰，单一尺度的边缘检测算子不能有效地检测出边缘。本节介绍基于小波变换模极大值的边缘检测方法。

为去除噪声干扰，可利用平滑函数在不同尺度下平滑待检测信号。平滑信号的拐点对应一阶导数的极值点和二阶导数的零交叉点，因此，通过检测局部极值或零交叉实现边缘检测。根据卷积运算的微分性质，可以先对平滑函数求导再与原图像进行卷积运算。

设 $\theta(x,y)$ 为二维平滑函数，则应满足

$$\begin{cases}\iint\limits_{\mathbf{R}^2}\theta(x,y)\mathrm{d}x\mathrm{d}y=1\\ \lim\limits_{|x|,|y|\to\infty}\theta(x,y)=0\end{cases}\tag{7-26}$$

其中，$\theta(x,y)$ 可选为高斯函数，见式(7-16)。

取平滑函数的一阶偏导数 $\psi^x(x,y)=\dfrac{\partial\theta(x,y)}{\partial x}$，$\psi^y(x,y)=\dfrac{\partial\theta(x,y)}{\partial y}$，则

$$\iint\limits_{\mathbf{R}^2}\psi^x(x,y)\mathrm{d}x\mathrm{d}y=0,\quad \iint\limits_{\mathbf{R}^2}\psi^y(x,y)\mathrm{d}x\mathrm{d}y=0\tag{7-27}$$

显然，$\psi^x(x,y)$、$\psi^y(x,y)$ 满足小波条件，可作为小波函数。

对平滑函数引入尺度因子 a，即 $\theta_a(x,y)=\dfrac{1}{a}\theta\left(\dfrac{x}{a},\dfrac{y}{a}\right)$，一般取 $a=2^j$，则小波函数为

$$\begin{cases}\psi_a^x(x,y)=\dfrac{\partial\theta_a(x,y)}{\partial x}=\dfrac{1}{a^2}\psi^x\left(\dfrac{x}{a},\dfrac{y}{a}\right)\\ \psi_a^y(x,y)=\dfrac{\partial\theta_a(x,y)}{\partial y}=\dfrac{1}{a^2}\psi^y\left(\dfrac{x}{a},\dfrac{y}{a}\right)\end{cases}\tag{7-28}$$

由小波变换的定义式(4-78)及式(4-115)可得二维图像 $f(x,y)$ 的小波变换为

$$W_a^i f(x,y)=\int_{\mathbf{R}}\int_{\mathbf{R}}f(x,y)\,\frac{1}{a}\psi^{i^*}\left(\frac{l-x}{a},\frac{m-y}{a}\right)\mathrm{d}x\mathrm{d}y=af(x,y)*\psi_a^i(x,y),\quad i=x,y\tag{7-29}$$

根据卷积的性质，式(7-29)可改写为

$$\begin{cases}W_a^x f(x,y)=af(x,y)*\dfrac{\partial\theta_a(x,y)}{\partial x}=a\dfrac{\partial}{\partial x}[f(x,y)*\theta_a(x,y)]\\ W_a^y f(x,y)=af(x,y)*\dfrac{\partial\theta_a(x,y)}{\partial y}=a\dfrac{\partial}{\partial y}[f(x,y)*\theta_a(x,y)]\end{cases}\tag{7-30}$$

式(7-30)实际上是卷积运算的微分性质。因此，若小波函数取平滑函数的一阶导数，小波变换的极大值点对应信号突变点的位置，极小值点对应信号的缓变点；如果小波函数取平滑函数的二阶导数，信号突变点的位置对应小波变换的零交叉点，但信号的缓变点也对应零交叉点，此时难以区别信号突变点与缓变点。因此，通常采用求平滑图像的一阶导数的局部极大值点进行边缘检测。

取 $a=2^j,j\in\mathbf{Z}$，图像的二进小波变换矢量为 $[W_{2^j}^x f(x,y)\quad W_{2^j}^y f(x,y)]^{\mathrm{T}}$，其模值和相角为

$$\begin{cases}|W_{2^j}f(x,y)|=\sqrt{|W_{2^j}^x f(x,y)|^2+|W_{2^j}^y f(x,y)|^2}\\ \phi_{W_{2^j}}(x,y)=\arctan\dfrac{|W_{2^j}^y f(x,y)|}{|W_{2^j}^x f(x,y)|}\end{cases}\tag{7-31}$$

模值的大小反映了平滑后图像 $f(x,y)*\theta_{2^j}(x,y)$ 在点 (x,y) 的灰度变化强度，沿梯度 $\phi_{W_{2^j}}(x,y)$ 取极大值的点对应图像的边缘点。

由于图像中的噪声也是灰度突变点，也是模极大值，但相比于边缘点，噪声的小波系数

幅值较小。因此,可以通过设定一个阈值,将大于阈值的小波系数模的极大值点作为边缘点。

基于小波变换的图像边缘检测的实现步骤如下:

(1) 选取平滑函数,由式(7-28)确定小波函数;

(2) 由式(7-30)进行小波变换;

(3) 计算图像的二进小波变换矢量的模值和相角;

(4) 寻找梯度方向上取极大值的点;

(5) 去除噪声点,确定边缘图像。

【例 7.14】 基于 MATLAB 编程,采用高斯函数作为平滑函数,实现基于小波变换的边缘检测。

解:程序如下:

```
Image = imread('lena.bmp');
figure,imshow(Image),title('原图');
[N,M] = size(Image);
win = 20;                                          % 滤波器长度,可调,需为偶数
sigma = 1;                                         % 高斯平滑函数标准差
j = 1; a = 2^j;                                    % 小波变换的尺度 a = 2^j
psi_x = zeros(win,win);
psi_y = zeros(win,win);                            % 小波滤波器初始化
for i = 1:win
    for j = 1:win
        x = (i - (win + 1)/2)/a;
        y = (j - (win + 1)/2)/a;                   % 引入尺度因子
        psi_x(j,i) = - x * exp( - (x^2 + y^2)/(sigma^2 * 2))/(sigma^4 * 2 * pi * a * a);
                                                   % 对 x 求偏导
        psi_y(j,i) = - y * exp( - (x^2 + y^2)/(sigma^2 * 2))/(sigma^4 * 2 * pi * a * a);
                                                   % 对 y 求偏导
    end
end                                                % 由式(7 - 28)确定小波函数
psi_x = psi_x/norm(psi_x);
psi_y = psi_y/norm(psi_y);                         % 归一化
Wx = conv2(Image,psi_x,'same');                    % 由式(7 - 30)进行小波变换
Wy = conv2(Image,psi_y,'same');
Grads = sqrt((Wx. * Wx) + (Wy. * Wy));             % 小波变换矢量模
figure,imshow(Grads,[]),title('小波变换模图像');
Edge = zeros(N,M);
for i = 2:M - 1
    for j = 2:N - 1
        if abs(Wx(j,i))< 0.0001 && abs(Wy(j,i))< 0.0001
            continue;
        elseif abs(Wx(j,i))< 0.0001 && abs(Wy(j,i))> 0.0001
            ang = 90;
        else
            ang = atan(Wy(j,i)/Wx(j,i)) * 180/pi;  % 反正切求相角 - π/2～π/2
            if ang < 0                             % 第四象限向量,调整相角
                ang = ang + 360;
            end
            if Wx(j,i)< 0 && ang > 180             % 第二象限向量,调整相角
                ang = ang - 180;
```

```
            elseif Wx(j,i)< 0 && ang < 180              %第三象限向量,调整相角
                ang = ang + 180;
            end
        end
%以 0°、45°、90°、135°、180°、225°、270°和 315°为中心,将整个圆周均分为 8 个 45°角,依次编号
%为 0、1、2、3、0、1、2、3,对应水平、45°线、垂直、135°线四个方向
        ang = ang + 22.5;
        if ang > 360
            ang = ang - 22.5 - 360;
        end
        code = floor(abs(ang)/(45));
        if code > 3
            code = code - 4;
        end
%判断沿梯度方向 code,当前点是否模极大,即是否是边缘点
        if (code == 0 && Grads(j,i)> = Grads(j,i + 1) && Grads(j,i)> = Grads(j,i - 1))...
          || (code == 1 && Grads(j,i)> = Grads(j - 1,i + 1) && Grads(j,i)> = Grads(j + 1,i - 1))...
          || (code == 2 && Grads(j,i)> = Grads(j + 1,i) && Grads(j,i)> = Grads(j - 1,i))...
          || (code == 3 && Grads(j,i)> = Grads(j - 1,i - 1) && Grads(j,i)> = Grads(j + 1,i + 1))
            Edge(j,i) = Grads(j,i);
        end
    end
end
maxE = max(Edge(:));
Edge = Edge/maxE;                                       %边缘图像归一化
thresh = 0.1;                                           %阈值
result = zeros(N,M);
result(Edge > thresh) = 1;                              %边缘图像阈值化
figure,imshow(result),title('模极大提取的边缘图像');
```

程序运行结果如图 7-16 所示。

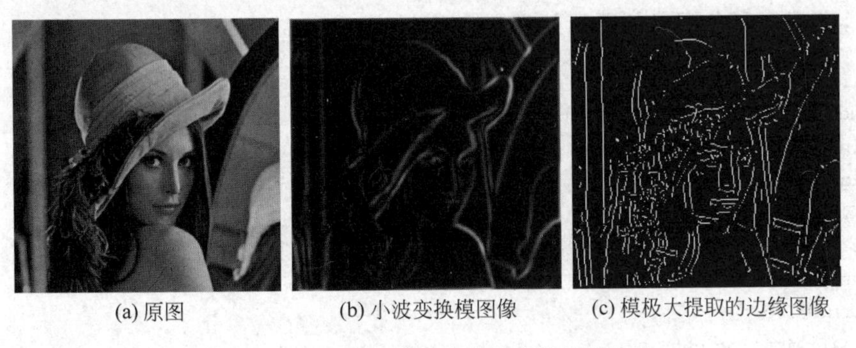

(a) 原图　　(b) 小波变换模图像　　(c) 模极大提取的边缘图像

图 7-16　小波变换模极大值的边缘检测效果

7.7 综合实例

【例 7.15】 基于 MATLAB 编程,打开一幅彩色图像,进行人像的皮肤美化处理。

7.7.1 设计思路

人像的皮肤总会或多或少存在一些比较明显的瑕疵。人像皮肤美化处理时,希望能够

在保持头发、眼睛、嘴唇等非皮肤区域细节完整的前提下，尽可能地使皮肤变得平滑、白皙。因此，在本例中，人像的皮肤美化处理主要有以下操作：图像平滑处理，去除瑕疵；基于肤色模型的皮肤区域分割；将原始图像的背景部分和平滑的皮肤图像进行融合；对融合后的图像进行适度锐化。为加强对所学知识的理解，本例中，全部采用课本上所提到的基础处理方法来实现题目要求。

7.7.2 各模块设计

1. 主程序

按图 7-17 所示的方案设计主程序：

```
ImageOrigin = im2double(imread('man.jpg'));
figure,imshow(ImageOrigin),title('原图');
DBImage = DBfilt(ImageOrigin);                          % 双边滤波
SkinImage1 = FirstFilter(ImageOrigin);                  % 皮肤区域粗分割
SkinArea = SecondFilter(SkinImage1);                    % 皮肤区域细分割
SkinFuse = Fuse(ImageOrigin,DBImage,SkinArea);          % 图像融合
SkinBeautify = Sharp(SkinFuse);                         % 图像锐化
```

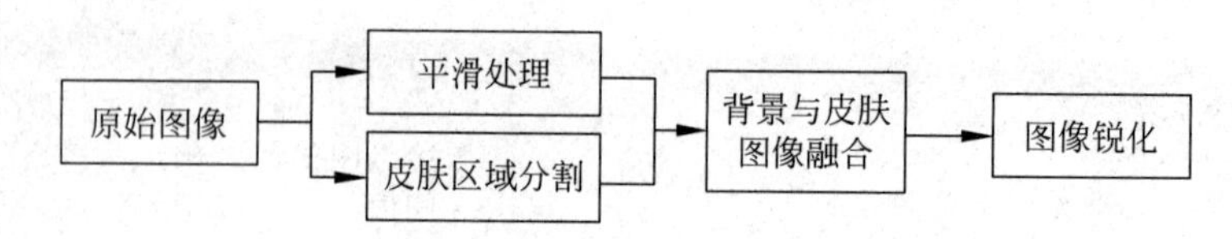

图 7-17 人像皮肤美化处理的方案设计

2. 图像平滑

图像平滑既要去除斑点等瑕疵，又要保证边界清晰。因此，选取了具有保边效果的双边滤波算法，实现对彩色图像的平滑处理。

```
function Out = DBfilt(In)
   [height,width,c] = size(In);
   win = 15;                                       % 定义双边滤波窗口宽度
   sigma_s = 6; sigma_r = 0.1;                     % 双边滤波的两个标准差参数
   [X,Y] = meshgrid( - win:win, - win:win);
   Gs = exp( - (X.^2 + Y.^2)/(2 * sigma_s^2));     % 计算邻域内的空间权值
   Out = zeros(height,width,c);
   for k = 1:c
      for j = 1:height
         for i = 1:width
            temp = In(max(j - win,1):min(j + win,height),...
                   max(i - win,1):min(i + win,width),k);
            Gr = exp( - (temp - In(j,i,k)).^2/(2 * sigma_r^2)); % 计算灰度邻近权值
            W = Gr. * Gs((max(j - win,1):min(j + win,height)) - j + win + 1,...
                       (max(i - win,1):min(i + win,width)) - i + win + 1);
            Out(j,i,k) = sum(W(:). * temp(:))/sum(W(:));
         end
      end
   end
```

```
    figure,imshow(Out),title('双边滤波');
end
```

(a) 原图

(b) 双边滤波后的图像

图 7-18 人像双边滤波的效果

3. 皮肤区域分割

所采用的肤色分割的方法为：首先根据肤色在 *RGB* 空间分布统计进行粗略非肤色过滤，初步去除图像中的非肤色；然后根据肤色在 *CgCr* 空间分布范围统计，进行肤色的第二次细分割，获取肤色分割图像；再对肤色区域进行中值滤波，提高肤色检测率。皮肤区域分割方案如图 7-19 所示。

图 7-19 皮肤区域分割的方案设计

1）基于 *RGB* 空间的非肤色像素的初步过滤

对于图像中一些非肤色的像素点，若呈现过红、过绿、过蓝等特征，可通过设置取值范围初步过滤这些非肤色像素点。具体操作过程如下：

（1）据统计，人眼的像素具有特征：$R<70, G<40, B<20$。这样使得眼睛更加容易提取像素，减少亮度低的像素被误判为肤色像素的概率。

（2）据统计，过红、过绿像素大多具有特征 $R+G>500$，可剔除这些像素点。

（3）据统计，当 $R<160, G<160, B<160$，过红、过绿像素大多具有特征 $R>G>B$，可剔除这些像素点。

```
function Out = FirstFilter(In)
    Out = In;
    [height,width,c] = size(In);
    IR = In(:,:,1); IG = In(:,:,2);IB = In(:,:,3);
    for j = 1:height
        for i = 1:width
```

```
            if IR(j,i)< 160/255 && IG(j,i)< 160/255 && IB(j,i)< 160 && ...
                IR(j,i)> IG(j,i) && IG(j,i)> IB(j,i)
                Out(j,i,:) = 0;
            end
            if IR(j,i) + IG(j,i)> 500/255
                Out(j,i,:) = 0;
            end
            if IR(j,i)< 70/255 && IG(j,i)< 40/255 && IB(j,i)< 20/255
                Out(j,i,:) = 0;
            end
        end
    end
    figure,imshow(Out);title('非肤色初步过滤');
end
```

图 7-20 非肤色区域初步过滤的效果

2）基于 $YCgCr$ 空间的肤色分割

在第 2 章实例中应用了 RGB、HSV、$YCbCr$ 颜色空间检测肤色。在本例中，采用了 Dios 提出的 $YCgCr$ 颜色空间，其中 Cg 分量为绿色分量 G 与亮度分量 Y 的差，Cr 分量为红色分量 R 与亮度分量 Y 的差，肤色在 $YCgCr$ 空间具有较好的分布聚集性。

RGB 颜色空间转换为 $YCgCr$ 颜色空间的转换公式为：

$$\begin{bmatrix} Y \\ Cg \\ Cr \end{bmatrix} = \begin{bmatrix} 16 \\ 128 \\ 128 \end{bmatrix} + \begin{bmatrix} 65.481 & 128.553 & 24.966 \\ -81.085 & 112 & -30.915 \\ 112 & -93.786 & -18.214 \end{bmatrix} \begin{bmatrix} R \\ G \\ B \end{bmatrix} \tag{7-32}$$

据统计资料，肤色在 $YCgCr$ 空间分布范围大约在 $-Cg+260\leqslant Cr\leqslant -Cg+280$，$85\leqslant Cg\leqslant 135$。

对于检测出的肤色区域，采用中值滤波进行去噪。$YCgCr$ 空间范围肤色检测效果如图 7-21 所示。

```
function Out = SecondFilter(In)
    IR = In(:,:,1); IG = In(:,:,2);IB = In(:,:,3);
    [height,width,c] = size(In);
    Out = zeros(height,width);
    for i = 1:width
        for j = 1:height
            R = IR(j,i); G = IG(j,i); B = IB(j,i);
            Cg = ( - 81.085) * R + (112) * G + ( - 30.915) * B + 128;
            Cr = (112) * R + ( - 93.786) * G + ( - 18.214) * B + 128;
            if Cg >= 85 && Cg <= 135 && Cr >= - Cg + 260 && Cr <= - Cg + 280
```

```
            Out(j,i) = 1;
        end
    end
end
Out = medfilt2(Out,[3 3]);
figure,imshow(Out),title('YCgCr 空间范围肤色检测');
end
```

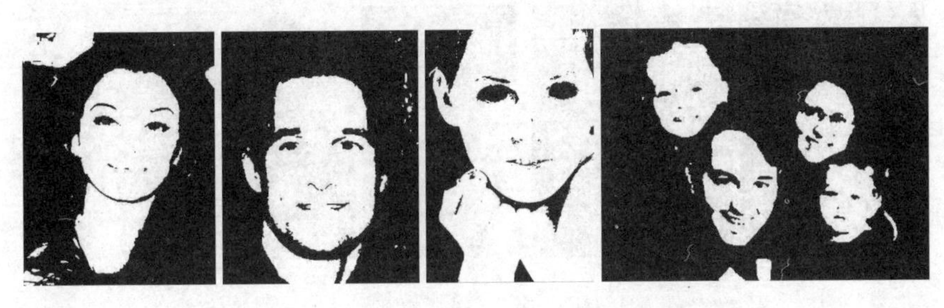

图 7-21　$YCgCr$ 空间范围肤色检测效果

4. 图像融合

令 BW_{SKIN} 表示肤色区域模板图像，$result$ 表示融合后的新图像，则将原始图像 f 与双边滤波平滑后图像 SMf 进行融合，融合处理为：

$$result = SMf \times BW_{SKIN} + f \times (1 - BW_{SKIN}) \tag{7-33}$$

肤色与背景图像融合的代码如下：

```
function Out = Fuse(ImageOrigin,DBImage,SkinArea)
    Skin = zeros(size(ImageOrigin));
    Skin(:,:,1) = SkinArea;
    Skin(:,:,2) = SkinArea;
    Skin(:,:,3) = SkinArea;
    Out = DBImage. * Skin + double(ImageOrigin). * (1 - Skin);
    figure,imshow(Out);title('肤色与背景图像融合');
end
```

肤色与背景图像融合效果如图 7-22 所示。

图 7-22　肤色区域与背景图像融合效果

5. 图像锐化

为增强细节信息，采用了拉普拉斯算子进行图像锐化。为避免锐化强度过大，锐化力度减弱为原拉普拉斯算子的 1/3。图像锐化的代码如下：

```
function Out = Sharp(In)
```

```
    H = [0 -1 0; -1 4 -1; 0 -1 0];                   % Laplacian 边缘检测算子
    Out(:,:,:) = imfilter(In(:,:,:),H);
    Out = Out/3 + In;                                  % 锐化力度减弱为原算子的 1/3
    figure,imshow(Out),title('锐化图像');
end
```

图像锐化效果如图 7-23 所示。

图 7-23　锐化效果

7.7.3　分析

本例中所设计的方案综合利用了双边滤波、色彩空间、代数运算、锐化等技术，可以通过这个实例了解相关图像处理技术的综合应用。由图 7-23 可以看出，对几幅测试图的美化效果较好。

方案中也存在一些不足之处，如只实现了美化，未曾实现亮白处理；基于色彩空间的肤色检测仅采用阈值模型方法，适用面受限，当光照变化或图中存在与肤色接近区域时，肤色检测率将会受到较大影响。

习题

7.1　已知一幅图像经过均值滤波之后，变得模糊了。问用锐化算法是否可以将其变得清晰一些？请说明你的观点，并基于 MATLAB 编程验证。

7.2　为什么采用微分算子能实现图像锐化？一阶微分算子与二阶微分算子在提取图像细节信息时有什么异同？

7.3　编写程序，利用 8 个模板的 Sobel 算子实现边缘检测和图像锐化。

7.4　编写程序，利用 Prewitt 算子实现彩色图像的边缘检测和图像锐化。

7.5　编写程序，利用边缘检测方法获取图像中的车道线。

7.6　编写程序，利用边缘检测方法获取网球场运动区域的边线。

第 8 章 图 像 复 原

CHAPTER 8

在图像生成、记录、传输的过程中，由成像系统、设备或外在的干扰导致的图像质量下降被称为图像退化，如大气扰动效应、光学系统的像差、物体运动造成的模糊、几何失真等。对退化图像进行处理并使之恢复原貌的技术被称为图像复原(Image Restoration)。

图像复原的关键在于确定退化的相关知识，将退化过程模型化，采用相反的过程尽可能恢复原图，或使复原后的图像尽可能接近原图。

本章在分析图像退化模型的基础上，介绍图像退化函数的估计、图像复原的代数方法及典型的图像复原方法。

8.1 图像退化模型

设原图像为 $f(x,y)$，由于各种退化因素影响，图像退化为 $g(x,y)$。退化过程可以抽象为一个退化系统 H 以及加性噪声 $n(x,y)$ 的影响，如图 8-1 所示。

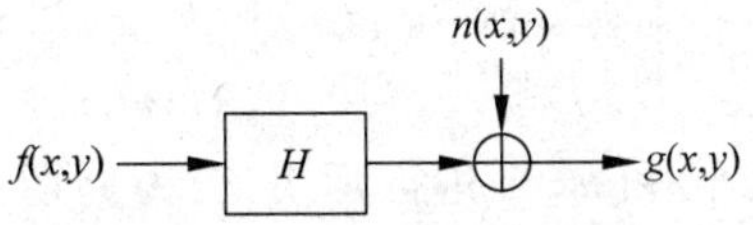

图 8-1 图像退化系统模型

原图像和退化图像之间的关系可以用式(8-1)来描述：

$$g(x,y)=H[f(x,y)]+n(x,y) \tag{8-1}$$

在具体分析中，为简化问题，做下列假设：

(1) 设噪声 $n(x,y)=0$，即暂不考虑噪声的影响；

(2) 设退化系统 H 是线性的，即满足

$$\begin{aligned}H[\alpha_1 f_1(x,y)+\alpha_2 f_2(x,y)]&=\alpha_1 H[f_1(x,y)]+\alpha_2 H[f_2(x,y)]\\&=\alpha_1 g_1(x,y)+\alpha_2 g_2(x,y)\end{aligned} \tag{8-2}$$

(3) 设退化系统 H 具有空间不变性：

$$H[f(x-\alpha,y-\beta)]=g(x-\alpha,y-\beta) \tag{8-3}$$

其中，α 和 β 分别是空间位置的位移量。这个性质说明图像上任一点通过系统的响应只取决于该点的输入值，与该点的位置无关。

由以上假设可知，满足上述要求的系统 H 是用线性、空间不变系统模型来模拟实际中的非线性和空间变化模型。因此，可以直接利用线性系统中的许多理论和方法来解决问题。

8.1.1 连续退化模型

引入二维单位冲激信号 $\delta(x,y)$，满足

$$\begin{cases}\int_{-\infty}^{\infty}\int_{-\infty}^{\infty}\delta(x,y)\mathrm{d}x\mathrm{d}y = 1 \\ \delta(x,y) = 0, x \neq 0, y \neq 0\end{cases} \tag{8-4}$$

$\delta(x,y)$具有取样特性，任意二维信号 $f(x,y)$与 $\delta(x,y)$的卷积是该信号本身：

$$f(x,y) = f(x,y) * \delta(x,y) = \int_{-\infty}^{\infty}\int_{-\infty}^{\infty} f(\alpha,\beta)\delta(x-\alpha,y-\beta)\mathrm{d}\alpha\mathrm{d}\beta \tag{8-5}$$

因假设退化模型中的 H 是线性空间不变系统，因此，系统 H 的性能可以由其单位冲激响应 $h(x,y)$来表示，即

$$h(x,y) = H[\delta(x,y)] \tag{8-6}$$

线性空间不变系统 H 对输入信号 $f(x,y)$的响应可表示为

$$H[f(x,y)] = f(x,y) * h(x,y) = \int_{-\infty}^{\infty}\int_{-\infty}^{\infty} f(\alpha,\beta)h(x-\alpha,y-\beta)\mathrm{d}\alpha\mathrm{d}\beta \tag{8-7}$$

若考虑加性噪声，则退化模型可表示为

$$g(x,y) = f(x,y) * h(x,y) + n(x,y) \tag{8-8}$$

在空间域，$h(x,y)$称为点扩散函数(Point Spread Function，PSF)，其傅里叶变换 $H(u,v)$有时称为光学传递函数(Optical Transfer Function，OTF)。

8.1.2 离散退化模型

把式(8-7)中的 $f(\alpha,\beta)$和 $h(x-\alpha,y-\beta)$进行均匀采样则得到离散退化模型。首先讨论一维的情况。

对两个函数 $f(x)$和 $h(x)$进行均匀采样，将形成两个离散变量，$f(x)$，$x=0,1,2,\cdots,A-1$ 和 $h(x)$，$x=0,1,2,\cdots,B-1$，可以利用离散卷积来计算 $g(x)$。为避免折叠现象，将 $f(x)$和 $h(x)$进行延拓，变为周期为 $M(M\geqslant A+B-1)$的周期函数：

$$\begin{cases} f_e(x) = \begin{cases} f(x), & 0 \leqslant x \leqslant A-1 \\ 0, & A \leqslant x \leqslant M-1 \end{cases} \\ h_e(x) = \begin{cases} h(x), & 0 \leqslant x \leqslant B-1 \\ 0, & B \leqslant x \leqslant M-1 \end{cases} \end{cases} \tag{8-9}$$

则得到一个离散卷积退化模型：

$$g_e(x) = \sum_{m=0}^{M-1} f_e(m)h_e(x-m) \tag{8-10}$$

其中，$x=0,1,2,\cdots,M-1$。

引入矩阵表示法，式(8-10)可表示为

$$\boldsymbol{g} = \boldsymbol{H}\boldsymbol{f} \tag{8-11}$$

其中，$\boldsymbol{g}=\begin{bmatrix} g_e(0) \\ g_e(1) \\ \vdots \\ g_e(M-1) \end{bmatrix}$，$\boldsymbol{f}=\begin{bmatrix} f_e(0) \\ f_e(1) \\ \vdots \\ f_e(M-1) \end{bmatrix}$，$\boldsymbol{H}=\begin{bmatrix} h_e(0) & h_e(-1) & \cdots & h_e(-M+1) \\ h_e(1) & h_e(0) & \cdots & h_e(-M+2) \\ \vdots & \vdots & \ddots & \vdots \\ h_e(M-1) & h_e(M-2) & \cdots & h_e(0) \end{bmatrix}$。

由于周期性，$h_e(x)=h_e(x+M)$，$\boldsymbol{H}$可以表示为

$$\boldsymbol{H}=\begin{bmatrix} h_e(0) & h_e(M-1) & \cdots & h_e(1) \\ h_e(1) & h_e(0) & \cdots & h_e(2) \\ \vdots & \vdots & \ddots & \vdots \\ h_e(M-1) & h_e(M-2) & \cdots & h_e(0) \end{bmatrix} \tag{8-12}$$

从式(8-12)可以看出，$\boldsymbol{H}$是个循环矩阵，即矩阵的每一行都是前一行循环右移一位的结果。

下面将结果推广到二维的情况。

$f(x,y)$、$h(x,y)$可延拓为

$$\begin{cases} f_e(x,y)=\begin{cases} f(x,y), & 0\leqslant x\leqslant A-1, 0\leqslant y\leqslant B-1 \\ 0, & A\leqslant x\leqslant M-1, B\leqslant y\leqslant N-1 \end{cases} \\ h_e(x,y)=\begin{cases} h(x,y), & 0\leqslant x\leqslant C-1, 0\leqslant y\leqslant D-1 \\ 0, & C\leqslant x\leqslant M-1, D\leqslant y\leqslant N-1 \end{cases} \end{cases} \tag{8-13}$$

二维离散卷积退化模型为

$$g_e(x,y)=\sum_{m=0}^{M-1}\sum_{n=0}^{N-1} f_e(m,n)h_e(x-m,y-n) \tag{8-14}$$

其中，$x=0,1,2,\cdots,M-1$；$y=0,1,2,\cdots,N-1$。

考虑噪声，并引入矩阵表示，得

$$\boldsymbol{g}=\boldsymbol{Hf}+\boldsymbol{n}=\begin{bmatrix} \boldsymbol{H}_0 & \boldsymbol{H}_{M-1} & \cdots & \boldsymbol{H}_1 \\ \boldsymbol{H}_1 & \boldsymbol{H}_0 & \cdots & \boldsymbol{H}_2 \\ \vdots & \vdots & \ddots & \vdots \\ \boldsymbol{H}_{M-1} & \boldsymbol{H}_{M-2} & \cdots & \boldsymbol{H}_0 \end{bmatrix}\begin{bmatrix} f_e(0) \\ f_e(1) \\ \vdots \\ f_e(MN-1) \end{bmatrix}+\begin{bmatrix} n_e(0) \\ n_e(1) \\ \vdots \\ n_e(MN-1) \end{bmatrix} \tag{8-15}$$

其中$\boldsymbol{H}$的每个部分$\boldsymbol{H}_j$都是一个循环阵，由延拓函数$h_e(x,y)$的第j列构成，$\boldsymbol{H}_j$如下：

$$\boldsymbol{H}_j=\begin{bmatrix} h_e(j,0) & h_e(j,N-1) & \cdots & h_e(j,1) \\ h_e(j,1) & h_e(j,0) & \cdots & h_e(j,2) \\ \vdots & \vdots & \ddots & \vdots \\ h_e(j,N-1) & h_e(j,N-2) & \cdots & h_e(j,0) \end{bmatrix}$$

8.1.3 图像复原

综上所述，图像复原是指在给定退化图像$g(x,y)$、了解退化的点扩散函数$h(x,y)$和噪声项$n(x,y)$的情况下，估计出原始图像$f(x,y)$。

图像复原一般按以下步骤进行：

(1) 确定图像的退化函数。在实际图像复原中，退化函数一般是不知道的，因此，图像复原需要先估计退化函数。

(2) 采用合适的图像复原方法复原图像。图像复原是采用与退化相反的过程，使复原后的图像尽可能接近原图，一般要确定一个合适的准则函数，准则函数的最优情况对应最好的复原图。这一步的关键技术在于确定准则函数和求最优。

图像复原也可以采用盲复原方法。在实际应用中，由于导致图像退化的因素复杂，点扩散函数难以解析表示或测量困难，可以直接从退化图像估计原图像，这类方法称为盲图像复

原(或盲去卷积复原)。

8.2 图像退化函数的估计

如8.1节所述,图像复原需要先估计退化函数,本节将学习相关的估计方法,包括基于模型的估计法以及基于退化图像本身特性的估计法。

8.2.1 基于模型的估计法

若已知引起退化的原因,根据基本原理推导出其退化模型,称为基于模型的估计法。下面将根据运动模糊产生的原理推导出运动模糊退化函数。

在获取图像时,由于景物和摄像机之间的相对运动,往往会造成图像的模糊,称为运动模糊。对于运动产生的模糊,可以通过分析其产生原理,估计其降质函数,对其进行逆滤波从而复原图像。

运动模糊是由景物在不同时刻的多个影像叠加而导致的,设 $x_0(t)$、$y_0(t)$分别为 x 和 y 方向上的运动分量,T 为曝光时间,则采集到的模糊图像为

$$g(x,y)=\int_0^T f[x-x_0(t),y-y_0(t)]\mathrm{d}t \tag{8-16}$$

1. 运动模糊的传递函数

对模糊图像进行傅里叶变换:

$$\begin{aligned}G(u,v)&=\int_{-\infty}^{\infty}\int_{-\infty}^{\infty}g(x,y)\mathrm{e}^{-\mathrm{j}2\pi(ux+vy)}\mathrm{d}x\mathrm{d}y\\&=\int_{-\infty}^{\infty}\int_{-\infty}^{\infty}\left[\int_0^T f[x-x_0(t),y-y_0(t)]\mathrm{d}t\right]\mathrm{e}^{-\mathrm{j}2\pi(ux+vy)}\mathrm{d}x\mathrm{d}y\\&=\int_0^T\left[\int_{-\infty}^{\infty}\int_{-\infty}^{\infty}f[x-x_0(t),y-y_0(t)]\mathrm{e}^{-\mathrm{j}2\pi(ux+vy)}\mathrm{d}x\mathrm{d}y\right]\mathrm{d}t\end{aligned} \tag{8-17}$$

由于傅里叶变换的平移特性,式(8-17)可表示为

$$G(u,v)=\int_0^T F(u,v)\mathrm{e}^{-\mathrm{j}2\pi[ux_0(t)+vy_0(t)]}\mathrm{d}t=F(u,v)\int_0^T\mathrm{e}^{-\mathrm{j}2\pi[ux_0(t)+vy_0(t)]}\mathrm{d}t \tag{8-18}$$

因 $G(u,v)=F(u,v)H(u,v)$,所以可得到退化函数:

$$H(u,v)=\int_0^T\mathrm{e}^{-\mathrm{j}2\pi[ux_0(t)+vy_0(t)]}\mathrm{d}t \tag{8-19}$$

设景物和摄像机之间进行的是匀速直线运动(变速、非直线运动在某些条件下可看成是匀速直线运动的合成结果),在 T 时间内,x、y 方向上运动距离为 a 和 b,即

$$\begin{cases}x_0(t)=at/T\\y_0(t)=bt/T\end{cases} \tag{8-20}$$

那么

$$\begin{aligned}H(u,v)&=\int_0^T\mathrm{e}^{-\mathrm{j}2\pi[uat/T+vbt/T]}\mathrm{d}t\\&=\frac{T}{\pi(ua+vb)}\sin[\pi(ua+vb)]\mathrm{e}^{-\mathrm{j}\pi(ua+vb)}\end{aligned} \tag{8-21}$$

2. 运动模糊的点扩散函数

结合式(8-16)和式(8-20),只考虑景物在 x 方向上的匀速直线运动,模糊后的图像可表示为

$$g(x,y)=\int_0^T f\left[x-\frac{at}{T},y\right]\mathrm{d}t \tag{8-22}$$

对于离散图像,可表示为

$$g(x,y)=\sum_{i=0}^{L-1} f\left[x-\frac{at}{T},y\right]\Delta t \tag{8-23}$$

式中,L 为照片上景物在曝光时间 T 内移动的像素个数的整数近似值,Δt 是每个像素对模糊产生影响的时间因子。

由于很难弄清楚拍摄模糊图像的摄像机的曝光时间和景物运动速度,所以将运动模糊图像看作为同一景物图像经过一系列的距离延迟后叠加而成,改写式(8-23)为

$$g(x,y)=\frac{1}{L}\sum_{i=0}^{L-1} f[x-i,y] \tag{8-24}$$

若景物在 $x-y$ 平面沿 θ 方向做匀速直线运动(θ 是运动方向和 x 轴的夹角),移动 L 个像素,进行坐标变换,将运动方向变为水平方向,模糊图像可以表示为

$$g(x,y)=\frac{1}{L}\sum_{i=0}^{L-1} f[x'-i,y'] \tag{8-25}$$

式中,$x'=x\cos\theta+y\sin\theta$,$y'=y\cos\theta-x\sin\theta$,如图 8-2 所示。

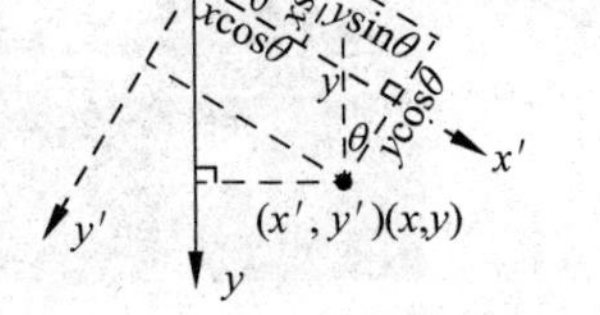

图 8-2 坐标变换示意图

因此,可得任意方向匀速直线运动模糊图像的点扩散函数 $h(x,y)$ 为

$$h(x,y)=\begin{cases}1/L, & y=x\tan\theta, 0\leqslant x\leqslant L\cos\theta \\ 0, & y\neq x\tan\theta, -\infty<x<\infty\end{cases} \tag{8-26}$$

【例 8.1】 基于 MATLAB 编程,设定运动方向和运动距离,对图像进行模糊处理。

解:设计思路如下:

根据式(8-26)设计运动模糊模板,并和原图像卷积,实现运动模糊效果,是 MATLAB 中 fspecial 函数实现运动模糊的设计思路,也可以直接使用 fspecial 函数。

程序如下:

```
Image = im2double(rgb2gray(imread('car.jpg')));
figure,imshow(Image),title('原图像');
L = 20;theta = 30;                                      %运动模糊参数,30°方向上移动 20 个像素
halfL = (L - 1)/2;                                      %运动长度的一半,半个模板的对角长度
phi = mod(theta,180)/180 * pi;
cosphi = cos(phi); sinphi = sin(phi);
xsign = sign(cosphi);
linewdt = 1;                                            %运动方向上像素在线宽为 1 的范围内
halfhw = fix(halfL * cosphi + linewdt * xsign - eps);  %半个运动模糊模板宽
halphh = fix(halfL * sinphi + linewdt - eps);          %半个运动模糊模板高
[x,y] = meshgrid(0:xsign:halfhw, 0:halphh);            %半个模板中 x、y 坐标的变化范围
dist2line = (y * cosphi - x * sinphi);                 %计算 y',或称之为点到运动方向的距离
rad = sqrt(x.^2 + y.^2);                               %半个模板的对角长度
```

```
lastpix = find((rad >=  halfL)&(abs(dist2line)<= linewdt)); % 线宽范围内超出运动长度的点
x2lastpix = halfL - abs((x(lastpix) + dist2line(lastpix) * sinphi)/cosphi);
dist2line(lastpix) = sqrt(dist2line(lastpix).^2 + x2lastpix.^2);
                                              % 超范围点到运动方向前端点的距离
dist2line = linewdt + eps - abs(dist2line);   % 各点在模板中的权值,距离运动方向近的权值大
dist2line(dist2line < 0) = 0;                 % 在距离运动方向线宽内的点保留,其余置 0
h = rot90(dist2line,2);
h(end + (1:end) - 1,end + (1:end) - 1) = dist2line;   % 将模板旋转 180°,并补充完整
h = h./(sum(h(:)) + eps);                              % 运动方向上 h(x,y) = 1/L
if cosphi > 0
  h = flipud(h);
end
MotionBlurredI = conv2(h,Image);
figure,imshow(MotionBlurredI),title('运动模糊图像');
```

程序运行效果如图 8-3 所示。

(a) 原图

(b) 运动模糊图像

图 8-3 运动模糊效果

3. 运动模糊点扩散函数的参数估计

运动模糊点扩散函数的参数 L 和 θ 是未知的,需要进行估计,可以在时域和频域进行,本节简要介绍基于频域特征的参数估计。

首先对不同方向的运动模糊图像分析其频谱变化。将图像分别向 0°、30°、60°和 90°方向运动 20 个像素,以及在 90°方向上运动 5、10、20、40 个像素,产生的模糊图像及其频谱图如图 8-4 所示。

从图 8-4 中可以看出,运动模糊图像的频谱图有黑色的平行条纹,随着运动方向的变化,条纹也随之变化,条纹的方向总是与运动方向垂直。因此,可以通过判定模糊图像频谱条纹的方向来确定实际的运动模糊方向。随着运动模糊长度的变化,条纹的数量也随之产生变化,图像频谱图条纹的个数即为图像实际运动模糊的长度。因此,可以通过计算模糊图像频谱条纹的数量来确定实际的运动模糊长度。

以上从分析图示的角度解释了运动模糊方向、长度和频谱图的关系,若对匀速运动模糊图像点扩散函数进行推导,可以得出模糊图像频谱条纹间距和模糊长度的数学关系式。这里不做具体的分析,可参看相关资料。

4. 其他退化函数模型

1) 散焦模糊退化函数

根据几何光学原理,可推导出光学系统散焦造成的图像退化点扩散函数如下:

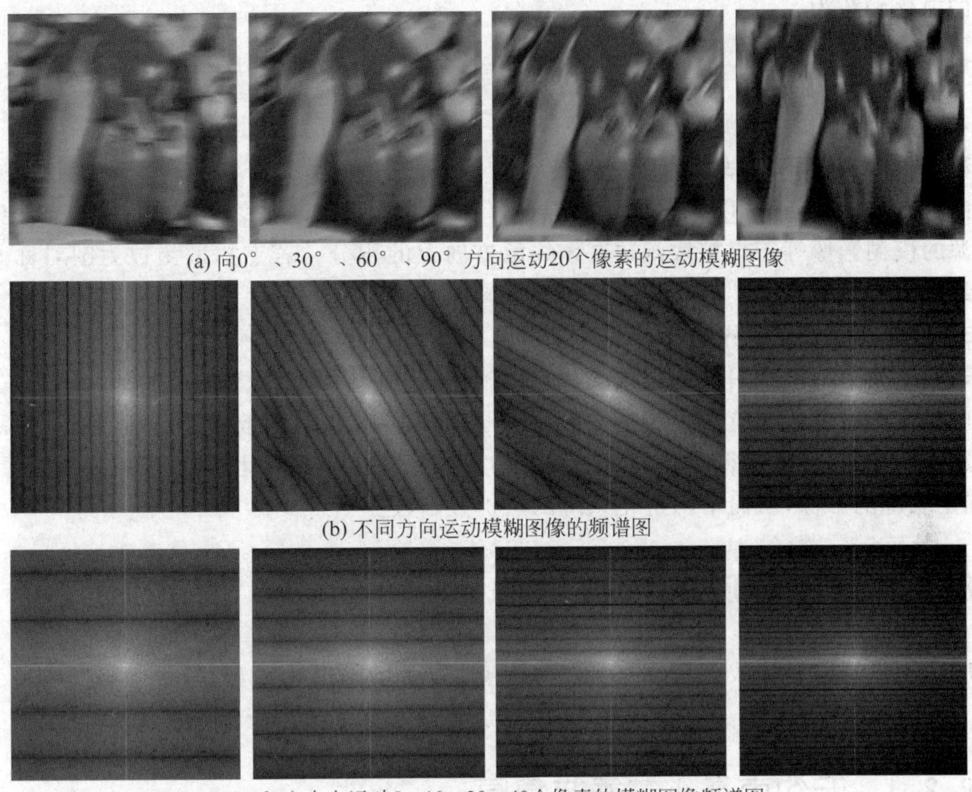

(a) 向0°、30°、60°、90°方向运动20个像素的运动模糊图像

(b) 不同方向运动模糊图像的频谱图

(c) 90°方向上运动5、10、20、40个像素的模糊图像频谱图

图 8-4 运动模糊图像与频谱特点

$$h(x,y)=\begin{cases}1/\pi R^2, & x^2+y^2\leqslant R^2\\0, & \text{其他}\end{cases}\tag{8-27}$$

式中，R 为散焦半径。

2）高斯退化函数

许多成像系统中，多种因素综合作用，其点扩散函数趋于高斯型，可近似描述为

$$h(x,y)=\begin{cases}K\exp[-\alpha(x^2+y^2)], & (x,y)\in S\\0, & \text{其他}\end{cases}\tag{8-28}$$

其中，K 为归一化常数，α 为正常数，S 为点扩散函数的圆形域。

这些模型中都牵涉到参数的确定问题，在实际问题中，需要通过图像自身或成像系统的先验信息估计出模型中的参数。

8.2.2 基于退化图像本身特性的估计法

如果对引起退化的物理性质不了解，或者引起退化的过程过分复杂，导致无法用分析的方法确定点扩散函数，则可以采用退化图像本身的特性来估计。

1. 原景物中含有点源

如果确定原景物中存在一个点源，若忽略噪声干扰，则该点源的影像便是点扩散函数。利用相同的系统设置，成像一个脉冲（一个亮点），由于脉冲的傅里叶变换是一个常数，那么

系统的退化函数为

$$H(u,v)=\frac{G(u,v)}{K} \tag{8-29}$$

其中，$G(u,v)$是观察图像的傅里叶变换，K 是一个常数，表示冲激强度。

2. 原景物中含有直线源

同含有点源类似，可以根据原景物中含有直线源的影像来估计点扩散函数。给定方向上线源的模糊影像等于点扩散函数在该线源方向上的积分。若点扩散函数为圆对称函数，则由线源的影像确定点扩散函数时与线源取向无关。

3. 原景物中含有边界线

若原景物中不含有明显的点或线，却含有明显的边界线(亮度突变的阶跃)，则称它的影像或成像系统对它的响应为界线扩散函数，可以根据界线扩散函数估计系统的点扩散函数。界线影像的导数，等于平行于该界线的线源的影像(证明略)。因此，可以根据界线影像的导数，确定线源的影像，从而求出退化系统的点扩散函数。

8.3 图像复原的代数方法

所谓图像复原的代数方法，即是根据式(8-15)所示的退化模型，假设具备关于 $\boldsymbol{g}$、$\boldsymbol{H}$、$\boldsymbol{n}$ 的某些先验知识，确定某种最佳准则，寻找原图像 $\boldsymbol{f}$ 的最优估计$\hat{\boldsymbol{f}}$。

8.3.1 无约束最小二乘方复原

由退化模型可知，其噪声项可表示为

$$\boldsymbol{n}=\boldsymbol{g}-\boldsymbol{H}\boldsymbol{f} \tag{8-30}$$

希望找到一个$\hat{\boldsymbol{f}}$，使得 $\boldsymbol{H}\hat{\boldsymbol{f}}$在最小二乘方意义上近似于 $\boldsymbol{g}$，即式(8-31)取最小：

$$\|\boldsymbol{n}\|^2=\|\boldsymbol{g}-\boldsymbol{H}\hat{\boldsymbol{f}}\|^2 \tag{8-31}$$

定义最佳准则 $J(\hat{\boldsymbol{f}})$：

$$J(\hat{\boldsymbol{f}})=\|\boldsymbol{g}-\boldsymbol{H}\hat{\boldsymbol{f}}\|^2=(\boldsymbol{g}-\boldsymbol{H}\hat{\boldsymbol{f}})^{\mathrm{T}}(\boldsymbol{g}-\boldsymbol{H}\hat{\boldsymbol{f}}) \tag{8-32}$$

$J(\hat{\boldsymbol{f}})$的最小值对应为最优。选择$\hat{\boldsymbol{f}}$不受其他条件约束，因此称为无约束复原。

对 $J(\hat{\boldsymbol{f}})$求微分以求极小值：

$$\frac{\partial J(\hat{\boldsymbol{f}})}{\partial \hat{\boldsymbol{f}}}=-2\boldsymbol{H}^{\mathrm{T}}(\boldsymbol{g}-\boldsymbol{H}\hat{\boldsymbol{f}})=0 \tag{8-33}$$

$$\boldsymbol{H}^{\mathrm{T}}\boldsymbol{H}\hat{\boldsymbol{f}}=\boldsymbol{H}^{\mathrm{T}}\boldsymbol{g}$$

$$\hat{\boldsymbol{f}}=(\boldsymbol{H}^{\mathrm{T}}\boldsymbol{H})^{-1}\boldsymbol{H}^{\mathrm{T}}\boldsymbol{g} \tag{8-34}$$

当 $M=N$ 时，$\boldsymbol{H}$ 为一方阵，假设 $\boldsymbol{H}^{-1}$存在，则可求得$\hat{\boldsymbol{f}}$。

$$\hat{\boldsymbol{f}}=\boldsymbol{H}^{-1}(\boldsymbol{H}^{\mathrm{T}})^{-1}\boldsymbol{H}^{\mathrm{T}}\boldsymbol{g}=\boldsymbol{H}^{-1}\boldsymbol{g} \tag{8-35}$$

正如前文所述，当已知退化过程 $\boldsymbol{H}$，即可由退化图像 $\boldsymbol{g}$ 求出原图 $\boldsymbol{f}$ 的估计$\hat{\boldsymbol{f}}$。

8.3.2 约束复原

在最小二乘方复原处理中，往往附加某种约束条件，这种情况下的复原称为约束复原。有附加条件的极值问题可用拉格朗日乘数法来求解。

设对原图像进行某一线性运算 $\boldsymbol{Q}$，求在约束条件 $\|\boldsymbol{n}\|^2=\|\boldsymbol{g}-\boldsymbol{H}\hat{\boldsymbol{f}}\|^2$ 下，使 $\|\boldsymbol{Q}\hat{\boldsymbol{f}}\|^2$ 为最小的原图 $\boldsymbol{f}$ 的最佳估计 $\hat{\boldsymbol{f}}$。

构造拉格朗日函数

$$J(\hat{\boldsymbol{f}})=\|\boldsymbol{Q}\hat{\boldsymbol{f}}\|^2+\lambda(\|\boldsymbol{g}-\boldsymbol{H}\hat{\boldsymbol{f}}\|^2-\|\boldsymbol{n}\|^2) \tag{8-36}$$

式中，λ 为拉格朗日系数。

将式(8-36)求微分以求极小值：

$$\frac{\partial J(\hat{\boldsymbol{f}})}{\partial \hat{\boldsymbol{f}}}=2\boldsymbol{Q}^{\mathrm{T}}\boldsymbol{Q}\hat{\boldsymbol{f}}-2\lambda\boldsymbol{H}^{\mathrm{T}}(\boldsymbol{g}-\boldsymbol{H}\hat{\boldsymbol{f}})=0 \tag{8-37}$$

求解

$$\boldsymbol{Q}^{\mathrm{T}}\boldsymbol{Q}\hat{\boldsymbol{f}}+\lambda\boldsymbol{H}^{\mathrm{T}}\boldsymbol{H}\hat{\boldsymbol{f}}-\lambda\boldsymbol{H}^{\mathrm{T}}\boldsymbol{g}=0$$

$$\hat{\boldsymbol{f}}=\left(\boldsymbol{H}^{\mathrm{T}}\boldsymbol{H}+\frac{1}{\lambda}\boldsymbol{Q}^{\mathrm{T}}\boldsymbol{Q}\right)^{-1}\boldsymbol{H}^{\mathrm{T}}\boldsymbol{g} \tag{8-38}$$

式(8-35)、式(8-38)是图像复原代数方法的基础。

8.4 典型图像复原方法

本节讲解经典图像复原方法：逆滤波复原、维纳滤波复原、等功率谱滤波、几何均值滤波、约束最小二乘方滤波及 Richardson-Lucy 算法。

8.4.1 逆滤波复原

由退化模型 $g(x,y)=f(x,y)*h(x,y)+n(x,y)$ 可知，若不考虑噪声，这是一个卷积的过程。利用傅里叶变换的卷积定理，退化模型可表示为

$$G(u,v)=F(u,v)\cdot H(u,v)+N(u,v) \tag{8-39}$$

其中，$G(u,v)$、$F(u,v)$、$H(u,v)$、$N(u,v)$ 分别为退化图像 $g(x,y)$、原图 $f(x,y)$、点扩散函数 $h(x,y)$ 及噪声 $n(x,y)$ 的傅里叶变换。

式(8-39)可变换为下式

$$\hat{F}(u,v)=\frac{G(u,v)}{H(u,v)}-\frac{N(u,v)}{H(u,v)} \tag{8-40}$$

再对式(8-40)进行傅里叶反变换，可求得原图像 $f(x,y)$ 的估计 $\hat{f}(x,y)$：

$$\hat{f}(x,y)=\mathscr{F}^{-1}[\hat{F}(u,v)]=\mathscr{F}^{-1}\left[\frac{G(u,v)}{H(u,v)}-\frac{N(u,v)}{H(u,v)}\right] \tag{8-41}$$

式中，$\frac{G(u,v)}{H(u,v)}$ 起到了反向滤波的作用，因此，这种复原方法被称为逆滤波复原。逆滤波复原其实是无约束复原的频域表示方法。

若在某些频域点处 $H(u,v)=0$，则逆滤波无法进行；且当 $H(u,v)=0$ 或取值很小时，若噪声项 $N(u,v)\neq 0$，则噪声项可能会很大，导致无法正确恢复原图。因此，逆滤波复原通常人为设置 $H(u,v)$ 零点处的取值，使用 $M(u,v)$ 取代 $H^{-1}(u,v)$：

$$M(u,v)=\begin{cases}H^{-1}(u,v), & H(u,v)>d\\ k, & H(u,v)\leqslant d\end{cases}\tag{8-42}$$

式中，k、d 是小于 1 的常数，其含义是在零点及其附近设置 $H(u,v)=k<1$；在非零点处，保持 $H^{-1}(u,v)$ 逆滤波。逆滤波式可表示为

$$\hat{f}(x,y)=\mathscr{F}^{-1}[\hat{F}(u,v)]=\mathscr{F}^{-1}[G(u,v)M(u,v)-N(u,v)M(u,v)]\tag{8-43}$$

考虑到 $H(u,v)$ 的带宽比噪声带宽窄得多的特性，其频率响应应具有低通特性，也可以按式(8-44)修改逆滤波的传递函数：

$$M(u,v)=\begin{cases}H^{-1}(u,v), & u^2+v^2\leqslant D_0\\ 0, & u^2+v^2>D_0\end{cases}\tag{8-44}$$

式中，D_0 为逆滤波器的空间截止频率，选择 D_0 应排除 $H(u,v)$ 的零点。

【例 8.2】 基于 MATLAB 编程，对图像进行均值模糊，并进行逆滤波复原。

解：程序如下：

```
Image = im2double(rgb2gray(imread('flower.jpg')));
window = 15;                                          % 模糊模板尺寸
[n,m] = size(Image);
n = n + window - 1; m = m + window - 1;               % DFT 变换时延拓尺寸
h = fspecial('average',window);                       % 点扩散函数
BlurredI = conv2(h,Image);                            % 模糊操作
BlurrednoisyI = imnoise(BlurredI,'salt & pepper',0.001); % 给模糊图像添加椒盐噪声
figure,imshow(Image),title('原图');
figure,imshow(BlurredI),title('均值模糊图像');
figure,imshow(BlurrednoisyI),title('均值模糊加噪声图像');
h1 = zeros(n,m); h1(1:window,1:window) = h;           % 模板延拓
H = fftshift(fft2(h1));                               % 频域退化函数
H(abs(H)< 0.0001) = 0.01;                             % 去除 H(u,v)的零点
M = H.^(-1);                                          % 修正逆滤波传递函数
r1 = floor(m/2); r2 = floor(n/2); d0 = sqrt(m^2 + n^2)/20; % 频率域原点和截止频率
for u = 1:m
    for v = 1:n
        d = sqrt((u - r1)^2 + (v - r2)^2);
        if d > d0
           M(v,u) = 0;                               % 逆滤波传递函数引入低通性
        end
    end
end
G1 = fftshift(fft2(BlurredI));                       % 模糊图像 DFT 变换
G2 = fftshift(fft2(BlurrednoisyI));                  % 模糊加噪声图像 DFT 变换
f1 = ifft2(ifftshift(G1./H));                        % 模糊图像逆滤波
f2 = ifft2(ifftshift(G2./H));                        % 模糊加噪声图像用 H(u,v)逆滤波
f3 = ifft2(ifftshift(G2.*M));                        % 模糊加噪声图像用 M(u,v)逆滤波
result1 = f1(1:n - window + 1,1:m - window + 1);     % 模糊图像逆滤波结果
```

```
result2 = f2(1:n - window + 1,1:m - window + 1);        % 模糊加噪声图像用 H(u,v) 逆滤波结果
result3 = f3(1:n - window + 1,1:m - window + 1);        % 模糊加噪声图像用 M(u,v) 逆滤波结果
figure,imshow(abs(result1),[]),title('直接逆滤波');
figure,imshow(abs(result2),[]),title('去除 H(u,v)零点逆滤波');
figure,imshow(abs(result3),[]),title('低通特性逆滤波');
```

程序运行效果如图 8-5 所示。

图 8-5 逆滤波效果示意图

在图 8-5 中，图 8-5(b)是采用 15×15 的均值滤波模板对图像进行模糊滤波。图 8-5(c)是在模糊的基础上叠加了椒盐噪声。直接采用 $H(u,v)$对图 8-5(b)的模糊图像进行逆滤波的效果如图 8-5(d)所示。可以看出，能够很好地去除模糊效果。而叠加噪声的模糊图像，在逆滤波时，$H(u,v)$的幅度随着离 u、v 平面原点的距离增加而迅速下降，但噪声幅度变化平缓，在远离 u、v 平面原点时，$N(u,v)/H(u,v)$的值变得很大，而 $F(u,v)$却很小，因此，无法恢复出原始图像，如图 8-5(e)所示。采用式(8-44)所示的 $M(u,v)$进行逆滤波，加入低通特性，在一定程度上恢复了原图，如图 8-5(f)所示。

8.4.2 维纳滤波复原

从图 8-5 可知，在图像中存在噪声的情况下，简单的逆滤波方法不能很好地处理噪声，需要采用约束复原的方法，维纳滤波复原是一种有代表性的约束复原方法，是使原始图像 $f(x,y)$和复原图像 $\hat{f}(x,y)$之间均方误差最小的复原方法。

均方误差表达式为

$$e^2 = \mathrm{E}[(f - \hat{f})^2] \tag{8-45}$$

其中，E[·]为数学期望算子，维纳滤波又称为最小均方误差滤波器。

假设噪声 $n(x,y)$和图像 $f(x,y)$不相关，且 $f(x,y)$或 $n(x,y)$有零均值，估计的灰度级 $\hat{f}(x,y)$是退化图像灰度级 $g(x,y)$的线性函数。在满足这些条件下，均方误差取最小值时有下列表达式：

$$\begin{aligned}\hat{F}(u,v) &= \left[\frac{H^*(u,v)S_f(u,v)}{S_f(u,v)\mid H(u,v)\mid^2+S_n(u,v)}\right]G(u,v)\\ &= \left[\frac{H^*(u,v)}{\mid H(u,v)\mid^2+S_n(u,v)/S_f(u,v)}\right]G(u,v)\\ &= \left[\frac{1}{H(u,v)}\cdot\frac{\mid H(u,v)\mid^2}{\mid H(u,v)\mid^2+S_n(u,v)/S_f(u,v)}\right]G(u,v)\end{aligned} \tag{8-46}$$

式中，$H^*(u,v)$是退化函数 $H(u,v)$的复共轭；$S_n(u,v)=|N(u,v)|^2$ 是噪声的功率谱；$S_f(u,v)=|F(u,v)|^2$ 是原图的功率谱。

由式(8-46)可以看出，维纳滤波器的传递函数为

$$H_w(u,v)=\frac{1}{H(u,v)}\cdot\frac{\mid H(u,v)\mid^2}{\mid H(u,v)\mid^2+S_n(u,v)/S_f(u,v)} \tag{8-47}$$

可以看出，维纳滤波器没有逆滤波中传递函数为零的问题，除非对于相同的 u、v 值，$H(u,v)$和 $S_n(u,v)$同时为零。因此，维纳滤波能够自动抑制噪声。

当噪声为零时，噪声功率谱小，维纳滤波就变成了逆滤波，因此，逆滤波是维纳滤波的特例。当 $S_n(u,v)$远大于 $S_f(u,v)$时，则 $H_w(u,v)\to 0$，维纳滤波器避免了逆滤波过于放大噪声的问题。

采用维纳滤波器复原图像时，需要知道原始图像和噪声的功率谱 $S_f(u,v)$和 $S_n(u,v)$。而实际上，这些值都是未知的，通常采用一个常数 K 来代替 $S_n(u,v)/S_f(u,v)$，即用下式近似表达：

$$\hat{F}(u,v)=\left[\frac{1}{H(u,v)}\cdot\frac{\mid H(u,v)\mid^2}{\mid H(u,v)\mid^2+K}\right]G(u,v) \tag{8-48}$$

【例 8.3】 采用 MATLAB 提供的函数，对运动模糊的图像进行维纳滤波。

解：deconvwnr 函数使用维纳滤波器对图像进行去模糊，具有以下几种调用形式：

J=deconvwnr(I,PSF)：参量 PSF 为矩阵，表示点扩散函数。

J=deconvwnr(I,PSF,NSR)：NSR 为标量，表示信噪比，默认为 0。

J=deconvwnr(I,PSF,NCORR,ICORR)：参量 NCORR 和 ICORR 为矩阵，分别表示噪声和原始图像的自相关函数值。

程序如下：

```
Image = im2double(rgb2gray(imread('flower.jpg')));
LEN = 21;THETA = 11;                                      %运动模糊参数,11°方向上移动21个像素
PSF = fspecial('motion', LEN, THETA);                     %点扩散函数
BlurredI = imfilter(Image,PSF,'conv','circular');         %产生模糊图像
noise_mean = 0; noise_var = 0.0001;                       %噪声参数
BlurrednoisyI = imnoise(BlurredI,'gaussian',noise_mean,noise_var); %生成模糊加噪声图像
figure,imshow(BlurrednoisyI),title('运动模糊加噪声图像');
estimated_nsr = 0;                                                 %估计信噪比为0
result1 = deconvwnr(BlurrednoisyI,PSF,estimated_nsr);              %维纳滤波去模糊
figure,imshow(result1),title('使用 NSR = 0 复原')
estimated_nsr = noise_var / var(Image(:));                %设置信噪比为噪声与图像方差比
result2 = deconvwnr(BlurrednoisyI, PSF, estimated_nsr);   %维纳滤波去模糊
figure,imshow(result2),title('使用估计的 NSR 复原');
```

程序运行效果如图 8-6 所示。

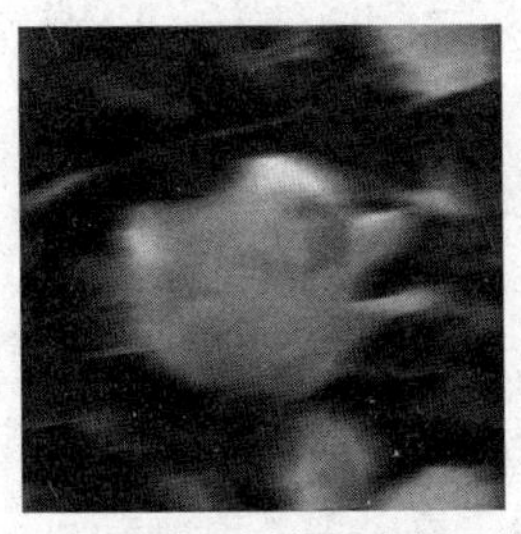
(a) 运动模糊加高斯噪声图像

(b) 维纳滤波复原(NSR=0)

(c) 维纳滤波复原(估计NSR)

图 8-6 维纳滤波恢复运动模糊加噪声图像

在 NSR=0 时，维纳滤波实际上是逆滤波方法，从图 8-6(b)可以看出，未能复原图像；在程序中，噪声信号是人为叠加，估计 NSR 的值较准确，复原效果较好，如图 8-6(c)所示；实际问题中，对于噪声不够了解，需要根据经验或其他方法来确定 NSR 的取值。

8.4.3 等功率谱滤波

等功率谱滤波是使原始图像 $f(x,y)$和复原图像$\hat{f}(x,y)$的功率谱相等的复原方法。此方法假设图像和噪声均属于均匀随机场，噪声均值为零，且与图像不相关。

由退化模型及功率谱的定义，可知：

$$S_g(u,v)=|H(u,v)|^2 S_f(u,v)+S_n(u,v) \tag{8-49}$$

设复原滤波器的传递函数为 $M(u,v)$，则

$$S_{\hat{f}}(u,v)=S_g(u,v)\,|M(u,v)|^2 \tag{8-50}$$

根据等功率谱的概念，$S_{\hat{f}}(u,v)=S_f(u,v)$，可得

$$M(u,v)=\left[\frac{1}{|H(u,v)|^2+S_n(u,v)/S_f(u,v)}\right]^{1/2} \tag{8-51}$$

则等功率谱滤波如式(8-52)所示：

$$\hat{F}(u,v)=\left[\frac{1}{|H(u,v)|^2+S_n(u,v)/S_f(u,v)}\right]^{1/2} G(u,v) \tag{8-52}$$

在没有噪声的情况下，$S_n(u,v)=0$，等功率谱滤波转变为逆滤波。类似于维纳滤波，等功率谱滤波复原图像时，可采用一个常数 K 来代替 $S_n(u,v)/S_f(u,v)$。

【例 8.4】 基于 MATLAB 编程，利用式(8-52)对运动模糊加噪声图像进行等功率谱滤波复原。

解：程序如下：

```
Image = im2double(rgb2gray(imread('flower.jpg')));
[n,m] = size(Image);
LEN = 21; THETA = 11;
PSF = fspecial('motion', LEN, THETA);
BlurredI = conv2(PSF,Image);
figure,imshow(BlurredI),title('运动模糊图像');    %运动模糊
[nh,mh] = size(PSF);
n = n + nh - 1; m = m + mh - 1;
noise = imnoise(zeros(n,m),'salt & pepper',0.001); %噪声
BlurandnoiseI = BlurredI + noise;
```

```
figure,imshow(BlurandnoiseI),title('运动模糊加噪声图像');
h1 = zeros(n,m);
h1(1:nh,1:mh) = PSF;
H = fftshift(fft2(h1));
K = sum(noise(:).^2)/sum(Image(:).^2);
M = (1./(abs(H).^2 + K)).^0.5;                     %按式(8-51)计算等功率谱滤波的传递函数
G = fftshift(fft2(BlurandnoiseI));
f = ifft2(ifftshift(G.*M));
result = f(1:n - nh + 1,1:m - mh + 1);
figure,imshow(abs(result)),title('等功率谱滤波复原图像');
```

程序运行如图8-7所示。

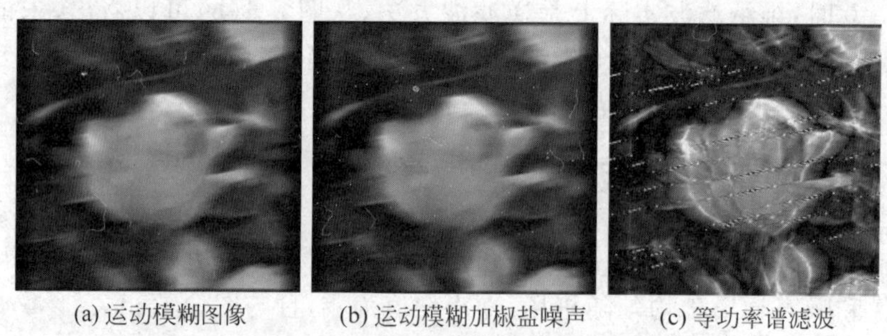

(a) 运动模糊图像　(b) 运动模糊加椒盐噪声　(c) 等功率谱滤波

图8-7　等功率谱滤波恢复运动模糊加噪声图像

8.4.4 几何均值滤波

将前述几种滤波器一般化,可得几何均值滤波器:

$$M(u,v)=\left[\frac{H^*(u,v)}{|H(u,v)|^2}\right]^{\alpha}\left[\frac{H^*(u,v)}{|H(u,v)|^2+\gamma S_n(u,v)/S_f(u,v)}\right]^{1-\alpha} \tag{8-53}$$

其中,α、γ为正的实常数。

可以看出,当$\alpha=1$时,几何均值滤波器即逆滤波器;若$\alpha=0$时,则是参数化的维纳滤波器;当$\alpha=1/2$且$\gamma=1$时,则是等功率谱滤波器;当$\alpha=1/2$时,则是普通逆滤波和维纳滤波的几何平均,即几何均值滤波器;当$\gamma=1$时,若$\alpha<1/2$,则滤波器越来越接近维纳滤波;若$\alpha>1/2$时,则滤波器越来越接近逆滤波。因此,可以通过灵活选择α,γ的值来获得良好的平滑效果。

8.4.5 约束最小二乘方滤波

维纳滤波复原能比逆滤波复原获得更好的效果,但是,如前所述,维纳滤波需要知道原始图像和噪声的功率谱,而实际上,这些值是未知的,功率谱比的常数估计一般也没有很合适的解。若仅知道噪声方差的情况,可以考虑约束最小二乘方滤波。

1. 约束最小二乘方滤波原理

由8.3.2节分析可知,约束复原是求在约束条件$\|\boldsymbol{n}\|^2=\|\boldsymbol{g}-\boldsymbol{H}\hat{\boldsymbol{f}}\|^2$下,使$\|\boldsymbol{Q}\hat{\boldsymbol{f}}\|^2$为最小的原图$\boldsymbol{f}$的最佳估计$\hat{\boldsymbol{f}}$,所以本节采用最小化原图二阶微分的方法。

图像$\boldsymbol{f}(x,y)$在(x,y)处的二阶微分可表示为

$$\nabla^2 f = \frac{\partial^2 f}{\partial x^2} + \frac{\partial^2 f}{\partial y^2} = f(x+1,y) + f(x-1,y) + f(x,y+1) + f(x,y-1) - 4f(x,y) \tag{8-54}$$

二阶微分实际上是原图 $f(x,y)$ 与离散的拉普拉斯算子 $l(x,y)$ 的卷积，$l(x,y)$ 如式(8-55)所示：

$$l(x,y) = \begin{bmatrix} 0 & 1 & 0 \\ 1 & -4 & 1 \\ 0 & 1 & 0 \end{bmatrix} \tag{8-55}$$

采用的最优化准则为

$$\min(f(x,y) * l(x,y)) \tag{8-56}$$

拉普拉斯算子尺寸为 3×3，设原图像大小为 $A\times B$，系统函数 $\boldsymbol{H}$ 大小为 $C\times D$。为避免折叠现象，将各函数延拓到 $M\times N$，$M\geqslant A+C-1$ 且 $M\geqslant A+3-1$，$N\geqslant B+D-1$ 且 $N\geqslant B+3-1$，即

$$\begin{aligned}
f_e(x,y) &= \begin{cases} f(x,y), & 0\leqslant x\leqslant A-1, 0\leqslant y\leqslant B-1 \\ 0, & A\leqslant x\leqslant M-1, B\leqslant y\leqslant N-1 \end{cases} \\
h_e(x,y) &= \begin{cases} h(x,y), & 0\leqslant x\leqslant C-1, 0\leqslant y\leqslant D-1 \\ 0, & C\leqslant x\leqslant M-1, D\leqslant y\leqslant N-1 \end{cases} \\
l_e(x,y) &= \begin{cases} l(x,y), & 0\leqslant x\leqslant 2, 0\leqslant y\leqslant 2 \\ 0, & 3\leqslant x\leqslant M-1, 3\leqslant y\leqslant N-1 \end{cases} \\
g_e(x,y) &= \begin{cases} g(x,y), & 0\leqslant x\leqslant A+C-2, 0\leqslant y\leqslant B+D-2 \\ 0, & A+C-1\leqslant x\leqslant M-1, B+D-1\leqslant y\leqslant N-1 \end{cases}
\end{aligned} \tag{8-57}$$

按约束复原结论(式(8-38))，约束最小二乘方滤波中，线性运算 Q 即为拉普拉斯算子 L，因此，复原图像可以按式(8-58)计算：

$$\hat{\boldsymbol{f}} = \left(\boldsymbol{H}^{\mathrm{T}}\boldsymbol{H} + \frac{1}{\lambda}\boldsymbol{L}^{\mathrm{T}}\boldsymbol{L}\right)^{-1}\boldsymbol{H}^{\mathrm{T}}\boldsymbol{g} \tag{8-58}$$

直接求解式(8-58)比较困难，可以用傅里叶变换的方法在变换域中计算，表示为

$$\begin{aligned}
\hat{F}(u,v) &= \left[\frac{H_e^*(u,v)}{|H_e(u,v)|^2 + \frac{1}{\lambda}|L_e(u,v)|^2}\right] G_e(u,v) \\
&= \left[\frac{H_e^*(u,v)}{|H_e(u,v)|^2 + \gamma|L_e(u,v)|^2}\right] G_e(u,v)
\end{aligned} \tag{8-59}$$

其中，$L_e(u,v)$、$H_e(u,v)$、$G_e(u,v)$ 是式(8-57)中所示 $l_e(x,y)$、$h_e(x,y)$、$g_e(x,y)$ 的二维 DFT。

2. 约束最小二乘方滤波的实现

对于式(8-59)所示的求解公式，可以通过调整参数 γ 以达到良好的复原结果。从最优角度出发，需满足约束 $\|\boldsymbol{n}\|^2 = \|\boldsymbol{g} - \boldsymbol{H}\hat{\boldsymbol{f}}\|^2$，因此，定义残差向量 $\boldsymbol{e}$：

$$\boldsymbol{e} = \boldsymbol{g} - \boldsymbol{H}\hat{\boldsymbol{f}} \tag{8-60}$$

由式(8-59)可知 $\hat{\boldsymbol{F}}(u,v)$ 是 γ 的函数，所以残差向量 $\boldsymbol{e}$ 也是 γ 的函数。定义：

$$\boldsymbol{\varphi}(\gamma)=\boldsymbol{e}^{\mathrm{T}}\boldsymbol{e}=\|\boldsymbol{e}\|^{2} \tag{8-61}$$

$\boldsymbol{\varphi}(\gamma)$是$\gamma$的单调递增函数。调整$\gamma$,使得：

$$\|\boldsymbol{e}\|^{2}=\|\boldsymbol{n}\|^{2}\pm\alpha \tag{8-62}$$

其中,α是一个准确度系数。若$\alpha=0$,则严格满足约束要求$\|\boldsymbol{n}\|^{2}=\|\boldsymbol{g}-\boldsymbol{H}\hat{\boldsymbol{f}}\|^{2}$。

可以通过下列方法确定满足要求的γ值：

(1) 指定初始γ值；

(2) 计算$\hat{\boldsymbol{f}}$和$\|\boldsymbol{e}\|^{2}$；

(3) 若满足式(8-62),则算法停止；否则,若$\|\boldsymbol{e}\|^{2}<\|\boldsymbol{n}\|^{2}-\alpha$,则增加$\gamma$,若$\|\boldsymbol{e}\|^{2}>\|\boldsymbol{n}\|^{2}+\alpha$,则减小$\gamma$,并返回上一步继续。

在上述算法过程中,需要计算$\|\boldsymbol{e}\|^{2}$和$\|\boldsymbol{n}\|^{2}$的值。

$\|\boldsymbol{e}\|^{2}$的计算过程如下：

对式(8-60)进行傅里叶变换：

$$\boldsymbol{E}(u,v)=\boldsymbol{G}(u,v)-\boldsymbol{H}(u,v)\hat{\boldsymbol{F}}(u,v) \tag{8-63}$$

对$\boldsymbol{E}(u,v)$进行傅里叶反变换得$\boldsymbol{e}(x,y)$,然后按下式计算$\|\boldsymbol{e}\|^{2}$：

$$\|\boldsymbol{e}\|^{2}=\sum_{x=0}^{M-1}\sum_{y=0}^{N-1}\boldsymbol{e}^{2}(x,y) \tag{8-64}$$

$\|\boldsymbol{n}\|^{2}$的计算过程如下：

估计整幅图像上的噪声方差：

$$\boldsymbol{\sigma}_{n}^{2}=\frac{1}{MN}\sum_{x=0}^{M-1}\sum_{y=0}^{N-1}[\boldsymbol{n}(x,y)-\boldsymbol{\mu}_{n}]^{2} \tag{8-65}$$

其中,$\boldsymbol{\mu}_{n}$是样本的均值,如式(8-66)所示：

$$\boldsymbol{\mu}_{n}=\frac{1}{MN}\sum_{x=0}^{M-1}\sum_{y=0}^{N-1}\boldsymbol{n}(x,y) \tag{8-66}$$

参考式(8-64)得

$$\|\boldsymbol{n}\|^{2}=\sum_{x=0}^{M-1}\sum_{y=0}^{N-1}\boldsymbol{n}^{2}(x,y)=MN[\boldsymbol{\sigma}_{n}^{2}+\boldsymbol{\mu}_{n}^{2}] \tag{8-67}$$

因此,可以得到结论：可以只用噪声的均值和方差的相关知识,不需要知道原始图像和噪声的功率谱,就可以执行最优复原算法。

【例8.5】 基于上述算法,利用MATLAB编程,对模糊的图像进行约束最小二乘方滤波。

解：程序如下：

```
Image = im2double(rgb2gray(imread('flower.jpg')));
window = 15; [N,M] = size(Image);
N = N + window - 1; M = M + window - 1;
h = fspecial('average',window);                          % 点扩散函数
BlurreI = conv2(h,Image);                                % 图像模糊
sigma = 0.001; miun = 0;                                 % 噪声的方差、均值参数
nn = M * N * (sigma + miun * miun);                      % 约束值
BlurrednoisyI = imnoise(BlurredI,'gaussian',miun,sigma); % 模糊加噪声图像
figure,imshow(BlurrednoisyI),title('均值模糊加噪声图像');
```

```
h1 = zeros(N,M); h1(1:window,1:window) = h;              % 点扩散函数延拓
H = fftshift(fft2(h1));                                  % 频域退化函数
lap = [0 1 0;1 -4 1;0 1 0];                              % 二阶微分模板
L = zeros(N,M); L(1:3,1:3) = lap;                        % 微分模板延拓
L = fftshift(fft2(L));                                   % 频域微分模板
G = fftshift(fft2(BlurrednoisyI));                       % 退化图像 DFT
gama = 0.3; step = 0.01; alpha = nn * 0.001;             % 初始 γ 值、γ 修正步长、准确度系数
flag = true;                                             % 循环标识变量
while flag
   MH = conj(H)./(abs(H).^2 + gama * (abs(L).^2));       % 估计复原函数
   F = G. * MH; E = G - H. * F;
E = abs(ifft2(ifftshift(E))); ee = sum(E(:).^2);        % 复原图像并计算残差
   if ee < nn - alpha                                    % 判断并修正 γ 值
      gama = gama + step;
   elseif ee > nn + alpha
      gama = gama - step;
   else
      flag = false;
   end
end
MH = conj(H)./(abs(H).^2 + gama * (abs(L).^2));          % 计算最终复原函数
f = ifft2(ifftshift(G. * MH));                           % 复原图像
result = f(1:N - window + 1,1:M - window + 1);
figure,imshow(abs(result),[]),title('约束最小二乘滤波图像');
```

程序运行效果如图 8-8 所示。

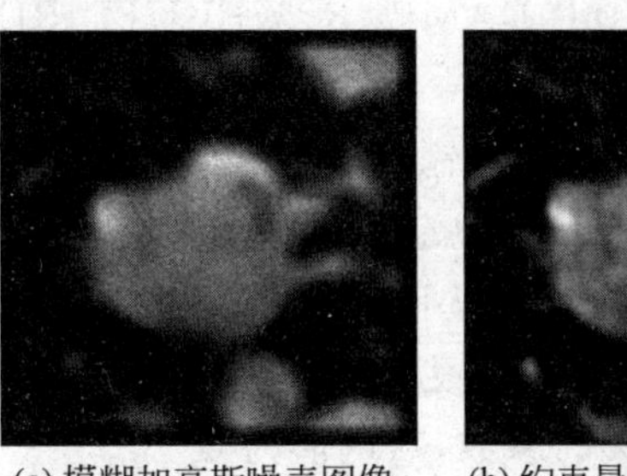

(a) 模糊加高斯噪声图像 (b) 约束最小二乘滤波图像

图 8-8 约束最小二乘方滤波效果示意图

MATLAB 提供了 deconvreg 函数来实现约束最小二乘方滤波，具有以下几种调用形式：

(1) J＝deconvreg(I,PSF,NP)；

(2) J＝deconvreg(I,PSF,NP,LRANGE)；

(3) J＝deconvreg(I,PSF,NP,LRANGE,REGOP)；

(4) [J,LAGRA]＝deconvreg(I,PSF,...)。

函数参数含义如下：

I 为降质图像；J 为复原图像；PSF 为退化过程的点扩散函数；NP 为加性噪声能量，默认值为 0；LRANGE 为拉格朗日乘子系数的优化范围，默认值为$[10^{-9},10^{9}]$；REGOP 为去卷积的线性约束算子，默认时为二维拉普拉斯算子；LAGRA 为计算出的最优拉格朗日乘

子系数。

在上面程序模糊图像的基础上，可直接调用 deconvreg 函数，代码如下：

```
J = deconvreg(BlurrednoisyI, h, nn);
figure, imshow(J, []);
```

8.4.6 Richardson-Lucy 算法

Richardson-Lucy 算法简称 RL 算法，是图像复原的经典算法之一，因 William Richardson 和 Leon Lucy 各自独立提出而得名。算法假设图像服从泊松分布，采用最大似然法得到估计原始图像信息的迭代表达式：

$$\hat{f}_{k+1}(x,y) = \hat{f}_k(x,y)\left[h(-x,-y) * \frac{g(x,y)}{h(x,y) * \hat{f}_k(x,y)}\right] \tag{8-68}$$

式中，$\hat{f}_k(x,y)$是 k 次迭代后复原图像。

MATLAB 提供了 RL 算法复原图像的函数——deconvlucy，该函数在最初的 RL 算法基础上进行了一些改进：减少噪声的影响、对图像质量不均匀的像素进行修正等。这些改进加快了图像复原的速度和复原的效果。该函数具有以下几种调用形式：

(1) J＝deconvlucy(I,PSF)；

(2) J＝deconvlucy(I,PSF,NUMIT)；

(3) J＝deconvlucy(I,PSF,NUMIT,DAMPAR)；

(4) J＝deconvlucy(I,PSF,NUMIT,DAMPAR,WEIGHT)；

(5) J＝deconvlucy(I,PSF,NUMIT,DAMPAR,WEIGHT,READOUT)。

函数参数含义如下：

I 是指要复原的退化图像；J 是反卷积后输出的图像；PSF 是点扩散函数；NUMIT 是指迭代的次数，默认值为 10。DAMPAR 是规定了原图像和恢复图像之间的阈值偏差矩阵，偏离原始值不超过阈值的像素终止迭代，默认值为 0。WEIGHT 是一个权重矩阵，它规定了图像 I 中的坏像素的权值为 0，其他的为 1，默认值为跟 I 维数相同的全 1 矩阵。READOUT 是与噪声和读出设备有关的参数，默认值为 0。

【例 8.6】 基于 RL 算法，利用 MATLAB 编程，对模糊的图像进行复原滤波。

解：程序如下：

```
I = im2double(rgb2gray(imread('flower.jpg')));
figure, imshow(I), title('原图像');
PSF = fspecial('gaussian',7,10);                          % 高斯低通滤波器
V = 0.0001;                                               % 高斯加性噪声标准差
IF1 = imfilter(I,PSF);
BlurredNoisy = imnoise(IF1,'gaussian',0,V);
figure, imshow(BlurredNoisy), title('高斯模糊加噪声图像');
WT = zeros(size(I));                                      % 产生权重矩阵
WT(5:end - 1,5:end - 4) = 1;
J1 = deconvlucy(BlurredNoisy,PSF);                        % RL 算法复原
J2 = deconvlucy(BlurredNoisy,PSF,50,sqrt(V));
J3 = deconvlucy(BlurredNoisy,PSF,100,sqrt(V),WT);
figure, imshow(J1), title('10 次迭代');
```

```
figure,imshow(J2),title('50 次迭代');
figure,imshow(J3),title('100 次迭代');
```

程序运行如图 8-9 所示。

(a) 高斯模糊加噪声图像

(b) 10次迭代去模糊

(c) 50次迭代去模糊

(d) 100次迭代去模糊

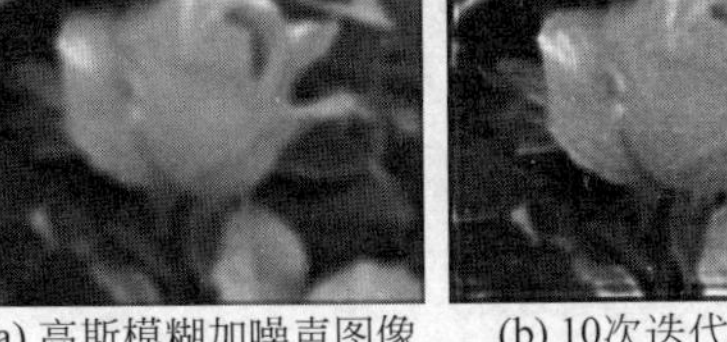

图 8-9 RL 滤波复原效果示意图

8.5 盲去卷积复原

从前面所介绍的方法可以看出,这些复原技术都是以图像退化的某种先验知识为基础,即假定退化系统的冲激响应已知。但在许多情况下难以确定退化的点扩散函数,不以 PSF(点扩散函数,Point Spread Function)知识为基础的图像复原方法统称为盲去卷积复原。

现有的盲去卷积复原算法有多种,如以最大似然估计为基础的复原方法、迭代方法、总变分正则化方法等,根据优化标准和先验知识的不同可分为多种类型。本节简要介绍基于最大似然估计的盲图像复原算法。

基于最大似然估计的盲图像复原算法,是在 PSF 未知的情况下,根据退化图像、原始图像及 PSF 的一些先验知识,采用概率理论建立似然函数,再对似然函数求最大值,实现原始图像和 PSF 的估计重建。

设退化图像 $g(x,y)$的概率为 $P(g)$,原始图像 $f(x,y)$的概率为 $P(f)$,由 $f(x,y)*h(x,y)$估计 $g(x,y)$的概率为 $P(g|h*f)$,由 $g(x,y)$估计 $f(x,y)*h(x,y)$的概率为 $P(h*f|g)$,则由贝叶斯定理可知:

$$P(h*f\mid g)=\frac{P(g\mid h*f)P(f)P(h)}{P(g)} \tag{8-69}$$

式(8-69)中,$P(g)$由成像系统确定,与最大化无关;当 $P(h*f|g)$取最大值时,认为原始图像 $f(x,y)$和 PSF 中的 $h(x,y)$最大概率逼近真实结果,即最大程度实现了原始图像和 PSF 的估计重建。

对式(8-69)取负对数,得代价函数 J:

$$J(h,f)=-\ln[P(h*f\mid g)]=-\ln[P(g\mid h*f)]-\ln[P(f)]-\ln[P(h)] \tag{8-70}$$

式(8-70)中三项均取最小值时,即代价函数取最小值,求解可以采用共轭梯度法进行。最大似然方法将原始图像和 PSF 的先验知识作为约束条件,适用性好,但运算量较大。

MATLAB 提供了基于最大似然算法的盲去卷积函数 deconvblind,具有以下几种调用形式:

(1) [J,PSF]=deconvblind(I,INITPSF);

(2) [J,PSF]=deconvblind(I,INITPSF,NUMIT);

(3) [J,PSF]=deconvblind(I,INITPSF,NUMIT,DAMPAR);

(4) [J,PSF]=deconvblind(I,INITPSF,NUMIT,DAMPAR,WEIGHT);

(5) [J,PSF]=deconvblind(I,INITPSF,NUMIT,DAMPAR,WEIGHT,READOUT)。

函数参数含义如下:

I指要复原的图像,J为去模糊后的图像,PSF为重建的点扩散函数;INITPSF表示重建点扩散函数矩阵的初始值;NUMIT、DAMPAR、WEIGHT、READOUT的含义同deconvlucy函数的参数。

【例8.7】 基于deconvblind函数对模糊的图像进行复原滤波。

解:程序如下:

```
I = im2double(rgb2gray(imread('flower.jpg')));
PSF = fspecial('gaussian',7,10);
V = 0.0001;
IF1 = imfilter(I,PSF);
BlurredNoisy = imnoise(IF1,'gaussian',0,V);
WT = zeros(size(I)); WT(5:end - 4,5:end - 4) = 1;
INITPSF = ones(size(PSF));
[J,P] = deconvblind(BlurredNoisy,INITPSF,20,10 * sqrt(V),WT);
                  %20次迭代盲去卷积复原,输出图像与输入图像的偏离阈值10×sqrt(V)
subplot(221),imshow(BlurredNoisy),title('高斯模糊加噪声图像');
subplot(222),imshow(PSF,[]),title('真正的PSF');
subplot(223),imshow(J),title('盲复原图像');
subplot(224),imshow(P,[]),title('重建的PSF');
```

程序运行如图8-10所示。

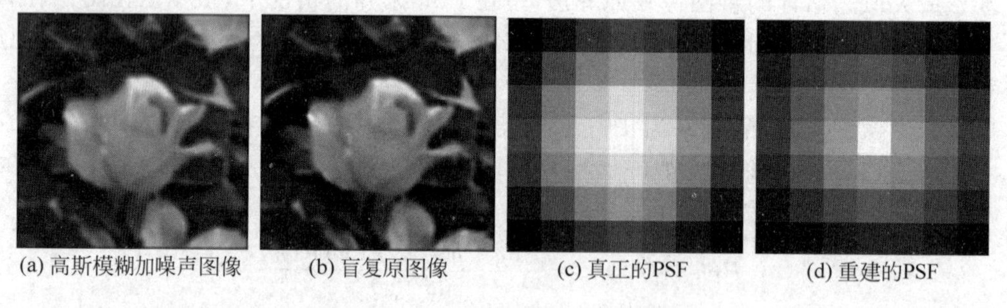

(a) 高斯模糊加噪声图像　(b) 盲复原图像　(c) 真正的PSF　(d) 重建的PSF

图8-10　盲去卷积复原效果示意图

8.6 几何失真校正

在图像生成和显示的过程中,由于成像系统本身具有的非线性,或者拍摄时成像系统光轴和景物之间存在一定倾斜角度,往往会造成图像的几何失真(几何畸变),这也是一种图像退化。几何失真校正是通过几何变换来校正失真图像中像素的位置,以便恢复原来像素空间关系的复原技术。

假设一幅图像为$f(x,y)$,由于几何失真变为$g(x',y')$,失真前后像素点的坐标满足下列关系:

$$\begin{cases}x' = h_1(x,y)\\y' = h_2(x,y)\end{cases} \tag{8-71}$$

如果能够获取 $h_1(x,y)$、$h_2(x,y)$的解析表达式，可以进行反变换，对于失真图像中的点(x',y')找到其在原图像中的对应位置(x,y)，从而实现几何失真校正。

设几何失真是线性的变换，即

$$\begin{cases}x' = ax + by + c\\y' = dx + ey + f\end{cases} \tag{8-72}$$

若能够计算出 6 个系数，则能够确定变换前后点的空间关系。

设原图中三个像素点为(x_1,y_1)、(x_2,y_2)和(x_3,y_3)，在畸变图像中的坐标为(x_1',y_1')、(x_2',y_2')和(x_3',y_3')，构建方程组，求解系数：

$$\begin{cases}x_1' = ax_1 + by_1 + c, & y_1' = dx_1 + ey_1 + f\\x_2' = ax_2 + by_2 + c, & y_2' = dx_2 + ey_2 + f\\x_3' = ax_3 + by_3 + c, & y_3' = dx_3 + ey_3 + f\end{cases} \tag{8-73}$$

若图像中各处的畸变规律相同，可直接把 6 个系数应用于其他点。确定对应关系后，进行几何变换修改失真图像，实现几何失真校正。

除了在第 3 章介绍过的 imtransform 和 maketform 函数外，下面再介绍另外两个函数：

(1) cpselect(INPUT,BASE)：调用该函数，系统启动交互选择连接点工具，如图 8-11 所示，手工在两幅图像上寻找对应的连接点，用鼠标单击，将其保存在 INPUT_POINTS 和 BASE_POINTS 两个矩阵中。INPUT 是需要校正的几何失真图像，BASE 为原图。

(2) TFORM＝cp2tform(INPUT_POINTS,BASE_POINTS,TRANSFORMTYPE)：根据连接点建立几何变换结构，INPUT_POINTS 和 BASE_POINTS 为 $m\times 2$ 矩阵，其值分别是几何失真图像和基准图像中对应连接点的坐标；TRANSFORMTYPE 为变换类型，可以为 nonreflective similarity、similarity、affine、projective、polynomial、piecewise linear、lwm。

【例 8.8】 设计程序，产生几何失真图像，并利用交互式选择连接点工具选择连接点。

解：程序如下：

```
Image = im2double(imread('lotus.jpg'));
[h,w,c] = size(Image);
RI = imrotate(Image,20);                                    % 逆时针旋转 20°
tform = maketform('affine',[1 0.5 0;0.5 1 0; 0 0 1]);       % 设置 x 和 y 方向的错切变换矩阵
NewImage = imtransform(RI,tform);                           % 对旋转后的图像进行错切变换
cpselect(NewImage,Image);                                   % 进行连接点交互式选择
```

图 8-11 中的左侧画面是经过几何失真的图像，右侧为原图像。选择好连接点后，按下列程序实现校正：

```
input_points = [709 577;409 270;320 370];
base_points = [487 305;374 41;134 159];                               % 选择的连接点
tform = cp2tform(input_points,base_points,'affine');                  % 建立几何变换结构
result = imtransform(NewImage,tform,'XData',[1 w],'YData',[1 h]);     % 进行几何变换
figure,imshow(result);
```

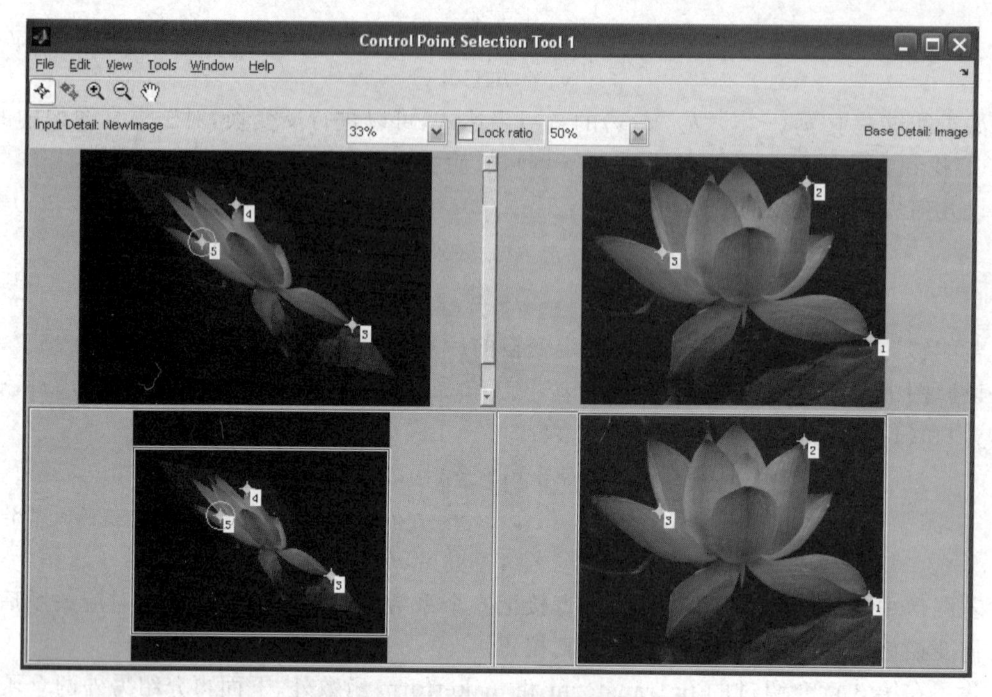

图 8-11 连接点选择画面

程序运行效果如图 8-12 所示。

(a) 原始图像　　(b) 几何失真图像　　(c) 校正后的图像

图 8-12 图像几何失真校正

习题

8.1 简述图像退化的基本模型,并写出离散退化模型。

8.2 简述什么是约束复原,什么是无约束复原。

8.3 简述逆滤波复原的基本原理以及存在的问题。

8.4 简述维纳滤波的原理。

8.5 一幅退化图像,不知道原图像的功率谱,仅知道噪声的方差,请问采用何种方法复原图像较好?为什么?

8.6　编写程序,对一幅灰度图像进行运动模糊,尝试实现基于频域特征的运动模糊参数估计。

8.7　编写程序,对一幅灰度图像进行高斯模糊并叠加高斯噪声,设计逆滤波器、维纳滤波器和约束最小二乘方滤波器对其进行复原,并比较复原效果。

8.8　编写程序,对一幅灰度图像进行运动模糊并叠加噪声,设计几何均值滤波器并改变参数,观察复原效果。

8.9　编写程序,打开一幅灰度图像,进行组合几何变换,并对其进行几何校正。

8.10　查找资料,了解图像复原技术的扩展应用及其核心技术。

第9章 图像的数学形态学处理

CHAPTER 9

数学形态学(Mathematical Morphology)诞生于20世纪60年代中期。1964年,法国的马瑟荣和他的学生塞拉研制了基于数学形态学的图像处理系统,将数学形态学引入图像处理领域。1982年,塞拉出版了专著《图像分析与数学形态学》,作为一个数学形态学发展的重要里程碑,它真正地将数学形态学与图像处理联系了起来。最初,数学形态学处理的是二值图像,被称为"二值形态学"(Binary Morphology)。它将二值图像看成集合,运用最简单的集合和几何运算对原始图像进行探测。后来,人们提出了灰度形态学(Gray Morphology),并利用灰度形态学构造出了大量的算子,在灰度图像处理中获得了广泛的应用。

经过几十年的发展,数学形态学已经成为数字图像处理的重要工具之一,并应用于图像增强、分割、恢复、纹理分析、颗粒分析、骨架提取、形状分析和细化等方面。本章在介绍数学形态学基本概念的基础上,讲解针对二值图像、灰度图像的形态学处理。

9.1 形态学基础

形态学是建立在严格的数学理论基础上的,其数学基础是集合论。在数学形态学中,用集合来描述目标图像或感兴趣区域。在分析目标图像时,需要创建一种几何形态滤波模板,用来收集图像信息,称之为结构元素(Structuring Element)。结构元素也用集合来描述。数学形态学运算就是用结构元素对图像集合进行操作,观察图像中各部分的关系,从而提取有用特征进行分析和描述,以达到对图像进行分析和识别的目的。

不同的结构元素对处理结果有很大的影响。在处理和分析图像时,选取适当的结构元素来参与形态学运算,需要遵循以下原则:

(1) 结构元素必须在几何上比原图像简单且有界。一般地,结构元素尺寸要明显小于目标图像尺寸。当选取性质相同或相似的结构元素时,以选取图像某些特征的极限情况为宜。

(2) 结构元素的形状最好具有某种凸性,如十字形、方形、线形、菱形、圆形,如图9-1所示。

(3) 对于每个结构元素,为了方便地参与形态学运算处理,还需指定一个参考原点。参考点可包含在结构元素中,也可不包含在结构元素中,但运算结果会不同。

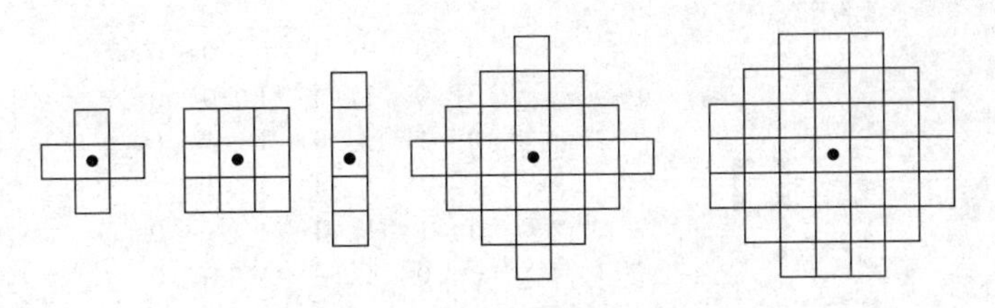

图 9-1 不同形状的结构元素

MATLAB 提供了 strel 函数来创建任意维数和形状的结构元素：

```
SE = strel(SHAPE,PARAMETERS)
```

其中，SHAPE 为形状参数，指定创建的结构元素 SE 的类型。PARAMETERS 为控制形状参数大小方向的参数。

表 9-1 strel 函数的参数

SHAPE	PARAMETERS	描 述
arbitrary	NHOOD	根据矩阵 NHOOD 创建一个平面结构元素，NHOOD 中值为 1 的元素定义结构元素 SE 的邻域
arbitrary	NHOOD,HEIGHT	创建一个非平面的结构元素，其中 NHOOD 定义邻域，HEIGHT 为与 NHOOD 同样大小矩阵，定义 NHOOD 中每个元素高度
ball	R,H,N	创建一个球形结构元素，R 为 xy 平面上半径，H 为高度，N 为非负整数
diamond	R	创建一个菱形结构元素，R 为菱形中心与其边界的最长距离
disk	R,N	一个圆盘状结构元素，R 为圆盘半径，N 可取值为 0、4、6、8，默认值为 4
line	LEN,DEG	创建一个线形的结构元素，LEN 为长度，DEG 为角度
octagon	R	创建一个八边形结构元素，R 为八边形中心到八边形边缘的最大距离，必须为 3 的倍数
pair	OFFSET	创建一个成对的结构元素，其中一个元素在原点，另外一个元素由 OFFSET 来决定，OFFSET 为二维结构的数组
periodicline	P,V	创建一个周期出现的结构元素，其中 $2P+1$ 为结构元素的周期数，V 规定了两个周期之间的偏移
rectangle	MN	创建一个矩形结构元素，其中 MN 为二维数组，规定结构元素行和列数
square	W	创建一个方形的结构元素，其中 W 为方形结构的宽度

【例 9.1】 基于 MATLAB 编程，创建一个菱形结构元素。

解：程序如下：

```
SE = strel('diamond',3);                %定义一个菱形结构元素
GN = getnhood(SE);                      %获取结构元素的邻域
figure,imshow(GN,[]);
```

程序运行结果如图 9-2 所示。

所有的数学形态学处理都基于填放结构元素的概念。所谓的填放，实际上是指图像集合与结构元素小集合的集合运算。

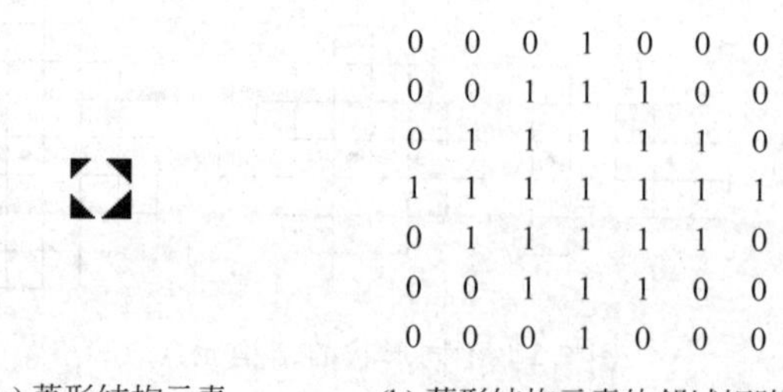

(a) 菱形结构元素　　(b) 菱形结构元素的邻域矩阵

图 9-2　创建菱形结构元素

9.2　二值形态学的基础运算

在数学意义上,用数学形态学运算来处理目标图像集合,如形态过滤、形态细化等,这些处理都是基于一些基本形态学代数算子来实现的。基本形态学算子是由一些相关的基础集合运算(如子集、并集、交集、补集、差集、位移、映射(反射)等)来构成的。

本节主要介绍处理二值图像的两个基本形态学算子——膨胀运算和腐蚀运算,以及两个复合形态学算子——开运算和闭运算。

设集合 X 为二值图像目标集合,集合 S 为二值结构元素。数学形态学运算就是用 S 对 X 进行操作。为了清晰地表示一幅二值图像中物体与背景的区别,这里用"0"和白色表示背景像素,用"1"和深色阴影表示前景(物体)像素。

9.2.1　基本形态变换

1. 膨胀运算

集合 X 用结构元素 S 来膨胀记为 $X \oplus S$,定义为

$$X \oplus S = \{x \mid [(\hat{S})_x \cap X] \neq \varnothing\} \tag{9-1}$$

其含义为:对结构元素 S 作关于原点的映射,所得的映射平移 x 形成新的集合 $(\hat{S})_x$,与集合 X 相交不为空集时结构元素 S 的参考点的集合即为 X 被 S 膨胀所得到的集合。

【例 9.2】 膨胀运算示例一。

图 9-3(a)是一幅二值图像,深色"1"部分为目标集合 X。图 9-3(b)中深色"1"部分为结构元素 S(标有"+"处为原点,即结构元素的参考点)。求 $X \oplus S$。

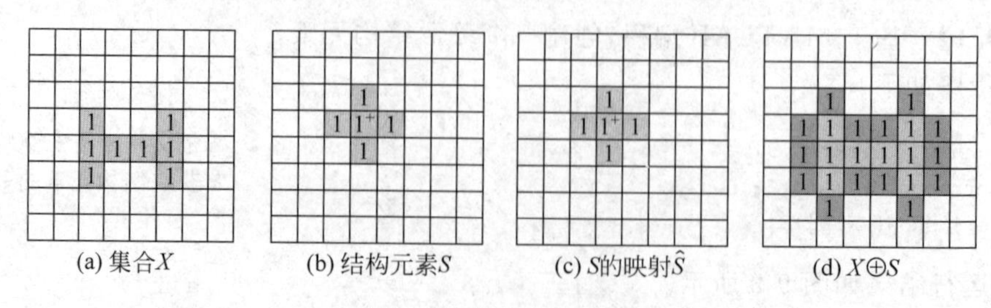

(a) 集合X　　(b) 结构元素S　　(c) S的映射$\hat{S}$　　(d) $X \oplus S$

图 9-3　膨胀运算示例

解：按照定义，先作结构元素 S 关于原点的映射，得图 9-3(c)中深色“1”部分为$\hat{S}$，因 S 本身为对称性集合，所以$\hat{S}$与 S 一致；将$\hat{S}$在 X 上移动，当二者交集不为空时记录$\hat{S}$参考点的位置，得图 9-3(d)所示深色部分；其中，浅灰色“1”部分表示集合 X，深灰色“1”部分表示为膨胀(扩大)部分，整个深色阴影部分合起来就为集合 $X \oplus S$。

可以看出，目标集合 X 经过膨胀后面积扩大。

【例 9.3】 膨胀运算示例二。

图 9-4(a)中深色“1”部分为集合 X。图 9-4(b)中深色“1”部分为结构元素 S。求 $X \oplus S$。

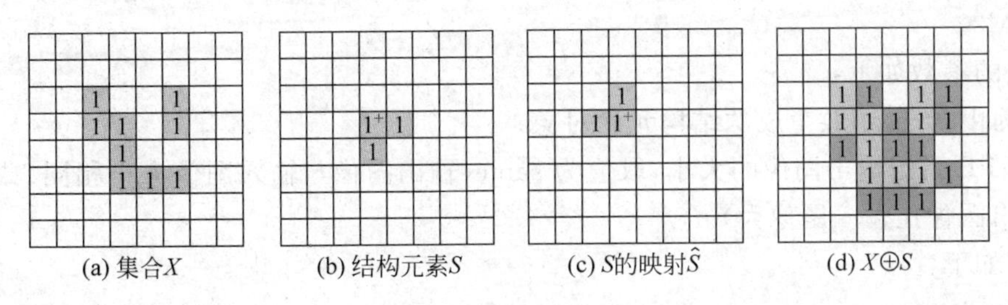

(a) 集合X　(b) 结构元素S　(c) S的映射$\hat{S}$　(d) $X \oplus S$

图 9-4　膨胀运算示例

解：同例 9.2，将 S 映射为$\hat{S}$，再将$\hat{S}$在 X 上移动，记录交集不为空时结构元素参考点的位置，图 9-4(d)所示深色阴影部分为膨胀后的结果。

可以看出，目标集合 X 经过膨胀后不仅面积扩大，而且相邻的两个孤立成分有了连接。

两例的区别在于：例 9.2 中的结构元素为对称型结构元素，映射前后一致；而例 9.3 中的结构元素则不一样。

【例 9.4】 基于 MATLAB 编程，打开一幅二值图像并利用式(9-1)进行膨胀运算。

解：程序如下：

```
Image = imread('menu.bmp');                 % 打开图像
BW = im2bw(Image);                          % 灰度图像转为二值图像
[h w] = size(BW);                           % 获取图像尺寸
result = zeros(h,w);                        % 定义输出图像,初始化为 0
for x = 2:w - 1
    for y = 2:h - 1                         % 扫描图像每一点,即结构元素移动到每一个位置
        for m = - 1:1
            for n = - 1:1                   % 当前点周围 3×3 范围,即结构元素为 3×3 大小
                if BW(y + n,x + m)          % 结构元素所覆盖 3×3 范围内有像素点为 1,即交集不为空
                    result(y,x) = 1;        % 将参考点记录为前景点
                    break;
                end
            end
        end
    end
end
figure,imshow(result);title('二值图像膨胀');
```

程序运行效果如图 9-5 所示。

也可以采用 MATLAB 提供的膨胀函数进行膨胀运算：

(a) 原图像　　(b) 膨胀后的图像

图 9-5　二值图像膨胀效果

IM2=imdilate(IM,SE,SHAPE)：对灰度图像或二值图像 IM 进行膨胀操作，返回结果图像 IM2。

函数的参数如下：

SE 为由 strel 函数生成的结构元素对象；

SHAPE 指定输出图像的大小，取值为 same（输出图像与输入图像大小相同）或 full（全膨胀，输出图像比输入图像大）。

程序如下：

```
Image = imread('menu.bmp');
BW = im2bw(Image);
imshow(BW);title('二值图像');
SE = strel('square',3);                  % 创建方形结构元素
result = imdilate(BW,SE);                % 膨胀运算
figure,imshow(result);
```

程序运行结果如图 9-5 所示。

2. 腐蚀运算

集合 X 用结构元素 S 来腐蚀记为 $X\ominus S$，定义为

$$X \ominus S = \{x \mid (S)_x \subseteq X\} \tag{9-2}$$

其含义为：若结构元素 S 平移 x 后完全包括在集合 X 中，记录 S 的参考点位置，所得集合为 S 腐蚀 X 的结果。

【例 9.5】 腐蚀运算示例。

图 9-6(a)中深色“1”部分为集合 X，图 9-6(b)中深色“1”部分为结构元素 S。求 $\boldsymbol{X\ominus S}$。

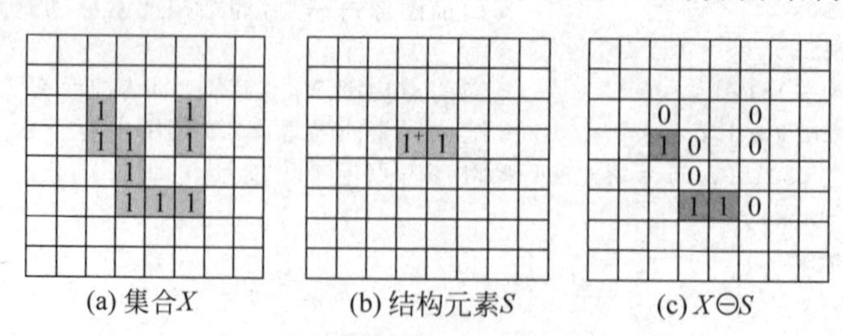

(a) 集合X　　(b) 结构元素S　　(c) $X\ominus S$

图 9-6　腐蚀运算示例

解：按定义，将 S 在 X 中移动，当 S 的参考点位于图 9-6(c)中深灰色“1”部分时，$(S)_x \subseteq X$，因此，集合 $X\ominus S$ 为图 9-6(c)中深灰色“1”部分。白色并标记为“0”的部分表示腐蚀掉消失部分。其他空白像素位置的“0”略去，没有标记。

可以看出，目标集合 X 中比结构元素小的成分被腐蚀消失了，而大的成分面积缩小，并且其细连接处经过腐蚀后断裂。

【例 9.6】 基于 MATLAB 编程，打开一幅二值图像并利用式(9-2)进行腐蚀运算。

解：程序如下：

```
Image = imread('menu.bmp');
BW = im2bw(Image);                       % 灰度图像转为二值图像
imshow(BW);title('二值图像');
[h w] = size(BW);                        % 获取图像尺寸
result = ones(h,w);                      % 定义输出图像，初始化为 1
for x = 2:w - 1
   for y = 2:h - 1                       % 扫描图像每一点，即结构元素移动到每一个位置
      for m = - 1:1
         for n = - 1:1                   % 当前点周围 3×3 范围，即 3×3 结构元素所覆盖的范围
            if BW(y + n,x + m) == 0      % 该范围内有像素点为 0，即该位置不能完全包含结构元素
               result(y,x) = 0;          % 将参考点记录为背景点，即腐蚀掉
               break;
            end
         end
      end
   end
end
figure,imshow(result); title('二值图像腐蚀');
```

程序运行结果如图 9-7 所示。

(a) 原图像　　(b) 腐蚀后的图像

图 9-7　二值图像腐蚀效果

也可以采用 MATLAB 提供的腐蚀函数进行腐蚀运算：

IM2＝imerode(IM,SE,SHAPE)：对灰度图像或二值图像 IM 进行腐蚀操作，返回结果图像 IM2。其他参数的含义与 imdilate 函数的参数含义类似，这里不再赘述。

程序如下：

```
Image = imread('menu.bmp');
BW = im2bw(Image);
SE = strel('square',3);                  % 创建结构元素
result = imerode(BW,SE);                 % 腐蚀运算
figure,imshow(result);
```

程序运行结果如图 9-7 所示。

3. 膨胀和腐蚀的其他定义

若将 X、S 均看作向量集合，则膨胀和腐蚀可分别表示为

$$\begin{aligned} X \oplus S &= \{y \mid y = x + s, x \in X, s \in S\} \\ X \ominus S &= \{x \mid (x + s) \in X, x \in X, s \in S\} \end{aligned} \tag{9-3}$$

即膨胀为图像集合 X 中的每一点 x 按照结构元素 S 中的每一点 s 进行平移的并集。腐蚀为图像 X 中每一点 x 平移 s 后仍在图像 X 内部的参考点集合。因此,向量运算也称为位移运算。

【例 9.7】 用向量运算实现膨胀示例。

图 9-8(a)中深色"1"部分表示图像集合 X,图 9-8(b)中深色"1"部分表示结构元素 S,用向量运算实现 $X \oplus S$。

解:以像素坐标系将 X、S 中各点表示为向量:

$$X = \{(2,3),(5,3),(2,4),(3,4),(4,4),(5,4),(2,5),(5,5)\}$$

$$S = \{(0,-1),(-1,0),(0,0),(1,0),(0,1)\}$$

则向量运算膨胀结果为

$$X \oplus S = \begin{Bmatrix} (2,2), & (5,2), & (1,3), & (2,3), & (3,3), & (4,3), \\ (5,3), & (6,3), & (1,4), & (2,4), & (3,4), & (4,4), \\ (5,4), & (6,4), & (1,5), & (2,5), & (3,5), & (4,5), \\ (5,5), & (6,5), & (2,6), & (5,6) \end{Bmatrix}$$

可以看出,膨胀结果与例 9.2 中产生的结果相同。

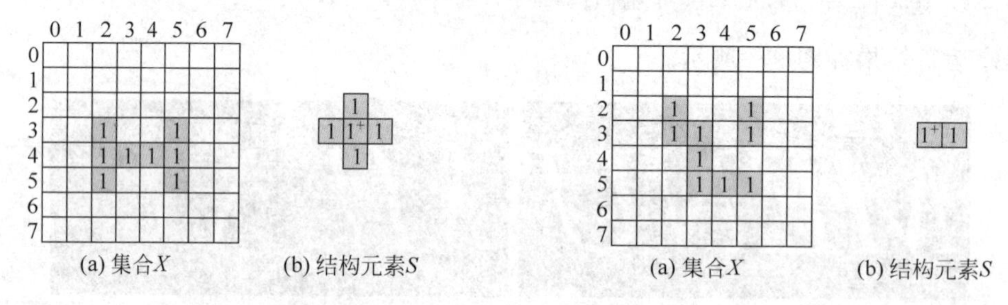

(a) 集合X　(b) 结构元素S

图 9-8　向量运算实现膨胀示例

(a) 集合X　(b) 结构元素S

图 9-9　向量运算实现腐蚀示例

【例 9.8】 用向量运算实现腐蚀示例。

图 9-9(a)中深色"1"部分表示图像集合 X,图 9-9(b)中深色"1"部分表示结构元素 S,用向量运算实现 $X \ominus S$。

解:以像素坐标系将 X、S 中各点表示为向量:

$$X = \{(2,2),(5,2),(2,3),(3,3),(5,3),(3,4),(3,5),(4,5),(5,5)\}$$

$$S = \{(0,0),(1,0)\}$$

其中

$$\begin{aligned} &x_1 : x_1 + s_2 = (3,2) \notin X, \quad x_2 : x_2 + s_2 = (6,2) \notin X \\ &x_4 : x_4 + s_2 = (4,3) \notin X, \quad x_5 : x_5 + s_2 = (6,3) \notin X \\ &x_6 : x_6 + s_2 = (4,4) \notin X, \quad x_9 : x_9 + s_2 = (6,5) \notin X \end{aligned}$$

但是

$$x_3 : \begin{cases} x_3 + s_1 = (2,3) \in X \\ x_3 + s_2 = (3,3) \in X \end{cases} \quad x_7 : \begin{cases} x_7 + s_1 = (3,5) \in X \\ x_7 + s_2 = (4,5) \in X \end{cases} \quad x_8 : \begin{cases} x_8 + s_1 = (4,5) \in X \\ x_8 + s_2 = (5,5) \in X \end{cases}$$

因此,向量运算腐蚀结果为

$$X \ominus S = \{x_3, x_7, x_8\} = \{(2,3),(3,5),(4,5)\}$$

可以看出,腐蚀结果与例 9.5 中产生的结果相同。

4. 膨胀和腐蚀的性质

性质 1 膨胀和腐蚀运算是关于集合补和映射的对偶关系(C 表示补集),即

$$\begin{aligned}(X \ominus S)^C &= X^C \oplus \hat{S}\\(X \oplus S)^C &= X^C \ominus \hat{S}\end{aligned} \tag{9-4}$$

性质 2 膨胀运算具有交换性,即 X 被 S 膨胀和 S 被 X 膨胀结果一致,实际中一般采用大集合被小集合膨胀的表示方式。腐蚀运算不具有交换性。

$$X \oplus S = S \oplus X \tag{9-5}$$

性质 3 膨胀运算具有结合性。

$$X \oplus (S_1 \oplus S_2) = (X \oplus S_1) \oplus S_2 \tag{9-6}$$

性质 4 膨胀和腐蚀运算具有增长性(或称为包含性)。

$$\begin{aligned}X \subseteq Y &\Rightarrow (X \oplus S) \subseteq (Y \oplus S)\\X \subseteq Y &\Rightarrow (X \ominus S) \subseteq (Y \ominus S)\end{aligned} \tag{9-7}$$

9.2.2 复合形态变换

一般情况下,膨胀和腐蚀不是互为逆运算的,而是关于集合补和映射的对偶关系。膨胀和腐蚀进行级连结合使用,即先腐蚀再膨胀或者先膨胀再腐蚀,通常不能恢复成原来的图像(目标),而是产生两种新的形态变换,即形态开和闭运算。

1. 开、闭运算的定义

开运算是先用结构元素对图像进行腐蚀之后,再进行膨胀。定义为

$$X \circ S = (X \ominus S) \oplus S \tag{9-8}$$

闭运算是先用结构元素对图像进行膨胀之后,再进行腐蚀。定义为

$$X \bullet S = (X \oplus S) \ominus S \tag{9-9}$$

【例 9.9】 用结构元素(见图 9-10(b))对图 9-10(a)的图像区域进行开、闭运算。

解:运算过程如图 9-10 所示。

从图 9-10 中可以看出,无论是开还是闭运算,处理的结果都不同于原图,也证实了膨胀与腐蚀不是互为逆运算。

【例 9.10】 基于 MATLAB 编程,打开一幅二值图像进行开、闭运算。

解:程序如下:

```
Image = imread('A.bmp');
BW = im2bw(Image);                              % 灰度图像转为二值图像
imshow(Image);title('二值图像');
SE = strel('square',3);                         % 创建方形结构元素
result1 = imdilate(imerode(BW,SE),SE);          % 先腐蚀后膨胀,即开运算
result2 = imerode(imdilate(BW,SE),SE);          % 先膨胀后腐蚀,即闭运算
figure,imshow(result1) ;title('开运算');
figure,imshow(result2) ;title('闭运算');
```

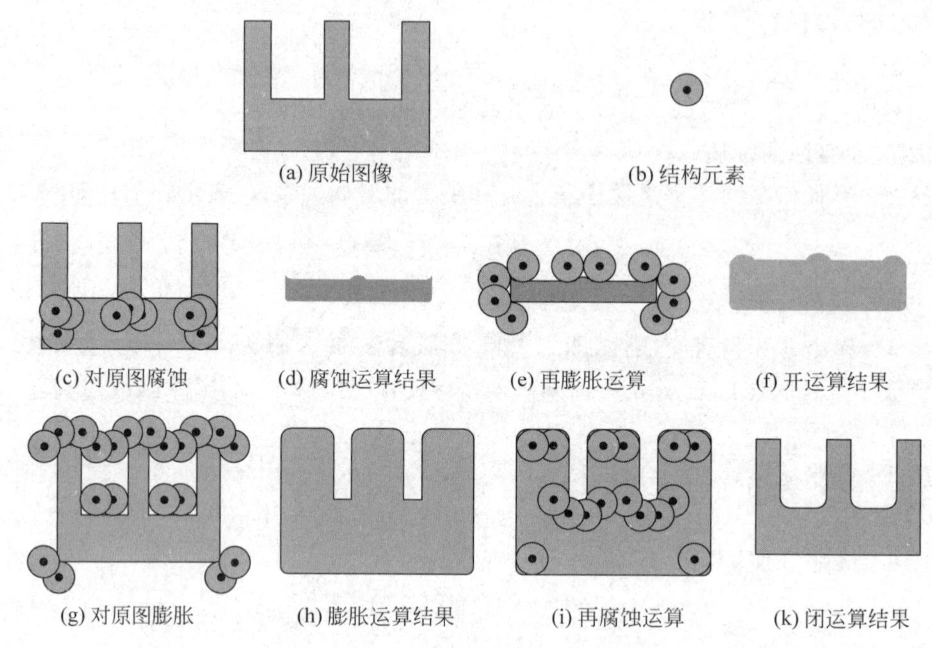

图 9-10　开运算和闭运算示例

程序运行结果如图 9-11 所示。

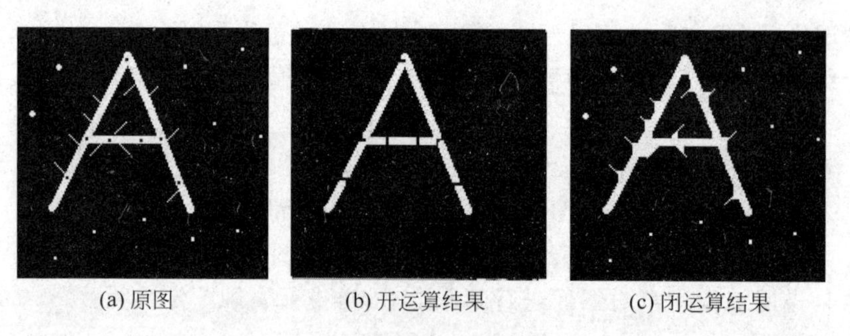

图 9-11　二值图像开、闭运算效果

也可以采用 MATLAB 提供的函数进行开、闭运算：

IM2＝imopen(IM,SE)：对灰度图像或二值图像 IM 进行开运算操作，返回结果图像 IM2。SE 为 strel 函数返回的结构元素。

IM2＝imclose(IM,SE)：对灰度图像或二值图像 IM 进行闭运算操作，返回结果图像 IM2。其他参数的含义与 imopen 函数的参数类似，这里不再赘述。

新的程序如下：

```
Image = imread('A.bmp');
BW = im2bw(Image);                          % 灰度图像转为二值图像
imshow(Image);title('二值图像');
SE = strel('square',3);                     % 创建方形结构元素
result1 = imopen(BW,SE);                    % 用 3×3 结构元素进行开运算
result2 = imclose(BW,SE);                   % 用 3×3 结构元素进行闭运算
figure,imshow(result1);title('开运算');
```

```
figure,imshow(result2);title('闭运算');
```

程序运行结果如图 9-11 所示。

可以看出，开运算一般能平滑图像的轮廓，削弱狭窄部分，去掉细长的突出、边缘毛刺和孤立斑点。闭运算也可以平滑图像的轮廓，但与开运算不同，闭运算一般融合窄的缺口和细长的弯口，能填补图像的裂缝及破洞，所起的是连通补缺作用，图像的主要情节保持不变。

2. 开、闭运算的性质

性质1 开运算和闭运算都具有增长性，即

对于两个图像集合 X、Y，当 $X\subseteq Y$ 时，有

$$X\subseteq Y\Rightarrow\begin{cases}(X\circ S)\subseteq(Y\circ S)\\(X\bullet S)\subseteq(Y\bullet S)\end{cases}\tag{9-10}$$

式(9-10)表明，通过与结构元素 S 的开运算和闭运算作用，可以修去原来具有的枝节或修补原来具有的某些缺陷。

性质2 开运算是非外延的，而闭运算是外延的。

$$X\circ S\subseteq X,\quad X\subseteq X\bullet S\tag{9-11}$$

性质3 开运算和闭运算都具有同前性。

$$(X\circ S)\circ S=X\circ S,\quad (X\bullet S)\bullet S=X\bullet S\tag{9-12}$$

此性质说明，对某个集合进行 N 次连续开或连续闭和仅执行一次开或闭的效果是一样的。

性质4 开运算和闭运算都具有对偶性。也就是说，开运算和闭运算也是关于集合补和映射的对偶，即

$$(X\circ S)^{\mathrm{C}}=X^{\mathrm{C}}\bullet\hat{S},\quad (X\bullet S)^{\mathrm{C}}=X^{\mathrm{C}}\circ\hat{S}\tag{9-13}$$

9.3 二值图像的形态学处理

当处理二值图像时，所采用的是基于二值数学形态学运算的形态学变换。

9.3.1 形态滤波

选择不同形状（如各向同性的圆、十字形、矩形、不同朝向的有向线段等）、不同尺寸的结构元素可以提取图像的不同特征。结构元素的形状和大小会直接影响形态滤波输出结果。

【例 9.11】 基于 MATLAB 编程，对一幅二值图像进行矩形块和有向线段特征提取。

解：程序如下：

```
Image = imread('pattern.jpg');
Th = graythresh(Image);
OriginBW = im2bw(Image,Th);                    % 灰度图像转为二值图像
imshow(OriginBW);title('二值图像');
BW1 = 1 - OriginBW;                            % 二值图像取反
se = strel('square',3);                        % 创建边长为 3 的正方形结构元素
BW2 = 1 - imopen(BW1,se);
figure;imshow(BW2);title('矩形块提取');
```

```
se45 = strel('line',25,45);                    % 创建角度为 45°的线结构元素,长度为 25 个像素
BW3 = 1 - imopen(BW1,se45);
figure;imshow(BW3);title('线段提取');
```

程序运行结果如图 9-12 所示。

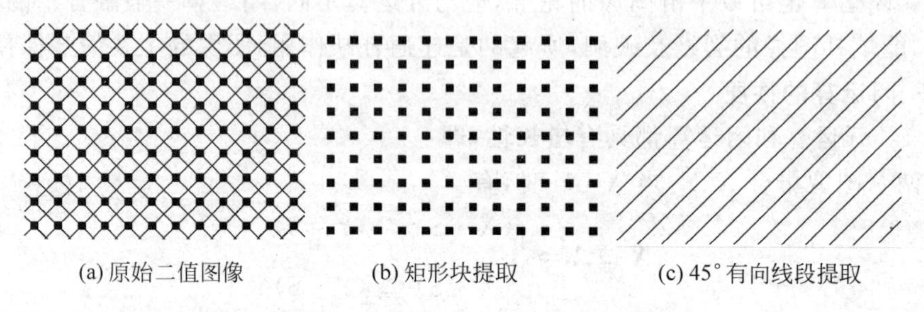

(a) 原始二值图像　　(b) 矩形块提取　　(c) 45°有向线段提取

图 9-12　二值图像的形态滤波效果

9.3.2 图像的平滑处理

通过形态变换进行平滑处理,滤除图像的可加性噪声。

由于开、闭具有平滑图像的功能,可通过开和闭运算的串行结合来构成数学形态学噪声滤波器。

对图像进行平滑处理的形态学可变换为

$$Y = (X \circ S) \bullet S, \quad Y = (X \bullet S) \circ S \tag{9-14}$$

【例 9.12】 对一幅二值图像 X 利用结构元素 S 进行形态学噪声滤波。

解:形态学噪声滤波过程如图 9-13 所示。图 9-13(a)为一幅受噪声污染的二值图像,主要的目标图像为 1 个长方形。由于噪声影响,在目标内部有一些噪声孔,目标周围有一些噪声块。图 9-13(b)为定义的结构元素 S,通过形态学滤波要滤除噪声。这里结构元素 S 的尺寸须大于所有噪声孔和噪声块。图 9-13(c)为 S 对 X 进行腐蚀的结果。实际上 S 把目标周围的噪声块消除了。可看到目标内部的噪声孔变大了,是因为目标中的内部边界经腐蚀后会变大,而实际使得目标整体面积缩小。图 9-13(d)为由 S 对图 9-13(c)的腐蚀结果进行膨胀的结果,使缩小的目标面积尽量恢复成原来的大小。图 9-13(e)由 S 对图 9-13(d)的开运算结果进行膨胀而得到。图 9-13(f)由 S 对图 9-13(e)腐蚀而得到。通过这一闭运算操作,可将目标内部的噪声孔消除。

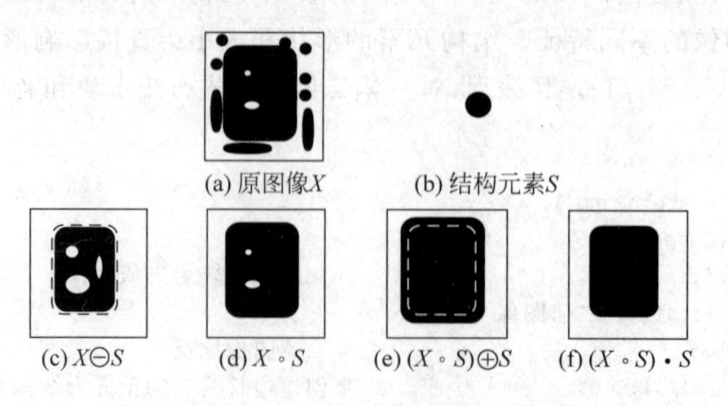

(a) 原图像X　　(b) 结构元素S

(c) $X \ominus S$　　(d) $X \circ S$　　(e) $(X \circ S) \oplus S$　　(f) $(X \circ S) \bullet S$

图 9-13　形态学噪声滤波示例

【思考问题】　如果结构元素 S 的直径缩小一半，能否达到目的？

解：不能，至少效果不好。

开运算能够去掉外边噪声的关键在于结构元素 S 的尺寸大于噪声的尺寸。由于噪声不能完全包含结构元素 S，在腐蚀时，噪声点被腐蚀掉了；闭运算中，又由于结构元素 S 的尺寸大于内部孔洞的尺寸，才能在膨胀时融合噪声孔洞。

【例 9.13】　基于 MATLAB 编程，对一幅二值图像进行平滑处理。

解：程序如下：

```
Image = imread('A.bmp');
BW = im2bw(Image);
imshow(BW);title('二值图像');
SE = strel('square',3);
result1 = imclose(imopen(BW,SE),SE);          %用 3×3 结构元素先开后闭
figure,imshow(result1);title('先开后闭平滑处理');
result2 = imopen(imclose(BW,SE),SE);          %先闭后开
figure,imshow(result2); title('先闭后开平滑处理');
```

程序的运行效果如图 9-14 所示。图 9-14(a)中存在噪声，主要为外面的噪声点、字母上的毛刺和文字内部的孔洞。为了去除图像上的噪声，选择方形 3×3 结构元素 S，可以看到通过先开后闭或先闭后开都能够去除噪声。

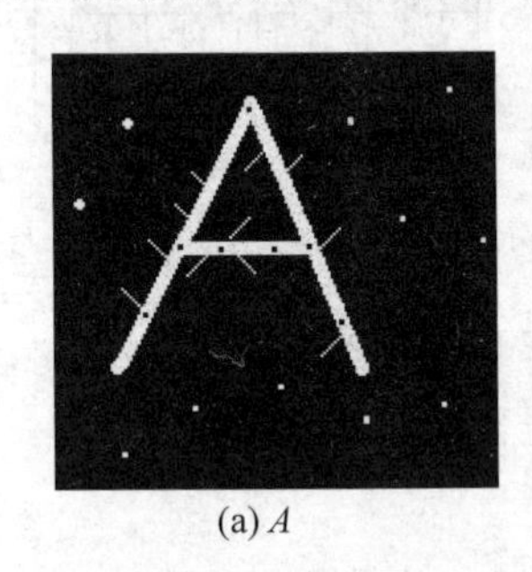

(a) A

(b) $(A\circ S)\bullet S$

(c) $(A\bullet S)\circ S$

图 9-14　形态学平滑效果

9.3.3　图像的边缘提取

在一幅图像中，图像的边缘或棱线是信息量最为丰富的区域。提取边界或边缘也是图像分割的重要组成部分。基于数学形态学提取边缘主要利用腐蚀运算的特性：腐蚀运算可以缩小目标，原图像与缩小图像的差即为边界。

因此，提取物体的轮廓边缘的形态学变换有 3 种定义，为

(1) 内边界

$$Y = X - (X \ominus S) \tag{9-15}$$

(2) 外边界

$$Y = (X \oplus S) - X \tag{9-16}$$

(3) 形态学梯度

$$Y = (X \oplus S) - (X \ominus S) \tag{9-17}$$

【例 9.14】 对一幅二值图像 X(见图 9-15(a))进行边缘提取,图 9-15(b)为结构元素 S。

解:运算过程如图 9-15 所示。

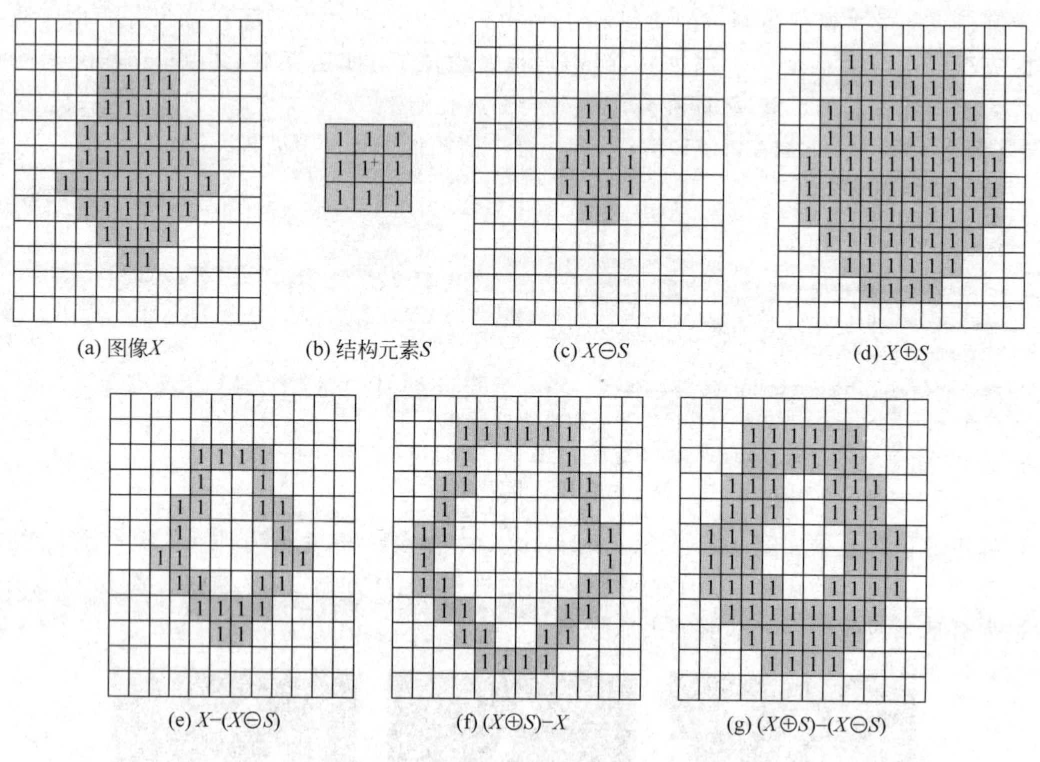

图 9-15 二值图像的边缘提取示例

【例 9.15】 基于 MATLAB 编程,对一幅二值图像实现边缘提取。

解:程序如下:

```
Image = imread('menu.bmp');
BW = im2bw(Image);                              % 灰度图像转为二值图像
imshow(BW);title('二值图像');
SE = strel('square',3);                         % 创建方形结构元素
result1 = BW - imerode(BW,SE);                  % 提取内边界
result2 = imdilate(BW,SE) - BW;                 % 提取外边界
result3 = imdilate(BW,SE) - imerode(BW,SE);     % 提取形态学梯度
figure,imshow(result1);
figure,imshow(result2);
figure,imshow(result3);
```

也可以采用 MATLAB 提供的函数实现边缘提取:

IM2=bwperim(IM,CONN):对输入的二值图像 IM 进行边缘检测,返回结果为边界图像 IM2。参数 CONN 规定了连通性,CONN 可取值为 4 和 8,默认值为 4。

程序如下:

```
Image = imread('menu.bmp');
BW = im2bw(Image);                              % 灰度图像转为二值图像
result1 = bwperim(BW);                          % 提取二值图像 BW 的边缘
```

```
figure,imshow(result1);title('二值图像的边缘检测');
```

程序运行结果如图 9-16 所示。

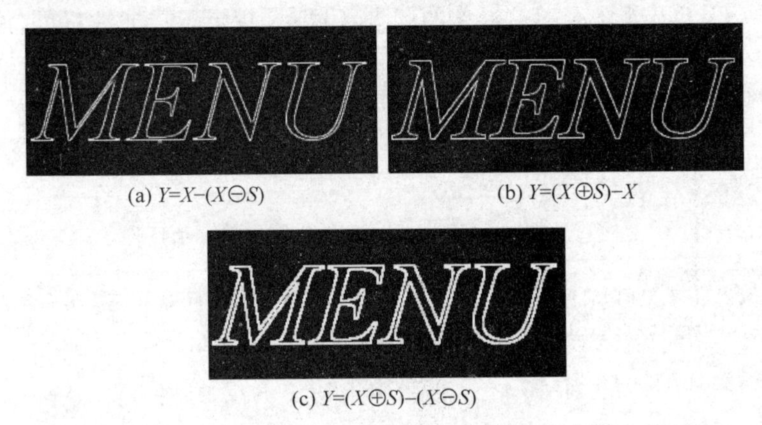

(a) $Y=X-(X\ominus S)$　　(b) $Y=(X\oplus S)-X$

(c) $Y=(X\oplus S)-(X\ominus S)$

图 9-16　二值图像的边缘提取效果

9.3.4　区域填充

边界为图像轮廓线，区域为图像边界线所包围的部分，因此区域和边界可互求。

区域填充的形态学可变换为

$$X_k=(X_{k-1}\oplus S)\cap A^C \tag{9-18}$$

其中，A 表示区域边界点集合，k 为迭代次数。取边界内某一点 $p(p=X_0)$ 为起点，利用上面的公式作迭代运算。当 $X_k=X_{k-1}$ 时停止迭代，这时 X_k 即为图像边界线所包围的填充区域。

【例 9.16】　区域填充示例。

图 9-17(a)是一幅二值图像，深色“1”部分为区域边界点集合。图 9-17(b)为结构元素。

解：运算过程如图 9-17 所示。

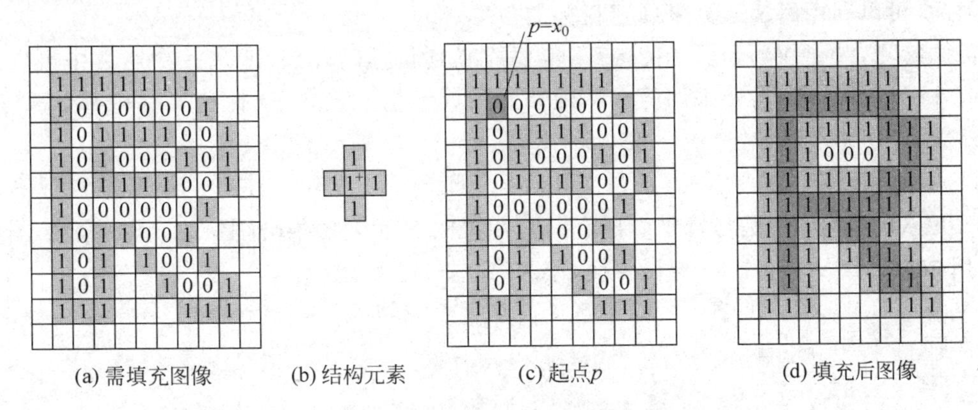

(a) 需填充图像　(b) 结构元素　(c) 起点p　(d) 填充后图像

图 9-17　形态学区域填充示例

【例 9.17】　基于 MATLAB 编程，打开一幅二值图像并对其进行区域填充。

解：MATLAB 提供的函数如下：

IM2＝imfill(IM,'holes')：填充二值图像 IM 中所有的孔洞区域，返回结果图像 IM2。

'holes'规定了二值图像中的所有孔洞。

IM2＝imfill(IM,LOCATIONS,CONN)：对二值图像 IM 进行填充操作，返回结果图像 IM2。LOCATIONS 规定了填充操作的起点，CONN 规定了连通性，可取值为 4 和 8，默认为 4。

I2＝imfill(I)：填充灰度图像中所有孔洞区域。

程序如下：

```
Image = imread('coin.bmp');
BW = im2bw(Image);                                %灰度图像转为二值图像
imshow(BW);title('二值图像');
result1 = imfill(BW,'holes');                     %填充二值图像 BW 中所有孔洞
figure,imshow(result1);title('二值图像的区域填充');
```

程序运行结果如图 9-18 所示。

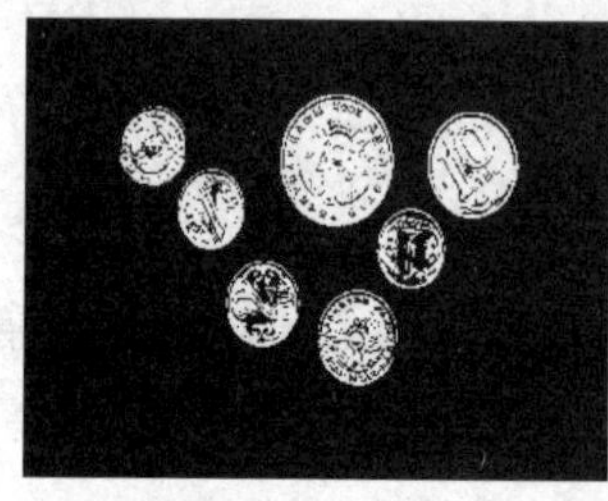

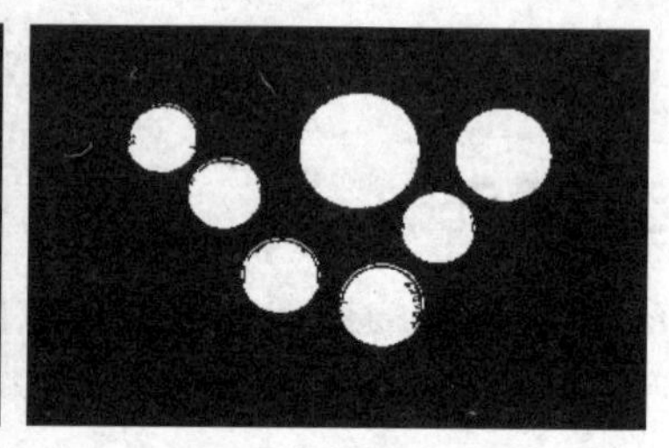

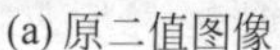

(a) 原二值图像　　(b) 区域填充

图 9-18　二值图像的区域填充效果

9.3.5　目标探测——击中与否变换

目标探测也称为击中/击不中变换，是在感兴趣区域中探测目标。击中与否变换的原理是基于腐蚀运算的一个特性——腐蚀的过程相当于对可以填入结构元素的位置作标记的过程。因此，可以利用腐蚀运算来确定目标的位置。

目标检测，既要探测到目标的内部，也要检测到目标的外部，即在一次运算中可以同时捕获内外标记。因此，需要采用两个结构基元构成结构元素，一个探测目标内部，一个探测目标外部。

设 X 是被研究的图像集合，S 是结构元素，且 $S=(S_1,S_2)$。其中，S_1 是与目标内部相关的 S 元素的集合，S_2 是与背景(目标外部)相关的 S 元素的集合，且 $S_1\cap S_2=\varnothing$。图像集合 X 用结构元素 S 进行击中与否变换，记为 $X*S$，定义为

$$\begin{cases} X*S=(X\ominus S_1)\cap(X^{\mathrm{C}}\ominus S_2) \\ X*S=(X\ominus S_1)-(X\oplus \hat{S}_2) \\ X*S=\{x \mid S_1+x\subseteq X \quad 且 \quad S_2+x\subseteq X^{\mathrm{C}}\} \end{cases} \tag{9-19}$$

在击中与否变换的操作中，当且仅当结构元素 S_1 平移到某一点可填入集合 X 的内部、结构元素 S_2 平移到该点可填入集合 X 的外部时，该点才在击中与否变换的输出中。

【例 9.18】　击中与否变换示例。

如图 9-19 所示，图 9-19(a)为由四个物体组成的图像 X：一个是矩形，一个是小方形，

一个是大方形，一个是带有小凸出部分的大方形。图 9-19(b)为结构元素对 $S=(S_1,S_2)$，要求用 S 对图像 X 做击中与否运算，且能正确识别方形。

解：运算过程如图 9-19 所示。

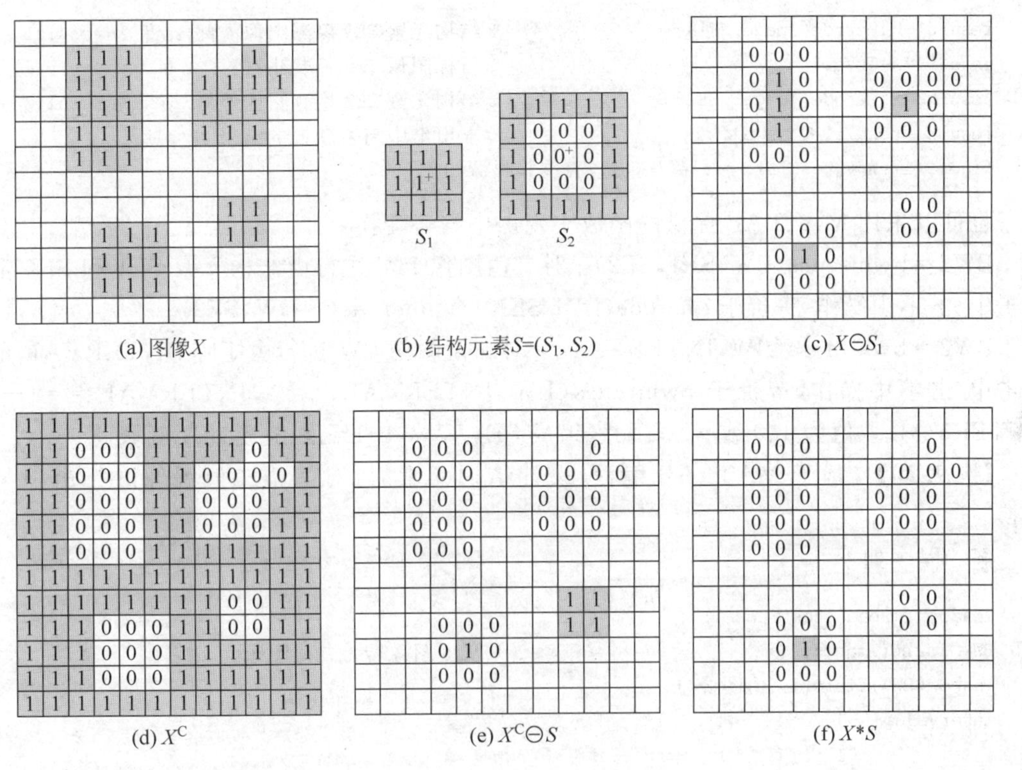

图 9-19　击中与否变换示例

击中运算相当于一种条件比较严格的模板匹配，它不仅指出被匹配点所应满足的性质即模板的形状，同时也指出这些点所不应满足的性质，即对周围环境背景的要求。击中与否变换可以用于保持拓扑结构的形状细化，以及形状识别和定位。

【例 9.19】 基于 MATLAB 编程，实现图 9-19 中的击中与否变换。

解：程序如下：

```
Image = zeros(12,12);                              % 定义目标图像 Image
Image(2:6,3:5) = 1;
Image(9:11,4:6) = 1;
Image(3:5,8:10) = 1;
Image(8:9,9:10) = 1;
Image(2,10) = 1;
Image(3,11) = 1;
SE1 = [0 0 0 0 0                                   % 定义结构元素 SE1
       0 1 1 1 0
       0 1 1 1 0
       0 1 1 1 0
       0 0 0 0 0];
SE2 = [1 1 1 1 1                                   % 定义结构元素 SE2
```

```
    1 0 0 0 1
    1 0 0 0 1
    1 0 0 0 1
    1 1 1 1 1];
result1 = imerode(Image,SE1);                    %结构元素 SE1 探测图像内部,结果为 result1
Image1 = ～Image;                                %目标图像 Image 求补
result2 = imerode(Image1,SE2);                   %结构元素 SE2 检测图像外部,结果为 result2
result = result1 & result2;                      %求出击中与否变换的结果 result
figure,imshow(result); title('击中与否变换结果');
```

也可以采用 MATLAB 提供的函数实现击中与否变换：

BW2＝bwhitmiss(BW,SE1,SE2)：对二值图像 BW 进行由结构元素 SE1 和 SE2 定义的击中/击不中操作，等价于 imerode(BW,SE1) & imerode(～BW,SE2)。

BW2＝bwhitmiss(BW,INTERVAL)：对二值图像 BW 进行由矩阵 IINTERVAL 定义的击中/击不中操作，等价于 bwhitmiss(BW,INTERVAL＝＝1,INTERVAL＝＝－1)。IINTERVAL 取值为 1、0 或－1、1 元素组成 SE1 区域，－1 元素组成 SE2 区域。

【例 9.20】 基于 MATLAB 编程，设计结构元素对，对一幅二值图像进行击中与否变换。

解：程序如下：

```
Image = imread('test.bmp');
BW = im2bw(Image);                               %灰度图像转为二值图像
imshow(BW);title('二值图像');
interval = [ -1   -1   -1   -1   -1
             -1   -1   -1   -1   -1
             -1   -1    1    1    1
             -1   -1    1    1    1
             -1   -1    1    1    1];              %定义结构元素对 interval
result = bwhitmiss(BW,interval);                 %击中与否操作
figure,imshow(result); title('击中与否变换结果');
```

程序运行结果如图 9-20 所示。利用所设计的结构元素对原二值图像进行击中与否操作，实现矩形左上角检测，如图 9-20(b)所示。若需要检测其余角点，可以通过变换结构元素对 interval 来实现。

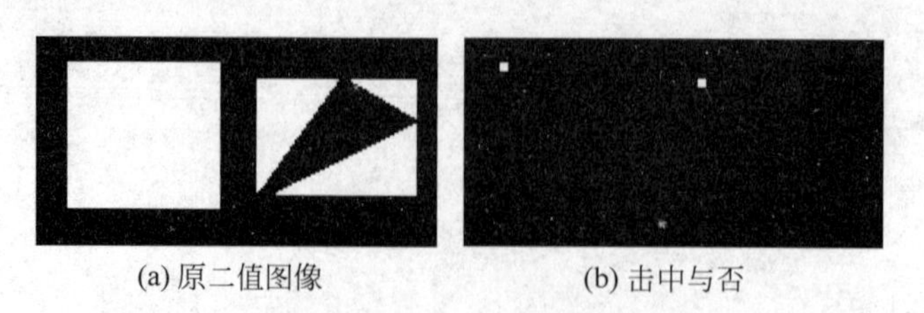

(a) 原二值图像　　(b) 击中与否

图 9-20　击中与否效果

9.3.6　细化

骨架化结构是目标图像的重要拓扑描述。图像的细化与骨架提取有着密切关系。

对目标图像进行细化处理，就是求图像的中央骨架的过程，是将图像上的文字、曲线、直线等几何元素的线条沿着其中心轴线细化成一个像素宽的线条的处理过程。图像中那些细长的区域都可以用这种“类似骨架”的细化线条来表示。因此，细化过程也可以看成是连续剥离目标外围的像素，直到获得单位宽度的中央骨架的过程。

基于数学形态学变换的细化算法为

$$X \odot S = X - (X * S) \tag{9-20}$$

可见，细化实际上为从集合 X 中去掉被结构元素 S 击中的结果。

【例 9.21】 骨架提取示例。

图 9-21(a)中深色“1”部分表示目标图像 X，图 9-21(b)中深色“1”部分表示结构元素对 $S=(S_1, S_2)$。利用结构元素对 $S=(S_1, S_2)$对图像 X 进行细化，实现骨架提取。

这里具体采用的细化方法为：$X_1 = X \odot S, X_2 = X_1 \odot S, \cdots, X_n = X_{n-1} \odot S$。

解：运算过程如图 9-21 所示。

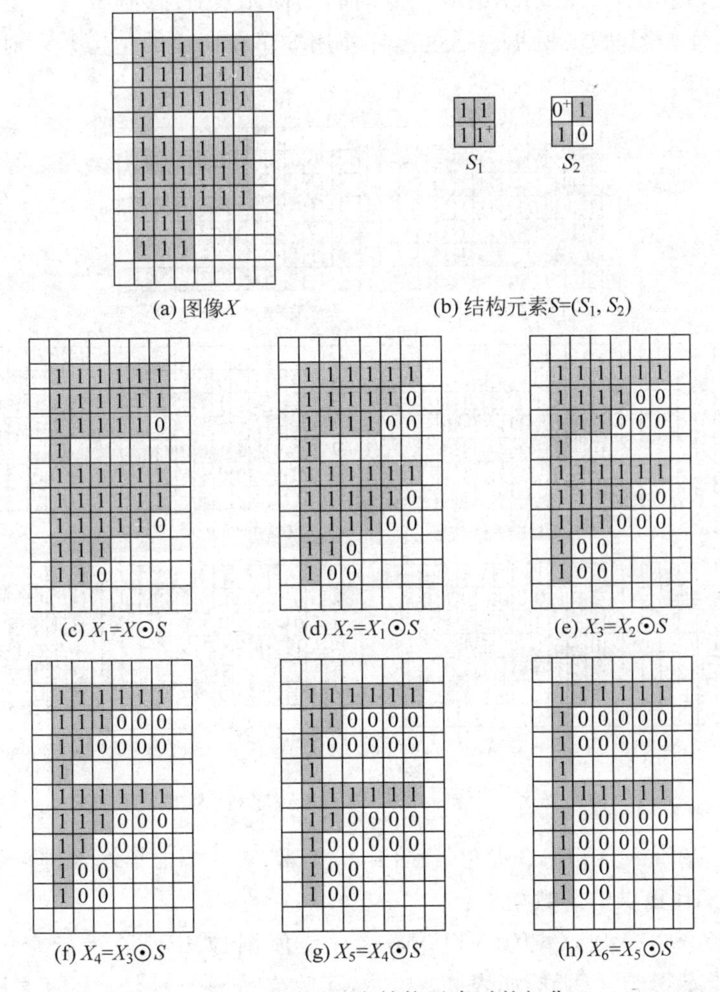

图 9-21　采用同一个结构元素对的细化

可以看出，细化是一个连续迭代的过程。在细化过程中，结构元素的选取应能保证目标图像在每一迭代过程中结构的连通性，并且保证整个图像的结构不改变。在许多情况下，对图像细化时可选择采用一个分别承担不同作用的细化的结构元素序列$(S)=\{S_1,S_2,,S_n \mid S_i \neq S_{i-1}\}$，对目标图像进行反复的迭代细化运算，直到迭代收敛为止。

$$X\odot(S)=((\cdots((X\odot S_1)\odot S_2)\cdots)\odot S_n) \tag{9-21}$$

图 9-22 给出一个 8 个方向的结构元素对序列$(S)=\{S_1,S_2,S_3,S_4S_5,S_6S_7,S_8\}$，其中，“1”表示目标图像上的点，“0”表示背景图像上的点，“×”表示既可以是目标图像上的点，也可以是背景图像上的点。在细化过程中，结构元素对S_1、S_3、S_5、S_7分别用来去掉北、东、南、西四个方向上的点，S_2、S_4、S_8、S_6分别用来去掉东北、东南、西南、西北四个角上的点。

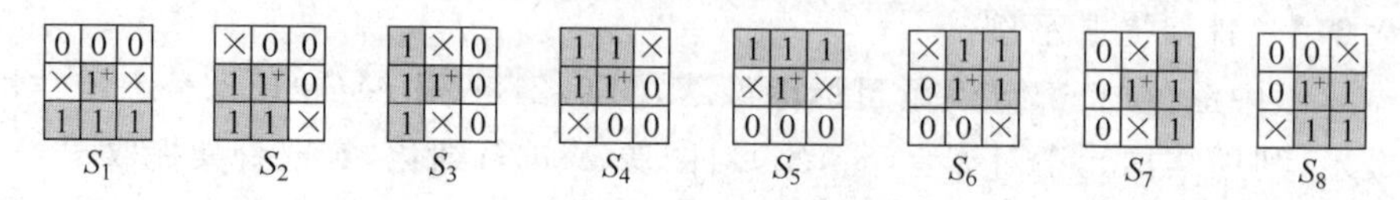

图 9-22　8 个方向的结构元素对序列(S)

【例 9.22】 利用图 9-22 所示的 8 个方向的结构元素对序列(S)对二值图像进行细化。

解：运算过程如图 9-23 所示。通过循环使用 8 个方向上的结构元素对，使得细化能以更对称的方式完成。

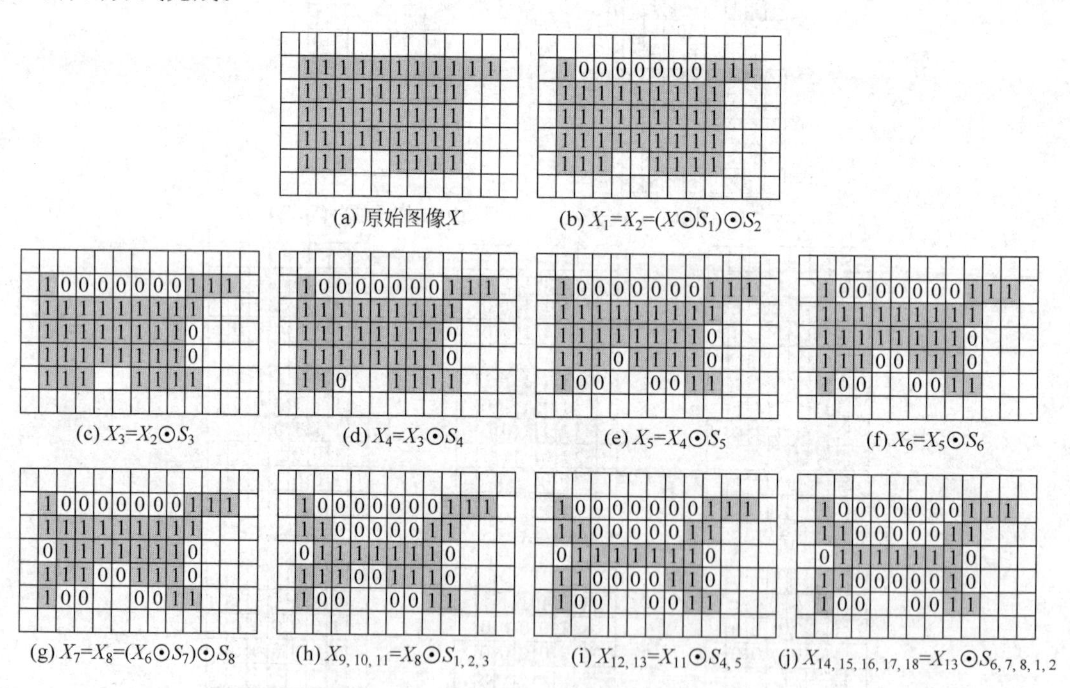

图 9-23　采用 8 个方向的结构元素对序列(S)的顺序细化

【例 9.23】 基于 MATLAB 编程，设计结构元素，对一幅二值图像进行细化。

解：MATLAB 提供的函数如下：

BW2＝bwmorph(BW,OPERATION)：对二值图像 BW 进行指定的形态学运算，OPERATION 指定形态学运算，如表 9-2 所示，实际上是一个形态学运算通用函数。

BW2＝bwmorph(BW,OPERATION,N)：对二值图像 BW 进行指定的形态学运算 N 次。

表 9-2　形态学操作通用函数 bwmorph 参数

OPERATION	描　　述
bothat	从闭运算图像中减去输入图像
bridge	连接非连通的像素，如果邻域中有两个非 0 像素未连通，则将像素点设为 1
clean	除去孤立的像素(被 0 包围的 1)
close	闭运算
diag	使用对角线填充消除 8 连通像素
dilate	膨胀
erode	腐蚀
fill	填充孤立的内点(被 1 包围的 0)
hbreak	移除 H 连通像素
majority	在 3×3 邻域中如果有 5 个以上的像素点为 1，则将像素点设为 1
open	开运算
remove	移除内部像素，如果像素点的 4 邻域全是 1，则将像素点设为 0
shrink	收缩目标到点，收缩到目标成环状，中间为孔洞
skel	移除目标边缘的像素点，但不能分裂目标
spur	移除孤立点
thicken	粗化，通过对目标的外围增加像素点来加厚目标，但保持欧拉数不变
thin	细化，通过去除像素点使目标孔洞变为最小细环线
tophat	Top-hat 变换，从输入图像中减去开运算图像

程序如下：

```
Image = imread('menu.bmp');
BW = im2bw(Image);                          %灰度图像转为二值图像
result1 = bwmorph(BW,'thin',1);             %细化一次
result2 = bwmorph(BW,'thin',Inf);           %细化到目标只有一个像素
figure,imshow(result1);title('细化一次');
figure,imshow(result2);title('细化至只有一个像素宽');
```

程序运行结果如图 9-24 所示。

(a) 原图　(b) 细化一次　(c) 细化多次

图 9-24　二值图像的细化效果

9.4　灰度形态学的基础运算

形态学运算可应用到灰度图像中来，以提取用来描述和表示图像的某些特征，如图像边缘提取、平滑处理等。与二值形态学不同的是，灰度形态学运算中的操作对象不再看成是集合而是图像函数，例如输入图像为 $f(x,y)$，结构元素为 $b(x,y)$，且结构元素为一个子图像。

9.4.1 膨胀运算和腐蚀运算

1. 膨胀运算

输入图像 $f(x,y)$ 被结构元素 $b(x,y)$ 膨胀定义为

$$(f \oplus b)(s,t) = \max\{f(s-x,t-y)+b(x,y) \mid (s-x,t-y) \in D_f;(x,y) \in D_b\} \tag{9-22}$$

其中，D_f、D_b 分别为输入图像 $f(x,y)$ 和结构元素 $b(x,y)$ 的定义域。

灰度图像膨胀的含义是把图像 $f(x,y)$ 的每一点反向平移 x、y，平移后与 $b(x,y)$ 相加，在 x、y 取所有值的结果中求最大。

【例 9.24】 一幅灰度图像 $\boldsymbol{f}=\begin{bmatrix}1&2&2&1&1\\1&3&5&4&2\\2&4&3&3&3\\1&2&5&2&1\\3&1&2&1&3\end{bmatrix}$，利用方形结构元素 $\boldsymbol{b}=\begin{bmatrix}1&2&3\\4&(5)&6\\7&8&9\end{bmatrix}$ 对其进行膨胀运算。（注意：结构元素 $\boldsymbol{b}$ 中标记( )的为参考点位置。）

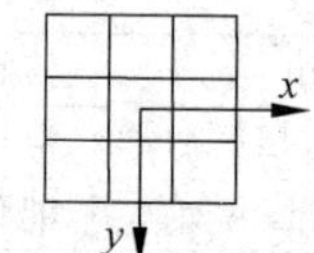

图 9-25 像素坐标系

解：采用像素坐标系（见图 9-25），结构元素 $b(x,y)$ 的定义域为

$$D_b = \{(-1,-1),(0,-1),(1,-1),(-1,0),(0,0),(1,0),(-1,1),(0,1),(1,1)\}$$

以灰度图像 $\boldsymbol{f}$ 中点 $(s,t)=(2,2)$ 为例，演示其运算过程。

(1) 平移。对于图像中的点 $(s,t)=(2,2)$，反向平移所有的 (x,y)，得 $(s-x,t-y)$，对应上面定义域 D_b 中点的顺序，平移后点的坐标为

$$\{(3,3),(2,3),(1,3),(3,2),(2,2),(1,2),(3,1),(2,1),(1,1)\}$$

(2) 相加。将刚得到的所有 $(s-x,t-y)$ 点的值 $f(s-x,t-y)$ 与对应的 $b(x,y)$ 相加，有

$f(3,3)+b(-1,-1)=2+1=3$； $f(2,3)+b(0,-1)=5+2=7$；
$f(1,3)+b(1,-1)=2+3=5$； $f(3,2)+b(-1,0)=3+4=7$；
$f(2,2)+b(0,0)=3+5=8$； $f(1,2)+b(1,0)=4+6=10$；
$f(3,1)+b(-1,1)=4+7=11$； $f(2,1)+b(0,1)=5+8=13$；
$f(1,1)+b(1,1)=3+9=12$。

(3) 求最大。上列的所有值取最大为 13，在原图中点 $(s,t)=(2,2)$ 膨胀后值为 13。

综上所述，灰度图像的膨胀运算过程为：

首先对结构元素做关于自己参考点的映射 $\hat{\boldsymbol{b}}$。把映射后的结构元素 $\hat{\boldsymbol{b}}$ 作为模板在图像上移动，模板覆盖区域内，像素值与 $\hat{\boldsymbol{b}}$ 的值对应相加，求最大。与函数的二维卷积运算非常类似，只是在这里用“相加”代替相乘，用“求最大”代替求和运算。

最后，得例 9.24 的膨胀结果为

$$g = \begin{bmatrix} 1 & 2 & 2 & 1 & 1 \\ 1 & 10 & 11 & 11 & 2 \\ 2 & 12 & 13 & 14 & 3 \\ 1 & 12 & 13 & 12 & 1 \\ 3 & 1 & 2 & 1 & 3 \end{bmatrix}$$

由上例以及膨胀运算的定义可知，膨胀运算实际上就是求由结构元素形状定义的邻域中 $\boldsymbol{f}+\hat{\boldsymbol{b}}$ 的最大值，所以，灰度膨胀运算会产生以下两种效果：

(1) 如果在结构元素所定义的邻域中其值都为正，膨胀后 $\boldsymbol{f}\oplus\boldsymbol{b}$ 的值比 $\boldsymbol{f}$ 值大，因此图像会比输入图像亮；

(2) 输入图像中暗细节的部分是否在膨胀中被削减或去除，取决于结构元素的形状以及结构元素的值。

2. 腐蚀运算

输入图像 $f(x,y)$ 被结构元素 $b(x,y)$ 腐蚀定义为

$$(f \ominus b)(s,t) = \min\{f(s+x,t+y) - b(x,y) \mid (s+x,t+y) \in D_f;(x,y) \in D_b\} \tag{9-23}$$

其中，D_f、D_b 分别为输入图像 $f(x,y)$ 和结构元素 $b(x,y)$ 的定义域。

灰度图像腐蚀的含义是把 $f(x,y)$ 的每一点平移 x、y，平移后与 $b(x,y)$ 相减，在 x、y 取所有值的结果中求最小。

【例 9.25】 一幅灰度图像 $\boldsymbol{f}=\begin{bmatrix} 1 & 2 & 2 & 1 & 1 \\ 1 & 3 & 5 & 4 & 2 \\ 2 & 4 & 3 & 3 & 3 \\ 1 & 2 & 5 & 2 & 1 \\ 3 & 1 & 2 & 1 & 3 \end{bmatrix}$，利用方形结构元素 $\boldsymbol{b}=\begin{bmatrix} 1 & 2 & 3 \\ 4 & (5) & 6 \\ 7 & 8 & 9 \end{bmatrix}$ 对其进行腐蚀运算。(注意：结构元素 $\boldsymbol{b}$ 中标记( )的为参考点位置。)

解：采用像素坐标系，结构元素 $b(x,y)$ 的定义域为

$$D_b = \{(-1,-1),(0,-1),(1,-1),(-1,0),(0,0),(1,0),(-1,1),(0,1),(1,1)\}$$

以灰度图像 $\boldsymbol{f}$ 中点 $(s,t)=(2,2)$ 为例，演示其运算过程。

(1) 平移。图像中的点 $(s,t)=(2,2)$ 平移所有的 (x,y)，得 $(s+x,t+y)$，对应上面的定义域 D_b 中点的顺序，平移后点的坐标为

$$\{(1,1),(2,1),(3,1),(1,2),(2,2),(3,2),(1,3),(2,3),(3,3)\}$$

(2) 相减。刚得到的所有 $(s+x,t+y)$ 点的值 $f(s+x,t+y)$ 与对应的 $b(x,y)$ 相减。

$f(1,1)-b(-1,-1)=3-1=2$；　$f(2,1)-b(0,-1)=5-2=3$；

$f(3,1)-b(1,-1)=4-3=1$；　$f(1,2)-b(-1,0)=4-4=0$；

$f(2,2)-b(0,0)=3-5=-2$；　$f(3,2)-b(1,0)=3-6=-3$；

$f(1,3)-b(-1,1)=2-7=-5$；　$f(2,3)-b(0,1)=5-8=-3$；

$f(3,3)-b(1,1)=2-9=-7$。

(3) 求最小。对应上列的所有值取最小为-7，在原图中点$(s,t)=(2,2)$腐蚀后值为-7。

综上所述，灰度图像的腐蚀运算过程为：把结构元素 $\boldsymbol{b}$ 作为模板在图像上移动，模板覆盖区域内，像素值与 $\boldsymbol{b}$ 的值对应相减，求最小。与函数的二维卷积运算非常类似，只是在这里用“相减”代替相乘，用“求最小”代替求和运算。

最后，求得例 9.25 的腐蚀结果为

$$\boldsymbol{g}=\begin{bmatrix}1 & 2 & 2 & 1 & 1\\1 & -6 & -6 & -6 & 2\\2 & -6 & -7 & -8 & 3\\1 & -7 & -8 & -7 & 1\\3 & 1 & 2 & 1 & 3\end{bmatrix}$$

由上例以及腐蚀运算的定义可知，腐蚀运算实际上就是求由结构元素形状定义的邻域中 $\boldsymbol{f}-\boldsymbol{b}$ 的最小值，所以，灰度腐蚀运算会产生以下两种效果：

(1) 如果在结构元素所定义的邻域中其值都为正，腐蚀后 $\boldsymbol{f}\ominus\boldsymbol{b}$ 的值比 $\boldsymbol{f}$ 值小，因此图像会比输入图像暗；

(2) 如果输入图像中亮细节部分的尺寸比结构元素小，则腐蚀后明亮细节将会被削弱，削弱的程度与该亮细节周围的灰度值和结构元素的形状以及结构元素的值有关。

【例 9.26】 基于 MATLAB 编程，对灰度图像进行膨胀和腐蚀。

解：程序如下：

```
Image = (imread('maleman.gif'));
se = strel('ball',5,5);                        % 创建球形结构元素
result1 = imdilate(Image,se);                  % 膨胀灰度图像
result2 = imerode(Image,se);                   % 腐蚀灰度图像
figure,imshow(result1);title('膨胀后的图像');
figure,imshow(result2);title('腐蚀后的图像');
```

程序运行结果如图 9-26 所示。

(a) 原始图像

(b) 膨胀后的图像

(c) 腐蚀后的图像

图 9-26　灰度图像的膨胀与腐蚀效果

9.4.2 开运算和闭运算

灰度图像的开、闭运算与二值图像的开、闭运算一致，分别记为 $\boldsymbol{f}\circ\boldsymbol{b}$ 和 $\boldsymbol{f}\bullet\boldsymbol{b}$，定义为

$$\begin{aligned}f\circ b&=(f\ominus b)\oplus b\\f\bullet b&=(f\oplus b)\ominus b\end{aligned}\tag{9-24}$$

一幅图像 f 为一个空间曲面，现设结构元素 b 为球状，灰度开运算可以看作是将球紧贴着曲面下表面滚动。经这一滚动处理，所有比结构元素球体直径小的山峰都陷下去了，或者说，当结构元素 b 紧贴着图像 f 下表面滚动时，f 中没有与 b 接触的部位都陷落到与球体 b 接触，如图 9-27(c)、(d)所示。原因在于在开运算的第一步求腐蚀运算时，腐蚀了比结构元素小的亮细节并同时减弱了图像整体灰度值，而第二步膨胀运算增加了图像整体亮度，但对已腐蚀的细节不再引入。

与开运算类似，灰度闭运算可以看作是结构元素 b 紧贴在图像 f 的上表面滚动，对所有比结构元素 b 直径小的山谷得到了填充，山峰位置基本不变。或者说，当 b 紧贴着 f 的上表面滚动时，f 中没有与 b 接触的部位都填充到与球体 b 接触，如图 9-27(e)、(f)所示。原因在于在闭运算中的第一步求膨胀运算时，消除了比结构元素 b 小的暗细节，而保持了图像整体灰度值和较大的暗区域基本上不受影响，第二步腐蚀运算减弱了图像整体亮度，但又不重复引入前面已经被去除的暗细节。

所以，对灰度图像进行开运算可去掉比结构元素小的亮细节，进行闭运算可去掉比结构元素小的暗细节，在一定程度上达到了滤波的目的。

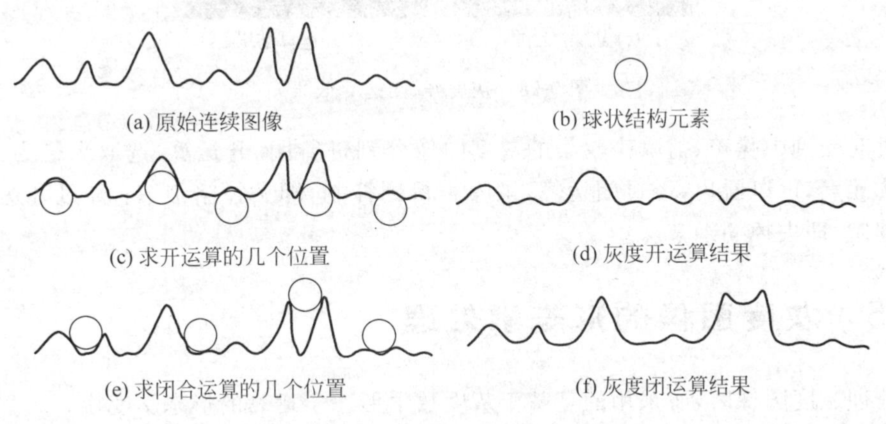

图 9-27　灰度开、闭运算示意图

【例 9.27】 基于 MATLAB 编程，对灰度图像进行开运算和闭运算。

解：程序如下：

```
Image = imread('maleman.gif');
[h w] = size(Image);
Image1 = Image;      Image2 = Image;
k1 = 0.1;            k2 = 0.3;
a1 = rand(h,w)< k1; a2 = rand(h,w)< k2;
Image1(a1&a2) = 0;                              % 获取椒噪声图像 Image1
Image2(a1&~a2) = 255;                           % 获取盐噪声图像 Image2
figure,imshow(Image1);title('椒噪声图像');
figure,imshow(Image2);title('盐噪声图像');
se = strel('disk',2);                           % 创建半径为 2 的圆盘结构元素
result1 = imclose(Image1,se);                   % 对椒噪声图像 Image1 闭运算操作
result2 = imopen(Image2,se);                    % 对盐噪声图像 Image2 开运算操作
figure,imshow(result1);title('闭运算后的图像');
figure,imshow(result2);title('开运算后的图像');
```

程序运行结果如图 9-28 所示。

(a) 椒噪声图像　(b) 闭运算结果

(c) 盐噪声图像　(d) 开运算结果

图 9-28　灰度开、闭运算效果

通过对受到椒噪声、盐噪声污染的灰度图像分别进行闭、开运算，选取半径为 2 的平面圆盘结构元素，可以看出，经过闭运算，椒噪声得到抑制，即去掉暗细节；经过开运算，盐噪声得到抑制，即去掉亮细节。

9.5 灰度图像的形态学处理

当处理灰度图像时，所采用的是基于灰度数学形态学运算的形态学变换。

9.5.1 形态学平滑

通过先开后闭或先闭后开的形态学组合运算都可以对图像进行平滑处理，最终效果是可以去掉或减弱图像中特别亮的小亮斑和特别暗的小暗斑，但是经灰度形态学平滑滤波后的图像会变得模糊。

$$(f \circ b) \bullet b, \quad (f \bullet b) \circ b \tag{9-25}$$

【例 9.28】 基于 MATLAB 编程，对灰度图像进行形态学平滑滤波。

解：程序如下：

```
Image = imread ('maleman.gif');
imshow(Image);title('原始灰度图像');
Image1 = imnoise(Image,'salt & pepper',0.04);          % 获取椒盐噪声图像 Image2
se = strel('disk',2);                                   % 创建半径为 2 的圆盘结构元素
result1 = imopen(imclose(Image1,se),se);                % 先闭后开运算处理
result2 = imclose(imopen(Image1,se),se);                % 先开后闭运算处理
figure,imshow(result1);title('先闭后开运算后的图像');
figure,imshow(result2);title('先开后闭运算后的图像');
```

程序运行结果如图 9-29 所示。可以看出,不论先开后闭,还是先闭后开,图像的形态学平滑滤波均可去除椒盐噪声,原因在于噪声点的尺寸小于结构元素的尺寸。若噪声点的尺寸大于结构元素的尺寸,则无法去除噪声。

(a) 椒盐噪声　(b) $(f \cdot b) \circ b$　(c) $(f \circ b) \cdot b$

图 9-29　灰度形态学平滑效果

9.5.2 形态学梯度

对于灰度图像,由于图像中边缘附近的灰度分布具有较大的梯度,因而可以利用求图像的形态学梯度的方法来检测图像的边缘。

设灰度图像的形态学梯度用 g 表示,则形态学梯度定义为

$$g = (f \oplus b) - (f \ominus b) \tag{9-26}$$

【例 9.29】 基于 MATLAB 编程,对灰度图像进行基于形态学梯度算子的边缘检测。

解:程序如下:

```
Image = imread('circard.jpg');
SE = strel('disk',1);                                               % 创建圆盘结构元素
H1 = [ - 1  - 2  - 1;0 0 0;1 2 1]; H2 = [ - 1 0 1; - 2 0 2; - 1 0 1];   % Sobel 模板
R1 = imfilter(Image,H1);
R2 = imfilter(Image,H2);
result1 = abs(R1) + abs(R2);                                        % Sobel 算子
figure,imshow(result1),title('Sobel 图像');
result2 = imdilate(Image,SE) - imerode(Image,SE);                   % 形态学梯度
figure,imshow(result2);
```

程序运行结果如图 9-30 所示。比较可知,利用形态学梯度算子检测的边缘更具实用性;并且,相比于采用 Sobel 算子,采用对称结构元素获得的形态学梯度较少地受边缘方向的影响。

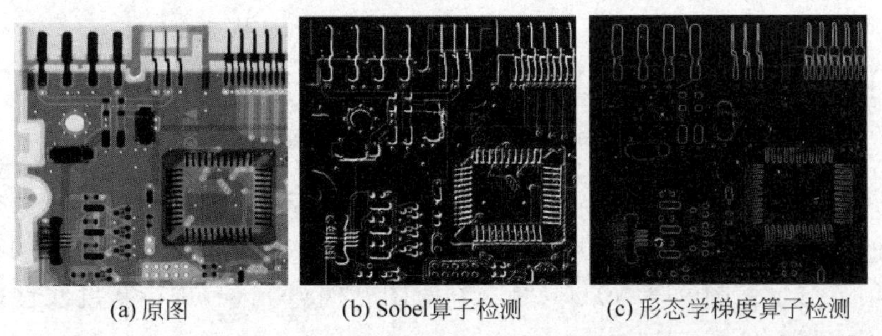

(a) 原图　(b) Sobel算子检测　(c) 形态学梯度算子检测

图 9-30　灰度形态学梯度检测边缘效果

9.5.3 Top-hat 和 Bottom-hat 变换

利用灰度形态学的开、闭运算可以实现一种称为 Top-hat 和 Bottom-hat 的变换对，又称高帽变换和低帽变换对。

Top-hat(高帽)变换为原图像与进行形态学开运算后的图像的差图像，定义为

$$TPH(f) = f - (f \circ b) \tag{9-27}$$

Bottom-hat(低帽)变换为进行形态学闭运算后的图像与原图像的差图像，定义为

$$BTH(f) = (f \bullet b) - f \tag{9-28}$$

其中，b 为结构元素。这两个变换都可以检测到图像中变化较大的地方。其中，Top-hat 变换对在较暗的背景中求亮的像素聚集体(颗粒)非常有效，被形象地称为波峰检测器。Bottom-hat 变换对在较亮的背景中求暗的像素聚集体(颗粒)非常有效，被形象地称为波谷检测器。

【例 9.30】 基于 MATLAB 编程，对灰度图像进行 Top-hat 变换和 Bottom-hat 变换。

解：MATLAB 提供的函数如下：

IM2＝imtophat(IM,SE)：对灰度图像或二值图像 IM 进行形态学 Top-hat 变换，返回滤波图像 IM2，SE 为由 strel 函数生成的结构元素对象。

IM2＝imtophat(IM,NHOOD)：等价于 IM2＝imtophat(IM,STREL(NHOOD))，NHOOD 是一个由 0 和 1 组成的矩阵指定邻域。

IM2＝imbothat(IM,SE)：对灰度图像或二值图像 IM 进行形态学 Bottom-hat 变换，返回滤波图像 IM2，SE 为由 strel 函数生成的结构元素对象。

IM2＝imbothat(IM,NHOOD)：等价于 IM2＝imbothat(IM,STREL(NHOOD))，NHOOD 是一个由 0 和 1 组成的矩阵指定邻域。

程序如下：

```
Image1 = imread('cell.jpg');
Image2 = imread('clock.bmp');
imshow(Image1);title('原始 cell 图像');
figure,imshow(Image2);title('原始 clock 图像');
se = strel('disk',23);                          %选取半径为 2 的圆盘结构元素
result1 = imtophat(Image1,se);                  %对图像 Image1 进行 Top - hat 变换
result2 = imbothat(Image2,se);                  %对图像 Image2 进行 Bottom - hat 变换
figure,imshow(result1);title('Top - hat 变换');
figure,imshow(result2);title('Bottom - hat 变换');
rr1 = imadjust(result1);                        %进行灰度线性拉伸
rr2 = imadjust(result2);                        %进行灰度线性拉伸
figure,imshow(rr1);title('基于 Top - hat 的对比度增强');
figure,imshow(rr2);title('基于 Bottom - hat 的对比度增强');
```

程序运行结果如图 9-31 所示。图 9-31(b)是对图 9-31(a)进行 Top-hat 变换的结果，提取了图像中的亮细节分量。图 9-31(e)是对图 9-31(d)进行 Bottom-hat 变换的结果，提取了图像中的暗细节分量。图 9-31(c)、(f)是分别对图 9-31(b)、(e)进行灰度线性拉伸的结果，实现了对比度增强的处理。

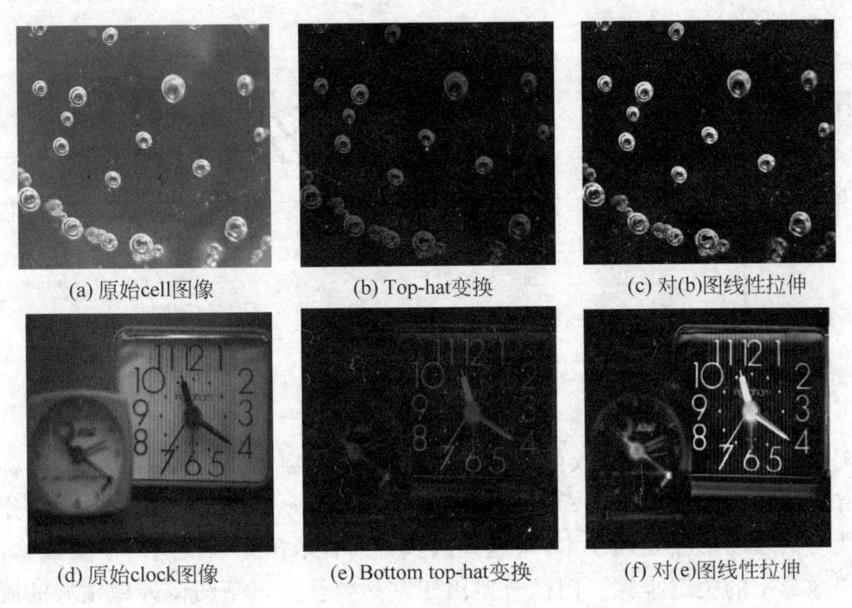

(a) 原始cell图像　(b) Top-hat变换　(c) 对(b)图线性拉伸

(d) 原始clock图像　(e) Bottom top-hat变换　(f) 对(e)图线性拉伸

图 9-31　Top-hat 变换和 Bottom-hat 变换结果

习题

9.1　试分析说明图像形态学运算中开运算和闭运算各自在图像处理中的作用。

9.2　一幅图像为 $\boldsymbol{X}=\begin{bmatrix}0 & 0 & 1 & 1 & 1\\ 0 & 1 & 1 & 1 & 0\\ 1 & 1 & 1 & 1 & 0\\ 0 & 1 & 1 & 0 & 0\end{bmatrix}$，设结构元素 $\boldsymbol{B}=\begin{bmatrix}0 & 1\\ 1 & \langle 1\rangle\end{bmatrix}$，加〈〉的为结构元素参考点，试用 $\boldsymbol{B}$ 对 $\boldsymbol{X}$ 进行膨胀和腐蚀运算处理。

9.3　已知二值图像 $\begin{bmatrix}0 & 0 & 0 & 0 & 0 & 0 & 0 & 0\\ 0 & 1 & 1 & 0 & 0 & 1 & 1 & 0\\ 0 & 0 & 1 & 1 & 1 & 1 & 0 & 0\\ 0 & 1 & 1 & 1 & 0 & 0 & 0 & 0\\ 0 & 0 & 1 & 1 & 1 & 1 & 1 & 0\\ 0 & 0 & 1 & 1 & 1 & 1 & 1 & 0\\ 0 & 0 & 0 & 1 & 1 & 1 & 1 & 0\\ 0 & 0 & 0 & 0 & 0 & 0 & 0 & 0\end{bmatrix}$，结构元素为 $\begin{bmatrix}0 & 1 & 0\\ 1 & 1 & 1\\ 0 & 1 & 0\end{bmatrix}$，试进行形态学开、闭运算处理(不处理边缘像素)，给出结果图像。

9.4　利用 MATLAB 编程，打开一幅灰度图像，设计方形结构元素，对其进行膨胀、腐蚀及开、闭运算。

9.5　利用 MATLAB 编程，打开一幅灰度图像，对其进行边缘检测，并利用数学形态学方法进行处理，以便获取完整边界。

第10章 图像分割

CHAPTER 10

在对图像的研究和应用中，人们往往仅对图像中的某些目标感兴趣，这些目标通常对应图像中具有特定性质的区域。图像分割(Image Segmentation)是指把一幅图像分成不同的具有特定性质区域的图像处理技术，将这些区域分离提取出来以便进一步提取特征，是由图像处理到图像分析的关键步骤。图像分割由于其重要性一直是图像处理领域的研究重点。

图像分割后的区域应具有以下特点：

(1) 分割出来的区域在某些特征方面(如灰度、颜色、纹理等)具有一致性；

(2) 区域内部单一，没有过多小孔；

(3) 相邻区域对分割所依据的特征有明显的差别；

(4) 分割边界明确。

同时满足所有这些要求是有困难的，如严格一致的区域中会有很多孔，边界也不光滑；人类视觉感觉均匀的区域，在分割所获得的低层特征上未必均匀；许多分割任务要求分割出的区域是具体的目标，如交通图像中分割出车辆，而这些目标在低层特征上往往也是多变的。图像千差万别，还没有一种通用的方法能够兼顾这些要求，因此，实际的图像分割系统往往是针对具体应用的。

目前已有形形色色的分割算法。本章讲解常用的图像分割技术，包括阈值分割方法、边界分割方法、区域分割方法、聚类分割、分水岭分割等。

10.1 阈值分割

阈值分割是根据图像灰度值的分布特性确定某个阈值来进行图像分割的一类方法。设原灰度图像为 $f(x,y)$，通过某种准则选择一个灰度值 T 作为阈值，比较各像素值与 T 的大小关系：像素值大于等于 T 的像素点为一类，变更其像素值为1；像素值小于 T 的像素点为另一类，变更其像素值为0。从而把灰度图像变成一幅二值图像 $g(x,y)$，也称为图像的二值化，如式(10-1)所示。

$$g(x,y)=\begin{cases}1, & f(x,y)\geqslant T\\ 0, & f(x,y)<T\end{cases} \tag{10-1}$$

由以上描述可知，阈值 T 的选取直接决定了分割效果的好坏，所以阈值分割方法的重点在于阈值的选择。下面讲解常用的阈值选择方法。

10.1.1 基于灰度直方图的阈值选择

若图像的灰度直方图为双峰分布，如图 10-1(a)所示，表明图像的内容大致为两个部分，其灰度分别为灰度分布的两个山峰附近对应的值。选择阈值为两峰间的谷底点对应的灰度值，把图像分割成两部分。这种方法可以保证错分概率最小。

同理，若直方图呈现多峰分布，可以选择多个阈值，把图像分成不同的区域。如图 10-1(b)所示，选择两个波谷对应灰度作为阈值 T_1、T_2，可以把原图分成 3 个区域或分为两个区域，灰度值介于小阈值和大阈值之间的像素作为一类，其余的作为另外一类。

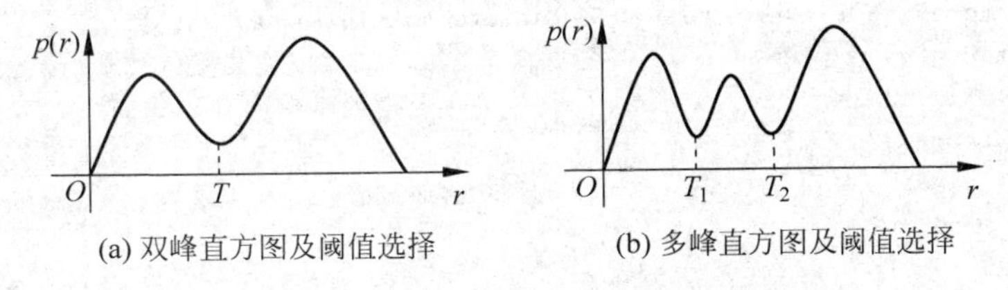

图 10-1 基于灰度直方图的阈值选择

【例 10.1】 编程实现基于双峰分布的直方图选择阈值，分割图像。

解：基于双峰分布的直方图方法分割图像，重点在于找到直方图的波峰和波谷，但直方图通常是不平滑的。因此，首先要平滑直方图，再去搜索峰和谷。本例程序设计中，将直方图中相邻 3 个灰度的频数相加求平均作为中间灰度对应的频数，不断平滑直方图，直至成为双峰分布。这种方法有可能对阈值的选择造成影响，也可以采用其他方法确定峰谷。

程序如下：

```
Image = rgb2gray(imread('lotus1.jpg'));
figure,imshow(Image),title('原图');
imhist(Image);
hist1 = imhist(Image);
hist2 = hist1;
iter = 0;                                          %迭代次数,限制循环次数
while 1
   [is,peak] = Bimodal(hist1);                     %判断是否为双峰直方图,是则找到峰
   if is == 0                                      %非双峰直方图进行平滑
      hist2(1) = (hist1(1) * 2 + hist1(2))/3;
      for j = 2:255
         hist2(j) = (hist1(j-1) + hist1(j) + hist1(j+1))/3;  %相邻3个点求平均以平滑直方图
      end
      hist2(256) = (hist1(255) + hist1(256) * 2)/3;
      hist1 = hist2;
      iter = iter + 1;
      if iter > 1000
         break;
      end
   else
      break;
   end
end
[trough,pos] = min(hist1(peak(1):peak(2)));        %找双峰间的波谷
thresh = pos + peak(1);                            %波谷对应的灰度
```

```
figure,stem(1:256,hist1,'Marker','none');
hold on
stem([thresh,thresh],[0,trough],'Linewidth',2);
hold off
result = zeros(size(Image));
result(Image > thresh) = 1;                              % 阈值化
figure,imshow(result),title('基于双峰直方图的阈值化');

function [is,peak] = Bimodal(histgram)
    count = 0;
    for j = 2:255
        if histgram(j - 1)< histgram(j) && histgram(j + 1)< histgram(j)
            count = count + 1;
            peak(count) = j;                             % 记录峰所在的位置
            if count > 2
                is = 0;
                return;
            end
        end
    end
    if count == 2
        is = 1;
    else
        is = 0;
    end
end
```

程序运行结果如图 10-2 所示。图 10-2(a)为原图,其直方图如图 10-2(b)所示,呈现双峰分布;平滑直方图如图 10-2(c)所示,取双峰间波谷对应灰度 118 作为阈值,分割结果如图 10-2(d)所示。

(a) 原图　(b) 灰度直方图

(c) 平滑后的直方图及波谷　(b) 双峰法分割图，T=118

图 10-2　基于灰度直方图选择阈值分割

这种方法比较适用于图像中前景物体与背景灰度差别明显且各占一定比例的情形，是一种特殊的方法。若整幅图像的整体直方图不具有双峰或多峰特性，可以考虑在局部范围内应用。

10.1.2 基于模式分类思路的阈值选择

这类方法采用模式分类的思路，认为像素值(通常是灰度，也可以是计算出来的像素梯度、纹理等特征值)为待分类的数据，寻找合适的阈值，把数据分为不同类别，从而实现图像分割。

模式分类的一般要求为：类内数据尽量密集，类间尽量分离。按照这个思路，把所有的像素分为两组(类)，属于"同一类别"的对象具有较大的一致性，"不同类别"的对象具有较大的差异性。方法的关键在于如何衡量同类的一致性和类间的差异性，采用不同的衡量方法对应不同的算法，例如可采用类内和类间方差来衡量，使类内方差最小或使类间方差最大的值为最佳阈值。经典分割算法——OTSU 算法即是最大类间方差法。

1. 最大类间方差法

设图像分辨率为 $M\times N$，图像中各级灰度出现的概率为

$$p_i=\frac{n_i}{M\times N},\quad i=0,1,2,\cdots,L-1 \tag{10-2}$$

其中，L 为图像中的灰度总级数，n_i 为各级灰度出现的次数。

按照某一个阈值 T 把所有的像素分为两类，设低灰度为目标区域，高灰度为背景区域，两类的像素在图像中的分布概率为

$$p_{\mathrm{O}}=\sum_{i=0}^{T}p_i,\quad p_{\mathrm{B}}=\sum_{i=T+1}^{L-1}p_i \tag{10-3}$$

两类像素值均值为

$$\mu_{\mathrm{O}}=\frac{1}{p_{\mathrm{O}}}\sum_{i=0}^{T}i\times p_i,\quad \mu_{\mathrm{B}}=\frac{1}{p_{\mathrm{B}}}\sum_{i=T+1}^{L-1}i\times p_i \tag{10-4}$$

总体灰度均值为

$$\mu=p_{\mathrm{O}}\times\mu_{\mathrm{O}}+p_{\mathrm{B}}\times\mu_{\mathrm{B}} \tag{10-5}$$

两类方差为

$$\sigma_{\mathrm{O}}^2=\frac{1}{p_{\mathrm{O}}}\sum_{i=0}^{T}p_i(i-\mu_{\mathrm{O}})^2,\quad \sigma_{\mathrm{B}}^2=\frac{1}{p_{\mathrm{B}}}\sum_{i=T+1}^{L-1}p_i(i-\mu_{\mathrm{B}})^2 \tag{10-6}$$

总类内方差为

$$\sigma_{in}^2=p_{\mathrm{O}}\cdot\sigma_{\mathrm{O}}^2+p_{\mathrm{B}}\cdot\sigma_{\mathrm{B}}^2 \tag{10-7}$$

两类类间方差为

$$\sigma_{\mathrm{b}}^2=p_{\mathrm{O}}\times(\mu_{\mathrm{O}}-\mu)^2+p_{\mathrm{B}}\times(\mu_{\mathrm{B}}-\mu)^2 \tag{10-8}$$

使得类内方差最小或类间方差最大、或者类内和类间方差比值最小的阈值 T 为最佳阈值。

【例 10.2】 使用 OTSU 方法分割图像。

解：MATLAB 提供的函数如下：

LEVEL=graythresh(I)：采用 OTSU 方法计算图像 I 的全局最佳阈值 LEVEL。

BW=im2bw(I,LEVEL)：采用阈值 LEVEL 实现灰度图像 I 的二值化。

BW＝imbinarize(I)：采用基于 OTSU 方法的全局阈值实现灰度图像 I 的二值化。

BW＝imbinarize(I,METHOD)：采用 METHOD 指定的方法获取阈值实现灰度图像 I 的二值化。METHOD 可选 global 和 adaptive，前者指定 OTSU 方法，后者采用局部自适应阈值方法。

程序如下：

```
Image = rgb2gray(imread('lotus.jpg'));
figure,imshow(Image),title('原始图像');
T = graythresh(Image);                          % 获取阈值
result = im2bw(Image,T);                        % 二值化图像
 % result =  imbinarize(Image);                 % 或者用本句代替上两行实现图像二值化
figure,imshow(result),title('OTSU 方法二值化图像');
```

程序运行效果如图 10-3 所示。

(a) 原图　　(b) OTSU法分割图，阈值T=109

图 10-3　最大类间方差法阈值分割

2. 最大熵法

熵是信息论中对不确定性的度量，是对数据中所包含信息量大小的度量，熵取最大值时，表明获取的信息量最大。

进行图像阈值分割，将图像分为两类，可以考虑用熵作为分类的标准：若两类的平均熵之和为最大时，可以从图像中获得最大信息量，此时分类采用的阈值是最佳阈值。

对于数字图像，取阈值为 T 时，目标和背景两个区域的熵分别为

$$H_{\mathrm{O}}(T)=-\sum_{i=0}^{T}\frac{p_i}{p_{\mathrm{O}}}\log\frac{p_i}{p_{\mathrm{O}}},\quad H_{\mathrm{B}}(T)=-\sum_{i=T+1}^{L-1}\frac{p_i}{p_{\mathrm{B}}}\log\frac{p_i}{p_{\mathrm{B}}} \tag{10-9}$$

评价用的熵函数为

$$J(T)=H_{\mathrm{O}}(T)+H_{\mathrm{B}}(T) \tag{10-10}$$

当熵函数取最大值时对应的 T 就是所求的最佳阈值。

【例 10.3】 基于 MATLAB 编程，使用最大熵方法分割图像。

解：程序如下：

```
Image = rgb2gray(imread('lotus1.jpg'));
figure,imshow(Image),title('原图');
hist = imhist(Image);
bottom = min(Image(:)) + 1;                     % 图中最小灰度, + 1 防止下标为 0
top = max(Image(:)) + 1;                        % 图中最大灰度
J = zeros(256,1);
for t = bottom + 1:top - 1
```

```
    po = sum(hist(bottom:t));                      % 当前阈值 t 下,目标区域概率
    pb = sum(hist(t + 1:top));                     % 当前阈值 t 下,背景区域概率
    ho = 0;      hb = 0;
    for j = bottom:t
        ho = ho - log(hist(j)/po + 0.01) * hist(j)/po;   % 当前阈值 t 下,目标区域熵计算
    end
    for j = t + 1:top
        hb = hb - log(hist(j)/pb + 0.01) * hist(j)/pb;   % 当前阈值 t 下,背景区域熵计算
    end
    J(t) = ho + hb;                                % 当前阈值 t 下,熵函数计算
end
[maxJ,pos] = max(J(:));                            % 熵函数最大值
result = zeros(size(Image));
result(Image > pos) = 1;                           % 阈值化
figure,imshow(result);
```

程序运行,熵函数取最大时,最佳阈值为 120,运行结果如图 10-4 所示。

(a) 原图

(b) 最大熵法分割图，阈值T=120

图 10-4　最大熵法阈值分割

3. 最小误差法

最小误差法通过计算分类的错误率,错误率最小时对应的阈值为最佳阈值,所以,方法的关键在于错误率的计算。

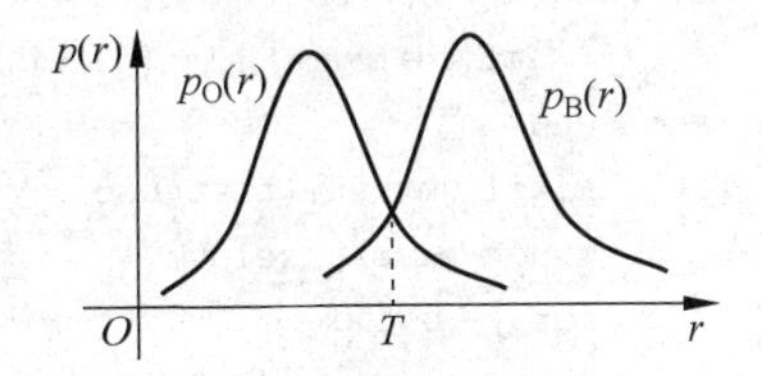

图 10-5　目标和背景的概率密度分布

如图 10-5 所示,阈值 T 将图像分为目标和背景两部分,设目标部分具有均值为 μ_O、标准差为 σ_O 的正态分布概率密度 $p_O(r)$,背景部分具有均值为 μ_B、标准差为 σ_B 的正态分布概率密度 $p_B(r)$,即

$$p_O(r) = \frac{1}{\sqrt{2\pi}\sigma_O} e^{[-(r-\mu_O)^2/2\sigma_O^2]}, \quad p_B(r) = \frac{1}{\sqrt{2\pi}\sigma_B} e^{[-(r-\mu_B)^2/2\sigma_B^2]} \tag{10-11}$$

可知,将背景误判为目标的概率为

$$\varepsilon_B(T) = \int_{-\infty}^{T} p_B(r)\mathrm{d}r \tag{10-12}$$

将目标误判为背景的概率为

$$\varepsilon_O(T) = \int_{T}^{+\infty} p_O(r)\mathrm{d}r = 1 - \int_{-\infty}^{T} p_O(r)\mathrm{d}r \tag{10-13}$$

设目标占整幅图像的比例为 α,误判的概率为

$$J(T) = \alpha\varepsilon_O(T) + (1-\alpha)\varepsilon_B(T) \tag{10-14}$$

当误判概率 $J(T)$取最小值时对应的 T 为最佳阈值，这是一个求极值的问题。对 $J(T)$求导数，令导数为 0 求解极值点，有

$$\frac{\mathrm{d}}{\mathrm{d}T}J(T)=\frac{\mathrm{d}}{\mathrm{d}T}[\alpha\varepsilon_{\mathrm{O}}(T)+(1-\alpha)\varepsilon_{\mathrm{B}}(T)] \tag{10-15}$$

可得

$$(1-\alpha)p_{\mathrm{B}}(r)-\alpha p_{\mathrm{O}}(r)=0 \tag{10-16}$$

最小误差法需要已知目标在图像中所占的比例，并要求目标和背景的灰度概率密度符合正态分布，因此，往往需要用已知的正态分布来拟合直方图的分布，实现较为复杂。

【例 10.4】 基于 MATLAB 编程，使用最小误差方法分割图像。

解：程序如下：

```
Image = rgb2gray(imread('lotus1.jpg'));
figure,imshow(Image),title('原图');
hist = imhist(Image);
bottom = min(Image(:)) + 1; top = max(Image(:)) + 1;        % 灰度值范围
J = zeros(256,1); J = J + 10000;                            % 最小误差法误判概率
alpha = 0.25;                                               % 目标在图像中所占的比例
scope = find(hist > 5);        % 估计概率密度时，每一类要保证一定的样本数目，排除直方图两端
                               % 概率很小的的灰度级，避免估计不准确导致计算偏差
minthresh = scope(1); maxthresh = scope(end);
if maxthresh >= top
      maxthresh = top - 1;
end
for t = minthresh + 1:maxthresh
   miuo = 0;      sigmaho = 0;
   for j = bottom:t
      miuo = miuo + hist(j) * double(j);
   end
   pixelnum = sum(hist(bottom:t));
   miuo = miuo/pixelnum;                                    % 当前阈值下，求目标区域均值
   for j = bottom:t
      sigmaho = sigmaho + (double(j) - miuo)^2 * hist(j);
   end
   sigmaho = sigmaho/pixelnum;                              % 当前阈值下，求目标区域方差
   miub = 0;      sigmahb = 0;
   for j = t + 1:top
      miub = miub + hist(j) * double(j);
   end
   pixelnum = sum(hist(t + 1:top));
   miub = miub/pixelnum;                                    % 当前阈值下，求背景区域均值
   for j = t + 1:top
      sigmahb = sigmahb + (double(j) - miub)^2 * hist(j);
   end
   sigmahb = sigmahb/pixelnum;                              % 当前阈值下，求背景区域方差
   Epsilonb = 0;      Epsilono = 0;                         % 各区域误判概率初始化
   for j = bottom:t
      pb = exp( - (double(j) - miub)^2/(sigmahb * 2 + eps))/(sqrt(2 * pi * sigmahb) + eps);
      Epsilonb = Epsilonb + pb;
```

```
    end                                               % 当前阈值下,背景区域误判概率
    for j = t + 1:top
        po = exp( - (double(j) - miuo)^2/(sigmaho * 2 + eps))/(sqrt(2 * pi * sigmaho) + eps);
        Epsilono = Epsilono + po;
    end                                               % 当前阈值下,目标区域误判概率
    J(t) = alpha * Epsilono + (1 - alpha) * Epsilonb; % 当前阈值下,整体误判概率
end
[minJ,pos] = min(J(:));                               % 求最小误判概率
result = zeros(size(Image));
result(Image > pos) = 1;
figure,imshow(result);
```

程序设计中对问题求解进行了简化,仅在每个阈值下估计各类的均值和方差,并作为正态分布的参数,然后计算了误判概率并找出了最小概率对应的阈值。运行结果如图 10-6 所示。

(a) 原图　　(b) 最小误差法分割图，阈值T=111

图 10-6　最小误差法阈值分割

10.1.3　其他阈值分割方法

本小节学习基于迭代运算的阈值选择和基于模糊理论的阈值选择方法。

1. 基于迭代运算的阈值选择

基于迭代运算选择阈值的基本思想是先选择一个阈值作为初始值,然后进行迭代运算,按照某种策略不断改进阈值,直到满足给定的准则为止。这种分割方法的关键在于阈值改进策略的选择——应能使算法快速收敛且每次迭代产生的新阈值优于上一次的阈值。

一种常用的基于迭代运算的阈值分割算法如下:

(1) 求出图像中的最小和最大灰度值 r_1 和 r_2,令阈值初值为

$$T^0 = \frac{r_1 + r_2}{2} \tag{10-17}$$

(2) 根据阈值 T^k 将图像分割成背景和目标两部分,求出两部分的平均灰度值 r_B 和 r_O,有

$$r_O = \frac{\sum\limits_{f(x,y)<T^k} f(x,y)}{N_O}, \quad r_B = \frac{\sum\limits_{f(x,y)\geqslant T^k} f(x,y)}{N_B} \tag{10-18}$$

(3) 求出新的阈值:

$$T^{k+1} = \frac{r_B + r_O}{2} \tag{10-19}$$

(4) 如果 $T^k=T^{k+1}$，则结束，否则 k 增加1，转入第(2)步。

【例 10.5】 基于 MATLAB 编程，实现上述的基于迭代运算的阈值分割算法。

解：程序如下：

```
Image = im2double(rgb2gray(imread('lotus.jpg')));
figure, imshow(Image), title('原始图像');
T = (max(Image(:)) + min(Image(:)))/2;                    % 初始阈值
equal = false;
while ~equal
    rb = find(Image >= T);                                % 背景像素点
    ro = find(Image < T);                                 % 前景像素点
    NewT = (mean(Image(rb)) + mean(Image(ro)))/2;         % 新的阈值
    equal = abs(NewT - T)< 1/256;                         % 新旧阈值是否一致
    T = NewT;
end
result = im2bw(Image, T);                                 % 按迭代计算出的阈值分割图像
figure, imshow(result), title('迭代方法二值化图像');
```

程序运行效果如图 10-7 所示。

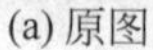

(a) 原图　　(b) 迭代法分割图，阈值T=109.7

图 10-7　基于迭代运算的阈值分割

2. 基于模糊理论的阈值选择

将图像 $f(x,y)$ 映射到一个[0,1]区间的模糊集 $f(x,y)=\{f_{xy},\mu_f(f_{xy})\}$。$\mu_f(f_{xy})\in[0,1]$ 表示点 (x,y) 具有某种模糊属性的隶属度，当隶属度为 0 或 1 时，是最清晰的状态；而取 0.5 时，则是最模糊的状态。

将图像分割为目标和背景两个区域，图中的每一点对于两个区域均有一定的隶属程度。因此，定义点 (x,y) 的隶属度函数为

$$\mu_f(f_{xy})=\begin{cases}\dfrac{1}{1+|f_{xy}-\mu_{\mathrm{O}}|/C}, & f_{xy}\leqslant T\\[2ex] \dfrac{1}{1+|f_{xy}-\mu_{\mathrm{B}}|/C}, & f_{xy}>T\end{cases} \tag{10-20}$$

式中，C 是一个常数，保证 $\mu_f(f_{xy})\in[0.5,1]$，可取图像的最大灰度值减去最小灰度值。

利用模糊理论确定阈值，基本思想也是确定一个目标函数，当目标函数取最优时对应的阈值为最佳阈值。模糊度用来表示一个模糊集的模糊程度，模糊熵是一种度量模糊度的数量指标，可用模糊熵作为目标函数。

针对图像 $f(x,y)$，定义模糊熵为

$$H(f)=\frac{1}{MN\ln 2}\sum_{x=0}^{M-1}\sum_{y=0}^{N-1}S(\mu_f(f_{xy})) \tag{10-21}$$

其中，$S(\cdot)$为 Shannon 函数，即

$$S(k)=\begin{cases}-k\ln k-(1-k)\ln(1-k), & k\in(0,1)\\ 0, & k=0,1\end{cases} \tag{10-22}$$

分析式(10-22)可知，当隶属度为 0 或 1 时，模糊度最小，Shannon 函数取值为 0；当隶属度为 0.5 时，模糊度最大，Shannon 函数取最大值 ln2；因此，模糊熵取最小值时对应的阈值为最佳阈值。

【例 10.6】 基于 MATLAB 编程，实现基于模糊熵的阈值分割算法。

解：程序如下：

```
Image = rgb2gray(imread('lotus1.jpg'));
figure,imshow(Image),title('原图');
hist = imhist(Image);
bottom = min(Image(:)) + 1;      top = max(Image(:)) + 1;
C = double(top - bottom);        S = zeros(256,1);
J = 10^10;
for t = bottom + 1:top - 1
   miuo = 0;
   for j = bottom:t
      miuo = miuo + hist(j) * double(j);
   end
   pixelnum = sum(hist(bottom:t));
   miuo = miuo/pixelnum;
   for j = bottom:t
      miuf = 1/(1 + abs(double(j) - miuo)/C);
      S(j) = - miuf * log(miuf) - (1 - miuf) * log(1 - miuf);
   end
   miub = 0;
   for j = t + 1:top
      miub = miub + hist(j) * double(j);
   end
   pixelnum = sum(hist(t + 1:top));
   miub = miub/pixelnum;
   for j = t + 1:top
      miuf = 1/(1 + abs(double(j) - miub)/C);
      S(j) = - miuf * log(miuf) - (1 - miuf) * log(1 - miuf);
   end
   currentJ = sum(hist(bottom:top). * S(bottom:top));
   if currentJ < J
      J = currentJ;      thresh = t;
   end
end
result = zeros(size(Image));   result(Image > thresh) = 1;
figure,imshow(result);
```

程序运行，模糊熵函数取最小时，最佳阈值为 135，运行结果如图 10-8 所示。

在本节所用的阈值选择方法中，因所求阈值为灰度值，取值范围最多为 254 级，程序设

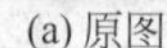
(a) 原图

(b) 模糊熵分割图，阈值T=135

图 10-8　基于模糊熵的阈值分割

计时采用了简单的遍历求解方法，也可以将阈值确定作为优化问题，采用优化算法求解，如用遗传算法等。

10.2　边界分割

边界分割是一种通过检测区域的边界轮廓来实现图像分割的方法，一般来说要有 3 个步骤：边界检测、边界改良及边界跟踪。

边界检测即是通过各种边缘检测算子从图像中抽取边缘线段。边界改良是指对检测出的线段进行诸如边界闭合、边界细化等各种改良边界的处理，以方便形成完整边界。边界跟踪是从图像中的一个边界点出发，依据判别准则搜索下一个边界点，依此跟踪出目标的边界，形成边界曲线。

这 3 个步骤中，边界检测所需的各种边缘检测算子见第 7 章的图像锐化章节。本节主要介绍边界改良及跟踪算法。

10.2.1　基于梯度的边界闭合

目标的部分边界与相邻部分背景相近或相同时，提取出的目标区域边界线会出现断点、不连续或分段连续等情况；有噪声干扰时，也会使轮廓线断开。要提取目标区域时，应使不连续边界闭合。边界改良的方法多种多样，可以采用数学形态学方法、Hough 变换、基于梯度的边界闭合技术等。本节主要介绍利用像素梯度的幅度和方向进行边界闭合的方法。

若像素(x_1,y_1)和(x_2,y_2)互为邻点且它们的梯度幅度和梯度方向分别满足式(10-23)，则将这两点的像素连接起来。对所有边缘像素进行同样的操作，则有希望得到闭合的边界。

$$\begin{cases}|G(x_1,y_1)-G(x_2,y_2)|\leqslant T\\|d(x_1,y_1)-d(x_2,y_2)|\leqslant D\end{cases}\tag{10-23}$$

式中，T 为幅度阈值，D 为角度阈值。

10.2.2　Hough 变换

Hough 变换(Hough Transform)是检测图像中直线和曲线的一种方法，其核心思想是建立一种点线对偶关系，将图像从图像空间变换到参数空间，确定曲线的参数，进而确定图像中的曲线。若边界线形状已知，通过检测图像中离散的边界点，确定曲线参数，在图像空间中重绘边界曲线，进而改良边界。

1. Hough 变换检测直线

首先介绍利用 Hough 变换检测直线的原理。

设直线为截距式方程：

$$y = kx + b \tag{10-24}$$

式中，k、b 为直线参数。

以 x 为横坐标、y 为纵坐标建立 xy 空间，以 k 为横坐标、b 为纵坐标建立 kb 参数空间，有下列 3 个对应关系：

(1) 由于一条确定的直线对应一组确定的参数数据 k、b，因此 xy 空间一条确定的直线对应参数空间的一个点(k,b)；

(2) 直线变形为关于 k 和 b 的直线 $b=-xk+y$，x、y 为其参数，因此参数空间的一条直线对应 xy 空间的一个点；

(3) 综上所述，xy 空间一条直线上的 n 个点，对应参数 kb 空间经过一个公共点的 n 条直线。

因此，若原图像中某一条边界线为直线，根据该边界上的 n 个点(x_i,y_i)，$i=1,2,\cdots,n$，可在 kb 参数空间绘制 n 条直线，检测出这 n 条直线的交点，即可得到图像中该直线的参数，从而确定这条线。

参数空间 n 条直线交点的检测方法为：对于原图中的每一点，在参数空间确定一条直线，即该直线所经过点的值累加 1，经过直线最多的点(累加值最大的点)为原图中直线的参数。

直线方程 $y=kx+b$ 对垂直线不起作用，可以采用极坐标形式，如图 10-9 和式(10-25)所示：

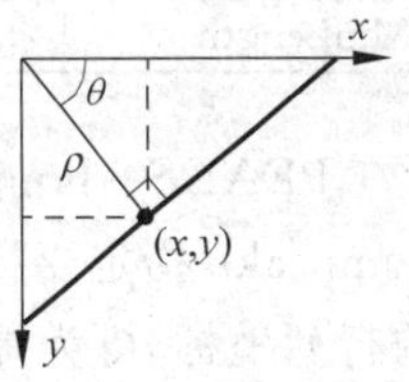

图 10-9 直线的极坐标形式

$$\rho = x\cos\theta + y\sin\theta \tag{10-25}$$

式中，ρ 表示该直线距原点的距离，θ 表示直线法线与 x 轴的夹角，(x,y)与(ρ,θ)满足式(10-26)：

$$\begin{cases} x = \rho\cos\theta \\ y = \rho\sin\theta \end{cases} \tag{10-26}$$

同前述原理一样，xy 空间一条确定的直线对应 $\rho\theta$ 参数空间的一个点；$\rho\theta$ 参数空间的一条正弦曲线对应 xy 空间的一个点；xy 空间一条直线上的 n 个点对应 $\rho\theta$ 参数空间经过一个公共点的 n 条正弦曲线。对于原图中的每一点，在参数空间确定一条正弦曲线，即该曲线所经过点的值累加 1，经过曲线最多的点(累加值最大的点)为原图中直线的参数。

【例 10.7】 对图像进行 Hough 变换，显示 Hough 变换矩阵，并提取线段。

解：MATLAB 中提供的进行 Hough 变换的函数如下：

[H,THETA,RHO]=hough(BW)：对输入图像 BW 进行 Hough 变换。H 表示图像 Hough 变换后的矩阵；THETA 表示 Hough 变换生成 θ 轴的各个单元对应的 θ 值(°)；RHO 表示 Hough 变换生成 ρ 轴的各个单元对应的 ρ 值。

[H,THETA,RHO]=hough(BW,PARAM1,VAL1,PARAM2,VAL2)：功能同上，参量 PARAM1、VAL1、PARAM2、VAL2 共同指定参数平面的离散度。Hough 变换的参数如表 10-1 所示。

表 10-1　Hough 变换参数

参　数	描　述
'ThetaResolution'	(0 90)的实型变量，指定 θ 轴的单元大小，默认为 1
RhoResolution	[0 norm(size(BW))]的实型变量，指定 ρ 轴的单元大小，默认为 1

LINES=houghlines(BW,THETA,RHO,PEAKS)：根据 Hough 变换的结果提取图像 BW 中的线段。THETA 和 RHO 由函数 hough 的输出得到，PEAKS 表示 Hough 变换的峰值，由函数 houghpeaks 的输出得到；LINES 为结构矩阵，长度为提取出的线段的数目，矩阵中每个元素表示一条线段的相关信息。

LINES=houghlines(…,PARAM1,VAL1,PARAM2,VAL2)：功能同上。Houghline 函数参数见表 10-2。

表 10-2　Houghline 参数

参　数	域　名	描　述
LINES	point1	二元向量[X Y]，线段一个端点的行列坐标
	point2	二元向量[X Y]，线段另一个端点的行列坐标
	theta	该线段对应的 θ 值，单位为度
	rho	该线段对应的 ρ 值
FillGap	指定线段被合并的门限间隔，默认为 20	
MinLength	指定合并后的线段被保留的门限长度，默认为 40	

PEAKS=houghpeaks(H,NUMPEAKS)：提取 Hough 变换后参数平面的峰值点。numpeaks 指定要提取的峰值数目，默认为 1；返回值 PEAKS 为一个 $Q\times 2$ 矩阵，包含峰值的行列坐标，Q 为提取的峰值数目。

PEAKS = houghpeaks (…, PARAM1, VAL1, PARAM2, VAL2)：功能同上。Houghpeaks 的参数如表 10-3 所示。

表 10-3　Houghpeaks 参数

参　数	描　述
Threshold	非负实数，指定峰值的门限，默认为 0.5×max(H(:))
NHoodSize	二元向量[M N]，M、N 均为正奇数，共同指定峰值周围抑制区的大小

程序如下：

```
Image = rgb2gray(imread('houghsource.bmp'));
bw = edge(Image,'canny');                                   % canny 算子边缘检测得二值边缘图像
figure,imshow(bw);
[h,t,r] = hough(bw,'RhoResolution',0.5,'ThetaResolution',0.5);        % Hough 变换
figure,imshow(imadjust(mat2gray(h)),'XData',t,'YData',r,'InitialMagnification','fit');
                                                            % 显示 Hough 变换矩阵
xlabel('\theta'),ylabel('\rho');
axis on,axis normal,hold on;
P = houghpeaks(h,2);
x = t(P(:,2)); y = r(P(:,1));
plot(x,y,'s','color','r');                                  % 获取并标出参数平面上的峰值点
```

```
lines = houghlines(bw,t,r,P,'FillGap',5,'Minlength',7);  % 检测图像中的直线段
figure,imshow(Image);
hold on;
max_len = 0;
for i = 1:length(lines)
   xy = [lines(i).point1;lines(i).point2];
   plot(xy(:,1),xy(:,2),'LineWidth',2,'Color','g');      % 用绿色线段标注直线段
   plot(xy(1,1),xy(1,2),'x','LineWidth',2,'Color','y');
   plot(xy(2,1),xy(2,2),'x','LineWidth',2,'Color','r');  % 标注直线段端点
end
```

程序运行结果如图 10-10 所示。

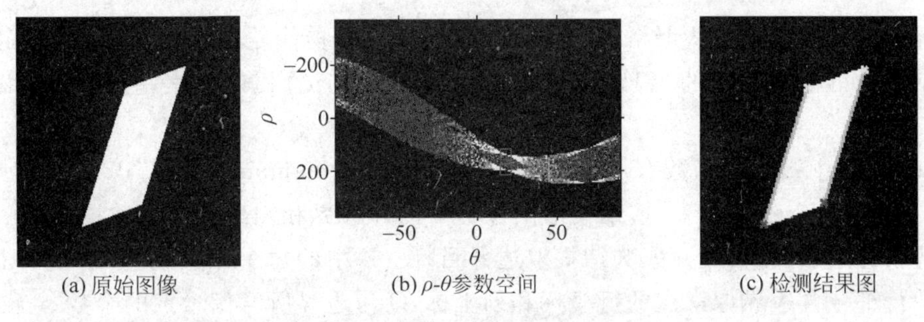

(a) 原始图像 (b) ρ-θ参数空间 (c) 检测结果图

图 10-10 Hough 变换检测直线

参数变换的计算复杂度相当高，可以使用梯度信息降低计算量：知道梯度的方向，即知道了边缘的方向，也就知道了 θ 值，因此只需计算 ρ 值。

2. Hough 变换检测圆

Hough 变换检测圆的原理同检测直线一样，圆的方程式为

$$(x-a)^2+(y-b)^2=r^2 \tag{10-27}$$

其中，(a,b)为圆心坐标，r 为圆的半径。

圆由 3 个参数 a、b、r 决定。因此下列 3 个对应关系成立：

(1) xy 空间一个圆对应三维参数空间的一个点(a,b,r)；

(2) xy 空间圆上一个点(x,y)对应参数空间的一条曲线；

(3) xy 空间圆上 n 个点对应参数空间 n 条相交于一点的曲线。

设原图像为二值边缘图像，循环扫描图像上的所有点，对于每一点在(a,b,r)参数空间确定一条曲线，即参数空间上的对应曲线经过的所有(a,b,r)点的值累加 1。参数空间上累计值最大的点(a^*,b^*,r^*)为所求圆的参数，按照该参数在与原图像同等大小的空白图像上绘制圆。

与检测直线相比，检测圆需要在三维参数空间运算，计算量更大且算法复杂度增加，可以采用极坐标式(见图 10-11)，通过获取边界点的梯度，根据指向圆内的梯度，可以求出圆心的位置。因为仅计算圆的半径，所以计算量减小。

$$\begin{cases} x=a+r\cos\theta \\ y=b+r\sin\theta \end{cases} \tag{10-28}$$

Hough 变换也可以推广到具有解析形式 $f(x,a)=0$ 的任意曲线，x 表示图像点，a 表示参数向量。方法同检测直线和圆一样，这里不再赘述。

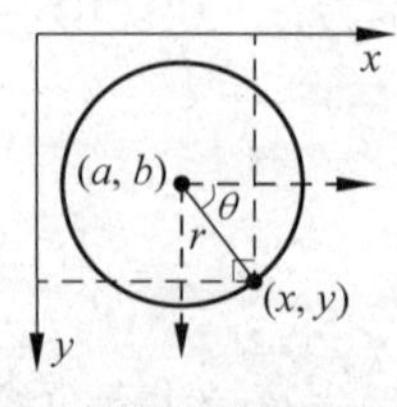

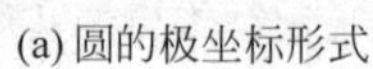

(a) 圆的极坐标形式

(b) 圆周边界点梯度方向

图 10-11　Hough 变换检测圆

10.2.3　边界跟踪

边界跟踪是指根据某些严格的“探测准则”找出目标物体轮廓上的像素，即确定边界的起始搜索点。再根据一定的“跟踪准则”找出目标物体上的其他像素，直到符合跟踪终止条件。

MATLAB 中提供的函数有 bwboundaries 和 bwtraceboundary。

B＝bwboundaries(BW)：搜索二值图像 BW 的外边界和内边界。函数视 BW 中为 0 的元素为背景像素点，为 1 的元素为待提取边界目标。B 中的每个元素均为 $Q\times 2$ 矩阵，矩阵中的每一行都包含边界像素点的行坐标和列坐标，Q 为边界所含像素点的个数。

B＝bwboundaries(BW,CONN,OPTIONS)：功能同上，CONN 取 4，搜索中采用 4 连通方法，默认取 8，即 8 连通方法。OPTIONS 指定算法的搜索方式，默认为 holes，指搜索目标的内外边界；noholes 只搜索目标的外边界。

[B,L,N,A]＝bwboundaries(...)：L 为标识矩阵，标识二值图像中被边界所划分的区域；N 为区域的数目 N；A 为被划分的区域的邻接关系。

B＝bwtraceboundary(BW,P,FSTEP)：跟踪二值图像 BW 中的目标轮廓，目标区域取值非 0；参数 P 是初始跟踪点的行列坐标的二元矢量；FSTEP 表示初始查找方向，用于寻找对象中与 P 相连的下一个像素，可取 N、NE、E、SE、S、SW、W、NW；返回值 B 为边界坐标值，是一个 $Q\times 2$ 矩阵。更多参数可查看 MATLAB 帮助文件。

【例 10.8】 读取一幅灰度图像，对其进行阈值分割，并对分割的二值图像进行边界跟踪。

解：程序如下：

```
Image = im2bw(imread('algae.jpg'));
Image = 1 - Image;                  % bwboundaries 函数以白色区域为目标，本图中目标暗，因此反色
[B,L] = bwboundaries(Image);
figure,imshow(L),title('划分的区域');
hold on;
for i = 1:length(B)
    boundary = B{i};
    plot(boundary(:,2),boundary(:,1),'r','LineWidth',2);
end
```

程序运行结果如图 10-12 所示。

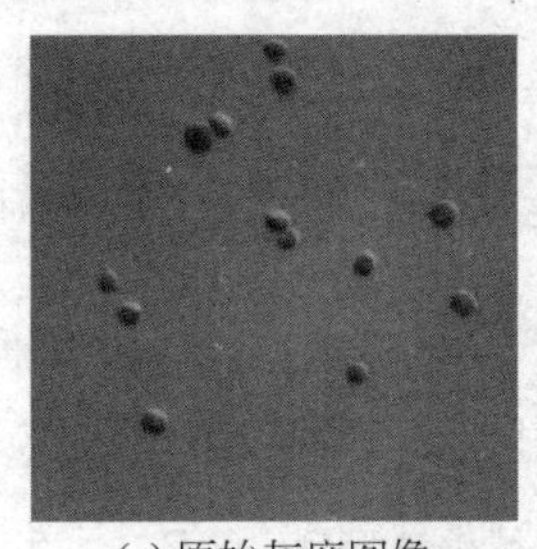
(a) 原始灰度图像

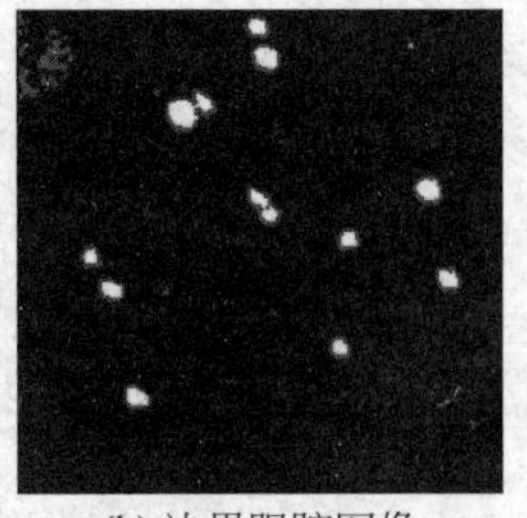
(b) 边界跟踪图像

图 10-12　对灰度图像进行边界跟踪

10.3　区域分割

一般认为，同一个区域内的像素点具有某种相似性，如灰度、颜色、纹理等。区域分割就是根据特定区域与其他背景区域特性上的不同来进行图像分割的技术。代表性的算法有区域生长、区域分裂、区域合并等方法。

10.3.1　区域生长

区域生长是指从图像某个位置开始，使每块区域变大，直到被比较的像素与区域像素具有显著差异为止。具体实现时，在每个要分割的区域内确定一个种子点，判断种子像素周围邻域是否有与种子像素相似的像素，若有，则将新的像素包含在区域内，并作为新的种子继续生长，直到没有满足条件的像素点时才停止生长。

区域生长实现分割有下列三个关键技术，不同的算法主要区别就在于这三点的不同。

(1) 种子点的选取：

通常选择待提取区域的具有代表性的点，可以是单个像素，也可以是包括若干个像素的子区域。根据具体问题，可以利用先验知识来选择。

(2) 生长准则的确定(相似性准则)：

一般根据图像的特点，采用与种子点的距离度量(彩色、灰度、梯度等量之间的距离)。

(3) 区域停止生长的条件：

可以采用区域大小、迭代次数或区域饱和等条件。

【例 10.9】 设一幅图像 $f=\begin{bmatrix}1&0&4&6&5&1\\1&0&4&6&6&2\\0&1&5&5&5&1\\0&0&5&6&5&0\\0&0&1&6&0&1\\1&0&1&2&1&1\end{bmatrix}$，试通过区域生长将图像分割成两部分。

解：(1) 选择种子点：采用像素坐标系，选择(2,3)作为种子点。

(2) 确定相似性准则：4 邻域内，相邻像素灰度差小于 2。

(3) 停止生长条件：区域饱和，即没有新的像素点再被包含进来。

$$\begin{bmatrix} 1 & 0 & 4 & 6 & 5 & 1 \\ 1 & 0 & 4 & 6 & 6 & 2 \\ 0 & 1 & 5 & 5 & 5 & 1 \\ 0 & 0 & \underline{5} & 6 & 5 & 0 \\ 0 & 0 & 1 & 6 & 0 & 1 \\ 1 & 0 & 1 & 2 & 1 & 1 \end{bmatrix} \quad \begin{bmatrix} 1 & 0 & \underline{4} & \underline{6} & \underline{5} & 1 \\ 1 & 0 & \underline{4} & \underline{6} & \underline{6} & 2 \\ 0 & 1 & \underline{5} & \underline{5} & \underline{5} & 1 \\ 0 & 0 & \underline{5} & \underline{6} & \underline{5} & 0 \\ 0 & 0 & 1 & \underline{6} & 0 & 1 \\ 1 & 0 & 1 & 2 & 1 & 1 \end{bmatrix} \quad \begin{bmatrix} 1 & 1 & 2 & 2 & 2 & 1 \\ 1 & 1 & 2 & 2 & 2 & 1 \\ 1 & 1 & 2 & 2 & 2 & 1 \\ 1 & 1 & 2 & 2 & 2 & 1 \\ 1 & 1 & 1 & 2 & 1 & 1 \\ 1 & 1 & 1 & 1 & 1 & 1 \end{bmatrix}$$

(a) 种子点选取　　(b) 生长结果　(c) 把像素值表示为其区域编号

图 10-13　区域生长示例

【例 10.10】 基于 MATLAB 编程，对图像进行区域生长。种子选取采用交互式方法，生长准则采用"待测像素点与区域的平均灰度差小于 40"、8 邻域范围生长，停止生长条件为区域饱和。

解：程序如下：

```
Image = im2double(imread('lotus.jpg'));
[height,width,channel] = size(Image);
if channel == 3
    Image = rgb2gray(Image);
end
figure,imshow(Image);
[seedx,seedy,button] = ginput(1);                              % 交互式获取一个种子点
seedx = round(seedx); seedy = round(seedy);
region = zeros(height,width);                                  % 生长区域
region(seedy,seedx) = 1;
region_mean = Image(seedy,seedx);
region_num = 1;                                                % 初始区域只有一个种子点
flag = zeros(height,width);
flag(seedy,seedx) = 1;                                         % 处理过的点做标记,避免重复处理
neighbor = [ - 1  - 1; - 1 0; - 1 1;0  - 1;0 1;1  - 1;1 0;1 1]; % 8 邻点
for k = 1:8
    y = seedy + neighbor(k,1); x = seedx + neighbor(k,2);
    waiting(k,:) = [y,x];                                      % 待处理像素点
    flag(y,x) = 2;
end
pos = 1; len = length(waiting);
while pos < len                                                % 是否存在待处理像素点
    len = length(waiting);
    current = waiting(pos,:);
    pos = pos + 1;
    pixel = Image(current(1),current(2));                      % 当前要判断的像素点
    pdist = abs(pixel - region_mean);                          % 当前像素点与区域灰度均值的距离
    if pdist < 40/255
        region(current(1),current(2)) = 1;                     % 生长出来的像素点
        region_mean = region_mean * region_num + pixel;
        region_num = region_num + 1;
        region_mean = region_mean/region_num;                  % 新区域求灰度均值
        for k = 1:8
            newpoint = current + neighbor(k,:);
            if newpoint(1)> 0 && newpoint(1)< = height && newpoint(2)> 0 &&...
```

```
            newpoint(2)< width && flag(newpoint(1),newpoint(2)) == 0
            waiting(end + 1, :) = newpoint;
            flag(newpoint(1),newpoint(2)) = 2;     % 新生长出来的点作为种子点,将其邻点备选
         end
      end
   end
end
figure,imshow(region),title('区域生长');
```

程序运行如图 10-14 所示。

(a) 原图　　(b) 区域生长

图 10-14　对图像进行区域生长分割

10.3.2 区域合并

区域合并方法针对图像已经被分为若干个小区域的情况,合并具有相似性的相邻区域。区域合并算法的步骤如下:

(1) 图像的初始区域分割。

可以采用前面所学的方法对图像进行初始分割,极端情况下,也可以认为每个像素均为一个小区域。

(2) 确定相似性准则。

相邻区域的相似性可以基于相邻区域的灰度、颜色、纹理等参量来比较。若相邻区域内灰度分布均匀,可以比较区域间的灰度均值。若灰度均值差小于一定的阈值,则认为两个区域相似,进行合并。相似性准则一般要根据图像的具体情况、分割的依据来确定。

(3) 判断图像中的相邻区域是否满足相似性准则,相似则合并,不断重复这一步骤,直到没有区域可以合并为止。

【例 10.11】 基于 MATLAB 编程,试通过区域合并将例 10.9 中的图像分割为两个区域。

解:设计思路如下:

采用区域合并方法,在初始情况下,将每个像素分割为一个小区域。相似性准则采用相邻区域灰度均值差小于等于 2。

左上角第一个点设为区域 1,其余为 0,表示未标记;从左到右,从上到下,循环判断图像中的点,判断每一点与其左上、上、左邻点的灰度距离。三个距离中最小的若符合合并规则,将对应邻点的标记赋予当前点;若没有相似的点,则赋予当前点新的标记。

再次扫描图像,若某一像素点上、左邻点标记不一致,但当前点和其中一个邻点标记一致,则判断两个区域是否是同一个。若是,则将两个区域标记修改为较小的一个,即区域

合并。

程序如下：

```
Image = [1 0 4 6 5 1;1 0 4 6 6 2;0 1 5 5 5 1;0 0 5 6 5 0;0 0 1 6 0 1;1 0 1 2 1 1];
[height,width,channel] = size(Image);
flag = zeros(height,width);                  % 区域标记
thresh = 2;                                  % 合并阈值
neighbor = [-1 -1;-1 0;0 -1];                % 左上、上、左邻点
flag(1,1) = 1;                               % 左上角第一个点设为区域 1
number = 1;
for j = 1:height
    for i = 1:width
        pdist = [300 300 300];               % 当前点与左上、上、左邻点距离初始化
        for k = 1:3                          % 当前点与左上、上、左邻点距离
            y = j + neighbor(k,1); x = i + neighbor(k,2);
            if x >= 1 && y >= 1
                pdist(k) = abs(Image(j,i) - Image(y,x));
            end
        end
        [mindist,pos] = min(pdist(:));
        if mindist <= thresh    % 三个距离中最小的若符合合并规则,将对应邻点的标记赋予当前点
            y = j + neighbor(pos,1);
            x = i + neighbor(pos,2);
            if flag(y,x)
                flag(j,i) = flag(y,x);
            end
        elseif mindist~ = 300                % 若没有相似的点,则赋予当前点新的标记
            number = number + 1;
            flag(j,i) = number;
        end
    end
end
for j = 2:height
    for i = 2:width
        if flag(j-1,i)~ = flag(j,i-1) && ...
            (flag(j,i) == flag(j-1,i) || flag(j,i) == flag(j,i-1))
% 若上、左邻点标记不一致,但当前点和其中一个邻点标记一致,则判断两个区域是否是同一个。
% 若是,则将两个区域标记修改为较小的一个,即区域合并
            pdist = abs(Image(j-1,i) - Image(j,i-1));
            if pdist <= thresh
                minv = min(flag(j-1,i),flag(j,i-1));
                maxv = max(flag(j-1,i),flag(j,i-1));
                flag(flag == maxv) = minv;
            end
        end
    end
end
```

程序运行结果同例 10.9 的结果。

区域合并是一种自下而上的方法，某些区域一旦合并，即使与后来的区域相似性不好，也无法去除。

10.3.3 区域分裂

区域分裂方法检验一个区域是否具有一致性。若不具有时，分裂为几个小区域；然后再检测小区域的一致性，不具有时进一步分裂；重复这个过程直到每个区域都具有一致性。区域分裂方法一般从图像中的最大区域开始，甚至是整幅图像，自上而下，不同的区域可以采用不同的一致性衡量准则。

区域分裂实现分割有下列两个关键技术：

(1) 一致性准则。

同 10.3.2 节所述的相似性准则一样，一致性的衡量一般要根据图像的具体情况、分割的依据来确定。如某区域内灰度分布比较均匀，可以采用区域内灰度的方差来衡量。

(2) 分裂的方法。

分裂方法即如何分裂区域为小区域，应尽可能使分裂后的子区域都具有一致性，但不易实现。一般采用把区域分割成固定数量、小区域大小相等的方法，如一分为四，其分裂的过程可以采用四叉树(Quadtree)表示。

【例 10.12】 一幅图像 $f=\begin{bmatrix}1&1&0&1&1&0&0&1\\0&1&2&0&1&1&1&0\\0&0&6&7&1&0&0&1\\1&6&7&5&6&7&1&1\\0&7&6&6&6&0&1&1\\0&7&6&5&7&1&0&0\\1&1&0&1&1&1&1&0\\0&1&1&1&1&1&0&1\end{bmatrix}$，采用区域内最大灰度值与最小灰度值之差小于等于 2 的一致性衡量方法，通过区域分裂实现图像分割。

解：

首先确定初始化及准则、方法：

(1) 确定图像初始区域分割。这里认为整幅图像为一个区域。

(2) 确定一致性准则。已给出，要求同一区域内最大灰度值与最小灰度值之差小于等于 2。

(3) 分裂方法采用一分为四的方法。

然后进行分裂：

(1) 区域参数计算：$\max=7,\min=0$。

判断是否分裂：$\max-\min=7>2$，分裂本区域为相等的 4 个小区域。第一步分裂结果如图 10-15(a)所示。

(2) 对分裂出的 4 个小区域分别计算最大与最小灰度差，并与阈值 2 比较。

$\max_1-\min_1=7>2$，分裂；$\max_2-\min_2=7>2$，分裂；

$\max_3-\min_3=7>2$，分裂；$\max_4-\min_4=7>2$，分裂。

第二步分裂结果如图 10-15(b)所示。

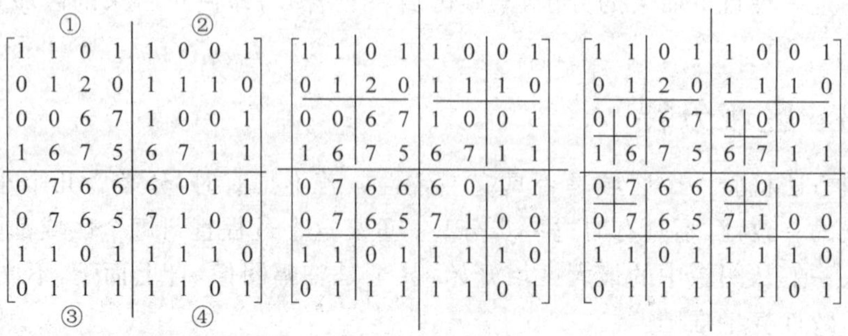

①　②

$$\begin{bmatrix} 1&1&0&1&1&0&0&1\\ 0&1&2&0&1&1&1&0\\ 0&0&6&7&1&0&0&1\\ 1&6&7&5&6&7&1&1\\ 0&7&6&6&6&0&1&1\\ 0&7&6&5&7&1&0&0\\ 1&1&0&1&1&1&1&0\\ 0&1&1&1&1&1&0&1 \end{bmatrix}$$

③　④

(a) 第一步分裂

$$\begin{bmatrix} 1&1&0&1&1&0&0&1\\ 0&1&2&0&1&1&1&0\\ 0&0&6&7&1&0&0&1\\ 1&6&7&5&6&7&1&1\\ 0&7&6&6&6&0&1&1\\ 0&7&6&5&7&1&0&0\\ 1&1&0&1&1&1&1&0\\ 0&1&1&1&1&1&0&1 \end{bmatrix}$$

(b) 第二步分裂

$$\begin{bmatrix} 1&1&0&1&1&0&0&1\\ 0&1&2&0&1&1&1&0\\ 0&0&6&7&1&0&0&1\\ 1&6&7&5&6&7&1&1\\ 0&7&6&6&6&0&1&1\\ 0&7&6&5&7&1&0&0\\ 1&1&0&1&1&1&1&0\\ 0&1&1&1&1&1&0&1 \end{bmatrix}$$

(c) 第三步分裂

图 10-15　区域分裂示例

(3) 进一步对分裂出的小区域计算最大与最小灰度差，并与阈值 2 比较，判断是否分裂。

$max_{11}-min_{11}=1, max_{12}-min_{12}=2, max_{14}-min_{14}=2$，不分裂；$max_{13}-min_{13}=6$，分裂；

$max_{21}-min_{21}=1, max_{22}-min_{22}=1, max_{24}-min_{24}=1$，不分裂；$max_{23}-min_{23}=7$，分裂；

$max_{32}-min_{32}=1, max_{33}-min_{33}=1, max_{34}-min_{34}=1$，不分裂；$max_{31}-min_{31}=7$，分裂；

$max_{42}-min_{42}=1, max_{43}-min_{43}=0, max_{44}-min_{44}=1$，不分裂；$max_{41}-min_{41}=7$，分裂。

第三步分裂结果如图 10-15(c)所示。至此，所有区域都不能再分裂，分割结束，整幅图像被分成了 28 个区域。

针对例 10.12 所示的方法，MATLAB 提供了相应的函数有

(1) S=qtdecomp(I)：将一幅灰度方图 I 进行四叉树分解，直到每个小方块图像都满足规定的某种相似标准。注意：图像 I 要求为方图，即宽高一致。S 为结果矩阵，如果 S 的某个元素 S(k,m)非零，则(k,m)为矩阵子块左上角，且 S(k,m)的值代表该子块的大小。

(2) S=qtdecomp(I,THRESHOLD)：对 I 进行四叉树分解，直到各方块图像的最大灰度值与最小灰度值之差小于 THRESHOLD 为止。

(3) S=qtdecomp(I,THRESHOLD,MINDIM)：功能同上，MINDIM 指定分解的小方块图像最小尺寸。

(4) S=qtdecomp(I,THRESHOLD,[MINDIM MAXDIM])：功能同上，[MINDIM MAXDIM]指定分解的小方块图像的尺寸范围。MAXDIM/MINDIM 必须为 2 的次幂。

(5) S=qtdecomp(I,FUN)：采用指定函数作为四叉树分解的一致性准则。FUN 为函数句柄。

程序如下：

```
I=[1 1 0 1 1 0 0 1;  0 1 2 0 1 1 1 0;  0 0 6 7 1 0 0 1;  1 6 7 5 6 7 1 1;
   0 7 6 6 6 0 1 1;  0 7 6 5 7 1 0 0;  1 1 0 1 1 1 1 0;  0 1 1 1 1 1 0 1];
result = qtdecomp(I,2);
disp(full(result));
```

程序运行结果为$\begin{bmatrix} 2 & 0 & 2 & 0 & 2 & 0 & 2 & 0 \\ 0 & 0 & 0 & 0 & 0 & 0 & 0 & 0 \\ 1 & 1 & 2 & 0 & 1 & 1 & 2 & 0 \\ 1 & 1 & 0 & 0 & 1 & 1 & 0 & 0 \\ 1 & 1 & 2 & 0 & 1 & 1 & 2 & 0 \\ 1 & 1 & 0 & 0 & 1 & 1 & 0 & 0 \\ 2 & 0 & 2 & 0 & 2 & 0 & 2 & 0 \\ 0 & 0 & 0 & 0 & 0 & 0 & 0 & 0 \end{bmatrix}$,共 28 个区域,如图 10-15(c)所示。

【例 10.13】 基于 MATLAB 编程,对图像进行四叉树分解。

解:程序如下:

```
Image = imread('cameraman.jpg');
S = qtdecomp(Image,0.27);                              % 四叉树分解
blocks = repmat(uint8(0),size(S));                     % 定义块信息变量
for dim = [256 128 64 32 16 8 4 2 1]
   numblocks = length(find(S == dim));
   if(numblocks > 0)
      values = repmat(uint8(1),[dim dim numblocks]);
      values(2:dim,2:dim,:) = 0;
      blocks = qtsetblk(blocks,S,dim,values);
   end
end
blocks(end,1:end) = 1;
blocks(1:end,end) = 1;
imshow(Image);
figure,imshow(blocks,[]);
```

程序运行结果如图 10-16 所示。

(a) 原始图像

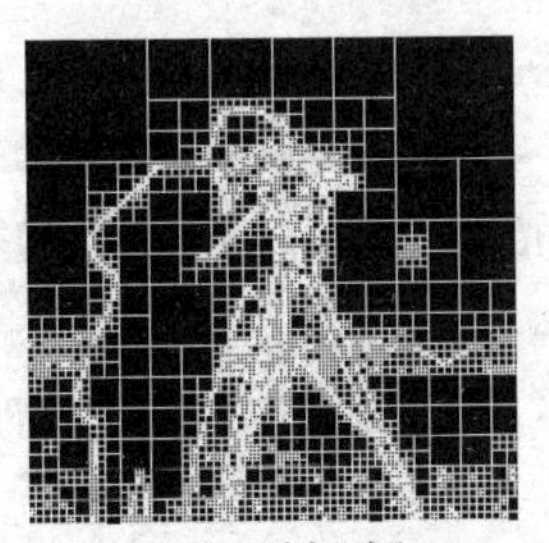

(b) 四叉树分解

图 10-16　对图像进行四叉树分解

10.3.4　区域分裂合并

从例 10.12 可以看出,分裂过程也是单向进行的。一个区域一旦分裂,即使其中的部分小区域具有相似性,也只能被分割在不同的区域。由于分裂、合并两种算法各有不足,所以考虑把两种方法结合在一起,即区域分裂合并算法。

算法的核心思想是将原图分成若干个子块,检测子块是否具有一致性,不具有则分裂该子块;如果某些子块具有相似性,则合并这些子块。

区域分裂合并算法的步骤为

(1) 将原图分为四个相等的子块，计算子块区域是否具有一致性；

(2) 判断是否需要分裂：如果子块不具有一致性，则分裂该块；

(3) 判断是否需要合并：对不需要分裂的子块进行比较，具有相似性的子块合并；

(4) 重复上述过程，直到不再需要分裂或合并。

上述为分裂合并同时进行，也可以采用先分裂后合并的方法。

【例 10.14】 对上例 10.12 中所示的图像，试用区域分裂合并方法将图像分割成两部分。

解：采用先分裂后合并的方法，分裂准则同例 10.12；合并时相似性准则采用“相邻区域灰度均值差小于 2”的准则。直接对例 10.12 的分裂结果进行合并操作，结果如图 10-17 所示。

<table>
<tr><td colspan="2">0.75</td><td colspan="2">0.75</td><td colspan="2">0.75</td><td colspan="2">0.5</td></tr>
<tr><td>0</td><td>0</td><td colspan="2" rowspan="2">6.25</td><td>1</td><td>0</td><td colspan="2" rowspan="2">0.75</td></tr>
<tr><td>1</td><td>6</td><td>6</td><td>7</td></tr>
<tr><td>0</td><td>7</td><td colspan="2" rowspan="2">5.75</td><td>6</td><td>0</td><td colspan="2" rowspan="2">0.5</td></tr>
<tr><td>0</td><td>7</td><td>7</td><td>1</td></tr>
<tr><td colspan="2">0.75</td><td colspan="2">0.75</td><td colspan="2">1</td><td colspan="2">0.5</td></tr>
</table>

(a) 28个小区域的均值

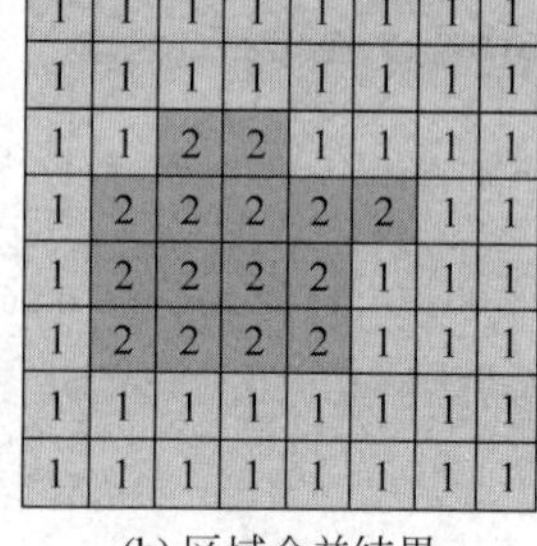

(b) 区域合并结果

图 10-17 区域分裂合并示例

10.4 基于聚类的图像分割

聚类是模式识别中对特征空间中数据进行分类的方法，取“物以类聚”的思想，把某些向量聚集为一组，每组具有相似的值。基于聚类的图像分割是把图像分割看作对像素进行分类的问题，把像素表示成特征空间的点，采用聚类算法把这些点划分为不同类别，对应原图则是实现对像素的分组，分组后利用“连通成分标记”找到连通区域。但有时也会产生在图像空间不连通的分割区域，主要是由于在分割的过程中没有利用像素点在图像中的空间分布信息。

1. 聚类分割的关键技术

基于聚类实现图像分割有两个需要关注的问题：

(1) 如何把像素表示成特征空间中的点：

通常情况下，用向量来代表一些像素或像素周围邻域，向量的元素可以包括灰度值、RGB 值及由此推出的颜色特征、计算得到的特征、纹理度量值等与像素相关的特征。同样根据图像的具体情况，然后判断待分割区域的共性来设计。因此，基于聚类的图像分割其实也是基于区域的分割方法，不同之处在于分割过程不一样。

(2) 聚类方法：

聚类的方法有很多，经典的聚类方法有 K 均值聚类、ISODATA (Iterative Self-Organizing

Data Analysis Techniques Algorithm，迭代自组织数据分析技术）聚类、模糊 K 均值聚类等。本节主要介绍基于 K 均值聚类的分割。

2. K 均值聚类

K 均值聚类通过迭代把特征空间分成 K 个聚集区域。设像素点特征为 $x=(x_1,x_2,\cdots,x_n)^{\mathrm{T}}$，$\mu_i$ 为 $\omega_i(i=1,\cdots,K)$ 类的均值，那么 K 个类别的误差平方和如式(10-29)所示。

$$J=\sum_{i=1}^{K}\sum_{x\in\omega_i}\|x-\mu_i\|^2 \tag{10-29}$$

当 J 最小时，认为分类合理。

K 均值聚类首先确定 K 个初始聚类中心，然后根据各类样本到聚类中心的距离平方和最小的准则，不断调整聚类中心，直到聚类合理，步骤如下：

(1) 令迭代次数为 1，任选 K 个初始聚类中心 $\mu_1(1),\mu_2(1),\cdots,\mu_K(1)$；

(2) 逐个将每一特征点 x 按最小距离原则分配给 K 个聚类中心，即

若 $\|x-\mu_j(m)\|<\|x-\mu_i(m)\|,i=1,2,\cdots,K,i\neq j$，则 $x\in\omega_j(m)$

$\omega_j(m)$ 为第 m 次迭代时，聚类中心为 $\mu_j(m)$ 的聚类域。

(3) 计算新的聚类中心：

$$\mu_i(m+1)=\frac{1}{N_i}\sum_{x\in\omega_i(m)}x,\quad i=1,2,\cdots,K \tag{10-30}$$

(4) 判断算法是否收敛：

若 $\mu_i(m+1)=\mu_i(m),i=1,2,\cdots,K$，则算法收敛；否则，转到第(2)步，进行下一次迭代。

关于 K 的确定，实际中常根据具体情况或采用试探法来确定。

【例 10.15】 基于 MATLAB 编程，实现基于 K 均值聚类的图像分割。

解：MATLAB 提供了 kmeans 函数来实现 K 均值聚类：

```
[IDX,C] = kmeans(X,K);
[IDX,C,SUMD,D] = kmeans(..., 'PARAM1',val1, 'PARAM2',val2, ...)
```

该函数的参数含义为

X 是 $N\times n$ 的矩阵，每一行对应一个点，每点为 n 维；K 为要聚成的类别数；IDX 是 $N\times 1$ 的向量，其元素为每个点所属类的类序号；C 是 K 类的类重心坐标矩阵，是一个 $K\times n$ 的矩阵，每一行是每一类的类重心坐标；SUMD 为 $1\times K$ 的向量，是类内距离和向量（即类内各点与类重心距离之和）；D 为 $N\times K$ 的矩阵，是每个点与每个类重心之间的距离矩阵。

其余部分常用参数如表 10-4 所示。

表 10-4 Kmeans 函数部分参数

参数名	参 数 值	说 明
distance	sqEuclidean	平方欧氏距离（默认情况）
	cityblock	绝对值距离
	cosine	把每个点作为一个向量，两点间距离为 1 减去两向量夹角余弦
	correlation	把每个点作为一个数值序列，两点间距离为 1 减去两数值序列的相关系数
	Hamming	即不一致字节所占的百分比，仅适用于二进制数据

续表

参数名	参 数 值	说 明
Start	sample	随机选择 K 个观测作为初始聚类中心
	uniform	在观测值矩阵 X 中随机并均匀选择 K 个观测作为初始聚类中心，对 Hamming 距离无效
	cluster	从 X 中随机选择 10% 的子样本，进行预聚类，确定聚类中心。预聚类过程随机选择 K 个观测作为预聚类的初始聚类中心
	matrix	若为 $K \times n$ 的矩阵，用来设定 K 个初始聚类中心；若为 $K \times n \times m$ 的 3 维数组，则重复进行 m 次聚类，每次聚类通过相应页上的二维数据设定 K 个初始聚类中心
	drop	去除空类，输出参数 C 和 D 中的相应值用 NaN 表示
	singleton	生成一个只包含最远点的新类

程序如下：

```
Image = imread('fruit.jpg');
figure,imshow(Image);
hsv = rgb2hsv(Image);
h = hsv(:,:,1);
h(h > 330/360) = 0;                                          % 接近 360°的色调认为是 0°
training = h(:);                                             % 获取训练数据
startdata = [0;60/360;120/360;180/360;240/360;300/360];     % 设置初始聚类中心
[IDX,C] = kmeans(training,6,'Start',startdata);              % K 均值聚类
idbw = (IDX == 1);                                           % 苹果目标区域
template = reshape(idbw, size(h));
figure,imshow(template),title('K 均值聚类分割');
```

程序的功能是打开一幅苹果图像并将其转换到 HSV 空间，获取像素的色调值，对色调空间的数据进行了 6 类聚类，取出目标水果所在的类别并显示。

程序运行结果如图 10-18 所示。

(a) 原图　　(b) K均值聚类分割

图 10-18　K 均值聚类图像分割示例

10.5 分水岭分割

分水岭分割是基于地形学概念的分割方法，其实现可采用数学形态学的方法，应用较为广泛。

1. 基本原理

1）流域及分水岭

假设图像中有多个物体，计算其梯度图像。梯度图像中，物体边界部分对应高梯度值，为亮白线；区域内部对应低梯度值，为暗区域；即梯度图像是由包含了暗区域的白环组成，如图 10-19(b)所示。将其想象成三维的地形图，定义其中具有均匀低灰度的区域为极小区域。极小区域往往是区域内部。

相对于极小区域，梯度图像中的像素点有 3 种不同情形：①属于极小区域的点(谷底)；②将一个水珠放在该点，它必定流入某一个极小区域的点(山坡)；③水珠在该点流入某个极小区域的可能性相同的点(山岭)。对于一个极小区域，水珠汇流入该区域的所有点构成的集合，称为该极小区域的流域。流入一个以上极小区域的可能性均等的点构成的集合，则称为分水岭(分水线、水线)。把梯度图像绘制成二维曲面形式，示意图如图 10-19(c)所示。梯度图像中各区域内部对应极小区域，区域边界对应高灰度，即分水岭。

(a) 原图

(b) 梯度图像

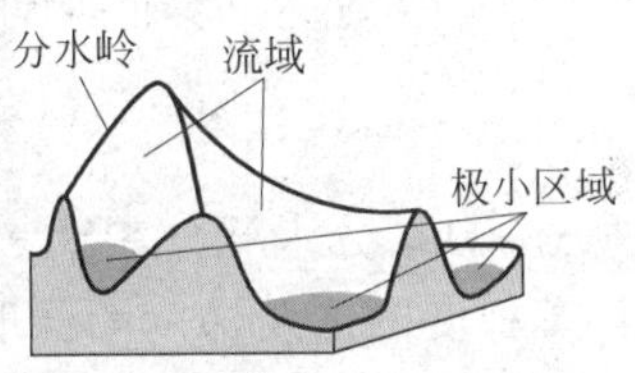

(c) 流域与分水岭示意

图 10-19 图像与分水岭

2）分水岭与图像分割

以涨水法来分析：设水从谷底上涌，水位逐渐升高。若水位高过山岭，不同流域的水将会汇合。在不同流域中的水面将要汇合到一起时，在中间筑起一道堤坝，阻止水汇合，堤坝高度随着水面上升而增高。当所有山峰都被淹没时，露出水面的只剩下堤坝，且将整个平面分成了若干个区域，即实现了分割。堤坝对应着流域的分水岭，如果能够确定分水岭的位置，即确定了区域的边界曲线，分水岭分割实际上就是通过确定分水岭的位置而进行图像分割的方法。

2. 分水岭分割

设原图像为 $f(x,y)$，其梯度图像为 $g(x,y)$。令 $M_1, M_2, \cdots, M_r$ 表示 $g(x,y)$中的极小区域，$C(M_i)$表示与极小区域 M_i 对应的流域，用 min 和 max 表示梯度的极小值和极大值。采用涨水法进行分割，涨水是从 min(谷底)开始，以单灰值增加，则第 n 步时的水深为 n(即灰度值增加了 n)，用 $T(n)$表示满足 $g(x,y)<n$ 的所有点(x,y)的集合，即

$$T(n) = \{(x,y) \mid g(x,y) < n\} \tag{10-31}$$

用 $C_n(M_i)$表示水深为 n 时，在 M_i 对应的流域 $C(M_i)$形成的水平面区域，满足

$$C_n(M_i) = C(M_i) \cap T(n) \tag{10-32}$$

令 $C(n)$表示在第 n 步流域溢流部分的并，则 $C(max+1)$为所有流域的并。

初始情况下，取 $C(min+1)=T(min+1)$，算法迭代进行。$C(n-1)$是 $C(n)$的子集，$C(n)$又是 $T(n)$的子集，因此，$C(n-1)$是 $T(n)$的子集，$C(n-1)$中的每一个连通成分都包含于 $T(n)$的一个连通成分。设 D 为 $T(n)$的一个连通成分，那么存在 3 种可能：

(1) $D\cap C(n-1)$为空；

(2) $D\cap C(n-1)$含有$C(n-1)$的一个连通成分；

(3) $D\cap C(n-1)$含有$C(n-1)$的一个以上连通成分。

利用$C(n-1)$建立$C(n)$取决于上述哪一种条件成立。

三种情况如图10-20所示：图10-20(a)中的D_1为第一种情况，是增长遇到一个新的极小区域，$C(n)$可由连通成分D加到$C(n-1)$中得到；图10-20(a)中的D_2为第二种情况，其和$C(n-1)$同属于一个极小区域，同样，$C(n)$可由连通成分D加到$C(n-1)$中得到；图10-20(b)所示为第三种情况，是不同区域即将连通时的表现，必须在D中建立堤坝。

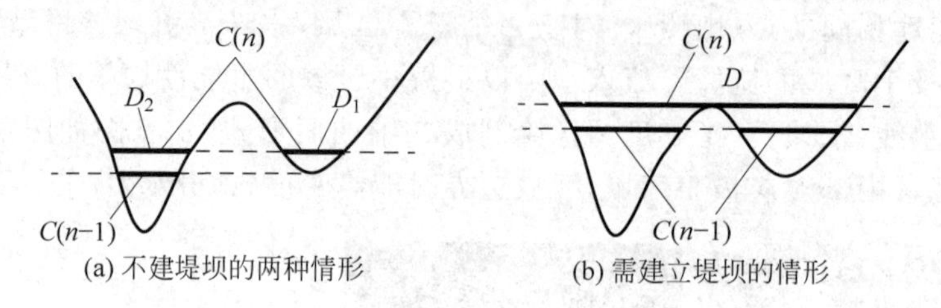

图10-20　利用$C(n-1)$建立$C(n)$的不同情况

综上所述，总结分水岭分割算法的过程如下：

(1) 计算梯度图像及梯度图像取值的最小值min和最大值max；

(2) 初始化$n=\min+1$，即$C(\min+1)=T(\min+1):\{g(x,y)<\min+1\}$，并标识出目前的极小区域；

(3) $n=n+1$，确定$T(n)$中的连通成分$D_i, i=1,2,\cdots$；求$D_i\cap C(n-1)$，并判断属于上述三种情况中哪一种，确定$C(n)$；如属于第三种情况，则加筑堤坝；

(4) 重复第(3)步，直到得到$C(\max+1)$。

【例10.16】 一幅图像 $\boldsymbol{f}=\begin{bmatrix}3&3&3&1&1&1\\3&1&3&1&1&1\\3&3&3&1&1&1\\1&1&1&3&3&3\\1&1&1&3&1&3\\1&1&1&3&3&3\end{bmatrix}$，试用分水岭算法实现图像分割。

解：按上述算法步骤进行计算：

(1) 采用Prewitt梯度算子计算梯度图像，计算中，把上下最外围一行像素、左右最外围一列像素各复制一次以补充外围像素邻域，所计算的梯度图像为 $\boldsymbol{g}=\begin{bmatrix}4&2&6&6&0&0\\2&0&4&6&0&0\\6&4&0&4&6&6\\6&6&4&0&4&6\\0&0&6&4&0&2\\0&0&6&6&2&4\end{bmatrix}$；

梯度图像中最小值和最大值为$\min=0$，$\max=6$；涨水过程中$n=1\sim7$。

(2) $n=1$，$T(1)=\{(x,y)\mid g(x,y)<1\}$，取$C(1)=T(1)$，如图10-21(a)所示。其中$C(1)$中有3个极小区域，按图中标记背景色由浅入深依次为$M_1$、$M_2$、$M_3$，均为8连通区域。

(3) $n=2$，$T(2)=\{(x,y)\mid g(x,y)<2\}$，包括 3 个连通成分 D_i，$i=1,2,3$，分别与 $C(1)$ 求交集，得 $D_1\cap C(1)=C_1(M_1)$，$D_2\cap C(1)=C_1(M_2)$，$D_3\cap C(1)=C_1(M_3)$，均属于第二种情况，则 $C(2)=C(1)+D_{i=1,2,3}=C(1)$，如图 10-21(b)所示。

(4) $n=3$，$T(3)=\{(x,y)\mid g(x,y)<3\}$，包括 3 个连通成分 D_i，$i=1,2,3$，分别与 $C(2)$ 求交集，得 $D_1\cap C(2)=C_2(M_1)$，$D_2\cap C(2)=C_2(M_2)$，$D_3\cap C(2)=C_2(M_3)$，均属于第二种情况，则 $C(3)=C(2)+D_{i=1,2,3}$，如图 10-21(c)所示。

(5) $n=4$，$T(4)=\{(x,y)\mid g(x,y)<4\}$，包括 3 个连通成分 D_i，$i=1,2,3$，分别与 $C(3)$ 求交集，得 $D_1\cap C(3)=C_3(M_1)$，$D_2\cap C(3)=C_3(M_2)$，$D_3\cap C(3)=C_3(M_3)$，均属于第二种情况，则 $C(4)=C(3)+D_{i=1,2,3}$，如图 10-21(d)所示。

(6) $n=5$，$T(5)=\{(x,y)\mid g(x,y)<5\}$，仅有 1 个连通成分 D(所有阴影点 8 连通)，D 与 $C(4)$ 求交集，得 $D\cap C(4)=C_4(M_1)\cup C_4(M_2)\cup C_4(M_3)$，属于第三种情况，三个极小区域即将连通，需在 D 中筑堤坝，堤坝点用黑色底纹表示，剩余的阴影部分为 $C(5)$，如图 10-21(e)所示。

(7) $n=6$，$T(6)=\{(x,y)\mid g(x,y)<6\}$，同上一步，其中仅有 1 个连通成分 D，与 $C(5)$ 求交集，得 $D\cap C(5)=C_5(M_1)\cup C_5(M_2)\cup C_5(M_3)$，属于第三种情况，三个极小区域即将连通，需在 D 中筑堤坝，堤坝点已标记，且 $C(6)=C(5)$，如图 10-21(f)所示。

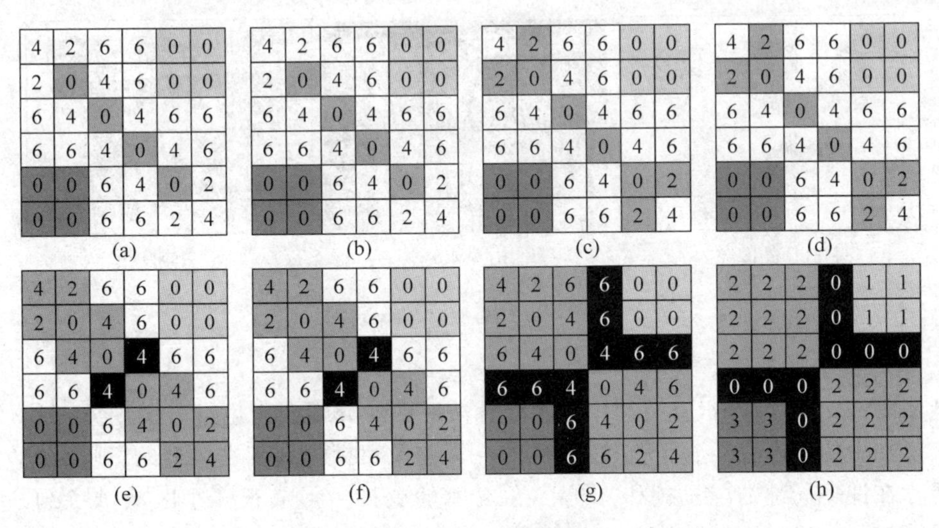

图 10-21 分水岭分割图像的过程

(8) $n=7$，$T(7)=\{(x,y)\mid g(x,y)<7\}$，整个梯度图像为一个连通成分 D，与 $C(6)$ 求交集，得 $D\cap C(6)=C_6(M_1)\cup C_6(M_2)\cup C_6(M_3)$，属于第三种情况，三个极小区域即将连通，在 D 中筑堤坝，$C(7)$ 是所有流域的并，如图 10-21(g)所示。

至此，所有流域均被淹没，只剩下分水岭露于水面上，分割完成，把最后分割出来的区域依次用编号 1、2、3 表示，分水岭用 0 表示，则分割结果如图 10-21(h)所示。

【例 10.17】 应用分水岭算法实现图像分割。

解：MATLAB 提供的函数如下：

(1) L＝watershed(A)：对矩阵 A 进行分水岭区域标识，生成标识矩阵 L。L 中的元素为大于或等于 0 的整数，0 表示不属于任何一个分水岭区域，称为分水岭像素；n 表示第 n

个分水岭区域。对二维图像，函数采用 8 连通邻域。

(2) L＝watershed(A，CONN)：功能同上，CONN 为分水岭变换中采用的连通数，对二维图像可为 4、8，三维图像可为 6、18、26。

程序如下：

```
image = im2double(rgb2gray(imread('bricks.jpg')));
figure,imshow(image),title('原始图像');
hv = fspecial('prewitt');                        % Prewitt 水平边缘强化滤波器
hh = hv.';                                       % 转置为 Prewitt 垂直边缘强化滤波器
gv = abs(imfilter(image,hv,'replicate'));        % 使用 Prewitt 滤波器水平滤波
gh = abs(imfilter(image,hh,'replicate'));        % 使用 Prewitt 滤波器垂直滤波
g = sqrt(gv.^2 + gh.^2);                         % 获得 Prewitt 梯度图像
figure,imshow(g),title('梯度图像');
L = watershed(g);                                % 对梯度图像进行分水岭区域标识
wr = L == 0;                                     % 获取分水岭像素
figure,imshow(wr),title('分水岭');                % 显示分水岭
image(wr) = 0;                                   % 在原图中标记出分水岭像素,即获得分割结果图像
figure,imshow(image),title('分割结果');           % 显示分割结果
```

程序运行结果如图 10-22 所示。

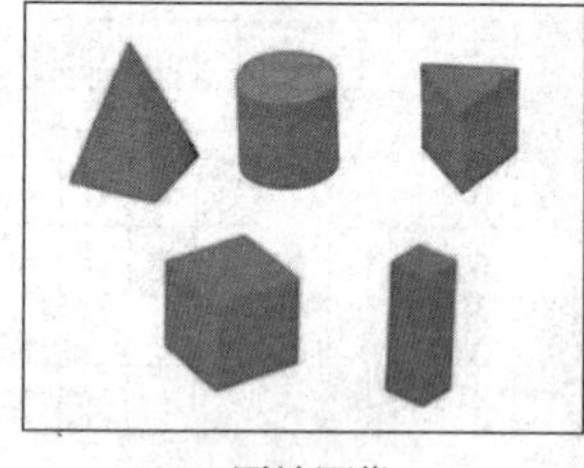
(a) 原始图像

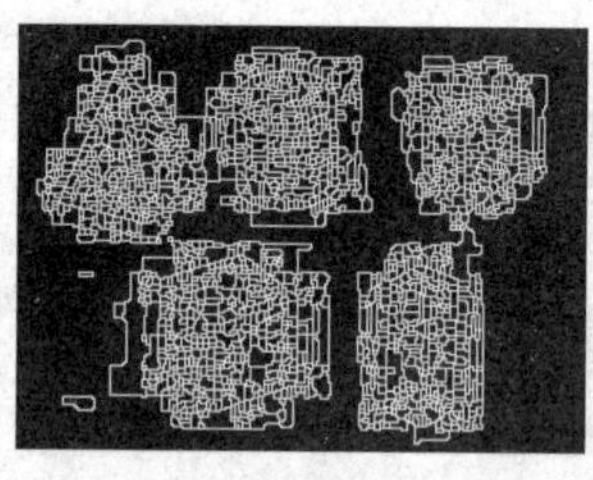
(b) 分水岭

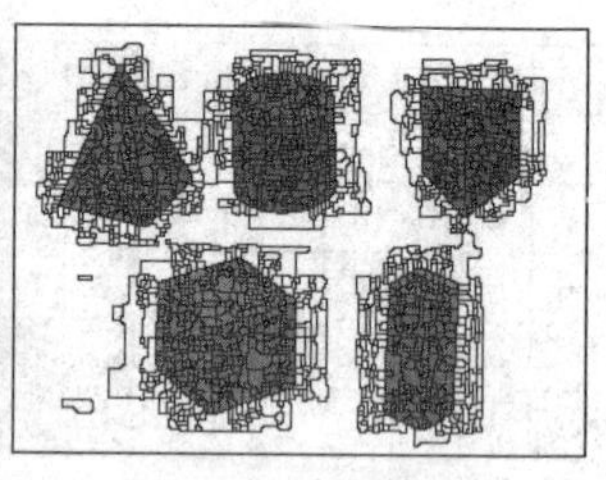
(c) 分割结果

图 10-22　分水岭分割效果示例

3. 分水岭分割改进

从图 10-22 可以看出，直接利用分水岭算法对图像分割会产生过分割现象，即图像分割得过细。产生的原因主要在于梯度噪声、量化误差及目标内部细密纹理的影响，在平坦区域内可能存在许多局部的“谷底”和“山峰”，经分水岭变换后形成很多小区域，导致了过分割，反而没能找到正确的区域轮廓。

解决过分割问题的主要思路是在分割前、后加入预处理和后处理步骤，如采用滤波以减弱噪声干扰、滤除小目标即目标中的细节；增强图像中的轮廓；合并一些较小的区域等。新算法的研究多是围绕如何减少噪声的影响、如何尽可能减少过分割以及如何提高算法的速度展开的。

【例 10.18】　基于 MATLAB 编程，尝试改善分水岭分割的过分割现象。

解：设计思路如下：

先考虑对梯度图像进行中值滤波以减少极小区域；在分水岭分割后，采用区域合并方法，将邻近且灰度近似的区域合并起来，改善过分割现象。

程序如下：

```
image = im2double(rgb2gray(imread('bricks.jpg')));
hv = fspecial('prewitt');
hh = hv.';
gv = abs(imfilter(image,hv,'replicate'));
gh = abs(imfilter(image,hh,'replicate'));
g = sqrt(gv.^2 + gh.^2);
figure,imshow(g),title('梯度图像');
g = medfilt2(g,[5,5]);                            % 对梯度图像进行5×5中值滤波
figure,imshow(g),title('滤波后的梯度图像');
L = watershed(g);                                 % 分水岭分割
worigin = L == 0;
figure,imshow(worigin),title('分水岭分割');
num = max(L(:));                                  % 目前分割出的区域数目
thresh = 0.3;                                     % 区域合并系数
avegray = zeros(num,1);
for i = 1:num
   avegray(i) = mean(image(L == i));              % 统计各区域的灰度均值
end
[N,M] = size(L);
for i = 2:M - 1
   for j = 2:N - 1
      if L(j,i) == 0                              % 分水岭上的点,其周围必然有不同的区域
         neighbor = [L(j - 1,i + 1) L(j,i + 1) L(j + 1,i + 1) L(j - 1,i) L(j + 1,i)
                         L(j - 1,i - 1) L(j,i - 1) L(j + 1,i - 1)];
                                                  % 分水岭上点的8邻点
         neicode = unique(neighbor);              % 邻点中不同的取值,代表不同的区域
         neicode = neicode(neicode~ = 0);         % 排除邻点中的分水岭上点
         neinum = length(neicode);                % 获取周围区域数目
         for n = 1:neinum - 1
            for m = n + 1:neinum
               if abs(avegray(neicode(m)) - avegray(neicode(n)))< thresh
                  L(L == neicode(m)) = neicode(n);% 若相邻区域灰度值接近,合并
               end
            end
         end
      end
   end
end
for i = 2:M - 1
   for j = 2:N - 1
      if L(j,i) == 0
         neighbor = [L(j - 1,i + 1) L(j,i + 1)  L(j + 1,i + 1) L(j - 1,i)
                  L(j + 1,i)  L(j - 1,i - 1) L(j,i - 1)   L(j + 1,i - 1)];
         neicode = unique(neighbor);
         neicode = neicode(neicode~ = 0);
         neinum = length(neicode);
         if neinum == 1                       % 重扫描L矩阵,原分水岭上的点周围只有一个区域
            L(j,i) = neicode(neinum);                 % 则将该点归入该区域
         end
      end
   end
```

```
end
wsecond = L == 0;
figure,imshow(wsecond),title('分水岭分割与区域合并');
```

程序运行结果如图 10-23 所示。

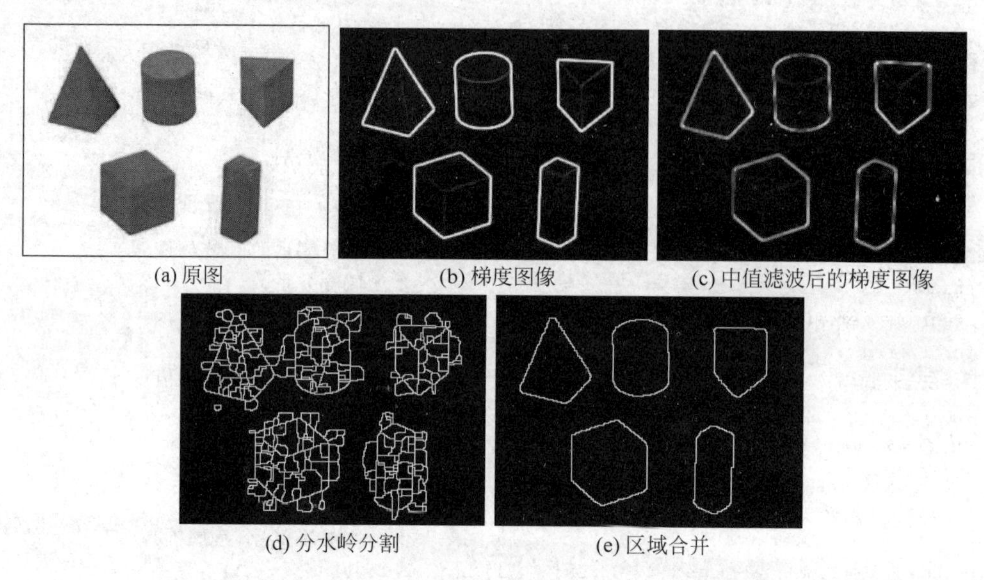

(a) 原图　(b) 梯度图像　(c) 中值滤波后的梯度图像

(d) 分水岭分割　(e) 区域合并

图 10-23　分水岭分割改善过分割现象

从运行结果可以看出,经过中值滤波后的梯度图像在采用分水岭分割后,过分割现象已有一定程度的改善;再经过区域合并,对于这幅图达到了一个较好的分割效果。所设计程序仅进行了一次全图扫描,以合并区域,可以根据需要修改程序,直到没有区域可以合并为止。

10.6　综合实例

【例 10.19】　基于 MATLAB 编程,对答题卡图像进行分割。

10.6.1　设计思路

由于成像的原因,答题卡图像可能会存在几何失真、干扰、色彩失真等问题。因此,在预处理时需要进行相应的校正处理。在本例中,主要进行几何校正;对于几何校正中可能会额外引入的部分进行裁切,避免额外引入的信息对处理造成干扰;答题卡图像个人信息区域和答题区域特点不太一样,将上下两部分分开处理;在处理中,可以充分利用答题卡图像的特点、边缘信息、色彩信息进行处理。

为加强对所学知识的理解,本例中全部采用课本上所学的基础处理方法来实现题目要求。

10.6.2　各模块设计

1. 主程序

按图 10-24 所示方案设计主程序。

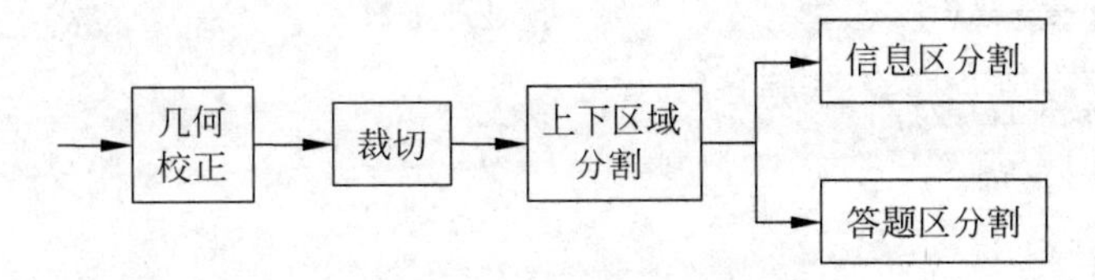

图 10-24 答题卡分割方案框图

```
RGB = im2double(imread('card1.jpg'));
figure,imshow(RGB),title('原图');
adjustI = correction(RGB);
figure,imshow(adjustI),title('几何校正结果图');
[cropIu,cropId] = crop(adjustI);                    %裁切图像并分为上下两部分
rectup(cropIu);                                     %上半部分信息区分割
rectdown(cropId);                                   %下半部分答题区分割
```

2. 几何校正

答题卡图像中一般有两条清晰的黑色分割线,几何校正时,通过检测黑色分割线及其端点,确定变换前后的对应点。所采用的几何校正方案如图 10-25 所示。

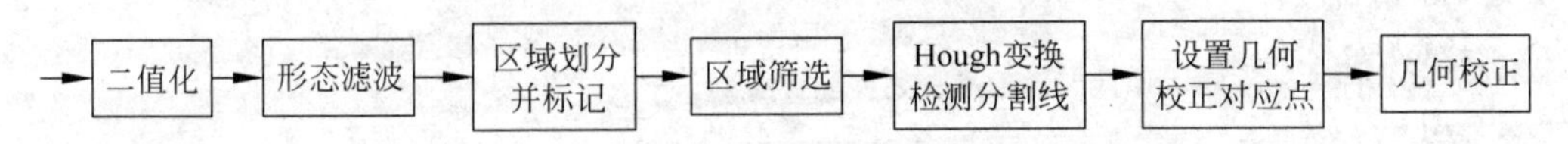

图 10-25 几何校正方案框图

```
function out = correction(in)
  bw = prepro(in);                      %预处理函数,实现灰度化、二值化和形态开运算
  lines = linedetect(bw,2);             %直线检测函数,实现区域划分、标记、筛选及 Hough 变换
  line1 = [lines(1).point1;lines(1).point2];
  line2 = [lines(2).point1;lines(2).point2];
  angle1 = abs(atan((line1(2,2) - line1(1,2))/(line1(2,1) - line1(1,1))) * 180/pi);
  angle2 = abs(atan((line2(2,2) - line2(1,2))/(line2(2,1) - line2(1,1))) * 180/pi);
      %angle1 和 angle2 是两条黑色分割线的倾角,以倾角大的线来确定参照点
  if angle1 < angle2                    %将倾角大的线及其倾角放在 line1 和 angle1 中
    temp = angle1;    angle1 = angle2;    angle2 = temp;
    temp = line1;     line1 = line2;      line2 = temp;
  end
  first = line1(1,:); second = line1(2,:); third = line2(1,:); fourth = line2(2,:);
  input_points = [first;second;third;fourth];  %失真图像对应点,检测到的分割线的四个端点
  first(2) = (first(2) + second(2))/2;
  second(2) = first(2);
  third(1) = first(1);
  fourth(1) = second(1);
  third(2) = (third(2) + fourth(2))/2;
  fourth(2) = third(2);
  base_points = [first;second;third;fourth];
      %基准图像对应点,设置时将两条线调水平,线长一致
  tform = cp2tform(input_points,base_points,'projective');  %根据连接点建立几何变换结构
  out = 1 - in(:,:,:);                  %反色是避免几何变换时的背景为黑色
  out = imtransform(out,tform);         %几何校正
  out(:,:,:) = 1 - out(:,:,:);
end
```

```
function out = prepro(in)                          % 预处理函数
    bw = 1 - imbinarize(rgb2gray(in));
    se = strel('square',2);
    out = imopen(bw,se);
end

function [lines,width] = linedetect(bw,n)  % 直线检测函数
    [B,L] = bwboundaries(bw);                    % 区域标记
    [N,M] = size(bw);
    STATS = regionprops(L,'MajorAxisLength','MinorAxisLength'); % 统计几何特征
    len = length(STATS);
    for i = 1:len
        if STATS(i).MajorAxisLength < M/2 || STATS(i).MinorAxisLength > 10
            L(L == i) = 0;                       % 区域筛选,去掉过短、过宽的区域,留下细长的线段区域
        end
    end
    L(L~ = 0) = 1;
    [B,L] = bwboundaries(L);                     % 筛选后的区域重新标记,计算线宽,为裁切做准备
    STATS = regionprops(L,'MinorAxisLength'); % 统计几何特征
    len = length(STATS);
    width = 0;
    for i = 1:len
        width = width + STATS(i).MinorAxisLength;
    end
    width = width/len;                           % 线宽取所有细长区域的短轴平均值
    [h,theta,rho] = hough(L,'RhoResolution',0.5,'ThetaResolution',0.5);
    P = houghpeaks(h,n);
    lines = houghlines(L,theta,rho,P);          % Hough 变换检测直线
end
```

图 10-26(a)中的图片存在多种几何失真现象,通过所采用的几何校正方法可以将图像调正,但额外引入了一些白色背景,所以图片大小不一。

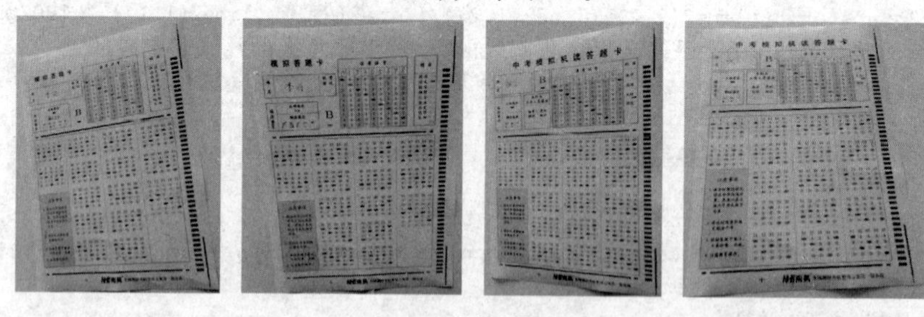

(a) 原始图像

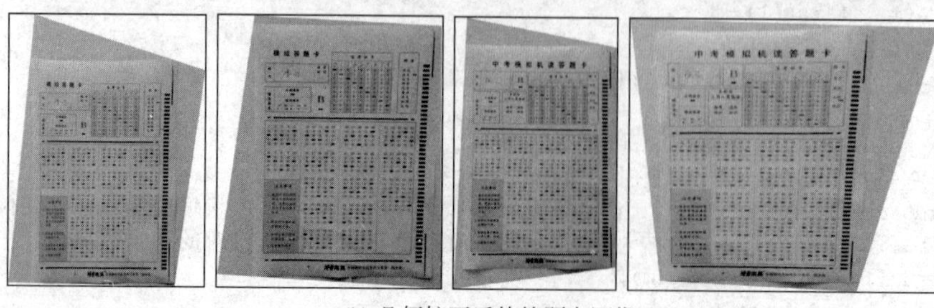

(b) 几何校正后的答题卡图像

图 10-26　几何校正效果图

3. 裁切

额外引入的白色背景导致几何校正后的图像大小不一,所以要对图像进行裁切,去掉四周的干扰信息。裁切分为两步:①粗略裁切四周白色背景;②利用黑色分割线进行细裁切,尽可能多地去掉干扰信息,并将图像分为上下两部分。裁切方案框图如图 10-27 所示,裁切后的效果图如图 10-28 所示。

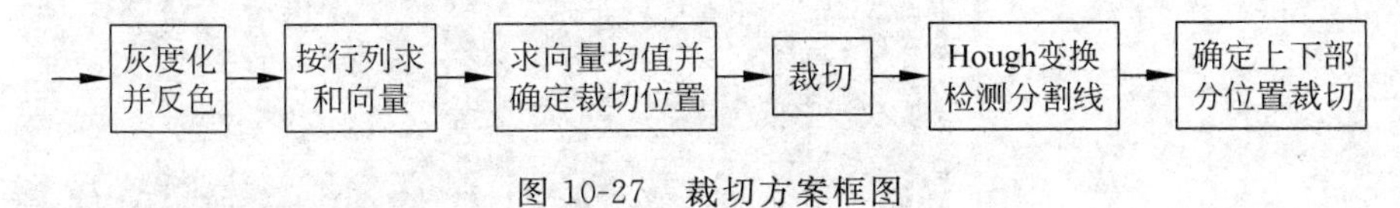

图 10-27 裁切方案框图

```
function [out1,out2] = crop(in)
    gray = 1 - rgb2gray(in);
    sumy = sum(gray,2);
    sumx = sum(gray);                                    %按行列求和
    avery = mean(sumy);
    averx = mean(sumx);                                  %求向量均值
    posy = find(sumy > avery);
    posx = find(sumx > averx);                           %求大于均值的位置,确定上下、左边界
    [C,maxx] = max(sumx);                                %确定右边界,切到右侧一排黑色小方框处
    out = in(posy(1) - 3:posy(end),posx(1) - 3:maxx,:);  %裁切
    bw = prepro(out);
    [N,M] = size(bw);
    [lines,width] = linedetect(bw,2);                    %Hough 变换检测黑色分割线及线宽
    line1 = [lines(1).point1;lines(1).point2];
    line2 = [lines(2).point1;lines(2).point2];
    if line1(1,2)> line2(1,2)
        temp = line1;
        line1 = line2;
        line2 = temp;
    end
    left = 1;                                            %左边界
    right = (line1(2,1) + line2(2,1))/2;
    right = floor(right + (M - right) * 2/3);    %右边界:分割线右端和图像右边界的中间 2/3 处
    top = 1;                                     %上半部上端
    middle = (line1(1,2) + line1(2,2))/2;        %中间位置,和线宽一起确定上下半部的下端和上端
    bottom = floor((line2(1,2) + line2(2,2))/2 - width);  %下半部下端
    out1 = out(top:middle - width,left:right,:);          %裁切出上半部
    out2 = out(middle + width/2:bottom,left:right,:);     %裁切出下半部
end
```

4. 信息区分割

考生信息区主要由几个长方形区域组成,通过检测边缘来进行分割,主要包括 canny 边缘检测、边缘滤波、边界修复和区域定位这 4 个步骤。边缘滤波时,将每一条边缘线段看作一个小区域,若区域长轴太小,则是边界的可能性较小,予以清除。边界修复主要考虑边界断裂的情形,判断某个像素是否是线段的端点,若是,根据线段上下邻点和当前点的位置关系,将线段进行延伸直至和另一条线段相接。修复后的边界是闭合的,获取闭合区域的外接矩形就是要分割的区域。信息区定位结果图如图 10-29 所示。

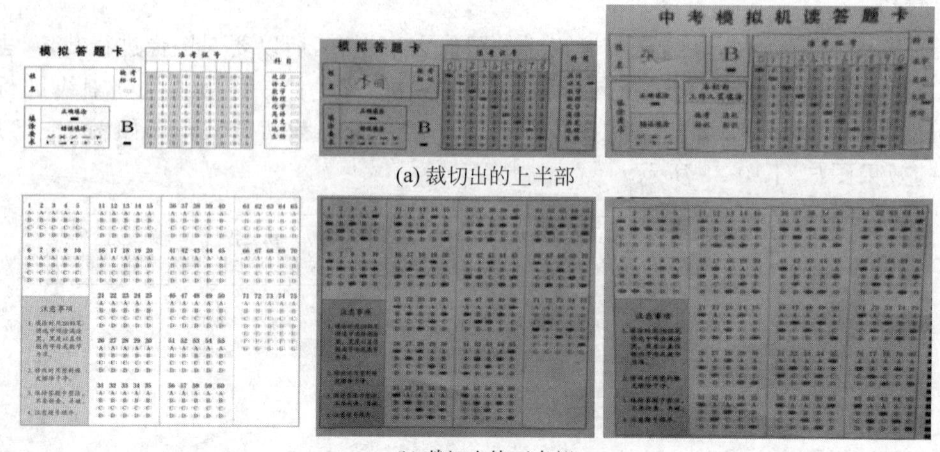

(a) 裁切出的上半部

(b) 裁切出的下半部

图 10-28　裁切效果图

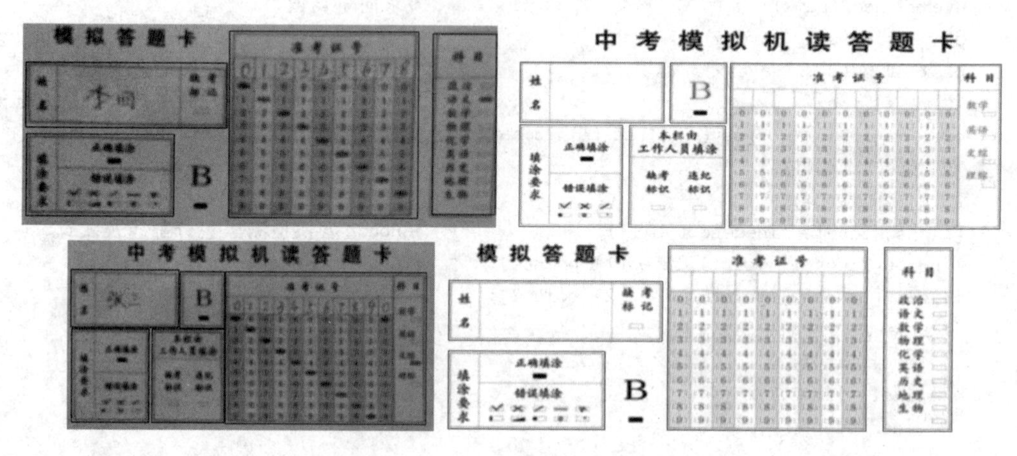

图 10-29　信息区定位结果图

```
function out = rectup(in)
    out = imresize(in,2,'bilinear'); % 区域边框过于接近,导致检测的边缘不清晰,因此,进行放大
    gray = rgb2gray(out);
    bw = edge(gray, 'canny');                              % canny 边缘检测
    [B,L] = bwboundaries(bw);
    STATS = regionprops(L,'MajorAxisLength');              % 统计几何特征
    len = length(STATS);
    [N,M] = size(gray);
    for i = 1:len
        if STATS(i).MajorAxisLength < M/8
            bw(L == i) = 0;                 % 每段边界线段长轴小于 M/8 的,认定为非边界线段,清除
        end
    end
    bw = restore(bw);                                      % 边界修复,实现区域闭合
    bw = imfill(bw, 'holes');                              % 闭合区域填充
    se = strel('square',3);
    bw = imopen(bw,se);                                    % 形态滤波去除小毛刺,避免区域粘连
```

```
    [B,L] = bwboundaries(bw);
    STATS = regionprops(L,'BoundingBox');                % 获取区域外接矩形
    len = length(STATS);
    figure,imshow(out),title('个人信息区定位');
    hold on;
    for i = 1:len
        rect = STATS(i).BoundingBox;
        rectangle('position',rect,'edgecolor','b');  % 在个人信息区域画蓝色线
    end
    hold off;
end

function out = restore(in)                               % 边界修复函数
    [N,M] = size(in);
    for x = 2:M - 1
        for y = 2:N - 1
            i = x;
            j = y;
            while j <= N - 1 && i <= M - 1 && i >= 2 && j >= 2 && in(j,i)~ = 0
                neighbor = [in(j - 1,i - 1) in(j - 1,i) in(j - 1,i + 1) in(j,i - 1)
                      in(j,i + 1) in(j + 1,i - 1) in(j + 1,i) in(j + 1,i + 1)];
                pos = find(neighbor~ = 0);
                if size(pos) == 1                        % 判断是否为线段端点
                    switch pos(1)                        % 判断线段走向
                        case 1
                            i = i + 1;
                            j = j + 1;
                        case 2
                            j = j + 1;
                        case 3
                            i = i - 1;
                            j = j + 1;
                        case 4
                            i = i + 1;
                        case 5
                            i = i - 1;
                        case 6
                            i = i + 1;
                            j = j - 1;
                        case 7
                            j = j - 1;
                        case 8
                            i = i - 1;
                            j = j - 1;
                    end
                    in(j,i) = 1;                         % 延伸线段
                else
                    break;
                end
            end
        end
```

```
    end
    out = in;
end
```

5. 答题区分割

考生答题区中一般几道小题比较靠近，整个答题区域有明显的间隔，但由于成像质量较差，检测的答题区间的分割线比较凌乱。因此，不采用信息区的定位方法，通过检测小题答案区域，并将靠近的小题区域融合来进行分割。答题区一般有“注意事项”的提示区域，需要进行排除，这个区域通常底色为彩色，通过色彩饱和度来确定该区域。方案如图 10-30 所示，答题区定位结果如图 10-31 所示。

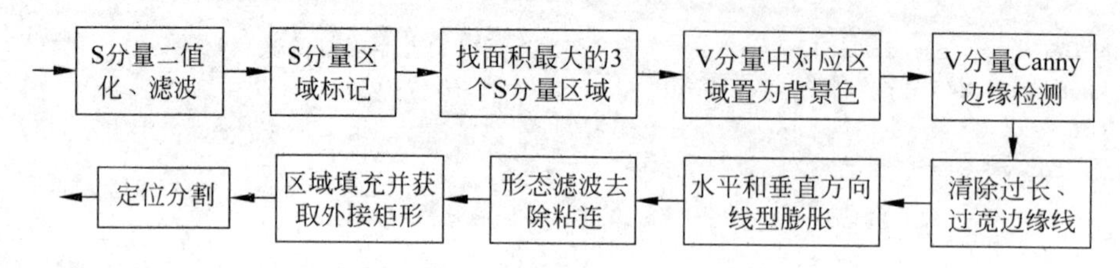

图 10-30　答题区定位方案框图

```
function out = rectdown(in)
    hsv = rgb2hsv(in);   s = hsv(:,:,2);   v = hsv(:,:,3);        % 获取 S、V 分量
    [N,M] = size(v);
    sbw = imbinarize(s);                                   % S 分量二值化
    se = strel('disk',3);
    sbw = imopen(sbw,se);                                  % 二值化 S 分量形态滤波
    [B,L] = bwboundaries(sbw);
    STATS = regionprops(L,'Area','BoundingBox');          % S 分量区域标记及面积、外接矩形参数获取
    len = length(STATS);
    area = [];
    for i = 1:len
        area = [area;STATS(i).Area];
    end
    [Y,Index] = sort(abs(area),'descend');                 % 区域面积参数排序
    if len > 3
        count = 3;
    else
        count = len;
    end
    for i = 1:count                          % 面积最大 3 个区域在 V 分量中对应区域置为背景色 v(1,1)
        rect = STATS(Index(i)).BoundingBox;
        v(rect(2):rect(2) + rect(4),rect(1):rect(1) + rect(3)) = v(1,1);
    end
    vbw = edge(v,'canny');                                 % V 分量 Canny 边缘检测
    [B,L] = bwboundaries(vbw);
    STATS = regionprops(L,'Area','MajorAxisLength','MinorAxisLength');
    len = length(STATS);
    for i = 1:len
```

```
        if STATS(i).MajorAxisLength > M/16 || STATS(i).MinorAxisLength < 3 ||...
            STATS(i).Area < 10
            L(L == i) = 0;                                   % 清除较长、或过细、或过小的边界线
        end
    end
    L(L~ = 0) = 1;
    se = strel('line',M/25,0);      L = imclose(L,se); % 水平线性膨胀
    se = strel('line',N/35,90);     L = imclose(L,se); % 垂直线性膨胀
    se = strel('square',3);         L = imopen(L,se);  % 形态滤波去除粘连
    L = imfill(L,'holes');                              % 区域填充
    [B,L] = bwboundaries(L);
    STATS = regionprops(L,'BoundingBox');               % 获取外接矩形
    len = length(STATS);
    figure,imshow(in),title('答题区定位');
    hold on;
    for i = 1:len
        rect = STATS(i).BoundingBox;
        rectangle('position',rect,'edgecolor','b');    % 在答题小区域画蓝色线
    end
end
```

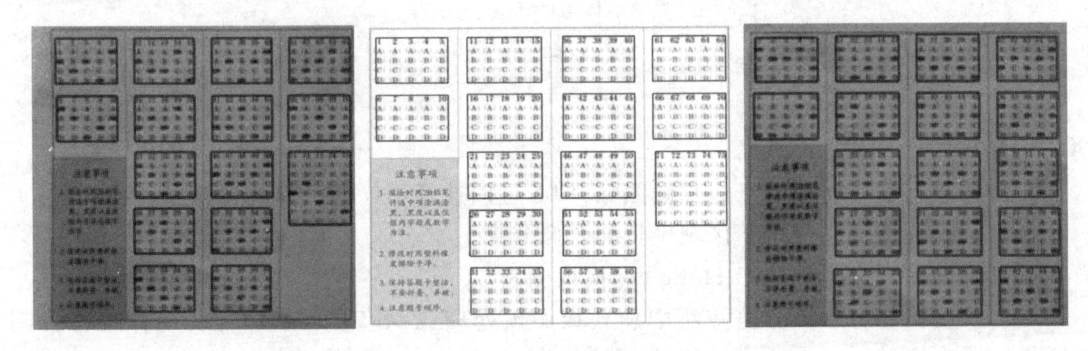

图 10-31 答题区定位结果图

10.6.3 分析

本例中所设计的方案综合利用了灰度化、二值化、形态滤波、Hough 变换、几何校正、边缘检测、边界修复、色彩检测、特征检测等技术，可以通过这个实例了解图像处理技术的综合应用。实验中采用的答题卡有填涂和未填涂两种，填涂过的图像拍摄效果较差，但分割结果较准确。

本方案中也存在一些不足之处，如程序中用到的阈值虽实现了根据图像信息按比例自动选择，但比例的确定采用了固定值；仅对于具有两条黑色分割线的答题卡适用等。

所设计方案与实际答题卡自动机器阅读原理并不一致。实际答题卡采用机器自动阅读，一般采用的是光学字符识别（OCR）技术。光标阅读机只对黑色敏感，利用右侧的黑色条块确认卡的方向与位置，铅笔填涂的黑块和印好的黑块共同组成了一幅黑白图像。然后读卡机扫描后得到的信息将与预先存储的信息生成的图像进行比较，从而得到结果。

习题

10.1 一幅图像为 $f=\begin{bmatrix}1 & 5 & 25 & 10 & 20 & 20\\1 & 7 & 25 & 10 & 10 & 9\\3 & 7 & 10 & 10 & 2 & 6\\1 & 0 & 8 & 7 & 2 & 1\\1 & 1 & 6 & 50 & 2 & 2\\2 & 3 & 9 & 7 & 2 & 0\end{bmatrix}$，绘制其直方图，并用峰谷法求出二值化的阈值。

10.2 试按区域分裂合并方法分割图10-32，给出分割的各个步骤图。

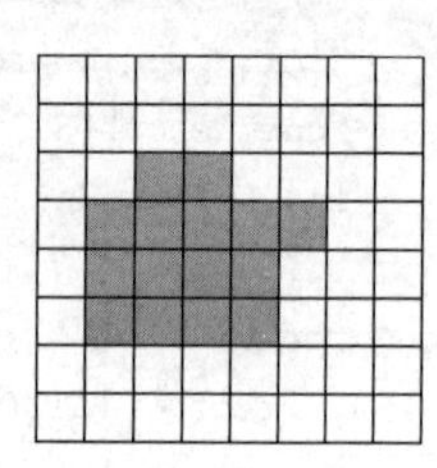

图10-32 题10.2图

10.3 利用边缘检测实现分割，常常会有一些短小或不连续的曲线，用什么样的处理方法可以消除这些干扰？

10.4 如何利用数学形态学算法削弱分水岭算法分割时所产生的过分割？

10.5 一幅图像为 $f=\begin{bmatrix}1 & 3 & 7 & 8\\1 & 2 & 8 & 9\\2 & 1 & 2 & 7\\3 & 8 & 8 & 9\end{bmatrix}$，设方差阈值为1，均值阈值为2，试用区域分裂合并方法实现图像分割。

10.6 编写程序实现基于边界的图像分割，可以选择不同的边界改良算法。

10.7 编写程序实现基于区域生长的图像分割。

10.8 编写程序实现基于Hough变换检测圆。

10.9 尝试在分水岭分割算法中加入相关预处理、后处理步骤，编程实现并查看分割效果。

第11章 图像描述与分析

CHAPTER 11

经过图像分割，图像中具有不同相似特性的区域已经分离开来。为了进一步理解图像的内容，需要对这些区域、边界的属性和相互关系用更为简单明确的文字、数值、符号或图像来描述或说明，称之为图像描述(Image Description)。图像描述在保留原图像或图像区域重要信息的同时，也减少了数据量。这些文字、数值、符号或图像按一定的概念或公式从图像中产生，反映了原图像或图像区域的某些重要信息，常常被称为图像的特征，产生它们的过程称为图像特征提取，用这些特征表示图像称为图像描述，这些描述或说明被称为图像的描绘子。

对图像的描述可以从几何性质、形状、大小、相互关系等多方面进行，一个好的描绘子应具有以下特点：

(1) 唯一性：每个目标必须有唯一的表示。

(2) 完整性：描述是明确无歧义的。

(3) 几何变换不变性：描述应具有平移、旋转、尺度等几何变换不变性。

(4) 敏感性：描述结果应该具有对相似目标加以区别的能力。

(5) 抽象性：从分割区域、边界中抽取反映目标特性的本质特征，不容易因噪声等原因而发生变化。

在对具体图像描述时，应根据具体问题选择合适的描述方法及计算相应的特征量。

本章讲解常见的特征点、几何描述、形状描述、边界描述、矩描述、纹理描述方法及相关描绘子。

11.1 特征点

特征点是一幅图像中最典型的特征标志之一。一般情况下特征点含有显著的结构性信息，可以是图像中的线条交叉点、边界封闭区域的重心，或者曲面的高点等；某些情况下特征点也可以没有实际的直观视觉意义，但却在某种角度、某个尺度上含有丰富的易于匹配的信息。特征点在影像匹配、图像拼接、运动估计及形状描述等诸多方面都具有重要作用。

角点是特征点中最主要的一类，由景物曲率较大地方的两条或多条边缘的交点所形成，例如线段的末端、轮廓的拐角等，反映了图像中的重要信息。角点特征与直线、圆、边缘等其他特征相比，具有提取过程简单、结果稳定、提取算法适应性强的特点，是图像拼接中特征匹配算法的首选。

11.1.1 Moravec角点检测

Moravec角点检测算法是Moravec于1977年提出的第一个直接从灰度图像中检测兴趣点的算法。算法思路是以图像某个像素点(x,y)为中心，计算固定窗口内四个主要方向上（水平、垂直、对角线、反对角线）相邻像素灰度差的平方和，选取最小值作为像素点(x,y)的响应函数CRF(Corner Response Function)；若某点的CRF值大于某个阈值并为局部极大值时，则该像素点即为角点。

当固定窗口在平坦区域时，灰度比较均匀，4个方向的灰度变化值都很小；在边缘处，沿边缘方向的灰度变化值很小，沿垂直边缘方向的灰度变化值比较大；当窗口在角点或独立点上的时候，沿各个方向的灰度变化值都比较大。因此，若某窗口内各个方向变化的最小值大于某个阈值，说明各方向的变化都比较大，则该窗口所在即为角点所在。

Moravec算子计算简单，运算速度较快，但是对噪声的影响十分敏感。Moravec算子的响应值是在固定的四个方向上获取的灰度差的平方和，所以不具有旋转不变性。

【例11.1】 基于MATLAB编程，打开图像，进行Moravec角点检测。

解：程序如下：

```
image = im2double(rgb2gray(imread('bricks.jpg')));
figure,imshow(image),title('原图');
[N,M] = size(image);
radius = 3;
CRF = zeros(N,M);
for i = radius + 1:M - radius
    for j = radius + 1:N - radius
        v = zeros(4,1);
        for m = - radius:radius - 1
            v(1) = v(1) + (image(j,i + m) - image(j,i + m + 1))^2;        %水平方向上的灰度变化
            v(2) = v(2) + (image(j + m,i) - image(j + m + 1,i))^2;        %垂直方向上的灰度变化
            v(3) = v(3) + (image(j + m,i + m) - image(j + m + 1,i + m + 1))^2;
                                                                          %对角方向上的灰度变化
            v(4) = v(4) + (image(j + m,i - m) - image(j + m + 1,i - m - 1))^2;
                                                                          %反对角方向上的灰度变化
        end
        CRF(j,i) = min(v(:));                                             %最小的灰度变化作为CRF值
    end
end
thresh = 0.08;                                                            %衡量变化度的阈值
for i = radius + 1:M - radius
    for j = radius + 1:N - radius
        temp = CRF(j - radius:j + radius, i - radius:i + radius);
        if CRF(j,i)> thresh && CRF(j,i) == max(temp(:))
            for m = - radius:radius
                image(j + m,i + m) = 0;
                image(j - m,i + m) = 0;                                   %角点在图像中作标记
            end
        end
```

```
    end
end
figure,imshow(image),title('Moravec 角点检测');
```

程序运行如图 11-1 所示。

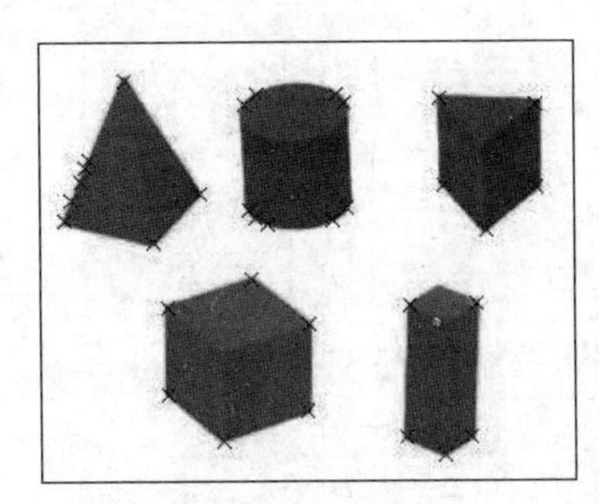

(a) Moravec角点检测

(b) 图像旋转15° 后Moravec角点检测

(c) 测试图

(d) Moravec角点检测

(e) 旋转10° 后Moravec角点检测

图 11-1　Moravec 角点检测

从程序及结果可以看出，Moravec 角点检测对边缘点也比较敏感，检测结果受到阈值的极大影响，且不具有旋转不变性。

11.1.2　Harris 角点检测

Harris 算子是 C. Harris 和 M. J. Stephens 于 1988 年提出的一种角点检测算子，是基于图像局部自相关函数分析的算法。局部自相关函数表示局部图像窗口沿不同方向进行小的平移时的局部灰度变化，其定义如下：

$$E(\Delta x,\Delta y)=\sum_{x,y}w(x,y)[f(x+\Delta x,y+\Delta y)-f(x,y)]^2 \tag{11-1}$$

式中，$w(x,y)$加权函数，可取常数或高斯函数。

对于式(11-1)有 3 种情况：

(1) 当局部图像窗口在平坦区域时，则窗口沿任何方向进行小的平移，灰度变化都很小，局部自相关函数很平坦；

(2) 当窗口位于边缘区域时，则沿边缘方向进行小的平移，灰度变化都很小；沿垂直边缘方向进行小的移动，灰度变化都很大，局部自相关函数呈现山脊形状；

(3) 当窗口位于角点区域时，窗口在各个方向上进行小的移动，灰度变化都很明显，局部自相关函数呈现尖峰状。

因此，角点检测即是寻找随着 Δx、Δy 变化，局部自相关函数 $E(\Delta x,\Delta y)$的变化都比较大的像素点。

对 $f(x+\Delta x, y+\Delta y)$ 进行二维泰勒级数展开，取一阶近似，得

$$\begin{aligned} E(\Delta x, \Delta y) &\approx \sum_{x,y} w(x,y)[f(x,y)+\Delta x f_x+\Delta y f_y-f(x,y)]^2 \\ &= \sum_{x,y} w(x,y)[\Delta x f_x+\Delta y f_y]^2 \\ &= (\Delta x \quad \Delta y)\sum_{x,y} w(x,y)\begin{vmatrix} f_x f_x & f_x f_y \\ f_x f_y & f_y f_y \end{vmatrix}\begin{pmatrix} \Delta x \\ \Delta y \end{pmatrix} \end{aligned} \tag{11-2}$$

其中，$\boldsymbol{M}=\sum_{x,y} w(x,y)\begin{vmatrix} f_x f_x & f_x f_y \\ f_x f_y & f_y f_y \end{vmatrix}=w*\begin{vmatrix} f_x f_x & f_x f_y \\ f_x f_y & f_y f_y \end{vmatrix}=\begin{vmatrix} A & C \\ C & B \end{vmatrix}$，$*$表示卷积运算，$f_x$、$f_y$ 代表图像水平和垂直方向的梯度，$A=w(x,y)*f_x^2$，$B=w(x,y)*f_y^2$，$C=w(x,y)*f_x f_y$。自相关函数 $E(\Delta x,\Delta y)$ 可以近似为二项函数：

$$E(\Delta x, \Delta y) \approx A\Delta x^2+2C\Delta x\Delta y+B\Delta y^2 \tag{11-3}$$

令 $E(\Delta x,\Delta y)=$常数，可用一个椭圆来描绘这个二次项函数。椭圆的长短轴是与 $\boldsymbol{M}$ 的特征值 λ_1、λ_2 相对应的量。通过判断 λ_1、λ_2 的情况可以区分出平坦区域、边缘和角点 3 种情况：

(1) 平坦区域：在水平和垂直方向的变化量均比较小的点，即 f_x、f_y 都较小，对应 λ_1、λ_2 都小；自相关函数 E 在各个方向上取值都小。

(2) 边缘区域：仅在水平或垂直方向有较大变化的点，即 f_x、f_y 只有一个较大，对应 λ_1、λ_2 一个较大，一个较小；自相关函数 E 在某一方向上大，在其他方向上小。

(3) 角点：在水平和垂直方向的变化量均比较大的点，即 f_x、f_y 都较大，对应 λ_1、λ_2 都大，且近似相等；自相关函数 E 在所有方向都增大。

在具体计算中，为了避免特征值的直接求解并提高设计 Harris 角点检测的效率，设计角点响应函数如下：

$$R=\det\boldsymbol{M}-k(\operatorname{trace}\boldsymbol{M})^2 \tag{11-4}$$

其中，$\det M=\lambda_1\lambda_2=AB-C^2$ 为矩阵 $\boldsymbol{M}$ 的行列式；$\operatorname{trace}\boldsymbol{M}=\lambda_1+\lambda_2=A+B$ 为矩阵 $\boldsymbol{M}$ 的迹；k 是经验参数，通常取 0.04～0.06。

式(11-4)中，R 仅由 $\boldsymbol{M}$ 的特征值决定，它在平坦区域绝对值较小，在边缘处为绝对值较大的负值，在角点的位置是较大的正数。因此，当 R 取局部极大值且大于给定阈值 T 时的位置就是角点。

Harris 算子的检测步骤如下：

(1) 计算图像每一点水平和垂直方向梯度的平方以及水平和垂直梯度的乘积，这样可以得到 3 幅新的图像，分别为 f_x^2、f_y^2、$f_x f_y$；

(2) 对得到的 3 幅图像进行高斯滤波，构造自相关矩阵 $\boldsymbol{M}$；

(3) 计算角点响应函数，得到每个像素的 R 值，设定阈值 T，取 $R>T$ 的位置为候选角点；

(4) 对候选角点进行局部非极大抑制，最终得到角点。

候选角点的选择依赖于阈值 T，由于其不具有直观的物理意义，取值很难确定。可以采用间接的方法来判断 R：通过选择图像中 R 值最大的前若干个像素点作为特征点，再对提

取到的特征点进行局部非极大抑制处理。

【例 11.2】 基于 MATLAB 编程，打开图像，进行 Harris 角点检测。

解：程序如下：

```
image = im2double(rgb2gray(imread('bricks.jpg')));
figure,imshow(image),title('原图');
[h,w] = size(image);
Hx = [-2 -1 0 1 2]; Hy = [-2;-1;0;1;2];                    % x、y 方向梯度算子
fx = filter2(Hx,image); fy = filter2(Hy,image);              % 求 x、y 方向梯度
fx2 = fx.^2; fy2 = fy.^2; fxy = fx.*fy;                      % 求 fx^2、fy^2、fxfy
sigma = 2;
Hg = fspecial('gaussian',[7 7],sigma);
fx2 = filter2(Hg,fx2); fy2 = filter2(Hg,fy2);
fxy = filter2(Hg,fxy);                                       % 高斯滤波
result = zeros(h,w);
R = zeros(h,w);
k = 0.06;
for i = 1:w
   for j = 1:h
      M = [fx2(j,i) fxy(j,i);fxy(j,i) fy2(j,i)];             % 构建 M 矩阵
      detM = det(M); traceM = trace(M);
      R(j,i) = detM - k * traceM^2;
   end
end
radius = 3; num = 0;
for i = radius + 1:w - radius
   for j = radius + 1:h - radius
      temp = R(j - radius:j + radius,i - radius:i + radius);
      if R(j,i) == max(temp(:))                              % 局部极大
         result(j,i) = 1;
         num = num + 1;
      end
   end
end
Rsort = zeros(num,1);
[posy, posx] = find(result == 1);                            % 候选角点在图像中的位置
for i = 1:num
   Rsort(i) = R(posy(i),posx(i));                            % 候选角点的 R 值
end
[Rsort,index] = sort(Rsort,'descend');                       % 候选角点的 R 值排序
corner = 24;                                                 % 选择 24 个角点
for i = 1:corner
   y = posy(index(i));   x = posx(index(i));
   for m = - radius:radius
      image(y + m,x + m) = 0;
      image(y - m,x + m) = 0;
   end
```

```
end
figure,imshow(image),title('Harris角点检测');
```

程序运行如图 11-2 所示。

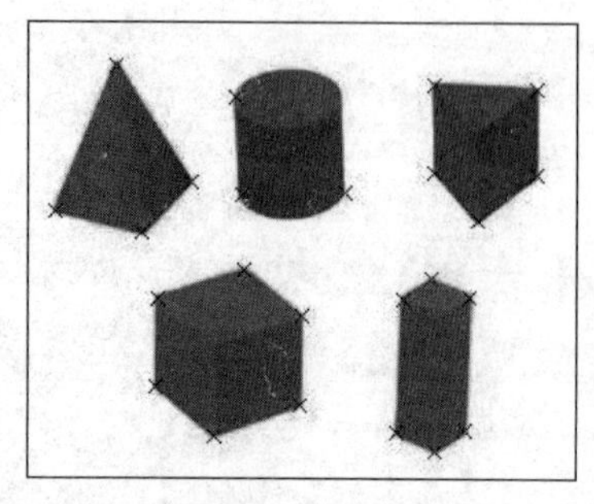

(a) Harris角点检测

(b) 图像旋转15° 后Harris角点检测

(c) 测试图

(d) Harris角点检测

(e) 旋转10° 后Harris角点检测

图 11-2 Harris 角点检测

从图 11-2 中可以看出，Harris 角点具有旋转变换不变性。此外，Harris 角点对亮度和对比度变化不敏感，不具有尺度变换不变性，可自行验证。

11.1.3 SUSAN 角点检测

SUSAN(Smallest Univalue Segment Assimilating Nucleus)算子是由英国牛津大学的 S. M. Smith 和 J. M. Brady 于 1995 年首先提出的。SUSAN 算子没有采用通过计算图像中点的梯度求取角点的常规思想，而是以一种统计的方法来描述。

SUSAN 算法设计了一个圆形模板(USAN 模板)，将模板内每个像素点的灰度值都和中心像素点作比较，把与中心点灰度值相近的点构成的区域称作 USAN 区域(核值相似区)。根据这种区域的大小，划分了几种可能的情况，如图 11-3 所示。

(1) a 类点：整个模板中的点都与中心点灰度相近。

(2) b 类点：模板中有超过半数的点与中心点灰度接近。

(3) c 类点：模板中有一半左右的点与中心点接近。

(4) d 类点：模板中只有一小部分点与中心点接近。

属于 a、b 类的点，基本上是图像中平坦区域的点，USAN 区域面积比较大；c 类点多位于图像的边缘处，USAN 区域面积较小；d 类点是最有可能成为角点的地方，USAN 区域面积最小。可见 USAN 区域的大小反映了图像局部特征的强度，USAN 面积越小，表明该点是角点的可能性越大。因此，SUSAN 算子就是通过计算比较 USAN 面积实现角点检测的。

圆形的 USAN 模板，一般使用半径为 3.4 含有 37 个像素的圆形模板，如图 11-4 所示。

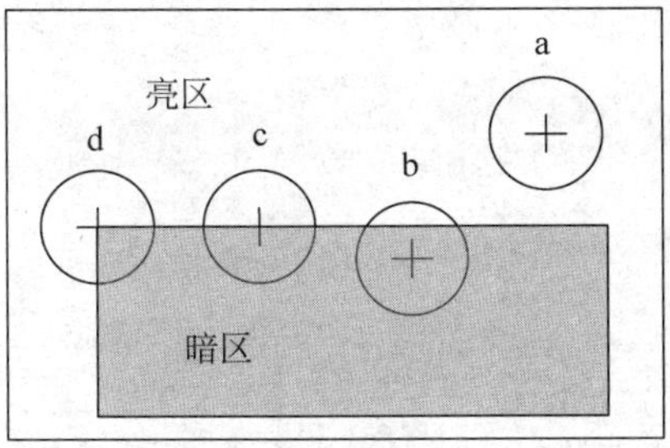

图 11-3 不同位置的 USAN 区域

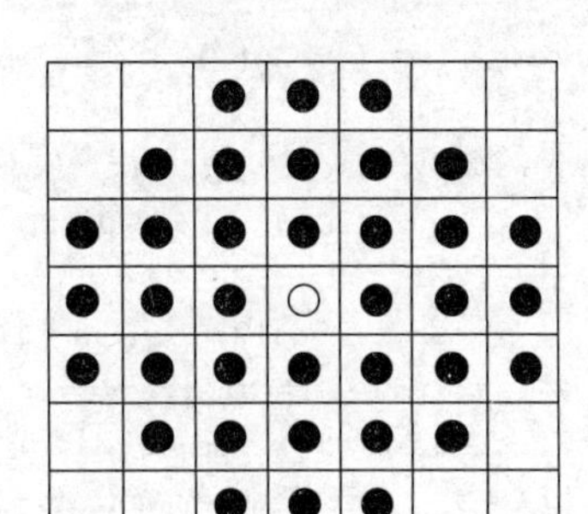

图 11-4 37 个像素的 USAN 模板

SUSAN 算子的检测步骤如下：

(1) 将圆形模板的中心依次放在待测图像的像素上，计算模板内的像素与中心像素的灰度差值，统计灰度差值小于等于阈值 T 的像素个数(相似像素数，即 USAN 区域面积)，可以按式(11-5)进行，也可以按式(11-6)进行。

$$c(r,r_0)=\begin{cases}1, & |f(r)-f(r_0)|\leqslant T\\ 0, & |f(r)-f(r_0)|>T\end{cases} \tag{11-5}$$

$$c(r,r_0)=\mathrm{e}^{-\left(\frac{f(r)-f(r_0)}{T}\right)^6} \tag{11-6}$$

$$n(r_0)=\sum_{r\in D(r_0)} c(r,r_0) \tag{11-7}$$

其中，$D(r_0)$是以 r_0 为中心的圆形模板区域。

(2) 计算式(11-8)所示角点响应函数值。若某个像素点的 USAN 值小于某一特定阈值 g，则该点被认为是初始角点。其中，检测角点时，g 可以设定为 USAN 的最大面积的一半；检测边缘点时，g 设定为 USAN 的最大面积的 3/4。

$$R(r_0)=\begin{cases}g-n(r_0), & n(r_0)<g\\ 0, & n(r_0)\geqslant g\end{cases} \tag{11-8}$$

(3) 排除伪角点。按式(11-9)计算 USAN 的重心、重心同模板中心的距离，如果距离较小则不是正确的角点。

$$C_{r_0}=\frac{\sum\limits_r rc(r,r_0)}{\sum\limits_r c(r,r_0)} \tag{11-9}$$

(4) 进行非极大抑制来求得最后的角点。

【例 11.3】 基于 MATLAB 编程，打开图像，进行 SUSAN 角点检测。

解：程序如下：

```
image = im2double(rgb2gray(imread('bricks.jpg')));
figure,imshow(image),title('原图');
[N,M] = size(image);
templet = [0 0 1 1 1 0 0;0 1 1 1 1 1 0;1 1 1 1 1 1 1;1 1 1 1 1 1 1;
          1 1 1 1 1 1 1;0 1 1 1 1 1 0;0 0 1 1 1 0 0];             % 37 个像素的 USAN 模板
g = floor(sum(templet(:))/2 - 1);                                 % 初始角点判断阈值
R = zeros(N,M);
```

```
thresh = (max(image(:)) - min(image(:)))/10;                    %灰度差阈值
radius = 3;
for i = radius + 1:M - radius
    for j = radius + 1:N - radius
        count = 0;
        usan = zeros(2 * radius + 1,2 * radius + 1);
        for m = - radius:radius
            for n = - radius:radius
                if templet(radius + 1 + n,radius + 1 + m) == 1 && ...
                    abs(image(j,i) - image(j + n,i + m))< thresh
                    count = count + 1;                          %USAN区域面积
                    usan(radius + 1 + n,radius + 1 + m) = 1;
                end
            end
        end
        if count < g && count > 5          %USAN面积小于阈值g,限定大于5则去除小噪声点
            centerx = 0;centery = 0;totalgray = 0;
            for m = - radius:radius
                for n = - radius:radius
                    if usan(radius + 1 + n,radius + 1 + m) == 1
                        centerx = centerx + (i + m) * image(j + n,i + m);
                        centery = centery + (j + n) * image(j + n,i + m);
                        totalgray = totalgray + image(j + n,i + m);
                    end
                end
            end
            centerx = centerx/totalgray;
            centery = centery/totalgray;                        %求USAN区域重心
            dis = sqrt((i - centerx)^2 + (j - centery)^2);      %USAN区域重心与模板中心距离
            if dis > radius * sqrt(2)/3                         %距离小于阈值为伪角点
                R(j,i) = g - count;                             %角点响应函数
            end
        end
    end
end
for i = radius + 1:M - radius
    for j = radius + 1:N - radius
        temp = R(j - radius:j + radius,i - radius:i + radius);
        if R(j,i)~ = 0 && R(j,i) == max(temp(:))                %非极大抑制
            for m = - radius:radius
                image(j + m,i + m) = 0;
                image(j - m,i + m) = 0;
            end
        end
    end
end
figure,imshow(image),title('SUSAN角点检测');
```

程序运行结果如图11-5所示。

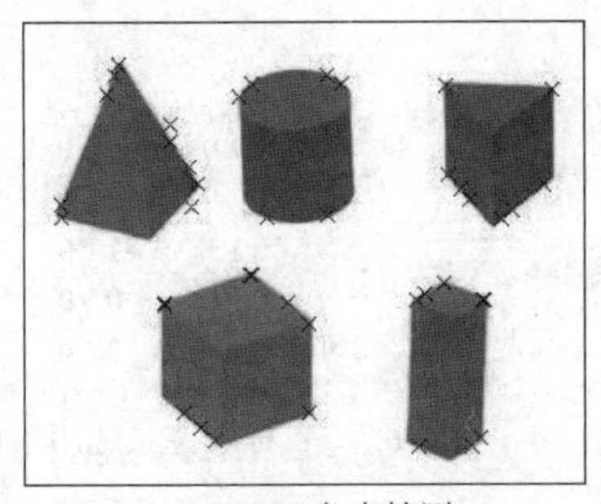
(a) SUSAN角点检测

(b) 图像旋转15° 后SUSAN角点检测

(c) 测试图

(d) SUSAN角点检测

(e) 旋转10° 后SUSAN角点检测

图 11-5 SUSAN 角点检测

理论上圆形的 SUSAN 模板具有各向同性，可以抵抗图像的旋转变化，但实例中图像旋转中采用插值运算，有可能对像素值产生影响进而导致检测结果的变化。此外，算法中阈值的选择(如 g 和 USAN 重心和模板中心距离阈值)都会对程序运行结果有一定影响。

11.2 几何描述

为了对图像中的目标进行整体的描述，首先对其几何性质进行描述。几何描述是图像描述的基础。

11.2.1 像素间的几何关系

本小节主要分析邻接与连通、距离的概念。

1. 邻接与连通

邻接与连通是像素间的基本关系，主要有以下两种：

(1) 4 邻接：只取像素的上下左右四个邻点作为相连的邻域点，称为 4 邻接。

(2) 8 邻接：取像素周围的 8 个邻点作为相连的邻域点，称为 8 邻接。

若一个像素序列(x_0,y_0)，(x_1,y_1)，…(x_n,y_n)中每个像素值相等或在某个范围内，且(x_i,y_i)、(x_{i+1},y_{i+1})两像素互为邻点，则该像素序列形成(x_0,y_0)到(x_n,y_n)的连接路径。

图像中值为 1 的全部像素的集合称为前景，用 S 表示；S 的补集$(\bar{S})$中所有连通成分称为背景。若像素 p 和 $q \in S$(S 为前景)，且存在一条从 p 到 q 的路径，路径上的全部像素都包含在 S 中，则称 p 与 q 是连通的。

4 邻接的像素是 4 连通的，8 邻接的像素是 8 连通的，如图 11-6 所示。前景和背景不能用相同的连通性定义，如图 11-7 所示。目标用 8 连通定义，对背景用 4 连通定义，则目标是彼此连通的环，而环内的洞和环外区域互不连通。

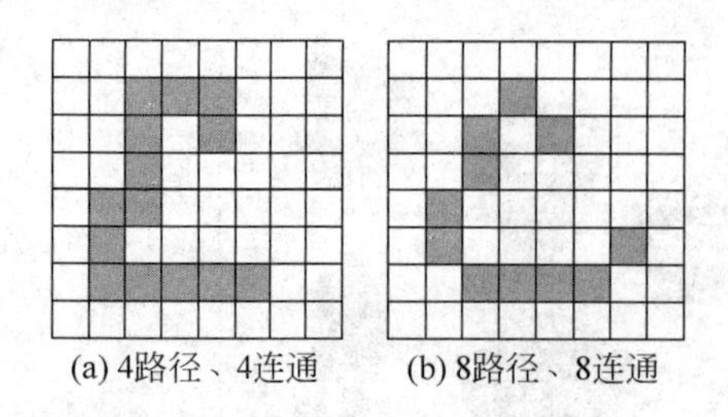

(a) 4路径、4连通　(b) 8路径、8连通

图 11-6　路径和连通

$$\begin{matrix} 0 & 0 & 0 & 0 & 0 \\ 0 & 0 & 1 & 0 & 0 \\ 0 & 1 & 0 & 1 & 0 \\ 0 & 0 & 1 & 0 & 0 \\ 0 & 0 & 0 & 0 & 0 \end{matrix}$$

图 11-7　目标和背景选用不同连通性

S 的边界是 S 中与 $\bar{S}$ 中有 4 连通关系的像素集合，记为 S'；内部是 S 中非边界的像素集合；若从 S 中任意一点到图像边界的 4 路径必须与区域 T 相交，则区域 T 包围区域 S(或 S 在 T 内)。

若一个像素集合内的每一个像素与集合内其他像素连通，则称该集合为一个连通成分。

2. 距离

对于像素 p、q 和 z，如果满足下列 3 条性质，则称 d 是距离函数或度量。

(1) $d(p,q)\geqslant 0$($d(p,q)=0$，当且仅当 $p=q$)；

(2) $d(p,q)=d(q,p)$；

(3) $d(p,z)\leqslant d(p,q)+d(q,z)$。

在图像处理中，常用的距离有以下 3 种：

(1) 欧氏距离：

设两个像素点为 $p(x,y)$、$q(s,t)$，两点间的欧几里得距离为

$$d_e(p,q) = \sqrt{(x-s)^2+(y-t)^2} \tag{11-10}$$

与 (x,y) d_e 距离小于等于某个值 r 的像素：包含在以 (x,y) 为圆心，以 r 为半径的圆平面内。

(2) 街区距离：

$$d_4(p,q) = |x-s|+|y-t| \tag{11-11}$$

与 (x,y)(中心点) d_4 距离小于等于某个值 r 的像素形成一个菱形，例如，与点 (x,y) d_4 距离小于等于 2 的像素形成图 11-8(a)所示的固定距离的轮廓；具有 $d_4=1$ 的像素是 (x,y) 的 4 邻域。

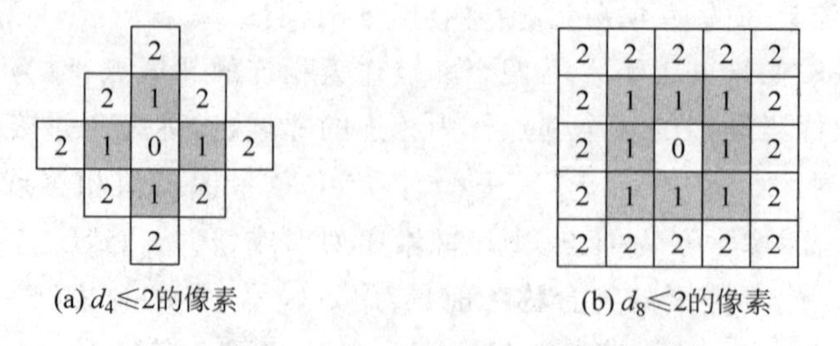

(a) $d_4\leqslant 2$的像素　(b) $d_8\leqslant 2$的像素

图 11-8　街区距离和棋盘距离示意

(3) 棋盘距离：

$$d_8(p,q) = \max(|x-s|, |y-t|) \tag{11-12}$$

与 (x,y)(中心点) d_8 距离小于等于某个值 r 的像素形成一个正方形，例如，与点 (x,y)

d_8 距离小于等于 2 的像素形成图 11-8(b)所示固定距离的轮廓；具有 $d_8=1$ 的像素是 (x,y)的 8 邻域。

11.2.2　区域的几何特征

图像的几何特征尽管比较直观和简单，但在许多图像分析问题中起着十分重要的作用。下面分别介绍有关的概念及计算方法。

1. 位置

区域在图像中的位置用区域面积的中心点来表示。二值图像质量分布是均匀的，质心和形心重合，若其中的区域对应的像素位置坐标为$(x_i,y_j)$$(i=0,1,\cdots,m-1;j=0,1,\cdots,n-1)$，则可用下式计算质心位置坐标：

$$\bar{x}=\frac{1}{mn}\sum_{j=0}^{n-1}\sum_{i=0}^{m-1}x_i,\quad \bar{y}=\frac{1}{mn}\sum_{j=0}^{n-1}\sum_{i=0}^{m-1}y_j \tag{11-13}$$

一般图像的质心位置坐标计算可采用区域的矩表示，见 11.5.1 节的式(11-29)。

2. 方向

若区域是细长的，则把较长方向的轴定为区域的方向。通常，将最小二阶矩轴(最小惯量轴在二维平面上的等效轴)定义为较长物体的方向，即要找出一条直线使下式定义的 E 值最小：

$$E=\iint r^2 f(x,y)\mathrm{d}x\mathrm{d}y \tag{11-14}$$

最小二阶矩轴的计算详见 11.5.2 节。

3. 尺寸

在许多图像识别问题中，都需要描述区域的尺寸，主要有长度、宽度、面积、周长等参数。

1) 长度和宽度

长度和宽度可以用区域在水平和垂直方向上最大的像素点数来度量，即当物体的边界已知时，用其外接矩形的长宽来表示区域的长宽。求区域在坐标系方向上的外接矩形，只需计算区域边界点的最大和最小坐标值，就可得到区域的水平和垂直跨度。

对任意朝向的目标，水平和垂直并非是感兴趣的方向。有必要确定目标的主轴，然后计算反映目标形状特征的主轴方向上的长度和与之垂直方向上的宽度，这样的外接矩形是目标的最小外接矩形(Minimum Enclosing Rectangle，MER)。

计算 MER 的一种方法是将目标在坐标系中逐步旋转，每次旋转 3°，总共旋转 90°。每次旋转后，求其外接矩形及其面积。某个角度下的外接矩形面积最小，即是 MER，同时确定目标的长度和宽度以及目标的主轴方向。

主轴也可以通过求目标的两阶中心矩得到(见 11.5.2 节)，也可以通过中轴变换在目标中拟合一条直线或曲线来确定主轴。

2) 周长

区域的周长即区域的边界长，转弯较多的边界周长也较长，因此，周长在区别具有简单或复杂形状物体时特别有用。

周长的计算由区域边界的表示方法决定，最简单的是取边界点的数目作为其周长。

当边界用链码表示时，把边界像素看作一个个点，求周长也即计算链码长度。

把图像中的像素看作单位面积小方块，则图像中的区域和背景均由小方块组成。区域的周长即为区域和背景缝隙的长度和，即边界点所在的小正方形串的外周长。

3）面积

面积是物体总尺寸的一个方便的度量，只与该物体的边界有关，而与其内部灰度级的变化无关。面积通常采用统计边界内部的像素数目（通常也包括边界上的点）的方法来计算。对二值图像而言，若用1表示物体，用0表示背景，其面积就是统计 $f(x,y)=1$ 的个数，即

$$A=\sum_{x=0}^{M-1}\sum_{y=0}^{N-1}f(x,y) \tag{11-15}$$

【例 11.4】 基于 MATLAB 编程，打开图像，进行阈值分割，并统计区域的几何特征。

解：程序如下：

```
image = rgb2gray(imread('plane.jpg'));
BW = im2bw(image);
figure,imshow(BW),title('二值化图像');
SE = strel('square',3);
Morph = imopen(BW,SE); Morph = imclose(Morph,SE);
figure,imshow(Morph),title('形态学滤波');
[B,L] = bwboundaries(1 - Morph);
figure,imshow(L),title('划分的区域');
STATS = regionprops(L,'Area','Centroid','Orientation','BoundingBox');
%统计几何特征,含区域面积、重心坐标、方向(与区域具有相同标准二阶中心矩的椭圆的长轴与
%x轴的夹角)、外接矩形左上角坐标及矩形宽高
figure,imshow(image),title('检测的区域');
hold on;
for i = 1:length(B)
    boundary = B{i};
    plot(boundary(:,2),boundary(:,1),'r','LineWidth',2);        %绘制边界线
end
rectangle('Position',STATS.BoundingBox,'edgecolor','g');       %绘制最小外接矩形
hold off;
STATS
```

程序运行结果如下：

```
STATS = Area: 2416
          Centroid: [126.9814 106.6974]
          BoundingBox: [50.5000 73.5000 150 57]
          Orientation: 0.6521
```

区域的几何特征提取如图 11-9 所示。

程序中利用 regionprops 函数计算了飞机区域的面积、重心、方向、外接矩形等几何参数，regionprops 还可以计算二阶中心矩的椭圆的长短轴长度、离心率等参数，在矩描述中会学习相关概念。

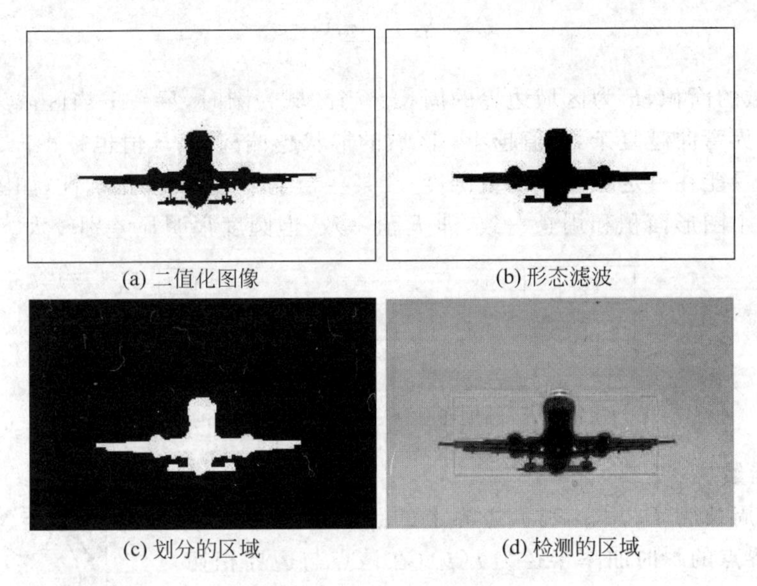

(a) 二值化图像　(b) 形态滤波

(c) 划分的区域　(d) 检测的区域

图 11-9　区域的几何特征提取示例

11.3　形状描述

形状是物体的重要特性之一，在检测目标或对其分类时起着十分重要的作用。因此，形状描述是图像描述必不可少的部分。

11.3.1　矩形度

顾名思义，矩形度就是物体呈现矩形的程度，通常用物体对其外接矩形的充满程度来衡量。矩形度用物体的面积与其最小外接矩形的面积之比来描述，即

$$R = \frac{A_{\mathrm{O}}}{A_{\mathrm{MER}}} \tag{11-16}$$

式中，A_{O} 是该物体的面积，而 A_{MER} 是 MER 的面积。

R 的值在 0～1 之间，当物体为矩形时，R 取最大值 1.0；圆形物体的 R 取值为 $\pi/4$；细长的、弯曲的物体的 R 的取值很小。可以通过 R 的值，粗略判断物体形状。

也可以使用 MER 宽与长的比值将细长的物体与圆形或方形的物体区分开来：

$$r = \frac{W_{\mathrm{MER}}}{L_{\mathrm{MER}}} \tag{11-17}$$

细长的物体 r 取值较小，而近似圆形或方形的物体 r 取值接近 1。

11.3.2　圆形度

圆形度描述区域呈现圆形的程度，可以采用圆度、边界能量、圆形性以及内切圆外接圆半径比等特征描述。

1. 圆度

圆度采用面积与周长平方的比值来衡量：

$$F = \frac{4\pi A}{P^2} \tag{11-18}$$

其中，A 为区域的面积，P 为区域边界的周长。当区域为圆时，$F=1$；当区域为其他形状时，$F<1$；区域边界弯曲越复杂，F 值越小；区域的形状越偏离圆，F 值也越小。

这个特征只能在一定程度上衡量圆度，在某些情况下，会失去正确性，如图 11-10 所示。图 11-10 中三个图形面积和周长一致，即 F 值一致，但圆度很明显差别较大。

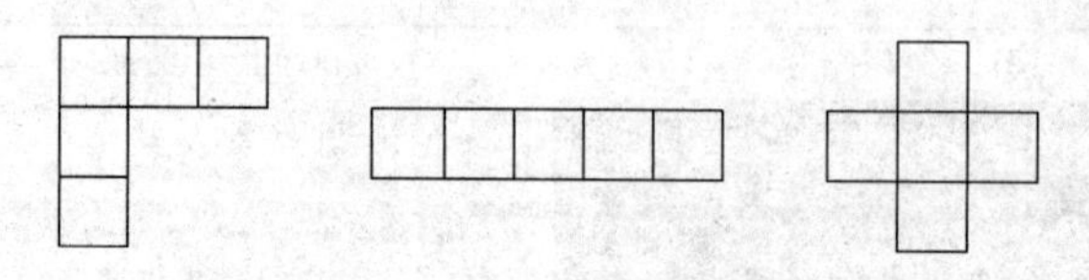

图 11-10　圆度参数 F 相同但圆度不同的例子

2. 边界能量

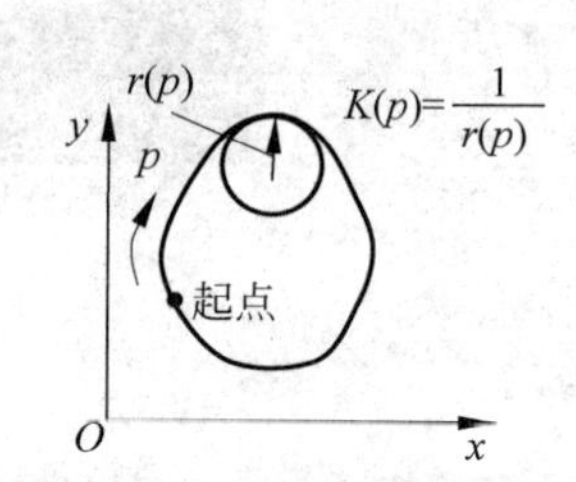

图 11-11　曲率与曲率半径

设区域的周长为 P，用 p 表示边界上的点到某起始点的边界长，该边界点的瞬时曲率半径为 $r(p)$（在该点与边界相切的圆的半径），该点的边界曲线的曲率为 $K(p)=1/r(p)$。$K(p)$是周期为 P 的周期函数。

单位边界长度的平均能量定义为 $K(p)$的函数：

$$E = \frac{1}{P}\int_0^P |K(p)^2| \, \mathrm{d}p \tag{11-19}$$

在面积相同的条件下，圆具有最小边界能量 $E=\frac{1}{P}\int_0^P\left(\frac{1}{R}\right)^2\mathrm{d}p=\left(\frac{1}{R}\right)^2$，其中 R 为圆的半径。

边界平均能量可以用来描述边界的复杂性程度。

3. 圆形性

圆形性为用区域 R 的所有边界点定义的特征量，具体为区域形心到边界点的平均距离 μ_R 与区域形心到边界点的距离均方差 σ_R^2 之比：

$$\begin{cases} C = \dfrac{\mu_R}{\sigma_R^2} \\ \mu_R = \dfrac{1}{K}\displaystyle\sum_{k=0}^{K-1} \| (x_k, y_k) - (\bar{x}, \bar{y}) \| \\ \sigma_R^2 = \dfrac{1}{K}\displaystyle\sum_{k=0}^{K-1} [\, \| (x_k, y_k) - (\bar{x}, \bar{y}) \| - \mu_R]^2 \end{cases} \tag{11-20}$$

其中，$(\bar{x},\bar{y})$为区域的形心坐标，(x_k,y_k)为区域边界点坐标，K 为边界点个数。

当区域趋向圆形时，特征量 C 是单调递增且趋向无穷的。C 不受区域平移、旋转和尺度变化的影响，可以用于描述三维目标。

4. 内切圆、外接圆的半径之比

以区域的形心为圆心，作区域的内切圆和外接圆，两者的半径 r_i 和 r_c 分别称为最小半径和最大半径，以二者的比值来衡量区域接近圆的程度。

$$S = \frac{r_i}{r_c} \tag{11-21}$$

当区域为圆时，S最大，为1.0，其余形状时，则有$S<1.0$。S不受区域平移、旋转和尺度变化的影响，可描述二维或三维目标。

【例 11.5】 基于MATLAB编程，打开图像，进行图像分割，并检测圆和矩形。

解：设计思路如下：

打开一幅形状认知玩具图像，采用边界分割方法，并计算各个区域的R、F、C参数，设定阈值，区分圆形、矩形和其他形状。

程序如下：

```
image = rgb2gray(imread('shape.png'));
figure,imshow(image),title('原图');
BW = edge(image,'canny');
figure,imshow(BW),title('边界图像');
SE = strel('disk',5);
Morph = imclose(BW,SE);
figure,imshow(Morph),title('形态学滤波');
Morph = imfill(Morph,'holes');
figure,imshow(Morph),title('区域填充');
[B,L] = bwboundaries(Morph);
figure,imshow(L),title('检测圆和矩形');
STATS = regionprops(L,'Area','Centroid','BoundingBox');
len = length(STATS);
hold on
for i = 1:len
  R = STATS(i).Area/(STATS(i).BoundingBox(3) * STATS(i).BoundingBox(4));  %矩形度
  boundary = fliplr(B{i});                    %翻转后 boundary 中横坐标 x 在前,纵坐标 y 在后
  everylen = length(boundary);
  F = 4 * pi * STATS(i).Area/(everylen^2);                                 %圆度
  dis = pdist2(STATS(i).Centroid,boundary,'euclidean');
  miu = sum(dis)/everylen;
  sigma = sum((dis - miu).^2)/everylen;
  C = miu/sigma;                                                           %圆形性
  if R > 0.9 && F < 1
    rectangle('Position',STATS(i).BoundingBox,'edgecolor','g','linewidth',2);
    plot(STATS(i).Centroid(1),STATS(i).Centroid(2),'g * ');
  end
  if R > pi/4 - 0.1 && R < pi/4 + 0.1 && F > 0.9 && C > 10
    rectangle('Position',[STATS(i).Centroid(1) - miu,STATS(i).Centroid(2) - miu,
          2 * miu,2 * miu],'Curvature',[1,1],'edgecolor','r','linewidth',2);
    plot(STATS(i).Centroid(1),STATS(i).Centroid(2),'r * ');
  end
end
hold off
```

程序运行如图11-12所示。

原图中目标与背景的区别明显，Canny边缘检测轮廓较完整，通过形态学滤波实现了边界闭合，并通过区域填充分割区域。若原图不具有这些特点，程序设计中需要考虑进一步的处理。所计算出的矩形度和圆形度参数可通过硬阈值分割实现圆和矩形的检测，实际问题中可以灵活选择阈值。

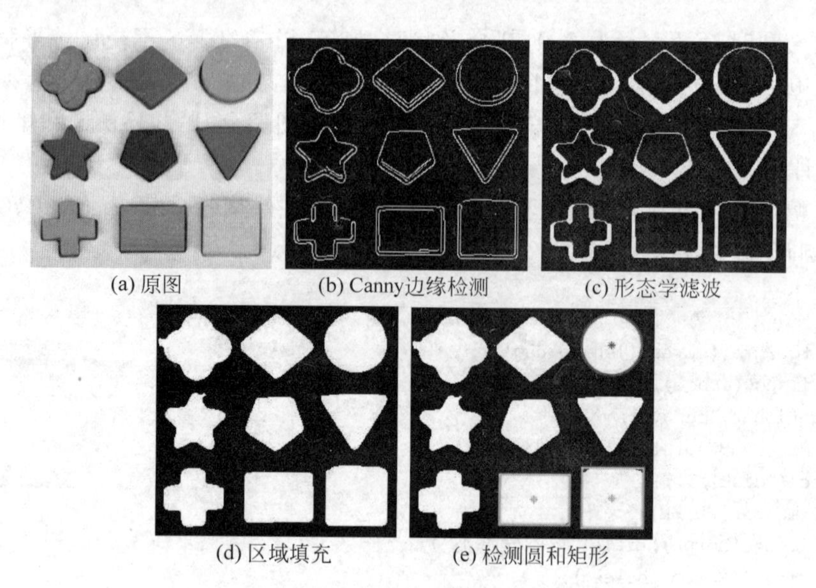

图 11-12 基于形状特征计算检测圆和矩形

11.3.3 中轴变换

中轴，也称对称轴或骨架，既能压缩图像信息，又能完全保留目标的形状信息，且这种变换是可逆的，即由中轴及其他数值还可以恢复原区域，是一种重要的形状特征。

中轴有多种定义方法，从几何上讲，在区域内做内切圆，使其至少与边界两点相切，圆心的连线即是中轴；用点到边界的距离来定义，中轴是目标中到边界有局部最大距离的点集合。如图 11-13 所示，图中虚线所示为火线，是中轴的一种形象描述：把区域看作一片均匀的草地，从边界同时放火向中心同速燃烧，火焰前端相遇的位置，就是该区域的中轴。

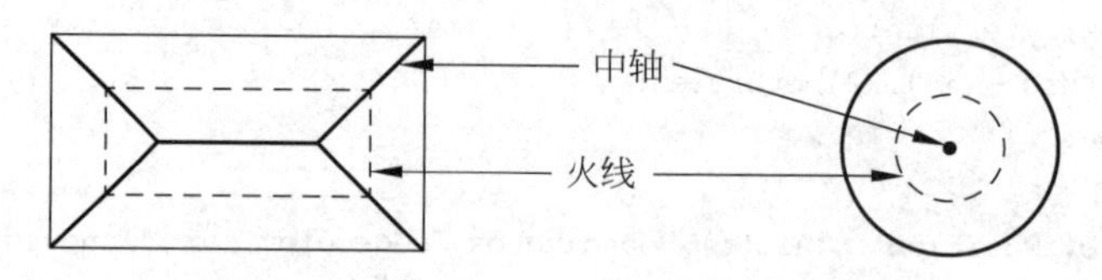

图 11-13 区域的中轴

中轴变换(Medial Axis Transform，MAT)是一种用来确定物体骨架的细化技术，对于区域中的每一点，寻找位于边界上离它最近的点。如果对于某点 p 同时找到多个这样的最近点，则称该点 p 为区域的中轴上的点。

由于上述中轴变换方法需要计算所有边界点到所有区域内部点的距离，计算量很大，实际中大多数采用逐次消去边界点的迭代细化算法。在这个过程中，要注意不要消去线段端点、不中断原来连通的点、不过多侵蚀区域。

【例 11.6】 利用 MATLAB 提供的 bwmorph 函数提取目标图像的骨架。

解：程序如下：

```
Image = imread('test.bmp');
BW = im2bw(Image);
figure, imshow(BW);
```

```
result = bwmorph(BW,'skel',Inf);                    % 骨架提取
figure,imshow(result);
```

程序运行结果如图 11-14 所示。

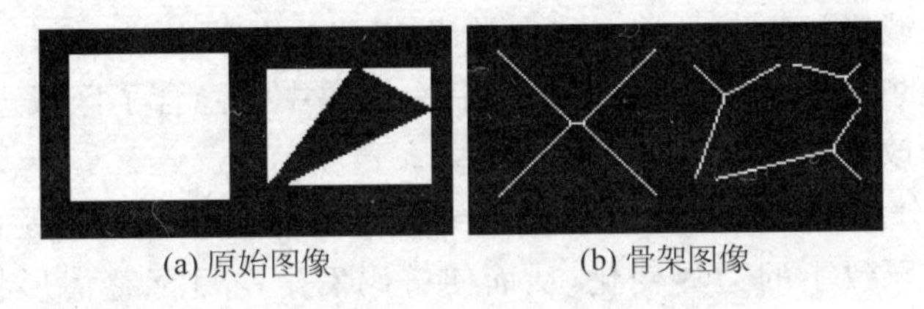

(a) 原始图像　(b) 骨架图像

图 11-14　骨架的提取

11.4　边界描述

边界描述是指用相关方法和数据来表达区域边界。边界描述中既含有几何信息，也含有丰富的形状信息，是一种很常见的图像目标描述方法。

11.4.1　边界链码

链码是对边界点的一种编码表示方法，其特点是利用一系列具有特定长度和方向的相连的直线段来表示目标的边界。

1. 边界链码的表示

常用的有 4 方向链码和 8 方向链码，如图 11-15(a)、(b)所示。4 方向链码含四个方向，分别用 0、1、2、3 表示，相应的直线段长度为 1。8 方向链码含八个方向，用 0～7 表示，偶数编码方向为 0、2、4、6，相应的直线段长度为 1；对于奇数编码方向 1、3、5、7，相应的直线段长度为$\sqrt{2}$。

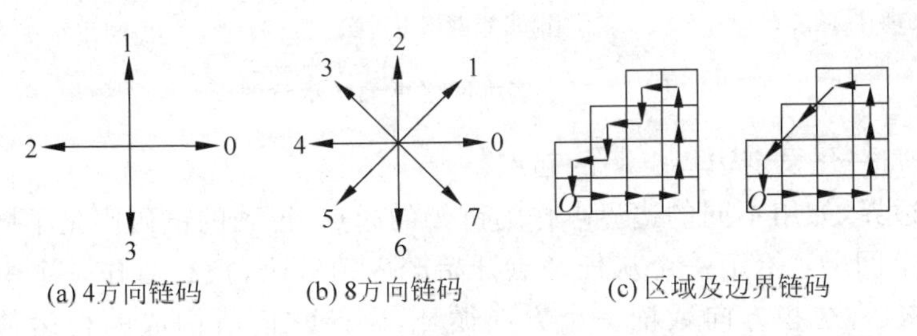

(a) 4方向链码　(b) 8方向链码　(c) 区域及边界链码

图 11-15　链码及区域边界链码编码

区域边界像素间的逆时针连接关系可用链码来表示，因此区域边界可以表示成一列方向码。因为链码每个线段的长度固定而方向数目有限，所以只有边界的起点需要用绝对坐标表示，其余点都可只用接续方向来代表偏移量。

对图 11-15(c)所示的区域，边界的起点设为左下角 O 点，设其坐标为(0,3)，该区域的边界链码为

4 方向链码：(0,3)0 0 0 1 1 1 2 3 2 3 2 3；

8 方向链码：(0,3)0 0 0 2 2 2 4 5 5 6。

由于表示一个方向数比表示一个坐标值所需的比特数少，而且对每一个点又只需一个方向数就可以代替两个坐标值，因此链码表达可大大减少边界表示所需的数据量。

从链码中可以很方便地获取相关几何特征，如区域的周长。对图 11-15(c)所示区域，用 4 方向链码表示，区域周长为 12；用 8 方向链码表示，周长为 $8+2\sqrt{2}$。

由于链码表示的是边界点的连接关系，因此，链码中也隐含了区域边界的形状信息。

2. 边界链码的改进

实际中直接对分割所得的目标边界进行编码有可能出现三种问题：一是码串比较长；二是噪声等干扰会导致小的边界变化，从而使链码发生与目标整体形状无关的较大变动；三是目标平移时链码不变，但目标旋转时链码会发生变化。

常用的改进方法有以下 3 种。

1）以大网格对原边界重采样

对原边界以较大的网格重新采样，并把与原边界点最接近的大网格点定为新的边界点。这种方法也可用于消除目标尺度变化对链码的影响。如图 11-16 所示。

图 11-16(a)中区域边界编码由于噪声的干扰，码串很长。采用多维网格，对于每个方框，在其中的所有点都归结为方框中心点，如图 11-16(b)所示，顺序连接这些中心点，按前述方法编码形成链码，如图 11-16(c)所示。此时，链码长度由网格的边长决定，网格边长作为基本测量单元。

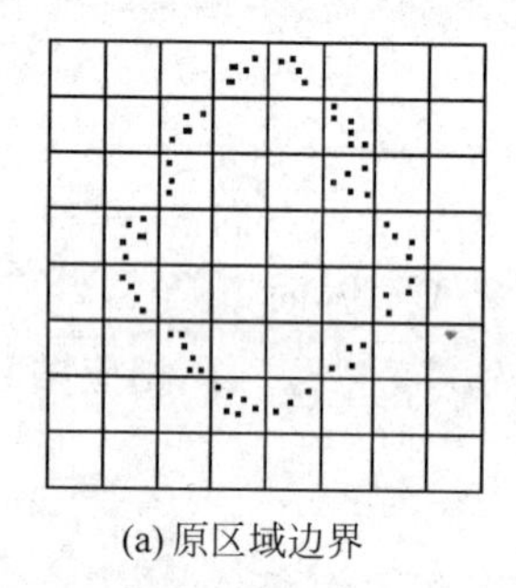

(a) 原区域边界

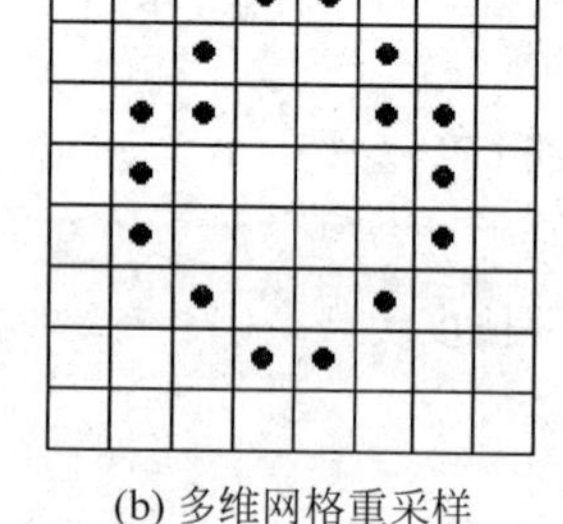

(b) 多维网格重采样

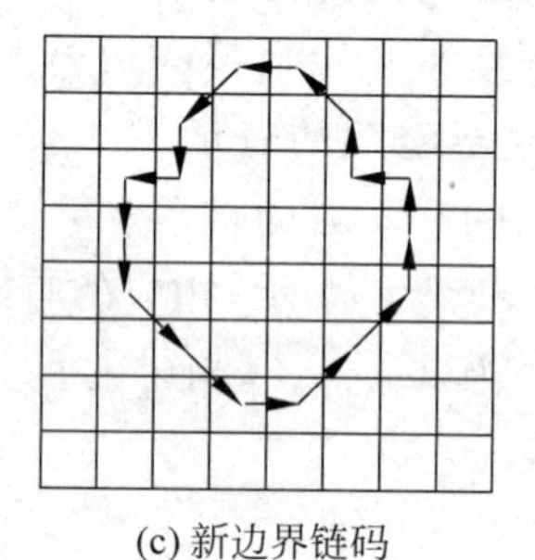

(c) 新边界链码

图 11-16　多维网格重采样示意图

2）以链码归一化设定边界链码的起点

对同一个边界，如用不同的边界点作为链码的起点，得到的链码则是不同的。将链码归一化可解决这个问题：给定一个从任意点开始产生的链码，把它看作一个由各方向数构成的自然数；首先，将这些方向数依一个方向循环，以使它们所构成的自然数的值最小；然后，将这样转换后所对应的链码起点作为这个边界的归一化链码的起点。图 11-15(c)所示的链码起点即是归一化后的链码对应的起点。

3）以一阶差分链码使链码具有旋转不变性

一阶差分链码是将链码中相邻两个方向数按反方向相减(后一个减前一个)得到的。当目标发生旋转时，一阶差分链码不发生变化，如图 11-17 所示。

图 11-17(a)为原区域，其 4 方向边界链码为(3)0 0 0 1 1 1 2 3 2 3 2 3，其一阶差分链码为 1 0 0 1 0 0 1 1 3 1 3 1。

图 11-17(b)为旋转 90°后的区域，其 4 方向边界链码为(0)1 1 1 2 2 2 3 0 3 0 3 0，与旋转前不一致。其一阶差分链码为 1 0 0 1 0 0 1 1 3 1 3 1，与旋转前一致。

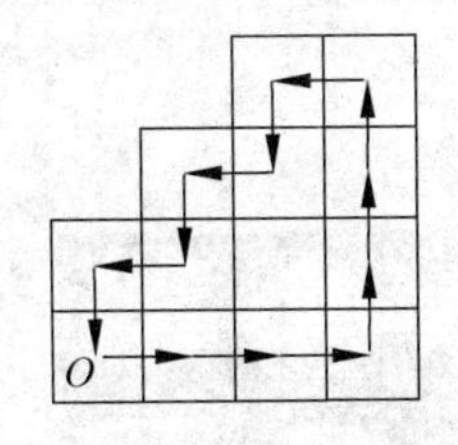

(a) 原区域及其边界链码

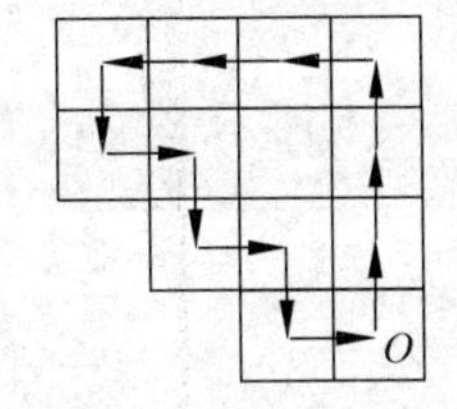

(b) 逆时针旋转90°后的区域及其边界链码

图 11-17 区域旋转与一阶差分链码

【例 11.7】 基于 MATLAB 编程，打开图像，统计边界链码，并利用链码重构目标区域边界。

解：设计思路如下：

把图像二值化后，统计每个区域的边界点，判断点和点之间的位置关系，并确定链码。根据链码判断边界上的点，实现目标区域边界重构。

程序如下：

```
image = imread('morphplane.jpg');
BW = im2bw(image);
[B,L] = bwboundaries(1 - BW);                    %因飞机区域为黑色，所以采用1 - BW反色
len = length(B);
chain = cell(len,1);                              %存放各区域链码
startpoint = zeros(len,2);                        %存放各区域起点
for i = 1:len
   boundary = B{i};
   everylen = length(boundary);
   startpoint(i,:) = boundary(1,:);               %记录区域起点
   for j = 1:everylen - 1
      candidate = [0 1; - 1 1; - 1 0; - 1 - 1;0 - 1;1 - 1;1 0;1 1]; %依8方向链码顺序存放邻点
      y = boundary(j + 1,1) - boundary(j,1);
      x = boundary(j + 1,2) - boundary(j,2);      %边界线上后一点和前一点的位置差
      [is,pos] = ismember([y x],candidate,'rows'); %判断相邻关系是8方向中的第几个
      chain{i}(j) = pos - 1;                      %给链码赋值
   end
end
figure,imshow(L),title('绘制链码');
hold on
for i = 1:len
   x = startpoint(i,2); y = startpoint(i,1);
   plot(x,y,'r * ','MarkerSize',12)               %绘制链码起点
   boundary = chain{i};                           %当前链码
   everylen = length(boundary);
   for j = 1:everylen
      candidate = [y x + 1;y - 1 x + 1;y - 1 x;y - 1 x - 1;y x - 1;y + 1 x - 1;y + 1 x;y + 1 x + 1];
                                                  %候选点
      next = candidate(boundary(j) + 1,:);        %根据链码值判断下一个边界点
      x = next(2);y = next(1);
      plot(x,y,'g.');
   end
```

```
end
```

程序运行结果如图 11-18 所示。

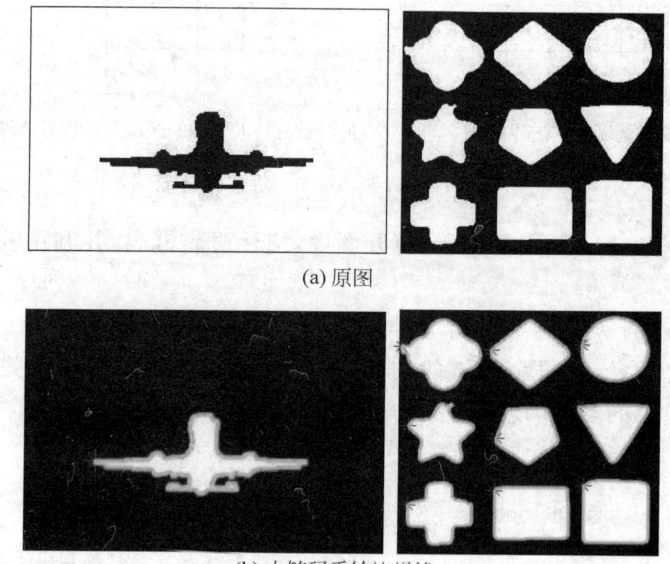

(a) 原图

(b) 由链码重绘边界线

图 11-18　链码构建及边界重建

图 11-18 中红色 * 点为链码起点。飞机区域链码长 447,可以进行重采样以降低长度。程序中 bwboundary 函数是对白色区域检测边界,形状认知图像的目标本身为白色,所以程序中不需要“1-BW”实现反色。

11.4.2 傅里叶描绘子

区域边界上的点(x,y)表示成复数为$x+\mathrm{j}y$,沿边界跟踪一周,得到一个复数序列:

$$z(n)=x(n)+\mathrm{j}y(n),\quad n=0,1,\cdots,N-1 \tag{11-22}$$

很明显,$z(n)$是以周长为周期的周期信号。

求 $z(n)$的 DFT 系数 $Z(k)$:

$$Z(k)=\sum_{n=0}^{N-1}z(n)\mathrm{e}^{-\mathrm{j}\frac{2\pi kn}{N}},\quad k=0,1,2,\cdots,N-1 \tag{11-23}$$

系数 $Z(k)$称为傅里叶描绘子。

因 DFT 为可逆变换,因此,可以使用 $z(n)$表示边界,同样也可以使用 $Z(k)$来描述区域的形状。

作为描绘子,希望 $Z(k)$具有几何变换不变性,即不随着目标发生平移、旋转或比例变换而变换,通过分析可知,当起始点沿曲线点列移动一个距离 n_0 后,其 DFT 系数的幅值不变,仅相位变化了 $2\pi kn_0/N$;曲线在坐标平面上平移 z_0,仅改变 $Z(0)$;当曲线点列旋转角度 θ 时,DFT 系数幅值不变,相位随着改变 θ;当区域发生缩放变换时,DFT 系数幅值随着改变,但相位不变。

综上所述,$Z(0)$表示区域形心的位置,受到曲线平移的影响。而对于别的系数,幅值具有旋转不变性和平移不变性,相位信息具有缩放不变性。

通过对 DFT 系数进行相应处理使其具有几何变换不变性，对 DFT 系数进行如下变换：去掉 $Z(0)$，避免受平移影响；对 $Z(k)(k=1,2,\cdots,N-1)$ 取幅值，则不受起点位置改变和旋转的影响；将 $Z(k)(k=1,2,\cdots,N-1)$ 都除以 $|Z(1)|$，将模 $|Z(1)|$ 归一化为 1，则不受缩放影响。至此，得到的 DFT 系数 $\{|Z(k)/|Z(1)||,k\geqslant 1\}$ 具有平移、旋转、比例变换及起始点位置改变的不变性。

DFT 变换是可逆的，可以利用 DFT 描绘子重建区域边界曲线。由于傅里叶的高频分量对应于一些细节部分，而低频分量则对应基本形状，因此，重建时可以只使用复序列 $\{Z(k)\}(k=0,1,\cdots,N-1)$ 的前 M 个较大系数，即后面 $N-M$ 个系数置零。重建公式为

$$\hat{z}(n)=\frac{1}{M}\sum_{k=0}^{M-1}Z(k)\mathrm{e}^{\mathrm{j}\frac{2\pi kn}{N}},\quad n=0,1,\cdots,N-1 \tag{11-24}$$

由于在重建曲线时略去了具有细节信息的高频信息，当 M 较小时，只能得到原曲线的大体形状；系数越多，越逼近原曲线。

【例 11.8】 打开积木图像，分割图像并计算各区域边界点的傅里叶描绘子并重建边界。

解：程序如下：

```
Image = rgb2gray(imread('bricks.jpg'));
figure,imshow(Image),title('原始图像');
bw = imbinarize(Image);
figure,imshow(bw),title('分割图像');
S = zeros(size(Image));
[B,L] = bwboundaries(1 - bw);                     %二值图像反色,并搜索区域内外边界
M = zeros(length(B),4);                           %M存储重建时采用的点数
for k = 1:length(B)                               %length(B)为分割出的区域数
   N = length(B{k});                              %N为第k个区域边界点数
   if N/2~ = round(N/2)                           %点数非偶数
      B{k}(end + 1,:) = B{k}(end,:);              %边界点增加1
      N = N + 1;
   end
   M(k,:) = [N/2 N * 7/8 N * 15/16 N * 63/64];    %重建采用的点数为原点数的1/2、1/8、1/16、1/64
end
for m = 1:4                                       %四种重建情况
   figure,imshow(S);
   hold on;
   for k = 1:length(B)                            %每个区域分别处理
      z = B{k}(:,2) + 1i * B{k}(:,1);             %构建复数点列
      Z = fft(z);                                 %DFT变换
      [Y I] = sort(abs(Z));                       %按模的大小升序排列
      for count = 1:M(k,m)
         Z(I(count)) = 0;                         %按给定的比例,将较小的项设为0
      end
      zz = ifft(Z);                               %IDFT
      plot(real(zz),imag(zz),'w');                %重绘边界
   end
end
```

程序运行效果如图 11-19 所示。

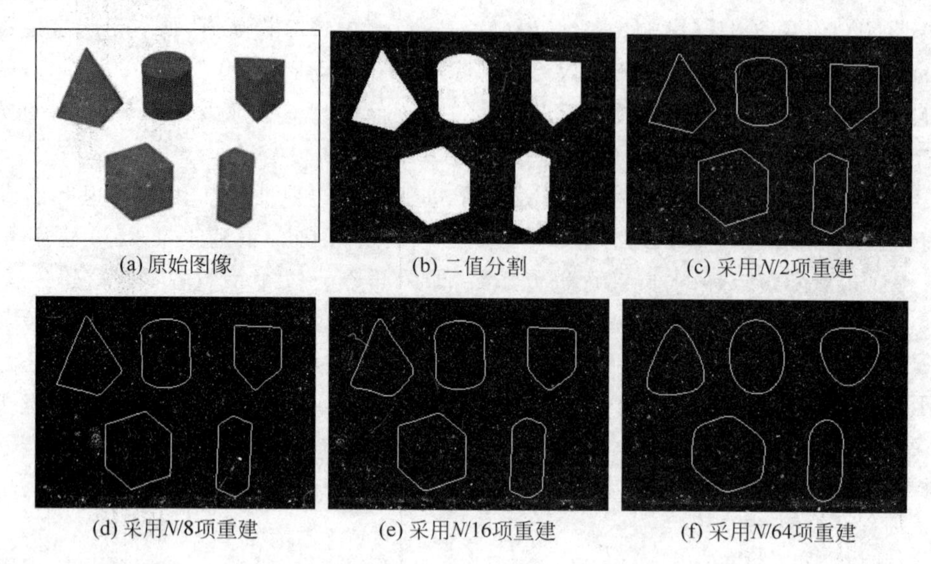

(a) 原始图像　(b) 二值分割　(c) 采用$N/2$项重建

(d) 采用$N/8$项重建　(e) 采用$N/16$项重建　(f) 采用$N/64$项重建

图 11-19　边界的傅里叶描绘子及边界重建

通过上述方法，获得积木图像中 5 个区域边界，各自的傅里叶描绘子分别为 202、230、208、202、190 项。图 11-19(c)、(d)、(e)、(f)分别为用 1/2、1/8、1/16 和 1/64 的傅里叶描绘子对边界进行重建的结果，从图中可以看出，采用 $N/8$ 项重建的边界与原边界基本相同；采用 $N/16$ 项重建时，略有失真；而采用 $N/64$ 项重建则有较明显变形。

11.5　矩描述

所谓的矩描述是指以灰度分布的各阶矩来描述区域及其灰度分布特性，图像区域的某些矩具有几何变换不变性，在图像分类识别方面应用较多。

11.5.1　矩

二维函数 $f(x,y)$，它的 $p+q$ 阶矩定义为

$$M_{pq}=\int_{-\infty}^{\infty}\int_{-\infty}^{\infty}x^p y^q f(x,y)\mathrm{d}x\mathrm{d}y,\quad p,q=0,1,2,\cdots \tag{11-25}$$

对于数字图像而言，式(11-25)改写为

$$M_{pq}=\sum_{x=0}^{M-1}\sum_{y=0}^{N-1}x^p y^q f(x,y),\quad p,q=0,1,2,\cdots \tag{11-26}$$

对于二值函数 $f(x,y)$，目标区域取值为 1，背景为 0，矩系数只反映了区域的形状而忽略其内部的灰度级细节。

零阶矩 M_{00} 为

$$M_{00}=\sum_{x=0}^{M-1}\sum_{y=0}^{N-1}f(x,y) \tag{11-27}$$

所有的一阶矩和高阶矩除以 M_{00} 后，都与区域的大小无关。

$$\begin{cases} M_{10} = \sum_{x=0}^{M-1}\sum_{y=0}^{N-1} xf(x,y) \\ M_{01} = \sum_{x=0}^{M-1}\sum_{y=0}^{N-1} yf(x,y) \end{cases} \tag{11-28}$$

M_{10}对二值图像来讲就是区域上所有点的 x 坐标的总和，M_{01}就是区域上所有点的 y 坐标的总和。图像中一个区域的质心坐标为

$$\bar{x} = \frac{M_{10}}{M_{00}}, \quad \bar{y} = \frac{M_{01}}{M_{00}} \tag{11-29}$$

矩不具有几何变换不变性，往往采用中心矩以及归一化的中心矩。

$p+q$ 阶中心矩定义为

$$\mu_{pq} = \sum_{x=0}^{M-1}\sum_{y=0}^{N-1} f(x,y)(x-\bar{x})^p(y-\bar{y})^q \tag{11-30}$$

归一化的中心矩为

$$\eta_{pq} = \frac{\mu_{pq}}{\mu_{00}^{\gamma}}, \quad \gamma = \frac{p+q}{2}+1, \quad p+q = 2,3,\cdots \tag{11-31}$$

中心矩具有平移不变性，归一化后的中心矩具有比例变换不变性，在此基础上，由不高于三阶的归一化中心矩构造不变矩组：

$$\begin{cases} \phi_1 = \eta_{20} + \eta_{02} \\ \phi_2 = (\eta_{20} - \eta_{02})^2 + 4\eta_{11}^2 \\ \phi_3 = (\eta_{30} - 3\eta_{12})^2 + (3\eta_{21} - \eta_{03})^2 \\ \phi_4 = (\eta_{30} + \eta_{12})^2 + (\eta_{21} + \eta_{03})^2 \\ \phi_5 = (\eta_{30} - 3\eta_{12})(\eta_{30} + \eta_{12})[(\eta_{30} + \eta_{12})^2 - 3(\eta_{21} + \eta_{03})^2] + \\ \qquad (3\eta_{21} - \eta_{03})(\eta_{21} + \eta_{03})[3(\eta_{30} + \eta_{12})^2 - (\eta_{21} + \eta_{03})^2] \\ \phi_6 = (\eta_{20} - \eta_{02})[(\eta_{30} + \eta_{12})^2 - (\eta_{21} + \eta_{03})^2] + 4\eta_{11}(\eta_{30} + \eta_{12})(\eta_{21} + \eta_{03}) \\ \phi_7 = (3\eta_{21} - \eta_{03})(\eta_{30} + \eta_{12})[(\eta_{30} + \eta_{12})^2 - 3(\eta_{21} + \eta_{03})^2] - \\ \qquad (\eta_{30} - 3\eta_{12})(\eta_{21} + \eta_{03})[3(\eta_{30} + \eta_{12})^2 - (\eta_{21} + \eta_{03})^2] \end{cases} \tag{11-32}$$

文献已经证明这个矩组对于平移、旋转和比例变换具有不变性。编程验证留给读者作为习题。

【例 11.9】 编程，对图 11-18 所示的飞机图像进行几何变换，并计算各图像的不变矩组值。

解：程序如下：

```
Iorigin = imread('morphplane.jpg');
Iorigin = 255 - Iorigin;
Irotate = imrotate(Iorigin,15,'bilinear');              % 对图像进行几何变换
Iresize = imresize(Iorigin,0.4,'bilinear');
Imirror = fliplr(Iorigin);
bwo = im2bw(Iorigin);          bwr = im2bw(Irotate);
bws = im2bw(Iresize);          bwm = im2bw(Imirror);
huo = invmoments(bwo);         hur = invmoments(bwr);
hus = invmoments(bws);         hum = invmoments(bwm);   % 计算四幅图的不变矩组
```

```
function Hu = invmoments(bw)
[N,M] = size(bw);
M00 = 0; M10 = 0; M01 = 0;
for x = 1:M
    for y = 1:N
        M00 = M00 + bw(y,x);
        M10 = M10 + x * bw(y,x);
        M01 = M01 + y * bw(y,x);
    end
end
centerx = M10/M00; centery = M01/M00;                    % 质心坐标
u02 = 0;u20 = 0;u11 = 0;u21 = 0;u12 = 0;u30 = 0;u03 = 0;
for x = 1:M
    for y = 1:N
        u20 = u20 + bw(y,x) * (x - centerx)^2;
        u02 = u02 + bw(y,x) * (y - centery)^2;
        u11 = u11 + bw(y,x) * (x - centerx) * (y - centery);
        u30 = u30 + bw(y,x) * (x - centerx)^3;
        u03 = u03 + bw(y,x) * (y - centery)^3;
        u21 = u21 + bw(y,x) * (x - centerx)^2 * (y - centery);
        u12 = u12 + bw(y,x) * (y - centery)^2 * (x - centerx);
    end
end
n20 = u20/(M00 ^2);n02 = u02/(M00 ^2);n11 = u11/(M00 ^2);
n21 = u21/(M00 ^2.5);n12 = u12/(M00 ^2.5);
n03 = u03/(M00 ^2.5);n30 = u30/(M00 ^2.5);
Hu(1) = n20 + n02;
Hu(2) = (n20 - n02)^2 + 4 * n11 ^2;
Hu(3) = (n30 - 3 * n12)^2 + (3 * n21 - n03)^2;
Hu(4) = (n30 + n12)^2 + (n21 + n03)^2;
Hu(5) = (n30 - 3 * n12) * (n30 + n12) * ((n30 + n12)^2 - 3 * (n21 + n03)^2)...
    + (3 * n21 - n03) * (n21 + n03) * (3 * (n30 + n12)^2 - (n21 + n03)^2);
Hu(6) = (n20 - n02) * ((n03 + n12)^2 - (n21 + n03)^2) + 4 * n11 * (n30 + n12) * (n21 + n03);
Hu(7) = (3 * n21 - n03) * (n30 + n12) * ((n30 + n12)^2 - 3 * (n21 + n03)^2)...
    - (n30 - 3 * n12) * (n21 + n03) * (3 * (n30 + n12)^2 - (n21 + n03)^2);
end
```

程序运行结果如表 11-1 所示。

表 11-1　四幅图像不变矩组的计算结果

图　　像	ϕ_1	ϕ_2	ϕ_3	ϕ_4	ϕ_5	ϕ_6	ϕ_7
原图	0.3950	0.0756	0.0041	0.0002	0.0000	0.0000	−0.0000
旋转图	0.3922	0.0740	0.0040	0.0002	0.0000	0.0001	−0.0000
缩小图	0.3962	0.0766	0.0055	0.0013	0.0000	0.0000	−0.0000
镜像图	0.3950	0.0756	0.0041	0.0002	0.0000	0.0000	0.0000

从表 11-1 中可以看出，随着图像的几何变换，不变矩组取值基本不变。

11.5.2　与矩相关的特征

除了由归一化中心矩定义的不变矩组可以作为区域特征外，与矩相关的很多量也可以作为描述区域的特征量，如上文所讲的 M_{00}，当区域的质量密度 $f(x,y)$ 为1时，表示区域面积，否则表示区域的质量；M_{10}、M_{01} 反映了区域的质心坐标。本小节将介绍其余与矩相关的特征量。

1. 二阶矩

二阶矩 M_{20}、M_{02} 分别表示相对于 y 轴、x 轴的转动惯量，定义如下：

$$\begin{cases} M_{20} = \sum_{x=0}^{M-1}\sum_{y=0}^{N-1} x^2 f(x,y) \\ M_{02} = \sum_{x=0}^{M-1}\sum_{y=0}^{N-1} y^2 f(x,y) \end{cases} \tag{11-33}$$

由二阶矩定义可得对 y 轴、x 轴及质心的平均旋转半径为

$$\begin{cases} R_x = \left(\dfrac{M_{20}}{M_{00}}\right)^{1/2} \\ R_y = \left(\dfrac{M_{02}}{M_{00}}\right)^{1/2} \end{cases} \tag{11-34}$$

2. 主轴

一条过点 (x_0,y_0) 并和 x 轴成 α 角的直线 L 的方程为

$$(x-x_0)\sin\alpha-(y-y_0)\cos\alpha=0 \tag{11-35}$$

若区域 R 中灰度函数 $f(x,y)$ 视作质量，区域 R 关于这条直线的转动惯量为

$$I=\iint_R[(x-x_0)\sin\alpha-(y-y_0)\cos\alpha]^2 f(x,y)\mathrm{d}x\mathrm{d}y \tag{11-36}$$

使 I 取最小的直线称为区域的主轴，经过区域 R 的质心，给出区域的取向，如图11-20中的虚线所示。

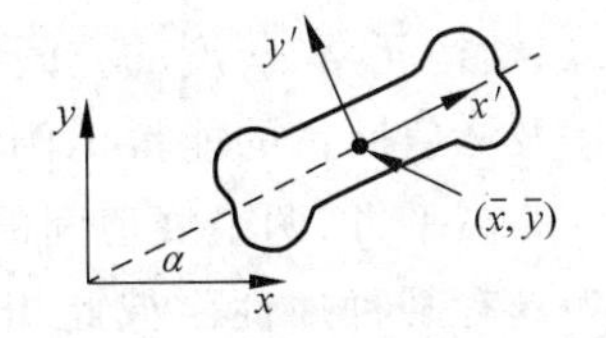

图11-20　区域主轴图示

对式(11-36)求最小，求导，解方程得：

$$\tan 2\alpha=\frac{2\mu_{11}}{\mu_{20}-\mu_{02}} \tag{11-37}$$

以质心为坐标原点，对 x、y 轴分别逆时针旋转 α 角得坐标轴 x'、y'，其与区域的长轴和短轴重合。如果区域在计算矩之前顺时针旋转 α 角，或相对于 x'、y' 轴计算矩，那么矩就具有旋转不变性。

3. 等效椭圆

当图像区域中的灰度分布视作质量密度时，可计算其转动惯量，与椭圆方程在形式上是一致的(此处略去公式推导)，因此，一个区域的许多特征可以用这个椭圆的有关参数来表示，这个椭圆称为等效椭圆。

等效椭圆的中心一般位于区域的质心，即式(11-29)所示的 $(\bar{x},\bar{y})$；椭圆主轴与 x 轴的夹角 α 由式(11-37)所示，椭圆的半长轴长、半短轴长如式(11-38)所示。

$$\begin{cases} a=\left[\dfrac{2(\mu_{20}+\mu_{02}+\sqrt{(\mu_{20}-\mu_{02})^2+4\mu_{11}^2})}{\mu_{00}}\right]^{\frac{1}{2}} \\ b=\left[\dfrac{2(\mu_{20}+\mu_{02}-\sqrt{(\mu_{20}-\mu_{02})^2+4\mu_{11}^2})}{\mu_{00}}\right]^{\frac{1}{2}} \end{cases} \tag{11-38}$$

4. 偏心率

偏心率描述了区域的紧凑性，有多种计算公式，可以定义为区域主轴长度与辅轴长度的

比值：

$$e = a/b \tag{11-39}$$

这样定义的 e 考虑了区域所有的像素及其灰度，更能反映区域的灰度分布性质。若区域的灰度是均匀的，当区域接近于圆时，e 接近于 1，否则 $e>1$。但这样的计算受物体形状和噪声的影响比较大。

偏心率也可定义为

$$e = \left(\frac{\mu_{20} + \mu_{02}}{\mu_{00}}\right)^{1/2} \tag{11-40}$$

其反映了区域各点对质心距离的统计方差以及物体偏离质心的程度。

考虑到等效椭圆长短轴的长度计算公式差别，偏心率可定义为

$$e = \frac{(\mu_{20} - \mu_{02})^2 + 4\mu_{11}}{\mu_{00}} \tag{11-41}$$

11.6 纹理描述

纹理是图像分析中常用的概念，类似于砖墙、布匹、草地等具有重复性结构的图像被称为纹理图像。纹理图像中灰度分布一般具有某种周期性（即便灰度变化是随机的，也具有一定的统计特性），周期长纹理显得粗糙，周期短纹理细致。纹理反应一个区域中像素灰度级空间分布的属性，是一种常见的图像描述分析方法。

纹理分析方法一般常用统计法、频谱法、结构法等。统计方法包括自相关函数、纹理边缘、结构元素、灰度的空间共生概率、灰度行程和自回归模型等。频谱方法指根据傅里叶频谱及峰值所占的能量比例将图像分类，包括计算峰值处的面积、峰值处的相位、峰值与原点的距离平方、两个峰值间的相角差等手段。结构方法研究基元及其空间关系，基元一般定义为具有某种属性而彼此相连的单元的集合；空间关系包括基元的相邻性、在一定角度范围内的最近距离等。本节主要讲解常用的几种方法。

11.6.1 联合概率矩阵法

联合概率矩阵法是对图像的所有像素进行统计调查以便描述其灰度分布的一种方法。

取图像中任意一点 (x,y) 及偏离它的另一点 $(x+\Delta x, y+\Delta y)$，设该点对的灰度值为 (f_1,f_2)，令点 (x,y) 在整个画面上移动，得到各种 (f_1,f_2) 值。设灰度值的级数为 L，则 f_1 与 f_2 的组合共有 L^2 种。对于整个画面，统计出每一种 (f_1,f_2) 值出现的次数，将其排列成一个方阵，再用 (f_1,f_2) 出现的总次数将它们归一化为出现的概率 $p(f_1,f_2)$，则这样的方阵为联合概率矩阵，也称为灰度共生矩阵。

也可以通过设定方向 θ 和距离 d 来确定灰度对 (f_1,f_2)，进而生成联合概率矩阵。

偏离值 $(\Delta x,\Delta y)$ 取不同的值就可以形成不同的联合概率矩阵。通常，$(\Delta x,\Delta y)$ 根据纹理周期分布的特性来选择：变化缓慢的图像的 $(\Delta x,\Delta y)$ 较小时，f_1 与 f_2 一般具有相近的灰度，体现在联合概率矩阵中，矩阵对角线及其附近的数值较大；变化较快的图像，矩阵各元素的取值相对均匀。

生成联合概率矩阵后，通常采用以下 5 个参数描述纹理特征。

1）角二阶矩

$$ASM = \sum_{f_1}\sum_{f_2}[p(f_1,f_2)]^2 \tag{11-42}$$

角二阶矩也称能量，用来度量图像平滑度。若所有像素具有相同灰度级 f，$p(f,f)=1$ 且 $p(f_1,f_2)=0(f_1\neq f$ 或 $f_2\neq f)$，则 $ASM=1$；若具有所有可能的像素对，且像素的灰度级具有相同的概率，则 ASM 等于这个概率值；区域越不平滑，分布 $p(f_1,f_2)$ 越均匀，且 ASM 越低。

2）对比度

$$CON = \sum_k k^2\left[\sum_{f_1}\sum_{\substack{f_2 \\ k=|f_1-f_2|}} p(f_1,f_2)\right] \tag{11-43}$$

若联合概率矩阵中偏离对角线的元素有较大值，即图像亮度值变化很快，则 CON 会有较大取值。

3）倒数差分矩

$$IDM = \sum_{f_1}\sum_{f_2}\frac{p(f_1,f_2)}{1+|f_1-f_2|} \tag{11-44}$$

倒数差分矩也称为同质性、逆差矩，反映了图像中的局部灰度相关性。当图像像素值均匀相等时，灰度共生矩阵对角元素有较大值，IDM 就会取较大的值。相反，区域越不平滑，IDM 值越小。

4）熵

$$ENT = -\sum_{f_1}\sum_{f_2}p(f_1,f_2)\log_2 p(f_1,f_2) \tag{11-45}$$

熵是描述图像具有的信息量的度量，表明图像的复杂程度。当复杂程度高时，熵值较大，反之则较小。若灰度共生矩阵值分布均匀，即图像近于随机或噪声很大时，熵会有较大值。

5）相关系数

$$COR = \frac{\sum_{f_1}\sum_{f_2}(f_1-\mu_{f_1})(f_2-\mu_{f_2})p(f_1,f_2)}{\sigma_{f_1}\sigma_{f_2}} \tag{11-46}$$

其中

$$\mu_{f_1} = \sum_{f_1}f_1\sum_{f_2}p(f_1,f_2),\quad \mu_{f_2} = \sum_{f_2}f_2\sum_{f_1}p(f_1,f_2)$$

$$\sigma_{f_1}^2 = \sum_{f_1}(f_1-\mu_{f_1})^2\sum_{f_2}p(f_1,f_2),\quad \sigma_{f_2}^2 = \sum_{f_2}(f_2-\mu_{f_2})^2\sum_{f_1}p(f_1,f_2)$$

【例 11.10】 一幅图像 $f=\begin{bmatrix}0&1&2&3&0&1&2\\1&2&3&0&1&2&3\\2&3&0&1&2&3&0\\3&0&1&2&3&0&1\\0&1&2&3&0&1&2\\1&2&3&0&1&2&3\\2&3&0&1&2&3&0\end{bmatrix}$，设 $\Delta x=1$，$\Delta y=0$，按照定义，编写

程序生成联合概率矩阵,并计算相应参数值。

解:统计图像中$(f_{x,y},f_{x+1,y})$灰度对出现次数,生成联合概率矩阵

$$\begin{array}{cc} & f_2 \quad 0 \quad 1 \quad 2 \quad 3 \\ f_1 & \begin{array}{c}0\\1\\2\\3\end{array}\begin{pmatrix} 0 & 10 & 0 & 0 \\ 0 & 0 & 11 & 0 \\ 0 & 0 & 0 & 11 \\ 10 & 0 & 0 & 0 \end{pmatrix}\end{array}$$

。

参数计算如下:

$$ASM = (10^2 + 11^2 + 11^2 + 10^2)/42^2 - 0.2506$$

$$CON = [1 \cdot (10 + 11 + 11) + 3^2 \cdot 10]/42 = 2.9048$$

$$IDM = \left(\frac{10}{1+1} + \frac{11}{1+1} + \frac{11}{1+1} + \frac{10}{1+3}\right)\Big/42 = 0.4405$$

$$ENT = -\frac{10}{42}\log\left(\frac{10}{42}\right) - \frac{11}{42}\log\left(\frac{11}{42}\right) - \frac{11}{42}\log\left(\frac{11}{42}\right) - \frac{10}{42}\log\left(\frac{10}{42}\right) = 1.9984$$

$$\mu_{f_1} = \sum_{f_1} f_1 \sum_{f_2} p(f_1, f_2) = (1 \cdot 11 + 2 \cdot 11 + 3 \cdot 10)/42 = 1.5$$

$$\mu_{f_2} = \sum_{f_2} f_2 \sum_{f_1} p(f_1, f_2) = (1 \cdot 10 + 2 \cdot 11 + 3 \cdot 11)/42 = 1.5476$$

$$\sigma_{f_1}^2 = [(0-1.5)^2 \cdot 10 + (1-1.5)^2 \cdot 11 + (2-1.5)^2 \cdot 11 + (3-1.5)^2 \cdot 10]/42 = 1.2024$$

$$\sigma_{f_1}^2 = [(0-1.5476)^2 \cdot 10 + (1-1.5476)^2 \cdot 10 + (2-1.5476)^2 \cdot 11 + (3-1.5476)^2 \cdot 11]/42 = 1.2477$$

$$COR = \frac{\begin{bmatrix}(0-1.5) \cdot (1-1.5476) \cdot 10 + (1-1.5) \cdot (2-1.5476) \cdot 11 + \\ (2-1.5) \cdot (3-1.5476) \cdot 11 + (3-1.5) \cdot (0-1.5476) \cdot 10\end{bmatrix}}{42\sqrt{1.2024 \cdot 1.2477}} = 0.1847$$

程序如下:

```
f = [0 1 2 3 0 1 2; 1 2 3 0 1 2 3; 2 3 0 1 2 3 0; 3 0 1 2 3 0 1;
                    0 1 2 3 0 1 2; 1 2 3 0 1 2 3; 2 3 0 1 2 3 0];
f = f + 1; top = max(f(:));
f = f/top * 4; f = uint8(f);                  % 调整 f 的取值范围为[1 4],方便作为数组下标
CoMatrices = zeros(top,top);                  % 定义联合概率矩阵
[h,w] = size(f); total = 0;
deltax = 1; deltay = 0;                       % 设置偏移量
for f2 = 1:w - deltax
    for f1 = 1:h - deltay
        CoMatrices(f(f1,f2),f(f1 + deltay,f2 + deltax)) =
                          CoMatrices(f(f1,f2),f(f1 + deltay,f2 + deltax)) + 1;
        total = total + 1;
    end
end
CoMatrices = CoMatrices/total;                % 生成联合概率矩阵
ASM = 0; CON = 0; IDM = 0; ENT = 0; COR = 0;
miuf1 = 0; miuf2 = 0; sigmaf1 = 0; sigmaf2 = 0;
for f2 = 1:top                                % 循环扫描联合概率矩阵,按定义计算各参数
```

```
    for f1 = 1:top
        ASM = ASM + CoMatrices(f1,f2)^2;
        CON = CON + (f1 - f2)^2 * CoMatrices(f1,f2);
        IDM = IDM + CoMatrices(f1,f2)/(1 + abs(f1 - f2));
        ENT = ENT - CoMatrices(f1,f2) * log2(CoMatrices(f1,f2));
        miuf1 = miuf1 + f1 * CoMatrices(f1,f2);
        miuf2 = miuf2 + f2 * CoMatrices(f1,f2);
    end
end
for f2 = 1:top
    for f1 = 1:top
        sigmaf1 = sigmaf1 + (f1 - miuf1)^2 * CoMatrices(f1,f2);
        sigmaf2 = sigmaf2 + (f2 - miuf2)^2 * CoMatrices(f1,f2);
    end
end
for f2 = 1:top
    for f1 = 1:top
        COR = COR + (f2 - miuf2) * (f1 - miuf1) * CoMatrices(f1,f2);
    end
end
COR = COR/sqrt(sigmaf1 * sigmaf2);
```

程序结果如前所述。

【例 11.11】 打开一幅灰度图像，利用 MATLAB 提供的函数生成联合概率矩阵并计算参数。

解：MATLAB 提供的函数如下：

GLCMS=graycomatrix(I,PARAM1,VALUE1,PARAM2,VALUE2,...)：产生图像 I 的灰度共生矩阵 GLCMS(未归一化，为各灰度对出现的次数)。

[GLCMS,SI]=graycomatrix(...)：返回缩放图像 SI，SI 是用来计算灰度共生矩阵的。SI 中的元素值介于 1 和灰度级数目之间。相关参数如表 11-2 所示。

STATS=graycoprops(GLCM,PROPERTIES)：从灰度共生矩阵 glcm 计算属性矩阵 STATS。属性包括 Contrast、Correlation、Energy、Homogemeity。

表 11-2　graycomatrix 函数的参数

参　数	描　述
Offset	一个 $p\times2$ 的整数矩阵，每一行是一个二维向量[ROW_OFFSET COL_OFFSET]，指定组成灰度对的两个像素的偏移量，默认为[0 1]。当偏移用角度表示时，Offset 可表示为[0 D]、[−D D]、[−D 0]、[−D −D]，代表 0°、45°、90°、135°
NumLevels	一个整数，指定图像中灰度的归一范围。如为 8，即将图像 I 的灰度映射到 1 到 8 之间，也决定了灰度共生矩阵的大小。灰度图像默认为 8，二值图像必须为 2
GrayLimits	二维向量[LOW HIGH]，图像中的灰度线性变换到[LOW HIGH]，小于等于 LOW 的灰度变到 1，大于等于 HIGH 变到 HIGH；如果其设为[]，灰度共生矩阵将使用图像 I 的最小及最大灰度值作为 GrayLimits，即[min(I(:)) max(I(:))]
Symmetric	布尔量，默认值为 false，产生矩阵时，根据 Offset 的值统计偏移前后两个像素点对 (f_1,f_2) 出现的次数；当该参数设定为 true 时，统计 (f_1,f_2) 和 (f_2,f_1) 出现的次数

程序如下：

```
f = rgb2gray(imread('texture1.bmp'));                   % 读取纹理图像
[g1,SI1] = graycomatrix(f,'G',[]);                      % 生成灰度共生矩阵
status1 = graycoprops(g1);                              % 计算属性矩阵 staus1
f = filter2(fspecial('average',min(size(f))/8),f);      % 对原图作高强度滤波
[g2,SI2] = graycomatrix(f,'G',[]);                      % 对滤波后的图像生成灰度共生矩阵
status2 = graycoprops(g2);                              % 计算属性矩阵 status2
```

程序运行结果如下：

```
status1 =
      Contrast: 0.6303
   Correlation: 0.7874
        Energy: 0.0901
   Homogeneity: 0.7628
```

(a) 原图及参数

```
status2 =
      Contrast: 0.0893
   Correlation: 0.9606
        Energy: 0.2396
   Homogeneity: 0.9553
```

(b) 平滑图及参数

图 11-21　灰度共生矩阵及参数计算

从图 11-21 中的数据可以看出，平滑后的图像对比度降低，自相关性增强，角二阶矩和倒数差分矩增大。

11.6.2　灰度差分统计法

设(x,y)为图像中的一点，该点与和它只有微小距离的点$(x+\Delta x,y+\Delta y)$的灰度差值g称为灰度差分：

$$g(x,y)=f(x,y)-f(x+\Delta x,y+\Delta y) \tag{11-47}$$

设灰度差分的所有可能取值共有m级，令点(x,y)在整个画面上移动，累计出$g(x,y)$取各个数值的次数，由此便可以作出$g(x,y)$的直方图。由直方图可以知道$g(x,y)$取值的概率$p_g(i)$（i为灰度差值）。

当取较小i值的概率$p_g(i)$较大时，说明纹理较粗糙；差值直方图较平坦时，说明纹理较细。

从上述描述可知，灰度差分统计实际上和联合概率矩阵具有相同之处，都是同时考查相距微小距离的两点的灰度；不同之处在于联合概率矩阵是组成灰度对的考查概率，灰度差分统计是计算灰度差的考查概率。两种方法本质是相同的。

灰度差分统计法一般用以下参数来描述图像特征：

(1) 对比度：

$$CON = \sum_i i^2 p_g(i) \tag{11-48}$$

(2) 角度方向二阶矩：

$$ASM = \sum_i [p_g(i)]^2 \tag{11-49}$$

(3) 熵：

$$ENT = -\sum_i p_g(i)\log_2 p_g(i) \tag{11-50}$$

(4) 平均值：

$$MEAN = \frac{1}{m}\sum_i i p_g(i) \tag{11-51}$$

在上述公式中，$p_g(i)$较平坦时，ASM 较小，ENT 较大；若 $p_g(i)$分布在原点附近，则 $MEAN$ 值较小。

11.6.3　行程长度统计法

行程长度是指在同一方向上具有相同灰度值或灰度差别在某个范围内的像素个数。粗纹理区域中长行程情况出现较多，细纹理区域中短行程情况出现较多，因此，可以通过统计行程长度来体现纹理特性。

设点(x,y)的灰度值为 f，统计出从任一点出发沿 θ 方向上连续 n 个点都具有灰度值 f 这种情况发生的概率，记为 $p(f,n)$。把(f,n)在图像中出现的次数表示成矩阵第 f 行第 n 列的元素，构成行程长度矩阵，如例 11.12 所示。

【例 11.12】 设有一幅图像 $\boldsymbol{f}=\begin{bmatrix}0&0&2&2\\1&1&0&0\\3&2&3&3\\3&2&2&2\end{bmatrix}$，对于 2 个方向（0°,45°），定义相应的行程长度矩阵 $\boldsymbol{M}_{\mathrm{RL}}$。

解：统计 0°方向，连续出现 2 个灰度 0 的次数为 2；连续出现 2 个灰度 1 的次数为 1；连续出现 1 个灰度 2 的次数为 1，连续出现 2 个灰度 2 的次数为 1……依次统计得到 $\boldsymbol{M}_{\mathrm{RL}}(0°)$。

同样的方法，统计 45°方向的行程长度，得

$$\boldsymbol{M}_{\mathrm{RL}}(0°) = f\begin{matrix} n \\ 0 \\ 1 \\ 2 \\ 3 \end{matrix}\begin{matrix} \begin{matrix}1&2&3&4\end{matrix} \\ \begin{pmatrix}0&2&0&0\\0&1&0&0\\1&1&1&0\\2&1&0&0\end{pmatrix}\end{matrix},\quad \boldsymbol{M}_{\mathrm{RL}}(45°) = f\begin{matrix} n \\ 0 \\ 1 \\ 2 \\ 3 \end{matrix}\begin{matrix} \begin{matrix}1&2&3&4\end{matrix} \\ \begin{pmatrix}4&0&0&0\\2&0&0&0\\6&0&0&0\\4&0&0&0\end{pmatrix}\end{matrix}$$

1) 短行程补偿

$$SRE = \frac{\sum\limits_f \sum\limits_n \left(\dfrac{\boldsymbol{M}_{\mathrm{RL}}(f,n)}{n^2}\right)}{\sum\limits_f \sum\limits_n \boldsymbol{M}_{\mathrm{RL}}(f,n)} \tag{11-52}$$

给短行程较大的权值，当短行程较多时，SRE 较大。分母为归一化因子。

2）长行程补偿

$$LRE=\frac{\sum_{f}\sum_{n}(\boldsymbol{M}_{\mathrm{RL}}(f,n)n^{2})}{\sum_{f}\sum_{n}\boldsymbol{M}_{\mathrm{RL}}(f,n)} \tag{11-53}$$

给长行程较大的权值，当长行程较多时，LRE 较大。

3）灰度级非均匀性

$$GLD=\frac{\sum_{f}\left[\sum_{n}(\boldsymbol{M}_{\mathrm{RL}}(f,n))\right]^{2}}{\sum_{f}\sum_{n}\boldsymbol{M}_{\mathrm{RL}}(f,n)} \tag{11-54}$$

若各灰度各种行程情况出现较均匀，则 GLD 较小，表明纹理较细，变化剧烈；如果图像某种灰度出现较多，则 GLD 较大，表明纹理较粗，变化平缓。

4）行程长度非均匀性

$$RLD=\frac{\sum_{n}\left[\sum_{f}(\boldsymbol{M}_{\mathrm{RL}}(f,n))\right]^{2}}{\sum_{f}\sum_{n}\boldsymbol{M}_{\mathrm{RL}}(f,n)} \tag{11-55}$$

各行程（各灰度出现）的频数相近，则 RLD 较小；当某些行程长度出现较多时，则 RLD 较大。

5）行程百分比

$$RP=\frac{\sum_{f}\sum_{n}\boldsymbol{M}_{\mathrm{RL}}(f,n)}{N} \tag{11-56}$$

N 为区域像素点数，相当于行程长度为 1 的情况总数。当区域中具有较长的线纹理时，总的行程情况数较少，RP 较小。

【例 11.13】 设一幅图像 $\boldsymbol{f}=\begin{bmatrix}0&1&2&3&0&1&2\\1&2&3&0&1&2&3\\2&3&0&1&2&3&0\\3&0&1&2&3&0&1\\0&1&2&3&0&1&2\\1&2&3&0&1&2&3\\2&3&0&1&2&3&0\end{bmatrix}$，取 45°方向，生成行程长度矩阵，并计算相应参数值。

解：按照行程长度定义，统计 45°方向上各灰度各行程出现的次数，生成行程长度矩阵 $\boldsymbol{M}_{\mathrm{RL}}$。

$$\begin{array}{ccc} & n & \begin{array}{ccccccc}1&2&3&4&5&6&7\end{array}\\ \boldsymbol{M}_{\mathrm{RL}}(45^{\circ})= & f\begin{array}{c}0\\1\\2\\3\end{array} & \begin{pmatrix}2&0&0&0&2&0&0\\0&1&0&1&0&1&0\\0&0&2&0&0&0&1\\0&1&0&1&0&1&0\end{pmatrix}\end{array}$$

$$SRE=\frac{\left[\left(2+\frac{2}{5^2}\right)+\left(\frac{1}{2^2}+\frac{1}{4^2}+\frac{1}{6^2}\right)+\left(\frac{2}{3^2}+\frac{1}{7^2}\right)+\left(\frac{1}{2^2}+\frac{1}{4^2}+\frac{1}{6^2}\right)\right]}{13}=0.23$$

$$LRE=\frac{[(2+2\times5^2)+(2^2+4^2+6^2)+(2\times3^2+7^2)+(2^2+4^2+6^2)]}{13}=17.77$$

$$GLD=\frac{4^2+3^2+3^2+3^2}{13}=3.308$$

$$RLD=\frac{2^2+2^2+2^2+2^2+2^2+2^2+1^2}{13}=1.9$$

$$RP=\frac{13}{49}=0.26$$

【例 11.14】 对于图 11-21 所示的图像，编程计算其 45°方向行程长度矩阵及计算参数。

解：程序如下：

```
f = rgb2gray(imread('texture1.bmp'));
%f = rgb2gray(imread('smoothtexture.jpg'));
f = f + 1;                                          %调整 f 最小值为 1,方便做数组下标
top = max(f(:));  [h,w] = size(f);
N = min(h,w);     MRL = zeros(top,N);               %确定行程长度矩阵尺寸
length = 1;                                         %行程长度初始化
for x = 1:w                                         %图像区域左上三角阵行程长度统计
   newx = x;  newy = 1;
   for y = 1:min(h,x)
      oldx = newx;          oldy = newy;
      newx = newx - 1;      newy = y + 1;
      if newx > 0 && newy <= h && f(newy,newx) == f(oldy,oldx)
         length = length + 1;                       %判断某一 45°方向上灰度是否一致,并累计行程长度
      else                                          %累计行程长度矩阵对应元素
         MRL(f(oldy,oldx),length) = MRL(f(oldy,oldx),length) + 1;
         length = 1;
      end
   end
end
for y = 2:h                                         %图像区域剩余部分行程长度统计
   newx = w;  newy = y;
   for x = w: - 1:1
      oldx = newx;         oldy = newy;
      newx = x - 1;        newy = oldy + 1;
      if newx > 0 && newy <= h && f(newy,newx) == f(oldy,oldx)
         length = length + 1;
      else
         MRL(f(oldy,oldx),length) = MRL(f(oldy,oldx),length) + 1;
         length = 1;
         break;
      end
   end
end
SRE = 0;LRE = 0;GLD = 0;RLD = 0;RP = 0;total = 0;GLDp = 0;
for n = 1:N                                         %扫描行程长度矩阵,按定义计算各参数
```

```
        RLDp = 0;
        for f = 1:top
            total = total + MRL(f,n);
            SRE = SRE + MRL(f,n)/(n^2);
            LRE = LRE + MRL(f,n) * (n^2);
            RLDp = RLDp + MRL(f,n);
            RP = RP + MRL(f,n);
        end
        RLD = RLD + RLDp^2
    end
    for f = 1:top
        GLDp = 0;
        for n = 1:N
            GLDp = GLDp + MRL(f,n);
        end
        GLD = GLD + GLDp^2
    end
    SRE = SRE/total;  LRE = LRE/total;  RLD = RLD/total;
    RP = RP/(h * w);  GLD = GLD/total;
```

程序运行结果如表 11-3 所示。

表 11-3 平滑前后树皮图像统计的行程长度参数

	SRE	*LRE*	*GLD*	*RLD*	*RP*
原图像	0.9846	1.0651	257.0163	3.3197e+04	0.3970
平滑后图像	0.8186	141.2293	971.0011	2.4555e+04	0.2193

从表中数据可以看出，平滑后图像长行程增多，*LRE* 增大；变化缓慢，*GLD* 增大。

11.6.4 LBP 特征

局部二元模式(Local Binary Pattern，LBP)是一种用来描述图像局部纹理特征的算子，于 1994 年由 T. Ojala 等人提出，具有旋转不变性和灰度不变性等显著的优点。

1. LBP 特征提取

原始的 LBP 算子定义为在 3×3 的窗口内，以窗口中心像素为阈值，将相邻的 8 个像素的灰度值与其进行比较：若周围像素值大于中心像素值，则该像素点的位置被标记为 1，否则为 0。因此，3×3 邻域内的 8 个点经比较可产生 8 位无符号二进制数，转换为十进制数即为该窗口中心像素点的 LBP 值，共 256 种，可反映该区域的纹理信息。LBP 计算示意如图 11-22 所示。

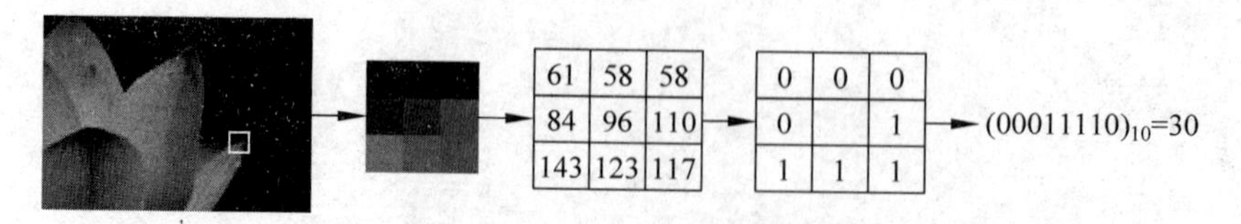

图 11-22 局部二元模式计算示意

LBP 值一般不直接用于目标检测识别，通常将图像分为 $n\times n$ 的子区域，对子区域内的像素点计算 LBP 值，并在子区域内根据 LBP 值统计其直方图，以直方图作为其判别特征。

【例 11.15】 基于 MATLAB 编程，计算 Lena 图像的 LBP 特征图。

解：程序如下：

```
image = imread('lena.bmp');
[N,M] = size(image);
lbp = zeros(N,M);
for j = 2:N - 1
   for i = 2:M - 1
      neighbor = [j - 1 i - 1;j - 1 i;j - 1 i + 1;j i + 1;j + 1 i + 1;j + 1 i;j + 1 i - 1;j i - 1];
      count = 0;
      for k = 1:8
         if image(neighbor(k,1),neighbor(k,2))> image(j,i)
            count = count + 2 ^(8 - k);
         end
      end
      lbp(j,i) = count;
   end
end
lbp = uint8(lbp);
figure,imshow(lbp),title('LBP 特征图');
subim = lbp(1:8,1:8);
imhist(subim),title('第一个子区域直方图');
```

程序运行如图 11-23 所示。

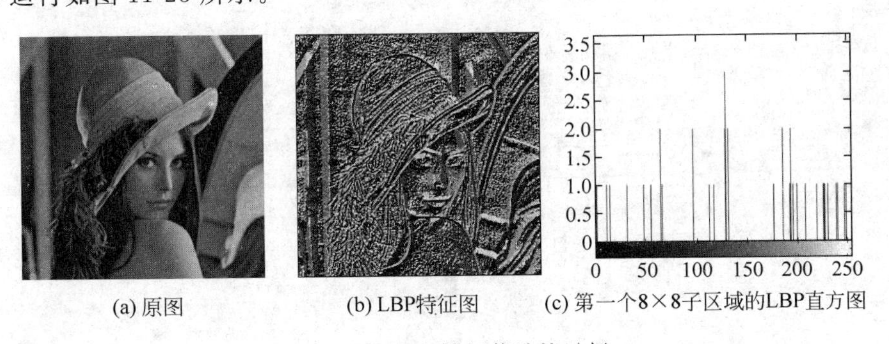

(a) 原图　(b) LBP特征图　(c) 第一个8×8子区域的LBP直方图

图 11-23　LBP 特征值计算示例

2. 圆形 LBP 算子

原始 LBP 算子只覆盖了一个固定半径范围内的小区域，不能满足不同尺寸和频率纹理的需要。为了适应不同尺度的纹理特征，并达到灰度和旋转不变性的要求，Ojala 等对 LBP 算子进行了改进，将 3×3 邻域扩展到任意邻域，并用圆形邻域代替了正方形邻域。改进后的 LBP 算子允许在半径为 R 的圆形邻域内有 P 个采样点，从而得到了新的 LBP 算子 LBP_P^R，如图 11-24 所示。

这种 LBP 特征被称为 Extended LBP 或 Circular LBP。图 11-24 中黑色的点是采样点，其像素值与中心像素值通过比较来确定 LBP 值。

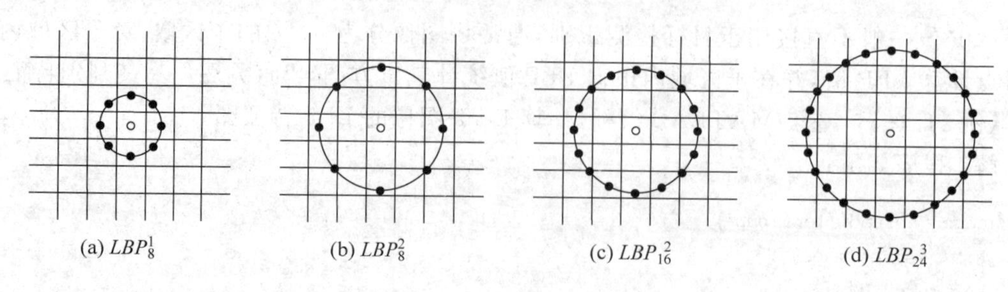

图 11-24 圆形 LBP 算子模型

如图 11-25 所示，采用像素坐标系，设中心像素点为(x_c, y_c)，黑色采样点为(x_k, y_k)，$k=0,1,,\cdots,P-1$，其坐标按式(11-57)计算。

采样点为非整数像素，需要用插值的方法确定其像素值，可以采用双线性插值的方法。

$$\begin{cases} x_k = x_c + R \times \cos\left(\dfrac{2\pi k}{P}\right) \\ y_k = y_c + R \times \sin\left(\dfrac{2\pi k}{P}\right) \end{cases} \tag{11-57}$$

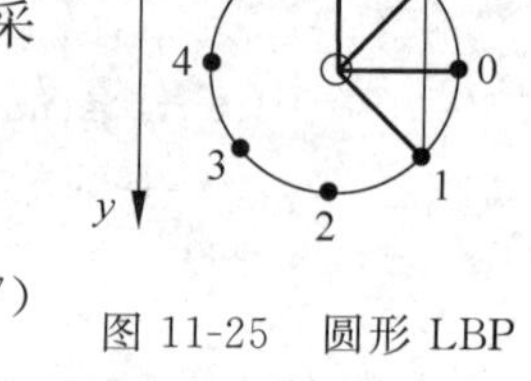

图 11-25 圆形 LBP 采样点

3. LBP 旋转不变模式

圆形 LBP 特征具有灰度不变性，但还不具备旋转不变性，因此学者们提出了具有旋转不变性的 LBP 特征。

首先不断地旋转圆形邻域内的 LBP 特征，得到一系列 LBP 值，从中选择 LBP 特征值最小的作为中心像素点的 LBP 值，如图 11-26 所示。

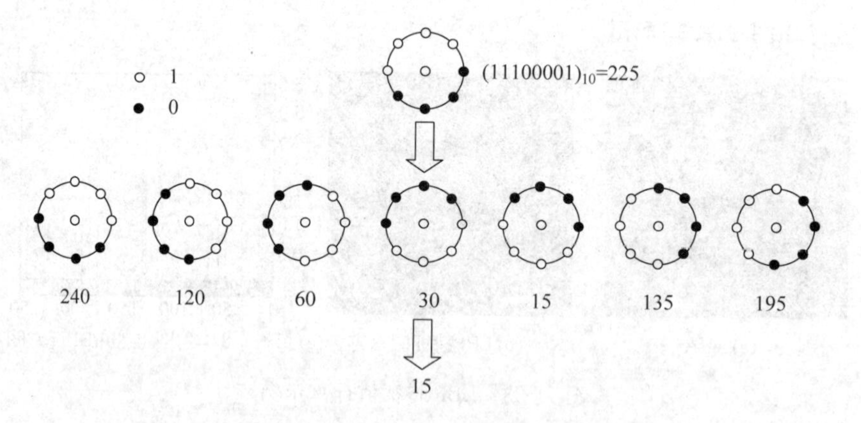

图 11-26 LBP 旋转模式

【例 11.16】 基于 MATLAB 编程，计算 Lena 图像的 LBP 旋转模式特征图。

解：程序如下：

```
image = imread('lena.bmp');
[N,M] = size(image);
P = 8;R = 2;
clbp = zeros(N,M);
for j = 1 + R:N - R
    for i = 1 + R:M - R
```

```
        count = 0;
        for k = 0:P - 1
            x = i + R * cos(2 * pi * k/P);
            y = j + R * sin(2 * pi * k/P);                     % 采样点计算
            Lowx = floor(x);Highx = ceil(x); Lowy = floor(y);Highy = ceil(y);
            coex = x - Lowx;
            coey = y - Lowy;
            a = image(Lowy,Lowx) + coex * (image(Lowy,Highx) - image(Lowy,Lowx));
            b = image(Highy,Lowx) + coex * (image(Highy,Highx) - image(Highy,Lowx));
            pixel = a + coey * (b - a);                          % 双线性插值
            if pixel > image(j,i)
                count = count + 2 ^(P - 1 - k);
            end
        end
        lbp = dec2bin(count);
        mincount = count;
        for k = 1:P - 1
            lbp = circshift(lbp',1)';                            % 循环移位
            count = bin2dec(lbp);
            if mincount > count
                mincount = count;
            end
        end
        clbp(j,i) = mincount;
    end
end
figure,imshow(uint8(clbp)),title('LBP 旋转模式特征图 ');
```

程序运行结果如图 11-27 所示。

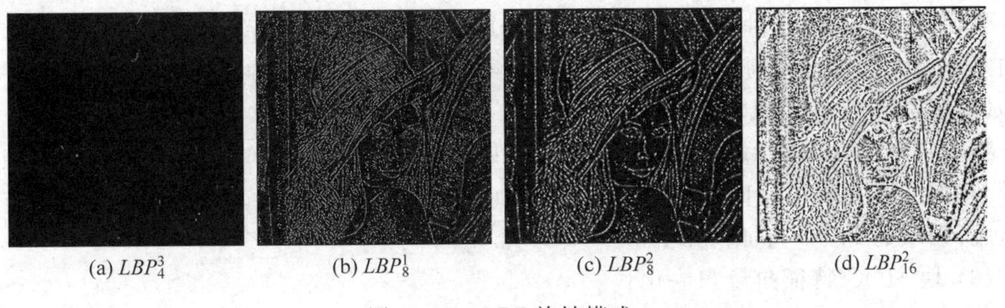

(a) LBP_4^3　(b) LBP_8^1　(c) LBP_8^2　(d) LBP_{16}^2

图 11-27　*LBP* 旋转模式

11.7　其他描述

除前述描述外，梯度方向直方图和 Haar-like 特征近年来在图像描述中应用较多。

11.7.1　梯度方向直方图

直方图反映了图像的概率统计特性，具有旋转不变性和缩放不变性，因此，常用来描述图像。对于一幅灰度图像，可以统计其灰度直方图，进而从直方图中计算各区域的均值、方

差、能量、熵等特征值，用于表述图像信息。

灰度直方图是将灰度看作像素的一种特征值，那么，对于图像 f 中另一种特征值 k_i，$i=1,2,\cdots,n$（n 为该特征取值的个数），统计出呈现 k_i 特征的像素个数 $N(k_i)$，计算 k_i 特征出现的概率：

$$p(k_i)=\frac{N(k_i)}{\sum_i N(k_i)} \tag{11-58}$$

类似于灰度直方图，可以作出图像的特征直方图，并计算相应的参数描述图像信息。

梯度方向直方图(Histogram of Oriented Gradients，HOG)是特征直方图的一种，用于表征图像局部梯度方向和梯度强度分布特性，其主要思想是：在边缘具体位置未知的情况下，边缘方向的分布也可以很好地表示目标的外形轮廓。HOG 特征提取的大致步骤如下：

(1) 图像灰度化：

颜色信息作用不大，通常要将彩色图像转化为灰度图像。

(2) 图像归一化：

采用 Gamma 校正法对输入图像进行标准化(归一化)，调节图像的对比度，降低图像局部的阴影和光照变化所造成的影响，同时可以抑制噪音的干扰。Gamma 可取 1/2。

$$f(x,y)=f(x,y)^{Gamma} \tag{11-59}$$

(3) 计算图像每个像素的梯度大小和方向：

$$\begin{cases}|\nabla f(x,y)|=[G_x(x,y)^2+G_y(x,y)^2]^{1/2}\\ \phi(x,y)=\arctan(G_y(x,y)/G_x(x,y))\end{cases} \tag{11-60}$$

其中，$G_x(x,y)$、$G_y(x,y)$分别为沿 x、y 方向的梯度，可采用$[-1\quad 0\quad 1]$和$[-1\quad 0\quad 1]^{\mathrm{T}}$计算。

(4) 划分图像为若干方格单元，计算每一个方格单元的梯度方向直方图：

将梯度方向在$[0,\pi]$区间划分为 K 个均匀区间，用 bin_k 代表第 k 个梯度方向，若方格单元内某个像素梯度方向为 bin_k，则该梯度方向对应区间值累加该像素的梯度值。

(5) 将相邻单元组成块，计算一个块中的 HOG 特征向量：

将块内每个方格单元的梯度方向直方图转换为单维向量，即对应方向梯度个数构成的向量，并把所有方格单元向量串联，构成块的 HOG 特征向量。设块由 $n\times n$ 个相邻方格单元组成，则块的 HOG 特征向量为 $n\times n\times K$ 维。

(6) 块 HOG 特征向量归一化：

归一化可以降低特征向量受光照、阴影和边缘变化的影响。设块 HOG 特征向量为 $\boldsymbol{v}$，归一化函数可以采用：

$$\begin{cases}\boldsymbol{v}=\boldsymbol{v}/\sqrt{\|\boldsymbol{v}\|_2^2+\varepsilon^2}\\ \boldsymbol{v}=\boldsymbol{v}/(\|\boldsymbol{v}\|_1+\varepsilon)\end{cases} \tag{11-61}$$

其中，ε 是一个很小的常数，作用是为了避免分母为 0，$\|v\|_1$、$\|v\|_2$ 为 $L1$、$L2$ 范数。

(7) 生成图像的 HOG 特征向量：

在图像上以一个方格单元为步长对块进行滑动，将每个块的特征组合在一起，即可得到图像的 HOG 特征。可以看出，块是重叠的，重叠部分的像素给相邻块的梯度方向直方图均提供贡献，从而将块和块关联在一起。

【例 11.17】 基于 MATLAB 编程，统计图像的 HOG 特征。

解：程序如下：

```
Image = double(imread('lena.bmp'));                        % 图像本为灰度图
[N,M] = size(Image);
Image = sqrt(Image);                                       % Gamma 校正
Hy = [ - 1 0 1]; Hx = Hy';
Gy = imfilter(Image,Hy,'replicate');
Gx = imfilter(Image,Hx,'replicate');
Grad = sqrt(Gx.^2 + Gy.^2);                                % 计算梯度
Phase = zeros(N,M); Eps = 0.0001;
for i = 1:M                                                % 计算梯度方向
    for j = 1:N
        if abs(Gx(j,i))< Eps && abs(Gy(j,i))< Eps
            Phase(j,i) = 270;              % 无方向,设为大于 180°,不参与后续梯度方向直方图统计
        elseif abs(Gx(j,i))< Eps && abs(Gy(j,i))> Eps
            Phase(j,i) = 90;
        else
            Phase(j,i) = atan(Gy(j,i)/Gx(j,i)) * 180/pi;
            if Phase(j,i)< 0
                Phase(j,i) = Phase(j,i) + 180;
            end
        end
    end
end
step = 8;   K = 9;   angle = 180/K;                        % 步长、方向区间数、角度
Cell = cell(1,1);   Celli = 1;    Cellj = 1;
for i = 1:step:M
    Cellj = 1;
    for j = 1:step:N
        Gtmp = Grad(j:j + step - 1,i:i + step - 1);
        Gtmp = Gtmp/sum(sum(Gtmp));                        % 梯度幅值归一化
        Hist = zeros(1,K);
        for x = 1:step
            for y = 1:step
                ang = Phase(j + y - 1,i + x - 1);
                if ang <= 180                              % 统计梯度方向直方图
                    Hist(floor(ang/angle) + 1) = Hist(floor(ang/angle) + 1) + Gtmp(y,x);
                end
            end
        end
        Cell{Cellj,Celli} = Hist;
        Cellj = Cellj + 1;
    end
    Celli = Celli + 1;
end
[CellN,CellM] = size(Cell);
feature = cell(1,(CellM - 1) * (CellN - 1));
for i = 1:CellM - 1
    for j = 1:CellN - 1
```

```
        f = [];                                          % 将 2×2 方格单元组成块
        f = [f Cell{j,i}(:)' Cell{j,i+1}(:)' Cell{j+1,i}(:)' Cell{j+1,i+1}(:)'];
        f = f./sum(f);
        feature{(i-1)*(CellN-1)+j} = f;
    end
end
```

程序中，每方格单元为8×8，每块由2×2个方格单元组成，$[0,\pi]$区间方向被分为9个均匀区间，每块的特征为36维，总共有961个块。

11.7.2 Haar-like 特征

Haar-like 特征是一种常用的特征描述算子，也称为 Haar 特征，是受到一维 Haar 小波的启示而发明的，多用于人脸检测、行人检测等目标检测领域。

1. Haar-like 特征的定义

Haar-like 特征反映图像的灰度变化，用黑白两种矩形框组合成特征模板，如图 11-28 所示。

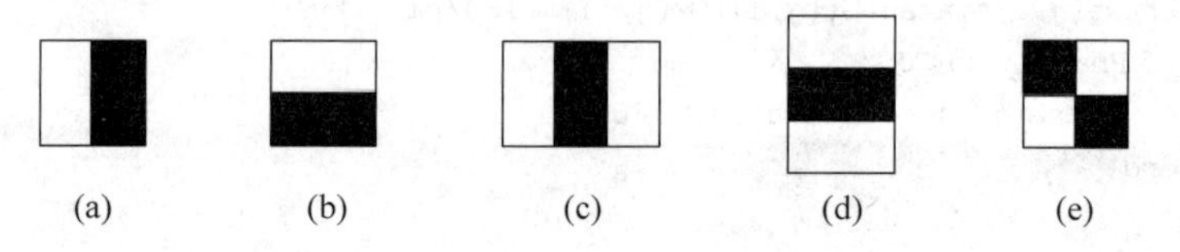

图 11-28 Haar-like 特征的四种形式

图 11-28 中，(a)、(b)、(e)特征模板内所示模块图像的 Haar-like 特征为白色矩形像素和减去黑色矩形像素和，而图(c)、(d)所示模块图像的 Haar-like 特征为白色矩形像素和减去2倍黑色矩形像素和，是为了保证黑白色矩形模块中的像素数相同。

从图中可以看出，图 11-28(a)、(b)反映的是边缘特征，图 11-28(c)、(d)反映的是线性特征，图 11-28(e)反映的是特定方向特征。

2. Haar-like 特征的计算

改变特征模板的大小和位置使得一个图像子窗口对应大量的矩形特征，对这些特征求值的计算量是非常大的。Haar-like 特征计算一般采用积分图进行加速运算，以满足实时检测需求。

所谓积分图是对点(x,y)左上方向的所有像素求和，如式(11-62)所示。

$$ii(x,y) = \sum_{x'\leqslant x, y'\leqslant y} f(x',y') \tag{11-62}$$

积分图实现快速求和的思路是：

(1) 首先构造出图像的积分图 ii：

ii 中每一点的值都是其左上方向像素求和，如图 11-29 所示，$ii(x_1,y_1)$的值是区域 A 的像素和。

(2) 通过积分图 ii 几个点值的运算，得到任何矩阵区域的像素累加和。

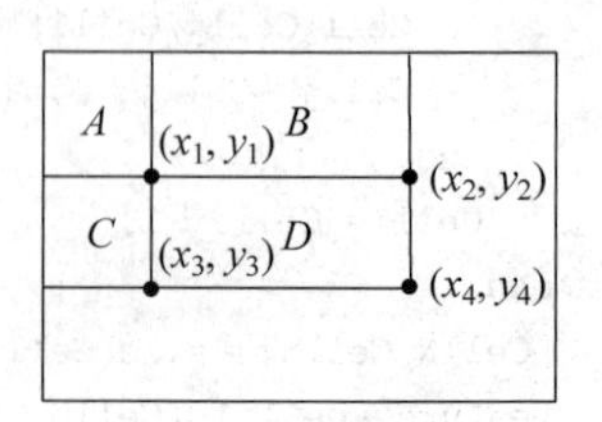

图 11-29 积分图求和示意图

如图 11-29 所示，区域 D 求和可通过 $A+B+C+D+$

$A-(A+B)-(A+C)$计算，即

$$\sum_{(x,y)\in D} f(x,y) = ii(x_4,y_4) + ii(x_1,y_1) - ii(x_2,y_2) - ii(x_3,y_3) \tag{11-63}$$

因此，积分图遍历一次图像，将图像从起点到各个点所形成的矩形区域的像素之和作为一个数组的元素存储。计算某个区域的像素和时，直接索引数组的元素，从而加快了计算速度。

积分图构建算法的过程如下：

(1) 用 $s(x,y)$表示沿 y 方向的累加和，初始化 $s(x,-1)=0$；

(2) 用 $ii(x,y)$表示一个积分图像，初始化 $ii(-1,y)=0$；

(3) 逐列扫描图像，递归计算每个像素(x,y) y 方向的累加和 $s(x,y)$以及积分图像 $ii(x,y)$的值：

$$\begin{cases} s(x,y) = s(x,y-1) + f(x,y) \\ ii(x,y) = ii(x-1,y) + s(x,y) \end{cases} \tag{11-64}$$

(4) 遍历图像，则得到积分图像 ii。

3. 扩展 Haar-like 特征及其计算

加入旋转 45°角，对 Haar-like 矩形特征进一步扩展，得到的结果如图 11-30 所示。

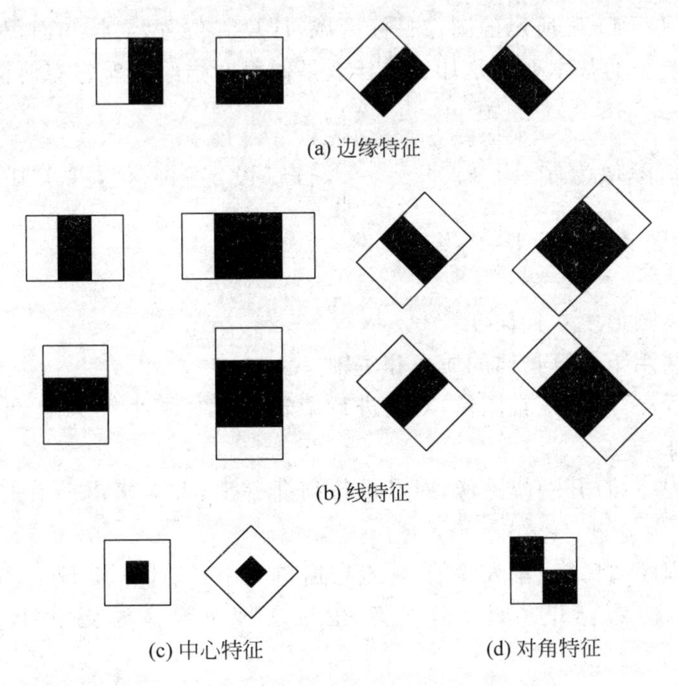

图 11-30　扩展的 Haar-like 特征

水平和竖直矩阵的特征计算和上一节一致。对于 45°旋角的矩形，定义 $RSAT(x,y)$为点(x,y)左上角 45°区域和左下角 45°区域的像素和，如下式所示：

$$RSAT(x,y) = \sum_{x'\leqslant x, x'\leqslant x-|y-y'|} f(x',y') \tag{11-65}$$

可采用递推公式减少重复计算：

$$RSAT(x,y)=RSAT(x-1,y-1)+RSAT(x-1,y)+f(x,y)-RSAT(x-2,y-1) \tag{11-66}$$

Haar-like 特征一般和机器学习中的 AdaBoost 算法、级联分类器等技术结合使用。关于后者，本书不做详细讨论，有兴趣的同学可以查找相关资料。

习题

11.1 设一幅图像为 $\boldsymbol{f}=\begin{bmatrix}0&0&0&1&1&0&0&0\\0&0&1&1&1&1&0&0\\0&1&1&1&1&1&0&0\\1&1&1&1&1&1&1&0\\1&1&1&1&1&1&1&0\\0&0&1&1&1&1&0&0\\0&1&1&1&1&1&0&0\\0&0&0&1&1&0&0&0\end{bmatrix}$，其中，0 表示背景，1 表示目标区域，试按 4 连通和 8 连通标出目标区域边界，并给出边界的 4 方向和 8 方向边界链码。

11.2 对于习题 11.1 所示的图像目标区域，计算其位置、周长和面积。

11.3 对描绘子的基本要求是什么？什么是傅里叶描绘子？它有何特点？

11.4 有一幅图像为 $\boldsymbol{f}=\begin{bmatrix}0&0&1&1\\0&0&1&1\\0&2&2&2\\2&2&3&3\end{bmatrix}$，自行设定偏离值，并求其联合概率矩阵及参数。

11.5 什么是圆形度？如何度量？

11.6 如何利用矩计算物体的质心和主轴？

11.7 编写程序，打开一幅图像，对其进行旋转、镜像、缩小等变换，并分别计算二阶矩等与矩相关的特征。

11.8 编写程序，打开一幅图像，对其进行高斯平滑，并对平滑前后的图像进行灰度差分统计。

11.9 编写程序，打开一幅人脸图像，设定窗口大小，试计算其 Haar-like 特征。

11.10 编写程序，打开一幅车牌图像，尝试实现车牌检测及分割，并提取相关几何特征。

11.11 编写程序，打开一幅树叶图像，尝试实现树叶分割，并提取相关形状特征。

第12章 图像编码

CHAPTER 12

图像信号数字化后的数据量非常大，对信息的存储和传输造成很大困难。为了有效地传输、存储、管理、处理和应用图像，有必要压缩表示一幅图像所需的数据量，这是图像编码要解决的主要问题。因此，也常称图像编码为图像压缩，即对给出的定量信息，设法寻找一种有效的表示图像信息的符号代码，力求用最少的码数传递最大的信息量。

图像编码属于信源编码的范畴。从数据的压缩技术来说，就是利用图像数据固有的冗余性和相关性，将一个大的图像数据文件转换成较小的同性质文件。根据压缩编码后的文件能否准确恢复成原文件，将压缩编码技术分为无损编码和有损编码。本章主要介绍典型的无损压缩编码方法，如Huffman编码、算术编码、LZW编码等，以及有损压缩编码方法，如预测编码、变换编码等。

12.1 图像编码的基本理论

本节主要介绍图像编码的必要性和可能性、图像编码方法的分类以及衡量图像压缩性能的评价指标。

12.1.1 图像压缩的必要性

数字图像的数据量很大，如一幅图像分辨率为512×512、颜色深度为8位的黑白图像就要占256KB的存储空间；同样，一幅彩色图像则占3×256=768KB的存储空间。又如，一幅2330×2330×8b的气象卫星红外云图占4.74MB，那么一颗卫星每天的数据量为1.1GB，则一个80G的硬盘仅可以存储约70天的卫星云图资料。一个图像分辨率为512×512的90分钟的24位彩色电影，如果视频播放速率为24帧/秒，则总数据量为97200MB，每秒钟播放的数据量是18MB。如果不经过压缩，那么一张600MB的光盘只能存33s的内容，仅存储这部电影的视频图像就大约需要160张光盘。

随着现代通信技术的发展，越来越多的应用要求传输图像信息，如电视会议、遥感、记录文献、医疗成像、传真等。如果直接将这些图像信息用于通信或存储，由于信道和存储设备的限制，在很多情况下都无法实现。因此，图像压缩在许多重要且性质不同的应用领域中扮演着重要角色。

12.1.2 图像压缩的可能性

图像压缩所要解决的问题是尽量减少表示数字图像时需要的数据量，而减少数据量的基本原理是去除其中的冗余数据。

通常，在表示定量的信息时，如果用不同的方法表示则可能会有不同的数据量，那么使用较多数据量的方法中，有些数据必然代表无用的信息，或者重复地表示了其他数据已表示的信息，或者包含有一些被人类视觉系统忽略或与用途无关的信息，这就是数据冗余的概念。在表示一幅数字图像时，通常采用二维灰度值数据阵列。在数字图像压缩中，影响二维灰度值数据阵列的基本数据冗余主要有3种：编码冗余、像素间冗余、心理视觉冗余。如果能减少或消除其中的一种或多种冗余，就能取得图像压缩效果。

1. 编码冗余

编码冗余，又称为信息熵冗余。如果一个图像的灰度级编码使用了多于实际需要的编码符号，就称该图像包含了编码冗余。

产生编码冗余的一种情况是描述图像时采用过多的灰度级数。例如，一幅3b(8灰度级)灰阶的图像，其量化级数少于8b(256灰度级)，若仍然采用标准的8b存储一个像素，就产生编码冗余。另一种情况是由于图像中像素灰度出现的不均匀性所造成的编码冗余。

在大多数图像中，图像的灰度值分布是不均匀的。若对图像的不同灰度值都用同样的编码长度(等长编码)，出现最少的和出现最多的灰度级具有相同位数，则产生编码冗余。

2. 像素间冗余

对应图像目标的像素之间一般具有相关性。因此，图像中一般存在与像素间相关性直接联系着的数据冗余——像素相关冗余，主要有以下5种：

(1) 空间冗余。同一幅图像中，相邻像素间或数个相邻像素块间在灰度分布上存在很强的空间相关性。

(2) 频间冗余。多谱段图像中各谱段图像的对应像素之间灰度的相关性很强。

(3) 时间冗余。序列图像帧间画面对应像素灰度的相关性很强。

(4) 结构冗余。有些图像存在较强的纹理结构或自相似性，如墙纸、草席等图像。

(5) 知识冗余。有些图像中包含与某些先验知识相关的信息，如人脸的图像有固定的结构，比如说嘴的上方有鼻子，鼻子的上方有眼睛，鼻子位于正脸图像的中线上等。这类规律性的结构可由先验知识和背景知识得到。

3. 心理视觉冗余

最终观测图像的对象是人，而人的视觉存在一定的主观心理冗余。人的眼睛并不是对所有信息都有相同的敏感度，在通常的视觉感觉过程中，有些信息与另外一些信息相比并不那么重要，这些信息可以认为是心理视觉冗余的，去除这些信息将导致定量信息的损失，但并不会明显地降低所感受到的图像质量。例如，隔行扫描技术就是常见的心理视觉冗余的例子。

12.1.3 图像编码方法的分类

图像编码压缩的方法目前已有多种，其分类方法视出发点不同而有差异。

1. 基于编码前后的信息保持程度的分类

根据压缩前和解压后的信息保持程度，可将常用的图像编码方法分为三类：

(1) 信息保持编码，也称无失真编码，或无损编码，或可逆型编码。它要求在编解码过程中保证图像信息不丢失，从而可以完整地重建图像。信息保持编码的压缩比一般不超过3∶1。

(2) 保真度编码，也称信息损失型编码，或有损编码。主要利用人眼的视觉特性，在允许失真条件下或一定保真度准则下，最大限度地压缩图像。保真度编码可实现较大压缩比。对于图像来说，过高的空间分辨率和过多的灰度层次，不仅增加了数据量，而且人眼也接收不到。因此在编码过程中，可以丢掉一些人眼不敏感的次要信息，在保证一定的视觉效果条件下提高压缩比。

(3) 特征提取。在图像识别、分析和分类等技术中，往往并不需要全部的图像信息，而只要对感兴趣的部分特征进行编码压缩即可。例如，对遥感图像进行农作物分类时，只需对用于区别农作物与非农作物，以及农作物类别之间的特征进行编码，而可以忽略道路、河流、建筑物等其他背景信息。

其中，第三类通常是针对特殊的应用场合。因此，一般就将图像编码分成无损和有损编码。

2. 基于编码方法的分类

根据图像压缩方法的原理也可以将图像编码分为以下四类：

(1) 熵编码。熵编码是纯粹基于信息统计特性的编码技术，是一种无损编码。其基本原理是对出现概率较大的符号赋予一个短码字，而对出现概率较小的符号赋予一个长码字，从而使得最终的平均码长很小。如行程编码、Huffman编码和算术编码等。

(2) 预测编码。预测编码是基于图像数据的空间或时间冗余特性，用相邻已知像素(或像素块)来预测当前像素(或像素块)的取值，然后再对预测误差进行量化和编码。可分为帧内预测和帧间预测。常用的预测编码方法有差分脉冲编码调制和运动估计与补偿预测编码法。

(3) 变换编码。变换编码通常是将空间域上的图像经过正交变换映射到另一变换域上，使变换后图像的大部分能量只集中到少数几个变换系数上，降低了变换后系数之间的相关性，采用适当的量化和熵编码来有效地压缩图像。图像变换本身并不能压缩数据。通常采用的变换有离散傅里叶变换(DFT)、离散余弦变换(DCT)和离散小波变换(DWT)等。

(4) 其他方法：其他编码方法还有很多，早期出现的编码方法有混合编码、矢量量化、LZW算法等。近些年来，又有很多新的压缩编码方法不断涌现，如使用人工神经元网络(Artifical Neural Network ，ANN)的压缩编码、分形编码(Fractal Coding)、小波编码(Wavelet Coding)、基于模型的压缩编码(Model Based Coding)和基于对象的压缩编码(Object Based Coding)等。

12.1.4 图像编码压缩术语简介

1. 压缩比

压缩比是衡量数据压缩程度的指标之一。目前常用的压缩比定义式为

$$r = \frac{n}{\overline{L}} \tag{12-1}$$

其中，r 表示压缩比，n 表示压缩前每像素所占的平均比特数，$\overline{L}$ 表示压缩后每像素所占的平均比特数。一般情况下，压缩比 $r \geqslant 1$。r 愈大，则说明压缩程度愈高。

2. 图像熵与平均码字长度

令图像像素灰度级集合为$\{d_1, d_2, \cdots d_m\}$，其对应的概率分别为$\{p(d_1), p(d_2), \cdots p(d_m)\}$，熵定义为

$$H = -\sum_{i=1}^{m} p(d_i) \log_2 p(d_i) \tag{12-2}$$

熵的单位为比特/字符。图像熵表示图像灰度级集合的比特数均值，或者说描述了图像信源的平均信息量。

如果令 $m=2^L$，当灰度级集合$\{d_1, d_2, \cdots d_m\}$中 d_i 出现的概率相等(均为 2^{-L})时，熵 H 最大，等于 L。只有当 d_i 不等时，H 才会小于 L。

借助于熵的概念，可以定义度量任何特定码的性能的准则——平均码字长度 $\overline{L}$，有

$$\overline{L} = \sum_{i=1}^{m} L_i p(d_i) \tag{12-3}$$

式子中，L_i 为灰度级 d_i 所对应的码字的长度。显然，$\overline{L}$ 的单位也是比特/字符。

3. 编码效率

编码效率常用下式表示为

$$\eta = \frac{H}{\overline{L}} \times 100\% \tag{12-4}$$

如果 $\overline{L}$ 与 H 相等，编码效果最佳；$\overline{L}$ 接近 H，编码效果为佳；$\overline{L}$ 远大于 H，编码效果差。

12.2 图像的无损压缩编码

无损压缩编码方法是指编码后的图像可经译码完全恢复为原图像的压缩编码方法。在编码系统中，无失真编码也称为熵编码。本节主要介绍传统的无损编码方法——Huffman编码、算术编码和LZW编码。

12.2.1 无损编码理论

【定理1】 Shannon无失真编码定理：对于离散信源 X，对其编码时每个字符能达到的平均码字长度满足以下不等式

$$H(X) \leqslant \overline{L} < H(X) + \varepsilon \tag{12-5}$$

其中，$\overline{L}$ 为编码的平均码字长度；ε 为任意小的正数；$H(X)$为信源 X 的熵。

该定理一方面指出了每个字符平均码字长度的下限为信源的熵，另一方面说明存在任意接近该下限的编码。通常，这样的编码可通过变字长编码和信源的扩展(符号块)来实现。如基于图像概率分布特性的Huffman编码、算术编码和基于图像相关性的LZW编码。

给出一幅数字图像，若每个抽样值都是以相同长度的二进制码表示，称之为等长编码。其优点是编码方法简单，缺点是编码效率低。要提高图像的编码效率，可采用不等长编码(或称为变字长编码)，变字长编码一般比等长编码所需码长要短。

假设有一原始符号序列为 $a_1a_4a_4a_1a_2a_1a_1a_4a_1a_3a_2a_1a_4a_1a_1$，其中含四个符号元素 a_1、a_2、a_3、a_4。若采用等长编码，则编码码字输出为

a_1	a_2	a_3	a_4
00	01	10	11

于是可以把该符号序列储存为

a_1	a_4	a_4	a_1	a_2	a_1	a_1	a_4	a_1	a_3	a_2	a_1	a_4	a_1	a_1
00	11	11	00	01	00	00	11	00	10	01	00	11	00	00

该序列总共占 30 位。可是，通过观察发现，符号 a_1、a_2、a_3、a_4 出现的频率并不一样，其实际出现次数统计如下：a_1 共有 8 次，a_2 共有 2 次，a_3 共有 1 次，a_4 共有 4 次。于是，把等长编码的方式改为变长编码的方式，如对应的编码码字输出为

a_1	a_2	a_3	a_4
0	110	111	10

其中越常出现的符号元素编码就以越短的码来表示，如此可重新编码为

a_1	a_4	a_4	a_1	a_2	a_1	a_1	a_4	a_1	a_3	a_2	a_1	a_4	a_1	a_1
0	10	10	0	110	0	0	10	0	111	110	0	10	0	0

新的编码只需用 25 位表示，这就是变长编码的基本构想。

上述例子可引出可变长编码的最佳编码定理。

【定理 2】　变字长最佳编码定理：在可变长编码中，对于出现概率较大的信息符号赋予短字长的码，对于出现概率较小的符号赋予长字长的码。如果编码的码字长度严格按照所对应的信息符号出现的概率大小逆顺序排列，则其平均码字长度为最小。

12.2.2　Huffman 编码

Huffman 编码是由 D. A. Huffman 于 1952 年提出的，Huffman 编码根据可变长最佳编码定理，对每个原始符号所产生的码具有最短的平均码长，因此是最佳的编码。

Huffman 编码具体算法步骤如下：

(1) 进行概率统计（如对一幅图像或 m 幅同种类型图像作灰度信号统计），得到 n 个不同概率的信息符号；

(2) 将 n 个信源符号的 n 个概率按照从大到小的顺序排序；

(3) 将 n 个概率中最后两个小概率相加，这时概率的个数减少为 $n-1$ 个；

(4) 将 $n-1$ 个概率按照从大到小的顺序重新排序；

(5) 重复步骤(3)，将新排序后的最后两个小概率再次相加，相加之和再与其余概率一起再次排序。如此重复下去，直到概率和为 1 为止；

(6) 给每次相加的两个概率值以二进制码元 0 或 1 赋值，大的赋 0，小的赋 1（或相反，

整个过程保持一致)；

(7) 从最后一次概率相加到第一次参与相加，依次读取所赋码元，构造 Huffman 码字，编码结束。

下面举例说明 Huffman 编码的过程。

【例 12.1】 给出一幅 8×8 的图像 $\boldsymbol{f}=\begin{bmatrix} 7 & 2 & 5 & 1 & 4 & 7 & 5 & 0 \\ 5 & 7 & 7 & 7 & 7 & 6 & 7 & 7 \\ 2 & 7 & 7 & 5 & 7 & 7 & 5 & 4 \\ 5 & 2 & 4 & 7 & 3 & 2 & 7 & 5 \\ 1 & 7 & 6 & 5 & 7 & 6 & 7 & 2 \\ 3 & 3 & 7 & 3 & 5 & 7 & 4 & 1 \\ 7 & 2 & 1 & 7 & 3 & 3 & 7 & 5 \\ 0 & 3 & 7 & 5 & 7 & 2 & 7 & 4 \end{bmatrix}$，求

(1) 对其进行 Huffman 编码；

(2) 计算编码效率、压缩比及冗余度。

解：由题意可知，图像 $\boldsymbol{f}$ 共有 8 个灰度级：0、1、2、3、4、5、6、7。

(1) 对图像 $\boldsymbol{f}$ 中的灰度级进行概率统计，有

$$p_0=\frac{2}{64},\quad p_1=\frac{4}{64},\quad p_2=\frac{7}{64},\quad p_3=\frac{7}{64}$$

$$p_4=\frac{5}{64},\quad p_5=\frac{11}{64},\quad p_6=\frac{3}{64},\quad p_7=\frac{25}{64}$$

根据上述 Huffman 编码步骤，则其 Huffman 编码过程为

符号	概率						
p_7	25/64	25/64	25/64	25/64	25/64	25/64	39/64 (0)
p_5	11/64	11/64	11/64	12/64	16/64	23/64 (0)	25/64 (1)
p_2	7/64	7/64	9/64	11/64	12/64 (0)	16/64 (1)	
p_3	7/64	7/64	7/64	9/64 (0)	11/64 (1)		
p_4	5/64	5/64	7/64 (0)	7/64 (1)			
p_1	4/64	5/64 (0)	5/64 (1)				
p_6	3/64 (0)	4/64 (1)					
p_0	2/64 (1)						

编码结果为

	0	1	2	3	4	5	6	7
码字	00011	0101	011	0000	0100	001	00010	1
码长	5	4	3	4	4	3	5	1

(2) 计算平均码字长度为

$$\bar{L}=\sum_{i=0}^{7}L_i p_i=\frac{25}{64}\times 1+\frac{11}{64}\times 3+\frac{7}{64}\times 3+\frac{7}{64}\times 4+\frac{5}{64}\times 4+\frac{4}{64}\times 4+\frac{3}{64}\times 5+\frac{2}{64}\times 5$$

$=2.625$ 比特 / 像素

信源熵为

$$\begin{aligned}H&=-\sum_{k=0}^{7}p_k\log_2 p_k\\&=-\left(\frac{25}{64}\log_2\frac{25}{64}+\frac{11}{64}\log_2\frac{11}{64}+2\times\frac{7}{64}\log_2\frac{7}{64}+\frac{5}{64}\log_2\frac{5}{64}+\right.\\&\quad\left.\frac{4}{64}\log_2\frac{4}{64}+\frac{3}{64}\log_2\frac{3}{64}+\frac{2}{64}\log_2\frac{2}{64}\right)\\&=0.529+0.437+0.698+0.287+0.25+0.207+0.156\\&=2.564\text{ 比特 / 像素}\end{aligned}$$

编码效率为

$$\eta=\frac{H}{\bar{L}}\times 100\%=\frac{2.564}{2.625}\times 100\%\approx 97.68\%$$

由于图像 f 共 8 个灰度级，压缩前量化需 3 比特/像素，经压缩以后的平均码长 $\bar{L}$ 为 2.625 比特/像素，因此压缩比为 $r=3/2.625\approx 1.14$。

冗余度为

$$\xi=1-\eta=1-0.978=2.2\%$$

【例 12.2】 基于 MATLAB 编程实现例 12.1 中的图像的 Huffman 编码。

解：程序如下：

```
Image = [7 2 5 1 4 7 5 0; 5 7 7 7 7 6 7 7; 2 7 7 5 7 7 5 4; 5 2 4 7 3 2 7 5;
      1 7 6 5 7 6 7 2; 3 3 7 3 5 7 4 1; 7 2 1 7 3 3 7 5; 0 3 7 5 7 2 7 4];
[h w] = size(Image);   totalpixelnum = h * w;
len = max(Image(:)) + 1;
for graynum = 1:len
   gray(graynum,1) = graynum - 1;                        % 将图像的灰度级统计在数组 gray 的第一列
end
for graynum = 1:len
   histgram(graynum) = 0;    gray(graynum,2) = 0;
   for i = 1:w
      for j = 1:h
         if gray(graynum,1) == Image(j,i)
            histgram(graynum) = histgram(graynum) + 1;  % 灰度频数统计在 histgram 中
         end
      end
   end
   histgram(graynum) = histgram(graynum)/totalpixelnum;
end
histbackup = histgram;
% 将概率序列中最小的两个相加,依次增加数组 hist 的维数,存放每一次的概率和,同时将原概率
% 屏蔽(置为 1.1)。其中,最小概率的序号存放在 tree 的第一列中,次小的放在第二列
sum = 0;    treeindex = 1;
```

```
while(1)
    if sum >= 1.0
        break;
    else
        [sum1,p1] = min(histgram(1:len));  histgram(p1) = 1.1;
        [sum2,p2] = min(histgram(1:len));  histgram(p2) = 1.1;
        sum = sum1 + sum2;    len = len + 1;    histgram(len) = sum;
        tree(treeindex,1) = p1; tree(treeindex,2) = p2; treeindex = treeindex + 1;
    end
end
% 数组 gray 第一列表示灰度值,第二列表示编码码值,第三列表示编码的位数
for k = 1:treeindex - 1
    i = k;   codevalue = 1;
    if or(tree(k,1)<= graynum,tree(k,2)<= graynum)
        if tree(k,1)<= graynum
            gray(tree(k,1),2) = gray(tree(k,1),2) + codevalue;
            codelength = 1;
            while(i < treeindex - 1)
                codevalue = codevalue * 2;
                for j = i:treeindex - 1
                    if tree(j,1) == i + graynum
                        gray(tree(k,1),2) = gray(tree(k,1),2) + codevalue;
                        codelength = codelength + 1;
                        i = j;    break;
                    elseif tree(j,2) == i + graynum
                        codelength = codelength + 1;
                        i = j;    break;
                    end
                end
            end
            gray(tree(k,1),3) = codelength;
        end
        i = k;    codevalue = 1;
        if tree(k,2)<= graynum
            codelength = 1;
            while(i < treeindex - 1)
                codevalue = codevalue * 2;
                for j = i:treeindex - 1
                    if tree(j,1) == i + graynum
                        gray(tree(k,2),2) = gray(tree(k,2),2) + codevalue;
                        codelength = codelength + 1;
                        i = j;    break;
                    elseif tree(j,2) == i + graynum
                        codelength = codelength + 1;
                        i = j;    break;
                    end
                end
            end
            gray(tree(k,2),3) = codelength;
        end
    end
```

```
end
% 把 gray 数组的第二、第三列(即灰度的编码值及编码位数)输出
for k = 1:graynum
   A{k} = dec2bin(gray(k,2),gray(k,3));
end
disp('编码');
disp(A);
```

程序运行结果和例 12.1 相同。

应该指出,因可以给相加的两个概率指定为"0"或"1",所以由上述过程编出的最佳码并不唯一,但其平均码长是一样的,所以不影响编码效率和数据压缩性能。但对于解码过程,Huffman 码是唯一的且可即时解码的。

12.2.3 算术编码

算术编码是 20 世纪 60 年代初期由 Elias 提出的,由 Rissanen 和 Pasco 首次介绍了其实用技术,是另一种变字长无损编码方法。算术编码与 Huffman 编码不同,它无须为一个符号设定一个码字,即不存在源符号和码字间的一一对应关系。算术编码是将待编码的图像数据看作由多个符号组成的序列,直接对该符号序列进行编码。经算术编码后输出的码字对应于整个符号序列,而每个码字本身确定了 0 和 1 之间的 1 个实数区间。

算术编码的基本原理为:将输入图像看作为一个位于实数线上[0,1)区间的信息符号序列;将区间[0,1)划分为若干个子区间,各个子区间互不重叠,每个子区间有一个唯一的起始值或左端点;当对输入的符号序列编码时,依据符号出现概率来划分子区间宽度。符号序列越长,相应的子区间越窄,编码表示该子区间所需的位数就越多,码字越长。这就是区间作为代码的原理。

在算术编码过程中,对输入的符号序列进行算术运算的迭代递推关系式为

$$\begin{cases} Start_N = Start_B + Left_C \times L \\ End_N = Start_B + Right_C \times L \end{cases} \tag{12-6}$$

其中,$Start_N$ 和 End_N 分别为新子区间的起始位置和终止位置,$Start_B$ 为前子区间的起始位置,$Left_C$ 和 $Right_C$ 分别为当前符号的区间起始位置和终止位置,L 为前子区间的宽度。

下面通过具体的算术编码实例来说明算术编码的原理及过程。

【例 12.3】 试对图像信源数据集[41312]进行算术编码。其中各符号出现概率分别为 $p(1)=0.4, p(2)=0.2, p(3)=0.2, p(4)=0.2$。

解:首先对各符号 1、2、3、4 在[0,1)内分配编码区间,依次为:

[0,0.4)、 [0.4,0.6)、 [0.6,0.8)、 [0.8,1.0)

然后根据算术编码迭代公式,计算新区间。

(1) 对符号 4 进行编码:

前符号区间为[0,1),而符号 4 归为[0.8,1.0)区间。

(2) 对符号 1 进行编码:

前符号区间为[0.8,1.0),而符号 1 为[0,0.4),则数串 41 的取值范围应在前符号区间[0.8,1.0)的[0,0.4)范围之内,得

$$Start_N = Start_B + Left_C \times L = 0 + 0 \times 0.2 = 0.8$$

$$End_N = Start_B + Right_C \times L = 0 + 0.4 \times 0.2 = 0.88$$

数串 41 的编码区间为[0.8,0.88)，宽度为 0.08。

(3) 对符号 3 进行编码：

前符号区间为[0.8,0.88)，而符号 3 为[0.6,0.8)，则数串 413 取值范围应在前符号区间[0.8,0.88)的[0.6,0.8)范围之内，得

$$Start_N = Start_B + Left_C \times L = 0.8 + 0.6 \times 0.08 = 0.848$$

$$End_N = Start_B + Right_C \times L = 0.8 + 0.8 \times 0.08 = 0.864$$

数串 413 的编码区间为[0.848,0.864)，宽度为 0.016。

(4) 对符号 1 进行编码：

前符号区间为[0.848,0.864)，而符号 1 为[0,0.4)，则数串 4131 取值范围应在前符号区间[0.848,0.864)的[0,0.4)范围之内，得

$$Start_N = Start_B + Left_C \times L = 0.848 + 0 \times 0.016 = 0.848$$

$$End_N = Start_B + Right_C \times L = 0.848 + 0.4 \times 0.016 = 0.8544$$

数串 4131 的编码区间为[0.848,0.8544)，宽度为 0.0064。

(5) 对符号 2 进行编码：

前符号区间为[0.848,0.8544)，而符号 2 为[0.4,0.6)，则数串 41312 的取值范围应在前符号区间[0.848,0.8544)的[0.4,0.6)范围之内，得

$$Start_N = Start_B + Left_C \times L = 0.848 + 0.4 \times 0.0064 = 0.85056$$

$$End_N = Start_B + Right_C \times L = 0.848 + 0.6 \times 0.0064 = 0.85184$$

数串 41312 的编码区间为[0.85056,0.85184)，宽度为 0.00128。

可知，数据串[41312]被描述成一个编码实数区间[0.85056,0.85184)。或者说在此区间内任一实数值都唯一对应该数据序列。把该十进制实数区间用二进制表示为[0.110110011011,0.110110100001]，忽视小数点，不考虑“0.”，取该区间内码长为最短的码字作为最后的实际编码码字输出。

最终对数据串[41312]进行算术编码的输出码字为 1101101。可以看出，算术编码器对整个信息符号序列只产生一个码字，这个码字是在区间[0,1)中的一个实数。

信源熵为

$$H = -\sum_{k=1}^{8} p_k \log_2 p_k = -(0.4\log_2 0.4 + 3 \times 0.2\log_2 0.2) = 1.92 \text{ 比特 / 字符}$$

平均码字长度为

$$\bar{L} = ceil(-\log_2(0.85184 - 0.85056))/5 = 10/5 = 2 \text{ 比特 / 字符}$$

编码效率为

$$\eta = \frac{H}{\bar{L}} \times 100\% = \frac{1.92}{2} \times 100\% \approx 96\%$$

【例 12.4】 基于 MATLAB 编程实现对例 12.3 中的图像实现算术编码。

解：程序如下：

```
Image = [4 1 3 1 2];
[h w col] = size(Image);  pixelnum = h * w;
graynum = max(Image(:)) + 1;
```

```
for i = 1:graynum
   gray(i) = i - 1;
end
histgram = zeros(1,graynum);
for i = 1:w
    for j = 1:h
        pixel = uint8(Image(j,i) + 1);
        histgram(pixel) = histgram(pixel) + 1;
    end
end
histgram = histgram/pixelnum;                    % 将各个灰度出现的频数统计在数组 histgram 中
disp('灰度级');disp(num2str(gray));
disp('概率');disp(num2str(histgram))
disp('每一行字符串及其左右编码：')
for j = 1:h
    str = num2str(Image(j,:));  left = 0;  right = 0;
    intervallen = 1;         len = length(str);
    for i = 1:len
        if str(i) == ''
          continue;
        end
        m = str2num(str(i)) + 1;  pl = 0;    pr = 0;
        for j = 1:m - 1
           pl = pl + histgram(j);
        end
        for j = 1:m
           pr = pr + histgram(j);
        end
        right = left + intervallen * pr; left = left + intervallen * pl; % 间隔区间的左、右端点
        intervallen = right - left;                % 间隔区间宽度
    end
    disp(str); disp(num2str(left)); disp(num2str(right))
    temp = 0; a = 1;
    while(1)
        left = 2 * left;      right = 2 * right;
        if floor(left)~ = floor(right)
          break;
        end
        temp = temp + floor(left) * 2 ^( - a);   a = a + 1;
        left = left - floor(left);   right = right - floor(right);
        end
        temp = temp + 2 ^( - a); ll = a;          % 区间内的最短二进制小数 temp 和比特位数 ll
        disp('算术编码的编码码字输出：');
        for ii =  1: ll
        temp1 = temp * 2;
        yy(ii) = floor(temp1);                     % 简单的将十进制小数转化为 N 位二进制
        temp = temp1 - floor(temp1);
```

```
        end
        disp(num2str(yy));
    end
```

程序运行结果和例 12.3 相同。

由上面的例子可知，算术编码就是将每个字符串都与一个子区间[$Start_N$，End_N]相对应，其中子区间宽度($End_N - Start_N$)是有效的编码空间，而整个算术编码过程实际上就是根据字符发生的概率对码区间的分割过程。

12.2.4 LZW 编码

LZW 编码是一种基于字典的编码，能减少或消除图像中的像素间冗余。LZW 压缩技术已经被收入主流的图像文件格式中，如图形交换格式(GIF)、标记图像文件格式(TIFF)和可移植文件格式(PDF)等。

20 世纪 70 年代末，以色列技术人员 J. Ziv 和 A. Lenmpel 在 1977 年和 1978 年的两篇文章中提出了两种不同但又有联系的编码技术——LZ77 和 LZ78。这两种压缩思路完全不同于 Huffman 编码和算术编码的传统思路，和成语辞典的例子颇为相似，因此，人们将基于这一思路的编码方法称为“字典”式编码。1984 年，T. A. Welch 以“LZW 算法”为名给出了 LZ78 算法的实用修正形式，并立即成为 UNIX 等操作系统中的标准文件压缩命令。LZW 算法的显著特点是算法逻辑简单、具有自适应性能、硬件廉价和运算速度快。

LZW 编码的基本思想是：把数字图像看作一个一维字符串，在编码处理的开始阶段，先构造一个对图像信源符号进行编码的码本或“字典”。在编码器压缩扫描图像的过程中动态更新字典。每当发现一个字典中没有出现过的字符序列，就由算法决定其出现的位置。下次再碰到相同字符序列，就用字典索引值代替字符序列。很明显，字典的大小是一个很重要的系统参量。如果字典太小，灰度级序列匹配会变得不太可能；如果太大，码字的尺寸反而会影响压缩性能。

LZW 编码算法的具体步骤如下：

(1) 建立初始化字典，包含图像信源中所有可能的单字符串，并且在初始化字典的末尾添加两个符号 *LZW_CLEAR* 和 *LZW_EOI*。*LZW_CLEAR* 为编码开始标识，*LZW_EOI* 为编码结束标志。

(2) 定义 R、S 为存放字符串的临时变量。取“当前识别字符序列”为 R，且初始化 R 为空。从图像信源数据流的第一个像素开始，每次读取一个像素并赋予 S。

(3) 判断生成的新连接字串 RS 是否在字典中：①若 RS 在字典中，则令 $R=RS$，且不生成输出代码；②若 RS 不在字典中，则把 RS 添加到字典中，且令 $R=S$，编码输出为 R 在字典中的位置。

(4) 依次读取图像信源数据流中的每个像素，判断图像信源数据流中是否还有码字要译。如果“是”，则返回到步骤(2)。如果“否”，则把当前识别字符序列 R 在字典中的位置作为编码输出，然后输出结束标志 *LZW_EOI* 的索引。

至此，编码结束。

下面用一个实例来说明 LZW 编码的过程。

【例 12.5】 考虑一幅 4×4 的 8 位图像 $f=\begin{bmatrix}30&30&30&30\\110&110&110&110\\30&30&30&30\\110&110&110&110\end{bmatrix}$，对其进行 LZW 编码。

解：(1) 建立初始化字符串表：

初始化字符串表为一个有 512 个字符(位置)的字典，其中字典中前 256 个字符位置被分配给灰度值 0,1,2,…,255，位置 256、257 被分配给符号 *LZW_CLEAR* 和 *LZW_EOI*，位置 258～511 暂空。

字符	0	1	…	255	*LZW_CLEAR*	*LZW_EOI*	—	…	—
索引值	0	1	…	255	256	257	258	…	511

(2) 图像通过从左到右、从上到下的顺序处理其像素并进行编码，编码过程如下：

当前识别序列 *R*	被处理的像素 *S*	编码输出	字典条目	字典位置(码字)
		256		
	30			
30	30	30	30-30	258
30	30			
30-30	30	258	30-30-30	259
30	110	30	30-110	260
110	110	110	110-110	261
110	110			
110-110	110	261	110-110-110	262
110	30	110	110-30	263
30	30			
30-30	30			
30-30-30	30	259	30-30-30-30	264
30	110			
30-110	110	260	30-110-110	265
110	110			
110-110	110			
		262		
		257		

至此，LZW 编码完毕，编码码字输出为"256 30 258 30 110 261 110 259 260 262 257"。

如果对 LZW 编码输出的一系列码字进行 PCM 自然二进制编码，每个码字占 9b，则最后的编码输出为"100000000 000011110 100000010 000011110 001101110 100000101 001101110 100000011 100000100 100000110 100000001"，共占 99b。

原始图像为 16×8＝128b，则压缩比为 128/99＝1.3。

【**例 12.6**】 基于 MATLAB 编程实现例 12.5 中的图像的 LZW 编码。

解：程序如下：

```
Image = [30 30 30 30;110 110 110 110;
    30 30 30 30;110 110 110 110];
[h w col] = size(Image);
pixelnum = h * w;    graynum = 256;
% graynum = max(Image(:)) + 1;
if col == 1
   graystring = reshape(Image',1,pixelnum);     %灰度图像从二维变为一维信号
   for tablenum = 1:graynum
      table{tablenum} = num2str(tablenum - 1);
   end
   tablenum = tablenum + 1;
   table{tablenum} = 'LZW_CLEAR';
   tablenum = tablenum + 1;
   table{tablenum} = 'LZW_EOI';
   len = length(graystring);   lzwstring(1) = graynum;
   R = '';      stringnum = 2;
   for i = 1:len
      S = num2str(graystring(i));
      RS = [R,S];      flag = ismember(RS,table);
      if flag
         R = RS;
      else
         lzwstring(stringnum) = find(cellfun(@(x)strcmp(x,R),table)) - 1;
         stringnum = stringnum + 1;   tablenum = tablenum + 1;
         table{tablenum} = RS;     R = S;
      end
   end
   lzwstring(1) = find(cellfun(@(x)strcmp(x,'LZW_CLEAR'),table)) - 1;
   lzwstring(stringnum) = find(cellfun(@(x)strcmp(x,R),table)) - 1;
   stringnum = stringnum + 1;
   lzwstring(stringnum) = find(cellfun(@(x)strcmp(x,'LZW_EOI'),table)) - 1;
   disp('LZW码串：')
   disp(lzwstring)
end
```

程序运行结果与例 12.5 的结果相同。

由上面的例子可以看出，LZW 编码有如下性质：

(1) 自适应性：

LZW 码从一个空的符号串表开始工作，然后在编码过程中逐步生成表中的内容。从这个意义上讲，算法是自适应性的。

(2) 前缀性：

表中任何一个字符串的前缀字符串也在表中，即任何一个字符串 R 和某一个字符 S 组成一个字符串 RS，若 RS 在串表中，则 R 也在表中。字符串表是动态产生的。编码前可以将其初始化以包含所有的单字符串，在压缩过程中，串表中不断产生正在压缩的信息的新字符串(串表中没有的字符串)，存储新字符串时也保存新字符串 RS 的前缀 R 相对应的码字。

(3) 动态性：

LZW 编码算法在编码过程中所建立的字符串表是动态生成的，因此在压缩文件中不必保存字符串表。

12.3 图像的有损压缩编码

有损编码是以图像重构的准确度为代价换取压缩比的提高，但如果产生的失真是可以容忍的，则压缩的方法是行之有效的。许多有损编码技术可以根据压缩比超过 100：1 的数据重构图像，且生成的图像与对原图进行 10：1 至 50：1 压缩的重构图像之间没有本质上的区别，但无损编码很少能达到 3：1 以上的压缩比。有损编码与无损编码方法之间主要的差别在于是否存在量化环节。

对图像信源进行有损编码主要采用了两种基本方法：一种是预测编码，它的原理是根据图像的相关性先进行预测，再针对预测误差进行编码；另一种是变换编码，其目的是对图像信号进行去除相关性的处理，然后再将其作为独立信源对待。

12.3.1 预测编码

预测编码是数据压缩理论的一个重要分支。它是利用图像信号的时间或空间相关性，用已传输的一个或多个像素对当前像素进行预测，然后对实际值与预测值的差（即预测误差）进行编码处理和传输。当预测比较准确、预测误差较小时，就可用较少比特进行编码，达到压缩编码的目的。

有损预测编码的原理框图如图 12-1 所示。$f_N(x,y)$为 t_N 时刻的亮度取样值，预测器根据 t_N 时刻前的若干输入产生对 $f_N(x,y)$的预测值$\hat{f}_N(x,y)$。$f_N(x,y)$与$\hat{f}_N(x,y)$之间的误差为

$$e_N(x,y)=f_N(x,y)-\hat{f}_N(x,y) \tag{12-7}$$

量化器对预测误差 $e_N(x,y)$进行量化得到量化误差 $e'_N(x,y)$，符号编码器对 $e'_N(x,y)$进行编码传输。可看出，量化误差 $e'_N(x,y)$确定了有损预测编码中的压缩量和失真量。

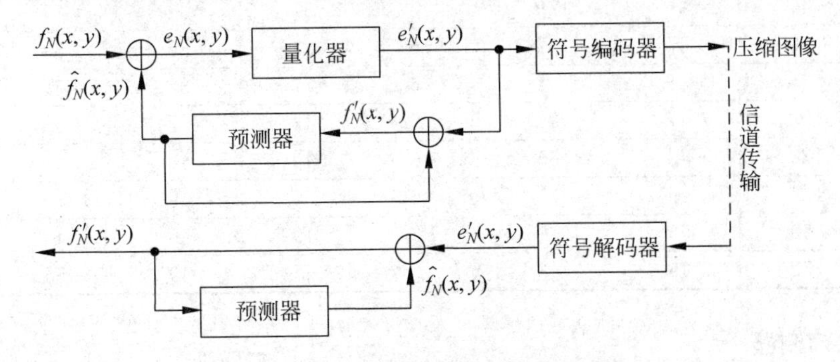

图 12-1 有损预测编码系统的原理图

为接纳量化步骤，设计接收端符号解码器和发送端符号编码器所产生的预测能相等。在图 12-1 中，将有损预测编码的预测器放在 1 个反馈环中，这个反馈环的输入是过去预测和与其对应的量化误差的函数，即

$$f'_N(x,y) = e'_N(x,y) + \hat{f}_N(x,y) \tag{12-8}$$

这样一个闭环结构能够防止在接收端解码器的输出端产生误差。这里解码器的输出图像也由式(12-8)给出。

这样,接收端解码器恢复的输出图像 $f'_N(x,y)$和发送端编码器的输入图像 $f_N(x,y)$之间的误差 Δf_N 为

$$\begin{aligned}\Delta f_N &= f_N(x,y) - f'_N(x,y) \\ &= f_N(x,y) - (\hat{f}_N(x,y) + e'_N(x,y)) = e_N(x,y) - e'_N(x,y)\end{aligned} \tag{12-9}$$

当 Δf_N 足够小时,输入图像 $f_N(x,y)$与有损预测编码系统的输出图像 $f'_N(x,y)$几乎一致。

1. DM(Delta Modulation)编码

最简单的有损预测编码方法是 DM 编码,其预测器为 1 阶线性预测器,定义为

$$\hat{f}_N(x,y) = a \cdot f'_N(x,y) \tag{12-10}$$

其中,a 是预测系数(一般情况下,$a \leqslant 1$)。其量化器为 1 位量化器,定义为

$$e'_N(x,y) = \begin{cases} +c, & e_N(x,y) > 0 \\ -c, & e_N(x,y) \leqslant 0 \end{cases} \tag{12-11}$$

其中,c 是 1 个正常数。由于量化器的输出只有两个值,所以 DM 编码系统中的符号编码器只用长度固定为 1 位的码,这使得 DM 方法得到的码率是 1 比特/像素。

【例 12.7】 DM 编码实例。

解:表 12-1 给出 DM 编码的 1 个例子。这里取 DM 编码系统(如式(12-10)、式(12-11))中的 $a=1$ 和 $c=6$,设输入序列为{25,27,40,30,35,122,128,124,55,52}。

表 12-1 一个 DM 编码例子

输入		编码器				解码器		误差
N	f	$\hat{f}$	e	e'	f'	$\hat{f}$	f'	$[f-f']$
0	25	—	—	—	25	—	25	0
1	27	25	2	6	31	25	31	−4
2	40	31	9	6	37	31	37	3
3	30	37	−7	−6	31	37	31	−1
4	35	31	4	6	37	31	37	−2
5	122	37	85	6	43	37	43	79
6	128	43	85	6	49	43	49	79
7	124	49	75	6	55	49	55	69
8	55	55	0	−6	49	55	49	6
9	52	49	3	6	55	49	55	−3

2. 最优预测器

预测编码系统编码性能的优劣很大程度上取决于预测器的设计。在绝大多数预测编码中用到的最优预测器所满足的最优准则为:均方预测误差为极小,设量化误差可以忽略,即 $e_N \approx e'_N$,并用过去的 m 个像素的线性组合来产生当前像素的预测值。一般情况下,最优线性预测器采用差分脉冲编码调制法(DPCM)来设计。

假定当前待编码像素为 f_N，其前面 m 个已编码传输像素分别为 $f_1,f_2,\cdots,f_m$，若用它们对 f_N 进行预测，并用 $\hat{f}_N$ 表示预测值，$\{a_i|i=1,2,\cdots,m\}$ 表示预测系数，可得

$$\hat{f}_N=\sum_{i=1}^{m}a_i f_i \tag{12-12}$$

预测误差为

$$e_N=f_N-\hat{f}_N=f_N-\sum_{i=1}^{m}a_i f_i \tag{12-13}$$

均方预测误差为

$$\sigma_{e_N}^2=E[(f_N-\hat{f}_N)^2]=E\left[\left(f_N-\sum_{i=1}^{m}a_i f_i\right)^2\right] \tag{12-14}$$

满足式(12-14)中的均方预测误差最小化的 $\hat{f}_N$ 为最优线性预测值。要使得均方预测误差为最小，也就是需要满足 $\frac{\partial\sigma_{e_N}^2}{\partial a_i}=0$，这是一个 m 阶线性方程组，可由此解出 m 个线性预测系数 $\{a_i|i=1,2,\cdots,m\}$。

式(12-12)中预测系数的和通常要小于或等于1，即

$$\sum_{i=1}^{m}a_i\leqslant 1 \tag{12-15}$$

这种限制是为了确保预测器的输出能落到灰度级的允许范围内，并减少传输噪声的影响，传输噪声的影响通常在重构图像中表现为水平的条纹。

通常将对当前像素进行预测的像素集合中像素的个数 m 称为预测器的阶数。通过给式(12-12)选取不同的阶数 m 和赋予预测系数 a_i 不同的值，可以得到不同的预测器。图 12-2 给出一个 4 阶线性预测器，其中，f_0 为当前待预测像素，$\{f_1,f_2,f_3,f_4\}$ 为对 f 进行预测的像素集合。令 $\hat{f}_0$ 为 f_0 的预测值，得

$$\hat{f}_0=a_1f_1+a_2f_2+a_3f_3+a_4f_4 \tag{12-16}$$

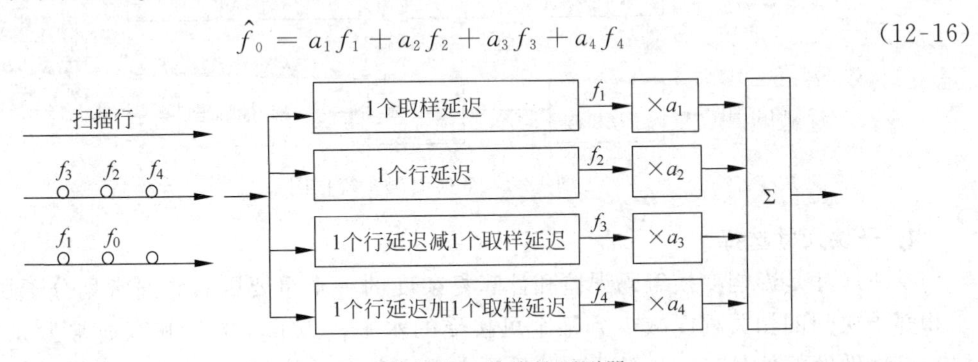

图 12-2　一个简单的 4 阶线性预测器

根据图 12-2，通过对式(12-16)中选择不同的预测系数值，可以得到不同的预测器为

$$\hat{f}_0(x,y)=0.97\cdot f_1(x,y-1) \tag{12-17}$$

$$\hat{f}_0(x,y)=0.5\cdot f_1(x,y-1)+0.5\cdot f_2(x-1,y) \tag{12-18}$$

$$\hat{f}_0(x,y)=0.75\cdot f_1(x,y-1)+0.75\cdot f_2(x-1,y)-0.5\cdot f_3(x-1,y-1) \tag{12-19}$$

$$\hat{f}_0(x,y)=\begin{cases}0.97f(x,y-1), & |f_2(x,y-1)-f_1(x,y-1)|\leqslant \\ & |f_2(x-1,y)-f_3(x-1,y-1)| \\ 0.97f(x-1,y), & \text{其他}\end{cases} \tag{12-20}$$

可看出，视觉感受到的误差随着预测器阶数的增加而减少。预测器设计优良，则所得预测误差的分布大部分集中在“0”附近，经非均匀量化和较少的量化分层，图像数据得到压缩。实验表明，预测器阶数不宜过高并应尽量减少乘法运算。对于一般图像，取 $m=4$ 即可。当 $m>5$ 时，预测效果的改善程度已不明显。

12.3.2 变换编码

变换编码的基本思想是将空间域里描述的图像经过某种变换(常用的是二维正交变换，如 DFT、DCT、DWT 等)，在变换域中进行描述，将空间域图像像素集映射为变换域变换系数集，然后量化和编码这些系数。对大多数自然图像，其大部分系数的量级很小，可以进行不很精确的量化(或完全丢弃)，几乎不会产生多少图像失真。

图 12-3 显示了一个典型的变换编码系统。解码器执行步骤与编码器相反。编码器执行 4 种相对简单的操作：子块划分、正变换、量化和编码。一幅 $N\times N$ 大小的输入图像首先被划分为大小为 $n\times n$ 的子图像。这些子图像进而被正变换以生成多个子图像变换系数阵列。变换处理的目的是去除每幅子图中像素间的相关性，使图像在变换域中的能量分布更为集中，更有利于对变换系数阵列的量化和熵编码，从而在保证一定图像质量的条件下使压缩比得到提高。当然，变换本身并不产生压缩，只是使能量集中于少数变换系数，而使多数系数只有很少的能量。在量化阶段，要有选择地消除或更粗略地量化带有最少信息的系数，因为这些系数对重构子图像质量的影响最小。

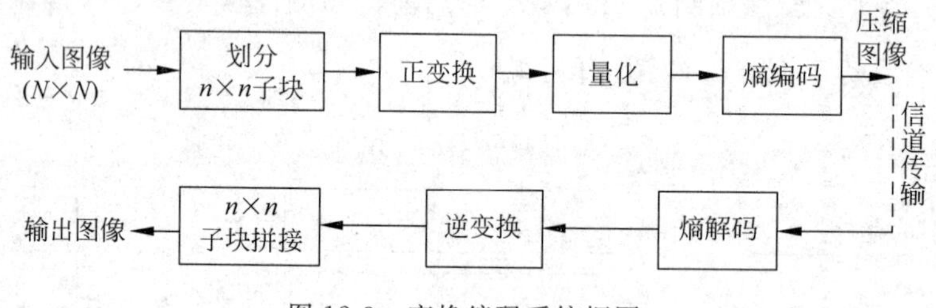

图 12-3 变换编码系统框图

1. 子块尺寸选择

子块尺寸是影响变换编码误差和计算复杂度的一个重要因素。通常划分子块需满足：①相邻子块间的相关程度减少到某个可接受的水平；②子块的长和宽通常为 2 的整数次幂。这样做的好处是：一方面可增加子块内灰度分布的均匀性，使正交变换后能量更加集中；另一方面可大大降低计算复杂度。一般图像典型的划分子块尺寸是 8×8 或 16×16。

2. 正交变换

对一个给定的变换编码应用，正交变换的选择取决于可容许的重建误差和计算要求。一般认为，一个能把最多的信息集中到最少的系数上去的变换所产生的重建误差最小。

在理论上，K-L 变换是所有正交变换中信息集中能力最优的变换，但由于 K-L 变换是通过计算原图各子图像块的协方差矩阵的特征向量作为变换后的基向量，因此 K-L 变换的基图像对不同的子图像块是不同的，并且所需计算量非常大，所以 K-L 变换不太实用。

在实际中，通常采用的都是与输入图像无关且具有固定基图像的变换。而在这些变换中，相比较而言，DCT 变换要比 DFT 变换具有更接近于 K-L 变换的信息集中能力，且具有较弱的图像子块边缘效应。因此，DCT 变换是在实际的变换编码中用得最多的正变换，被认为是准最佳变换。

3. 比特分配

在实用变换编码中，常用的两种思路为区域编码和阈值编码。

1）区域编码

变换系数集中在低频区域，可对该区域的变换系数进行量化、编码和传输；对高频区域既不编码又不传输即可达到压缩目的。这种编码方法被称为变换区域编码。

区域编码压缩比可达到 5∶1，其缺点是由于高频分量被丢弃导致的图像可视分辨率下降。

2）阈值编码

为解决区域编码存在的问题，在变换编码中有另一种编码方法——阈值编码法。事先设定一个阈值，只对经正交变换且量化后的系数幅值大于此阈值的变换系数编码。这样，低频成分不仅能保留，而且某些高频成分也被选择编码。重建图像时，品质得到改善。

由于这种编码方法不局限在图像数据的固定区域，是对大于阈值的变换系数的幅值量化、编码，且对其系数所处的位置也要编码，因而较区域编码法复杂。如果能根据子图像块的细节多少或子图像块的亮度分层分布来自动调整阈值，则阈值编码可做到自适应。

12.4　JPEG 标准和 JPEG2000

JPEG 是 ISO/IEC 和 ITU-T 的联合图片专家小组(Joint Photographic Experts Group)的缩写，该小组的任务是选择一种高性能的通用连续色调静止图像压缩编码技术。本节主要介绍传统的静止图像压缩标准 JPEG 和新一代静态图像编码标准 JPEG 2000。

12.4.1　JPEG 基本系统

JPEG 标准根据不同应用场合对图像的压缩要求，定义了 3 种不同的编码系统：

(1) 有损基本编码系统。该系统以 DCT 为基础并且足够应付大多数压缩方面的应用。

(2) 扩展的编码系统。该系统面向的是更大规模的压缩、更高的精确性或逐渐递增的重构应用系统。

(3) 面向可逆压缩的无损独立编码系统。所有符合 JPEG 标准的编解码器都必须支持基本系统，而其他系统则作为不同应用目的的选择项。

JPEG 基本系统提供顺序建立方式的高效有失真编码，输入图像的精度为 8 比特/像素，而量化的 DCT 值限制为 11 比特。JPEG 基本系统的编码器框图如图 12-4 所示。

1. 构造 8×8 的子图像块、颜色模型 RGB→YC_bC_r 转换

图像首先被细分为互不重叠的 8×8 子图像块，然后对这些像素块进行从左到右、从上到下的处理。

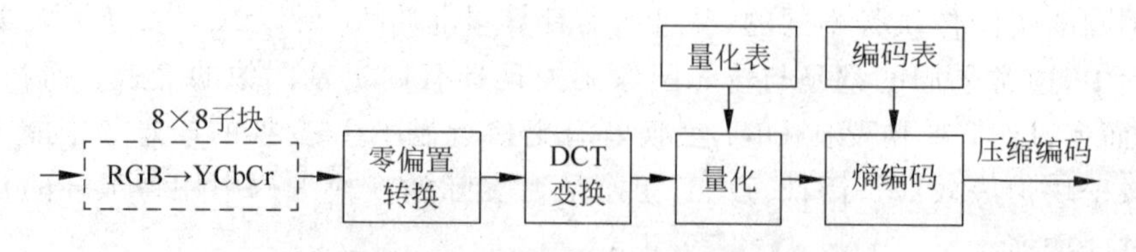

图 12-4 JPEG 基本系统的编码器框图

由于人眼对亮度信号比对色度信号更加敏感，编码时可对亮度信号采用特殊编码，赋予更多码速率，而对色差分量则给予较少码速率。

因此，为了实现图像中处理亮度信号与色度信号的分离，需要进行从 RGB 颜色模型到 YCbCr 颜色模型的转换，详见式(2-20)和式(2-21)。

2. 零偏置转换

在进行 DCT 变换前，需要对每个 8×8 的子图像块进行零偏置转换处理。

对于灰度级为 2^n 的 8×8 子图像块，通过减去 2^{n-1} 对 64 像素进行灰度层次移动。例如，对于灰度级为 2^8 的图像块，就是要将 0～255 的值域通过减去 128 转换为值域在 −128～127 的值。这样做的目的是大大减少像素绝对值出现 3 位十进制数的概率，提高计算效率。

3. 正向离散 DCT 变换

8×8 的正向离散 DCT 变换公式定义为

$$F(u,v)=\frac{1}{4}C(u)C(v)\sum_{x=0}^{7}\sum_{y=0}^{7}f(x,y)\cos\frac{(2x+1)u\pi}{16}\cos\frac{(2y+1)v\pi}{16} \tag{12-21}$$

其中

$$C(u),C(v)=\begin{cases}1/\sqrt{2}, & u,v=0\\ 1, & u,v=1,2,\cdots,7\end{cases} \tag{12-22}$$

并且

$$F(0,0)=\frac{1}{8}\sum_{x=0}^{7}\sum_{y=0}^{7}f(x,y)=8\cdot\bar{f}(x,y) \tag{12-23}$$

位于原点的 DCT 变换系数值和子图像的平均灰度是成正比的。因此，把 $F(0,0)$ 系数称为直流系数，即 DC 系数，代表该子图像的平均亮度。其余 63 个系数称为交流系数，即 AC 系数。

4. 量化

在 JPEG 基本编码系统中，量化过程是对系数值的量化间距划分后的简单的归整运算，量化步长取决于一个"视觉阈值矩阵"，它随系数的位置而改变，并且也随着亮度和色差分量的不同而不同。表 12-2 和表 12-3 为量化步长矩阵，分别用于亮度和色差信号，它们是由视觉心理实验得到的。之所以用两张量化表，是因为亮度分量比色差分量更重要，因而对亮度采用细量化，对色差采用粗量化。量化表左上角的值较小，右下角的值较大，这样就达到了保持低频分量、抑制高频分量的目的。

量化的具体计算公式为

$$\mathrm{Sq}(u,v) = \mathrm{round}\left(\frac{F(u,v)}{Q(u,v)}\right) \tag{12-24}$$

其中，$\mathrm{Sq}(u,v)$为量化后的结果，$F(u,v)$为 DCT 系数，$Q(u,v)$为表 12-2 和表 12-3 所示量化表中的数值，round 为四舍五入取整函数。

表 12-2 亮度信号量化表

v	u							
	0	1	2	3	4	5	6	7
0	16	11	10	16	24	40	51	61
1	12	12	14	19	26	58	60	55
2	14	13	16	24	40	57	69	56
3	14	17	22	29	51	87	80	62
4	18	22	37	56	68	109	103	77
5	24	35	55	64	81	104	113	92
6	49	64	78	87	103	121	120	101
7	72	92	95	98	112	100	103	99

表 12-3 色差信号量化表

v	u							
	0	1	2	3	4	5	6	7
0	17	18	24	47	99	99	99	99
1	18	21	26	66	99	99	99	99
2	24	26	56	99	99	99	99	99
3	47	66	99	99	99	99	99	99
4	99	99	99	99	99	99	99	99
5	99	99	99	99	99	99	99	99
6	99	99	99	99	99	99	99	99
7	99	99	99	99	99	99	99	99

5. 熵编码

JPEG 基本系统使用 Huffman 编码对 DCT 量化系数进行熵编码，以进一步压缩码率。

1) DC 系数编码

DC 系数反映一个 8×8 子图像块的平均亮度，一般与相邻块有较大相关性。

JPEG 对 DC 系数作差分编码，即用前面子图像块的 DC 系数作为当前子图像块的 DC 系数预测值，再对当前子图像块的 DC 系数实际值与预测值的差值 *DIFF* 作 Huffman 编码。若为每个 *DIFF* 赋予一个码字，则码表会过于庞大。因此，JPEG 对码表进行简化，采用“前缀码(*SSSS*)＋尾码”来表示。

(1) 前缀码(*SSSS*)的编码：

首先从表 12-4 中查出 DC 的差值 *DIFF* 所对应的前缀码 *SSSS*，然后从表 12-5 中查出前缀码 *SSSS* 对应的 Huffman 编码码字以及码长。

(2) 尾码的编码：

尾码的编码输出取决于 DC 差值 *DIFF* 的取值。如果 *DIFF* 大于或等于 0，则尾码的

码字为 *DIFF* 的 B 位原码；否则，取 *DIFF* 的 B 位反码。

表 12-4　DC 差值的前缀码 *SSSS*

SSSS	DC 差值 *DIFF*	*SSSS*	DC 差值 *DIFF*
0	0	6	−63,…,−32,32,…,63
1	−1,1	7	−127,…,−64,64,…,127
2	−3,−2,2,3	8	−255,…,−128,128,…,255
3	−7,…,−4,4,…,7	9	−511,…,−256,256,…,511
4	−15,…,−8,8,…,15	10	−1023,…,−512,512,…,1023
5	−31,…,−16,16,…,31	11	−2047,…,−1024,1024,…,2047

表 12-5　亮度分量的 DC 差值 Huffman 编码表 *SSSS*

SSSS	亮度码字	亮度码长
0	00	2
1	010	3
2	011	3
3	100	3
4	101	3
5	110	3
6	1110	4
7	11110	5
8	111110	6
9	1111110	7
10	11111110	8
11	111111110	9

2）AC 系数编码

对于当前 8×8 子图像块的 63 个 AC 系数，由于量化后的系数为稀疏的，仅少数 AC 系数不为零，因而首先采用 Z 形方式(Zig-zag)进行一维扫描，如图 12-5 所示。这样就把一个 8×8 的矩阵中 63 个 AC 系数变成一个 1×63 的矢量，频率较低的系数放在矢量的顶部，并且连续增加的“0”系数的个数就是“0”的游程长度。

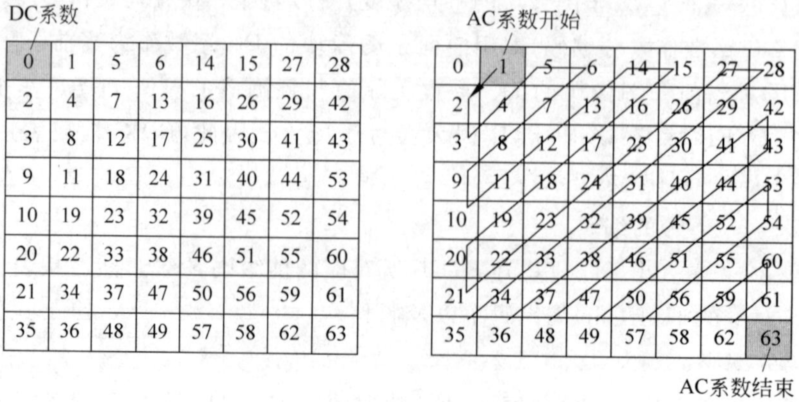

DC系数

0	1	5	6	14	15	27	28
2	4	7	13	16	26	29	42
3	8	12	17	25	30	41	43
9	11	18	24	31	40	44	53
10	19	23	32	39	45	52	54
20	22	33	38	46	51	55	60
21	34	37	47	50	56	59	61
35	36	48	49	57	58	62	63

AC系数开始

0	1	5	6	14	15	27	28
2	4	7	13	16	26	29	42
3	8	12	17	25	30	41	43
9	11	18	24	31	40	44	53
10	19	23	32	39	45	52	54
20	22	33	38	46	51	55	60
21	34	37	47	50	56	59	61
35	36	48	49	57	58	62	63

AC系数结束

图 12-5　Z 形方式(Zig-zag)扫描顺序

JPEG 将一个非零 AC 系数及其前面的"0"行程长度(连续 0 的个数)的组合作为一个统计事件进行 Huffman 编码,并且将每个事件编码采用"*NNNN*/*SSSS*+尾码"来表示,其中 *SSSS* 表示非零 AC 系数的前缀码,*NNNN* 表示当前非零 AC 系数前面的"0"行程长度。

(1) *NNNN*/*SSSS* 的编码:

首先从表 12-6 中查出非零 AC 系数所对应的前缀码 *SSSS*,根据统计的非零 AC 系数前面的"0"行程长度 *NNNN*,然后从表 12-7 中查出 *NNNN*/*SSSS* 对应的 Huffman 编码码字及码长。由于只用 4 位表示 0 行程的长度,故在 JPEG 编码中最大 0 行程只能等于 15。当 0 行程长度大于 16 时,需要将其分开多次编码,即对前面的每 16 个 0 以"F/0"表示,对剩余的继续编码。

表 12-6　非零 AC 系数的前缀码 *SSSS*

SSSS	非零 AC 系数	*SSSS*	非零 AC 系数
0	0	6	−63,…,−32,32,…,63
1	−1,1	7	−127,…,−64,64,…,127
2	−3,−2,2,3	8	−255,…,−128,128,…,255
3	−7,…,−4,4,…,7	9	−511,…,−256,256,…,511
4	−15,…,−8,8,…,15	10	−1023,…,−512,512,…,1023
5	−31,…,−16,16,…,31	11	−2047,…,−1024,1024,…,2047

(2) 尾码的编码:

尾码的编码输出取决于非零 AC 系数的取值。如果非零 AC 系数的值大于等于 0,则尾码的码字为非零 AC 系数的 B 位原码;否则,取非零 AC 系数的 B 位反码。

亮度分量和色度分量的非零 AC 系数的部分 Huffman 编码分别如表 12-7 和表 12-8 所示。

表 12-7　亮度分量的非零 AC 系数的部分 Huffman 编码

NNNN/*SSSS*	码　字	码长	*NNNN*/*SSSS*	码　字	码长
0/0(EOB)	1010	4	1/5	11111110110	11
0/1	00	2	1/6	1111111110000100	16
0/2	01	2	1/7	1111111110000101	16
0/3	100	3	1/8	1111111110000110	16
0/4	1011	4	1/9	1111111110000111	16
0/5	11010	5	1/A	1111111110001000	16
0/6	1111000	7	2/1	11100	5
0/7	11111000	8	2/2	11111001	8
0/8	1111110110	10	2/3	1111110111	10
0/9	1111111110000010	16	2/4	111111110100	12
0/A	1111111110000011	16	2/5	1111111110001001	16
1/1	1100	4	2/6	1111111110001010	16
1/2	11011	5	2/7	1111111110001011	16
1/3	1111001	7	2/8	1111111110001100	16
1/4	111110110	9	2/9	1111111110001101	16

续表

NNNN/SSSS	码　字	码长	NNNN/SSSS	码　字	码长
2/A	1111111110001110	16	7/2	111111110111	12
3/1	111010	6	7/3	1111111110101110	16
3/2	111110111	9	7/4	1111111110101111	16
3/3	111111110101	12	7/5	1111111110110000	16
3/4	1111111110001111	16	7/6	1111111110110001	16
3/5	1111111110010000	16	7/7	1111111110110010	16
3/6	1111111110010001	16	7/8	1111111110110011	16
3/7	1111111110010010	16	7/9	1111111110110100	16
3/8	1111111110010011	16	7/A	1111111110110101	16
3/9	1111111110010100	16	8/1	111111000	9
3/A	1111111110010101	16	8/2	111111111000000	15
4/1	111011	6	8/3	1111111110110110	16
4/2	1111111000	10	8/4	1111111110110111	16
4/3	1111111110010110	16	8/5	1111111110111000	16
4/4	1111111110010111	16	8/6	1111111110111001	16
4/5	1111111110011000	16	8/7	1111111110111010	16
4/6	1111111110011001	16	8/8	1111111110111011	16
4/7	1111111110011010	16	8/9	1111111110111100	16
4/8	1111111110011011	16	8/A	1111111110111101	16
4/9	1111111110011100	16	9/1	111111001	9
4/A	1111111110011101	16	9/2	1111111110111110	16
5/1	1111010	7	9/3	1111111110111111	16
5/2	11111110111	11	9/4	1111111111000000	16
5/3	1111111110011110	16	9/5	1111111111000001	16
5/4	1111111110011111	16	9/6	1111111111000010	16
5/5	1111111110100000	16	9/7	1111111111000011	16
5/6	1111111110100001	16	9/8	1111111111000100	16
5/7	1111111110100010	16	9/9	1111111111000101	16
5/8	1111111110100011	16	9/A	1111111111000110	16
5/9	1111111110100100	16	A/1	111111010	9
5/A	1111111110100101	16	A/2	1111111111000111	16
6/1	1111011	7	A/3	1111111111001000	16
6/2	111111110110	12	A/4	1111111111001001	16
6/3	1111111110100110	16	A/5	1111111111001010	16
6/4	1111111110100111	16	A/6	1111111111001011	16
6/5	1111111110101000	16	A/7	1111111111001100	16
6/6	1111111110101001	16	A/8	1111111111001101	16
6/7	1111111110101010	16	A/9	1111111111001110	16
6/8	1111111110101011	16	A/A	1111111111001111	16
6/9	1111111110101100	16	B/1	1111111001	10
6/A	1111111110101101	16	B/2	1111111111010000	16
7/1	11111010	8	B/3	1111111111010001	16

续表

NNNN/SSSS	码　　字	码长	NNNN/SSSS	码　　字	码长
B/4	1111111111010010	16	D/8	1111111111101000	16
B/5	1111111111010011	16	D/9	1111111111101001	16
B/6	1111111111010100	16	D/A	1111111111101010	16
B/7	1111111111010101	16	E/1	1111111111101011	16
B/8	1111111111010110	16	E/2	1111111111101100	16
B/9	1111111111010111	16	E/3	1111111111101101	16
B/A	1111111111011000	16	E/4	1111111111101110	16
C/1	1111111010	10	E/5	1111111111101111	16
C/2	1111111111011001	16	E/6	1111111111110000	16
C/3	1111111111011010	16	E/7	1111111111110001	16
C/4	1111111111011011	16	E/8	1111111111110010	16
C/5	1111111111011100	16	E/9	1111111111110011	16
C/6	1111111111011101	16	E/A	1111111111110100	16
C/7	1111111111011110	16	F/0(ZRL)	11111111001	11
C/8	1111111111011111	16	F/1	1111111111110101	16
C/9	1111111111100000	16	F/2	1111111111110110	16
C/A	1111111111100001	16	F/3	1111111111110111	16
D/1	11111111000	11	F/4	1111111111111000	16
D/2	1111111111100010	16	F/5	1111111111111001	16
D/3	1111111111100011	16	F/6	1111111111111010	16
D/4	1111111111100100	16	F/7	1111111111111011	16
D/5	1111111111100101	16	F/8	1111111111111100	16
D/6	1111111111100110	16	F/9	1111111111111101	16
D/7	1111111111100111	16	F/A	1111111111111110	16

表 12-8　色度分量的非零 AC 系数的部分 Huffman 编码

NNNN/SSSS	码　　字	码长	NNNN/SSSS	码　　字	码长
0/0(EOB)	00	2	1/5	11111110110	11
0/1	01	2	1/6	111111110101	12
0/2	100	3	1/7	1111111110001000	16
0/3	1010	4	1/8	1111111110001001	16
0/4	11000	5	1/9	1111111110001010	16
0/5	11001	5	1/A	1111111110001011	16
0/6	111000	6	2/1	11010	5
0/7	1111000	7	2/2	11110111	8
0/8	111110100	9	2/3	1111110111	10
0/9	1111110110	10	2/4	111111110110	12
0/A	111111110100	12	2/5	111111111000010	15
1/1	1011	4	2/6	1111111110001100	16
1/2	111001	6	2/7	1111111110001101	16
1/3	11110110	8	2/8	1111111110001110	16
1/4	111110101	9	2/9	1111111110001111	16

续表

NNNN/SSSS	码 字	码长	NNNN/SSSS	码 字	码长
2/A	1111111110010000	16	7/2	11111111000	11
3/1	11011	5	7/3	1111111110101111	16
3/2	11111000	8	7/4	1111111110110000	16
3/3	1111111000	10	7/5	1111111110110001	16
3/4	111111110111	12	7/6	1111111110110010	16
3/5	1111111110010001	16	7/7	1111111110110011	16
3/6	1111111110010010	16	7/8	1111111110110100	16
3/7	1111111110010011	16	7/9	1111111110110101	16
3/8	1111111110010100	16	7/A	1111111110110110	16
3/9	1111111110010101	16	8/1	11111001	8
3/A	1111111110010110	16	8/2	1111111110110111	16
4/1	111010	6	8/3	1111111110111000	16
4/2	111110110	9	8/4	1111111110111001	16
4/3	1111111110010111	16	8/5	1111111110111010	16
4/4	1111111110011000	16	8/6	1111111110111011	16
4/5	1111111110011001	16	8/7	1111111110111100	16
4/6	1111111110011010	16	8/8	1111111110111101	16
4/7	1111111110011011	16	8/9	1111111110111110	16
4/8	1111111110011100	16	8/A	1111111110111111	16
4/9	1111111110011101	16	9/1	111110111	9
4/A	1111111110011110	16	9/2	1111111111000000	16
5/1	111011	6	9/3	1111111111000001	16
5/2	1111111001	10	9/4	1111111111000010	16
5/3	1111111110011111	16	9/5	1111111111000011	16
5/4	1111111110100000	16	9/6	1111111111000100	16
5/5	1111111110100001	16	9/7	1111111111000101	16
5/6	1111111110100010	16	9/8	1111111111000110	16
5/7	1111111110100011	16	9/9	1111111111000111	16
5/8	1111111110100100	16	9/A	1111111111001000	16
5/9	1111111110100101	16	A/1	111111000	9
5/A	1111111110100110	16	A/2	1111111111001001	16
6/1	1111001	7	A/3	1111111111001010	16
6/2	11111110111	11	A/4	1111111111001011	16
6/3	1111111110100111	16	A/5	1111111111001100	16
6/4	1111111110101000	16	A/6	1111111111001101	16
6/5	1111111110101001	16	A/7	1111111111001110	16
6/6	1111111110101010	16	A/8	1111111111001111	16
6/7	1111111110101011	16	A/9	1111111111010000	16
6/8	1111111110101100	16	A/A	1111111111010001	16
6/9	1111111110101101	16	B/1	111111001	9
6/A	1111111110101110	16	B/2	1111111111010010	16
7/1	1111010	7	B/3	1111111111010011	16

续表

NNNN/SSSS	码 字	码长	NNNN/SSSS	码 字	码长
B/4	1111111111010100	16	D/8	1111111111101011	16
B/5	1111111111010101	16	D/9	1111111111101100	16
B/6	1111111111010110	16	D/A	1111111111101101	16
B/7	1111111111010111	16	E/1	1111111111101110	16
B/8	1111111111011000	16	E/2	1111111111101111	16
B/9	1111111111011001	16	E/3	1111111111110000	16
B/A	1111111111011010	16	E/4	1111111111110001	16
C/1	111111010	9	E/5	1111111111110010	16
C/2	1111111111011011	16	E/6	1111111111110011	16
C/3	1111111111011100	16	E/7	1111111111110100	16
C/4	1111111111011101	16	E/8	1111111111110101	16
C/5	1111111111011110	16	E/9	1111111111110110	16
C/6	1111111111011111	16	E/A	1111111111110111	16
C/7	1111111111100000	16	F/0(ZRL)	1111111010	10
C/8	1111111111100001	16	F/1	111111111000011	15
C/9	1111111111100010	16	F/2	1111111111110110	16
C/A	1111111111100011	16	F/3	1111111111110111	16
D/1	1111111111100100	16	F/4	1111111111111000	16
D/2	1111111111100101	16	F/5	1111111111111001	16
D/3	1111111111100110	16	F/6	1111111111111010	16
D/4	1111111111100111	16	F/7	1111111111111011	16
D/5	1111111111101000	16	F/8	1111111111111100	16
D/6	1111111111101001	16	F/9	1111111111111101	16
D/7	1111111111101010	16	F/A	1111111111111110	16

注意，在每一个图像块的编码结束后需要加一个 EOB(End of Block)块结束符号，用来表示该图像块的剩余 AC 系数均为 0。

【例 12.8】 一个 8×8 的亮度分量子图像块，如图 12-6(a)所示，对其进行 JPEG 基本编码(假设相邻前一个 8×8 的亮度分量子图像块经处理后的量化 DC 系数为－30)。

解：第一步：首先对该 8×8 的亮度子块进行以下计算步骤处理：零偏置转换；正向 DCT 变换；量化。分步骤计算结果如图 12-6 的(b)、(c)、(d)所示。

第二步：对图 12-6(d)所示的量化 DCT 系数矩阵，进行熵编码。

(1) 对于 DC 系数，其 DC 差值 $DIFF=-35-(-30)=-5$，可得①前缀码($SSSS$)的编码：由 $DIFF=-5$ 查表 12-4，得 $SSSS=3$；根据 $SSSS=3$ 查表 12-5，得其 Huffman 码字输出为 100。②尾码的编码：由于 $DIFF=-5$，则其二进制码字输出为 010；因此，则有 DC 系数的编码输出为 100010。

(2) 对于 63 个 AC 系数，将其按照 Z 形方式(Zig-zag)扫描可得以下一维序列：

－15，－16，2，0，－1，2，3，3，0，0，－2，1，0，－1，0，0，－1，0，1，EOB

$$\begin{bmatrix} 16 & 11 & 10 & 16 & 24 & 40 & 51 & 61 \\ 12 & 12 & 14 & 19 & 26 & 58 & 60 & 55 \\ 14 & 13 & 16 & 24 & 40 & 57 & 69 & 56 \\ 14 & 17 & 22 & 29 & 51 & 87 & 80 & 62 \\ 18 & 22 & 37 & 56 & 68 & 109 & 103 & 77 \\ 24 & 35 & 35 & 64 & 81 & 104 & 113 & 92 \\ 49 & 64 & 78 & 87 & 103 & 121 & 120 & 101 \\ 72 & 92 & 95 & 98 & 112 & 100 & 103 & 99 \end{bmatrix}$$

(a) 8×8 的亮度分量子图像块

$$\begin{bmatrix} -112 & -117 & -118 & -112 & -104 & -88 & -77 & -67 \\ -116 & -116 & -114 & -109 & -102 & -70 & -68 & -73 \\ -114 & -115 & -112 & -104 & -88 & -71 & -59 & -72 \\ -114 & -111 & -106 & -99 & -77 & -41 & -48 & -66 \\ -110 & -106 & -91 & -72 & -60 & -19 & -25 & -51 \\ -104 & -93 & -93 & -64 & -47 & -24 & -15 & -36 \\ -79 & -64 & -50 & -41 & -25 & -7 & -8 & -27 \\ -55 & -36 & -33 & -30 & -16 & -28 & -25 & -29 \end{bmatrix}$$

(b) 零偏置转换

$$\begin{bmatrix} -565 & -170 & -14 & 33 & -28 & 8 & -2 & -6 \\ -192 & 0 & 37 & 2 & 5 & 4 & 8 & -4 \\ 34 & 45 & 10 & -24 & 14 & -10 & -4 & 6 \\ -6 & -31 & 1 & 4 & 1 & 6 & 0 & -7 \\ 4 & 13 & -1 & -2 & 2 & -4 & 4 & 0 \\ 0 & -3 & 2 & 2 & 0 & -2 & 1 & 3 \\ -13 & 4 & 6 & -4 & 11 & -2 & -10 & 4 \\ 11 & 1 & -5 & -3 & 0 & 5 & 2 & 2 \end{bmatrix}$$

(c) 正向 DCT 变换

$$\begin{bmatrix} -35 & -15 & -1 & 2 & -1 & 0 & 0 & 0 \\ -16 & 0 & 3 & 0 & 0 & 0 & 0 & 0 \\ 2 & 3 & 1 & -1 & 0 & 0 & 0 & 0 \\ 0 & -2 & 0 & 0 & 0 & 0 & 0 & 0 \\ 0 & 1 & 0 & 0 & 0 & 0 & 0 & 0 \\ 0 & 0 & 0 & 0 & 0 & 0 & 0 & 0 \\ 0 & 0 & 0 & 0 & 0 & 0 & 0 & 0 \\ 0 & 0 & 0 & 0 & 0 & 0 & 0 & 0 \end{bmatrix}$$

(d) 量化 DCT 系数

图 12-6 JPEG 基本系统编码算法的分解

① *NNNN*/*SSSS* 的编码：根据序列中非零 AC 系数的值查表 12-6，得到相应的 *SSSS* 值，并且统计一维序列中每个非零 AC 系数前的“0”游程长度 *NNNN* 的值，则得到一系列组合 *NNNN*/*SSSS* 的值。根据 *NNNN*/*SSSS* 值，查表 12-7，得其相应的 Huffman 码字输出如下：

AC 系数 →*SSSS*	−15 →4	−16 →5	2 →2	−1 →1	2 →2	3 →2	3 →2	−2 →2	1 →1	−1 →1	−1 →1	1 →1
NNNN/*SSSS*	0/4	0/5	0/2	1/1	0/2	0/2	0/2	2/2	0/1	1/1	2/1	1/1
码字	1011	11010	01	1100	01	01	01	11111001	00	1100	11100	1100

② 尾码的编码为

AC 系数	−15	−16	2	−1	2	3	3	−2	1	−1	−1	1	EOB
二进制码字	0000	01111	10	0	10	11	11	01	1	0	0	1	1010

有 AC 系数的编码输出为

10110000 1101001111 0110 11000 0110 0111 0111 1111100101 001 11000 111000 11001 1010

因此，量化 DCT 系数矩阵的总的熵编码输出为

100010 10110000 1101001111 0110 11000 0110 0111 0111 1111100101 001 11000 111000 11001 1010

可以看出，编码后总的比特数为78b，而编码前总的比特数为8×8×8=512b，则得

$$压缩比\ r=\frac{512}{78}\approx 6.56$$

通常情况下，JPEG算法的平均压缩比为15∶1，当压缩比大于50倍时将可能出现方块效应。这一标准适用黑白及彩色照片、传真和印刷图片。

12.4.2 JPEG2000

JPEG2000是JPEG工作组制定的新的静止图像压缩编码的国际标准，其克服了传统JPEG基本系统的抗干扰能力差和在高压缩比情况下可能出现严重方块效应的缺陷。这主要在于它放弃了JPEG所采用的以DCT为主的区块编码方式，而采用以DWT为主的多解析编码方式。

JPEG2000编码器的结构框图如图12-7所示。

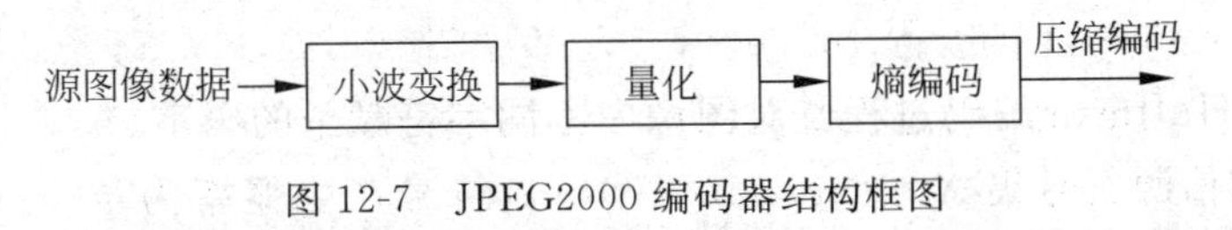

图12-7 JPEG2000编码器结构框图

整个JPEG2000的编码过程可概括如下：

(1) 把原图像分解成各个成分(亮度信号和色度信号)；

(2) 把图像和它的各个成分分解成矩形图像片，图像片是原始图像和重建图像的基本处理单元；

(3) 对每个图像片实施小波变换；

(4) 对分解后的小波系数进行量化并组成矩形的编码块(Code-Block)；

(5) 对在编码块中的系数进行"位平面"熵编码；

(6) 为使码流具有容错性，在码流中添加相应的标识符(Maker)；

(7) 可选的文件格式用来描述图像和它的各个成分的意义。

在JPEG2000中，其核心算法是EBCOT(Embedded Block Coding with Optimized Truncation of the Embedded Bitstreasms)，它不仅能实现对图像的有效压缩，同时产生的码流具有分辨率可伸缩性、信噪比可伸缩性、随机访问和处理等非常好的特性。而这些特性正是JPEG2000标准所要实现的，所以联合图片专家组才以该算法作为JPEG2000的核心算法。

需要强调的是，JPEG2000不仅提供了比JPEG基本系统更高的压缩效率，而且提供了一种对图像的新的描述方法，可以用单一码流提供适应多种应用的性能。

JPEG2000与JPEG基本系统相比具有以下优点：

(1) 高压缩率；

(2) 无损压缩和有损压缩；

(3) 渐进传输；

(4) 感兴趣区域压缩；

(5) 码流的随机访问和处理；

(6) 容错性；

(7) 开放的框架结构;

(8) 基于内容的描述。

习题

12.1 试对图像 $f=\begin{bmatrix} 0 & 0 & 0 & 0 & 1 & 1 & 1 & 2 \\ 0 & 0 & 0 & 0 & 1 & 1 & 2 & 3 \\ 1 & 1 & 1 & 1 & 1 & 2 & 2 & 3 \\ 2 & 2 & 2 & 2 & 2 & 2 & 2 & 3 \\ 3 & 3 & 3 & 3 & 3 & 3 & 3 & 3 \\ 3 & 3 & 3 & 3 & 3 & 4 & 4 & 5 \\ 4 & 4 & 4 & 4 & 4 & 4 & 4 & 5 \\ 6 & 6 & 6 & 6 & 7 & 7 & 5 & 5 \end{bmatrix}$ 进行 Huffman 编码,并求其平均码长。(要求写出 Huffman 编码过程及对图像中不同字符赋予的码字。)

12.2 已知信源符号集 $X=\{a_1,a_2\}=\{0,1\}$,符号产生概率为 $p(a_1)=1/4$,$p(a_2)=3/4$,试对序列 1011 进行算术编码。

12.3 对下图所示 4×4 的 8b 图像 $f=\begin{bmatrix} 39 & 39 & 126 & 126 \\ 39 & 39 & 126 & 126 \\ 39 & 39 & 126 & 126 \\ 39 & 39 & 126 & 126 \end{bmatrix}$ 进行 LZW 编码,写出具体编码过程,并求压缩比。

12.4 图像的正变换本身能不能压缩数据?为什么?试画出变换编码原理框图。

12.5 在预测编码系统中,可能引起图像失真的主要原因是什么?为什么?

12.6 试画出静止图像编码国际标准 JPEG 的原理框图。

12.7 在 JPEG 编码系统中,一个 8×8 的亮度子块经过 DCT 变换和量化后的系数矩阵如图所示。设前一个子块的 DC 系数为 14,求

(1) 计算系数的 Zig-zag 扫描序列输出;

(2) 计算 DC 系数编码输出;

(3) 计算 AC 系数编码输出;

(4) 计算数据的压缩比(如果压缩前每像素占 8b)。

$$\begin{bmatrix} 15 & 6 & 0 & 0 & 0 & 0 & 0 & 0 \\ -3 & 0 & 2 & 0 & 0 & 0 & 0 & 0 \\ 1 & 1 & 0 & 0 & 0 & 0 & 0 & 0 \\ 0 & 0 & 0 & 0 & 0 & 0 & 0 & 0 \\ 0 & 0 & 0 & 0 & 0 & 0 & 0 & 0 \\ 0 & 0 & 0 & 0 & 0 & 0 & 0 & 0 \\ -2 & 0 & 0 & 0 & 0 & 0 & 0 & 0 \\ 0 & 0 & 0 & 0 & 0 & 0 & 0 & 0 \end{bmatrix}$$

图 12-8 题 12.7 图

参 考 文 献

[1] Linda G. Shapiro, George C. Stockman. 计算机视觉[M]. 赵清杰，钱芳，蔡利栋. 北京：机械工业出版社，2005.

[2] 章毓晋. 图像工程[M]. 3版. 北京：清华大学出版社，2012.

[3] OpenCV 简介[OL]. https://opencv.org/about.html.

[4] 王向阳，杨红颖，牛盼盼. 高级数字图像处理技术[M]. 北京：北京师范大学出版社，2014.

[5] 胡威捷，汤顺青，朱正芳. 现代颜色技术原理及应用[M]. 北京：北京理工大学出版社，2007.

[6] 寿天德. 视觉信息处理的脑机制[M]. 2版. 合肥：中国科学技术大学出版社，2010.

[7] Rafael C. Gonzalez, Richard E. Woods. 数字图像处理[M]. 3版. 阮秋琦. 北京：电子工业出版社，2011.

[8] 谢凤英. 数字图像处理及应用[M]. 2版. 北京：电子工业出版社，2016.

[9] 李水根，吴纪桃. 分形与小波[M]. 北京：科学出版社，2002.

[10] 唐向宏，李齐良. 时频分析与小波变换[M]. 北京：科学出版社，2008.

[11] C. Sidney Burrus, Ramesh A. Gopinath, Haitao Guo. 小波与小波变换导论[M]. 程正兴，译. 北京：机械工业出版社，2007.

[12] 程正兴，杨守志，冯晓霞. 小波分析的理论、算法、进展和应用[M]. 北京：国防工业出版社，2007.

[13] 葛哲学，沙威. 小波分析理论与 MATLABR2007 实现[M]. 北京：电子工业出版社，2007.

[14] John C. RUSS. 数字图像处理[M]. 6版. 余翔宇，译. 北京：电子工业出版社，2014.

[15] Joung Youn Kim, Lee Sup Kim, Seung Ho Hwang. An Advanced Contrast Enhancement Using Partially Overiapped Sub-Block Histogram Equalization[J]. IEEE Transactions on Circuits and Systems for Video Technology, 2001, 11(4): 475-484.

[16] Pal S K, King R A. Image Enhancement Using Fuzzy Sets[J]. Electron. Lett., 1980, 16(9): 376-378.

[17] Land E H. The Retinex Theory of Color Vision[J]. Sci. Amer, 1977, 237: 108-129.

[18] Rahman Zia-ur, Jobson D J, Woodell G. A. Retinex Processing for Automatic Image Enhancement [J]. Journal of Electronic Imaging, 2004, 13(1): 100-110.

[19] Grigoryan A M, Jenkinson J, Agaian S S. Quaternion Fourier Transform Based Alpha-rooting Method for Color Image Measurement and Enhancement[J]. Signal Processing, 2015, 109: 269-289.

[20] Choi YS, Krishnapuram R. A Robust Approach to Image Enhancement Based in Fuzzy Logic[J]. IEEE Transactions on Image Processing, 1997, 6(6): 808-825.

[21] Dong X, Wang G, Pang Y, et al. Fast Efficient Algorithm for Enhancement of Low Lighting Video [C]. In: Proceedings of the 2011 IEEE International Conference on Multimedia and Expo. Washington, DC: IEEE Computer Society, 2011: 1-6.

[22] 嵇晓强. 图像快速去雾与清晰度恢复技术研究[D]. 长春：中国科学院研究生院，2012.

[23] Kaiming He, SUN Jian, TANG Xiao-Ou. Single Image Haze Removal Using Dark Channel Prior [C]. In: Proceedings of IEEE Conference on Computer Vision and Pattern Recognition, 2009: 1956-1963.

[24] Tomasi C, Manduchi R. Bilateral Filtering for Gray and Color Images [C]. In Proceedings of the 1998 IEEE Interational Conference on Computer Vision, Bombay, India, 1998: 839-846.

[25] Perona P, Malik J. Scale-space and Edge Detection Using Anisotropic Diffusion [J]. IEEE

Transactions on PAMI,1990,12(7):629-639.

[26] 王大凯,候榆青,彭进业.图像处理的偏微分方程方法[M].北京:科学出版社,2008:24-47.

[27] 邱佳梁,戴声奎.结合肤色分割与平滑的人脸图像快速美化[J].中国图象图形学报,2016,21(7):865-874.

[28] 张争真,石跃祥.YCgCr颜色空间的肤色聚类人脸检测法[J].计算机工程与应用,2009,45(22):163-165.

[29] Soille P.形态学图像分析:原理与应用[M].2版.王小鹏,译.北京:清华大学出版社,2008.

[30] 刘仁云,孙秋成,王春艳.数字图像中边缘检测算法研究[M].北京:科学出版社,2015.

[31] 王小玉.图像去噪复原方法研究[M].北京:电子工业出版社,2017.

[32] 郝建坤,黄玮,刘军,等.空间变化PSF非盲去卷积图像复原法综述[J].中国光学.2016.9(1):41-49.

[33] 李鑫楠.图像盲复原算法研究[D].吉林:吉林大学,2015.

[34] William Hadley Richardson. Bayesian-Based Iterative Method of Image Restoration[J]. Journal of The Optical Society of America,1972.62(1):55-59.

[35] Lucy L B. An Iterative Technique for the Rectification of Observed Distributions[J]. The Astronomical Journal. 1974,79(6):745-754.

[36] 李俊山,李旭辉,朱子江.数字图像处理[M].3版,北京:清华大学出版社,2017.

[37] 刘成龙.MATLAB图像处理[M].北京:清华大学出版社,2017.

[38] 冯宇平.图像快速配准与自动拼接技术研究[D].长春:长春光学精密机械与物理研究所,2010.

[39] Ojala T, Pietikäinen M, Harwood D. Performance Evaluation of Texture Measures with Classification Based on Kullback Discrimination of Distributions[C]. In Proceedings of the 12th IAPR International Conference on Pattern Recognition, Jerusalem, Israel: IEEE Computer Society Press,1994.1:582-585.

[40] Ojala T, Pietikäinen M, and Harwood D. A Comparative Study of Texture Measures with Classification Based on Feature Distributions[J]. Pattern Recognition. 1996,29:51-59.

[41] Ahonen T, Hadid A, Pietikainen M. Face Recognition with Local Binary Patterns[J]. European Conference on Computer Vision ,2004,3021(12):469-481.

[42] Papageorgiou CP, Oren M,Poggio T. A General Framework for Object Detection[J]. International Conference on Computer Vision ,2002 ,108(6):555-562 .

[43] Viola P,Jones M. Rapid Object Detection using a Boosted Cascade of Simple Features[J]. IEEE Computer Society Conference on Computer Vision and Pattern Recognition,2001,1(2):511.

[44] 赵荣椿,赵忠明,赵歆波.数字图像处理与分析[M].北京:清华大学出版社,2013.

图书资源支持

感谢您一直以来对清华版图书的支持和爱护。为了配合本书的使用，本书提供配套的资源，有需求的读者请扫描下方的“书圈”微信公众号二维码，在图书专区下载，也可以拨打电话或发送电子邮件咨询。

如果您在使用本书的过程中遇到了什么问题，或者有相关图书出版计划，也请您发邮件告诉我们，以便我们更好地为您服务。

我们的联系方式：

清华大学出版社计算机与信息分社网站：https://www.shuimushuhui.com/

地　　址：北京市海淀区双清路学研大厦 A 座 714

邮　　编：100084

电　　话：010-83470236　010-83470237

客服邮箱：2301891038@qq.com

QQ：2301891038（请写明您的单位和姓名）

资源下载：关注公众号“书圈”下载配套资源。

资源下载、样书申请

书圈

图书案例

清华计算机学堂

观看课程直播